数据结构解题策略

大学程序设计课程与竞赛训练教材

Data Structure Strategies Solving Problems

for collegiate programming contest and education

吴永辉 王建德 编著

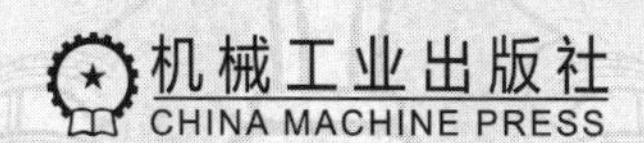

图书在版编目（CIP）数据

数据结构解题策略/吴永辉，王建德编著.—北京：机械工业出版社，2023.8
ISBN 978-7-111-73308-9

Ⅰ.①数…　Ⅱ.①吴…②王…　Ⅲ.①数据结构②算法分析　Ⅳ.①TP311.12

中国国家版本馆CIP数据核字（2023）第104875号

机械工业出版社（北京市百万庄大街22号　邮政编码100037）
策划编辑：朱　劼　　　　责任编辑：朱　劼　　郎亚姝
责任校对：韩佳欣　　陈　越　　责任印制：张　博
保定市中画美凯印刷有限公司印刷
2023年10月第1版第1次印刷
185mm×260mm・30印张・1插页・763千字
标准书号：ISBN 978-7-111-73308-9
定价：119.00元

电话服务
客服电话：010-88361066
010-88379833
010-68326294

网络服务
机　工　官　网：www.cmpbook.com
机　工　官　博：weibo.com/cmp1952
金　书　网：www.golden-book.com
机工教育服务网：www.cmpedu.com

前　言

当前，随着社会信息化的迅猛发展，程序设计已经成为实现信息化社会的关键技术。为此，世界各国都从国家战略层面对编程教育给出对应措施和高额经费支持。2020 年 11 月 6 日，我国教育部公布了《关于政协十三届全国委员会第三次会议第 3172 号（教育类 297 号）提案答复的函》，针对全国政协委员提出的《关于稳步推动编程教育纳入我国基础教学体系，着力培养数字化人才的提案》予以回应：教育部高度重视学生信息素养提升，已制定相关专门文件推动和规范编程教育发展，培养培训能够实施编程教育的相关师资，将包括编程教育在内的信息技术内容纳入中小学相关课程。

程序设计竞赛是“编程解决问题”的比赛，发展数十年来，累积了海量的试题。将这些试题用于教学和实验中，可以系统、全面地提高学生编程解决问题的能力。程序设计竞赛所覆盖的知识体系可以概括为 1984 年图灵奖得主尼克劳斯·沃思（Niklaus Wirth）提出的著名公式“算法 + 数据结构 = 程序”，这也是计算机学科知识体系的核心部分。然而，程序设计竞赛的算法和数据结构与传统的教学大纲相比，已经有了很大的拓展。

程序设计解题策略是在编程解题过程中，面对非标准、非模式化的问题时，采用高级数据结构优化传统算法，发挥创造性的思维进行解题，是对解题方法的综合性、智能性和个性化的认识。

笔者编写“大学程序设计课程与竞赛训练教材”系列，旨在将程序设计竞赛的训练和程序设计类课程的教学、实验相结合，系统、全面地提高学生通过编程解决问题的能力。一方面，该系列的《程序设计实践入门》《数据结构编程实验》《算法设计编程实验》，从知识体系的角度系统论述编程解决问题的方法，其知识体系不仅覆盖传统的程序设计语言、数据结构、算法的教学大纲，而且基于程序设计竞赛进行了很大的拓展；另一方面，我们从程序设计解题策略的角度，对该系列 2015 年版的《程序设计解题策略》进行全面改写，对该书的前半部分的改写形成了本书。

数据结构是在程序设计语言中存储和组织数据的方式，包含 3 种类型：线性表、树和图。本书共 16 章，以面对复杂问题时如何厘清数据关系，选择适宜高效的数据结构和解题方法为背景，分别阐述线性表、树、图的解题策略。每一章基于知识体系展开为若干节，在每一节中，以实验为基本单元：首先，阐述解题策略和算法原理，给出分析和证明，以及算法的时间复杂度；然后，给出相应的程序设计竞赛试题，包括试题来源和在线测试地址、试题解析，以及带详尽注释的解答程序。我们对大学程序设计竞赛、在线程序设计竞赛以及中学生信息学奥林匹克竞赛的各类试题进行了分析和整理，从中精选出 125 道试题作为数据结构解题策略的实验试题。

本书共分为三篇。第一篇“线性表的解题策略”由 3 章组成，内容包括利用快速幂提高幂运算效率、高斯消元法，以及单调栈和单调队列。第二篇“树的解题策略”由7章组成，内容包括利用划分树查找有序数、利用线段树解决区间计算问题、最小生成树的拓展、利用改进型的二叉搜索树优化动态集合的操作、利用左偏树实现优先队列的合并、利用动态树维护森林的连通性和利用跳跃表替代树结构。第三篇“图的解题策略”由6章组成，内容包括：网络流算法，二分图匹配，平面图、图的着色与偏序关系，分层图，可简单图化与图的计数，挖掘和利用图的性质。

本书注重编程能力的培养，“实践出真知”。对于本书的使用，建议基于编程解题的实验进行案例教学或案例学习：让同学们把自己置入程序设计竞赛试题的情境之中，通过思考、讨论和上机编程来学习和实践数据结构解题策略；而在线测试系统则是同学们磨炼编程能力的平台。

本书将提供所有试题的英文原版以及大部分试题的官方测试数据和解答程序。

本书可以作为大学本科、研究生的教材，也可以作为程序设计竞赛选手的训练指导教材，还可以作为IT研发人员提高编程能力的辅导教材。

感谢在5年前发起成立ICPC训练联盟的20所大学：东北大学、大连理工大学、大连海事大学、哈尔滨工程大学、东北师范大学、东北农业大学、山东大学、中国海洋大学、中国石油大学（华东）、中国石油大学（北京）、西北工业大学、西安电子科技大学、长安大学、西安交通大学、南开大学、广西大学、新疆大学、贵州大学、郑州大学、厦门大学。现在，ICPC训练联盟已经发展成为有全国300多家大学参加，并有南亚、东南亚的大学作为观察员的学术组织。ICPC训练联盟不仅为本书书稿，也为笔者的系列著作及其课程建设提供了一个实践的平台。本书中的内容曾在ICPC训练联盟2022冬令营和夏令营上讲授。

感谢教育部－华为“智能基座”程序设计课程虚拟教研室（电子科技大学主持）、泉州信息工程学院、头歌教学研究中心组织ICPC训练联盟2022夏令营，使本书的书稿在实战中得到了改进。感谢华东交通大学的周娟教授，她在ICPC训练联盟2022冬令营和夏令营中担任主讲。

特别感谢这些年来和我们风雨同舟、并肩作战的海内外同仁，在大家的共同努力下，大学程序设计课程与竞赛训练教材的建设、相应课程的建设，以及跨校、跨区域的教学实验体系的建设得以逐步完善。

本书获得复旦大学计算机学院专著和教材出版资助。

由于时间和水平所限，书中难免存在缺点和错误，表述不当和笔误也在所难免，恳请学术界同人和读者指正。如果您在阅读中发现了问题，恳请通过电子邮件告诉我们，以便我们在课程建设和再版时进行改进。我们的联系方式如下。

通信地址：上海市邯郸路220号复旦大学计算机科学技术学院 吴永辉（邮编：200433）

电子邮件：yhwu@fudan.edu.cn

吴永辉　王建德

2022年12月1日于上海

注：本书试题的在线测试地址如下。

在线评测系统	简称	网址
北京大学在线评测系统	POJ	http://poj.org/
浙江大学在线评测系统	ZOJ	https://zoj.pintia.cn/home
UVA 在线评测系统	UVA	http://uva.onlinejudge.org/ http://livearchive.onlinejudge.org/
HDOJ 在线评测系统	HDOJ	http://acm.hdu.edu.cn/
头歌实践教学平台	头歌	https://www.educoder.net/

目　录

第三篇 图的解题策略

第一篇

线性表的解题策略

线性表是由有限个数据元素组成的有序集合，这种数据结构具有均匀性（线性表内数据元素的类型相同）和有序性（线性表内数据元素一个接一个排列）的特征。线性表有以下3种类型。

- 直接存取类线性表，一种可直接存取某一指定项而不需要先访问其前驱或后继的线性表，数组和字符串是其中的典型代表。
- 顺序存取类线性表，一种按顺序存储所有元素的线性表，其典型代表是链表、栈和队列。
- 广义索引类线性表，一种通过关键码（key）进行索引的线性表，是（关键字，数据值）有序对的集合。

在《数据结构编程实验：大学程序设计课程与竞赛训练教材》（第3版）的第二篇“线性表的编程实验”，分别给出上述3种类型线性表的实验。而在这3种线性表中，直接存取类线性表中的数组是一种既简单又基础的数据结构。之所以说它简单，是因为它易于理解、易于编程实现；之所以说它基础，是因为任何一个有意义的程序都至少直接或间接地使用了这种线性结构，它几乎“无孔不入”。例如，顺序存取类的线性表和广义索引类的线性表都可使用数组实现。即便是非线性数据结构也以线性表的存储结构为基础。本书的第二篇“树的解题策略”介绍划分树、最小生成树、线段树、动态树、左偏树、伸展树和红黑树，其存储结构基本上都采用了数组。实现树的功能的跳跃表本身就是一个数组。本书的第三篇“图的解题策略”中介绍的网络流、二分图、分层图、平面图等，其存储结构也用数组表示。

本篇系统阐述以下3种利用线性表解题的策略。

- 快速幂，快速幂运算策略不仅可以应用于整数幂运算，而且可以应用于矩阵的幂运算，能够大幅度提高计算整数幂和矩阵幂的效率。
- 求解线性方程组的高斯消元法，并将这种策略拓展到求解模线性方程组、异或线性方程组以及求矩阵的秩。
- 单调栈和单调队列分别应用于快速查找和DP优化。

第 1 章

利用快速幂提高幂运算效率

1.1 快速幂取模

1.1.1 快速幂取模的概念

设有整数 a、自然数 i，快速幂求解 a^i 的思想就是每次把指数变小（指数除以 2）、底数变大（进行底数平方运算），以减少运算次数，即：如果 i 是偶数，则 $a^i=(a^2)^{\frac{i}{2}}$，否则，$a^i=(a^2)^{\frac{i-1}{2}}\times a$。整数快速幂的程序段如下：

```
int fastpow(int a, int i)          // 计算 a^i
{
    int ans=1;                     // ans: a^i 的最后结果
    int res=a;                     // res: 当前底数
    while (i>0)
    {
        if (i%2==1)                // i 是奇数
            ans=ans*res;           // 当前底数 res 乘入结果
        res=res*res;               // 进行底数平方运算，变大
        i=i/2;                     // 指数除以 2，变小
    }
    return ans;
}
```

数论计算中有这样一种运算：求一个数的幂对另外一个数的模的运算，即 $a^b \bmod n$，其中 a 和 b 是非负整数，n 是正整数。这样的运算被称为**模取幂**。在许多素数测试子程序和 RSA 公开密钥加密系统中，模取幂运算是一种很重要的运算。所以，我们希望找到一种高效的方法来计算 $a^b \bmod n$ 的值。

快速模取幂运算基于整数快速幂，即，用二进制来表示 b 时，采用反复平方法。设幂次 b 的二进制表示为 $(b_k, b_{k-1}, \cdots, b_1, b_0)$，即位长为 $k+1$，其中 b_k 为最高有效位，b_0 为最低有效位。快速模取幂运算的过程随着 a 的幂值从 0 到 b 成倍增长，最终计算出 $a^b\,\%\,n$，其程序段如下：

```
int modexp (int a, int b, int n)        // 计算 a^b % n
{
    int ans=1;                          // a^b%n 的结果值，初始化为 1
    int res=a;                          // res 二进制的位权，第 0 位的权为 a
    while (b>0)                         // 由低位至高位处理指数 b 对应的二进制数
    {
        if (b %2==1)                    // 若当前二进制位为 1，则结果值累乘当前位权并取模
            ans=(ans*res)% n;
        res=(res*res )% n;              // 计算下一位的位权并取模
        b=b /2;                         // 舍弃当前二进制位
    }
    return ans;                         // 返回 a^b % n 的值
}
```

显然，快速模取幂的算法复杂度为 $O(\log_2 b)$。

【1.1.1.1　Raising Modulo Numbers】

给出 n 对数字 A_i 和 B_i($1 \leqslant i \leqslant n$)，以及一个整数 M。请求解 $(A_1^{B_1} + A_2^{B_2} + \cdots + A_n^{B_n}) \bmod M$。

输入

输入包含 Z 个测试用例，在输入的第一行给出正整数 Z。接下来给出每个测试用例。每个测试用例的第一行给出整数 M（$1 \leqslant M \leqslant 45000$），总和将除以这个数取余数；接下来的一行给出数字的对数 H（$1 \leqslant H \leqslant 45000$）；接下来的 H 行，在每一行给出两个被空格隔开的数字 A_i 和 B_i，这两个数字不能同时等于零。

输出

对于每一个测试用例，输出一行，是表达式 $(A_1^{B_1} + A_2^{B_2} + \cdots + A_n^{B_n}) \bmod M$ 的结果。

样例输入	样例输出
3 16 4 2 3 3 4 4 5 5 6 36123 1 2374859 3029382 17 1 3 18132	2 13195 13

试题来源：CTU Open 1999

在线测试：POJ 1995，ZOJ 2150

试题解析

本题可以基于整数快速幂和模运算规则，通过快速模取幂的算法求解。基本模运算规则如下：

$$(a+b) \% p = (a \% p+b \% p) \% p \quad (1)$$

$$(a-b) \% p = (a \% p-b \% p) \% p \quad (2)$$

$$(a \times b) \% p = (a \% p \times b \% p) \% p \quad (3)$$

$$(a^b) \% p = ((a \% p)^b) \% p \quad (4)$$

在参考程序中，通过基于整数快速幂和模运算规则的快速模取幂函数 modexp(a, b, m) 求解 $a^b \% m$。

参考程序

```
#include <cstdio>
#define ll long long
int modexp(ll a, ll b, ll m)                 // 计算和返回 a^b % m
{
    ll ret = 1, tmp = a;                     // 结果值 ret 和当前位权 tmp 初始化
    while(b)                                 // 依次处理指数 b 的每一个二进制位
    {
```

```
        if(b%2==1)                             //若当前二进制位为1，则结果值累乘当前位权并取模
          ret = ret * tmp % m;
        tmp = tmp * tmp % m;                   //计算下一位的位权并取模
        b = b/2;                               //舍弃当前二进制位
    }
    return ret;                                //返回a^b % m
}
int main()
{
    int T, m, h;
    ll a, b;
    scanf("%d", &T);                           //输入测试用例数
    while(T--)                                 //依次处理每个测试用例
    {
        ll ans = 0;                            // 运算结果初始化
        scanf("%d %d", &m, &h);                //输入模m和项数h
        while(h--)                             //依次输入每一项的底数和指数
        {
            scanf("%I64d %I64d", &a, &b);
            ans = (ans + modexp(a, b, m)) % m;//累计当前项并取模
        }
        printf("%I64d\n", ans);                //输出运算结果
    }
}
```

1.1.2 快速幂取模的应用

在快速幂取模的应用实验中，加法原理和乘法原理被用于解题。

定理 1.1.2.1（加法原理） 设 A 和 B 是有限集合 S 的两个互不相交的子集，且 $A\cup B=S$，则 $|S|=|A|+|B|$。

证明：集合 S 中的元素在子集 A 中的个数有 $|A|$ 个，因为 A 和 B 互不相交，且 $A\cup B=S$，所以 S 中的元素不在 A 中必在 B 中，且 B 中的元素不在 A 中，则在 S 中不在 A 中的元素有 $|B|$ 个，即 $|S|=|A|+|B|$。■

例如，每天从上海到北京的高铁车次有 25 次，民航航班有 20 班，则每天从上海到北京乘坐高铁和民航的方式共有 $25+20=45$（种）。

定理 1.1.2.2（乘法原理） 设 A 和 B 是有限集合，$|A|=p$，$|B|=q$，则 $|A\times B|=p\times q$。

例如，有 2 门数学课和 4 门计算机课，某学生要选数学课和计算机课各一门，则有 $2\times 4=8$ 种选课方法。

【1.1.2.1 Teams】

从前有一种古老的游戏，这个游戏的特点是，每个队的队员数量没有限制，只要队中有队长就行。（这个游戏完全是战略性的，所以有时候玩家少了会增加获胜的机会）。因此，有 n 名队员，教练选择 k（$1\leqslant k\leqslant n$）名队员参加比赛，并让其中一人担任队长。给您的任务很简单，只要找出一个教练可以用多少种方式从他的 n 名队员中挑选一支参赛队即可。这里要注意，队员相同但队长不同的参赛队被认为是不同的队伍。

输入

输入的第一行给出测试用例数 T（$T\leqslant 500$）。接下来的 T 行每行给出 n 的值（$1\leqslant n\leqslant 10^9$），即教练所拥有的队员数量。

输出

对于输入的每一行，输出测试用例的编号，然后给出可以以多少种方式选择队伍。请输

出答案模 1000000007 的结果。有关确切的格式，请参见样例输入和样例输出。

样例输入	样例输出
3 1 2 3	Case #1: 1 Case #2: 4 Case #3: 12

试题来源：The first contest of the new season，2009

在线测试：UVA 11609

试题解析

先从 n 名队员中选 k 名队员，再从 k 名队员里选一个队长，根据乘法原理，有 $C(n, k)\times C(k, 1)$ 种方式；又因为 $1\leqslant k\leqslant n$，根据加法原理，选择队伍的方式数为 $\sum_{k=1}^{n} C(n,k)\times C(k,1)$。

因为 $C(n, k)\times C(k, r)=C(n, r)\times C(n-r, k-r)$，其中 $k\geqslant r$，所以 $C(n, k)\times C(k, 1)=C(n, 1)\times C(n-1, k-1)$，则 $\sum_{k=1}^{n} C(n,k)\times C(k,1)=n\times\sum_{k=0}^{n-1} C(n-1,k)$，而 $\sum_{k=0}^{n-1} C(n-1,k)$ 为 $(1+1)^{n-1}$ 的展开式，所以选择队伍的方式数为 $n\times 2^{n-1}$。

参考程序通过快速幂取模运算求解 2^{n-1} % 1000000007。

参考程序

```
#include <stdio.h>
typedef long long ll;
const ll MOD = 1000000007;
ll sPow (ll a, ll n)                           // a^n % MOD
{   ll x = 1;                                  // 结果值初始化
    while (n) {                                // 依次处理指数 n 的每一个二进制位
        if (n&1)                               // 若当前二进制位为 1，则结果值累乘当前位权并取模
            x = (x * a) % MOD;
        n /= 2;                                // 舍弃当前二进制位
        a = (a * a) % MOD;                     // 计算下一位的位权并取模
    }
    return x;                                  // 返回结果值
}
int main ()
{   int cas;
    ll n;
    scanf("%d", &cas);                         // 输入测试用例数
    for (int i = 1; i <= cas; i++) {           // 依次处理每个测试用例
        scanf("%lld", &n);                     // 输入教练拥有的队员数
        printf("Case #%d: %lld\n", i, n * sPow(2, n-1) % MOD);
                                               // 队伍方式数 n×2^(n-1) % MOD
    }
    return 0;
}
```

【1.1.2.2　Key Set】

给出一个由 n 个整数 $\{1, 2, \cdots, n\}$ 组成的集合 S。如果一个集合中的整数之和是偶数，则该集合被称为键集（key set）。问：集合 S 中有多少非空子集是键集？

输入

输入给出多个测试用例。输入的第一行给出一个整数 T（$1 \leqslant T \leqslant 10^5$），表示测试用例的个数。

对于每个测试用例，在一行中给出一个整数 n（$1 \leqslant n \leqslant 10^9$），表示集合中的整数数目。

输出

对于每个测试用例，输出键集数模 100000007 运算的结果。

样例输入	样例输出
4 1 2 3 4	0 1 3 7

试题来源：2015 Multi-University Training Contest 6

在线测试：HDOJ 5363

试题解析

本题给出一个由 n 个整数 $\{1, 2, \cdots, n\}$ 组成的集合 S。问：集合 S 中有多少这样的非空子集：子集里面所有元素的和为偶数？

在集合 S 中有 $n/2$ 个偶数、$(n+1)/2$ 个奇数。要使 S 的子集里面所有元素的和为偶数，则在该子集中，偶数个数为 $0, 1, 2, \cdots, n/2$，奇数个数为偶数个。假设 S 中有 a 个偶数、b 个奇数，则根据加法原理和乘法原理，S 中元素和为偶数的子集数为 $(C(a, 0)+C(a, 1)+C(a, 2)+\cdots+C(a, a)) \times (C(b, 0)+C(b, 2)+C(b, 4)+\cdots+C(b, 2\times(b/2)))$。根据二项式定理以及推论，$C(a, 0)+C(a, 1)+C(a, 2)+\cdots+C(a, a)=(1+1)^a=2^a$，$C(b, 0)-C(b, 1)+C(b, 2)-C(b, 3)+\cdots+(-1)^b C(b, b)=(1-1)^b=0$，该二项式展开式中奇数项系数之和等于偶数项系数之和，所以 $C(b, 0)+C(b, 2)+C(b, 4)+\cdots+C(b, 2\times(b/2))=(1+1)^b/2=2^{b-1}$。所以，$S$ 中元素和为偶数的子集数为 2^{a+b-1}，即 2^{n-1}。

又因为键集是非空的子集，所以要去掉 $C(a, 0)\times C(b, 0)$ 的情况。本题要求对键集数模 100000007 运算的结果，所以最终结果为 $(2^{n-1}-1) \bmod 100000007$。由于结果比较大，因此通过快速幂取模进行计算。

参考程序

```
#include <cstdio>
typedef long long ll;
const ll MOD = 1000000007;
int n;
ll modpow(ll a, ll k)                          // 快速幂取模计算 a^k % MOD
{
    ll c = 1;                                  // 结果值初始化
    while(k) {                                 // 依次处理指数 k 的每一个二进制位
        if(k & 1) c = (c*a) % MOD;             // 若当前二进制位为 1，则结果值累乘当前位权并取模
        a = (a*a) % MOD;                       // 计算下一位的位权并取模
        k >>= 1;                               // 舍弃当前二进制位
    }
    return c;                                  // 返回结果值
```

```
}
int main()
{
    int T;
    scanf("%d", &T);                                  // 输入测试用例数
    while(T--) {                                      // 依次处理每个测试用例
        scanf("%d", &n);                              // 输入集合中的整数数目 n
        printf("%lld\n", modpow(2, n-1) - 1);         // 计算输出键集数 (2^(n-1)-1) mod 100000007
    }
    return 0;
}
```

【1.1.2.3 Turn the pokers】

暑假，Alice 在家里待了很长时间，无所事事。她出去买了 m 张扑克牌，打算玩扑克。但她不想玩传统的游戏，想要改变。她把这些扑克牌面朝下，然后，把扑克牌翻转 n 遍，每遍她能翻转 X_i 张扑克牌。她想知道能得到多少种结果。你能帮她解决这个问题吗？

输入

输入给出若干测试用例。

每个测试用例第一行给出两个非负整数 n（$n>0$）和 m（$m\leqslant 100\ 000$）。接下来的一行给出 n 个整数 X_i（$0\leqslant X_i\leqslant m$）。

输出

对于每个测试用例，在一行中输出对答案数进行模 1000000009 运算的结果。

样例输入	样例输出
3 4 3 2 3 3 3 3 2 3	8 3

提示

对于第 2 个样例，0 表示牌面向下，1 表示牌面向上。初始时状态为 000。第一个结果为 000 → 111 → 001 → 110，第二个结果为 000 → 111 → 100 → 011，第三个结果为 000 → 111 → 010 → 101。因此，有 3 种结果（110, 011, 101）。

试题来源：2014 Multi-University Training Contest 1

在线测试：HDOJ 4869

试题解析

对于扑克牌，0 表示牌面向下，1 表示牌面向上。初始时牌面都向下。如果最后有 x 张牌的牌面向上，一共有 m 张扑克牌，这种情况对答案的贡献为 $C(m, x)$。所以要知道最后可能的牌面向上的牌数。

每次翻转扑克牌的张数 X_i 是确定的。如果 X_i 为奇数，那么这次翻转后 1 的个数的增量一定是奇数（增量可以是负奇数）；同理，如果 X_i 为偶数，那么这次翻转后 1 的个数的增量也一定是偶数（增量可以是负偶数）。所以，如果所有 X_i 的和为奇数，则最后的牌面向上的牌数是奇数；同理，如果所有 X_i 的和为偶数，则最后的牌面向上的牌数也是偶数。设所有翻转完成后，牌面向上的牌数最小是 L，最大是 R，牌面向上的牌数为 $L+2$，$L+4$，…，

$R-2$ 也都是可以达到的，而且 L 和 R 一定是同奇偶的。根据加法原理，最后可能的牌面向上的牌数为 $C(m, L)+C(m, L+2)+\cdots+C(m, R-2)+C(m, R)$。

因此，首先要确定 L 和 R。

计算牌面向上的最小牌数 L，就是计算最小的 1 的数目，每次都尽可能多地把 1 转化为 0；而计算牌面向上的最大牌数 R，就是计算最大的 1 的数目，每次都尽可能多地把 0 转化为 1。可以用两组 if 语句分别确定 L 和 R。

第一组 if 语句确定 L。

- 如果当前牌面向上的最小牌数 L 大于或等于现在翻牌的数量 X_i，即 $L \geqslant X_i$，就把 X_i 张牌面向上的牌翻转，也就是把 1 变成 0，则 $L=L-X_i$；
- 如果当前牌面向上的最小牌数 L 小于现在翻牌的数量 X_i，而牌面向上的最大牌数 R 大于或等于本次翻牌的数量 X_i，即 $L<X_i \leqslant R$，因为翻牌数量在上下限之间，所以可以把当前牌面朝上的牌的数量变为 0 或 1（不是绝对能变为 0，因为有可能当前牌面向上的牌数为奇数，而翻牌的次数是偶数），所以要判断 L 和 X_i 的奇偶性是否一样，如果一样，则牌面向上的最小牌数 L 变为 0，否则变为 1。
- 如果当前牌面向上的最大牌数 R 小于现在翻牌的数量 X_i，即 $R<X_i$，则在把 1 全部变为 0 的同时，还有 X_i-R 个 0 变为 1，即 $L=X_i-R$。

第二组 if 语句确定 R。

- 如果当前牌面向上的最大牌数 R 和现在翻牌的数量 X_i 的和没有超过总牌数 m，即 $R+X_i \leqslant m$，则把 X_i 张牌面向下的牌翻转，0 变成 1，这样使 1 最多，即 $R=R+X_i$。
- 如果当前牌面向上的最大牌数 R 和现在翻牌的数量 X_i 的和超过总牌数 m，而如果当前牌面向上的最小牌数 L 和现在翻牌的数量 X_i 的和没有超过总牌数 m，即 $L+X_i \leqslant m<R+X_i$，则要判断 $L+X_i$ 和 m 的奇偶性是否相同，如果相同，则新状态中必定所有牌的牌面都朝上，即全是 1，$R=m$，如果不同，则 $R=m-1$。
- 如果当前牌面向上的最小牌数 L 和现在翻牌的数量 X_i 的和超过总牌数 m，即 $L+X_i>m$，把 m 个 1 变成 0，那么还要翻 $L+X_i-m$ 张牌，最终得到 $m-(L+X_i-m)$ 个 1，所以 $R=2m-L-X_i$。

在确定 L 和 R 之后，计算 $C(m, L)+C(m, L+2)+\cdots+C(m, R-2)+C(m, R)$。

因为 $C(m,i)=\dfrac{m!}{(m-i)!\times i!}$，所以，$C(m,i)=C(m,i-1)\times\dfrac{m-i+1}{i}$。用数组 c 表示组合数 $C(m, i)$，则 $c[0]=1$，$c[i]=c[i-1]\times(m-i+1)/i$。本题要求对结果进行模 1000000009 运算。根据费马小定理，如果 p 是素数、a 是正整数，且 $GCD(a, p)=1$，则 $a^{p-1} \equiv 1(\bmod p)$。所以 $\dfrac{1}{a}$ 和 a^{p-2} 模 p 同余。设 $p=1000000009$，$c[i]=c[i-1]\times(m-i+1)\%p\times i^{p-2}\%p$。所以，需要通过快速幂取模运算求解。

参考程序

```
#include<iostream>
using namespace std;
#define MAXN 100100
#define MOD 1000000009
typedef long long ll;
ll c[MAXN];                             // 组合数 c[i]= C(m, i)
```

```
ll mode(ll a, int n)                          // 快速幂取模计算 a^n % MOD
{
    ll t = a;                                 // 当前位权初始化
    ll ans = 1;                               // a^n % MOD 初始化
    while(n){                                 // 由低至高分析 n 的二进制位
        if(n & 1)                             // 若当前二进制位为 1，则累乘当前位权并取模
            ans = ans * t % MOD;
        n >>= 1;                              // 舍弃当前二进制位
        t =  t * t % MOD;                     // 计算下一个二进制位的权
    }
     return ans;                              // 返回 a^n % MOD
}
int main()
{
    int n, m, L, R, i, j, x, p, q;            // 翻转前 1 的牌数区间为 [L, R]，翻转过程中 1 的
                                              // 牌数区间为 [p, q]，x 是输入的第 i 次翻牌的数量
    while(scanf("%d%d", &n, &m)!=EOF){        // 依次输入翻转次数 n 和扑克牌数 m
        L = R = 0;                            // 翻转前 1 的个数区间初始化
        p = q = 0;                            // 翻转后 1 的个数区间初始化
        for(i=0;i<n;i++){                     // 依次处理 n 次翻牌
            scanf("%d", &x);                  // 输入当前翻牌的张数
            //第一组 if 语句确定 L
            if(L>=x)                  // 如果可将 x 张牌由 1 翻为 0，则计算翻转后 1 的最少牌数 p
                p = L - x;
            else if(R>=x)             // 若 x 在 [L, R] 区间内，则根据 x 和 L 的奇偶性是否一致来
                                      // 决定 p 为 0 还是 1
                p = ((x&1)==(L&1))?0:1;
                else                  //1 的牌数不足 x 张，把 1 全部变为 0 的同时，把 X-R 个 0 变为 1
                p = x - R;
            //第二组 if 语句确定 R
            if(R+x<=m)                // 若 1 的最大牌数 R+ 待翻牌数量 x 小于或等于总牌数 m，
                                      // 则把 x 张牌由 0 变为 1，使 1 最多
                q = R + x;
                else if(L+x<=m)       // 若 1 的最小牌数 L+ 待翻牌数 x 小于或等于总牌数 m，则判断
                                      //  L+X 和 m 的奇偶性是否相同，若相同，则所有牌全变 1；
                                      // 若不同，则 m-1 张牌变 1
                q = (((L+x)&1)==(m&1))?m:m-1;
            else                      // 在 1 的最小牌数 L+ 待翻牌数 x 大于总牌数 m 的情况下，把 m 个 1
                                      // 变成 0，那么还要翻 L+xi-m 张牌，所以最终得到 m-(L+x-m) 个 1
                q = 2 * m - (x + L);
            L = p;                    // 确定下一次翻转前 1 的牌数区间
            R = q;
        }
        ll ans = 0LL;                 // 答案初始化
        c[0] = 1;                     // 递推组合数 c[i]
        for(i=1;i<=R;i++)
            if(m-i<i)
            c[i] = c[m-i];
            else
                c[i] = c[i-1] * (m-i+1) % MOD * mode((ll)i, MOD-2) % MOD;
        for(i=L;i<=R;i+=2){           // 累加 C(m, L)+ C(m, L+2)+…+ C(m, R-2)+ C(m, R)
                                      // 并取模
            ans += c[i];
            ans %= MOD;
        }
        cout<<ans<<endl;              // 输出结果
    }
    return 0;
}
```

1.2 矩阵快速幂

1.2.1 矩阵快速幂的概念

矩阵 $\boldsymbol{A}$ 和矩阵 $\boldsymbol{B}$ 相乘的前提条件是矩阵 $\boldsymbol{A}$ 的列数和矩阵 $\boldsymbol{B}$ 的行数相等，相乘的结果矩阵的行数等于矩阵 $\boldsymbol{A}$ 的行数，列数等于矩阵 $\boldsymbol{B}$ 的列数；即，设 $\boldsymbol{A}$ 为 $m\times p$ 的矩阵，$\boldsymbol{B}$ 为 $p\times n$ 的矩阵，则 $m\times n$ 的矩阵 $\boldsymbol{C}$ 为矩阵 $\boldsymbol{A}$ 与 $\boldsymbol{B}$ 的乘积，记作 $\boldsymbol{C}=\boldsymbol{A}\times\boldsymbol{B}$，其中矩阵 $\boldsymbol{C}$ 中的第 i 行第 j 列元素 $c_{ij}=\sum_{k=1}^{p}a_{ik}b_{kj}=a_{i1}b_{1j}+a_{i2}b_{2j}+\cdots+a_{ip}b_{pj}$。

所以，只有方阵（行数和列数相等）才能进行矩阵的幂运算。

根据线性代数的知识，$n\times n$ 的方阵 $\boldsymbol{A}$ 和方阵 $\boldsymbol{B}$ 相乘，产生 $n\times n$ 的方阵 $\boldsymbol{C}$，方阵 $\boldsymbol{A}$、$\boldsymbol{B}$ 和 $\boldsymbol{C}$ 分别用二维数组 a、b 和 c 表示，将二维数组 c 初始化为 0，方阵相乘的程序段如下：

```
for(i=0; i<n; i++)
    for(j=0; j<n; j++)
        for(k=0; k<n; k++)
            c[i][j] = c[i][j] + a[i][k] * b[k][j];
```

对于 $n\times n$ 的方阵 $\boldsymbol{A}$，给出正整数 M，求方阵 $\boldsymbol{A}$ 的 M 次幂 A^M。结合快速幂算法和矩阵相乘算法，程序段如下，其中，函数 mul(A, B) 为方阵 $\boldsymbol{A}$ 和 $\boldsymbol{B}$ 相乘，res 为当前的位权矩阵，初始时，res $=A$。

```
void quickpower(int M, int n)       // 矩阵快速幂
{
    int i, j;
    for(i=0; i<n; i++)              // 初始化 ans 为单位矩阵，任何矩阵与单位矩阵的乘积为其本身
        for(j=0; j<n; j++)
            if(i == j)
                ans.m[i][j] = 1;
        else
                ans.m[i][j] = 0;
    while(M)                        // 快速幂的步骤
    {
        if(M& 1)                    // M 的二进制数和 1 进行位运算与 "&"，判断 M 是否为奇数
            ans = mul(ans, res);
        res = mul(res, res);
        M = M >> 1;                 // M 的二进制数往左移 1 位
    }
}
```

求 Fibonacci 数取模是矩阵快速幂的一个应用。Fibonacci 数列递推公式为：$f(0)=0$，$f(1)=1$，$f(2)=1$，$f(n)=f(n-1)+f(n-2)$，其中 $n\geqslant 3$。则对于 $n\geqslant 3$，Fibonacci 数列递推公式可以通过矩阵运算得到：$\begin{pmatrix} f(n) \\ f(n-1) \end{pmatrix}=\begin{pmatrix} 1 & 1 \\ 1 & 0 \end{pmatrix}\begin{pmatrix} f(n-1) \\ f(n-2) \end{pmatrix}=\begin{pmatrix} 1 & 1 \\ 1 & 0 \end{pmatrix}^{n-2}\begin{pmatrix} f(2) \\ f(1) \end{pmatrix}$。因此，求 Fibonacci 数列的第 n 项，可以通过对方阵 $\begin{pmatrix} 1 & 1 \\ 1 & 0 \end{pmatrix}$ 通过矩阵快速幂求解 $n-2$ 次获得。

或者，对于 $n\geqslant 3$，$\begin{pmatrix} f(n+1) & f(n) \\ f(n) & f(n-1) \end{pmatrix}=\begin{pmatrix} 1 & 1 \\ 1 & 0 \end{pmatrix}\times\begin{pmatrix} f(n) & f(n-1) \\ f(n-1) & f(n-2) \end{pmatrix}$，而 $\begin{pmatrix} f(n) & f(n-1) \\ f(n-1) & f(n-2) \end{pmatrix}=\begin{pmatrix} 1 & 1 \\ 1 & 0 \end{pmatrix}\times\begin{pmatrix} f(n-1) & f(n-2) \\ f(n-2) & f(n-3) \end{pmatrix}$，所以，$\begin{pmatrix} f(n+1) & f(n) \\ f(n) & f(n-1) \end{pmatrix}=\begin{pmatrix} 1 & 1 \\ 1 & 0 \end{pmatrix}^{n-1}\times\begin{pmatrix} f(2) & f(1) \\ f(1) & f(0) \end{pmatrix}=\begin{pmatrix} 1 & 1 \\ 1 & 0 \end{pmatrix}^{n}$，

即，对方阵$\begin{pmatrix}1 & 1\\1 & 0\end{pmatrix}$通过矩阵快速幂求解 n 次，产生方阵的第一行第二列的项或者第二行第一列的项，就是 $f(n)$。

矩阵快速幂还可以求解形如 $f(n)=a\times f(n-1)+b\times f(n-2)+c$ 的递推式，其中 a、b、c 为常数，初始值 $f(1)$ 和 $f(2)$ 已知，则有 $\begin{pmatrix}f(n)\\f(n-1)\\c\end{pmatrix}=\begin{pmatrix}a & b & 1\\1 & 0 & 0\\0 & 0 & 1\end{pmatrix}\times\begin{pmatrix}f(n-1)\\f(n-2)\\c\end{pmatrix}=\begin{pmatrix}a & b & 1\\1 & 0 & 0\\0 & 0 & 1\end{pmatrix}^{n-2}\times\begin{pmatrix}f(2)\\f(1)\\c\end{pmatrix}$。

矩阵快速幂也可以求解形如 $f(n)=c^n-f(n-1)$ 的递推式，其中 c 为常数，初始值 $f(1)$ 已知，则有 $\begin{pmatrix}f(n)\\c^n\end{pmatrix}=\begin{pmatrix}-1 & c\\0 & c\end{pmatrix}\times\begin{pmatrix}f(n-1)\\c^{n-1}\end{pmatrix}=\begin{pmatrix}-1 & c\\0 & c\end{pmatrix}^{n-1}\times\begin{pmatrix}f(1)\\c\end{pmatrix}$。

【1.2.1.1　Fibonacci】

在 Fibonacci 整数序列中，$F_0=0$，$F_1=1$，且对 $n\geqslant 2$，$F_n=F_{n-1}+F_{n-2}$。例如，Fibonacci 序列的前十项为 0, 1, 1, 2, 3, 5, 8, 13, 21, 34, …

Fibonacci 序列的另一个公式是：

$$\begin{pmatrix}F_{n+1} & F_n\\F_n & F_{n+1}\end{pmatrix}=\begin{pmatrix}1 & 1\\1 & 0\end{pmatrix}^n=\underbrace{\begin{pmatrix}1 & 1\\1 & 0\end{pmatrix}\times\begin{pmatrix}1 & 1\\1 & 0\end{pmatrix}\times\cdots\times\begin{pmatrix}1 & 1\\1 & 0\end{pmatrix}}_{n\text{次}}。$$

给出整数 n，请计算 F_n 的最后 4 位。

输入

输入包含多个测试用例。每个测试用例一行，给出 n（其中 $0\leqslant n\leqslant 1\ 000\ 000\ 000$）。输入用包含数字 -1 的一行结束。

输出

对于每个测试用例，输出 F_n 的最后 4 位。如果 F_n 的最后 4 位都是 0，则输出“0”；否则，忽略前导零（即，输出 $F_n \bmod 10\ 000$）。

样例输入	样例输出
0 9 999999999 1000000000 -1	0 34 626 6875

提示

本题和矩阵相乘关联，两个 2 × 2 方阵相乘：

$$\begin{pmatrix}a_{11} & a_{12}\\a_{21} & a_{22}\end{pmatrix}\times\begin{pmatrix}b_{11} & b_{12}\\b_{21} & b_{22}\end{pmatrix}=\begin{pmatrix}a_{11}b_{11}+a_{12}b_{21} & a_{11}b_{12}+a_{12}b_{22}\\a_{21}b_{11}+a_{22}b_{21} & a_{21}b_{12}+a_{22}b_{22}\end{pmatrix}。$$

任何 2 × 2 方阵的 0 次幂是单位矩阵：$\begin{pmatrix}a_{11} & a_{12}\\a_{21} & a_{22}\end{pmatrix}^0=\begin{pmatrix}1 & 0\\0 & 1\end{pmatrix}$。

试题来源：Stanford Local 2006

在线测试：POJ 3070

试题解析

简述题意：给出 n，输出 F_n mod 10 000 的结果。

显然，由Fibonacci序列公式 $\begin{pmatrix} F_{n+1} & F_n \\ F_n & F_{n+1} \end{pmatrix} = \begin{pmatrix} 1 & 1 \\ 1 & 0 \end{pmatrix}^n = \underbrace{\begin{pmatrix} 1 & 1 \\ 1 & 0 \end{pmatrix} \times \begin{pmatrix} 1 & 1 \\ 1 & 0 \end{pmatrix} \times \cdots \times \begin{pmatrix} 1 & 1 \\ 1 & 0 \end{pmatrix}}_{n次}$ 可知，本题就是要求通过矩阵快速幂进行运算，矩阵 $\begin{pmatrix} 1 & 1 \\ 1 & 0 \end{pmatrix}^n$ 的右上角的数字就是 F_n。

参考程序

```
#include <cstdio>
using namespace std;
const int MOD = 10000;                        //模
struct matrix {                               //矩阵
    int m[2][2];
}ans;
matrix base = {1, 1, 1, 0};
matrix multi(matrix a, matrix b) {            //计算矩阵 c=a×b，返回乘积矩阵 c 的后四位
    matrix tmp;
    for(int i = 0; i < 2; i++) {
        for(int j = 0; j < 2; j++) {
            tmp.m[i][j] = 0;
            for(int k = 0; k < 2; k++)
                tmp.m[i][j] = (tmp.m[i][j] + a.m[i][k] * b.m[k][j]) % MOD;
        }
    }
    return tmp;
}
int matrix_pow(matrix a, int n) {             //矩阵快速幂，矩阵 a 的 n 次幂
    ans.m[0][0] = ans.m[1][1] = 1;            //ans 初始化为单位矩阵
    ans.m[0][1] = ans.m[1][0] = 0;
    while(n) {                                //由低位至高位处理次幂 n 对应的二进制数
        if(n & 1) ans = multi(ans, a);        //若 n 的当前位为 1，则 ans 乘位权矩阵 a
        a = multi(a, a);                      //计算下一位的位权矩阵 a
        n >>= 1;                              //n 往左移动 1 个二进制位，即舍弃当前二进制位
    }
    return ans.m[0][1];                       //返回 ans 的右上角的数字
}
int main() {
    int n;
    while(scanf("%d", &n), n != -1) {         //反复输入次幂 n，直至输入 -1
        printf("%d\n", matrix_pow(base, n));//计算和输出 Fn 的最后 4 位
    }
    return 0;
}
```

【1.2.1.2　Matrix Power Series】

给出一个 $n \times n$ 的方阵 $\boldsymbol{A}$ 和一个正整数 k，请您计算 $\boldsymbol{S} = \boldsymbol{A} + \boldsymbol{A}^2 + \boldsymbol{A}^3 + \cdots + \boldsymbol{A}^k$。

输入

输入只包含一个测试用例。输入的第一行给出3个正整数 n（$n \leqslant 30$）、k（$k \leqslant 10^9$）和 m（$m < 10^4$）。接下来的 n 行每行包含 n 个小于32 768的非负整数，这是按行排列的矩阵 $\boldsymbol{A}$ 的元素。

输出

以矩阵 $\boldsymbol{A}$ 的方式给出矩阵 $\boldsymbol{S}$，矩阵 $\boldsymbol{S}$ 中的元素除以 m 取余。

样例输入	样例输出
2 2 4 0 1 1 1	1 2 2 3

试题来源：POJ Monthly--2007.06.03

在线测试：POJ 3233

试题解析

本题采用矩阵快速幂和二分法求解。首先，可以通过矩阵快速幂求 A^k；其次，可以对幂次 k 进行二分，每次将规模减半，分 k 为奇偶两种情况：

- 当 k 为偶数时，$S(k)=(1+A^{k/2})(A+A^2+A^3+\cdots+A^{k/2})=(1+A^{k/2})\times S(k/2)$；
- 当 k 为奇数时，$S(k)=A+(A+A^{(k+1)/2})(A+A^2+A^3+\cdots+A^{k/2})=A+(A+A^{(k+1)/2})\times S(k/2)$。

例如，$S(6)=A+A^2+A^3+\cdots+A^6=(1+A^3)(A+A^2+A^3)=(1+A^3)\times S(3)$，$S(7)=A+A^2+A^3+\cdots+A^7=A+(A+A^4)(A+A^2+A^3)=A+(A+A^4)\times S(3)$。

参考程序

```
#include<iostream>
using namespace std;
const int MAX = 32;
struct Matrix                               //矩阵
{
    int v[MAX][MAX];
};
int n, k, M;
Matrix mtAdd(Matrix A, Matrix B)            // 计算矩阵和C=(A + B) % M
{
    int i, j;
    Matrix C;
    for(i = 0; i < n; i ++)
        for(j = 0; j < n; j ++)
        {
            C.v[i][j] = (A.v[i][j] + B.v[i][j]) % M;
        }
    return C;
}
Matrix mtMul(Matrix A, Matrix B)            // 计算矩阵积C=(A * B) % M
{
    int i, j, k;
    Matrix C;
    for(i = 0; i < n; i ++)
        for(j = 0; j < n; j ++)
        {
            C.v[i][j] = 0;
            for(k = 0; k < n; k ++)
            {
                C.v[i][j] = (A.v[i][k] * B.v[k][j] + C.v[i][j]) % M;
            }
        }
    return C;
}
Matrix mtPow(Matrix A, int k)               // 求矩阵A^k(k为偶数)或A^(k+1)(k为奇数)
{
```

```
    if(k == 0) {                              // 若次幂 k 为 0，则返回单位矩阵 A
        memset(A.v, 0, sizeof(A.v));
        for(int i = 0; i < n; i ++)
        {
            A.v[i][i] = 1;
        }
        return A;
    }
    if(k == 1) return A;                      // 若次幂 k 为 1，则返回 A 本身
    Matrix C = mtPow(A, k / 2);               // C=A^(k/2)
    if(k % 2 == 0) {                          // 若 k 为偶数，则返回 A^k；否则返回 A^(k+1)
        return mtMul(C, C);
    } else {
        return mtMul(mtMul(C, C), A);
    }
}
Matrix mtCal(Matrix A, int k)                 // 求 S(k) = A+A^2+A^3+…+A^k
{
    if(k == 1) return A;                      // 若 k=1，则返回 A 本身
    Matrix B = mtPow(A, (k+1) / 2);           // B=A^((k+1)/2)
    Matrix C = mtCal(A, k / 2);               // C=S(k/2)
    if(k % 2 == 0) {                          // 若 k 为偶数，则返回 (1+A^(k/2))×S(k/2)
        return mtMul(mtAdd(mtPow(A, 0), B), C);
    } else {                                  // 若 k 为奇数，则返回 A+(A+A^((k+1)/2))×S(k/2)
        return mtAdd(A, mtMul(mtAdd(A, B), C));
    }
}
int main()
{
    int i, j;
    Matrix A;                                 // 矩阵
    cin>> n >> k >> M;                        // 输入方阵规模 n、次幂 k 和模 M
    for(i = 0; i < n; i ++)                   // 输入矩阵 A
        for(j = 0; j < n; j ++)
        {
            cin>> A.v[i][j];
        }
    A = mtCal(A, k);                          // 计算 A = S(k)=A+A^2+A^3+…+A^k
    for(i = 0; i < n; i ++)                   // 自上而下输出矩阵 A
      {
        for(j = 0; j < n; j ++)               // 输出 i 行的 n 个整数
        {
            cout<< A.v[i][j] << ' ';
        }
        cout<<endl;                           // 换行
    }
    return 0;
}
```

1.2.2　矩阵快速幂的应用

本节给出快速矩阵幂和其他算法相结合解题的实验。题目 1.2.2.1 是将快速矩阵幂和加法原理相结合进行解题的实验，题目 1.2.2.2 是将快速矩阵幂和调整的 Floyd-Warshall 算法相结合进行解题的实验，而题目 1.2.2.3 则采用统计分析法，由局部解推导出矩阵的数学模型。

【1.2.2.1　Blocks】

Panda 接到了一项任务，要给一排积木涂上颜色。Panda 是一个聪明的孩子，他善于思

考数学问题。假设一排积木有 N 块，每块积木可以涂成红色、蓝色、绿色或黄色。出于某些特殊的原因，Panda 希望红色的积木和绿色的积木数量都是偶数。在这种情况下，Panda 想知道有多少种不同的方法来给这些积木涂上颜色。

输入

输入的第一行给出整数 T（$1 \leqslant T \leqslant 100$），表示测试用例的数目。接下来的 T 行每行给出一个整数 N（$1 \leqslant N \leqslant 10^9$），表示积木的数目。

输出

对于每个测试用例，在一行输出给积木涂上颜色的方法数。因为答案可能很大，所以答案要对 10007 取余。

样例输入	样例输出
2 1 2	2 6

试题来源：PKU Campus 2009 (POJ Monthly Contest – 2009.05.17), Simon

在线测试：POJ 3734

试题解析

本题给出要涂上颜色的 N 块积木，这 N 块积木排成一排，每块积木可以涂成红色、蓝色、绿色或黄色，问涂色结束后，红色的积木和绿色的积木数量都是偶数的涂色方法有多少种（结果对 10007 取余）。

分析 Panda 涂色到第 i 块积木时的情况。设 Panda 涂色到第 i 块积木时，红色的积木和绿色的积木数量都是偶数的方法数为 a_i，红色的积木和绿色的积木数量一奇一偶的方法数为 b_i，红色的积木和绿色的积木数量都是奇数的方法数为 c_i，则可以推导出如下公式：

- $a_{i+1}=2a_i+b_i$，即：在红色的积木和绿色的积木数量都是偶数的情况下，接下来的一块积木不涂红色或绿色，涂蓝色或黄色，根据加法原理，方法数为 $2a_i$；在红色的积木和绿色的积木数量一奇一偶的情况下，涂颜色数为奇数的积木，方法数为 b_i；而在红色的积木和绿色的积木数量都是奇数的情况下，仅涂一块积木，无法使红色的积木和绿色的积木数量都是偶数。所以，根据加法原理，$a_{i+1}=2a_i+b_i$。
- $b_{i+1}=2a_i+2b_i+2c_i$，即：在红色的积木和绿色的积木数量都是偶数的情况下，接下来的一块积木涂红色或绿色，方法数为 $2a_i$；在红色的积木和绿色的积木数量一奇一偶的情况下，接下来的一块积木涂蓝色或黄色，方法数为 $2b_i$；在红色的积木和绿色的积木数量都是奇数的情况下，接下来的一块积木涂红色或绿色，方法数为 $2c_i$。根据加法原理，$b_{i+1}=2a_i+2b_i+2c_i$。
- $c_{i+1}=b_i+2c_i$，即：在红色的积木和绿色的积木数量都是偶数的情况下，仅涂一块积木，无法使红色的积木和绿色的积木数量都是奇数；在红色的积木和绿色的积木数量一奇一偶的情况下，涂颜色数为偶数的积木，方法数为 b_i；在红色的积木和绿色的积木数量都是奇数的情况下，接下来的一块积木涂蓝色或黄色，方法数为 $2c_i$。根据加法原理，$c_{i+1}=b_i+2c_i$。

上述公式用矩阵表示如下：

$$\begin{pmatrix} a_{i+1} \\ b_{i+1} \\ c_{i+1} \end{pmatrix} = \begin{pmatrix} 2 & 1 & 0 \\ 2 & 2 & 2 \\ 0 & 1 & 2 \end{pmatrix} \begin{pmatrix} a_i \\ b_i \\ c_i \end{pmatrix} = \begin{pmatrix} 2 & 1 & 0 \\ 2 & 2 & 2 \\ 0 & 1 & 2 \end{pmatrix}^{i+1} \begin{pmatrix} 1 \\ 0 \\ 0 \end{pmatrix}$$

所以，本题可以采用矩阵的快速幂运算求解。

参考程序

```
#include<vector>
#include<iostream>
#include<algorithm>
#define M 10007
using namespace std;
vector<vector<int>>multi(vector<vector<int>>&A, vector<vector<int>>&B)   //矩阵乘法C=A×B
{
    vector<vector<int>>C(A.size(), vector<int>(B[0].size()));
    for (unsigned i = 0; i != A.size(); ++i)                             //枚举A的每一行
        for (unsigned j = 0; j != B[0].size(); ++j)                      //枚举B的每一列
            //累计A的第i行元素与B的第j列对应元素的乘积
            for (unsigned k = 0; k != B.size(); ++k)
                C[i][j] = (C[i][j] + A[i][k] * B[k][j]) % M;
    return C;                                                            //返回乘积矩阵C
}
vector<vector<int>> power(vector<vector<int>>&A, int n)                  //矩阵快速幂A^n
{
    vector<vector<int>> B(A.size(), vector<int>(A.size()));
    for (int i = 0; i != A.size(); ++i)  //将结果矩阵初始化为单位矩阵
        B[i][i] = 1;
    while (n)                            //由右向左分析指数的每一个二进制位
    {
        if (n & 1)                       //若当前二进制位为1，则累乘位权矩阵
            B = multi(B, A);
        A = multi(A, A), n >>= 1;        //计算下一位的权矩阵，舍弃当前二进制位
    }
    return B;                            //返回幂矩阵A^n
}
int main()
{
    int t, n;
    cin>> t;                                        //输入测试用例数
    while (t--)                                     //依次处理每个测试用例
    {
        vector<vector<int>>A(3, vector<int>(3));
        A[0][0] = 2, A[0][1] = 1, A[0][2] = 0;      //构造矩阵快速幂的初始矩阵A
        A[1][0] = 2, A[1][1] = 2, A[1][2] = 2;
        A[2][0] = 0, A[2][1] = 1, A[2][2] = 2;
        cin>> n;                                    //输入积木数
        A = power(A, n);                            //计算A^n
        cout<< A[0][0] <<endl;                      //输出涂色的方法数
    }
    return 0;
}
```

【1.2.2.2　Cow Relays】

N（$2 \leqslant N \leqslant 1\,000\,000$）头奶牛决定在牧场使用 T（$2 \leqslant T \leqslant 100$）条奶牛赛道进行接力赛，以进行它们的体能训练计划。

每条赛道连接着两个不同的交点 I_{1i}（$1 \leqslant I_{1i} \leqslant 1\,000$）和 I_{2i}（$1 \leqslant I_{2i} \leqslant 1\,000$），每个交点是至少两条赛道的节点。奶牛们知道每条赛道的长度 length_i（$1 \leqslant \text{length}_i \leqslant 1\,000$）、赛道连接的

两个交点，两个交点直接连接着两条不同的赛道的情况是不存在的。这些赛道构成一种数学上称为图的结构。

为了进行接力赛，N 头奶牛要站在不同的交点上，在有些交点上可能有多头奶牛。奶牛要站在适当的位置，这样就可以一头奶牛接一头奶牛地把接力棒传递下去，最后到达终点。

请编写一个程序来确定奶牛所站的适当的位置，要找到连接起始交点（S）和结束交点（E）的最短路径，并正好通过 N 条奶牛赛道。

输入

第 1 行：由四个空格分隔的整数 N、T、S 和 E。

第 2～$T+1$ 行：第 $i+1$ 行为用三个空格分隔的整数 length_i、I_{1i} 和 I_{2i}，描述第 i 条赛道。

输出

输出 1 行，给出一个整数，从交点 S 到交点 E，且正好通过 N 条奶牛赛道的最短距离。

样例输入	样例输出
2 6 6 4 11 4 6 4 4 8 8 4 9 6 6 8 2 6 9 3 8 9	10

试题来源：USACO 2007 November Gold

在线测试：POJ 3613

试题解析

本题给出一个 T 条边的带权无向图 G，求从起点 S 到终点 E 恰好经过 N 条边的最短路径，其中，$2 \leqslant T \leqslant 100$，$2 \leqslant N \leqslant 1\ 000\ 000$。所以，从起点 S 到终点 E 恰好经过的路径，边可以重复。

对于图的邻接矩阵 $\boldsymbol{A}$，$\boldsymbol{A}^k[i][j]$ 表示点 i 到点 j 恰好经过 k 条边的路径数。基于此，设带权无向图 G 表示为邻接矩阵 $\boldsymbol{A}$，图 G 的节点数为 n，并设从节点 i 出发到节点 j 的长度为 k 的最短路径为 $\boldsymbol{A}^{(k)}[i][j]$，则有 $\boldsymbol{A}^{(k_1+k_2)}[i][j]=\min\limits_{1 \leqslant w \leqslant n}\left(\boldsymbol{A}^{(k_1)}[i][w]+\boldsymbol{A}^{(k_2)}[w][j]\right)$。对 Floyd-Warshall 算法进行调整如下：

```
memset(temp, INF, sizeof(temp));                        // 初始化为无穷大
for(i=1; i<=n; i++)                                     // 枚举路径的端点 i 和 j
    for(j=1; j<=n; j++)
        for(j1=1; j1<=n; j1++)                          // 枚举中间节点 j1
            temp[i][j]=min(temp[i][j], a[i][j1]+b[j1][j]);
```

这里要注意，Floyd-Warshall 算法和调整的 Floyd-Warshall 算法有以下两处不同。

- 在 Floyd-Warshall 算法中，中间节点变量 $j1$ 作为 for 三层循环的最外层的循环变量；而在调整的 Floyd-Warshall 算法中，中间节点变量 $j1$ 作为 for 三层循环的最内层的循环变量。

- Floyd-Warshall 算法用于计算图中所有节点对之间的最短路径；对邻接矩阵 $\boldsymbol{A}$，一次调整的 Floyd-Warshall 算法运算，可以视为计算 $\boldsymbol{A}^2$，求出的是每对节点间经过两条边的最短路径，所以，要计算每对节点间经过 N 条边的最短路径，就要计算 $\boldsymbol{A}^N$。

对于本题，因为 N 的数据范围较大，所以 $\boldsymbol{A}^N$ 的计算采用矩阵快速幂运算完成。此外，把 INF 设为 0x3fffffff，即 (1<<30) - 1。

参考程序

```
#include<iostream>
using namespace std;
#define INF ((1<<30)-1)
int n;
struct matrix                                   //将矩阵初始化为无穷大
{
    int mat[201][201];
    matrix(){
        for(int i=0;i<201;i++)
            for(int j=0;j<201;j++)mat[i][j]=INF;
    }
};
int f[2001];                                    //交点 a 在相邻矩阵中的节点编号为 f[a]
matrix mul(matrix A, matrix B)                  //计算 C=A×B，即调整的 Floyd-Warshall 算法
{
    matrix C;
    int i, j, k;
    for(i=1;i<=n;i++)                           //枚举 A[][] 的每一行
        for(j=1;j<=n;j++)                       //枚举 B[][] 的每一列
         //枚举中间元素 k，根据 i 途经 k 至 j 的路径长度调整目前 i 至 j 的最短路径长度
            for(k=1;k<=n;k++)
                C.mat[i][j]=min(C.mat[i][j], A.mat[i][k]+B.mat[k][j]);
    return C;                                   //返回任一对节点间的最短路径矩阵 C
}
matrix powmul(matrix A, int k)                  //使用矩阵快速幂算法计算 A^K
{
    matrix B;
    for(int i=1;i<=n;i++)B.mat[i][i]=0;         //幂矩阵的对角线清零
    while(k)                                    //由右向左分析指数的每一个二进制位
    {
        if(k&1)B=mul(B, A);                     //若当前二进制位为 1，则累乘位权矩阵
        A=mul(A, A);                            //计算下一个二进制位的权矩阵
        k>>=1;                                  //舍弃当前二进制位
    }
    return B;                                   //返回幂矩阵 A^K
}
int main()
{
    matrix A;
    int k, t, s, e, a, b, c;
    scanf("%d%d%d%d", &k, &t, &s, &e);          //输入奶牛数 k、测试用例数 t、起点 s 和终点 e
    int num=1;
    while(t--)                                  //依次处理每个测试用例，构建图的相邻矩阵 A
    {
        scanf("%d%d%d", &c, &a, &b);            //输入当前赛道的长度和连接的两个交点
        if(f[a]==0)f[a]=num++;                  //设置交点 a 和 b 的节点编号
        if(f[b]==0)f[b]=num++;
        A.mat[f[a]][f[b]]=A.mat[f[b]][f[a]]=c;  //设置边长
    }
    n=num-1;                                    //设定图的规模
```

```
    A=powmul(A, k);                        //使用矩阵快速幂算法计算 A^K
    cout<<A.mat[f[s]][f[e]]<<endl;         //输出从 S 到 E 且正好通过 N 条边的最短路径长度
    return 0;
}
```

【1.2.2.3　Training little cats】

Facer 的宠物猫刚生下一窝小猫。考虑到这些可爱的猫的健康状况，Facer 决定让这些猫做些运动。Facer 为他的猫精心设计了一套动作。他现在要求你监督猫完成练习。Facer 对猫设计的练习包含以下三种不同的动作。

- g i：给第 i 只猫一颗花生。
- e i：让第 i 只猫吃掉它所拥有的花生。
- s i j：让第 i 只猫和第 j 只猫交换它们的花生。

所有的猫都要执行一个动作的序列，而且必须重复这个序列 m 次！可怜的猫！也只有 Facer 能想出这种馊主意。

请确定最终每只猫拥有的花生的数量，并输出这些数量，以便保存这些值。

输入

输入由多个测试用例组成，以三个零（0 0 0）结束。对于每个测试用例，首先给出三个整数 n、m 和 k，其中 n 是猫的数目，k 是一个动作序列的长度。接下来的 k 行给出动作序列。其中 $m \leqslant 1\,000\,000\,000$、$n \leqslant 100$、$k \leqslant 100$。

输出

对于每个测试用例，在一行中输出 n 个数字，表示最终每只猫拥有的花生的数量。

样例输入	样例输出
3 1 6 g 1 g 2 g 2 s 1 2 g 3 e 2 0 0 0	2 0 1

试题来源：PKU Campus 2009 (POJ Monthly Contest – 2009.05.17), Facer

在线测试：POJ 3735

试题解析

本题给出 n 只猫，开始时每只猫有 0 颗花生，猫能做三种动作。给出一个由 k 个动作组成的动作序列，将一个动作序列做 m 次后，问：最终每只猫有多少颗花生？

对于本题，由于要重复一个动作序列 m 次，而 $m \leqslant 1\,000\,000\,000$，因此不能采用模拟的方法解题。

本题采用矩阵表示动作。初始矩阵 $\boldsymbol{A}$ 为一个 $n+1$ 元组，编号为 $0 \sim n$，0 号元素固定为 1，$1 \sim n$ 号元素分别为对应的猫所拥有的花生数。以 3 只猫为例，初始矩阵 $\boldsymbol{A}=(1\ 0\ 0\ 0)$，再构造一个 $(n+1)\times(n+1)$ 的单位矩阵 $\boldsymbol{M}$，在单位矩阵 $\boldsymbol{M}$ 上表示动作。

g i：给第 i 只猫一颗花生，在 $\boldsymbol{M}$ 上使 $\boldsymbol{M}[0][i]$ 变为 1。例如 g 2，则：

$$\boldsymbol{M}=\begin{pmatrix}1&0&1&0\\0&1&0&0\\0&0&1&0\\0&0&0&1\end{pmatrix}$$，$\boldsymbol{A}\times\boldsymbol{M}=(1\quad 0\quad 1\quad 0)$，也就是第 2 只猫有一颗花生，其他猫没有花生。

e i：让第 i 只猫吃掉它所拥有的花生，在 $\boldsymbol{M}$ 上使 $\boldsymbol{M}[i][i]$ 变为 0。例如，第 1、第 2、第 3 只猫分别有 2、3、4 颗花生，则当前矩阵 $\boldsymbol{A}=(1\quad 2\quad 3\quad 4)$，当前动作为 e 3，则：

$$\boldsymbol{M}=\begin{pmatrix}1&0&0&0\\0&1&0&0\\0&0&1&0\\0&0&0&0\end{pmatrix}$$，$\boldsymbol{A}\times\boldsymbol{M}=(1\quad 2\quad 3\quad 0)$，也就是第 1、第 2 只猫分别有 2 颗和 3 颗花生，而第 4 只猫没有花生。

s i j：让第 i 只猫和第 j 只猫交换它们的花生，在 $\boldsymbol{M}$ 上使第 i 列与第 j 互换。例如，第 1、第 2、第 3 只猫分别有 2、3、4 颗花生，则当前矩阵 $\boldsymbol{A}=(1\quad 2\quad 3\quad 4)$，当前动作为 s 1 3，则

$$\boldsymbol{M}=\begin{pmatrix}1&0&0&0\\0&0&0&1\\0&0&1&0\\0&1&0&0\end{pmatrix}$$，$\boldsymbol{A}\times\boldsymbol{M}=(1\quad 4\quad 3\quad 2)$，也就是第 1、第 2、第 3 只猫分别有 4、3、2 颗花生，第 1 只猫和第 3 只猫交换了它们的花生。

对于 k 个动作，按动作顺序，根据动作种类，对 $(n+1)\times(n+1)$ 的单位矩阵 $\boldsymbol{M}$ 处理如下。

- g i：给第 i 只猫一颗花生，$\boldsymbol{M}[0][i]$++。
- e i：让第 i 只猫吃掉它所拥有的花生，将 $\boldsymbol{M}$ 上第 i 列的所有元素置为 0。
- s i j：让第 i 只猫和第 j 只猫交换它们的花生，在 $\boldsymbol{M}$ 上使第 i 列与第 j 互换。

这样就得到了表示一个动作序列的矩阵 $\boldsymbol{T}$。由于要重复一个动作序列 m 次，因此最终每只猫拥有的花生的数量为 $\boldsymbol{A}\times\boldsymbol{T}^m$。

由于稀疏矩阵，在做矩阵乘法时要进行优化。

参考程序

```
#include <cstdio>
typedef long long ll;
const int N=105;
int n, m, k;ll t;
struct Matrix{ll a[N][N];}O, I;   //定义N×N的矩阵O×I
void OI(){                        //将O矩阵初始化为零矩阵，将I矩阵初始化为单位矩阵
    for(int i=0;i<N;i++)
        for(int j=0;j<N;j++)
            O.a[i][j]=0, I.a[i][j]=(i==j);
}
Matrix Mul(Matrix A, Matrix B) { //计算矩阵乘积C=A×B
    Matrix C=O;                  //将C初始化为零矩阵
    for(int k=0;k<=n;k++)        //枚举中间位置
        for(int i=0;i<=n;i++)    //枚举A的每一行
            //若Aik非零，则枚举B的k行的每一列元素，Cij=Cij+Aik*Bkj（0≤j≤n）
```

```
            if(A.a[i][k]) for(int j=0;j<=n;j++) C.a[i][j]+=A.a[i][k]*B.a[k][j];
    return C;                                           //返回乘积矩阵C
}
Matrix Pow(Matrix A, int n){                            //计算和返回幂矩阵A^n
    Matrix B=I;                                         //将幂矩阵初始化为单位矩阵
    for(;n;A=Mul(A, A), n>>=1) if(n&1) B=Mul(B, A);     //使用反复平方法计算A^n
    return B;                                           //返回幂矩阵A^n
}
Matrix makeA()       //初始化规模为n×n的A矩阵，除a[0][0]为1外，其余元素为0
{Matrix A=O;A.a[0][0]=1;return A;}

Matrix makeT(){                                         //计算动作序列矩阵T
    Matrix T=I;char s[5];int a, b, i;                   //T初始时为单位矩阵
    while(k--){                                         //依次输入每一个动作
        scanf("%s%d", s, &a);                           //输入当前动作的命令字和操作数
//若给猫a一个花生，则T的0行a列+1；若猫a吃掉它拥有的花生，则T的a列清零；若猫a和b交换
//花生，则T的第i列与第j列互换
        if(s[0]=='g') T.a[0][a]++;
        else if(s[0]=='e') for(i=0;i<=n;i++) T.a[i][a]=0;
            else for(scanf("%d", &b), i=0;i<=n;i++) t=T.a[i][a], T.a[i][a]=T.a[i]
                [b], T.a[i][b]=t;
    }
    return T;                                           //返回动作序列矩阵T
}
int main(){
    OI();                                               //将O矩阵初始化为零矩阵，将I矩阵初始
                                                        //化为单位矩阵
    //反复输入猫的数量n、动作序列的重复次数m和长度k，直至输入0 0 0为止
    while(scanf("%d%d%d", &n, &m, &k)!=EOF){
        if(n==0&&m==0&&k==0) break;
        //构造初始矩阵A(A0,0=1，其余全为零)；构造动作序列矩阵T，计算A=A×T^m
        Matrix A=makeA(), T=makeT();A=Mul(A, Pow(T, m));
        for(int i=1;i<=n;i++) printf("%lld ", A.a[0][i]); //输出每只猫拥有的花生数
        puts("");
    }
    return 0;
}
```

第2章

高斯消元法

高斯消元法是一个重要的数学方法，主要用于求解线性方程组，也可以求矩阵的秩、矩阵的逆等。高斯消元法的时间复杂度主要与方程组的方程个数和变量个数有关，一般时间复杂度为 $O(n^3)$。本章主要介绍使用高斯消元法：

- 求解线性方程组；
- 求解模线性方程组；
- 求解异或方程组；
- 求矩阵的秩。

2.1 高斯消元法求解线性方程组

有多个变量，且每个变量的次数均为一次的方程组成的方程组被称为线性方程组，其形式为：

$$\begin{cases} a_{11}x_1 + a_{12}x_2 + \cdots a_{1n}x_n = b_1 \\ a_{21}x_1 + a_{22}x_2 + \cdots + a_{2n}x_n = b_2 \\ \vdots \\ a_{n1}x_1 + a_{n2}x_2 + \cdots + a_{nn}x_n = b_n \end{cases}$$

高斯消元法求解线性方程组的基本思想是通过一系列的加减消元运算得到类似 $kx = b$ 的式子，然后逐一回代求解 x 向量。例如，给出线性方程组如下：

$$\begin{cases} 3x_1 + 2x_2 + x_3 = 6 & (1) \\ 2x_1 + 2x_2 + 2x_3 = 4 & (2) \\ 4x_1 - 2x_2 - 2x_3 = 2 & (3) \end{cases}$$

首先，进行消元。

将 (1) 除以 3，把 x_1 的系数化为 1，得方程 (1)′：$x_1 + \frac{2}{3}x_2 + \frac{1}{3}x_3 = 2$。再令 $(2) - 2 \times (1)'$，$(3) - 4 \times (1)'$，则将方程 (2) 和 (3) 中的 x_1 消去，得线性方程组如下：

$$\begin{cases} x_1 + \frac{2}{3}x_2 + \frac{1}{3}x_3 = 2 & (1)' \\ \frac{2}{3}x_2 + \frac{4}{3}x_3 = 0 & (2)' \\ -\frac{14}{3}x_2 - \frac{10}{3}x_3 = -6 & (3)' \end{cases}$$

再将 (2)′ 除以 2/3，把 x_2 的系数化为 1，得方程 (2)″：$x_2 + 2x_3 = 0$。再令 $(3)' - (-14/3) \times (2)''$，则将方程 (3)′ 的 x_2 消去，得线性方程组如下：

$$
\begin{cases}
x_1 + \dfrac{2}{3}x_2 + \dfrac{1}{3}x_3 = 2 & (1)' \\
x_2 + 2x_3 = 0 & (2)'' \\
\dfrac{18}{3}x_3 = -6 & (3)''
\end{cases}
$$

则由 (3)″得，$x_3 = -1$。

然后，进行回代，由 (2)″得，$x_2 = 2$；再由 (1)′得，$x_1 = 1$。

线性方程组用矩阵形式表示如下：

$$
\begin{pmatrix} a_{11} & a_{12} & \cdots & a_{1n} \\ a_{21} & a_{22} & \cdots & a_{2n} \\ \vdots & \vdots & \vdots & \vdots \\ a_{n1} & a_{n2} & \cdots & a_{nn} \end{pmatrix}
\begin{pmatrix} x_1 \\ x_2 \\ \vdots \\ x_n \end{pmatrix}
=
\begin{pmatrix} b_1 \\ b_2 \\ \vdots \\ b_n \end{pmatrix}
$$

，简记为 $\boldsymbol{Ax} = \boldsymbol{b}$。

采用高斯消元法，构造增广矩阵 $\boldsymbol{B} = (\boldsymbol{A}|\boldsymbol{b})$，然后对 $\boldsymbol{B}$ 进行矩阵的初等行变换，直至 $\boldsymbol{A}$ 变为上三角矩阵。以上述的线性方程组为例，首先，对增广矩阵 $\boldsymbol{B}$ 进行矩阵的初等行变换，直至 $\boldsymbol{A}$ 变为上三角矩阵：

$$
\begin{pmatrix} 3 & 2 & 1 & 6 \\ 2 & 2 & 2 & 4 \\ 4 & -2 & -2 & 2 \end{pmatrix}
\Rightarrow
\begin{pmatrix} 1 & \dfrac{2}{3} & \dfrac{1}{3} & 2 \\ 0 & \dfrac{2}{3} & \dfrac{4}{3} & 0 \\ 0 & -\dfrac{14}{3} & -\dfrac{10}{3} & -6 \end{pmatrix}
\Rightarrow
\begin{pmatrix} 1 & \dfrac{2}{3} & \dfrac{1}{3} & 2 \\ 0 & 1 & 2 & 0 \\ 0 & 0 & \dfrac{18}{3} & -6 \end{pmatrix}
$$

然后回代，得解：$\boldsymbol{x} = \begin{pmatrix} 1 \\ 2 \\ -1 \end{pmatrix}$。

对增广矩阵采用消元法，当消元完毕后，如果有一行系数项都为 0，但是常数项不为 0，则对应的线性方程组无解。例如有 $\begin{pmatrix} 1 & \dfrac{2}{3} & \dfrac{1}{3} & 2 \\ 0 & 1 & 2 & 0 \\ 0 & 0 & 0 & -6 \end{pmatrix}$，则对应的线性方程组无解。

当消元完毕后，如果有多行的系数项和常数项均为 0，则对应的线性方程组有多个解。例如有 $\begin{pmatrix} 1 & \dfrac{2}{3} & \dfrac{1}{3} & 2 \\ 0 & 0 & 0 & 0 \\ 0 & 0 & 0 & 0 \end{pmatrix}$，则对应的线性方程组有多个解。有几行全为 0，就有几个自由变量，即变量的值可以任取，有无数种情况可以满足给出的线性方程组。

采用高斯消元法求解线性方程组浮点类型解的程序模板如下。在编程实现的过程中，对增广矩阵进行矩阵的初等行变换，自上而下处理每一行，在处理第 i 行时，先选择一个 $r \geqslant i$ 且绝对值最大的 a_{ri}，然后交换第 r 行和第 i 行，即保证交换后的 a_{ir} 不等于 0。

采用高斯消元法求解线性方程组浮点类型解的标准程序段如下。

```
double a[N][N];                                          //增广矩阵
double x[N];                                             //解集
bool freeX[N];                                           //标记是否为自由变元
int Gauss(int equ, int var){                             //返回自由变元个数
    for(int i=0;i<=var;i++){                             //初始化
        x[i]=0;
        freeX[i]=true;
    }
    /*转换为阶梯阵*/
    int col=0;                                           //当前处理的列
    int row;                                             //当前处理的行
    for(row=0; row<equ&&col<var; row++, col++){ //枚举当前处理的行
        int maxRow=row;                                  //当前列绝对值最大的行
        for(int i=row+1; i<equ; i++){                    //寻找当前列绝对值最大的行
            if(abs(a[i][col])>abs(a[maxRow][col]))
                maxRow=i;
        }
        if(maxRow!=row){                         //与第 row 行交换
            for(int j=row; j<var+1; j++)
                swap(a[row][j], a[maxRow][j]);
        }
        if(fabs(a[row][col])<1e6){               //第 col 列第 row 行以下全是 0，处理当前行的下一列
            row--;
            continue;
        }
        for(int i=row+1;i<equ;i++){              //枚举要删去的行
            if(fabs(a[i][col])>1e6){
                double temp=a[i][col]/a[row][col];
                for(int j=col; j<var+1; j++)
                    a[i][j]-=a[row][j]*temp;
                a[i][col]=0;
            }
        }
    }
    /*求解*/
    //无解
    for(int i=row; i<equ; i++)
        if(fabs(a[i][col])>1e6)
            return -1;
    //无穷解：在 var*(var+1) 的增广矩阵中出现 (0, 0, …, 0) 这样的行
    int temp=var-row;                            //自由变元有 var-row 个
    if(row<var)                                  //返回自由变元数
        return temp;
    //唯一解：在 var*(var+1) 的增广矩阵中形成严格的上三角矩阵
    for(int i=var-1; i>=0; i--){                 //计算解集
        double temp=a[i][var];
        for(int j=i+1; j<var; j++)
            temp-=a[i][j]*x[j];
        x[i]=temp/a[i][i];
    }
    return 0;
}
```

题目 2.1.1 和 2.1.2 是应用高斯消元法求解线性方程组的范例。

【2.1.1 Kind of a Blur】

当被拍摄物偏离出焦距以外时，就会造成失焦，导致成像模糊。对给出的模糊的原始图像进行恢复是图像处理中最有趣的课题之一。这一过程被称为去模糊，这也是本题要完成的任务。

在本题中，所有的图像都是灰色的（没有颜色）。一个图像表示为一个实数的二维矩阵，

其中每个元素是对应像素的亮度。一个清晰的图像被模糊化，就是将距离每个像素（包括该像素本身）的某个曼哈顿距离内（小于或等于）的所有像素的值取平均值，赋给这个像素。图2.1-1所示是一个如何计算模糊距离为1的3×3图像的模糊度的示例。

$$\text{blur}\left(\begin{bmatrix} 2 & 30 & 17 \\ 25 & 7 & 13 \\ 14 & 0 & 35 \end{bmatrix}\right)$$
$$=\begin{bmatrix} \frac{2+30+25}{3} & \frac{2+30+17+7}{4} & \frac{30+17+13}{3} \\ \frac{2+25+7+14}{4} & \frac{30+25+7+13+0}{5} & \frac{17+7+13+35}{4} \\ \frac{25+14+0}{3} & \frac{7+14+0+35}{4} & \frac{13+0+35}{3} \end{bmatrix}$$
$$=\begin{bmatrix} 19 & 14 & 20 \\ 12 & 15 & 18 \\ 13 & 14 & 16 \end{bmatrix}$$

图 2.1-1

本题给出一幅图像的模糊版本，要求恢复原始图像。本题设定给出的图像是模糊的，如上所述。

两点之间的曼哈顿距离（也被称为出租车距离）是它们坐标的绝对值的差的总和。

图2.1-2所示的网格给出了与灰色单元格之间的曼哈顿距离。

6	5	4	3	4	5	6
5	4	3	2	3	4	5
4	3	2	1	2	3	4
3	2	1	0	1	2	3
4	3	2	1	2	3	4
5	4	3	2	3	4	5
6	5	4	3	4	5	6

图 2.1-2

输入

输入包含若干测试用例。每个测试用例有 $H+1$ 行，第一行给出三个非负整数，分别表示模糊图像的宽度 W、高度 H，以及模糊距离 D，其中，$W \geqslant 1$、$H \leqslant 10$ 且 $D \leqslant \min(W/2, H/2)$。接下来的 H 行给出模糊图像中每个像素的灰度，每行给出 W 个非负实数，实数保留小数点后两位，所有给出的实数值都小于100。

在测试用例之间可能是零行，也可能有多行（完全由空格组成）。输入的最后一行由三个零组成。

输出

对于每个测试用例，输出一个 $W \times H$ 的实数矩阵，表示图像去模糊之后的版本。矩阵中的每个元素精确到两位小数，并在宽度为8的字段中向右对齐。用一个空行分隔两个连续的测试用例的输出。在最后一个测试用例之后不要输出空行。本题设定每个测试用例都有一个唯一的解。

样例输入	样例输出
2 2 1	1.00 1.00
1 1	1.00 1.00
1 1	
	2.00 30.00 17.00
3 3 1	25.00 7.00 13.00
19 14 20	14.00 0.00 35.00
12 15 18	
13 14 16	1.00 27.00 2.00 28.00
	21.00 12.00 17.00 8.00
4 4 2	21.00 12.00 17.00 8.00
14 15 14 15	1.00 27.00 2.00 28.00
14 15 14 15	
14 15 14 15	
14 15 14 15	
0 0 0	

试题来源：2009 ICPC Africa/Middle East - Africa and Arab

在线测试：HDOJ 3359，UVA4741

试题解析

本题题意：图像的去模糊版本是一个 $W\times H$ 的实数矩阵 $\boldsymbol{A}$，对于其中的每个元素 $\boldsymbol{A}[i][j]$，从它出发到其他的曼哈顿距离小于等于 D 的点的所有值的和 $S[i][j]$ 除以可达点的数目，就是表示模糊图像的矩阵 $\boldsymbol{B}$。本题给出矩阵 $\boldsymbol{B}$，求矩阵 $\boldsymbol{A}$。

本题的求解是将矩阵 $\boldsymbol{A}$ 的所有元素作为变量，共有 $W\times H$ 个变量；而矩阵 $\boldsymbol{B}$ 的每个元素表示为这些变量的表达式，对于 $\boldsymbol{B}[i][j]$，曼哈顿距离在 D 以内的 $\boldsymbol{A}[x][y]$ 的系数为 1，其他的 $\boldsymbol{A}[x][y]$ 为 0，列出方程，这样就变成了 $W\times H$ 个变量和 $W\times H$ 个方程的线性方程组，采用高斯消元法求解线性方程组浮点类型解的方法进行求解。

因为本题设定每个测试用例都有一个唯一的解，所以不必考虑无解和多解的情况。但是，进行浮点数消元的时候为了避免精度误差，每次进行矩阵行变换，都使在对角线上的值的绝对值最大，这样可将误差降到最小。

参考程序

```
#include <bits/stdc++.h>
using namespace std;
#define maxn 111
#define eps 1e-9
double a[maxn][maxn], x[maxn], cnt[maxn][maxn];    // 增广矩阵 a[][]，其中 a[0][0]..a[w-1]
                                                   // [h-1] 为系数矩阵，a[0..w-1][h] 为
                                                   // 右端列向量；x[] 为 w*h 个像素去模糊化
                                                   // 后的精确值；cnt[i][j] 为 (i, j) 左
                                                   // 上角曼哈顿距离不大于 d 的像素个数
int w, h, d;                                       // 模糊图像的规模为 w*h，模糊距离为 d
double mp[11][11];                                 //mp[i][j] 为 (i, j) 的像素灰度
int equ, var;
int Gauss () {                                     // 使用高斯消元法计算增广矩阵 a[][] 的解
    int i, j, k, col, max_r;
    for (k = 0, col = 0; k<equ&& col<var; k++, col++) { // 自上而下枚举行 k，进行初等行变换
        max_r = k;                                 // 当前 col 列绝对值最大的行号初始化为 k
        for (int i = k+1; i <equ; i++)             // 寻找 col 列上绝对值最大的 max_r 行
            if (fabs (a[i][col]) >fabs (a[max_r][col]))
                max_r = i;
        if (k != max_r)                            // 将第 max_r 行与第 k 行的元素交换
            for (int j = col; j <= var; j++)
                swap (a[k][j], a[max_r][j]);
        for (int i = k+1; i <equ; i++)             // 消元，将增广矩阵简化为上三角矩阵
            if (a[i][col]) {
                double tmp = -a[i][col]/a[k][col];
                for (int j = col; j <= var; j++)
                    a[i][j] += tmp*a[k][j];
            }
    }
    for (int i = equ-1; i >= 0; i--) {             // 通过回代过程计算解集 x[]
        double tmp = a[i][var];
        for (int j = i+1; j < var; j++)
            tmp -= x[j]*a[i][j];
        x[i] = tmp/a[i][i];
    }
    return 1;
}
```

```
int main () {
    int kase = 0;                            // 测试用例数初始化
    while (cin>> w >> h >> d && w+h) {       // 输入模糊图像的规模 w*h 和距离 d
        if (kase++) cout<<endl;              // 累计测试用例数并输出空行
        memset (cnt, 0, sizeof cnt);
        memset (a, 0, sizeof a);
        memset (x, 0, sizeof x);
        for (int i = 0; i < h; i++)          // 输入每个位置的像素灰度
            for (int j = 0; j < w; j++)
                cin>> mp[i][j];
        for (int i = 0; i < h; i++)          // 枚举每个像素位置，构造增广矩阵的系数部分
            for (int j = 0; j < w; j++)
                for (int x = 0; x < h; x++)        // 枚举 (i, j) 左上角的每个位置 (x, y)
                    for (int y = 0; y < w; y++)
                        if (abs(i-x)+abs(j-y) <= d) {   // 若 (i, j) 与 (x, y) 间的
                                                        // 曼哈顿距离不大于 d，则 (i, j)
                                                        // 左上角满足条件的像素个数加 1，
                                                        // (i, j) 的像素与 (x, y) 的
                                                        // 像素间连边
                            cnt[i][j] += 1;
                            a[i*w+j][x*w+y] = 1.0;
                        }
        equ = h*w, var = h*w;
        for (int i = 0; i < h; i++)          // 枚举每一个像素位置，构造增广矩阵右边的列向量
            for (int j = 0; j < w; j++)
                a[i*w+j][var] = mp[i][j]*cnt[i][j];
        Gauss ();                            // 使用高斯消元法计算增广矩阵 a[][] 的解 x[]
        int cur = 0;                         //x[] 的指针初始化
        for (int i = 0; i < h; i++) {        // 自上而下输出 h 行的模糊图像
            for (int j = 0; j < w; j++)      // 输出第 i 行的 w 个像素的解
                printf ("%8.2f", x[cur++]);
            printf ("\n");                   // 换行
        }
    }
    return 0;
}
```

【2.1.2　BiliBili】

Shirai Kuroko 是一名高一学生。学校里几乎每个人都有超能力，Kuroko 的超能力是“远距离传送”，可以使人在十一维空间中转移，也就是在一般人眼里瞬间移动。

事实上，这一超能力的理论很简单。每一次，Kuroko 都计算出在十一维空间中一些已知物体与目的地之间的距离，这样 Kuroko 就可以获得她想去的目的地的坐标，然后用她的超能力到达目的地。

本题给出在十一维空间中 12 个物体的坐标 $V_i = (X_{i1}, X_{i2}, \cdots, X_{i11})$，还给出目的地和物体之间的距离 D_i，$1 \leqslant i \leqslant 12$。请编写一个程序来计算目的地的坐标。本题设定答案是唯一的，12 个物体中的任何 4 个都不会在同一平面上。

输入

输入的第一行给出整数 T，表示有 T 个测试用例。每个测试用例 12 行，每行给出 12 个实数，表示 $X_{i1}, X_{i2}, \cdots, X_{i11}$ 和 D_i。T 小于 100。

输出

对于每个测试用例，输出 11 个实数，表示目的地的坐标。实数要四舍五入到小数点后两位。

样例输入	样例输出
1 1.0 0 0 0 0 0 0 0 0 0 0 7.0 0 1.0 0 0 0 0 0 0 0 0 0 7.0 0 0 1.0 0 0 0 0 0 0 0 0 7.0 0 0 0 1.0 0 0 0 0 0 0 0 7.0 0 0 0 0 1.0 0 0 0 0 0 0 7.0 0 0 0 0 0 1.0 0 0 0 0 0 7.0 0 0 0 0 0 0 1.0 0 0 0 0 7.0 0 0 0 0 0 0 0 1.0 0 0 0 7.0 0 0 0 0 0 0 0 0 1.0 0 0 7.0 0 0 0 0 0 0 0 0 0 1.0 0 7.0 0 0 0 0 0 0 0 0 0 0 1.0 7.0 7.0 0 0 0 0 0 0 0 0 0 0 11.0	−2.00 −2.00 −2.00 −2.00 −2.00 −2.00 −2.00 −2.00 −2.00 −2.00 −2.00

在线测试：ZOJ 3645

试题解析

在十一维空间中有一个未知点，已知 12 个点的十一维坐标及其与这个未知点的距离，求这个未知点的十一维坐标。

设未知点的十一维坐标是 $(p_1, p_2, \cdots, p_{11})$，则对于已知点的十一维坐标 $(X_{i1}, X_{i2}, \cdots, X_{i11})$，以及和未知点之间的距离 D_i，有 $(X_{i1}-p_1)^2+(X_{i2}-p_2)^2+\cdots+(X_{i11}-p_{11})^2=D_i^2$，$1\leqslant i\leqslant 12$。则将前 11 个方程，减去第 12 个方程，就能得到一个线性方程组，采用浮点型高斯消元求解即可。

参考程序

```
#include <iostream>
#include <cstring>
#include <cmath>
using namespace std;
const double eps = 1e-12;
const int Max_M = 15;                                     // M个方程，N个变量
const int Max_N = 15;
int m, n;
double Aug[Max_M][Max_N+1];                               // 增广矩阵
bool free_x[Max_N];                                       // 判断是否为不确定的变元
double x[Max_N];                                          // 解集
int sign(double x) { return (x>eps) - (x<-eps);}          // 返回值为 -1，则无解；返回值为 0，
                                                          // 则有且仅有一个解；返回值大于等于 1，
                                                          // 则有多个解，根据 free_x 判断哪些
                                                          // 是不确定的解
int Gauss()                                               // 使用高斯消元法求解增广矩阵 Aug[][]
{
    int i, j;
    int row, col, max_r;
    //将增广矩阵转化为阶梯矩阵
    for(row=0, col=0; row<m&&col<n; row++, col++)
    {
        max_r = row;
        for(i = row+1; i < m; i++)          // 找到当前列所有行中的最大值（做除法时减小误差）
        {
            if(sign(fabs(Aug[i][col])-fabs(Aug[max_r][col]))>0)
```

```
                max_r = i;
        }
        if(max_r != row)                    // 将该行与当前行交换
        {
            for(j = row; j < n+1; j++)
                swap(Aug[max_r][j], Aug[row][j]);
        }
        if(sign(Aug[row][col])==0)          // 当前列 row 行以下全为 0（包括 row 行），
                                            // 则处理当前行的下一列
        {
            row--;
            continue;
        }
        // 通过消元设法将增广矩阵简化为上三角矩阵
        for(i = row+1; i < m; i++)
        {
            if(sign(Aug[i][col])==0) continue;
            double ta = Aug[i][col]/Aug[row][col];
            for(j = col; j < n+1; j++) Aug[i][j] -= Aug[row][j]*ta;
        }
    }
    // 分析化简后的增广矩阵：判断是无解、无穷解还是唯一解
    for(i = row; i < m; i++)                // col=n，若存在 0, …, 0, a 的情况，则无解
    {
        if(sign(Aug[i][col]))
            return -1;
    }
    if(row < n)         // 若存在 0, …, 0, 0 的情况，则有多个解，自由变元个数为 n-row 个
    {
        for(i = row-1; i >=0; i--)
        {
            int free_num = 0;               // 自由变元的个数
            int free_index;                 // 自由变元的序号
            for(j = 0; j < n; j++)
            {
                if(sign(Aug[i][j])!=0 && free_x[j])
                    free_num++, free_index=j;
            }
            if(free_num > 1) continue;      // 该行中不确定的变元的个数超过 1 个，无法求解，
                                            // 它们仍然为不确定的变元；只有一个不确定的变元
                                            // free_index，可以求解出该变元，且该变元是确定的
            double tmp = Aug[i][n];
            for(j = 0; j < n; j++)
            {
                if(sign(Aug[i][j])!=0 && j!=free_index)
                    tmp -= Aug[i][j]*x[j];
            }
            x[free_index] = tmp/Aug[i][free_index];
            free_x[free_index] = false;
        }
        return n-row;
    }
    // 有且仅有一个解[严格的上三角矩阵（n==m）]，通过回代过程求解向量
    for(i = n-1; i >= 0; i--)
    {
        double tmp = Aug[i][n];
        for(j = i+1; j < n; j++)
            if(sign(Aug[i][j])!=0)
                tmp -= Aug[i][j]*x[j];
        x[i] = tmp/Aug[i][i];
    }
```

```
    return 0;
}
int main()
{
    int i, j;
    int t;
    double a[12][12];
    scanf("%d", &t);                      // 输入测试用例数
    while(t--)                            // 依次处理每个测试用例
    {
        memset(Aug, 0.0, sizeof(Aug));    // 初始时增广矩阵和解集清零，所有变元不确定
        memset(x, 0.0, sizeof(x));
        memset(free_x, 1, sizeof(free_x));
        for(i = 0; i < 12; i++)           // 依次输入每个物体的信息
            for(j = 0; j < 12; j++)       // 输入物体 i 的十一维坐标以及与目的地的距离
                scanf("%lf", &a[i][j]);
        double sum=0;                     // 计算物体 12 的十一维坐标值平方的和 sum
        for(int i=0;i<11;i++)
            sum+=a[11][i]*a[11][i];
        for(int i=0;i<11;i++)             // 构造增广矩阵 Aug[][]
        {
              for(int j=0;j<11;j++)
              {
                  Aug[i][j]=2*(a[i][j]-a[11][j]);
                  Aug[i][11]+=a[i][j]*a[i][j];
              }
              Aug[i][11]+=-a[i][11]*a[i][11]+a[11][11]*a[11][11]-sum;
        }
        m = n = 11;
        Gauss();                          // 使用高斯消元法求解向量 x[]
        for(int i = 0; i < n; i++)
        {
            printf("%.2lf", x[i]);
            printf("%c", i==n-1?'\n':' ');
        }
    }
    return 0;
}
```

2.2　高斯消元法求解模线性方程组

模线性方程组是形式为 $\begin{cases}(a_{11}x_1+a_{12}x_2+\cdots+a_{1n}x_n)\%p=b_1\\(a_{21}x_1+a_{22}x_2+\cdots+a_{2n}x_n)\%p=b_2\\\quad\vdots\\(a_{n1}x_1+a_{n2}x_2+\cdots+a_{nn}x_n)\%p=b_n\end{cases}$ 的方程组，其中，a_{ij}、b_i 和 p 为整数（$1\leqslant i, j\leqslant n$）；求 $x_1, x_2, \cdots, x_n$ 的模 p 整数解。

消元时，如果 $a_{ki}\%\ a_{ii}\neq 0$（$1\leqslant k\leqslant n$），则将 a_{ki} 所在行乘以 $\mathrm{LCM}(a_{ki}, a_{ii})\ /a_{ki}$，这样，$a_{ki}$ 就转变为它们的最小公倍数 $\mathrm{LCM}(a_{ki}, a_{ii})$；因为是模线性方程组求解运算，所以在矩阵初等行变换后，还要对变换的行再进行模运算，为回代求解时使用逆元。

例如，模线性方程组 $\begin{cases}(3x_1+2x_2+x_3)\%5=1\\(2x_1+2x_2+2x_3)\%5=4\\(4x_1-2x_2-2x_3)\%5=2\end{cases}$，则 $\begin{pmatrix}3&2&2&4\\2&2&2&4\\4&-2&-2&2\end{pmatrix}$ 是对应的增广矩阵。通过矩阵初等行变换，把增广矩阵转换为阶梯矩阵的过程如下。

第一步，$\begin{pmatrix}3 & 2 & 1 & 1\\2 & 2 & 2 & 4\\4 & -2 & -2 & 2\end{pmatrix}\Rightarrow\begin{pmatrix}4 & -2 & -2 & 2\\2 & 2 & 2 & 4\\3 & 2 & 1 & 1\end{pmatrix}\Rightarrow\begin{pmatrix}4 & -2 & -2 & 2\\0 & 1 & 1 & 1\\0 & 4 & 0 & 3\end{pmatrix}$。首先，将第一行和第三行交换，使 a_{11} 的绝对值最大，其次，第 2 行和第 3 行分别乘以 $LCM(a_{21}, a_{11}) / a_{21}$ 和 $LCM(a_{31}, a_{11}) / a_{31}$，即，第 2 行的元素乘以 2，第 3 行的元素乘以 4；再次，第 1 行乘以 $LCM(a_{21}, a_{11}) / a_{11}$ 和 $LCM(a_{31}, a_{11}) / a_{11}$，并取负，加到第 2 行和第 3 行；由于是模线性方程组求解运算，最后，对第 2 行和第 3 行的元素除以 5 取余。

第二步，$\begin{pmatrix}4 & -2 & -2 & 2\\0 & 1 & 1 & 1\\0 & 4 & 0 & 3\end{pmatrix}\Rightarrow\begin{pmatrix}4 & -2 & -2 & 2\\0 & 4 & 0 & 3\\0 & 1 & 1 & 1\end{pmatrix}\Rightarrow\begin{pmatrix}4 & -2 & -2 & 2\\0 & 4 & 0 & 3\\0 & 0 & 4 & 1\end{pmatrix}$，得到阶梯矩阵。同样，首先，将第二行与第三行交换，使 a_{22} 的绝对值最大，其次，第 3 行乘以 $LCM(a_{32}, a_{22}) / a_{32}$，即乘以 4；再次，第 2 行乘以 $LCM(a_{32}, a_{22}) / a_{22}$，并取负，加到第 3 行；最后，对第 3 行的元素除以 5 取余。

阶梯矩阵对应的模线性方程组为 $\begin{cases}(4x_1-2x_2-2x_3)\%5=2 & (1)\\4x_2\%5=3 & (2)\\4x_3\%5=1 & (3)\end{cases}$，则 x_1、x_2 和 x_3 的解为：

由 (1) 得，$x_1=1$；由 (2) 得，$x_2=2$；由 (3) 得，$x_3=4$。

注意：在解模线性方程组时，当有唯一解时，需要对每个方程的唯一解不断循环取模判断，直到找出能整除的为止。

模线性方程组求解的程序模板如下。

```
int a[N][N]                              // 增广矩阵
int x[N];                                // 解集
bool freeX[N];                           // 自由变量标志
int GCD(int a, int b){                   // 返回 a 和 b 的最大公约数
    return !b?a:GCD(b, a%b);
}
int LCM(int a, int b){                   // 返回 a 和 b 的最小公倍数
    return a/GCD(a, b)*b;
}
int Gauss(int equ, int var){             // 使用高斯消元法解增广矩阵 a[][] (规模为 equ * var)。
                                         // 若无解，则返回 -1；若多解，则返回自由变量个数；若有唯一
                                         // 解，则返回 0
    for(int i=0;i<=var;i++){             // 初始时，将所有变量值设为 0，且为自由变元状态
        x[i]=0;
        freeX[i]=true;
    }
    // 当前处理的行为 k，列为 col，从 0 列开始处理
    int col=0;
    int row;
    for(row=0;row<equ&&col<var;row++, col++){    // 自上而下，通过初等行变换化简增广矩阵
        int maxRow=row;
        for(int i=row+1;i<equ;i++){              // 寻找当前列中绝对值最大的行 maxRow
            if(abs(a[i][col])>abs(a[maxRow][col])) maxRow=i;
        }
        if(maxRow!=row){                         // 将第 row 行与第 maxRow 行的元素交换
            for(int j=row;j<var+1;j++)
                swap(a[row][j], a[maxRow][j]);
        }
        if(a[row][col]==0){                      // 第 col 列第 row 行以下全是 0，处理当前
                                                 // 行的下一列
```

```
                row--;
                continue;
            }
                for(int i=row+1;i<equ;i++){  // 消元
                if(a[i][col]!=0){
                    int lcm=LCM(abs(a[i][col]), abs(a[row][col]));
                    int ta=lcm/abs(a[i][col]);
                    int tb=lcm/abs(a[row][col]);
                    if(a[i][col]*a[row][col]<0) // 异号情况相加
                        tb=-tb;
                    for(int j=col;j<var+1;j++) {
                        a[i][j]=((a[i][j]*ta-a[row][j]*tb)%MOD+MOD)%MOD;
                    }
                }
            }
        }
        // 分析化简后的增广矩阵，判断是无解、无穷解还是唯一解
        for(int i=row;i<equ;i++)          // 若存在行(0, 0, …, a)(a!=0)，则返回无解标志
            if (a[i][col]!=0) return -1;
        int temp=var-row;                 // 若系数部分出现行(0, 0, …, 0)，则返回自由变元数 var-row
        if(row<var)  return temp;
        // 形成严格的上三角矩阵。进入回代过程，计算唯一的解集
        for(int i=var-1;i>=0;i--){
            int temp=a[i][var];
            for(int j=i+1;j<var;j++){
                if(a[i][j]!=0) temp-=a[i][j]*x[j];
                temp=(temp%MOD+MOD)%MOD;      // 取模
            }
            while(temp%a[i][i]!=0)            // 外层每次循环都是求整数 a[i][i]，它是每个方程
                                              // 中唯一未知变量
                temp+=MOD;                    // 加上周期 MOD
            x[i]=(temp/a[i][i])%MOD;          // 取模
        }
        return 0;                             // 返回唯一解标志
}
```

题目 2.2.1 和 2.2.2 是应用高斯消元法求解模线性方程组的范例。

【2.2.1　Widget Factory】

部件厂生产若干种不同类型的部件。每个部件由技术熟练的技术工人精心制造。制造一个部件所需的时间取决于它的类型：制造简单的部件只需要 3 天，但制造最复杂的部件可能需要长达 9 天。

工厂目前正处于完全混乱的状态。最近，工厂被一个新老板收购，而新老板几乎解雇了所有人。新工人对制造部件一无所知，也没有人记得制造每种不同的部件需要多少天。当一个客户预订了一批部件，而工厂却不能告诉客户制造所需的部件需要多少天，是非常尴尬的。幸运的是，每个技术工人何时开始为工厂工作，何时被工厂解雇，以及他制造了什么类型的部件，工厂都有记录。但问题是，工厂的记录没有明确给出技术工人开始工作和离职的确切日期，只给出一周中的某一天；而且，这方面的资料只在某些情况下是有帮助的：例如，如果一个技术工人在一个周二开始工作，制造了 1 个类型 41 的部件，并在周五被解雇，那么我们就知道，制造 1 个类型 41 部件需要 4 天。请根据这些记录（如果可能）计算制造不同类型的部件需要的天数。

输入

输入给出若干测试用例，每个测试用例的第一行给出两个整数：$n(1\leqslant n\leqslant 300)$，不

同类型部件的种类数；$m(1\leqslant m\leqslant 300)$，记录的数目。这一行的后面给出 m 条记录的描述，每条记录描述由两行组成，第一行给出该技术工人制造的部件的总数 k（$1\leqslant k\leqslant 10\,000$），然后给出他是在星期几开始工作的，又是在星期几被解雇的。星期几用字符串“MON”“TUE”“WED”“THU”“FRI”“SAT”和“SUN”给出。第二行给出用空格分开的 k 个整数，这些数在 1 和 n 之间，表示该技术工人制造的不同类型的部件。例如，下面的两行表示一个技术工人在周三开始为工厂干活，制造了 1 个类型 13 的部件、1 个类型 18 的部件、1 个类型 1 的部件和 1 个类型 13 的部件，最后在周日被解雇。

4 WED SUN
13 18 1 13

技术工人一周工作 7 天，在第一天和最后一天之间，他们每天都在工厂里工作。

输入以测试用例 $n=m=0$ 结束。

注意：对于海量输入，建议使用 scanf，以避免超时。

输出

对于每个测试用例，输出一行，给出由空格分隔的 n 个整数：制造不同类型的部件所需要的天数。在第一个数字之前以及最后一个数字之后，没有空格，而在两个数字之间有一个空格。如果有一个以上的解，则输出“Multiple solutions.”（不带引号）；如果确定相应于输入无解，则输出“Inconsistent data.”（不带引号）。

样例输入	样例输出
2 3 2 MON THU 1 2 3 MON FRI 1 1 2 3 MON SUN 1 2 2 10 2 1 MON TUE 3 1 MON WED 3 0 0	8 3 Inconsistent data.

试题来源：ACM Central Europe 2005

在线测试：POJ 2947，UVA 3529

试题解析

本题题意：有 n 种不同类型的部件，每种部件的制造时间是 3～9 天，但由于原来的技术工人被解雇了，因此不知道制造每种不同的部件需要多少天。每个技术工人何时开始为工厂工作，何时被工厂解雇，以及他制造了什么类型的部件，工厂都有记录，但只给出了是星期几，并不知道具体的时间；在技术工人工作的这段时间中，制造了 k 个部件，并给出 k 个部件的编号。基于这些信息，要确定每种部件的制造天数。

对于每条记录，建立一个方程，m 条记录就有 m 个方程。n 种不同类型部件，编号为 $0\sim n-1$，$x_i(0\leqslant i\leqslant n-1)$ 表示第 i 种部件的加工时间，$a[i][j]$ 表示在第 i 个方程中编号为 j 的部件被制造的个数，$a[i][n]$ 表示在第 i 个方程中制造完所用部件所需的时间，由于不知道开始和结束时间是在第几个星期，因此 $a[i][n]$ 是进行模 7 运算的结果，例如 TUE 到 MON 运算结果就是 6。模线性方程组如下：

$$\begin{cases}(a[0][0]x_0 + a[0][1]x_1 + \cdots + a[0][n-1]) \bmod 7 = a[0][n] \\ (a[1][0]x_0 + a[1][1]x_1 + \cdots + a[1][n-1]x_{n-1}) \bmod 7 = a[1][n] \\ \vdots \\ (a[m-1][0]x_0 + a[m-1][1]x_1 + \cdots + a[m-1][n-1]x_{n-1}) \bmod 7 = a[m-1][n-1]\end{cases}$$

若出现自由元，则表明有多解；若系数矩阵某一行向量为 0，而增广矩阵对应的变量值非为 0，则无解。

注意：如果有解，最终答案应从 0～6 映射至 3～9，因为制造一个部件所需的时间为 3～9 天。

参考程序

```
#include<iostream>
const int MOD=7;                            // 一周 7 天，模 7
const int N=1000+5;
using namespace std;
int a[N][N];                                // 增广矩阵
int x[N];                                   // 解集
bool freeX[N];                              // 自由变元标志
int GCD(int a, int b){                      // 返回 a 和 b 的最大公约数
    return !b?a:GCD(b, a%b);
}
int LCM(int a, int b){                      // 返回 a 和 b 的最小公倍数
    return a/GCD(a, b)*b;
}
int Gauss(int equ, int var){                // 使用高斯消元法解增广矩阵 a[][] (规模为 equ*var)。
                                            // 若无解，则返回 -1；若多解，则返回自由变量个数；
                                            // 若有唯一解，则返回 0
     for(int i=0;i<=var;i++){               // 初始时，每个解变量为 0，并设为自由变元状态
        x[i]=0;
        freeX[i]=true;
    }
    int col=0;                              // 当前处理的行为 k，列为 col，从 0 列开始处理
    int k;
    for(k=0;k<equ&&col<var;k++, col++){     // 自上而下化简增广矩阵
        // 初等行变换：从 k 行开始，寻找当前 col 列上绝对值最大的行 maxRow
        int maxRow=k;
        for(int i=k+1;i<equ;i++){
            if(abs(a[i][col])>abs(a[maxRow][col])) maxRow=i;
        }
        if(maxRow!=k){                      // 将第 maxRow 行与第 k 行元素交换
            for(int j=k;j<var+1;j++)
                swap(a[k][j], a[maxRow][j]);
        }
        if(a[k][col]==0){                   // 第 col 列第 k 行以下全是 0，处理当前行的下一列
            k--;
            continue;
        }
        for(int i=k+1;i<equ;i++){           // 消元
            if(a[i][col]!=0){
                int lcm=LCM(abs(a[i][col]), abs(a[k][col]));
                int ta=lcm/abs(a[i][col]);
                int tb=lcm/abs(a[k][col]);
```

```
                if(a[i][col]*a[k][col]<0)       // 处理异号情况
                    tb=-tb;
                for(int j=col;j<var+1;j++) {
                    a[i][j]=((a[i][j]*ta-a[k][j]*tb)%MOD+MOD)%MOD;
                }
            }
        }
    }
    // 分析化简后的增广矩阵，判断是无解、无穷解还是唯一解
        for(int i=k;i<equ;i++)    // 若存在行 (0, 0, …, a) (a!=0)，说明无解，返回 -1
            if (a[i][col]!=0) return -1;
        int temp=var-k;           // 若出现行 (0, 0, …, 0)，说明有无穷解，返回自由变元数 var-k
        if(k<var)  return temp;
    // 增广矩阵中形成严格的上三角矩阵，说明有唯一解。通过回代过程计算解集
    for(int i=var-1;i>=0;i--){
        int temp=a[i][var];
        for(int j=i+1;j<var;j++){
            if(a[i][j]!=0)
                temp-=a[i][j]*x[j];
            temp=(temp%MOD+MOD)%MOD;            // 取模
        }
        // 外层每次循环所求的整数 a[i][i] 是每个方程中唯一的未知变量
        while(temp%a[i][i]!=0)
            temp+=MOD;                          // 加上周期 MOD
        x[i]=(temp/a[i][i])%7;                  // 取模
    }
    return 0;                                   // 返回唯一解标志
}
int getDay(char s[]){                           // 将星期字符转为具体的天
    if(s[0]=='M'&&s[1]=='O'&&s[2]=='N') return 1;
    else if(s[0]=='T'&&s[1]=='U'&&s[2]=='E') return 2;
       else if(s[0]=='W'&&s[1]=='E'&&s[2]=='D') return 3;
          else if(s[0]=='T'&&s[1]=='H'&&s[2]=='U') return 4;
            else if(s[0]=='F'&&s[1]=='R'&&s[2]=='I') return 5;
              else if(s[0]=='S'&&s[1]=='A'&&s[2]=='T') return 6;
                else if(s[0]=='S'&&s[1]=='U'&&s[2]=='N') return 7;
}
int main(){
    int n, m;
    while(scanf("%d%d", &n, &m)!=EOF&&(n||m)){  // 反复输入部件种类数和记录数
        memset(a, 0, sizeof(a));
        for(int i=0;i<m;i++){                   // 依次输入每个记录
            int k;
            char start[5], endd[5];
            scanf("%d", &k);                    // 输入制造的部件数
            scanf("%s%s", start, endd);         // 输入开始日期和被解雇日期
            a[i][n]=((getDay(endd)-getDay(start)+1)%MOD+MOD)%MOD;  // 计算完成第 i 个
                                                                   // 部件花费的时间
            for(int j=1;j<=k;j++){        // 依次输入每个部件的类型
                int num;
                scanf("%d", &num);        // 第 j 个部件的类型为 num
                num--;                    //  a 的起始列序号为 0
                a[i][num]++;              // 统计记录 i 中类型 num 的部件数
                a[i][num]%=MOD;           // 去重
            }
        }
        int freeNum=Gauss(m, n);          // 使用高斯消元法解增广矩阵 a[][] (m个方程，
                                          //  n 个变量)。若无解，则返回 -1；若多解，则返回
                                          // 自由变量个数；若有唯一解，则返回 0
        if(freeNum==0){                   // 若有唯一解，则对制造时间小于 3 天的部件加上
                                          //  一个周期，输出制造每个部件所需的时间
```

```
        for(int i=0;i<n;i++)
            if(x[i]<=2) x[i]+=MOD;
        for(int i=0;i<n;i++)
            printf("%d ", x[i]);
        printf("\n");
    }
    else if(freeNum==-1)                          //根据freeNum输出无解或无穷解的信息
        printf("Inconsistent data.\n");
    else
        printf("Multiple solutions.\n");
  }
  return 0;
}
```

【2.2.2　SETI】

近年来，为了了解遥远星系中的文明可能在试图告诉我们什么，科学家们在监听来自太空的电磁无线电信号方面做了许多的工作。有一个信号源让宇宙空间科学家们特别感兴趣。

最近，人们发现，如果每条信息被定义为一个整数序列 $a_0, a_1, \cdots, a_{n-1}$，函数 $f(k)=\sum_{i=0}^{n-1}a_ik^i(\bmod p)$ 的值 $0\leqslant f(k)\leqslant 26$，其中 $1\leqslant k\leqslant n$，n 是传输消息的长度，a_i 是整数，且 $0\leqslant a_i<p$，p 是一个大于 n 也大于 26 的素数，这个数字不会超过 30 000。

语言学家将这些信息转换为由英文字母组成的字符串，以便在试图解释其含义时能更容易地处理它们。转换过程很简单，用字母 a..z 表示 $f(k)$ 的计算值，对于 1..26，1 = a，2 = b，以此类推；0 则被转换成星号（*）。在转换信息时，语言学家使 k 从 1 到 n 进行循环，计算 $f(k)$，并在表示信息的字符串末尾加上 $f(k)$ 的值对应的字符。

然而，反向转换过程对于语言学家来说太复杂了。因此，请编写一个程序，将一组字符串转换成相应的数字序列。

输入

在输入的第一行给出一个正整数 N，表示后面给出的测试用例数。每个测试用例一行，首先给出在字符串转换过程中使用的 p 的值，然后给出要被转换的字符串。字符串由小写字母 a～z 以及星号（*）组成。字符串长度不得超过 70。

输出

对于每个要转换的字符串，输出一行对应的整数列表，整数之间用空格分隔，整数按 i 的升序排列。

样例输入	样例输出
3 31 aaa 37 abc 29 hello*earth	1 0 0 0 1 0 8 13 9 13 4 27 18 10 12 24 15

试题来源：ACM Northwestern Europe 2004

在线测试：POJ 2065，UVA 3131

试题解析

本题输入给出若干个测试用例，每个测试用例给出一个素数 p，以及一个字符串，字符

串的长度为 n，字符串由小写字母 a～z 以及星号（*）组成，其中每个字符对应一个数值，小写字母 a～z 对应 1～26，“*”对应 0，第 i 个字符对应的数值是 $f(i)$ 的计算值。有如下的模线性方程组：

$$\begin{cases}\left(a_0\times 1^0+a_1\times 1^1+\cdots+a_{n-1}\times 1^{n-1}\right)\bmod p=f(1)\\\left(a_0\times 2^0+a_1\times 2^1+\cdots+a_{n-1}\times 2^{n-1}\right)\bmod p=f(2)\\\qquad\vdots\\\left(a_0\times n^0+a_1\times n^1+\cdots+a_{n-1}\times n^{n-1}\right)\bmod p=f(n)\end{cases}$$

本题要求求解 $a_0, a_1, \cdots, a_{n-1}$。

上述模线性方程组的解是唯一确定的，不需要判断无解和无穷解的情况，同时需要使用快速幂取余计算 i^$(n-1)\bmod p$。

参考程序

```
#include<iostream>
const int N=100+5;
using namespace std;
int mod;                            //模
int a[N][N];                        //增广矩阵
int x[N];                           //解集，即对应的整数列表
bool freeX[N];                      //自由变元标志
int GCD(int a, int b){              //返回 a 和 b 的最大公约数
    return !b?a:GCD(b, a%b);
}
int LCM(int a, int b){              //返回 a 和 b 的最小公倍数
    return a/GCD(a, b)*b;
}
int Gauss(int equ, int var){        //使用高斯消元法解增广矩阵 a[][]（规模为 equ * var）。
                                    //若无解，则返回 -1；若多解，则返回自由变量个数；若有唯一解，
                                    //则返回 0
    for(int i=0;i<=var;i++){        //初始时将每个解变量的值设为 0，并设为自由变元状态
        x[i]=0;
        freeX[i]=true;
    }
    int col=0;                      // k、col 分别为当前处理的行和列，从 0 行开始处理
    int k;
    for(k=0;k<equ&&col<var;k++, col++){  //自上而下化简增广矩阵 a[][]
    //初等行变换：从 k 行开始，寻找当前 col 列上绝对值最大的行 maxRow
        int maxRow=k;
        for(int i=k+1;i<equ;i++){
            if(abs(a[i][col])>abs(a[maxRow][col])) maxRow=i;
        }
        if(maxRow!=k){                   //将第 maxRow 行与第 k 行的元素交换
            for(int j=k;j<var+1;j++)
                swap(a[k][j], a[maxRow][j]);
        }
        if(a[k][col]==0){                //第 col 列第 k 行以下全是 0，处理当前行的下一列
            k--;
            continue;
        }
            for(int i=k+1;i<equ;i++){    //消元
            if(a[i][col]!=0){
                int lcm=LCM(abs(a[i][col]), abs(a[k][col]));
                int ta=lcm/abs(a[i][col]);
                int tb=lcm/abs(a[k][col]);
```

```
                if(a[i][col]*a[k][col]<0) //处理异号情况
                    tb=-tb;
                for(int j=col;j<var+1;j++) {
                    a[i][j]=((a[i][j]*ta-a[k][j]*tb)%mod+mod)%mod;
                }
            }
        }
    }
    //分析化简后的增广矩阵，判断是无解、无穷解还是唯一解
    for(int i=k;i<equ;i++)        //若存在行(0, 0, …, a)(a!=0)，说明无解，返回-1
        if (a[i][col]!=0) return -1;
    int temp=var-k;               //若存在行(0, 0, …, 0)，说明有无穷解，返回自由变元数var-k
    if(k<var) return temp;
    for(int i=var-1;i>=0;i--){    //化简后的增广矩阵为上三角矩阵，通过回代过程计算解集
        int temp=a[i][var];
        for(int j=i+1;j<var;j++){
            if(a[i][j]!=0) temp-=a[i][j]*x[j];
            temp=(temp%mod+mod)%mod;     //取模
        }
        while(temp%a[i][i]!=0)           //外层每次循环都是求整数a[i][i]，它是每个方程
                                         //中唯一的未知变量
            temp+=mod;                   //加上周期MOD
        x[i]=(temp/a[i][i])%mod;         //取模
    }
    return 0;
}
char str[N];
int main(){
    int t;
    scanf("%d", &t);                     //输入测试用例数
    while(t--){                          //依次处理每个测试用例
        scanf("%d", &mod);               //输入字符串转换过程中使用的模
        scanf("%s", str);                //输入待转换的字符串
        int n=strlen(str);
        for(int i=0;i<n;i++){            //分析处理每个字符，构造增广矩阵a[][]
            if(str[i]=='*')              //将字符串转换为对应的数字后存入右端列向量a[1..n-1][n]
                a[i][n]=0;
            else
                a[i][n]=str[i]-'a'+1;
            a[i][0]=1;                   //构造系数矩阵a[1..n-1][1..n-1]
            for(int j=1;j<n;j++)
                a[i][j]=(a[i][j-1]*(i+1))%mod;
        }
        Gauss(n, n);                     //运用高斯消元法解增广矩阵a[][]
        for(int i=0;i<n;i++)             //输出对应的整数列表x[]
            printf("%d ", x[i]);
        printf("\n");
    }
    return 0;
}
```

2.3 高斯消元法求解异或方程组

异或（eXclusive OR，XOR）是一个逻辑运算符，异或的数学符号为“⊕”，运算法则为 $0 \oplus 0=0$、$1 \oplus 0=1$、$0 \oplus 1=1$、$1 \oplus 1=0$，即同为0、异为1。

按位异或是指参与运算的两个值，如果两个相应的二进制位相同，则结果为0，否则结果为1。C、C++、Java的按位异或运算符为“^”，例如，10100001^00000110=10100111。

异或方程组是形如$\begin{cases} a_{11}x_1 \oplus a_{12}x_2 \oplus \cdots \oplus a_{1n}x_n = b_1 \\ a_{21}x_1 \oplus a_{22}x_2 \oplus \cdots \oplus a_{2n}x_n = b_2 \\ \vdots \\ a_{n1}x_1 \oplus a_{n2}x_2 \oplus \cdots \oplus a_{nn}x_n = b_n \end{cases}$的方程组，其中，$a_{ij}$、$x_i$ 和 b_i 取值为 0 或 1，其中 $1 \leqslant i, j \leqslant n$。

高斯消元法求解异或方程组的方法如下。异或方程组对应的增广矩阵用二维数组 a 表示。对于 $k=1, \cdots, n$，找到 $a[i][k]$ 不为 0 的行 i，将该行与第 k 行交换；然后，用第 k 行去异或第 k 行下面所有 $a[i][j]$ 不为 0 的行 i，消去它们的第 k 个系数，这样就将原来的增广矩阵转换成上三角矩阵。

由于最后一行只有一个变量，求出这个变量，然后用它跟上面所有含有该变量的方程异或，以此类推即可自下而上求出所有变量。

下面给出高斯消元法求解异或方程组的程序模板。

```
int a[N][N];                         // 增广矩阵
int x[N];                            // 解集
int freeX[N];                        // 自由变元，其中第 i 个自由元的变量序号为 freeX[i]
int Gauss(int equ, int var){         // 使用高斯消元法解增广矩阵 a[][]（规模为 equ * var)。
                                     // 若无解，则返回 -1；若多解，则返回自由变量个数；若有唯一
                                     // 解，则返回 0
    for(int i=0;i<=var;i++){         // 初始时，将所有变量值设为 0，且为自由变元状态
        x[i]=0;
        freeX[i]=0;
    }
    int col=0;                       // 当前处理的行为 row，列为 col，从 0 列出发
    int row;
    int num=0;                       // 自由变元序号初始化为 0
    for(row=0; row<equ&&col<var; row++, col++){ // 自上而下化简增广矩阵
    // 初等行变换：从 row+1 行开始，寻找当前 col 列上绝对值最大的行 maxRow
        int maxRow=row;
        for(int i=row+1;i<equ;i++)
            if(abs(a[i][col])>abs(a[maxRow][col])) maxRow=i;
        if(maxRow!=row)                   // 将 maxRow 行与 row 行的元素交换
            for(int j=row;j<var+1;j++) swap(a[row][j], a[maxRow][j]);
        if(a[row][col]==0){               // 若第 col 列第 row 行以下全是 0，则
            freeX[num++]=col;             // 第 col 个变量为自由元，其编号记入 freeX[]
            row--;                        // 处理当前行的下一列
            continue;
        }
        for(int i=row+1;i<equ;i++)
            if(a[i][col]!=0)     // 消元：若第 col 列的第 row 行下方出现 1，需要把这个 1 消掉
                for(int j=col;j<var+1;j++)
                    a[i][j]^=a[row][j];
    }
    // 分析化简后的增广矩阵：若存在行 (0, 0, …, a)(a!=0)，则说明无解，返回 -1
    for(int i=row;i<equ;i++)
        if(a[i][col]!=0) return -1;
    // 若存在行 (0, 0, …, 0)，则说明有无穷解，返回自由变元个数 var-row
    int temp=var-row
    if(row<var) return temp;
    // 化简后的增广矩阵中为严格的上三角矩阵，通过自上而下的回代过程计算解集
    for(int i=var-1;i>=0;i--){
        x[i]=a[i][var];
        for(int j=i+1;j<var;j++)
            x[i]^=(a[i][j]&&x[j]);
    }
```

```
    return 0;
}
```

题目 2.3.1、题目 2.3.2 和题目 2.3.3 是应用高斯消元法求异或方程组的范例。

【2.3.1　开关问题】

有 N 个相同的开关，每个开关都与某些开关有着联系，每当你打开或者关闭某个开关时，其他与此开关相关联的开关也会相应地发生变化，即这些互相联系的开关的状态如果原来为开就变为关，如果为关就变为开。你的目标是经过若干次开关操作后使最后 N 个开关达到一个特定的状态。对于任意一个开关，最多只能进行一次开关操作。你的任务是计算有多少种可以达到指定状态的方法。(不计开关操作的顺序。)

输入

输入的第一行有一个数 K，表示以下有 K 组测试数据。

每组测试数据的格式如下。

- 第一行，一个数 N（$0<N<29$）。
- 第二行，N 个为 0 或者 1 的数，表示开始时 N 个开关的状态。
- 第三行，N 个为 0 或者 1 的数，表示操作结束后 N 个开关的状态。

接下来，每行两个数 I、J，表示如果操作第 I 个开关，第 J 个开关的状态也会变化。每组数据以“0 0”结束。

输出

如果有可行方法，输出总数，否则输出“Oh, it's impossible~!!”(不包括引号)。

样例输入	样例输出
2 3 0 0 0 1 1 1 1 2 1 3 2 1 2 3 3 1 3 2 0 0 3 0 0 0 1 0 1 1 2 2 1 0 0	4 Oh, it's impossible~!!

提示

对于第一组数据，共有以下四种操作方法：操作开关 1；操作开关 2；操作开关 3；操作开关 1、2、3（不记顺序）。

试题来源：LIANGLIANG@POJ

在线测试：POJ 1830

试题解析

本题要求计算开关从初始状态变到目标状态有多少种变换方式。

设 $n \times n$ 方阵 $\boldsymbol{A}$ 表示 n 个开关的关联关系，方阵 $\boldsymbol{A}$ 的列向量 $\boldsymbol{A}_i$ 表示变换第 i 个开关会影响到哪些开关，$\boldsymbol{A}[j][i]=1$ 表示变换第 i 个开关的操作能够影响第 j 个开关的状态，而 $\boldsymbol{A}[j][i]=0$ 则表示变换第 i 个开关的操作不会影响第 j 个开关的状态；显然，$\boldsymbol{A}[i][i]=1$。列向量 $\boldsymbol{X}$ 表示开关的操作，$\boldsymbol{X}[i]$ 取值为 1 或者 0，分别表示第 i 个开关变换或者不变换。列向量 $\boldsymbol{B}$ 表示初始状态和目标状态异或运算的结果。

所以，如果 $\boldsymbol{A}[j][i]=1$，且 $\boldsymbol{X}[i]=1$，则 $\boldsymbol{A}[j][i] \times \boldsymbol{X}[i]=1$，表示第 i 个开关的状态改变；如果 $\boldsymbol{A}[j][i]=0$，则 $\boldsymbol{A}[j][i] \times \boldsymbol{X}[i]=0$，表示第 i 个开关的状态不变；如果 $\boldsymbol{X}[i]==0$，表示不对第 i 个开关操作，则对第 j 个开关的状态也没有影响，即 $\boldsymbol{A}[j][i] \times \boldsymbol{X}[i]=0$，此时第 i 个开关状态不变。则 $\boldsymbol{A}[j][1] \times \boldsymbol{X}[1] \oplus \boldsymbol{A}[j][2] \times \boldsymbol{X}[2] \oplus \cdots \oplus \boldsymbol{A}[j][n] \times \boldsymbol{X}[n]=\boldsymbol{B}[j]$，$1 \leqslant j \leqslant n$。

本题求解用异或方程组 $\boldsymbol{AX}=\boldsymbol{B}$ 表示，然后进行高斯消元求解。

当化简后增广矩阵的秩等于原矩阵的秩且等于 n 时，即化简后为绝对的上三角矩阵，$\boldsymbol{X}$ 有唯一解；当化简后增广矩阵的秩等于原矩阵的秩且小于 n 时，有多组解；设自由变量有 y 个，可行方法的总数为 2^y；当化简后增广矩阵的秩与原矩阵的秩不相等时，即增广矩阵化简后存在（0, 0, 0, ⋯, a）的情况，则无解。

例如，对于样例输入的第一组数据，方阵 $\boldsymbol{A}$ 是全 1 阵，矩阵运算表示为 $\begin{pmatrix}1&1&1\\1&1&1\\1&1&1\end{pmatrix} \times \begin{pmatrix}x_1\\x_2\\x_3\end{pmatrix}=\begin{pmatrix}1\\1\\1\end{pmatrix}$，即相应的异或方程组为 $\begin{cases}x_1 \oplus x_2 \oplus x_3=1\\x_1 \oplus x_2 \oplus x_3=1\\x_1 \oplus x_2 \oplus x_3=1\end{cases}$，则增广矩阵为 $\begin{pmatrix}1&1&1&1\\1&1&1&1\\1&1&1&1\end{pmatrix} \Rightarrow \begin{pmatrix}1&1&1&1\\0&0&0&0\\0&0&0&0\end{pmatrix}$；所以，自由变量有 2 个，可行方法的总数为 $2^2=4$。

对于样例输入的第二组数据，矩阵运算表示为 $\begin{pmatrix}1&1&0\\1&1&0\\0&0&1\end{pmatrix} \times \begin{pmatrix}x_1\\x_2\\x_3\end{pmatrix}=\begin{pmatrix}1\\0\\1\end{pmatrix}$，则相应的异或方程组为 $\begin{cases}x_1 \oplus x_2=1\\x_1 \oplus x_2=0\\x_3=1\end{cases}$，则增广矩阵为 $\begin{pmatrix}1&1&0&1\\1&1&0&0\\0&0&1&1\end{pmatrix} \Rightarrow \begin{pmatrix}1&1&0&1\\0&0&0&1\\0&0&1&1\end{pmatrix}$，由矩阵第 2 行可知，得无解。

参考程序

```
#include<iostream>
using namespace std;
#define maxn 50
int a[maxn][maxn];              // 增广矩阵，其中 a[j][i]=1 表示变换第 i 个开关的操作能够影响第 j 个
                                // 开关的状态（i≥0, j≤n-1），a[j][n] 表示第 j 个开关开始与结束的
                                // 状态是否不同
int ans[maxn];
int i, j, n;
```

```
void Gauss()                              //使用高斯消元求解异或方程组的增广矩阵a[][]
{
    int k, r, col;
    for(k=0, col=0; k<n&&col<n; k++, col++)       //自上而下简化增广矩阵a[][]
    {
        int i = k;                         //从第k行第col列开始，往下寻找第1个非0元素所在的行i
        while(i<n && a[i][col]==0)  i++;
        if(a[i][col]==0)                   //若第col列的第k行下全部为0，则处理当前行的下一列
        {
            k--;
            continue;
        }
        if(i > k)                          //若对角线不为0，则第i行元素与第k行元素对换
        {
            for(r=col; r<=n; r++)
                swap(a[i][r], a[k][r]);
        }
        for(i=k+1; i<n; i++)               //通过异或消元
        {
            if(a[i][col])                  //从第col列的第k行往下搜索每一个值为1的系数a[i][col]
            {
                for(j=col; j<=n; j++) a[i][j] ^= a[k][j];        //第i行与第k行第col
                                                                  //列往右的元素依次异或
            }
        }
    }
    //分析化简后的增广矩阵
    for(i=k; i<n; i++)
    {
        if(a[i][n]!=0)                     //若存在行(0, 0, …, a)，则返回无解信息
        {
            printf("Oh, it's impossible~!!\n");
            return ;
        }
    }
    printf("%d\n", (1<<(n-k)));    //返回可行方法总数2^(n-k)
    return;
}
int main()
{
    int T;
    scanf("%d", &T);                       //输入测试用例数
    while(T--)                             //依次处理每个测试用例
    {
        memset(a, 0, sizeof(a)); //增广矩阵初始化
        scanf("%d", &n);                   //输入开关数
        for(i=0; i<n; i++)                 //输入开始时n个灯的状态 a[0..n-1][n]
        {
            scanf("%d", &a[i][n]);
            a[i][i]=1;                     //a[i][i]=1表示操作开关改变自身
        }
        int x;
        for(i=0; i<n; i++)                 //输入结束后n个灯的状态
        {
            scanf("%d", &x);
            a[i][n]=a[i][n]^x;     //a[i][n]变为初始状态异或结束状态的结果
        }
        while(~scanf("%d %d", &i, &j))//变换第i个开关改变第j个开关的状态
        {
            if(i==0&&j==0) break;//直至输入0 0为止
            a[j-1][i-1]=1;                 //将系数矩阵的对应元素置1
```

```
        }
        Gauss();                              //异或方程组高斯消元求解
    }
    return 0;
}
```

【2.3.2　Extended Lights Out】

游戏 Lights Out 的扩展版本是一个 5 行、每行 6 个按钮的智力游戏面板（实际上，游戏是 5 行，每行 5 个按钮），每个按钮也都是灯。当一个按钮被按下时，该按钮及其上、下、左、右（最多四个）相邻按钮的灯的状态都会反转，即：如果原来灯开着，就关灯；如果灯关着，就开灯。如果按下面板角落上的按钮，则改变相应的 3 个按钮的状态；如果按下边上的按钮，则改变相应的 4 个按钮的状态；按下其他按钮，则改变相应的 5 个按钮的状态。例如，在图 2.3-1 中，如果按下左侧游戏面板中标有 × 的按钮，则游戏面板变为右侧的面板。

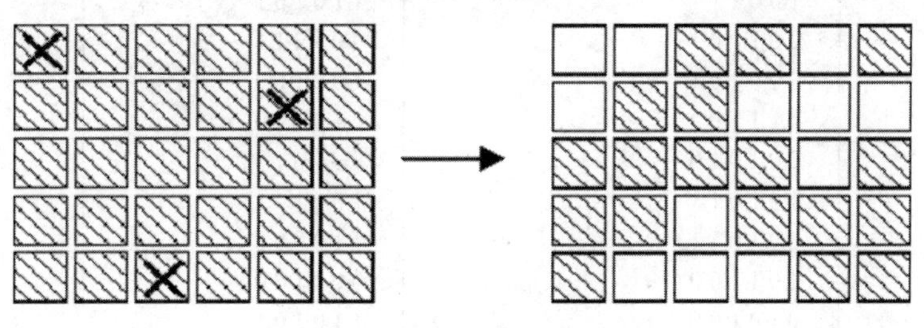

图　2.3-1

这个游戏从面板上一组初始的灯的状态开始，通过按下按钮，使面板上所有的灯都关上。当按下相邻的按钮时，一次按钮可以抵消另一次按钮所产生的效果。例如，在图 2.3-2 所示的实例中，按左侧面板上标记 × 的按钮，将产生右侧的面板状态。这里要注意，第 2 行第 3 列和第 2 行第 5 列的按钮都改变了第 2 行第 4 列的按钮的状态，因此，最终该按钮的状态不变。

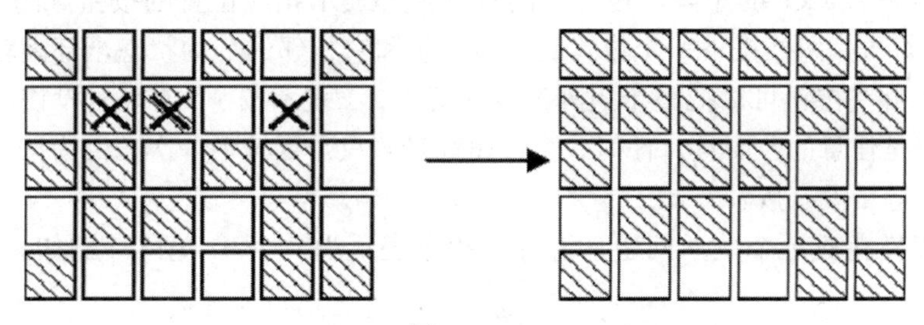

图　2.3-2

这里要注意以下几点。

- 按下按钮的顺序无关紧要。
- 如果一个按钮被第二次按下，将完全抵消第一次按下该按钮的效果，因此任何按钮都不需要被多次按下。
- 如图 2.3-2 所示，通过按下第 2 行中的相应按钮，可以关上第一行中的所有灯。通过在每一行重复这一过程，前 4 行中的所有灯都能关上。同样，按第 2, 3, …列中的按钮，前 5 列中的所有灯都可以被关上。

请编写一个程序解这个游戏。

输入

输入的第一行是一个正整数 n，给出后面的游戏面板数。每个面板是 5 行，每行有 6 个由一个或多个空格隔开的 0 或 1，其中，0 表示灯已关，1 表示灯开着。

输出

对于每个游戏面板，首先，输出一行字符串“ PUZZLE #m”，其中 m 是输入中游戏面板的序号。在这一行之后是一个类似游戏面板的展示（与输入的格式相同），在展示中，1 表示要解该游戏，必须按下这一位置的按钮，而 0 表示不要按下相应的按钮。在输出的面板显示中，每个 0 或 1 之间要正好有一个空格。

样例输入	样例输出
2 0 1 1 0 1 0 1 0 0 1 1 1 0 0 1 0 0 1 1 0 0 1 0 1 0 1 1 1 0 0 0 0 1 0 1 0 1 0 1 0 1 1 0 0 1 0 1 1 1 0 1 1 0 0 0 1 0 1 0 0	PUZZLE #1 1 0 1 0 0 1 1 1 0 1 0 1 0 0 1 0 1 1 1 0 0 1 0 0 0 1 0 0 0 0 PUZZLE #2 1 0 0 1 1 1 1 1 0 0 0 0 0 0 0 1 0 0 1 1 0 1 0 1 1 0 1 1 0 1

试题来源：ACM Greater New York 2002

在线测试：POJ 1222，UVA 2561

试题解析

本题给出一个 5×6 的矩阵，矩阵中的每个值都表示相应位置的按钮灯的状态，1 表示灯亮，0 表示灯灭。每当按下一个位置的按钮，它和它相邻的灯的状态全部翻转。在这样的矩阵中，按下哪些按钮可以把整个矩阵都变成灯灭，1 表示按了，0 表示没按。其中，按按钮的顺序可以是任意的，而且，任何一个按钮都最多只需要按下一次，因为按下第二次刚好抵消第一次，等于没有按。

本题可以转化成一个数学问题，将灯的状态表示为一个 01 矩阵。例如，一个 3×3 的 01 矩阵如下：

$$\begin{pmatrix}0 & 1 & 0\\1 & 1 & 0\\0 & 1 & 1\end{pmatrix}$$

最初灯的状态表示的矩阵称为初始状态矩阵，记为 $\boldsymbol{L}$。

每次按下按钮时，可以看成在给出的矩阵上进行异或运算，即模 2 加运算。例如，在上述矩阵中，按下第 2 行第 2 列的按钮时，就是将原来的矩阵和如下的矩阵进行异或运算：

$$\begin{pmatrix}0 & 1 & 0\\1 & 1 & 1\\0 & 1 & 0\end{pmatrix}$$

这样的矩阵称为作用范围矩阵，用 $\boldsymbol{A}(i, j)$ 表示按下第 i 行第 j 列按钮时的作用范围矩阵。例如，上述的作用范围矩阵记为 $\boldsymbol{A}(2, 2)$。如果按下左上角的按钮，作用范围矩阵记为 $\boldsymbol{A}(1, 1)$。

假设 $x(i, j)$ 表示要使矩阵 $\boldsymbol{L}$ 成为零矩阵，第 i 行第 j 列的按钮是否需要按下，0 表示不按，1 表示按下。这样，本题就转化为矩阵方程的求解。可以将上例转换为如下矩阵方程的求解：$\boldsymbol{L} \oplus x(1, 1)*\boldsymbol{A}(1, 1) \oplus x(1, 2)*\boldsymbol{A}(1, 2) \oplus x(1, 3)*\boldsymbol{A}(1, 3) \oplus x(2, 1)*\boldsymbol{A}(2, 1) \oplus \cdots \oplus x(3, 3)*\boldsymbol{A}(3, 3) = 0$。其中 $x(i, j)$ 是变量，取值为 0 或 1；方程右边的 0 表示零矩阵，即灯全灭的状态。直观的理解就是：原来的状态 $\boldsymbol{L}$ 经过了若干个 $\boldsymbol{A}(i, j)$ 的变换，最终变成零矩阵，也就是灯全灭的状态。

又因为上述矩阵是 01 矩阵，所以，上述矩阵方程两边异或 $\boldsymbol{L}$，则成为：$x(1, 1)*\boldsymbol{A}(1, 1) \oplus x(1, 2)*\boldsymbol{A}(1, 2) \oplus x(1, 3)*\boldsymbol{A}(1, 3) \oplus x(2, 1)*\boldsymbol{A}(2, 1) \oplus \cdots \oplus x(3, 3)*\boldsymbol{A}(3, 3) = L$。

两个矩阵相等的充要条件是矩阵中的每个元素都相等。所以，上述矩阵方程展开，便转化成了一个 9 元 1 次方程组。

参考程序

```
#include <iostream>
using namespace std;
int a[35][35];                      //增广矩阵
int x[35];                          //解集
int gauss(int equ, int var)         //高斯消元解方程组（equ 个方程，var 个变元），增广矩阵中有
                                    //[0, equ - 1] 行、[0, var] 列
{
    int col = 0, row = 0;           //当前正在处理的列为 col，行为 row，从 (0, 0) 出发
    int maxRow;                     //col 列中元素绝对值最大的行为 maxRow
    for (; row <equ&& col < var; row++, col++)  //自上而下、由左至右简化增广矩阵
    {
        maxRow = row;               //从 col 列往下，寻找绝对值最大的行 maxRow
        for (int i = row + 1; i <equ; i++)
            if (abs(a[maxRow][col]) < abs(a[i][col]))
                maxRow = i;
        if (maxRow != row)          //将 maxRow 行与 row 行的元素交换
            for (int j = row; j < var + 1; j++) swap(a[row][j], a[maxRow][j]);
        if (a[row][col] == 0)       //第 col 列上第 row 行往下全是 0，处理当前行的下一列
        {
            row--;
            continue;
        }

        for (int i = row + 1; i <equ; i++)       //通过异或消元
            if (a[i][col] != 0)
                for (int j = col; j < var + 1; j++)
                    a[i][j] ^= a[row][j];
    }
    //自下而上计算每一个解变量 xi=ai,var ⊕ ai,i+1*xi+1 ⊕…⊕ ai,var-1*xvar-1
    for (int i = var - 1; i >= 0; i--)
    {
        x[i] = a[i][var];
        for (int j = i + 1; j < var; j++)
            x[i] ^= (a[i][j] && x[j]);
    }
    return 0;
}
int main()
{
    int ncase, ca = 1;
```

```
    scanf("%d", &ncase);                    // 输入游戏面板数 ncase
    while (ncase--)                         // 依次处理每一个游戏面板
    {
        memset(a, 0, sizeof(a));            // 初始时将增广矩阵 a[][] 清零
        for (int i = 0; i < 30; i++)        // 输入 5*6 个灯的状态作为右端列向量 a[0..29][n]
            scanf("%d", &a[i][30]);
        for (int i = 0; i < 5; i++)         // 由上而下、由左而右搜索游戏面板的每一盏灯
            for (int j = 0; j < 6; j++)
            {
                int t = i * 6 + j;          // 设置位于 (i, j) 的灯编号
                a[t][t] = 1;                // 开关 t 灯能改变自身状态
                if(i>0) a[(i-1)*6+j][t]=1; // 若 t 灯非第 1 行，则能影响上方灯的状态
                if(i<4) a[(i+1)*6+j][t]=1; // 若 t 灯非最后 1 行，则能影响下方灯的状态
                if(j>0) a[i*6+j-1][t]=1;   // 若 t 灯非左端灯，则能影响左方灯的状态
                if(j<5) a[i*6+j+1][t]=1;   // 若 t 灯非右端灯，则能影响右方灯的状态
            }
        gauss(30, 30);                      // 使用高斯消元法解增广矩阵 a[][]
        printf("PUZZLE #%d\n", ca++);       // 输出游戏面板序号
        for(int i = 0; i < 30; i++)         // 输出答案
        {
            printf("%d", x[i]);             // 输出当前矩阵元素
            if((i+1) % 6 == 0)              // 若当前行输出完毕，则换行
                printf("\n");
            else
                printf(" ");                // 以空格分隔同行的相邻元素
        }
    }
    return 0;
}
```

【2.3.3　The Water Bowls】

奶牛们用排成一排的 20 只水碗来喝水。碗口可以向上（可以盛水）或者向下（无法盛水）。奶牛们希望 20 只水碗的碗口都朝上。它们可以用鼻子将碗翻转。

然而，它们的鼻子太宽了，在翻转一个碗时，会同时翻转这只碗两边的碗，即：如果翻转的是两端的碗，则翻转两个碗，否则将翻转三个碗。

给出碗的初始状态（1 = 无法盛水，0 = 可以盛水），那么要使所有碗的碗口向上，最少要翻转多少次？

输入

输入一行，给出 20 个由空格分隔的整数。

输出

输出一行，给出要使所有碗的碗口向上（即碗的初始状态都是 0），最少要翻转的次数。对于给出的输入，总可以找到某个翻转的组合，翻转产生 20 个 0。

样例输入	样例输出
0 0 1 1 1 0 0 1 1 0 1 1 0 0 0 0 0 0 0 0	3

提示

例如，对于样例，只须翻转第 4、9、11 只碗，便可使得所有的碗都能盛水。

- 0 0 1 1 1 0 0 1 1 0 1 1 0 0 0 0 0 0 0 0 [初始状态]
- 0 0 0 0 0 0 0 1 1 0 1 1 0 0 0 0 0 0 0 0 [翻转了第 4 只碗之后]

- 00000000011100000000 [翻转了第 9 只碗之后]
- 00000000000000000000 [翻转了第 11 只碗之后]

试题来源：USACO 2006 January Bronze

在线测试：POJ 3185

试题解析

本题题意为，给出 20 只碗的初始状态，碗口要么向上（标志为 0），要么向下（标志为 1）；当翻转一只碗时，其左右的碗也要翻转，要使这些碗全部变成碗口向上的状态，至少需要翻转多少次。

本题和题目 2.3.2 类似，不同的是题目 2.3.2 有唯一解，而本题可能会有多组解。首先，和题目 2.3.2 一样，输入时构造增广矩阵；然后，对增广矩阵进行高斯异或消元，确定是无解、有唯一解，还是有若干自由变量。若有唯一解，则直接求解；若有 num 个自由变量，则枚举自由变量，由于变量取值为 0 或 1，因此存在 2^{num} 个自由变量状态，每个状态中 num 个自由变量对应的方程是阶梯形矩阵最下面的 num 行，从第 n – num – 1 行到第 1 行依次回代，便可得到其余变量的值，n 个变量值的和即为当前自由变量状态下的翻转次数。2^{num} 个自由变量状态中最小的翻转次数即为答案。

参考程序

```
#include <iostream>
using namespace std;
const int maxn = 21;
const int INF = 1e9;
int equ, var;                    // equ 和 var 分别为方程数和变量数
int a[maxn][maxn];               // 异或方程组对应的增广矩阵
int x[maxn];                     // 变量集
int free_x[maxn];                // free_x[i] 为第 i 个自由变元的变量序号
int free_num;                    // 自由变量个数
int gauss()                      // 使用高斯消元法解异或方程组的增广矩阵
{
    int maxr, col, k;            // 当前正在处理的列为 col、行为 k
    free_num = 0;                // 将自由变量个数初始化为 0
    for(k = 0, col = 0; k <equ && col < var; k++, col++){ // 自上而下、由左而右简化增广矩阵
        maxr = k;                // 从 col 列往下，寻找绝对值最大的行 maxr
        for(int i = k+1; i <equ; i++)
            if(abs(a[i][col]) > abs(a[maxr][col])) maxr = i;
        if(a[maxr][col] == 0){                       // 若在 col 列上 row 行往下全是 0
            free_x[free_num++] = col;                // 新增一个自由元，其变量编号为 col
            k—;                                      // 处理当前行的下一列
            continue;
        }
        if(maxr != k)                                // 第 maxr 行与第 k 行元素交换
            for(int i = col; i <= var; i++)
                swap(a[k][i], a[maxr][i]);
        for(int i = k+1; i <equ; i++){               // 从 k+1 行开始，往下逐行通过异或消元
            if(a[i][col] != 0)
                for(int j = col; j <= var; j++)
                    a[i][j] = a[i][j] ^ a[k][j];
        }
    }
// 分析化简后的增广矩阵：若出现行 (0,0,…,a)(a ≠ 0)，则返回无解标志 -1；若出现行 (0, 0, …, 0)，
// 则说明有无穷解，返回自由变元个数 var-k；否则通过自下而上回代，求唯一解集 x[0..var-1]
    for(int i = k; i <equ; i++)                      // 判断无解的情况
```

```
        if(a[k][col])return -1;
    if(k < var) return var-k;                    // 判断无穷解的情况
    // 自下往上计算每一个解变量: xi=ai,var ⊕ ai,i+1*xi+1 ⊕…⊕ ai,var-1*xvar-1 (i = var-1..0)
    for(int i = var-1; i >= 0; i--){             // 求唯一的解集
        x[i] = a[i][var];
        for(int j = i+1; j < var; j++)
            x[i] ^= (a[i][j] && x[j]);
    }
    return 0;                                    // 返回唯一解标志 0
}
int main()
{
    memset(a, 0, sizeof(a));                     // 初始时将增广矩阵和解集清零，每个变量非自由变元状态
    memset(x, 0, sizeof(x));
    memset(free_x, 0, sizeof(free_x));
    equ = var = 20;                              // 方程数和变量数为 20
    for(int i = 0; i < 20; i++){                 // 构造增广矩阵的系数部分 a[0..19] [0..19]
        a[i][i] = 1;                             // 翻转时改变自身状态
        if(i - 1 >= 0)a[i-1][i] = 1;             // 若非第一只碗，则改变左邻碗的状态
        if(i + 1 < 20)a[i+1][i] = 1;             // 若非最后一只碗，则改变右邻碗的状态
    }
    for(int i = 0; i < 20; i++)scanf("%d", &a[i][20]);  // 输入右端列向量 a[0..19][20]
    int tmp = gauss(), ans;                      // 使用高斯消元法解异或方程组的增广矩阵 a[][]，ans
                                                 // 为最少翻转次数(即所有状态下变量和的最小值)
    if(tmp == 0){                                // 若有唯一解，则输出最少翻转次数(即变量值的和)
        ans = 0;
        for(int i = 0; i < 20; i++) ans += x[i];
        printf("%d\n", ans);
    }else if(tmp> 0){                            // 若有 tmp 个自由变元，则计算 i 状态下这些自由变元
                                                 // 的取值
            int total = 1 <<tmp, ans = INF; // 由于变量取值为 0 或 1，因此状态总数 total=
                                                 // 2^tmp，ans 为最少翻转次数(即所有状态下变量和的
                                                 // 最小值)，初始时为无穷大
        // 计算除自由变元外的变量值
            for(int i = 0; i < total; i++){ // 枚举自由变元的每个状态
            int cnt = 0;
            for(int j = 0; j <tmp; j++){ // 由右而左搜索 i 的 tmp 个二进制位
                if(i & (1 << j)){                // 若 i 的第 j 个二进制位为 1，则第 j 个自由变元
                                                 // 对应的变量值为 1
                    x[free_x[j]] = 1;
                    cnt++;                       // 累计该变量值
                }
                else x[free_x[j]] = 0;           // 否则第 j 个自由变元对应的变量值为 0
            }
// 确定 tmp 个自由变量的取值后，从第 var - tmp- 1 行到第 0 行依次回代，求出剩余变量的值
            for(int j = var - tmp - 1; j >= 0; j--){
                int id;
                for(id = j; id < var; id++) // 寻找 j 行对角元素往右的第一个非零列 id
                    if(a[j][id]) break;
// a[j][var] 依次异或 j 行 id 列往右的非零系数 a[j][k]=1 (id+1≤k≤var-1) 对应的变量 x[k],
// 得到 x[id] 的值
                x[id] = a[j][var];
                for(int k = id+1; k < var; k++)
                    if(a[j][k])  x[id] ^= x[k];
                cnt += x[id];                    // x[id] 累计入 i 状态下解变量值的和
            }
            ans = min(ans, cnt);                 // 调整最少翻转次数
        }
        printf("%d\n", ans);                     // 输出最少翻转次数
    }
    return 0;
}
```

2.4　高斯消元求矩阵的秩

设 $\boldsymbol{A}$ 为一个 $m \times n$ 矩阵，$\boldsymbol{A}$ 的不为零的子式的最大阶数称为矩阵 $\boldsymbol{A}$ 的秩，记作 rank($\boldsymbol{A}$) 或 R($\boldsymbol{A}$)。

矩阵的初等变换不改变矩阵的秩。因此，求一个矩阵的秩，可以通过高斯消元法，先将其化为行阶梯形，非零行的个数即为矩阵的秩。

题目 2.4.1 是应用高斯消元法求矩阵秩的范例。

【2.4.1　Square】

给出 n 个整数，可以从中生成 2^{n-1} 个非空子集。请确定其中有多少个这样的子集：其中所有整数的乘积是一个完全平方数。例如，对于集合 {4, 6, 10, 15}，有 3 个这样的子集：{4}、{6, 10, 15} 和 {4, 6, 10, 15}。一个完全平方数是一个整数，它的平方根也是一个整数。例如，1, 4, 9, 16…

输入

输入包含多个测试用例。输入的第一行给出测试用例数 T（$1 \leqslant T \leqslant 30$）。每个测试用例由 2 行组成。第一行给出整数 n（$1 \leqslant n \leqslant 100$），第二行给出由 n 个空格分隔的整数。所有这些整数都在 1 到 10^{15} 之间，而且这些整数都不能被大于 500 的素数整除。

输出

对于每个测试用例，输出是一个整数，表示整数乘积为完全平方数的非空子集的数量。输入确保结果是 64 位有符号的整数。

样例输入	样例输出
4 3 2 3 5 3 6 10 15 4 4 6 10 15 3 2 2 2	0 1 3 3

试题来源：BUET SE Day Programming Contest 2008

在线测试：UVA 11542

试题解析

本题给出素因子不大于 500 的 n（$1 \leqslant n \leqslant 100$）个正整数，从中选出任意个整数，其乘积是完全平方数，问有多少种选法。

例如，对于本题的第 3 个样例输入，4 个数分别为 4、6、10、15，则素因子为 2、3、5，$4 = 2^2 \times 3^0 \times 5^0$，$6 = 2^1 \times 3^1 \times 5^0$，$10 = 2^1 \times 3^0 \times 5^1$，$15 = 2^0 \times 3^1 \times 5^1$。从中选出任意个，其乘积 P 是完全平方数，则 $P = 2^{p1} \times 3^{p2} \times 5^{p3}$，其中 $p1$、$p2$ 和 $p3$ 均是偶数。用 x_i 为 0 或 1 来表示是否选取第 i 个数，x_i 为 0 表示未选取，x_i 为 1 表示选取，则 $p = 2^{2x_1+x_2+x_3} \times 3^{x_2+x_4} \times 5^{x_3+x_4}$。如果 p 是完全平方数，那么每个素因子的幂必须是偶数，所以，可以对每个素因子列出一个模 2

的方程。这样，本题就转换为求这个异或线性方程组的自由变量个数，即方程个数－增广矩阵的秩。设自由变量的个数为 x，解就是 2^x-1（因为不允许一个都不选，所以减一）。

例如，对于本题的第 3 个样例输入，3 个素因子，对每个素因子列出一个模 2 的方程，构成方程组 $\begin{cases}2x_1+x_2+x_3\equiv 0(\bmod 2)\\ x_2+x_4\equiv 0(\bmod 2)\\ x_3+x_4\equiv 0(\bmod 2)\end{cases}$，由于 $ax\equiv(a\%2)*x\ (\bmod 2)$，因此可以把所有的 x_i 的系数转化为 0 或 1，则上述方程组转化为异或方程组 $\begin{cases}x_2\oplus x_3=0\\ x_2\oplus x_4=0\\ x_3\oplus x_4=0\end{cases}$，表示为 3 行 4 列的矩阵 $\begin{pmatrix}0&1&1&0\\0&1&0&1\\0&0&1&1\end{pmatrix}$，通过异或高斯消元法，产生阶梯型矩阵 $\begin{pmatrix}0&1&1&0\\0&0&1&1\\0&0&0&0\end{pmatrix}$。则矩阵的秩为 1，自由变量数为 3－1＝2，所以解为 3。

由于本题的所有数的素因子都比 500 小，因此，首先离线计算小于 500 的所有素数，设计算小于 500 的素数的个数为 m，并设输入的正整数的个数为 n，则按如上所述对于每个素因子构造一个异或方程，组成一个异或方程组 $\begin{cases}a_{11}x_1\oplus a_{12}x_2\oplus\cdots\oplus a_{1n}x_n=0\\ a_{21}x_1\oplus a_{22}x_2\oplus\cdots\oplus a_{2n}x_n=0\\ \vdots\\ a_{m1}x_1\oplus a_{m2}x_2\oplus\cdots\oplus a_{mn}x_n=0\end{cases}$，其中 a_{ij} 为 0 或 1，$1\leqslant i\leqslant m$，$1\leqslant j\leqslant n$；并构成一个 $m\times n$ 矩阵 $\begin{pmatrix}a_{11}&a_{12}&\dots&a_{1n}\\a_{21}&a_{22}&\dots&a_{2n}\\\vdots&\vdots&\vdots&\vdots\\a_{m1}&a_{m2}&\dots&a_{mn}\end{pmatrix}$，并求这个 $m\times n$ 矩阵的秩，异或线性方程组的自由变量个数＝方程个数－增广矩阵的秩；设异或方程组的自由变量的个数为 x，解就是 2^x-1。

参考程序

```
#include<bits/stdc++.h>
using namespace std;
typedef long long ll;
const int N = 101;
int n, lim;
int a[N][N], p[N], mark[501];              // 矩阵为 a，素数表为 p[]（p[0] 为素数个数），mark[]
                                           // 为合数标志表
void Prime()                               // 求小于 500 的素数
{
    for(int i = 2; i <= 500; ++i)          // 枚举每一个数
    {
        if(!mark[i]) p[++p[0]] = i;        // 若 i 为最小的非合数，则 i 进入素数表
        for(int j = 1; j <= p[0] && i * p[j] <= 500; ++j)      // 枚举每个素数
        {
            mark[i * p[j]] = 1;            // 将当前素数的 i 倍设为合数
            if(i % p[j] == 0) break;       // 若 i 能够整除当前素数，则枚举 i+1
        }
    }
}
```

```
int gauss_jordan(int lim)                    // 使用高斯消元法计算矩阵 a[][] 的秩(矩阵行数为 lim)
{
    int row = 1, col = 1;                    // row 和 col 分别为当前处理的行和列，从左上角
                                             // 开始处理
    for(; row <= lim && col <= n; ++col) // 由左至右搜索 col 列
    {
        int x = 0;                           // 从 row 行的 col 列往下，寻找第一个 1 所在的行 x
        for(int i = row; i <= lim; ++i) if(a[i][col] == 1) { x = i; break; }
        if(!x) continue;                     // 若 row 行的 col 列往下全为零，则枚举 row 行的
                                             // 下一列
        for(int i = 1; i <= n + 1; ++i) swap(a[row][i], a[x][i]); // 将 row 行与 x 行
                                                                  // 的元素交换
        // 自上而下搜索 col 列上除 row 行外的非零元素 a[i][col]，i 行的元素变为与 row 行对应元素
        // 异或的结果
        for(int i = 1; i <= lim; ++i) if(a[i][col] && i != row)
            for(int j = 1; j <= n + 1; ++j) a[i][j] ^= a[row][j];
        ++row;                                          // 枚举下一行
    }
    return row;                                         // 返回矩阵 a[][] 的秩
}
int main()
{
    Prime();                                            // 求小于 500 的素数
    int T; scanf("%d", &T);                             // 测试用例数
    while(T--)                                          // 依次处理每个测试用例
    {
        lim = 0;
        memset(a, 0, sizeof(a));
        scanf("%d", &n);                                // 输入整数个数 n
        for(int i = 1; i <= n; ++i)                     // 依次输入每个整数 x
        {
            ll x; scanf("%lld", &x);
            for(int j = 1; j <= p[0]; ++j)              // 枚举每个不大于 x 的素数 p[j]
            {
                if(p[j] > x) break;
                lim = max(lim, j);                      // 构造异或方程组对应的矩阵 a[][]
                while(x % p[j] == 0) {x/= p[j]; a[j][i] ^= 1;}
            }
        }
        int x = gauss_jordan(lim) - 1;                  // 使用高斯消元法计算异或矩阵 a[][] 的秩
        printf("%lld\n", (1ll << (ll)(n - x)) - 1); // 输出解 2^(n-x)-1
    }
    return 0;
}
```

第 3 章

单调栈和单调队列

栈和队列是特殊的线性表。一方面，栈和队列具有线性表的特性：元素个数有限，元素一个接一个地有序存储，每个元素类型相同，允许是空表。另一方面，栈和队列的元素存取方式特殊：栈是后进先出（Last in First Out）的线性表，元素从栈顶进栈和出栈；队列是先进先出（First in First Out）的线性表，元素从队尾入队，从队首出队。

在《数据结构编程实验：大学程序设计课程与竞赛训练教材》（第 3 版）的第 5 章“应用顺序存取类线性表编程”中，给出了栈和队列的性质与应用的实验：栈的性质，表达式求值，顺序队列，优先队列，双端队列，等等。在后面的章节中，给出了应用栈和队列的实验，比如，应用优先队列的二叉堆、基于队列的 BFS 算法实现等。

在此前内容的基础上，本章给出栈和队列的拓展：单调栈和单调队列的实验。

3.1 单调栈

单调栈分为单调递增栈和单调递减栈，分别表示栈内元素从栈底到栈顶按递增或者递减排序。一个数组中的元素依序进栈，如果新进栈的元素破坏了单调性，就弹出栈内元素，直到满足单调性，新元素才进栈；也就是说，新元素进栈前，破坏单调性的元素依次从栈顶出栈。

例如，将一个数组中的元素依序加入单调递增栈的过程如下：

```
for (依序遍历数组的每个元素)
    if (栈空 || 当前数组元素大于栈顶元素)
        当前数组元素进栈;
    else{
        while (栈不为空 && 当前数组元素小于等于栈顶元素) {
            栈顶元素出栈;
            更新结果;
        }
        当前数组元素进栈;
    }
```

单调栈可以很方便地对一个序列求出某个数的左边或者右边第一个比它大或者小的元素。由于每个元素进栈和出栈各一次，因此时间复杂度为 $O(N)$。

这里要注意的是，单调栈可以直接存储元素，也可以存储元素的索引。当存储的是索引时，索引对应的元素是单调的，而不是说索引是单调的。

题目 3.1.1 是一个应用单调递减栈解题的实验。

【3.1.1 Erasing and Winning】

Juliano 是电视节目 *Erasing and Winning* 的粉丝，参加者通过抽签选择是否参加节目，并在节目中获得奖金。

在节目中，主持人在黑板上写下一个 n 位的数，然后参加者必须从黑板上的数字中擦掉 d 个数字，剩下的数字组成的数是参与者的奖金。

最后，Juliano 被选中参加这个节目，要求你编写一个程序，根据主持人在黑板上写下的数，以及 Juliano 必须擦掉的数字的个数，确定他能赢得的最高奖金。

输入

输入包含若干测试用例。每个测试用例的第一行给出两个整数 n 和 d（$1 \leq d < n \leq 10^5$），分别表示主持人写在黑板上的数字的位数和要擦除的数字的个数。下一行给出主持人写的数，这个数不以零开头。表示输入结束的一行由两个用空格分隔的 0 组成。

输出

对于输入中的每个测试用例，输出一行，给出 Juliano 可以赢得的最高奖金。

样例输入	样例输出
4 2 3759 6 3 123123 7 4 1000000 0 0	79 323 100

试题来源：Brazilian National Contest2008

在线测试：UVA 11491

试题解析

简述题意：给出一个 n 位数（保证首位不为 0），除去 d 位数，要求此操作后的数最大。

本题基于单调递减栈进行求解。主持人给出的每个数表示为一个长度为 n 的字符串，由于位越高的数字越大越好，因此，将字符串中的字符依序插入一个单调递减栈，保持栈中字符单调递减；每次栈中一个字符出栈，相当于擦掉一个数字，d 要减去 1。

单调递减栈操作到最后，就有以下两种情况。

- 已经擦掉 d 个数字，即 d 为 0；则还没有进栈的字符直接进栈。
- 每个字符都已经进过栈，但还没有擦掉 d 个数字，即 d 不为 0；则从栈顶开始字符逐个出栈，每弹出一个字符，d 减去 1，直到 d 为 0。

最后，单调递减栈从栈底到栈顶的序列就是 Juliano 可以赢得的最高奖金。

以第一个样例输入为例，主持人给出一个 4 位数 3759，要擦掉 2 个数字，输入字符串“3759”，用单调递减栈的求解过程如下。

- 第一轮，栈空，3 进栈；当前栈为 3。
- 第二轮，3<7，3 出栈，也就是擦掉这个数字，d 变为 1；7 进栈；当前栈为 7。
- 第三轮，7>5，5 进栈；当前栈从栈底到栈顶为 7、5。
- 第四轮，5<9，5 出栈，d 变为 0；9 进栈；当前栈为 7、9。

最后，Juliano 可以赢得的最高奖金（栈底到栈顶）为 79。

参考程序

```
#include <iostream>
#include <stack>
using namespace std;
```

```
const int maxn = 100000 + 5;
int cnt, n, d;           //栈长为 cnt，写在黑板上的数字个数为 n，要擦除的数字个数为 d
char s[maxn], ans[maxn]; //序列 s[]，最高奖金序列 ans[]
stack< char >sta;        //单调栈
int main()
{
    while (~scanf("%d%d", &n, &d), n || d) //反复输入主持人写在黑板上的数字个数和
                                           //要擦除的数字个数，直至输入 0 0
    {
        cnt = 0;
        scanf("%s", s);                    //输入 n 个数
        for (int i = 0; i < n; ++i)        //依次处理每个数
            if (sta.empty())               //若栈空，则 s[i] 入栈
                sta.push(s[i]);
            else                           //在栈非空的情况下，若栈顶元素不小于 s[i]，
                                           //则 s[i] 入栈；否则栈顶元素依次出栈（这些数字被
                                           //擦去），直至栈空或栈首元素不小于 s[i]，s[i] 入栈
            {
                if (s[i] <= sta.top())
                    sta.push(s[i]);
                else
                {
                    while (!sta.empty() && d &&sta.top() < s[i])
                    {
                        sta.pop();
                        --d;
                    }
                    sta.push(s[i]);
                }
            }
        while (!sta.empty())               //从栈顶开始，依次将栈中元素送入数组 ans[]
        {
            ans[cnt++] = sta.top();
            sta.pop();
        }
        for (int i = cnt - 1; i >= d; --i) //反向输出 ans[] 中的 cnt–d 个数
            printf("%c", ans[i]);
        printf("\n");
    }
    return 0;
}
```

题目 3.1.2 和题目 3.1.3 是单调递增栈的实验，每次元素出栈，都有相应的更新操作。

【3.1.2　Largest Rectangle in a Histogram】

柱形图（Histogram）是一组以公共基线对齐的矩形组成的多边形。矩形的宽度相等，但高度可能不同。例如，图 3.1-1 左边的图给出了由高度为 2、1、4、5、1、3、3 的矩形组成的柱形图，矩形的宽度都是 1。

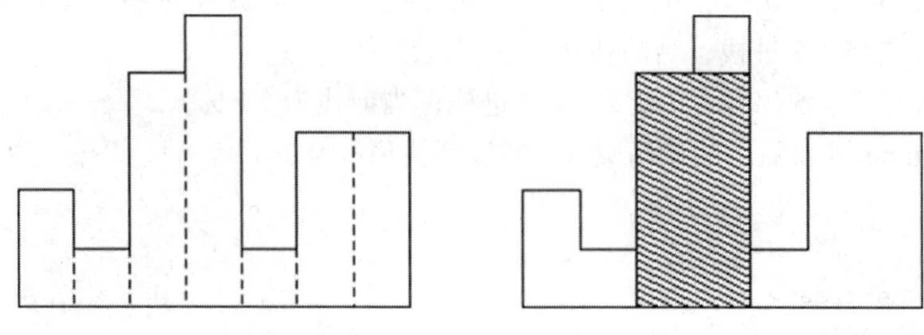

图　3.1-1

通常，柱形图被用来表示离散分布，例如文本中字符出现的频率。这里要注意，矩形的顺序，也就是矩形高度的顺序，是很重要的。本题要求计算与公共基线对齐的柱形图中最大矩形的面积。图 3.1-1 右边的图以阴影给出柱形图的最大对齐矩形。

输入

输入包含若干测试用例。每个测试用例描述一个柱形图，首先给出整数 n，表示柱形图中矩形的数量。本题设定 $1 \leqslant n \leqslant 100\,000$。然后给出 n 个整数 $h_1, \cdots, h_n$，其中，$0 \leqslant h_i \leqslant 1\,000\,000\,000$；这些数字以从左到右的顺序表示柱形图中每个矩形的高度，每个矩形的宽度是 1。在输入最后一个测试用例后，给出 0。

输出

对于每个测试用例，在单独的一行中输出柱形图中的最大矩形面积。要注意，这个矩形必须与公共基线对齐。

样例输入	样例输出
7 2 1 4 5 1 3 3 4 1000 1000 1000 1000 0	8 4000

提示

输入量大，建议使用 scanf。

试题来源：Ulm Local 2003

在线测试：POJ 2559

试题解析

简述题意：给出一个依次排列且宽度为 1 的矩形组成的序列，对于这一矩阵序列所构成的柱形图，要求找出最大的一个矩形，并计算该最大矩形的面积。

要在柱形图中找最大矩形，那么最大矩形的高度一定与它所包含的某一个矩形的高度相同。所以，以柱形图的每一个矩形的高度为标准，向左右两侧尽量扩展，这样就可以找出以它的高度为标准包含它本身的最大矩形。然后，在所有这样求出的最大矩形面积里，再求最大值，就是柱形图中最大矩形的面积。

对于“向左右两侧尽量扩展”，采用单调递增栈来实现。

构建一个单调递增栈，柱形图中所有矩形的高度进栈和出栈各一次，即可完成最大矩形面积的计算：在每个矩形高度出栈的时候，计算以它的高度为标准并包含它本身的最大矩形的面积；然后，更新当前的柱形图中最大的矩形面积。实现过程如下。

设单调递增栈内的元素为二元组 (x, y)，其中，x 表示矩形高度，y 表示以该矩形高度 x 为标准并包含它本身的最大矩形的宽度。

依序读入矩形高度序列，设当前元素为 x：

- 如果当前元素 x 大于栈顶元素，或者栈为空，则 $(x, 1)$ 进栈；
- 如果当前元素 x 小于等于栈顶元素，则栈顶元素出栈，直到当前元素 x 大于栈顶元素或者栈为空时，$(x, 1)$ 进栈。

在栈顶元素出栈时，要计算以它的高度为标准并包含它本身的最大矩形的面积，并进行累积宽度和当前最大矩形面积的更新。

例如，在本题的试题描述和样例输入给出的柱形图中，矩形的高度依次为 2、1、4、5、1、3、3，依序遍历每个矩形高度。

第 1 轮，当前元素为 2，栈空，2 进栈，当前栈为 (2, 1)。

第 2 轮，当前元素为 1，在进栈前，从栈顶开始，高度大于或等于 1 的矩形出栈。因为栈顶元素为 2，栈顶元素的矩形不可能延续到当前元素的矩形；所以，栈顶元素 (2, 1) 出栈；更新最大矩形面积，为 $2\times1=2$；然后，把它的宽度 1 累加到当前高度为 1 并准备进栈的矩形的宽度；当前元素 1 进栈，当前栈为 (1, 2)。

第 3 轮，当前元素为 4，因为 4>1，所以 (4, 1) 进栈；从栈底到栈顶，当前栈为 (1, 2)、(4, 1)。

第 4 轮，当前元素为 5，因为 5>4，所以 (5, 1) 进栈；从栈底到栈顶，当前栈为 (1, 2)、(4, 1)，(5, 1)。

第 5 轮，当前元素为 1，同样，在进栈前，要从栈顶开始，高度大于或等于 1 的矩形依次出栈：

- 首先，(5, 1) 出栈，并更新最大矩形面积，为 $5\times1=5$；然后，把它的宽度 1 累加到下一个栈顶元素，栈顶元素为 (4, 2)；
- 其次，(4, 2) 出栈，并更新最大矩形面积，为 $4\times2=8$；把 2 累加到下一个栈顶元素，栈顶元素为 (1, 4)；
- 最后，(1, 4) 出栈，由于 $1\times4=4<8$，因此不更新最大矩形面积；把 4 累加到当前准备进栈的矩形的宽度；然后元素 1 进栈，当前栈为 (1, 5)。

第 6 轮，当前元素为 3，因为 3>1，所以 (3, 1) 进栈；从栈底到栈顶，当前栈为 (1, 5)、(3, 1)。

第 7 轮，当前元素为 3，因为 3 = 3，所以栈顶元素 (3, 1) 出栈，$3\times1=3<8$，就不更新最大矩形面积；把 1 累加到当前准备进栈的矩形的宽度，然后元素 3 进栈；从栈底到栈顶，当前栈为 (1, 5)、(3, 2)。

此时，柱形图中的所有矩形都已经进栈，栈中剩下的元素逐个出栈：首先，(3, 2) 出栈，$3\times2<8$，不更新最大矩形面积；2 累加到下一个栈顶元素的宽度，即当前栈为 (1, 7)；然后，(1, 7) 出栈，由于 $1\times7<8$，也不更新最大矩形面积。

最后，栈空，柱形图中的最大矩形面积是 8。

对于本题，下面给出了两个参考程序，第一个参考程序直接使用 C++ 中 STL 的 stack 模板来实现栈操作，第 2 个参考程序则使用数组和指针来实现栈操作。

参考程序 1（直接用栈）

```
#include <iostream>
#include <stack>
using namespace std;
struct Node                //栈元素的结构类型
{
    long long val;         //矩形高度
    long long len;         //矩形宽度
};
stack<Node> s;             //存储矩形的单调栈
int main()
{
    long long temp, Max, n, i, m;
```

```
    Node q;                                         // 当前矩形
    while(scanf("%I64d", &n)!=EOF)                  // 反复输入柱形图中的矩形数 n，直至输入
                                                    // 0为止
    {
        if(n==0) break;
        Max=0;                                      // 将最大面积初始化为 0
        for(i=0;i<n;i++)                            // 依次输入每个矩形的高度
        {
            scanf("%I64d", &q.val);
            q.len=1;                                // 该矩形宽度为 1
            temp=0;                                 // 栈顶矩形的宽度初始化
            if(s.empty())                           // 若栈空，则当前矩形入栈
                s.push(q);
            else if(q.val<=(s.top()).val)           // 在栈非空的情况下，若当前矩形高度不小于
                                                    // 栈顶矩形高度，则调整栈顶矩形的宽度和
                                                    // 面积
            {
                while(!s.empty()&&q.val<=(s.top().val))
                {
                    (s.top()).len+=temp;            // 计算栈顶矩形的宽度和面积
                    m=(s.top()).val*(s.top()).len;
                    if(m>Max) Max=m;                // 若面积为目前最大，则调整最大面积
                    temp=(s.top()).len;             // 记下栈顶矩形的宽度
                    s.pop();                        // 栈顶矩形出栈
                }
            // 在栈空或当前矩形高度小于栈顶矩形高度的情况下，则调整当前矩形宽度后入栈
                q.len+=temp;
                s.push(q);
            }
            else            // 在当前矩形高度小于栈顶矩形高度的情况下，当前矩形直接入栈
                s.push(q);
        }
        temp=0;                                     // 栈顶矩形宽度初始化
        while(!s.empty())                           // 若栈非空，则调整栈顶矩形宽度
        {
            (s.top()).len+=temp;
            m=(s.top()).val*(s.top()).len;          // 计算栈顶矩形面积
            if(m>Max) Max=m;                        // 若栈顶矩形面积最大，则调整最大面积
            temp=(s.top()).len;                     // 记下栈顶矩形宽度后出栈
            s.pop();
        }
        cout<<Max<<endl;                            // 输出最大矩形面积
    }
}
```

参考程序 2（用数组模拟栈）

```
#include <iostream>
using namespace std;
#define maxn 100005
pair<long long, long long> p[maxn];          // p[] 存储矩形，类型为 pair（第一个值为高度，第二
                                             // 个值为宽度）
int main()
{
    long long n, num, k, i, Max, m, prev;
    while(scanf("%I64d", &n)!=EOF)           // 反复输入柱形图中的矩形数 n，直至输入 0 为止
    {
        if(n==0) break;
        Max=0;                               // 最大面积初始化
        scanf("%I64d", &p[0].first);         // 输入第一个矩形的高度
```

```
        p[0].second=1;                              //第一个矩形的宽度为1
        k=0;                                        //栈顶指针初始化
        for(i=1;i<=n;i++)                           //依次处理每个矩形
        {
            if(i<n) scanf("%I64d", &num);           //依次输入当前矩形高度
            else num=-1;                            //最后一个矩形的高度设为-1
            prev=0;                                 //当前矩形宽度初始化为0
            while(k>=0&&num<=p[k].first)            //若当前矩形高度不大于栈顶矩形高度
            {
                p[k].second+=prev;                  //调整栈顶矩形宽度
                m=p[k].first*p[k].second;           //计算栈顶矩形面积
                if(m>Max) {Max=m;}                  //若栈顶矩形面积目前最大，则记下最大面积
                prev=p[k].second;                   //记下栈顶矩形宽度
                k--;                                //出栈
            }
            if(num!=-1)                             //若当前矩形（宽度为prev+1，高度为num）
                                                    //非最后矩形，则入栈
            {
                p[++k].second=prev+1;
                p[k].first=num;
            }
        }
        printf("%I64d\n", Max);                     //输出最大矩形的面积
    }
    return 0;
}
```

【3.1.3　Feel Good】

Bill正在研究一种新的有关人类情感的数学理论。他最近研究好日子或坏日子如何影响人们对人生某一段时期的记忆。

Bill最近提出了一个新的想法，他为人生的每一天都赋一个非负整数值。

Bill称这个值是一天的情感值。情感值越大，这一天就过得越好。Bill认为，人生某一段时期的情感值是这段时期内所有日子的情感值的总和乘以在这段时期中最小的情感值。这一模式说明，一个糟糕的日子可以极大地影响某一段时期的感受。

现在Bill打算调查自己的人生，找出他生命中最有价值的时期。请帮助他做这项调查。

输入

输入的第一行给出整数n，表示Bill计划调查他的人生中的天数（$1 \leqslant n \leqslant 100\,000$）。然后给出$n$个整数$a_1, a_2, \cdots, a_n$，取值为0～$10^6$，表示在这段时期中每天的情感值。整数由空格和/或换行符分隔。

输出

第一行输出Bill在这一段时期中的最大情感值。第二行输出两个整数l和r，表示Bill在这段时期，从第l天到第r天的这段时间具有最大情感值。如果有多个具有最大值的区间，则输出其中任何一个。

样例输入	样例输出
6 3 1 6 4 5 2	60 3 5

试题来源：ICPC Northeastern Europe 2005

在线测试：POJ 2796

试题解析

本题给出一个长度为 n 的非负整数序列，在序列中一个子区间的值是该子区间的最小值乘以该子区间中所有数的总和。对序列中的每一个数，可以找出以其为最小值的子区间，并计算子区间的值。本题要求计算序列中最大的子区间的值与这个子区间。

初始时，序列中的每个元素表示为 $a[i](i, i)$，其中 $a[i]$ 为序列的第 i 个整数，而 (i, i) 是以 $a[i]$ 为最小值的子区间的左、右端点的初始值。采用单调递增栈计算最大的子区间的值，非负整数序列中的所有值都进栈和出栈各一次，过程如下。

对于序列中的当前元素 $a[i]$：

- 如果栈空或者 $a[i]$ 大于栈顶元素，则 $a[i]$ 以及当前以 $a[i]$ 为最小值的子区间的左、右端点进栈；
- 如果 $a[i]$ 小于或等于栈顶元素，则表示以栈顶元素为最小值的子区间的右端点不会再向右扩展；则栈顶元素，比如 $a[j](l, r)$，出栈；由于是单调递增栈，新的栈顶元素 $a[k]$ 必然小于 $a[j]$，因此，要把 $a[k]$ 为最小值的子区间的右端点调整为 r，而 $a[i]$ 为最小值的子区间的左端点的值也要更新为 l。这样一直重复操作，直到栈顶元素小于 $a[i]$，当前元素进栈。

这样的单调递增栈的每一个元素出栈时，其左右端点构成的子区间必定是以该元素为最小值的最大子区间。

以本题的样例输入为例，非负整数序列为 3 1 6 4 5 2。初始时，序列中的每个数及其子区间为 3(1, 1)、1(2, 2)、6(3, 3)、4(4, 4)、5(5, 5)、2(6, 6)。

第 1 轮，当前元素为 3，栈空，3(1, 1) 进栈，当前栈为 3(1, 1)。

第 2 轮，当前元素为 1，因为 1<3，要求栈内大于 1 的元素依次出栈，所以 3(1, 1) 出栈，并计算区间 (1, 1) 的值；当前元素 1 为最小值的子区间的左端点的值也要更新为 3 为最小值的子区间的左端点，也就是 1(1, 2)；此时栈空，1(1, 2) 进栈，当前栈为 1(1, 2)；即子区间 (1, 2) 内的最小值是 1。

第 3 轮，当前元素为 6，因为 6>1，6(3, 3) 进栈，当前栈为 1(1, 2)，6(3, 3)。

第 4 轮，当前元素为 4，因为 4<6，6(3, 3) 出栈，并计算区间 (3, 3) 的值；当前元素 4 为最小值的子区间的左端点的值也要更新为 6 为最小值的子区间的左端点，也就是 4(3, 4)；而此时成为栈顶的元素 1 为最小值的子区间的右端点的值也成为区间 (3, 3) 的右端点；又因为 4>1，所以 4 进栈；第 4 轮结束，当前栈为 1(1, 3)、4(3, 4)。

第 5 轮，当前元素为 5，因为 5>4，5(5, 5) 入栈。当前栈为 1(1, 3)、4(3, 4)、5(5, 5)。

第 6 轮，当前元素为 2，由于 2<5，5(5, 5) 出栈，并计算区间 (5, 5) 的值；成为栈顶的元素 4 的子区间右端点调整为 5，栈顶 4(3, 5)；又由于 2<4，4(3, 5) 出栈，并计算区间 (3, 5) 的值；此时，当前元素 2 为最小值的子区间的左端点的值被调整为 3；因为 1<2，所以当前栈为 1(1, 2)，2(3, 6)。

最后，栈内所有元素出栈，并计算每一个元素为最小值的子区间的值。

在所有出栈元素 3(1, 1)、6(3, 3)、5(5, 5)、4(3, 5)、2(3, 6)、1(1, 6) 中，最大的子区间的值是 60，子区间为 (3, 5)。

参考程序

```
#include<iostream>
using namespace std ;
const int maxn = 100010 ;
typedef __int64 ll ;
struct node
{
    int l , r ;                              // num是[l, r]的最小值
    ll num ;
}s[maxn] ;                                   // 单调栈
ll a[maxn] ;                                 // 情感值序列
ll sum[maxn] ;                               // 前i天的情感值和为sum[i]
ll ans ;                                     // 最大情感值
int ans_l , ans_r ;                          // 最大情感值ans所在的区间为[ans_l, ans_r]
void update(int top)                         // 调整栈顶
{
    int l = s[top].l , r = s[top].r ;        // 取栈顶区间[l, r]
    if((sum[r] - sum[l-1])*s[top].num > ans) // 栈顶区间内的情感值为目前最大，则记下
    {
        ans = (sum[r] - sum[l-1])*s[top].num ;
        ans_l = l ;
        ans_r = r ;
    }
    if(top > 0)                              // 若栈非空，则栈顶区间的右指针下传给次栈顶
        s[top-1].r = s[top].r ;
}
int main()
{
    int n ;
    while(~scanf("%d" , &n))                 // 反复输入调查的人生天数
    {
        ans = -1;                            // 最大情感值初始化
        int top = -1 ;                       // 栈顶指针初始化
        sum[0] = 0 ;                         // 前缀和初始化
        for(int i = 1 ;i <= n ;i++)          // 输入每天的情感值
        {
            scanf("%I64d" , &a[i]) ;
            sum[i] = sum[i-1]+a[i] ;         // 累计前i天的情感值和
        }
        for(int i = 1;i <= n;i++)
        {
            node v = {i , i , a[i]};         // [i, i]及情感最小值a[i]记为v
            while(top != -1 && s[top].num >= a[i])    // 若栈非空且栈顶区间的最小
                                                      // 情感值不小于a[i]，则调整栈
                                                      // 顶元素，v.l调整为栈顶区间
                                                      // 左指针并出栈，直至栈空或栈
                                                      // 顶区间的最小情感值小于a[i]
                                                      // 为止
            {
                update(top) ;
                v.l = s[top].l ;
                top-- ;
            }
            s[++top].l = v.l ;               // v入栈
            s[top].r = v.r ;
            s[top].num = v.num ;
        }
        while(top != -1)                     // 若栈非空，则调整栈顶元素并出栈，直至栈空为止
        {
            update(top);
```

```
            top-- ;
        }
        printf("%I64d\n" , ans) ;        //输出最大情感值 ans 和具有该情感值的区间
                                          //[ans_l , ans_r]
        printf("%d %d\n", ans_l , ans_r) ;
    }
    return 0 ;
}
```

3.2　二维空间中应用单调栈

本节在 3.1 节的基础上，给出在二维空间中应用单调栈解决问题的实验。题目 3.1.2 中的柱形图由 n 个数表示，通过单调栈解决一维空间的问题。而题目 3.2.1 是题目 3.1.2 的升级版，将二维矩阵转化为一维数组，再运用单调栈解决问题。

【3.2.1　Largest Submatrix of All 1's】

给出一个 $m \times n$ 的 01 矩阵，在它所有的子矩阵中，全 1 阵哪一个最大？所谓“最大”是指子矩阵包含的元素最多。

输入

输入包含多个测试用例，每个测试用例的第一行给出 m（$m \geq 1$）和 n（$n \leq 2000$）。然后按行为主顺序给出 01 矩阵的元素，给出 m 行，每行 n 个数字。输入以 EOF 结束。

输出

对于每个测试用例，输出一行，给出最大的全 1 子矩阵的元素的数目。如果给出的矩阵为全 0 矩阵，则输出 0。

样例输入	样例输出
2 2 0 0 0 0 4 4 0 0 0 0 0 1 1 0 0 1 1 0 0 0 0 0	0 4

试题来源：POJ Founder Monthly Contest – 2008.01.31, xfxyjwf

在线测试：POJ 3494

试题解析

本题给出仅由 0 和 1 组成的矩阵，求全部由 1 组成的子矩阵中元素最多的子矩阵，也就是具有最大面积的子矩阵。

首先，将表示 01 矩阵的二维数组 f 转化为一维数组 h。对于给出的矩阵，逐行输入，并产生一维数组 h；对于当前行，如果当前列 j 的值为 1，则产生的一维数组 h 的当前列的值 $h[j]$ 就等于上一次产生的 $h[j]+1$，否则为 0。

例如，给出一个 5×8 的矩阵（左式），按上述过程转化，则每次转化的结果按行排列（右式），如下所示：

$$\begin{pmatrix} 0 & 1 & 1 & 0 & 0 & 0 & 0 & 0 \\ 0 & 1 & 1 & 1 & 1 & 0 & 0 & 1 \\ 0 & 0 & 1 & 1 & 1 & 0 & 1 & 0 \\ 0 & 0 & 1 & 1 & 1 & 0 & 1 & 0 \\ 0 & 0 & 1 & 1 & 0 & 1 & 0 & 0 \end{pmatrix} \Rightarrow \begin{pmatrix} 0 & 1 & 1 & 0 & 0 & 0 & 0 & 0 \\ 0 & 2 & 2 & 1 & 1 & 0 & 0 & 1 \\ 0 & 0 & 3 & 2 & 2 & 0 & 1 & 0 \\ 0 & 0 & 4 & 3 & 3 & 0 & 2 & 0 \\ 0 & 0 & 5 & 4 & 0 & 1 & 0 & 0 \end{pmatrix}$$

转化产生的矩阵内第 i 行第 j 列的元素 $g[i][j]$，可以视为以第 i 行为底、$g[i][j]$ 为高的柱形。这样，就可以如题目 3.1.2，用单调栈计算以第 i 行为底的柱形图能组成的最大矩形的面积。

例如，以第 2 行为底的柱形图如图 3.2-1 所示。

以第 3 行为底的柱形图如图 3.2-2 所示。

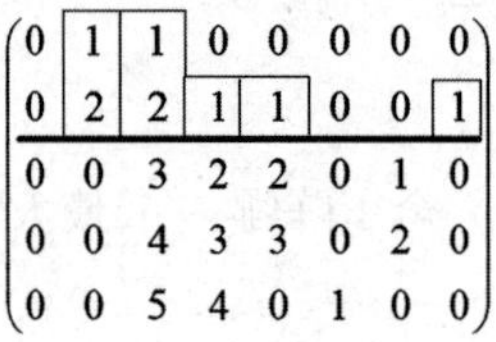

$$\begin{pmatrix} 0 & 1 & 1 & 0 & 0 & 0 & 0 & 0 \\ 0 & 2 & 2 & 1 & 1 & 0 & 0 & 1 \\ \hline 0 & 0 & 3 & 2 & 2 & 0 & 1 & 0 \\ 0 & 0 & 4 & 3 & 3 & 0 & 2 & 0 \\ 0 & 0 & 5 & 4 & 0 & 1 & 0 & 0 \end{pmatrix}$$

图　3.2-1

$$\begin{pmatrix} 0 & 1 & 1 & 0 & 0 & 0 & 0 & 0 \\ 0 & 2 & 2 & 1 & 1 & 0 & 0 & 1 \\ 0 & 0 & 3 & 2 & 2 & 0 & 1 & 0 \\ \hline 0 & 0 & 4 & 3 & 3 & 0 & 2 & 0 \\ 0 & 0 & 5 & 4 & 0 & 1 & 0 & 0 \end{pmatrix}$$

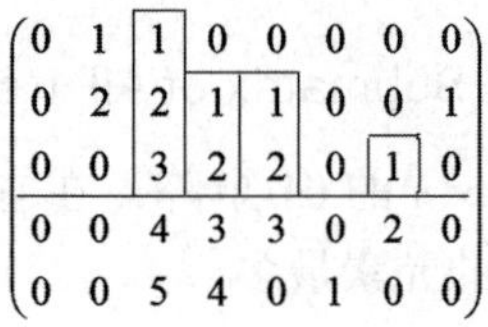

图　3.2-2

扫描每一行，求这一行中柱形图可以形成的矩形的最大面积。最后，取所有的最大矩形面积的最大值即可。

参考程序

```
#include<iostream>
#include<stack>
using namespace std;
int main()
{
    //top 指向栈顶；tmp 为临时变量，记录面积的值；ans 为答案，记录面积的最大值
    int i, j, m, n, x, top, tmp, ans, h[2020], a[2020];
    stack<int> st;                          // 单调栈，记录位置
    while(~scanf("%d%d", &m, &n))
    {
        ans=0;
        memset(h, 0, sizeof(h));            // 用于第一行的处理
        for(i=0;i<m;i++)
        { // 扫描每一行
            for(j=1;j<=n;j++)
            {
                scanf("%d", &x);
                if(x==1) h[j]=h[j]+1;       // 如果是 1，则在上一行本列的基础上加 1
                else h[j]=0;                // 否则为 0
                a[j]=h[j];                  // a 数组用来向左右扩展
            }
            a[n+1]=-1;                      // 设最后元素为最小值，以便让栈内元素出栈
            for(j=1;j<=n+1;j++)
            {
                if(st.empty()||a[j]>=a[st.top()])       // 如果栈为空或入栈元素大于
                                                        // 等于栈顶元素，则入栈
                    st.push(j);
                else                        // 如果栈非空并且入栈元素小于栈顶元素，则将栈顶元素出栈
                {
                    while(!st.empty()&&a[j]<a[st.top()])
```

```
                    {
                        top=st.top();
                        st.pop();
                        tmp=(j-top)*a[top];         //计算面积值
                        if(tmp>ans) ans=tmp;        //更新面积最大值
                    }
                    st.push(top);                   //将最后一次出栈的栈顶元素延伸并入栈
                    a[top]=a[j];                    //修改其对应的值
                }
            }
        }
        printf("%d\n", ans);
    }
    return 0;
}
```

题目3.2.2是在二维空间中，逐行扫描，应用单调栈解决问题的实验。

【3.2.2　Selling Land】

如你所知，Absurdistan这个国家充满了异常。整个国家被划分为一个个正方形单元，这些正方形单元要么是草地，要么是沼泽。此外，这个国家以无能的官员而闻名。如果你想买一块地（被称为一个地块，parcel），你只能买一个矩形的区域，因为官员们不会处理其他形状的区域。地块的价格由他们决定，与地块的周长成正比，由于官员们无法计算整数相乘，因此无法计算出地块的面积。

Per在Absurdistan拥有一个被沼泽包围的地块，他想把它出售给一些买家，可以把该地块分为几个部分出售。当他出售一个矩形的地块时，他要向当地的官员报告。官员们会告诉他该地块应该卖多少钱，然后写下新业主的名字和被出售地块的东南角的坐标。如果其他人拥有的地块的东南角的坐标与这个地块的东南角坐标的位置相同，官员们会拒绝所有权的变更。

Per意识到他可以很容易地欺骗这些官员。他可以出售重叠的地区，因为官员们只检查东南角坐标是否相同。然而，没有人会购买有沼泽的地块。

例如，对于图3.2-3，Per可能出售三个灰色区域，大小分别为2×1、2×4和4×1，包含了重叠的部分。总周长是6+12+10=28。这里要注意，Per还可以通过出售更多的包含重叠部分的土地来获得更多的钱。图3.2-3对应于样例输入输出中的样例。

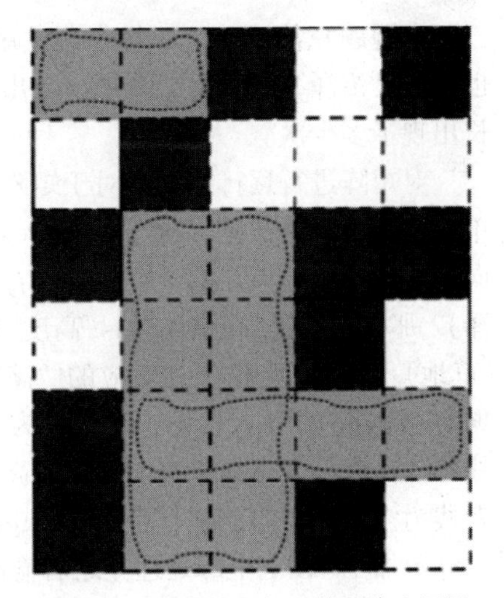

图3.2-3　黑色的正方形单元代表沼泽

现在Per想知道，要使他的收益最大化，对于每一个周长他可以卖多少个地块。你能帮助他吗？本题设定，只要一个地块不包含沼泽，这个地块就能找到买家，而且Per确定他的地块里没有别人的地。

输入

输入的第一行给出一个正整数，表示测试用例的数量，最多为100。之后的每个测试用例：

- 第一行给出两个整数 n（$n \geqslant 1$）和 m（$m \leqslant 1000$），表示Per的地块的大小。
- 接下来的 n 行，每行给出 m 个字符。每个字符是“#”或“.”。如果位置 (i, j) 是沼泽，那么第 i 行的第 j 个字符是“#”；如果是草地，则该字符是“.”。Per 地块的西北角坐标为 (1, 1)，东南角坐标为 (n, m)。

输出

对于每个测试用例：输出 0 行或更多行，给出 Per 可以销售的每个周长的地块的完整列表，使其收益最大化。具体地说，如果 Per 在最优解中出售周长为 i 的地块有 p_i 个，则输出一行“$p_i \times i$”。这些行要按照 i 的递增顺序排序。没有两行的 i 值是相同的，也不要输出 $p_i = 0$ 的行。

样例输入	样例输出
1 6 5 ..#.# .#... #..## ...#. #.... #..#.	6 × 4 5 × 6 5 × 8 3 × 10 1 × 12

试题来源：ACM/ICPC NWERC 2010
在线测试：UVA 12265，UVA 4950

试题解析

本题题意简述如下：每个测试用例是一个 $n \times m$ 的矩阵，矩阵的每个元素可能是草地，也可能是沼泽，对于每个草地，求出以它为右下角的草地矩形的最大周长，然后统计每个周长出现了多少次。

对矩阵进行逐行扫描，对于矩阵的每一行，在每两个沼泽之间连续的草地部分维护一个单调递增栈。做法是，对于矩阵 area，设置一个数组 height 记录当前扫描到的元素 area[i][j] 向上的连续草地单元的个数 height[j]（如柱形图的高度），如果当前扫描到的元素是“#”（沼泽），那么就将这一列对应的“高度”height[j] 记为 0，同时清空栈；如果扫描到的元素为“.”（草地），那么就将这一列对应的“高度”加 1（height[j]++）。如果当前栈为空，那么就将数据 (j, height[j]) 压入栈中；如果不为空，基于最优的情况，也就是计算周长最大的情况，将栈中“高度”大于等于当前元素“高度”的数据出栈，直到栈顶元素高度小于当前列高度或者栈为空，决定当前列是否压入栈中。最后，计算当前草地单元对应的最大矩形的周长，同时计数加 1。以上全部处理完之后输出最终的结果。

参考程序

```
#include<iostream>
using namespace std;
const int maxn = 1000 + 10;
int height[maxn], ans[maxn*2];     // 当前第 j 列向上的连续草地单元数为 height[j]，最优解为
                                   // ans[]（长宽和为 i 的地块有 ans[i] 个）
string area[maxn];                 // 第 i 行的字符串为 area[i]
typedef struct Rect{               // 栈元素含列 x 和高度 h（x 列向上连续草地的单元数）
    int x, h;                      // x 和 h 的初始值为 0
    Rect(int x1=0, int h1=0) :x(x1), h(h1){}
}Rect;
```

```
Rect st[maxn];                                        // 元素类型为 Rect 的单调栈
int main(){
    int T;
    cin>> T;                                          // 输入测试用例数
    while (T--){                                      // 依次处理每个测试用例
        int n, m;
        cin>> n >> m;                                 // 输入地块大小
        fill(ans, ans + n + m + 10, 0);
        for (int i = 0; i < n; i++) cin>> area[i];    // 依次输入每行字符
        fill(height, height + m, 0);                  // 将当前每列连续草地单元数初始
                                                      // 化为 0
        for (int i = 0; i < n; i++){                  // 自上而下处理每一行
            int top = -1;                             // 初始时栈空
            for (int j = 0; j < m; j++){              // 由左而右扫描 i 行的每一列
                if (area[i][j] == '#'){               // 若 j 列元素为沼泽，则 j 列向上
                                                      // 连续草地的单元数清零 0，栈空;
                                                      // 若 j 列元素为草地，则 j 列向上
                                                      // 连续草地的单元数 height[j]
                                                      // 加 1，列 j 和 height[j] 记为
                                                      // temp
                    height[j] = 0;
                    top = -1;
                }
                else{
                    height[j]++;
                    Rect temp(j, height[j]);
                    if (top < 0)              // 若栈空，则 temp 入栈
                        st[++top] = temp;
                    else{                     // 依次将 " 高度 " 大于等于当前元素 " 高度 " 的栈顶
                                              // 元素移出栈，并将栈顶元素的 " 列 " 赋给当前元素，
                                              // 直到栈顶元素高度小于当前元素高度或栈空为止
                        while (top >= 0 && temp.h<=st[top].h )
                            temp.x = st[top--].x;
                        //若栈空或当前元素位于栈顶元素右方，则当前元素入栈
                        if (top<0 || temp.h - temp.x>st[top].h - st[top].x)
                            st[++top] = temp;
                    }
                    ans[j - st[top].x + 1 + st[top].h]++; // 当前草地 (长宽和为 j-st[top].
                                                          // x+1+st[top].h) 对应最大矩
                                                          // 形，最大矩形数加 1
                }
            }
        }
        for (int i = 1; i <= n + m; i++)
            if (ans[i])               // 若最优解中有长宽和为 i 的地块可出售，则输出地块数
                                      // 和周长
                cout<< ans[i] << " x " << i * 2 <<endl;
    }
    return 0;
}
```

3.3　单调队列

单调队列也分为单调递增队列和单调递减队列，分别表示队列中的元素从队首到队尾按递增或者递减排序。将一个数组中的元素依序放入队列，如果新入队列的元素破坏了单调性，队尾元素出队，直到满足单调性，然后，数组的当前元素入队；也就是说，新元素入队前，破坏单调性的元素依次从队尾出队。当新元素入队导致队列长度超过要维护的区间长度时，则队首元素出队。

因此，单调队列有如下三个特点。

- 元素从队尾入队，队首或队尾出队；所以单调队列是双端队列。
- 对于单调递增队列，保证队首一定是当前队列的最小值，可以用于维护区间的最小值；对于单调递减队列，保证队首一定是当前队列的最大值，可以用于维护区间的最大值。所以，单调队列一般用于求区间内的最值问题，而队首元素是当前区间的最值。
- 如果新元素入队导致队列长度超过要维护的区间长度时，队首元素出队，因此队列相当于一个滑动窗口，队首元素出队相当于窗口向右滑动一个位置，新队首元素即为新窗口的最值。

例如，给出一个数组序列 3 1 5 7 4 2 1，现在要维护区间长度为 3 的最大值，用单调递减队列，实现如下表所示。

操作轮次	操作	队列中的元素	指定区间的最大值
1	队列空，3 入队	3	区间长度小于 3
2	3>1，1 入队	3，1	区间长度小于 3
3	3, 1 出队，5 入队	5	区间 [1, 3] 的最大值为 5
4	5 出队，7 入队	7	区间 [2, 4] 的最大值为 7
5	4 入队	7，4	区间 [3, 5] 的最大值为 7
6	2 入队	7，4，2	区间 [4, 6] 的最大值为 7
7	1 入队，7 出队	4，2，1	区间 [5, 7] 的最大值为 4

题目 3.3.1 是实现上述单调队列的基础实验。

【3.3.1　Sliding Window】

给出一个大小为 n（$n \leqslant 10^6$）的数组。有一个大小为 k 的滑动窗口，它从数组的最左边滑动到最右边。你只能在窗口中看到 k 个数字。每次滑动，窗口向右滑动一个位置。示例如下，数组是 [1 3 –1 –3 5 3 6 7]，k 是 3。

窗口位置	最小值	最大值
[1 3 –1] –3 5 3 6 7	–1	3
1 [3 –1 –3] 5 3 6 7	–3	3
1 3 [–1 –3 5] 3 6 7	–3	5
1 3 –1 [–3 5 3] 6 7	–3	5
1 3 –1 –3 [5 3 6] 7	3	6
1 3 –1 –3 5 [3 6 7]	3	7

请确定在滑动窗口时，每个窗口位置的最大值和最小值。

输入

输入由两行组成。第一行给出两个整数 n 和 k，它们是数组和滑动窗口的长度。第二行给出 n 个整数。

输出

输出两行。第一行给出窗口从左到右每个位置的最小值，第二行给出最大值。

样例输入	样例输出
8 3 1 3 -1 -3 5 3 6 7	-1 -3 -3 -3 3 3 3 3 5 5 6 7

试题来源：POJ Monthly--2006.04.28, Ikki

在线测试：POJ 2823

试题解析

简述题意：给定一个数组以及一个滑动窗口的大小，窗口每个时刻向后移动一位，求出每个时刻窗口中数字的最大值和最小值。

滑动窗口是单调队列的经典模型，对于输入的数组，窗口的每个滑动位置对应一个区间；采用单调队列求解一段（窗口）区间的最值问题。单调队列有如下两个性质。

- 单调队列中的元素在原来列表中的顺序是单调递增或单调递减的。
- 单调队列中的元素按单调递增或单调递减排序。

这样就保证了队首就是当前（窗口）区间的最值。

在窗口滑动过程中，维护单调队列的上述两个性质。单调队列的维护分为以下两方面。

- 维护队尾。比较数组序列中当前元素与队尾元素，如果当前元素更优，则队尾元素出队，直到当前元素可以满足单调性时，将当前元素插入队尾。
- 维护队首。超出区间范围的队首出队；而新队首就是当前区间的最值。

参考程序的实现过程如下：首先，输入数组；然后，函数 workmin() 采用单调递增队列求解窗口从左到右滑动的每个位置的最小值；最后，函数 workmax() 采用单调递减队列求解窗口从左到右滑动的每个位置的最大值。

参考程序

```
#include<iostream>
#define maxn 1000005
using namespace std;
int l, r, n, k, a[maxn], q[maxn];           //列表为 a[]，滑动窗口大小为 k，队列为 q[]，
                                            //首尾指针分别为 l 和 r，存储递增或递减序列在
                                            // a[] 的下标
void workmin(){                  //采用单调递增队列求解窗口从左到右滑动的每个位置的最小值
    int l=1, r=0, i=0;           //队列的首尾指针和待插元素指针初始化
    for(;i<k-1;i++){             //依次将 a[] 的前 k 个元素插入队尾
        while(l<=r && a[q[r]]>a[i])r--;     //依次将大于 a[i] 的队尾元素移出队列
        q[++r]=i;                           //i 进入队尾
    }
    for(;i<n;i++){                          //窗口滑动 n-k+1 次
        if(q[l]<=i-k) l++;                  //计算窗口左指针（队首指针）
        while(l<=r&&a[q[r]]>a[i]) r--;      //大于 a[i] 的队尾元素出队
        q[++r]=i;                           //新元素入队尾
        printf("%d ", a[q[l]]);             //输出当前窗口的最小值
    }
    puts("");
}
void workmax(){                             //采用单调递减队列求解窗口从左到右滑动的每个位置的
                                            //最大值
    int l=1, r=0, i=0;                      //队列的首尾指针和待插元素指针初始化
    for(;i<k-1;i++){                        //依次将 a[] 的前 k 个元素插入队尾
        while(l<=r&&a[q[r]]<=a[i]) r--;     //依次将不大于 a[i] 的队尾元素移出队列
```

```
            q[++r]=i;                           // i 进入队尾
        }
        for(;i<n;i++){                          // 窗口进行 n-k+1 次滑动
            if(q[l]==i-k) l++;                  // 计算窗口左指针（队首指针）
            while(l<=r&&a[q[r]]<=a[i]) r--;     // 不大于 a[i] 的队尾元素出队
            q[++r]=i;                           //i 进入队尾
            printf("%d ", a[q[l]]);             // 输出当前窗口的最大值
        }
        puts("");
    }
    int main(){
        while(scanf("%d%d", &n, &k)==2){        // 反复输入数组和滑动窗口的长度
            for(int i=0;i<n;i++)                // 输入 n 个整数
                scanf("%d", &a[i]);
            workmin();                          // 采用单调递增队列求解窗口从左到右滑动的每个位置
                                                // 的最小值
            workmax();                          // 采用单调递减队列求解窗口从左到右滑动的每个位置
                                                // 的最大值
        }
    }
```

【3.3.2　Feel Good】

试题描述与题目 3.1.3 相同。

试题解析

本题给出一个长度为 n 的非负整数序列，该序列中一个子区间的值是这个子区间的最小值乘以这个子区间中所有数的总和。对序列中的每一个数，可以找出以其为最小值的子区间，并计算子区间的值。本题要求计算序列中最大的子区间的值与这个子区间。

本题的算法思想是将每个元素视为其所在区间的最小值，向序列左、右两个方向进行查找，找出以其为最小值的最大区间。而查找过程可以应用单调队列。

查找以当前元素为最小值的最大区间的左端点的过程如下。

构造单调递增队列，当前元素进队，然后从左边第一个元素开始向左扫描，进行单调队列的操作：如果扫描到的元素比队尾元素大，则扫描到的元素进队；否则，队尾元素出队。队尾元素的下标是以当前元素为最小值的最大区间的左端点。

查找以当前元素为最小值的最大区间的右端点的方法与上述方法相同，从右边第一个元素开始向右扫描。

参考程序

```
#include <iostream>
using namespace std;
long long a[100005];                    // 整数序列
long long q[100005];                    // 队列
long long l[100005];                    // 以 a[i] 为最小值的最大区间左端点 l[i]，右端点 r[i]
long long r[100005];
long long p[100005];                    // 队尾 q[t] 存储 a[i]，其下标 i 存放在 p[t] 中
long long sum[100005];                  // 前缀和，其中 sum[i] 存储整数区间前缀 a[1]..a[i] 的和
int main()
{
    int n, i, j;
    while(~scanf("%d", &n))             // 反复输入整数序列长度
    {
```

```
        sum[0] = 0;                          //前缀和初始化
        for(i = 1; i<=n; i++)                //依次输入n个整数
        {
            scanf("%lld", a+i);
            sum[i] = sum[i-1]+a[i];          //计算前i个整数的前缀和
        }
        q[0] = -1;                           //初始化队头
        p[0] = 0;
        p[n+1] = n+1;
        q[n+1] = -1;
        int head = 1;                        //队列的首尾指针初始化
        int tail = 0;
        for(i = 1 ; i<=n; i++)               //查找以当前元素为最小值的最大区间的左端点
        {
            while(head<=tail&&q[tail]>=a[i]) tail--;  //将不小于a[i]的队尾元素移出队列
            l[i] = p[tail];                  //队尾下标作为以a[i]最小值的最大区间的左端点
            q[++tail] = a[i];                // a[i]入队，并记录下标
            p[tail] = i;
        }
        q[0] = -1;                           //初始化队头
        p[0] = 0;
        p[n+1] = n+1;
        q[n+1] = -1;
        head = n;                            //队列的首尾指针初始化
        tail = n+1;
        for(i = n ; i>=1; i--)               //查找以当前元素为最小值的最大区间的右端点
        {
            while(head>=tail&&q[tail]>=a[i]) tail++;  //将不大于a[i]的队尾元素移出队列
            r[i] = p[tail];                  //队尾下标作为以a[i]最小值的最大区间的右端点
            q[--tail] = a[i];                //队尾元素出队，a[i]进入该位置，并记录下标
            p[tail] = i;
        }
        long long max1 = -1;                 //最大子区间的值初始化
        int k = 0;                           //最大子区间中最小元素下标初始化
        for(i = 1; i<=n; i++)                //依次假设每个整数为所在子区间的最小值
        if(max1<a[i]*(sum[r[i]-1]-sum[l[i]]))     //若a[i]所在子区间值目前最大，则记为
                                                  //最大值，i记入该子区间中最小元素下标k
         {
             max1= a[i]*(sum[r[i]-1]-sum[l[i]]);
             k = i;
        }
        printf("%lld\n", max1);                   //输出最大子区间的值
        printf("%lld %lld\n", l[k]+1, r[k]-1);    //输出最大子区间的左右指针
    }
    return 0;
}
```

3.4 单调队列优化 DP

DP（Dynamic Programming，动态规划）是一种解决多阶段决策问题的方法，它利用记忆表存储计算过的子问题的解，可以在一定程度上避免重复计算，减少冗余。但在有的时候，如果DP不经过优化，其效率也是不够理想的。假设状态数为 $O(n)$，每一个状态的决策量为 $O(n)$，如果未优化而直接求解，时间复杂度一般为 $O(n^2)$。实际上，记忆表中的子问题解并不都是有用的，如果引用了对最终结果无意义的子问题解，也是一种冗余计算。为了尽可能避免冗余，有时可以采用单调队列作为存储结构来优化DP：通过合理的组织与优化，可将绝大多数求解状态转移方程的时间复杂度优化为 $O(n\log_2 n)$ 甚至 $O(n)$。

首先，本节以题目3.4.1作为基础实验，让同学们体会单调队列优化DP。

【3.4.1 最大子序和】

输入一个长度为 n 的整数序列，从中找出一段长度不超过 m 的连续子序列，其中 $n \geqslant 1$、$m \leqslant 300\ 000$，使子序列中所有数的和最大。注意，子序列的长度至少是 1。

输入

第一行输入两个整数 n、m。第二行输入 n 个数，代表长度为 n 的整数序列。同一行的数之间用空格隔开。

输出

输出一个整数，代表该序列的最大子序和。

样例输入	样例输出
6 4 1 -3 5 1 -2 3	7

在线测试：头歌，https://www.educoder.net/problems/bowgp6tk/share

试题解析

按照动态规划的解题思路，定义阶段、状态以及状态转移方程。设 $f[i]$ 为区间右端点为 i 且长度不超过 m 的最大子序和，数组 s 为序列的前缀和数组，$s[i]$ 为序列中第 1 个到第 i 个数的总和，则状态转移方程 $f[i]=\max\{s[i]-s[j]\}$，$1 \leqslant i-j \leqslant m$。

对于状态转移方程 $f[i]$，基于单调队列分析如下。首先，j 有范围，$i-m \leqslant j \leqslant i-1$；其次，对于 $f[i]$，前缀和 $s[i]$ 是一个常量；所以 $f[i]=s[i]-\min\{s[j]\}$，$1 \leqslant i-j \leqslant m$。也就是说，采用单调队列作为存储结构来优化 DP，从前向后维护一个长度不超过 m 的区间的最小值，也就是题目 3.3.1 的滑动窗口问题，而时间复杂度则为 $O(n)$。

参考程序

```
#include<bits/stdc++.h>
using namespace std;
const int N = 300010, INF = 1e9;
int n, m;                                           // 整数序列的长度为n，子序列的长度上限为m
int q[N], s[N];                                     // 单调队列q[]存储输入序列的下标，前缀和为s[]
int main()
{
    scanf("%d%d", &n, &m);                          // 读整数序列的长度n和子序列的长度上限m
    for(int i = 1; i <= n; i ++ ){
        scanf("%d", &s[i]);                         // 依次读入每个整数
        s[i] += s[i - 1];                           // 前缀和数组s，s[i]是第1个到第i个数值之和
    }
    int res = -INF, tt = 0, hh = 0;                 // 子序列和与单调队列的首尾指针初始化
    for(int i = 1; i <= n; i ++ ){                  // 单调队列处理，单调队列q内保存的是下标
        if(q[hh] < i - m) hh ++ ;                   // 如果队首元素已经超出单调队列范围，则队
                                                    // 首出队
        res = max(res, s[i] - s[q[hh]]);            //s[i]减去队首元素即可得到这个区间内最大的
                                                    // 连续子序列和
        while(hh <= tt && s[i] <= s[q[tt]]) tt -- ; // 单调递增队列，如果队尾元素大于等于新
                                                    // 加入的元素，则队尾元素出队，以此维持
                                                    // 单调队列内单调上升的序列
        q[ ++ tt] = i;                              // 新元素入队
    }
    cout<<res<<endl;
```

```
    return 0;
}
```

在题目 3.4.1 的基础上，题目 3.4.2、题目 3.4.3 和题目 3.4.4 都是应用单调队列作为存储结构优化 DP 的实验。首先，题目 3.4.2 让同学们体会单调队列在 DP 优化中的基本应用。

【3.4.2　Dividing the Path】

农夫 John 发现沿山脊生长的三叶草特别好。为了给三叶草浇水，农夫 John 沿着山脊安装喷水头。

每个喷水头都是沿着山脊安装的。我们把山脊设想为长度为 L 的一维数轴，其中 $1 \leqslant L \leqslant 1\ 000\ 000$ 且 L 是偶数。

每个喷水头沿着山脊向数轴的两个方向在一定的范围内浇灌。每个喷水头的浇灌范围可以调节，调节范围是区间 $[A, B]$ 内的整数，$1 \leqslant A \leqslant B \leqslant 1000$。农夫 John 要给整个山脊浇灌，但浇灌范围不会超出山脊的两端。

农夫 John 有 N（$1 \leqslant N \leqslant 1000$）头奶牛，它们都沿着山脊吃草，每头奶牛的活动范围是一个闭区间 $[S, E]$，S 和 E 都是整数。不同奶牛的活动范围可以有重叠。每头奶牛的活动范围必须被一个单独喷水头的浇灌范围覆盖，喷水头的浇灌范围可能会也可能不会超过给出的奶牛的活动范围。

请给出喷水头的最少数量，要求喷水头能给整个山脊浇灌，而且各个喷水头的浇灌范围没有重叠。

输入

第一行：两个用空格分隔的整数 N 和 L。

第二行：两个用空格分隔的整数 A 和 B。

第 3～$N+2$ 行：每行给出两个整数 S 和 E（$0 \leqslant S < E \leqslant L$），分别表示某一头奶牛的活动范围区间的左右端点。端点的位置是与山脊开始位置的距离，在 0～L 的范围内取值。

输出

输出一行，给出所需喷水头的最少数量。如果无法为农夫 John 设计喷水头的配置，则输出 −1。

样例输入	样例输出
2 8 1 2 6 7 3 6	3

提示

样例输入说明如下。

两条奶牛在一条长度为 8 的山脊上，喷水头的浇灌范围为 [1, 2]（也就是 1 或 2）。一头奶牛活动范围的是 [3, 6]，另一头奶牛活动范围的是 [6, 7]。

样例输出说明如下。

需要 3 只喷水头，如图 3.4-1 所示。第 1 只喷水头在位置 1，浇灌半径为 1；第 2 只喷水头在位置 4，浇灌半径为 2；第 3 只喷水头在位置 7，浇灌半径为 1。

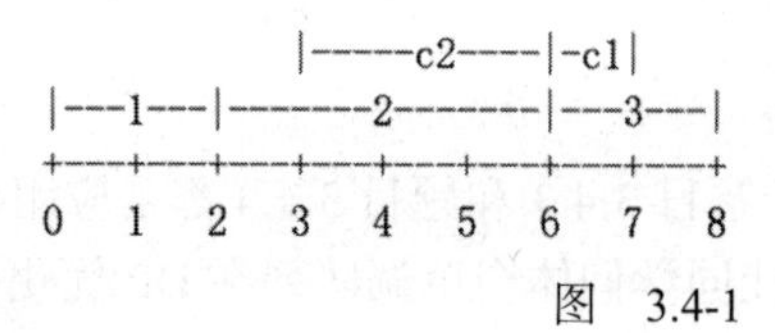

图　3.4-1

在位置 2 和位置 6 处，浇灌范围是不重叠的。

试题来源：USACO 2004 December Gold

在线测试：POJ 2373

试题解析

简述题意：农夫 John 要用喷水头浇灌长为 L 的山脊，并且保证每个喷水头的浇灌范围不会重叠，也不会超过山脊的末端（每个喷水头的浇灌半径为 A~B 的整数）。John 有 N 头奶牛，每头奶牛都有一段特别喜欢的区间，这些区间只能用一个喷水头浇灌。问最少需要用多少个喷水头。

按照动态规划的解题思路求解，首先定义状态 dp[i]，表示恰好覆盖到 [0, i] 时所需喷水头的最少数量，则本题的解自然也就是 dp[L]。

对于 dp[i]，根据题意，分析如下。

1）因为山脊的区间是 [0, L]，L 是偶数，并且要在合适的位置来放置喷水头，喷水头向数轴的两个方向浇灌，则浇灌覆盖的长度也是偶数，所以 i 一定是偶数。

2）因为每头奶牛的活动范围必须被一个单独的喷水头的浇灌范围覆盖，i 一定不在奶牛的活动范围内，因为如果 i 在某头奶牛的活动范围之内，该奶牛的活动范围也就被分割成两块，不符合题意要求。

3）因为喷水头的浇灌范围是区间 [A, B] 内的整数，而且浇灌范围不会超出山脊的两端，所以 i 一定大于等于 2*A，并且，如果 i 在区间 [2*A, 2*B] 内，则进行初始化，把符合 1）和 2）的 dp[i] 初始化为 1。

4）当 i> 2*A 时，在满足 1）和 2）的情况下，状态转移方程 dp[i] = min{dp[j]| i – 2*B≤j≤i – 2*A} + 1。

对于状态转移方程 dp[i]，基于单调队列分析如下。因为 dp[i] 是由满足 i – 2*B≤j≤i – 2*A 且 dp[j] 最小的 j 转移过来的，所以选用单调队列维护这个最小值。当（i – 队首元素下标）>2*B 时，队首元素出队。另外还要再开一个队列存储元素编号，只有当该队列队首元素的下标满足（i – 队首元素下标）≥2A 时，才可以将这个元素加入单调队列。这样就可以优化到 $O(n)$ 的复杂度了。

参考程序

```
# include <iostream>
# include <queue>
# define INF 1<<31
# define MAXL 1000005          // 最大山脊长度
# define MAXN 1005             // 最大奶牛数
using namespace std;
int dp[MAXL];                  // 状态转移方程
int cowAt[MAXL] ;              // 判断当前点是否有奶牛存在
int N, L, A, B;                // 奶牛数为 N，山脊长度为 L，喷水头的喷射半径范围为 [A, B]
struct Fx                      // 优先队列元素的结构定义
```

```
{
    int x;                                   // 覆盖区域为 [0, x], 所需最少喷水头数为 f
    int f;
    bool operator <(const Fx & a) const {return f > a.f;} // 按喷水头数递增顺序排列
    Fx(int xx = 0, int ff = 0):x(xx), f(ff){}           // x 和 f 的初值分别为 0
};
priority_queue<Fx>pqFx;                      // 定义优先队列
int main()
{
    cin>> N >> L;                            // 输入奶牛的数量和山脊的长度
    cin>> A >> B;                            // 输入喷水头的喷射半径范围 [A, B]
    A <<= 1; B <<= 1;                        // 把半径范围变成直径范围, 方便计算
    memset(cowAt, 0, sizeof(cowAt));         // 初始化所有点都没有奶牛
    for (int i = 0; i < N; i++)              // 依次枚举每头奶牛
    {
        int S, E;                            // 奶牛的活动范围为 (S, E)
        cin>> S >> E;                        // 输入第 i 头奶牛活动范围区间的左右端点
        cowAt[S+1]++ ;
        cowAt[E]--;
    }
    int inCow = 0;                           // 用来判断是否还在奶牛活动范围内
    for (int i = 0; i <= L; i++)             // 枚举每一个可能覆盖区域
    {
        dp[i] = INF;                         // 将当前覆盖区域的最少喷水头数初始化为无穷大
        inCow += cowAt[i];                   // 当 cowAt[i] = 1 时, inCow = 1; 当 cowAt[i]
                                             // = -1 时, inCow = 0;
        cowAt[i] = (inCow> 0);               // 把有奶牛存在的点变为 1
    }
    for (int i = A; i <= B; i += 2)          // 在区间 [2*A, 2*B] 内初始化
        if (!cowAt[i])                       // 若当前点没有奶牛, 则说明此点有可能放置一个喷水头
        {
            dp[i] = 1;                       // 把当前的喷水头数初始化为 1
            if (i <= B + 2 - A)              // 若 i 可放置一个喷水头, 则 i 和 [0, i] 需喷水头数 1 入队
                pqFx.push(Fx(i, 1));
        }
    for (int i = B + 2; i <= L; i += 2)
    {
        if (!cowAt[i])                       // 若当前点没有奶牛, 则说明此点可放置一个喷水头
        {
            Fx fx;
            while (!pqFx.empty())            // 循环: 反复取队首 fx, 直至队列空或 fx 的覆盖
                                             // 区域可放置喷水头为止
            {
                fx = pqFx.top();
                if (fx.x < i - B)            // 若 fx 的覆盖区域不适合放置喷水头, 则 fx 出队
                    pqFx.pop();
                else
                    break;
            }
            if (!pqFx.empty())               // 若 fx 的覆盖区域可放置喷水头, 则 dp[i] 为 fx 的
                                             // 覆盖区域的最少喷水头数加 1
                dp[i] = fx.f + 1;
        }
        if (dp[i-A+2] != INF)                // 若已计算出点 i-A+2 的喷水头数, 则该点和喷水
                                             // 头数入队
            pqFx.push(Fx(i-A+2, dp[i-A+2]));
    }
    // 输出结果: 若无法配置喷水头, 则输出失败信息; 否则输出所需的最少喷水头数
    if (INF == dp[L])
        cout<< -1 <<endl;
    else
```

```
        cout<< dp[L] <<endl;
    return 0;
}
```

由题目 3.4.2 可以看到，单调队列在 DP 优化中的基本应用是对以下 DP 方程进行优化：

$$dp[i]=\min_{L(i)\leqslant j\leqslant R(i)}(\max)\{dp[j]+a[i]+b[j]\}$$

其中，关于 i 的项 $a[i]$ 和关于 j 的项 $b[j]$ 是独立的，j 被限制在窗口 $[L(i), R(i)]$ 内。例如，给定一个窗口值 k，$i-k\leqslant j\leqslant i$，有以下两种编程方法实现这个 DP 方程。

- 直译方程，简单地对 i 做外层循环，对 j 做内层循环，复杂度为 $O(n^2)$。
- 使用单调队列优化，复杂度可提高到 $O(n)$。

【3.4.3　Cut the Sequence】

给出一个长度为 N 的整数序列 $\{a_n\}$，将该序列切成若干段，其中每一段都是原序列的连续子序列且都必须满足这一段的整数之和不大于给出的整数 M。请找到一种切割方法，要求最小化每一段的最大整数之和。

输入

第一行输入给出两个整数 N（$0<N\leqslant 100\,000$）和 M。下一行给出 N 个整数，表示整数序列，序列中的每个整数都在 0 到 1 000 000 之间（包括 1 000 000）。

输出

输出一个整数，给出每段的最大整数的最小和。如果没有的这样的分割，则输出 –1。

样例输入	样例输出
8 17 2 2 2 8 1 8 2 1	12

提示

使用 64 位整数类型存储 M。

试题来源：POJ Monthly--2006.09.29, zhucheng

在线测试：POJ3017

试题解析

本题题意简述如下：将一个长度为 N 的非负整数序列分割成连续的若干段，使每一段的和均不大于给出的整数 M，在此基础上，要求每一段的最大值的和最小。

设 dp[i] 表示将非负整数序列 a 的前 i 个数分为若干段，每一段的和不超过 M 时，最大值之和的最小值；设数组 sum 为前缀和数组，$\text{sum}[i]=\sum_{k=1}^{i}a[k]$；则状态转移方程为 $dp[i]=\min_{\text{sum}[i]-\text{sum}[j]\leqslant M}\{dp[j]+\max_{j+1\leqslant k\leqslant i}\{a[k]\}\}$。对状态转移方程 dp[$i$] 直接求解，则时间复杂度为 $O(N^2)$。

对状态转移方程 dp[i]，基于单调队列分析如下。由于序列 a 是非负整数序列，因此数组 dp 必定是非递减的。设满足 $\text{sum}[i]-\text{sum}[j]\leqslant M$ 的区间 $[j+1, i]$ 中，即 $a[j+1], a[j+2], \cdots, a[i]$ 中，元素最大值的下标为 idx，则 $dp[j+1]+a[\text{idx}]\leqslant dp[j+2]+a[\text{idx}]\leqslant\cdots\leqslant dp[k-1]+$

a[idx]。所以 dp[i] = dp[j + 1] + a[idx]，也就是说，如果序列 a 中某一段到当前位置 i 的最大值都一样，对于 dp[i] 的计算，取最靠前的 dp[j + 1] 即可。因此要维护一个单调递减队列，应保存符合要求的某一段的最大值，即，设满足 sum[i] − sum[lb]≤M 的最小下标为 lb，对于元素 $a[i]$，用满足 sum[head] − sum[tail − 1]≤M 的单调递减队列维护 [lb, i] 内各个子区间的最大值。

参考程序

```
#include <cstdio>
using namespace std;
#define min(a, b) ((a) < (b) ? (a) : (b)) // 返回 a 和 b 中的较小者
#define max(a, b) ((a) > (b) ? (a) : (b)) // 返回 a 和 b 中的较大者
typedef long long ll;
#define maxn 100005
ll n, m, sum[maxn], dp[maxn];                 // 整数序列长度为 n，子序列和的上限为 m，长度 i 的
                                              // 前缀和为 sum[i]，将 a[] 的前 i 个数分为若干段，
                                              // 每一段的和不超过 M 时，最大值之和的最小值为 dp[i]
int a[maxn], idx[maxn];                       // 非负整数序列为 a[]，单调队列为 idx[]
int main()
{
    scanf("%lld%lld", &n, &m);                // 读整数序列长度 n、子序列和的上限 m
    bool f = 0;                               // 存在大于 m 的整数标志
    for (int i = 1; i <= n; i++)              // 依次输入每个整数
    {
        scanf("%d", a + i);
        f |= (a[i] > m);                      // 调整大于 m 的整数标志
        sum[i] = sum[i - 1] + a[i];           // 计算长度为 i 的前缀和
    }
    if (f)                                    // 若存在大于 m 的整数，则返回失败标志
    {
        printf("%d\n", -1);
        return 0;
    }
    int l = 0, r = -1, lb = 1;                // 队列的首尾指针初始化
    for (int i = 1; i <= n; i++)
    {   // 将子序列 [ 队首 , i] 的和大于 m 的队首依次弹出
        while (l <= r && sum[i] - sum[idx[l] - 1] > m) ++l;
        while (sum[i] - sum[lb-1] > m) ++lb; // 寻找第一个不大于 m 的子序列 [lb, i]
        while (l <= r && a[idx[r]] <= a[i]) --r;          // 依次弹出不大于 a[i] 的队尾元素
        idx[++r] = i, dp[i] = dp[lb - 1] + a[idx[l]];    // i 入队，dp[i] = dp[lb - 1] +
                                                          // a[ 队首 ]
        for (int j = l + 1; j <= r; j++) // 枚举队列中的每个元素，计算 dp[ 队列指针 j-1 的
                                         // 元素值 ]+a[ 队列指针 j 的元素值 ]，调整 dp[i]
            dp[i] = min(dp[i], dp[idx[j - 1]] + a[idx[j]]);
    }
    printf("%lld\n", dp[n]);                  // 输出每段的最大整数的最小和
    return 0;
}
```

由题目 3.4.3 可以进一步体会单调队列优化 DP 是把内外 i 和 j 两层循环精简到一层循环，其本质原因是“外层 i 变化时，不同的 i 所对应的内层 j 的窗口（窗口内处理 DP 决策）有重叠”。可以形象地用图 3.4-2 表示，当 $i = i_1$ 时，对应的 j_1 处理的移动窗口范围是上面的阴影部分；当 $i = i_2$ 时，对应的 j_2 处理的移动窗口范围

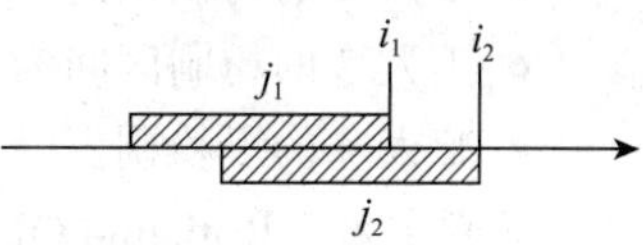

图 3.4-2　外层 i 和内层 j 的循环

是下面的阴影部分；两个阴影部分有重叠。当 i 从 i_1 增加到 i_2 时，这些重叠的部分被重复计算，如果减少这些重复，就得到了优化。

【3.4.4　Fence】

一个团队有 K（$1 \leqslant K \leqslant 100$）名工人，要粉刷一个有 N（$1 \leqslant N \leqslant 16\,000$）块木板的栅栏，木板从左到右编号为 $1 \sim N$。工人 i（$1 \leqslant i \leqslant K$）坐在木板 S_i 的前面，他要么不粉刷，要么粉刷包含木板 S_i 在内且木板数不超过 L_i 块的连续的一段木板。每粉刷一块木板，他可以得到 P_i 美元（$1 \leqslant P_i \leqslant 10\,000$）。一块木板只能由一个工人粉刷。所有的 S_i 都是不同的。

作为团队的领导者，你要为每个工人确定他粉刷的区间，使他的总收入最大。总收入是所有工人的个人收入的总和。

请编写一个程序，确定 K 个工人获得的最大总收入。

输入

输入的格式如下。

$N\ K$

$L_1 P_1 S_1$

$L_2 P_2 S_2$

⋮

$L_k\ P_k\ S_k$

说明如下。

- N 为木板的数量，K 为工人的数量。
- L_i 为工人 i 可以粉刷的木板的最大数量。
- P_i 为工人 i 粉刷一块木板得到的收入。
- S_i 是指工人 i 坐在这块木板的前面。

输出

输出一个整数，表示最大的总收入。

样例输入	样例输出
8 4 3 2 2 3 2 3 3 3 5 1 1 7	17

提示

对于样例：

- 工人 1 的粉刷区间为 [1, 2]；
- 工人 2 的粉刷区间为 [3, 4]；
- 工人 3 的粉刷区间为 [5, 7]；
- 工人 4 的不粉刷。

试题来源：Romania OI 2002

在线测试：POJ 1821

试题解析

简述题意：有 N 块木板，K 名工人要对其进行粉刷，每块木板至多被粉刷一次，工人 i 要么不粉刷，要么粉刷包含木板 S_i 且长度不超过 L_i 的连续的一段木板，工人每粉刷一块木块可得 P_i 的报酬。求最大的总报酬。

首先，对 S_i 进行递增排序。

设 dp[i][j] 表示前 i 个工人粉刷到前 j 块木板的最大总收入。然后，按状态转移的思想分析如下。

如果第 i 个工人没有粉刷木块 j，那么它的最优解 dp[i][j] 是在 dp[$i-1$][j] 和 dp[i][$j-1$] 中取最大值；其中，dp[$i-1$][j] 表示前 $i-1$ 个工人已经粉刷了木块 j，第 i 个工人就可以不粉刷木块 j；dp[i][$j-1$] 表示第 i 个工人不刷木块 j。

除这两种情况之外，第 j 个块木板被第 i 个工人粉刷，粉刷的范围从 $k+1$ 一直到 j，其中 k 需要枚举，$dp[i][j]=\max(dp[i-1][k]+(j-k)*p_i)$，$j-l_i \leqslant k \leqslant s_i-1$。在 $j \leqslant s_i$ 时，才能够转移。因为 $dp[i-1][k]+(j-k)*p_i = dp[i-1][k]+j*p_i-k*p_i$，所以，在枚举 k 的时候，不用考虑 $j*p_i$ 的值，只需要找出使 $dp[i-1][k]+j*p_i-k*p_i$ 最大的 k 即可，而 $dp[i-1][k]+j*p_i-k*p_i$ 的值不与 j 相关，也就是说，在枚举 k 之前我们就可以通过某种方法找出 k，即构造单调递减队列维护 k 的值。

参考程序

```
#include<algorithm>
#include<iostream>
using namespace std;
int dp[110][16000+50];                    // 前 i 个工人粉刷到前 j 块木板的最大总收入为 dp[i][j]
struct person
{
    int l, p, s;                          // 可粉刷的最大木板数为 l，粉刷单块木板的收入为 p，
                                          // 工人坐在木板 s 前
}P[110];                                  // 工人序列
int cmp(person p1, person p2)             // 工人按照面前的木板号排序
{
    return p1.s<p2.s;
}
int Q[16000+50];                          // 单调队列
int main()
{
    int N, K;                             // 木板数为 N，工人数为 K
    while(scanf("%d%d", &N, &K)!=EOF)     // 反复输入木板数和工人数
    {
        for(int i=1;i<=K;i++)             // 依次输入每个工人可粉刷的最大木板数、粉刷单块木
                                          // 板的收入和坐在哪块木板前
            scanf("%d%d%d", &P[i].l, &P[i].p, &P[i].s);
        sort(P+1, P+K+1, cmp);            // 工人按照面前的木板号排序
        int front, rear;                  // 单调队列的首尾指针
        memset(dp, 0, sizeof(dp));        // 状态转移方程初始化为 0
        int ans=0;
        for(int i=1;i<=K;i++)             // 按照木板顺序枚举每个工人
        {
            front=0;rear=1;               // 队列的首尾指针初始化
            Q[0]=max(P[i].s-P[i].l, 0);   // 工人 i 粉刷的首块木板序号入队
            for(int j=1;j<=N;j++)         // 枚举木板数
            {
```

```
            dp[i][j]=max(dp[i][j-1], dp[i-1][j]);   //计算第 i 个工人没刷木块 j 的
                                                     //最优解
            if(j>=P[i].s+P[i].l) continue;          //若工人 i 刷不到木板 j, 则枚举
                                                     //下一块木板
            //第 i 个工人粉刷的范围为 k+1~j, 使用单调递减队列维护 k 的值
            while(front<rear&&Q[front]+P[i].l<j) front++; //队列中无法粉刷到木板 j 的队首
                                                     //元素依次出队
            if(j<P[i].s)                             //若工人 i 可连续粉刷 j 块木板
            {
                int temp=dp[i-1][j]-j*P[i].p;
                //依次将不能保证单调递减的队尾移出
                while(front<rear&&dp[i-1][Q[rear-1]]-Q[rear-1]*P[i].p<temp)
                    rear--;
                Q[rear++]=j;                         //j 入队
                continue;                            //枚举下一块木板
            }
            // k 的最优值为队首, 调整 dp[i][j]
            dp[i][j]=max(dp[i][j], dp[i-1][Q[front]]+P[i].p*(j-Q[front]));
        }
    }
    printf("%d\n", dp[K][N]);                        //输出最大的总收入
    }
    return 0;
}
```

3.5　单调队列优化 DP 之多重背包问题

本节在单调队列优化 DP 的基础上，给出单调队列优化 DP 解决多重背包问题的实验。

多重背包问题的实验，在《算法设计编程实验：大学程序设计课程与竞赛训练教材》(第 2 版）中已经给出。多重背包问题描述如下：给定 n 件物品和一个体积为 M 的背包，物品 i 的体积为 v_i、数量为 c_i、价值为 w_i，其中 $v_i>0$、$w_i>0$、$c_i>0$，$1\leqslant i\leqslant n$；求解将哪些物品装入背包，可使背包里所放物品的总体积不超过 M，且背包中物品的价值总和达到最大。

设 dp[i][j] 表示将前 i 件物品放入一个体积为 j 的背包的最大价值。初始化时只考虑第一件物品，$dp[1][j]=\min\{w_1*c_1, w_1*j/v_1\}$。计算将前 i 件物品放入一个体积为 j 的背包的最大价值 dp[i][j] 时，递推公式考虑两种情况：要么第 i 件物品一件也不放，就是 $dp[i-1][j]$；要么第 i 件物品放 k 件，其中 $1\leqslant k\leqslant(j/v_i)$；最大价值 $dp[i][j]=\max\{dp[i-1][j], (dp[i-1][j-k*v_i]+k*w_i\}$。

所以，以物品 i（$1\leqslant i\leqslant n$）为阶段、背包体积 j 为状态，多重背包问题的状态转移方程为 $dp[i][j]=\max\{dp[i-1][j-k*v_i]+k*w_i\}$，其中 $0\leqslant k\leqslant c_i$。然而，对于 max 括号内的每一项进行枚举，效率会比较低。

对于单调队列优化 DP 的多重背包求解，分析如下。

考虑当前处理物品 i：设 $j=k_1*v_i+d$，其中 $k_1=j/v_i$，$d=j\%v_i$，k_1 是 j 能装下物品 i 的最大个数，d 是余数。将 $j=k_1*v_i+d$ 代入多重背包问题的状态转移方程，则 $dp[i][j]=\max\{dp[i-1][k_1*v_i+d-k*v_i]+k*w_i\}$，其中 $0\leqslant k\leqslant c_i$；再把 $k*w_i$ 改写成 $-(k_1-k)*w_i+k_1*w_i$，则 $dp[i][j]=\max\{dp[i-1][(k_1-k)*v_i+d]-(k_1-k)*w_i+k_1*w_i\}$，其中 $0\leqslant k\leqslant c_i$；对于确定的 d 和 j，k_1 是常数，故 k_1*w_i 可以提取到外面，即 $dp[i][j]=\max\{dp[i-1][(k_1-k)*v_i+d]-(k_1-k)*w_i\}+k_1*w_i$。

例如，假设体积为 j 的背包，物品 i 最多可以放 6 个，即 $j=6v_i+d$，则多重背包状态转移方程 $dp[i][6v_i+d]=\max\{dp[i-1][6v_i+d], dp[i-1][5v_i+d]+w_i, dp[i-1][4v_i+d]+2w_i, dp[i-1][3v_i+d]+3w_i, \cdots, dp[i-1][d]+6w_i\}$。对于右式中 max 括号内的每一项减去 $6w_i$，则 dp[i]

$[6v_i+d]=\max\{dp[i-1][6v_i+d]-6w_i, dp[i-1][5v_i+d]-5w_i, dp[i-1][4v_i+d]-4w_i, dp[i-1][3v_i+d]-3w_i, \cdots, dp[i-1][d]\}+6w_i$。

对于多重背包问题的状态转移方程，数组 dp 并不需要是二维数组，第一维阶段变量 i 可以作为循环变量，这样数组 dp 改为一维，可以重复利用数组 dp 来保存上一轮的信息，即，设 dp[j] 表示体积为 j 的情况下获得的最大价值。

那么，对每一类物品 i，都更新 dp[M]…dp[0] 的值；最后，dp[M] 就是全局最优值。设当前物品 i 体积为 v、数量为 c、价值为 w，$dp[M]=\max\{(dp[M], dp[M-v]+w, dp[M-2*v]+2*w, dp[M-3*v]+3*w, \cdots\}$。

把 dp[0]…dp[M]，写成下面这种形式，其中 $M=k*v+j$，$0\leqslant j<v$：

$dp[0], dp[v], dp[2*v], dp[3*v], \cdots, dp[k*v]$

$dp[1], dp[v+1], dp[2*v+1], dp[3*v+1], \cdots, dp[k*v+1]$

$dp[2], dp[v+2], dp[2*v+2], dp[3*v+2], \cdots, dp[k*v+2]$

⋮

$dp[j], dp[v+j], dp[2*v+j], dp[3*v+j], \cdots, dp[k*v+j]$

所以，数组 dp 可以被分为 $j+1$ 类，对每一类分别进行计算，不同类之间的状态在阶段 i 不会互相转移，每一类中的值都是在同类之间转换得到的。也就是说，$dp[k*v+j]$ 的值只依赖于 $\{dp[j], dp[v+j], dp[2*v+j], dp[3*v+j], \cdots, dp[k*v+j]\}$，所以，需要计算 $\max\{dp[j], dp[v+j], dp[2*v+j], dp[3*v+j], \cdots, dp[k*v+j]\}$，可以通过维护一个单调队列来得到结果。这样，本问题就变成了 $j+1$ 个单调队列的问题。

这样，可以得到

$dp[j]=dp[j]$

$dp[v+j]=\max\{dp[j]+w, dp[v+j]\}$

$dp[2*v+j]=\max\{dp[j]+2w, dp[v+j]+w, dp[2*v+j]\}$

$dp[3*v+j]=\max\{dp[j]+3w, dp[v+j]+2w, dp[2*v+j]+w, dp[3*v+j]\}$

…

因为这个队列中的数每次都会增加一个 w，所以做如下转换：

$dp[j]=dp[j]$

$dp[v+j]=\max\{dp[j], dp[v+j]-w\}+w$

$dp[2*v+j]=\max\{dp[j], dp[v+j]-w, dp[2*v+j]-2w\}+2w$

$dp[3*v+j]=\max\{dp[j], dp[v+j]-w, dp[2*v+j]-2w, dp[3*v+j]-3w\}+3w$

…

也就是说，每次入队的值是 $dp[k*v+j]-k*w$。

下面的题目 3.5.1 给出单调队列优化 DP 求解多重背包问题实例以及参考程序模板。

【3.5.1　多重背包问题】

给出 N 种物品和一个容量为 V 的背包；第 i 种物品有 c_i 件、体积是 v_i、价值是 w_i。将哪些物品装入背包，可使物品体积总和不超过背包容量 V，且价值总和最大？

输入

输入的第一行给出两个用空格分隔的整数 N（$0<N\leqslant 1000$）和 V（$0<V\leqslant 20\,000$），分别表示物品种类数和背包容积。

接下来有 N 行，每行有三个用空格分隔的整数 v_i、w_i 和 c_i（$v_i>0$, w_i, $c_i \leqslant 20\,000$），分别表示第 i 种物品的体积、价值和数量。

输出

输出一个整数，表示背包能够装入物品的最大价值。

样例输入	样例输出
4 5 1 2 3 2 4 1 3 4 3 4 5 2	10

在线测试：头歌，https://www.educoder.net/problems/f94ufw6o/share

参考程序

```
#include<bits/stdc++.h>
using namespace std;
int n, m;
const int N=20010;
int dp[N], per[N], q[N];                  // 如果不将 dp 的数值存入 per 内，无法使用滑动数组
int main()
{
    cin>>n>>m;                            // 输入物品种类数和背包体积
    for(int i=0;i<n;++i)                  // i 代表当前物品种类
    {
        memcpy(per, dp, sizeof(dp));      // 将数组 dp 中数据复制到数组 per 中
        int v, w, c;
        cin>>v>>w>>c;                     // 输入当前物品的体积、价值、数量
        for(int j=0;j<v;++j)              // j 代表当前背包承载对 v 取模的余数
        {
            int hh=0, tt=-1;              // hh 表示队首，tt 表示队尾
            for(int k=j;k<=m;k+=v)        // k 表示放入背包的同类物品个数，即 0≤k≤c
            {
                // 利用滑动数组，选择最大值
                if(hh<=tt&&k-c*v>q[hh])   // 若队头小于队尾并且同类物品个数大于 c
                    hh++;// 队列右移
                // 若将入队数字大于等于队尾数字，且队头小于队尾，则删除队尾数字（实际操作为覆盖）
                while(hh<=tt&&per[q[tt]]-(q[tt]-j)/v*w<=per[k]-(k-j)/v*w)
                    tt--;
                if(hh<=tt)// 入队操作
                    dp[k]=max(dp[k], per[q[hh]]+(k-q[hh])/v*w);// 选取队尾与未入队元
                                                               // 素的最大值入队尾
                q[++tt]=k;                // 将数字填入滑动数组
            }
        }
    }
    cout<<dp[m]<<endl;                    // 输出最大值
    return 0;
}
```

【3.5.2　Coins】

Silverland 的人们使用硬币，硬币的面值为 $A_1, A_2, A_3, \cdots, A_n$ “Silverland 元”。有一天，Tony 打开他的钱箱，发现里面有一些硬币。他决定在附近的商店买一只漂亮的手表。他想要按照价格准确地支付（没有找零），他知道手表价格不会超过 m，但他不知道手表的准确价格。

请编写一个程序，输入 $n, m, A_1, A_2, A_3, \cdots, A_n$ 以及 $C_1, C_2, C_3, \cdots, C_n$，其中 $C_1, C_2, C_3, \cdots, C_n$ 对应于 Tony 发现的面值为 $A_1, A_2, A_3, \cdots, A_n$ 的硬币的数量；然后，计算 Tony 可以用这些硬币支付的价格（价格为 1～m）。

输入

输入给出若干测试用例。每个测试用例的第一行给出两个整数 n（$1 \leqslant n \leqslant 100$）和 m（$m \leqslant 100\ 000$）。第二行给出 $2n$ 个整数，对应于 $A_1, \cdots A_i, \cdots, A_n$（$1 \leqslant A_i \leqslant 100\ 000$）和 $C_1, \cdots, C_i, \cdots, C_n$（$1 \leqslant C_i \leqslant 1000$）。在最后一个测试用例后给出两个 0，表示输入结束。

输出

对于每个测试用例，输出一行，给出答案。

样例输入	样例输出
3 10 1 2 4 2 1 1 2 5 1 4 2 1 0 0	8 4

试题来源：做男人不容易系列：是男人就过 8 题 --LouTiancheng 题

在线测试：POJ 1742

试题解析

本题给出 n 种硬币，设第 i 种硬币的面值为 $A[i]$、数量为 $C[i]$，$0 \leqslant i \leqslant n-1$。求这些硬币能够组成 1～$m$ 中的哪些数字？

本题是混合背包问题，即，在基本的 0–1 背包、完全背包和多重背包的基础上，将三者混合起来。也就是说，有的物品只可以取一次或不取（基本的 0–1 背包），有的物品可以取无限次（完全背包），有的物品可以取的次数有一个上限（多重背包）。

对于第 i 种硬币，若 $C[i]=1$，则第 i 种硬币可取可不取，作为一个 0–1 背包问题求解；如果 $A[i]*C[i] \geqslant m$，则可以把第 i 种硬币的数量视为无穷，也就是说，作为一个完全背包来求解；否则，就作为一个多重背包来求解，具体方法如下。

设可行性数组为 dp[]，$\text{dp}[j]=\begin{cases}1 & \text{取到金额 } j \\ 0 & \text{未取到金额 } j\end{cases}$。依次枚举每一种硬币 i（$0 \leqslant i \leqslant n-1$）。

- 如果 $c[i]=1$，则求解 0 – 1 背包问题：$\text{dp}[j]=!\text{dp}[j]\&\&\text{dp}[j-w[i]]$；
- 如果 $(c[i]>1)\ \&\&\ (c[i]*w[i]>m)$，则求解完全背包问题：$\text{dp}[j]=!\text{dp}[j] \underset{w_i \leqslant j \leqslant m}{\&\&} \text{dp}[j-w_i]$。
- 如果 $(c[i]>1)\ \&\&\ (c[i]*w[i] \leqslant m)$，则按下述方法求解多重背包问题。

设单调队列 que[] 存储目前得到的 dp[j]。队列中的元素和为 sum。

初始时队列 que[] 为空，sum 置零，接下来依次枚举加入硬币 i 后的可能金额 j（$j=d+k*w_i \leqslant m$，$d+(k+1)*w_i>m$，$0 \leqslant d \leqslant w_i$）：

```
若队列中除队首外的整数个数为 ci 个，则队首出队且从 sum 中扣除；
dp[j] 加入队尾，并计入 sum；
dp[j]= !dp[j]&&sum;
```

显然，枚举 n 种硬币后，得到答案 $\sum_{i=1}^{m} \text{dp}[i]$。

参考程序

```
#include<cstdio>
#include<algorithm>
using namespace std;
const int maxn=155;
const int maxm=1e5+5;
int w[maxn], c[maxn];       //第 i 种金币的面值为 w[i]，其币数为 c[i] 枚
int n, m;                   //硬币面值数为 n，手表价格上限为 m
bool dp[maxm], que[maxm]; //可行性数组为 dp[]，dp[j]={1 取到金额j; 0 未取到金额j}，单调队列为 que[]

int solve()
{
    int rt=0;                                              //价格数初始化
    memset(dp, 0, sizeof(dp));                             //dp[]清零
    memset(que, 0, sizeof(que));                           //单调队列清零
    dp[0]=1;                                               //初始时标志金额 0 可取
    for (int i=0;i<n;i++)
    {
        if (c[i]==1)                                       //若第 i 种硬币仅一枚，则为 0-1
                                                           //背包问题
        {
            for (int j=m;j>=w[i];j--)                      //递减枚举 wi…m 间的每一个值
                if (!dp[j]&&dp[j-w[i]]) dp[j]=1;           //若 j 不可取且 j-wi 可取，则 j 可取
        }
        else if (c[i]*w[i]>m)          //第 i 种硬币的总价值大于 m，则为完全背包问题
        {
                for (int j=w[i];j<=m;j++)         //递增枚举 wi … m 间的每一个值
                    if (!dp[j]&&dp[j-w[i]]) dp[j]=1;    //若 j 不可取且 j-wi 可取，则 j 可取
            }
            else                                          //否则为多重背包问题
            {
            for (int d=0;d<w[i];d++)                      //枚举 0 … wi 的每一个值 d
            {
                int en=-1, st=0, sum=0;                   //队列的首尾指针及队列数和初始化
               for (int j=d;j<=m;j+=w[i])                 //枚举 j (j=d+k*wi≤m, d+(k+1)*wi>m)
                {
                //若队列中除队首外的整数个数为 ci，则队首出队且从 sum 中扣除
                    if (en-st==c[i]) sum-=que[st++];
                    que[++en]=dp[j];                      //dp[j]入队，且加入 sum
                    sum+=dp[j];
                    if (!dp[j]&&sum) dp[j]=1;    //若 j 不可取且队列数和非零，则设 j 可取
                }
            }
        }
    }
    for (int i=1;i<=m;i++) rt+=dp[i];                     //累计并返回价格数
    return rt;
}
int main()
{ while (scanf("%d%d", &n, &m)&&n)                       //输入硬币面值数 n 和手表价格上限 m
    {
        for (int i=0;i<n;i++)                             //输入 n 种面值 wi 和每种面值的硬币数 ci
                                                          //(0≤i≤n-1)
            scanf("%d", &w[i]);
        for (int i=0;i<n;i++)
            scanf("%d", &c[i]);
        printf("%d\n", solve());                          //计算并返回价格数
    }
    return 0;
}
```

第一篇小结

线性表是由有限个数据元素组成的有序集合，表内元素的数据类型相同，且可以为空表。线性表有直接存取类线性表、顺序存取类线性表和广义索引类线性表三种类型。

在拙作“大学程序设计课程与竞赛训练教材”系列中的《数据结构编程实验：大学程序设计课程与竞赛训练教材》(第3版) 中，第二篇“线性表的编程实验”对于运用线性表编程解题，以及在教学大纲的基础上拓展的线性表解题策略给出了系统、深入的论述。在此基础上，本篇论述了以下三种解题策略。

- 利用快速幂提高幂运算效率。首先，介绍用于整数幂运算的快速幂，并推广至矩阵幂运算的矩阵快速幂，这两种方法可大幅提高整数和矩阵的幂运算效率。
- 用于求解线性方程组的高斯消元法，并拓展至模线性方程组、异或线性方程组以及求矩阵的秩。
- 用于保持特殊线性表的单调性的单调栈和单调队列。单调栈可在一个序列中快捷地找出某个数左边或右边第一个比它大或比它小的元素；单调队列可方便地求解窗口从左到右滑动的每个位置的最小值或最大值。利用单调队列可以优化 DP (动态规划)，尤其是可显著提高应用于多重背包问题上的 DP 效率。

大多数读者对数组易于实现、普遍适用的特性深有体会。在《数据结构编程实验：大学程序设计课程与竞赛训练教材》(第3版) 中，也给出了用数组表示树和图这种非线性结构的实验范例，以便读者学习利用非线性数据结构解题的策略。本书后续的篇幅也会给出基于数组利用非线性数据结构解题的策略。这是因为线性数据结构与非线性数据结构有着千丝万缕的联系，因此，应用线性数据结构解决非线性问题，重新发现和挖掘利用线性数据结构解题的策略，并不是一种简单的回归，而一种是螺旋式的发展，是对整个数据结构知识以及应用策略的再悟和升华。

但是，正如任何事物不可能万能一样，数组也不可能无所不能。世上事物间的联系并不一定是“一对一”的线性关系，更多的是“一对多”或“多对多”的非线性关系。虽然有时直接使用线性的数据结构来解决非线性问题，效果反而好，但数组毕竟存在局限性，在某些情况下就要借助于非线性的数据结构。因此，本书后续的篇幅将给出学习利用非线性数据结构解题的策略。

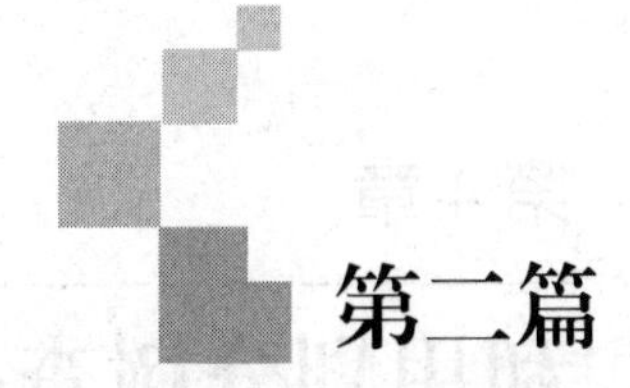

第二篇

树的解题策略

从数据结构的角度来看，树是一个具有层次结构关系的数据元素的集合；从图论的角度来看，树是一个没有回路的连通图。在现实生活中，许多问题的数据关系呈树形结构，因此有关树的概念、原理、操作方法和一些基于树的数据结构的算法，一直被广泛应用。

在拙作《数据结构编程实验：大学程序设计课程与竞赛训练教材》（第3版）的第三篇“树的编程实验”中，不仅覆盖传统的数据结构的教学大纲，而且进行了较大的拓展。在此基础上，本篇论述以下内容。

- 利用划分树求解整数区间内中按序排列的第 k 个值。
- 利用线段树计算区间。
- 利用最小生成树及其扩展形式（最优比率生成树、最小 k 度限制生成树、次小生成树）计算有权连通无向图中边权和满足限制条件的最优生成树。
- 利用改进型的二叉搜索树（伸展树和红黑树）优化动态集合的操作。
- 利用左偏树实现优先队列的合并。
- 利用动态树维护森林的连通性。
- 利用跳跃表替代树结构。

上述内容在数据结构教学大纲之外，利用上述策略可优化树的存储结构和问题求解效率。

第 4 章

利用划分树查找有序数

本章论述如何快速地（在 $\log_2 n$ 的时间复杂度内）求出一个整数区间 $[x, y]$ 中按序排列的第 k 个值。这里的“整数区间”指的是整数的序号范围，整数区间 $[x, y]$ 表示第 x 个整数至第 y 个整数间的 $y - x + 1$ 个整数，而不是指整数值本身。

例如，设序列 $a = (1, 5, 2, 6, 3, 7, 4)$，整数区间 [2, 5] 表示第 2 个整数至第 5 个整数间的 4 个整数，也就是 (5, 2, 6, 3)。问题 $Q(2, 5, 3)$ 表示求整数区间 [2, 5] 中按序排列的第 3 个值，如果对这一区间进行排序，得 (2, 3, 5, 6)，第 3 个数是 5，所以问题的答案是 5。

当然，查找整数区间的第 k 个值可以采用一般数据结构教材中介绍的快速查找法（二分法），但这种方法会破坏原序列，且需要 $O(n)$ 的时间复杂度，即便使用二叉平衡树进行维护，将每次查找时间复杂度降为 $O(\log_2 n)$，但由于丢失了原序列的顺序信息，也很难查找出某区间内的第 k 个值。

划分树主要是针对上述问题而设计的。划分树是一种基于线段树的数据结构，其基本思想就是将待查找的区间划分成两个子区间：不大于数列中间值的元素被分配到左儿子的子区间，称为左子区间；其他的元素被分配到右儿子的子区间，称为右子区间。

显然，左子区间的数小于等于右子区间的数。建树的时候，对于被分到同一子树的元素，元素间的相对位置不能改变。例如，构造整数序列 [1 5 2 3 6 4 7 3 0 0] 的划分树：整数序列经排序后得到 [0 0 1 2 3 3 4 5 6 7]，中间值为 3。划分出下一层的左子区间 [1 2 3 0 0]，中间值为 1；下一层的右子区间 [5 6 4 7 3]，中间值为 5；再以中间值为界，进行划分，给出当前层每个区间的下层左右子区间，……，以此类推，直至划分出的所有子区间含单个整数为止，如图 4.1-1 所示。

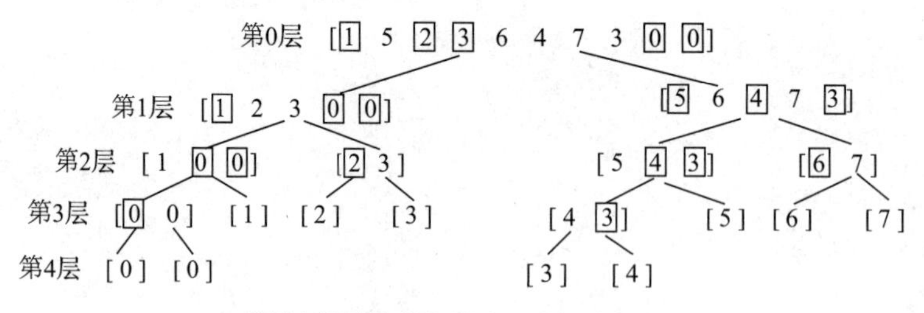

图 4.1-1

由图 4.1-1 可见，划分树是一棵满二叉树，即一棵二叉树的节点要么是叶节点，要么它有两个子节点；而划分树的树叶为单元素区间。如果整数序列有 n 个整数，则对应的划分树有 $\lceil \log_2 n \rceil + 1$ 层。

基于划分树查找整数区间内中按序排列的第 k 个值的算法思想是通过记录给出左子树中数的个数，确定下一个查找区间，直至查找范围缩小到单元素区间（树叶）为止。这样，区间内的第 k 个值就找到了。算法分为以下两步。

- 建树——离线构建整个查询区间的划分树。
- 查找——在划分树中查找某个子区间中按序排列的第 k 个值。

4.1　离线构建整个查询区间的划分树

在查询之前，要先离线构建整个查询区间的划分树。建树过程比较简单，对于区间 $[l, r]$，首先通过对原数列排序找到这个区间的中间值的位置 mid（mid= $\left\lfloor \frac{l+r}{2} \right\rfloor$），排序在中间值前的数以及中间值划入左子树 $[l, \text{mid}]$，其他的数划入右子树 $[\text{mid}+1, r]$。同时，对于第 i 个数，记录在 $[l, i]$ 区间内有多少整数被划入左子树，然后继续对它的左子树区间 $[l, \text{mid}]$ 和右子树区间 $[\text{mid}+1, r]$ 递归建树，直至划分出最后一层的叶节点为止。显然，建树过程是自上而下的。

要注意，建树时对被分到同一子树的元素，元素间的相对位置不能改变。具体实现方法如下。

首先，将读入的数据排序成 sorted[]，取区间 $[l, r]$ 的中间值 sorted[mid]（mid= $\left\lfloor \frac{l+r}{2} \right\rfloor$），然后扫描 $[l, r]$ 区间，依次将每个整数划分到左子区间 $[l, \text{mid}]$ 或右子区间 $[\text{mid}+1, r]$ 中。注意，被划分到每个子树的整数是相对有序的，也就是说，对于被划分到每一棵子树里面的数，不改变它们以前的相对顺序。另外，在这个过程中，要记录一个类似前缀和的数据，即 l 到 i 区间内有多少整数被划分到左子树。

设 tree[p][i] 为第 p 层中第 i 个位置的整数值，初始序列为 tree[0][]；sorted[] 为排序序列，存储 tree[0][] 排序后的结果；toleft[p][i] 表示第 p 层前 i 个数中有多少个整数被划分到下一层的左子区间；lpos 和 rpos 为下一层左子区间和右子区间的指针；same 为左子区间中等于中间值的整数个数。

实现建划分树的程序段如下。

```
void build(int l, int r, int dep)          // 从 dep 层的区间 [l, r] 出发，自上而下构造划分树
{
    if(l==r)return;                        //若划分至叶子，则回溯
    int mid=(l+r)>>1;                      //计算区间的中间指针
    int same=mid-l+1;                      // 计算 [l, r] 的中间值被划分到下一层后左子区间的
                                           // 个数 same
    for(int i=l; i<=r; i++) if(tree[dep][i]<sorted[mid]) same--;
    int lpos=l;                            // 下一层左子区间和右子区间的指针初始化
    int rpos=mid+1;
    for(int i=l; i<=r; i++)                //搜索区间 [l, r] 中的每个数
    {
        if(tree[dep][i]<sorted[mid])       //若 dep 层的第 i 个数据比中间值小，则被划入下一层
                                           // 的左子区间；若与中间值相同，被划入下一层的左子
                                           // 区间，中间值被划入下层后左子区间的个数 -1；
                                           // 否则被划入下一层的右子区间
            tree[dep+1][lpos++]=tree[dep][i];
        else if(tree[dep][i]==sorted[mid]&&same>0)
            { tree[dep+1][lpos++]=tree[dep][i]; same--; }
        else tree[dep+1][rpos++]=tree[dep][i];
        toleft[dep][i]=toleft[dep][l-1]+lpos-l; //计算 dep 层的第 1 个数到第 i 个数被划入
                                                // 下一层左子区间的个数
    }
    build(l, mid, dep+1);                       // 递归计算下一层的左子区间
    build(mid+1, r, dep+1);                     //递归计算下一层的右子区间
}
```

4.2　在划分树上查找子区间 [*l*, *r*] 中按序排列的第 *k* 个值

本节论述如何在大区间 [*L*, *R*] 里查询子区间 [*l*, *r*] 中按序排列的第 *k* 个数（$l \geq L$，$r \leq R$）。算法思想是从划分树的根出发，自上而下进行查找。

若查询至叶子（*l*==*r*），则该整数（tree[dep][*l*]）为子区间 [*l*, *r*] 中第 *k* 个数；否则区间 [*L*, *l* - 1] 内有 toleft[dep][*l* - 1] 个整数进入下一层的左子树，区间 [*L*, *r*] 内有 toleft[dep][*r*] 个整数进入下一层的左子树。显然，在查询子区间 [*l*, *r*] 中有 cnt=toleft[dep][*r*] - toleft[dep][*l* - 1] 个整数进入了下一层的左子树。如果 cnt≥*k*，则递归查询左子树（对应区间 [*L*, mid]）；否则递归查询右子树（对应区间 [mid + 1, *R*]）。

所以，问题是如何在对应子树的大区间中计算被查询的子区间 [newl，newr]。

若递归查询左子树，则当前子区间的左边是上一层区间 [*L*, *l* - 1] 里的 toleft[dep][*l* - 1] - toleft[dep][*L* - 1] 个整数，由此得到 newl=*L* + toleft[dep][*l* - 1] - toleft[dep][*L* - 1]；加上上一层查询区间 [*l*, *r*] 中的 cnt 个整数，newr = newl + cnt - 1（这里减 1 是为了处理边界问题），即在大区间 [*L*, mid] 里查询子区间 [newl, newr] 中第 *k* 小的值。

同理，若递归查询右子树，则 [*l*, *r*] 中有 *r* - *l* - cnt 个整数进入右子树，需要计算其中第 *k* - cnt 小的整数值。关键是如何计算被查询子区间的右指针 newr：当前层的 [*l*, *r*] 和 [*r* + 1, *R*] 中有若干个整数被分配至下一层左子区间，其中 [*r* + 1, *R*] 中有 toleft[dep][*R*] - toleft[dep][*r*] 个整数位于左子区间右方（保持相对顺序不变），因此查询子区间的右指针移至 *r* 右方的第 toleft[dep][*R*] - toleft[dep][*r*] 个位置，即 newr = *r* + toleft[dep][*R*] - toleft[dep][*r*]。显然，左指针 newl=newr - (*r* - *l* - cnt)。

下面给出实现查询的程序段。

```
int query(int L, int R, int l, int r, int dep, int k)   //从划分树的 dep 层出发，自上而下在大
                                                        //区间 [L, R] 里查询子区间 [l, r] 中
                                                        //第 k 小的数
{
    if(l==r) return tree[dep][l];                       // 若查询至叶子，则该整数为子区间 [l, r]
                                                        //中第 k 小的数
    int mid=(L+R)>>1;                                   // 取大区间的中间指针
    int cnt=toleft[dep][r]-toleft[dep][l-1];            //计算 [l, r] 中被划入下一层左子区间的
                                                        //整数个数
    if(cnt>=k)                                          // 递归查询左子树，对应的大区间为
                                                        // [L, mid]，小区间为 [newl, newr]，
                                                        //计算其中第 k 个整数的值
        int newl=L+toleft[dep][l-1]-toleft[dep][L-1];
        int newr=newl+cnt-1;
        return query(L, mid, newl, newr, dep+1, k);
    }
    else    // 递归查询右子树，对应的大区间为 [mid+1, R]，小区间为 [newl, newr]，计算其中第 k-cnt
            // 个整数的值
    {
        int newr=r+toleft[dep][R]-toleft[dep][r];
        int newl=newr-(r-l-cnt);
        return query(mid+1, R, newl, newr, dep+1, k-cnt);
    }
}
```

4.3　利用划分树解题

虽然划分树是一种基于线段树的数据结构，但被划分到同一子树的元素间的相对位置不

改变，因此将其用于查询子区间 $[l, r]$ 中按序排列的第 k 个数是十分适合的。题目 4.3.1 和题目 4.3.2 是直接利用划分树解题的实验范例。

【4.3.1　K–th Number】

你在 Macrohard 公司的数据结构部门工作。你被要求编写一个新的数据结构，该数据结构能在一个数组段中快速地返回按序排列的第 k 个数。

也就是说，给出一个数组 $a[1..n]$，其中包含不同的整数，程序要回答一系列以下形式的问题 $Q(i, j, k)$：如果数组段 $a[i..j]$ 是排好序的，在该数组段中第 k 个数是什么？

例如，数组 $a = (1, 5, 2, 6, 3, 7, 4)$，问题是 $Q(2, 5, 3)$，数组段 $a[2..5]$ 是 $(5, 2, 6, 3)$。如果对这一段进行排序，得 $(2, 3, 5, 6)$，第 3 个数是 5，所以这个问题的答案是 5。

输入

输入的第一行给出数组的大小 n（$1 \leqslant n \leqslant 100\,000$）和要回答的问题数 m（$1 \leqslant m \leqslant 5\,000$）。

第二行给出回答问题的数组，即 n 个不同绝对值不超过 10^9 的整数。

后面的 m 行给出问题描述，每个问题由 3 个整数组成，即 i、j 和 k（$1 \leqslant i \leqslant j \leqslant n$，$1 \leqslant k \leqslant j - i + 1$），表示相应的问题 $Q(i, j, k)$。

输出

对每个问题输出答案——在已排好序的 $a[i..j]$ 段输出第 k 个数。

样例输入	样例输出
7 3 1 5 2 6 3 7 4 2 5 3 4 4 1 1 7 3	5 6 3

 **提示**

本题有海量输入，采用 C 语言的输入 / 输出格式（scanf, printf），否则会超时。

试题来源：ACM Northeastern Europe 2004, Northern Subregion

在线测试地址：POJ 2104

 **试题解析**

本题是划分树查询的模板题：给出一个长度为 n 的整数序列，要求反复采用快速查找方法查找某个子序列中第 k 大的值。

求解本题的划分树算法步骤如下。

1）离线构造整数序列的划分树：

- 对整数序列排序；
- 调用函数 build(1, n, 0)，从 0 层出发，构造区间 $[1, n]$ 的划分树。

2）依次进行 m 次查询：

- 输入查询 (a, b, c)；
- 调用函数 query(1, n, a, b, 0, c)，从 0 层出发，在大区间 $[1, n]$ 里查询子区间 $[a, b]$ 中第 c 小的数值。

参考程序

```
#include<iostream>
#include<algorithm>
using namespace std;
const int MAXN=100000+100;
const int MAXPOW=20;                    // 层数上限
int tree[MAXPOW][MAXN];                 // tree[dep][i] 表示第 dep 层第 i 个位置的值
int sorted[MAXN];                       // 已经排好序的数
int toleft[MAXPOW][MAXN];               // toleft[dep][i] 表示第 dep 层从 1 到 i 进入左边元素的个数
void build(int l, int r, int dep)// 构建深度为 dep、区间为 [l, r] 的划分树, 时间复杂度为
                                        // O(N*log(N))
{
    int i;
    if(l==r) return;                    // 若划分至叶子, 则回溯
    int mid=(l+r)>>1;                   // 计算中间指针
    int same=mid-l+1;                   // 计算等于中间元素且被划入左子树的元素个数 same
    for(i=l;i<=r;i++)
        if(tree[dep][i]<sorted[mid])
            same--;
    int lpos=l;                         // 下一层左子区间和右子区间的指针初始化
    int rpos=mid+1;
    for(i=l; i<=r; i++)                 // 枚举 dep 层的每一个数: 若第 i 个数比中间值小, 则被划入
                                        // 下一层的左子区间; 若与中间值相同, 被划入下一层的左子
                                        // 区间, 待划入下一层后左子区间的相同元素数减 1; 否则被
                                        // 划入下一层的右子区间
    {
        if(tree[dep][i]<sorted[mid]) tree[dep+1][lpos++]=tree[dep][i];
            else if(tree[dep][i]==sorted[mid]&&same>0)
                {
                    tree[dep+1][lpos++]=tree[dep][i];
                    same--;
                }
                else tree[dep+1][rpos++]=tree[dep][i];
            toleft[dep][i]=toleft[dep][l-1]+lpos-l;      // 计算 dep 层的第 l 个数到第 i 个
                                                         // 数中被划入下一层左子区间的个数
    }
    build(l, mid, dep+1);                        // 递归计算下一层的左子区间
    build(mid+1, r, dep+1);                      // 递归计算下一层的右子区间
}
int query(int L, int R, int l, int r, int dep, int k) // 从划分树的 dep 层出发, 自上而下在大
                                                      // 区间 [L, R] 里查询子区间 [l, r] 中
                                                      // 第 k 小的数。时间复杂度为 O(log(N))
{
    if(l==r) return tree[dep][l];                // 若查询至叶子, 则该整数为子区间 [l, r] 中
                                                 // 第 k 小的数
    int mid=(L+R)>>1;                            // 计算大区间的中间指针
    int cnt=toleft[dep][r]-toleft[dep][l-1];     // 计算 [l, r] 中位于左边的元素个数
    if(cnt>=k)                                   // 递归查询左子树, 对应大区间为 [L, mid], 小区间
                                                 // 为 [newl, newr] (newl=L+ 要查询的区间前被
                                                 // 放在左边的个数, newr= 左端点 + 被划入下一层
                                                 // 左子区间的整数个数), 返回其中第 k 小的整数值
    {
        int newl=L+toleft[dep][l-1]-toleft[dep][L-1];
        int newr=newl+cnt-1;
        return query(L, mid, newl, newr, dep+1, k);
    }
    else            // 递归查询右子树, 对应的大区间为 [mid+1, R], 小区间为 [newl, newr](newr=r+
```

```
                //待查区间进入左边的元素个数, newl=newr- 待查区间进入右边的元素个数), 返
                //回其中第 k-cnt 小的值
    {
        int newr=r+toleft[dep][R]-toleft[dep][r];
        int newl=newr-(r-l-cnt);
        return query(mid+1, R, newl, newr, dep+1, k-cnt);
    }
}
int main()
{
    int n, m, i;
    int l, r, k;
    while(~scanf("%d%d", &n, &m))         //反复输入数组的大小 n 和回答的问题数 m, 直至
                                          //输入 0 0 为止
    {
        memset(tree, 0, sizeof(tree));    //划分树初始化为空
        for(i=1; i<=n; i++)               //输入 n 个整数, 并将其置入划分树的第 0 层
        {
            scanf("%d", &tree[0][i]);
            sorted[i]=tree[0][i];
        }
        sort(sorted+1, sorted+n+1);       //对整数数组排序
        build(1, n, 0);                   //从 0 层的根节点 1 出发, 建立区间 [1, n] 的划分树
        while(m--)                        //处理 m 个询问
        {
            scanf("%d%d%d", &l, &r, &k);  //输入当前询问(子区间 [l, r] 中第 k 个值)
            printf("%d\n", query(1, n, l, r, 0, k));     //计算和输出问题解
        }
    }
    return 0;
}
```

【4.3.2 Feed the dogs】

Wind 非常喜欢漂亮的狗，她有 n 只宠物狗。Jiajia 每天都要给 Wind 的狗喂食，Jiajia 爱 Wind，但不爱狗，所以 Jiajia 用一种特殊的方式喂狗。午餐时间，狗会站在一条线上，编号为 1～n，最左边的一条狗编号为 1，第二条狗编号为 2，依次类推。每次喂食时，Jiajia 会选择一个区间 $[i, j]$，然后选择漂亮值第 k 的狗喂食。当然，Jiajia 有自己的方法来确定每只狗的漂亮值。需要注意的是，Jiajia 不想喂某个位置的狗太多次，因为这可能会导致其他一些狗的死亡。如果有些狗死掉，Wind 就会生气，后果会很严重。因此，任何一个喂养区间都不会完全地包含另一个喂养区间，尽管这些区间可能会相互交错。

请帮助 Jiajia 计算在每次喂食后是哪只狗吃了食物。

输入

输入的第一行给出 n 和 m，表示狗的数量和喂养的次数。

输入的第二行给出 n 个整数，从左到右地给出每只狗的漂亮值。要说明的是，漂亮值越小的狗越漂亮。

接下来的 m 行每行给出三个整数 i、j、k，表示 Jiajia 本次喂养漂亮值第 k 的狗。

本题设定 $n<100001$、$m<50001$。

输出

输出给出 m 行。第 i 行给出在第 i 次喂食中获得食物的狗的漂亮值。

样例输入	样例输出
7 2 1 5 2 6 3 7 4 1 5 3 2 7 1	3 2

试题来源：POJ Monthly--2006.02.26, zgl&twb

在线测试：POJ 2761

试题解析

本题给定一个整数序列，然后给出若干查询区间，要求计算出区间中第 k 小的值。所以本题和题目 4.3.1 一样，要采用划分树求解。

注意：整数序列中的元素值可能相同，在这种情况下，划分过程会出现多个与区间中间元素值相同的元素被划分至下一层左子区间的情况。显然，相同元素数量多了，划分就会偏向左子树。

解决方法如下：统计当前划分树中该层的区间 $[l, r]$ 中有多少个元素与中间元素重复，从而保证这部分元素被划分到左子树，大于中间元素值的那些元素就被划分到右子树，使这棵树不会出现一边倒的情况。

参考程序

```
#include<iostream>
#include<algorithm>
using namespace std;
const int MAXN=100001+100;
int tree[30][MAXN];                    // tree[dep][i] 表示第 dep 层第 i 个位置的值
int sorted[MAXN];                      // 已经排好序的数
int toleft[30][MAXN];                  // toleft[dep][i] 表示第 dep 层从 1 到 i 进入左边元素的个数
void build(int l, int r, int dep)// 构建深度为 dep、区间为 [l, r] 的划分树，时间复杂度为
                                       // O(N*log(N))
{
    int i;
    if(l==r)return;                    // 若划分至叶子，则回溯
    int mid=(l+r)>>1;                  // 计算中间指针
    int same=mid-l+1;                  // same 初始时为左子区间的元素数
    for(i=l;i<=r;i++)                  // 计算区间中与中间值重复的元素个数 same
      if(tree[dep][i]<sorted[mid]) same--;
    int lpos=l;                        //下一层左子区间和右子区间的指针初始化
    int rpos=mid+1;
    for(i=l;i<=r;i++)                  // 搜索区间 [l, r] 中的每个数：若 dep 层的第 i 个数比中间值
                                       // 小，则被划入下一层的左子区间；若与中间值相同，被划入下一层
                                       // 的左子区间，待分入下一层后左子区间的相同元素数减 1；否则
                                       // 被划入下一层的右子区间
    {
        if(tree[dep][i]<sorted[mid]) tree[dep+1][lpos++]=tree[dep][i];
            else if(tree[dep][i]==sorted[mid]&&same>0)
                    {
                        tree[dep+1][lpos++]=tree[dep][i];
                        same--;
                    }
                else tree[dep+1][rpos++]=tree[dep][i];
        toleft[dep][i]=toleft[dep][l-1]+lpos-l;  // 计算 dep 层的第 1 个数到第 i 个数中被
                                                  // 划入下一层左子区间的个数
```

```
    }
    build(l, mid, dep+1);                    //递归计算下一层的左子区间
    build(mid+1, r, dep+1);                  //递归计算下一层的右子区间
}

int query(int L, int R, int l, int r, int dep, int k) //从划分树的 dep 层出发，自上而下在大区间
                                              //[L, R] 里查询子区间 [l, r] 中第 k 小
                                              //的数。时间复杂度为 O(log(N))
{
    if(l==r)return tree[dep][l];              //若查询至叶子，则该整数为子区间
                                              //[l, r] 中第 k 小的数
    int mid=(L+R)>>1;                         //计算大区间的中间指针
    int cnt=toleft[dep][r]-toleft[dep][l-1];  //计算 [l, r] 中被划入下一层左子区间的
                                              //整数个数
    if(cnt>=k)                                //递归查询左子树，对应的大区间为 [L, mid],
                                              //小区间为 [newl, newr] (newl=L+ 要
                                              //查询的区间前被放在左边的个数，newr=
                                              //左端点加上被划入下一层左子区间的整数
                                              //个数)，返回其中第 k 小的整数值
    {
        int newl=L+toleft[dep][l-1]-toleft[dep][L-1];
        int newr=newl+cnt-1;
        return query(L, mid, newl, newr, dep+1, k);
    }
    else                          //递归查询右子树，对应的大区间为 [mid+1, R]、小区间为
                                  //[newl, newr]，返回其中第 k-cnt 的值
    {
         int newr=r+toleft[dep][R]-toleft[dep][r];
         int newl=newr-(r-l-cnt);
         return query(mid+1, R, newl, newr, dep+1, k-cnt);
    }
}

int main()
{
    int n, m, i, r, l, k;
    while(~scanf("%d%d", &n, &m))//反复输入狗的数量 n 和喂养次数 m，直至输入 0 0
    {
        memset(toleft, 0, sizeof(toleft));     //将 toleft[][] 初始化为零
        for(i=1;i<=n;i++)                      //输入 n 条狗的漂亮值并将其记入划分树的 0 层
        {
            scanf("%d", &tree[0][i]);
            sorted[i]=tree[0][i];
        }
        sort(sorted+1, sorted+n+1);            //对 n 条狗的漂亮值排序
        build(1, n, 0);                        //从 0 层出发，构建区间 [1, n] 的划分树
        while(m--)                             //进行 m 次询问
        {
            scanf("%d%d%d", &l, &r, &k);       //输入本次喂养的对象（区间 [l, r] 内漂
                                               //亮值第 k 小的狗）
            printf("%d\n", query(1, n, l, r, 0, k)); //计算并输出本次获得食物的狗的漂亮值
        }
    }
    return 0;
}
```

在一些比较复杂的综合题中，划分树经常被作为核心子程序与其他算法配合使用，题目 4.3.3 就是这样的实验范例。

【4.3.3　Super Mario】

Mario 是世界著名的水管工。他的“魁梧”体格和惊人的弹跳能力经常让我们想起他。

现在可怜的公主有麻烦了，Mario 要去拯救她。我们把到老板的城堡的路看作直线（其长度为 n），在每个整数点 i，在高度为 h_i 的地方有一块砖。现在的问题是，如果 Mario 能跳的最大高度为 H，在 $[L, R]$ 区间内要有多少块砖，Mario 才可以踩踏上去。

输入

第一行给出整数 T，表示测试用例的数目。

对每个测试用例：

- 第一行给出两个整数 n（$1 \leqslant n \leqslant 10$^5）、$m$（$1 \leqslant m \leqslant 10$^5），$n$ 是路的长度，m 是查询次数。
- 下一行给出 n 个整数，表示每块砖的高度，范围是 [0, 1 000 000 000]。
- 接下来的 m 行，每行给出 3 个整数 L、R、H。（$0 \leqslant L \leqslant R < n$，$0 \leqslant H \leqslant 1\ 000\ 000\ 000$）。

输出

对每个测试用例，输出"Case X: "（X 是从 1 开始的测试用例的编号），然后给出 m 行，每行给出一个整数。第 i 个整数是针对第 i 个查询，使 Mario 可以踩踏上去的砖块的个数。

样例输入	样例输出
1 10 10 0 5 2 7 5 4 3 8 7 7 2 8 6 3 5 0 1 3 1 1 9 4 0 1 0 3 5 5 5 5 1 4 6 3 1 5 7 5 7 3	Case 1: 4 0 0 3 1 2 0 1 5 1

试题来源：2012 ACM/ICPC Asia Regional Hangzhou Online

在线测试：HDOJ 4417

试题解析

简述题意：查询区间 $[L, R]$ 内不大于 H 的数字个数，即在 Mario 最大跳跃高度为 H 的情况下，他在 $[L, R]$ 内可踩踏多少块砖。

本题是一道综合题，采用的算法是二分查找 + 划分树：如果 Mario 能够跳过高度为 x 的砖头，则他能够跳过所有高度不大于 x 的砖头。这就凸显出问题的单调性，可以使用二分查找方法。

将区间 $[s, t]$ 映射成大小值区间 $= [l, r] = [1, (t-s)+1]$，每次计算中间指针 $\text{mid}=\left\lfloor \frac{l+r}{2} \right\rfloor$，采用划分树计算区间 $[s, t]$ 的中间值（即区间 $[s, t]$ 中第 mid 大砖头的高度），并看该值是否不大于 Mario 跳跃的最大高度 H：若是，则说明 Mario 能够跳过的砖头数至少为 mid，记录 mid，并搜索右子区间 [mid+1, t]，计算能跳过的更多砖头数；否则，说明 Mario 不能够跳过 mid 块砖头，因此在左子区间 [s, mid − 1] 中搜索能够跳过的砖头数。这个过程一直进行至区间不存在为止。此时记录下的砖头数即为问题的解。

参考程序

```
#include<iostream>
#include<algorithm>
using namespace std;
const int MAXN=100010;              // 路长上限
int tree[30][MAXN];                 // tree[p][i] 表示第 p 层中第 i 个位置的值
int sorted[MAXN];                   // 已经排好序的数
int toleft[30][MAXN];               // toleft[p][i] 表示第 p 层从 1 到 i 中有多少个数被划入
                                    // 下一层的左子区间
void build(int l, int r, int dep)// 构建深度为 dep、区间为 [l, r] 的划分树，时间复杂度为
                                    // O(N*log(N)))
{
    int i;
    if(l==r)return;                 // 若划分至叶子，则回溯
    int mid=(l+r)>>1;               // 计算区间的中间指针
    int same=mid-l+1;               // 计算 [l, r] 的中间值被划入下一层后左子区间的个数 same
    for(i=l;i<=r;i++)
        if(tree[dep][i]<sorted[mid]) same--;
    int lpos=l;                     // 下一层左子区间和右子区间的指针初始化
    int rpos=mid+1;
    for(i=l;i<=r;i++)               // 搜索 dep 层的每个元素：若 dep 层的第 i 个数比中间值小，
                                    // 则被划入下一层的左子区间；若与中间值相同，被划入下一层
                                    // 的左子区间，中间值被划入下一层后左子区间的个数减 1；否则
                                    // 被划入下一层的右子区间
    {
        if(tree[dep][i]<sorted[mid])
            tree[dep+1][lpos++]=tree[dep][i];
        else if(tree[dep][i]==sorted[mid]&&same>0)
        {
            tree[dep+1][lpos++]=tree[dep][i];
            same--;
        }
        else
            tree[dep+1][rpos++]=tree[dep][i];
        toleft[dep][i]=toleft[dep][l-1]+lpos-l; // 计算 dep 层的前 i 个数被划入下一层
                                                // 左子区间的元素个数
    }
    build(l, mid, dep+1);                       // 递归计算下一层的左子区间
    build(mid+1, r, dep+1);                     // 递归计算下一层的右子区间
}

int query(int L, int R, int l, int r, int dep, int k) // 从划分树的 dep 层出发，自上而下在大区间
                                                      // [L, R] 里查询子区间 [l, r] 中第 k 小
                                                      // 的数，时间复杂度为 O(log(N))
{
    if(l==r)return tree[dep][l];                // 若查询至叶子，则该整数为子区间 [l, r]
                                                // 中第 k 小的数
    int mid=(L+R)>>1;                           // 取大区间的中间指针
    int cnt=toleft[dep][r]-toleft[dep][l-1];    // 计算 [l, r] 中被划入下一层左子区间的
                                                // 整数个数
    if(cnt>=k)      // 递归查询左子树（对应大区间为 [L, mid]，小区间为 [newl, newr]），计算和
                    // 返回小区间中第 k 个的值
    {
        int newl=L+toleft[dep][l-1]-toleft[dep][L-1];
        int newr=newl+cnt-1;
        return query(L, mid, newl, newr, dep+1, k);
    }
    else            // 否则递归查询右子树（对应大区间为 [mid+1, R]，小区间为 [newl, newr]），
                    // 计算并返回小区间中第 k-cnt 的值
    {
```

```
        int newr=r+toleft[dep][R]-toleft[dep][r];
        int newl=newr-(r-l-cnt);
        return query(mid+1, R, newl, newr, dep+1, k-cnt);
    }
}

int solve(int n, int s, int t, int h)     // 计算并返回 Mario 跳跃的最大高度为 h 时能够跳过
                                           // 区间 [s, t] 中的砖头数
{
    int ans=0;                             // 能够跳过的砖头数初始时为 0
    int l=1;                               // 区间 [s, t] 映射成序号区间 [l, r]
    int r=(t-s)+1;
    int mid;                               // 中间指针
    while(l<=r)                            // 二分查找 Mario 能够跳过区间 [s, t] 中的砖头数
    {
        mid=(l+r)>>1;                      // 计算中间指针
        int temp=query(1, n, s, t, 0, mid);    // 在区间 [s, t] 中查询第 mid 小的值
        if(temp<=h)                        // 若该值不大于 Mario 能跳的最大高度 h，则设定
                                           // Mario 能够跳过区间 [s, t] 中的 mid 块砖头，
                                           // 继续搜索右子区间
        {
            ans=mid;
            l=mid+1;
        }
        else r=mid-1;                      // 否则搜索左子区间
    }
    return ans;                            // 返回问题的解
}

int main()
{
    int T;                                 // 测试用例数
    int n, m;                              // 路长为 n，查询次数为 m
    int s, t, h;                           // 设有区间 [s, t]，最大高度为 h
    scanf("%d", &T);                       // 输入测试用例数
    int iCase=0;                           // 测试用例编号初始化
    while(T--)                             // 依次处理每个测试用例
    {
        iCase++;                           // 计算测试用例编号
        scanf("%d%d", &n, &m);             // 输入路长和查询次数
        memset(tree, 0, sizeof(tree));
        for(int i=1;i<=n;i++)              // 输入每块砖头的高度
        {
            scanf("%d", &tree[0][i]);
            sorted[i]=tree[0][i];          // 排序序列初始化
        }
        sort(sorted+1, sorted+n+1);        // 排序
        build(1, n, 0);                    // 离线计算划分树
        printf("Case %d:\n", iCase);       // 输出测试用例编号
        while(m--)
        {
            scanf("%d%d%d", &s, &t, &h); // 输入当前询问
            s++;                           // 区间以 1 为基准
            t++;
            printf("%d\n", solve(n, s, t, h));// 计算并输出 Mario 跳跃的最大高度为 h 时能够跳过
                                           // 区间 [s, t] 中的砖头数
        }
    }
    return 0;
}
```

第5章

利用线段树解决区间计算问题

在现实生活中，我们经常遇到与区间有关的问题。例如，记录一个区间的最值（最大值或最小值）和总量，并在区间的插入、删除、修改中维护这些最值和总量；再如，统计若干矩形的面积。线段树拥有良好的树形二分特征，从其定义和结构中发现，在线段树的基础上完成这些问题的计算操作是十分简捷和高效的。

5.1 线段树的基本概念和基本操作

定义 5.1.1（线段树） 线段树是一棵记为 $T(a, b)$ 的二叉树，其中区间 $[a, b]$ 表示二叉树的树根，因此线段树也被称为区间树。$T(a, b)$ 递归定义如下。

设区间长度 $L = b - a$：

- 若 $L > 1$，则区间$\left[a, \left\lfloor \frac{a+b}{2} \right\rfloor\right]$为根的左儿子，区间$\left[\left\lfloor \frac{a+b}{2} \right\rfloor + 1, b\right]$为根的右儿子；
- 若 $L = 1$，则 $T(a, b)$ 的左儿子和右儿子分别是叶子 $[a]$ 和 $[b]$；
- 若 $L = 0$，也就是说 $a = b$，则 $T(a, b)$ 是叶子 $[a]$，即元素 a。

图 5.1-1 所示是一棵根为 [1, 10] 的线段树。

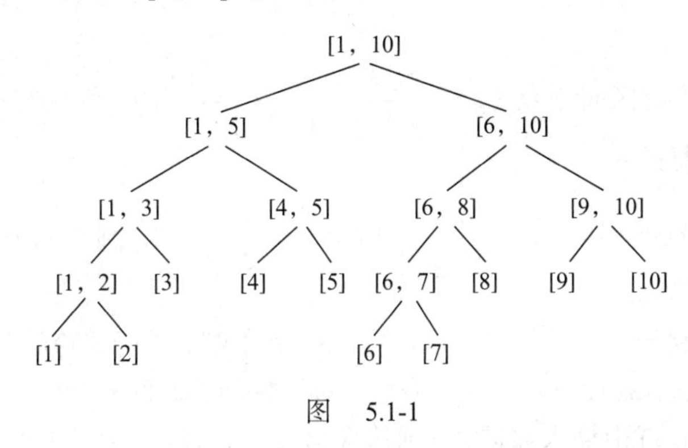

图 5.1-1

在线段树中，叶节点为区间内的所有数据，内节点不仅表示区间，也表示区间的中点。

可以用一个数组 a[ ] 来存储一棵区间树，如果节点 $a[i]$ 表示区间 $[l, r]$，则左儿子 $a[2i + 1]$ 表示左子区间$\left[l, \left\lfloor \frac{l+r}{2} \right\rfloor\right]$，右儿子 $a[2i + 2]$ 表示右子区间$\left[\left\lfloor \frac{l+r}{2} \right\rfloor + 1, r\right]$，$i \geqslant 0$。所以，每个节点不仅存储区间，还可根据需要增设一些特殊的数据域，例如所代表的子区间是否为空；如果不为空，则有多少线段覆盖本子区间，或哪些数据落在本子区间内，以便插入或删除线段时进行动态维护。

线段树的基本操作包括：

- 建立线段树；
- 在区间内插入线段或数据；

- 删除区间内的线段或数据；
- 动态维护线段树。

（1）对区间 $[l, r]$ 建立线段树

在对区间 $[l, r]$ 插入或删除线段操作前，需要为该区间建立一棵线段树。依照二分策略将区间 $[l, r]$ 划分出 tot（$tot \geqslant 2\log_2(r-l)$）个空的子区间，这些子区间暂且未被任何线段所覆盖。tot 为全局变量，记录共用到了多少节点，建树前 tot=0。建立线段树 $T(l, r)$ 的过程如下。

```
void build_tree(int i, int l, int r)      // 从节点 i 出发，构建区间 [l, r] 的线段树
{
    节点 i 的数据域初始化 ;
    if (l == r)                           // 若区间仅一个元素
        设置数据所在的叶节点序号;
    int mid=(l+r) / 2;                    // 计算区间的中间指针
    build_tree(2*i, l, mid);              // 递归构建左子区间的线段树
    build_tree(2*i+1, mid+1, r);          // 递归构建右子区间的线段树
}
```

在插入、删除线段或数据操作前，一般需要调用 build_tree 函数，设置节点序号和左右指针并进行数据域初始化。当然也可以直接在算法中设置节点序号和区间，计算中间指针，而不事先调用 build_tree 过程。

（2）在区间内插入线段或数据

设线段树 $T(l, r)$ 的根为 R，代表区间为 $[l, r]$，现准备插入的线段为 $[c, d]$：

- 如果 $[c, d]$ 完全覆盖了 R 代表的区间 $[l, r]$（$(c \leqslant l)\&\&(r \leqslant d)$），则 R 节点上的覆盖线段数加 1；
- 如果 $[c, d]$ 不跨越区间中点（$d \leqslant \left\lfloor \frac{l+r}{2} \right\rfloor \| \left\lfloor \frac{l+r}{2} \right\rfloor + 1 \leqslant c$），则仅在 R 节点的左子树或者右子树上进行插入；
- 如果 $[c, d]$ 跨越区间中点（$c \leqslant \left\lfloor \frac{l+r}{2} \right\rfloor \&\& d \geqslant \left\lfloor \frac{l+r}{2} \right\rfloor + 1$），则在 R 节点的左子树和右子树上都要进行插入。

注意观察插入的路径，一条待插入区间在某一个节点上进行“跨越”，此后两棵子树上都要向下插入，但是这种跨越不可能多次发生。插入区间的时间复杂度是 $O(\log_2 n)$。

如果往线段树 $T(l, r)$ 中插入数据 x，则从根出发二分查找 x 所在的叶位置，插入 x。由于在二分查找过程中，x 要么落在左子树要么落在右子树，数据插入不存在“跨越”的情况，因此时间复杂度是 $O(\log_2 n)$。

在区间内删除线段或数据与插入操作相似。

题目 5.1.1 是一个利用线段树解题的范例。

【5.1.1　Balanced Lineup】

在每天挤奶的时候，农夫 John 的 N（$1 \leqslant N \leqslant 50\ 000$）头奶牛总是排成一个序列。一天，农夫 John 决定和一些奶牛组织一场终极飞盘游戏。为了简单起见，他会从挤奶的队伍中挑选相邻的一批奶牛来玩这个游戏。然而，为了让所有的奶牛都玩得开心，它们的身高不能相差太多。

农夫 John 列出了 Q 组（$1 \leqslant Q \leqslant 200\ 000$）可能参加游戏的奶牛群体及其身高 height（$1 \leqslant \text{height} \leqslant 1\ 000\ 000$）。对于每一组，请帮助 John 来计算组中最矮和最高的奶牛之间的身高差。

输入

第 1 行：两个空格分隔的整数 N 和 Q。

第 $2 \sim N+1$ 行：第 $i+1$ 行给出一个整数，即奶牛 i 的身高。

第 $N+2 \sim N+Q+1$ 行：两个整数 A 和 B（$1 \leqslant A \leqslant B \leqslant N$），表示奶牛的范围是从 A 到 B（包括 A 和 B）。

输出

第 $1 \sim Q$ 行：每行给出一个整数，该整数是对查询的回复，表示范围内最高和最矮的奶牛之间的身高差。

样例输入	样例输出
6 3 1 7 3 4 2 5 1 5 4 6 2 2	6 3 0

试题来源：USACO 2007 January Silver

在线测试：POJ 3264

试题解析

本题属于区间最值查询（Range Minimum/Maximum Query，RMQ）问题，对于长度为 n 的数列 A，对于每次给出区间 $[i, j]$，要求返回数列 A 中下标在 l 和 r 之间（也就是在区间 $[l, r]$ 中）的最小 / 最大值。如果每次直接查找，则算法复杂度为 $O(n)$；如果用线段树来解题，则查找一次的时间复杂度为 $O(\log_2 n)$。

线段树是一个满二叉树，树中的每一个内节点表示一个区间 $[l, r]$，而每一个叶节点表示一个长度为 1 的单位区间；对于每一个内节点所表示的区间 $[l, r]$，其左儿子表示区间 $\left[l, \left\lfloor \frac{l+r}{2} \right\rfloor\right]$，右儿子表示区间 $\left[\left\lfloor \frac{l+r}{2} \right\rfloor + 1, r\right]$，查找一次的时间复杂度为 $O(\log_2 n)$，查找 q 次的时间复杂度为 $O(q\log_2 n)$。

利用线段树解题，从数据结构的角度，要确定每个节点除区间左、右端点，以及左、右子节点指针外，其他需要存储的信息。因为本题求区间的最大值和最小值的差，所以，在本题的参考程序中，线段树的节点的结构定义如下。

```
struct node{
    int l;                  // 区间左端点
    int r;                  // 区间右端点
    int minx, maxx;         // 区间中的最矮和最高的奶牛的身高
}
```

利用线段树解题的算法步骤一般是：首先，构建线段树；其次，在线段树中插入数据；最后，对线段树进行更新或查询。本题没有更新操作。

在本题的参考程序中，首先，调用 build_tree 函数，构建线段树；其次，调用 Insert 函数，将奶牛的身高插入，其中，线段树的内节点的 minx 和 maxx 分别表示区间中最矮和最高的奶牛的身高，线段树叶节点的 minx 和 maxx 表示对应的奶牛的身高；最后，通过 query 函数，对线段树进行查询。

参考程序

```
#include<iostream>
const int inf=0xffffff0;
using namespace std;
struct node{
    int l;                                  // 区间起点
    int r;                                  // 区间终点
    int minx, maxx;                         // 区间中最矮和最高的奶牛的身高
}tree[800010];                              // 叶节点数为 n，总节点数为 2n-1
int mid;                                    // 区间的中间指针
int minx=inf;
int maxx=-inf;
void build_tree(int root, int li, int ri){  // 从根 root 出发，构建区间 [li, ri] 的线段树，并初始化
                                            // 每个节点的最大值和最小值
    tree[root].l=li;                        // 设置 root 的区间左右指针和最大值、最小值
    tree[root].r=ri;
    tree[root].minx=inf;
    tree[root].maxx=-inf;
    if(tree[root].l!=tree[root].r){         // 若区间存在，则计算中间指针 mid
        mid =(li+ri)/2;
        build_tree(2*root+1, li, mid);      // 递归左子树（根为 2*root+1，区间为 [li, mid]）
        build_tree(2*root+2, mid+1, ri);    // 递归左子树（根为 2*root+2，区间为 [mid+1, ri]）
    }
}

void Insert(int root, int i, int h){        // 从 root 开始，将第 i 个值为 h 的数插入线段树
    if(tree[root].l==tree[root].r){         // 若搜索至叶节点，则插入唯一的奶牛身高 h 后回溯
        tree[root].maxx=tree[root].minx=h;
        return;
    }
    tree[root].minx=min(tree[root].minx, h); // 调整当前区间的最小值、最大值
    tree[root].maxx=max(tree[root].maxx, h);
    if(i<=(tree[root].l+tree[root].r)/2)    // 若 i 在 root 的左子树，则沿左子树寻找插入位置
       Insert(2*root+1, i, h);
    else                                    // 否则沿右子树寻找插入位置
       Insert(2*root+2, i, h);
}

void query(int root, int a1, int a2){       // 从根 root 出发，计算 [a1, a2] 的最大值和最小值
    if(tree[root].minx>=minx&&tree[root].maxx<=maxx)
        return;                             // 如果节点区间内的最大值比之前求出的最大值小，且
                                            // 最小值比之前求出的最小值还大，则没必要再分下去了，
                                            // 回溯
    // 若 root 的代表区间正好是 [a1, a2]，则调整最大值和最小值，并回溯
    if(tree[root].l==a1&&tree[root].r==a2){
        minx=min(minx, tree[root].minx);
        maxx=max(maxx, tree[root].maxx);
        return;
    }
    mid=(tree[root].l+tree[root].r)/2;
```

```
    if(a2<=mid)                          //若[a1, a2]完全在root的左边，则递归左子树
        query(2*root+1, a1, a2);
    else if(a1>mid)                      //若[a1, a2]完全在root的右边，则递归右子树
        query(2*root+2, a1, a2);
    else{                                //若[a1, a2]跨越左右子区间，则分别在左子树递归查询子
                                         //区间[a1, mid]，在右子树递归查询子区间[mid+1, a2]
        query(2*root+1, a1, mid);
        query(2*root+2, mid+1, a2);
    }
}

int main(){
    int n, p, h;
    int a1, a2;
    scanf("%d%d", &n, &p);
    build_tree(0, 1, n);                 //构建区间[1, n]的线段树
    for(int i=1;i<=n;i++){               //分别将n头奶牛的身高插入线段树
        scanf("%d", &h);
        Insert(0, i, h);
    }
    for(int i=0;i<p;i++){                //依次进行n次查询
        scanf("%d%d", &a1, &a2);         //输入第i次查询的区间
        minx=inf;                        //该区间最低身高和最高身高初始化
        maxx=-inf;
        query(0, a1, a2);                //计算[a1, a2]中奶牛的最低和最高身高
        printf("%d\n", maxx-minx);       //返回[a1, a2]中奶牛的最低和最高身高差
    }
}
```

5.2　线段树动态维护：单点更新

线段树的作用主要体现在可以方便地动态维护其某些特征。线段树的动态维护包括单点更新和子区间更新。

如果线段树用于数据处理，则叶节点代表的区间为一个整数。所谓单点更新指的是在线段树中插入或删除数据 x。查找过程是自上而下的，即从根节点出发，通过二分查找确定 x 的叶节点序号；而单点更新的维护是自下而上的，即从 x 对应的叶节点出发，调整至根的路径上每个节点的状态，因为这些节点对应的数值区间都包含数据 x。

下面，给出线段树单点更新的两个范例。

【5.2.1　Can you answer these queries?】

大战前夕，一群敌舰在外面排成一行序列准备进攻，指挥官决定使用秘密武器摧毁敌舰。每艘敌舰都被标记了一个生命值，秘密武器的每次攻击都会使一部分连续排列的敌舰的生命值降低到对原来的生命值进行平方根运算后的值。指挥官想计算出经过一系列秘密武器的攻击后的效果，请计算在一个连续的子序列中敌舰的总生命值。

注意：平方根运算的结果要向下取整为整数。

输入

输入包含若干测试用例，以 EOF 结束。

对于每个测试用例，第一行给出一个整数 N（$1 \le N \le 100\,000$），表示有 N 艘敌舰。

第二行给出 N 个整数 E_i，表示在序列中从头到尾每艘敌舰的生命值，本题设定，所有的生命值总和小于 2^{63}。

接下来的一行给出整数 M（$1 \le M \le 100\,000$），表示攻击或者查询的次数。

最后给出 M 行，每行给出三个整数 T、X 和 Y。$T = 0$ 表示使用秘密武器进行一次攻击，将降低第 X 艘敌舰到第 Y 艘敌舰之间的敌舰的生命值，包括第 X 艘敌舰和第 Y 艘敌舰；$T = 1$ 表示指挥官询问第 X 艘敌舰到第 Y 艘敌舰之间的敌舰的生命值总和，也包括第 X 艘敌舰和第 Y 艘敌舰。

输出

对于每个测试用例，在第一行输出测试用例编号，然后对每个查询输出一行，在每个测试用例后输出一个空行。

样例输入	样例输出
10	Case #1:
1 2 3 4 5 6 7 8 9 10	19
5	7
0 1 10	6
1 1 10	
1 1 5	
0 5 8	
1 4 8	

试题来源：2011 ACM-ICPC Asia Regional Shanghai Site —— Online Contest

在线测试：HDOJ 4027

试题解析

本题是线段树单点更新的实验。在参考程序中，线段树节点的结构定义如下。

```
struct node_s                    // 线段树节点
{   long long sum;               // 节点对应区间的生命值总和
    int l, r, len;               // 区间左右端点和区间长度
}
```

在参考程序中，对于每个测试用例，设敌舰数为 size。计算步骤如下。

通过 build_tree(1, 1, size) 函数，从根节点 1 出发，自上而下构建区间 [1, size] 线段树，并插入敌舰的初始生命值。

依次处理 M 条命令 T、X 和 Y：

- 如果是攻击（$T == 0$），则调用函数 update，自上而下地修正叶节点生命值 sum；接下来，通过函数 update_sum，从叶节点出发，自下而上调整至根的路径上每个节点的 sum。
- 如果是查询（$T == 1$），则调用函数 query，计算区间中敌舰的总生命值。

参考程序

```
#include <stdio.h>
#include <math.h>
#define MAXN 100010
typedef struct node_s                   // 线段树节点
{    long long sum;                     // 节点对应区间生命值总和
    int l, r, len;                      // 区间左右端点和区间长度
} node_t;
static node_t tree[MAXN * 4];           // 线段树
void update_sum(int now)                // 计算节点 now 的生命值总和（即左右儿子生命值的和）
{
```

```
    tree[now].sum = tree[now << 1].sum + tree[now << 1 | 1].sum;
}

void build_tree(int now, int l, int r)    // 自上而下构建节点 now 对应的区间 [l, r] 的线段
                                          // 树，插入生命值
{
    tree[now].l = l;                      // 设置区间左右端点，并计算区间长度
    tree[now].r = r;
    tree[now].len = tree[now].r - tree[now].l + 1;
    if (tree[now].l == tree[now].r)       // 若递归至叶节点 now，则输入其生命值并回溯
    {    scanf("%lld", &tree[now].sum);
        return;
    }
    int mid = (tree[now].l + tree[now].r) >> 1; // 计算中间位置
    build_tree(now << 1, l, mid);         // 分别递归构造左右子树
    build_tree(now << 1 | 1, mid + 1, r);
    update_sum(now);                      // 计算节点 now 的生命值
}

void update(int now, int l, int r)        // 从 now 出发，计算 [l, r] 的敌舰被攻击后的生命值
{
    if (tree[now].sum == tree[now].len) return; // 若生命值全部是 1，则无须更新，回溯
    if (tree[now].l == tree[now].r)             // 若递归至叶子，则更新战舰生命值，回溯
    {
        tree[now].sum = (long long)sqrt((double)tree[now].sum);
        return;
    }
    int mid = (tree[now].l + tree[now].r) >> 1;
    if (r <= mid) update(now << 1, l, r);       // 更新范围在左区间
    else if (l > mid) update(now << 1 | 1, l, r);  // 更新范围在右区间
        else {update(now << 1, l, mid); update(now << 1 | 1, mid + 1, r);}// 更新范围跨左、右区间
    update_sum(now);                      // 自下而上更新节点 now 对应区间的生命值
}

long long query(int now, int l, int r)    // 从节点 now 出发，查询区间 [l, r] 的总生命值
{
    if (tree[now].l == l && tree[now].r == r) // 若 now 的区间为 [l, r]，则返回总生命值
        return tree[now].sum;
    int mid = (tree[now].l + tree[now].r) >> 1; // 计算区间的中间指针
    // 若 [l, r] 在 now 的左子区间，则递归查询其左儿子；若 [l, r] 在 now 的右子区间，则递归查询其
    // 右儿子；否则 [l, r] 横跨左右子区间，在左子树中查询 [l, mid]，在右子树中查询 [mid+1, r]
    if (r <= mid) return query(now << 1, l, r);
    else if (l > mid) return query(now << 1 | 1, l, r);
    return query(now << 1, l, mid) + query(now << 1 | 1, mid + 1, r);
}

int main()
{   int size, query_count;                // 敌舰数为 size，攻击或查询次数为 query_count
    int case_num = 0;                     // 测试用例编号
    while (~scanf("%d", &size)) {         // 反复输入敌舰数，直至输入 0
        printf("Case #%d:\n", ++case_num); // 输出测试用例编号
        build_tree(1, 1, size);           // 从根节点 1 出发，输入初始生命值，构建 [1, size]
                                          // 的线段树
        scanf("%d", &query_count);        // 输入攻击或查询的次数
        for (int i = 1; i <= query_count; i++) { // 依次处理每条命令
            int T, X, Y;                  //  T、X 和 Y 如输入所述
            scanf("%d%d%d", &T, &X, &Y);  // 输入第 i 条命令
            if (X > Y)                    // 确定区间为 [X, Y]
                X ^= Y, Y ^= X, X ^= Y;   //  X 和 Y 交换
            if (T == 0)                   // 若命令为攻击，则更新 [X, Y] 的生命值
                update(1, X, Y);
```

```
        else                        //若命令为查询，则计算和输出 [X, Y] 的生命值
            printf("%lld\n", query(1, X, Y));
        }
        printf("\n");
    }
}
```

【5.2.2　Cows】

农夫 John 的奶牛发现，沿着山脊生长的三叶草（可以把它看作一维数的序列）长得特别好。

农夫 John 有 N 头奶牛（奶牛编号为 1～N），每头奶牛都有一个自己特别喜欢吃的三叶草的范围（这些范围可能会重叠）。范围是一个闭区间 $[S, E]$。

有些奶牛比较强壮，而有些奶牛则比较瘦弱。给定两头奶牛 cow_i 和 cow_j，它们喜欢的三叶草的范围是 $[S_i, E_i]$ 和 $[S_j, E_j]$。如果 $S_i \leqslant S_j$、$E_j \leqslant E_i$ 并且 $E_i - S_i > E_j - S_j$，则 cow_i 比 cow_j 强壮。

对于每头奶牛，会有多少头奶牛比它强壮？农夫 John 请你给出答案。

输入

输入包含多个测试用例。

对于每个测试用例，第一行给出一个整数 N（$1 \leqslant N \leqslant 10^5$），表示奶牛的数量。然后是 N 行，第 i 行给出两个整数 S 和 E（$0 \leqslant S < E \leqslant 10^5$），分别表示某头奶牛喜欢吃的三叶草的范围的开始和结束位置。位置以与山脊起点的距离表示。

输入的结尾给出一个 0。

输出

对于每个测试用例，输出一行，给出 n 个空格分隔的整数，第 i 个数字表示比 cow_i 强壮的奶牛的数量。

样例输入	样例输出
3 1 2 0 3 3 4 0	1 0 0

提示

海量输入 / 输出，建议使用 scanf 和 printf。

试题来源：POJ Contest, Author: Mathematica@ZSU

在线测试：POJ 2481

试题解析

本题给出 n 个闭区间 $[S, E]$，对于每一个闭区间，求它是多少个区间的真子集。

在参考程序中，本题的线段树为数组 cnt，表示区间内奶牛的个数。

首先，在输入 n 个闭区间后，对这些区间进行排序。区间左端点 S 为第一关键字，升序排序；区间右端点 E 为第二关键字，如果 S 相等，则对右端点 E 进行降序排序。所

以要表示奶牛的结构，除给出奶牛区间左、右端点和奶牛的编号外，还给出奶牛的比较函数。

然后，依次对已排序的 n 个闭区间进行扫描，因为当前区间的左端点的位置肯定大于或等于此前区间的左端点，所以调用 query 函数，基于当前区间的右端点的位置，从该区间的右端点的位置查询到线段树末尾，看比右端点的位置还大的右端点位置有几个，就知道当前区间是多少个区间的真子集，即有多少头牛比当前的牛强壮。由于只比较区间的右端点位置，因此每次处理完查询，调用 update 函数，对于扫描到的区间，在线段树中更新右端点的位置。

参考程序

```
#include<cstdio>
#include<algorithm>
using namespace std;
#define lc o<<1                         // o的左右孩子下标
#define rc o<<1|1
const int N=1e5+10;
int n, ca, ans[N];                      // n为奶牛数，ans[i]为有几头牛比第i头牛强壮
struct node{
    int s, e, id;                       // 奶牛喜欢吃的三叶草区间为[s, e]，奶牛编号为id
    bool operator <(const node&rhs)const{  // 区间排序：先左端点升序，再右端点降序
    return s<rhs.s||(s==rhs.s&&e>rhs.e);}
}cow[N];                                   // 奶牛序列
int cnt[N<<2];                             // 线段树，cnt[i]为节点i所在区间内的奶牛数
void update(int o, int l, int r, int x)    // 从节点o（区间[l, r]）出发，将奶牛（喜欢吃的
                                           // 三叶草区间的右指针x）插入线段树，并累计[l, r]
                                           // 内的奶牛数
{
    if(l==r)                            // 若递归至叶节点，则o节点区间内的奶牛数加1，回溯
        { cnt[o]++; return; }
    int mid=l+r>>1;                     // 计算区间的中间指针
    if(x<=mid)                          // 沿左儿子lc（区间[l, mid]）方向寻找插入位置
        update(lc, l, mid, x);
    else                                // 沿右儿子rc（区间[mid+1, r]）方向寻找插入位置
        update(rc, mid+1, r, x);
    cnt[o]=cnt[lc]+cnt[rc];             // 累计节点o所在区间内奶牛的个数
}

int query(int o, int l, int r, int nl, int nr) // 从节点o（代表区间[l, r]]）出发，计算[nl, nr]
                                           // 所含的子区间数
{
    if(nl<=l&&r<=nr) return cnt[o];        // 若[l, r]为[nl, nr]的子区间，则节点o所在
                                           // 区间的奶牛数加1
    int mid=l+r>>1;                        // 计算[l, r]的中间指针
    // 分别累计[nl, nr]在左子树（区间[l, mid]）中所含的子区间数和右子树（区间[mid+1, r]）
    // 中所含的子区间数
    int ans=0;
    if(nl<=mid) ans+=query(lc, l, mid, nl, nr);
    if(nr>mid) ans+=query(rc, mid+1, r, nl, nr);
    return ans;                            // 返回[nl, nr]所含的子区间数
}

int main()
{
    while(scanf("%d", &n)&&n)              // 输入奶牛数
    {
        for(int i=1;i<=n;i++)              // 输入每头奶牛喜欢吃的三叶草区间，记下编号
```

```
        scanf("%d%d", &cow[i].s, &cow[i].e), cow[i].id=i;
    memset(cnt, 0, sizeof(cnt));        // 将线段树初始化为 0
    sort(cow+1, cow+n+1);               // 奶牛序列 cow[] 按照 s 域升序为第一关键字、
                                        // e 域降序为第二关键字排序
    for(int i=1; i<=n; i++)             // 枚举序列 cow[] 中的每头奶牛
    {
        // 若 cow[] 中相邻两头奶牛的三叶草区间相同，则比这两头奶牛强壮的奶牛数相同；否则线段
        // 树中 [cow[i].e, 10^5] 所含的子区间数，即为比奶牛 i 强壮的奶牛数
        if(cow[i].s==cow[i-1].s&&cow[i].e==cow[i-1].e) ans[cow[i].id]=
            ans[cow[i-1].id];
        else ans[cow[i].id]=query(1, 0, 1e5, cow[i].e, 1e5);
        update(1, 0, 1e5, cow[i].e); // 将奶牛 i 的区间右指针 cow[i].e 插入线段树
    }
    for(int i=1;i<=n;i++)               // 依次输出强壮于每头奶牛的奶牛数
        printf("%d%c", ans[i], i==n?'\n':' ');
  }
  return 0;
}
```

5.3 线段树动态维护：子区间更新和懒惰标记

对于线段树的每个节点，增加一个懒惰标记 lazy，在每次要对区间进行更新时，不用更新到线段树的叶节点，而是用懒惰标记 lazy 记录这个节点对应的区间是否进行了某种更新，而这样的更新会影响其子节点。

例如，线段树如图 5.3-1 所示。

设表示区间的节点有一个值 sum，表示所在区间中的节点的值的总和。假设要对区间 [1, 4] 中的每个值加上一个值 val。如果是单点更新，则从区间 [1, 5] 出发，一直更新到叶节点 [1]、[2]、[3] 和 [4]，而对每个节点再加上懒惰标记 lazy，初始化为 0，就不用更新到叶节点；如果当前节点的区间 $[l, r]$ 包含在 [1, 4] 中，就更新区间 $[l, r]$ 节点的 lazy 标记，并且 sum += $(r - l + 1)$* val。例如，区间 [1, 3] 包含在 [1, 4] 中，更新区间 [1, 3] 节点的 lazy 标记为 1，[1, 3] 节点的 sum += 3* val。

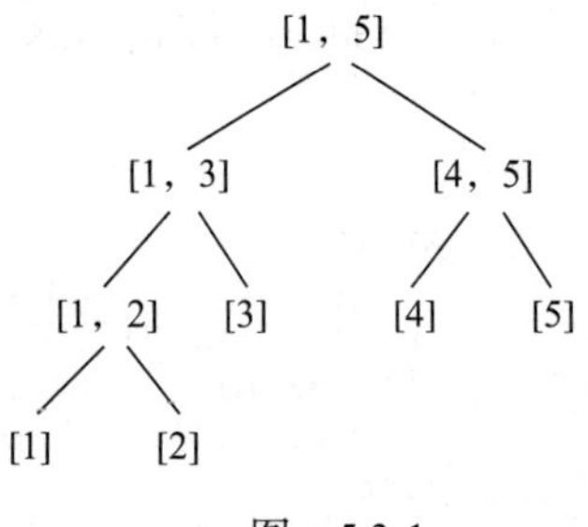

图 5.3-1

当查询到区间 [1, 3] 时，区间节点的 lazy 标记为 1，就直接将 [1, 3] 节点所记录的 sum 值返回。而当要查询区间 [1, 2] 时，就把区间 [1, 3] 的 lazy 标记下推（push_down）到其左右儿子 [1, 2] 和 [3]，而 [1, 3] 的 lazy 标记为 0。

下面给出两个对带有懒惰标记的线段树实现区间更新的范例。

【5.3.1 Just a Hook】

在 DotA 游戏中，对大多数英雄来说，Pudge 的钩子是最可怕的。钩子是由若干个长度相同的连续的金属棒组成的。

现在 Pudge 要对钩子做一些改进操作。

对钩子上连续的金属棒进行编号，编号为 1～N。每次改进操作，Pudge 都将从编号 X 到编号 Y 连续的一段金属棒改为铜棒、银棒或金棒。

钩子的总价值为 N 个金属棒的价值的总和。每种金属棒的价值如下：

- 每个铜棒的价值为 1。
- 每个银棒的价值是 2。

- 每个金棒的价值是 3。

Pudge 想知道在改进之后钩子的总价值。

最初的钩子是由铜棒组成的。

输入

输入包含若干测试用例。输入的第一行给出测试用例数，测试用例不超过 10 个。

对于每个测试用例，第一行给出一个整数 N（$1 \leqslant N \leqslant 100\,000$），表示 Pudge 的钩子上金属棒的数目；第二行给出一个整数 Q（$0 \leqslant Q \leqslant 100\,000$），表示改进操作的数目。

接下来的 Q 行，每行给出三个整数 X、Y（$1 \leqslant X \leqslant Y \leqslant N$）和 Z（$1 \leqslant Z \leqslant 3$），定义了一个改进操作：将从编号 X 到编号 Y 连续的一段金属棒的种类改为 Z 类，其中 Z=1 表示铜类，$Z = 2$ 表示银类，$Z = 3$ 表示金类。

输出

对于每个测试用例，在一行中输出一个数字，表示改进操作后钩子的总价值。使用示例中的格式。

样例输入	样例输出
1 10 2 1 5 2 5 9 3	Case 1: The total value of the hook is 24.

试题来源：2008 “Sunline Cup” National Invitational Contest

在线测试：HDOJ 1698

试题解析

本题涉及线段树的区间更新和区间查询，在区间的线段树节点表示中采用懒惰标记，线段树节点定义如下。

```
struct node
{
    int l, r;                  //左、右儿子
    int sum, lazy;             //金属棒的价值的总和，懒惰标记
}
```

首先，通过 build_tree 函数建线段树，懒惰标记 lazy 初值为 0，叶节点的 sum 初值为 1，并通过 push_up 函数，自下而上计算区间金属棒的价值的总和。

其次，基于懒惰标记 lazy 逐个处理子区间更新（update 函数）：如果当前区间包含在更新区间中，则标记 lazy 非 0，修正区间值 sum；否则，先通过 push_down 函数将当前区间的 lazy 标记下推，再通过 push_up 函数自下而上计算区间中金属棒的价值的总和。

最后，通过 query 函数返回金属棒的价值总和。

参考程序

```
#include <iostream>
using namespace std;
const int maxn=100010;
int n;
```

```
struct node
{
    int l, r;               // 区间 [l, r]
    int sum, lazy;          // 金属棒的价值总和，懒惰标记
}segTree[maxn*3+5];         // 线段树
void push_up(int i)         // 计算节点 i 的金属棒价值 sum（左、右子区间的 sum 的和）
{
    segTree[i].sum=segTree[i<<1].sum+segTree[(i<<1)|1].sum;
}

void push_down(int i)       // 区间的 lazy 标记下推
{
    if(segTree[i].lazy){  // 若 lazy 标记不为 0，则下推
        int l=i<<1;         // 计算左儿子 l 和右儿子 r
        int r=(i<<1)|1;
        segTree[l].lazy=segTree[i].lazy; //lazy 标记下推左、右儿子
        segTree[r].lazy=segTree[i].lazy;
        segTree[l].sum=(segTree[l].r-segTree[l].l+1)*segTree[l].lazy;
                                        // 修正左右儿子的 sum
        segTree[r].sum=(segTree[r].r-segTree[r].l+1)*segTree[r].lazy;
        segTree[i].lazy=0;              // 撤去 i 节点的懒惰标记
    }
}

void build_tree (int i, int l, int r)   // 从节点 i（对应区间 [l, r]）出发，构建线段树
{
    segTree[i].l=l;                     // 设置节点 i 的区间指针
    segTree[i].r=r;
    segTree[i].lazy=0;                  // 将懒惰标记 lazy 初始化为 0
    if(l==r){                           // 若递归至叶节点，则设定该铜棒的价值为 1，回溯
        segTree[i].sum=1;
        return;
    }
    int mid=(l+r)/2;                    // 计算区间的中间指针
    build_tree (i<<1, l, mid);          // 递归构建左子树
    build_tree ((i<<1)|1, mid+1, r);    // 递归构建右子树
    push_up(i);                         // 计算节点 i 的金属棒价值 sum
}

void update(int i, int l, int r, int val) // 从节点 i 出发，对区间 [l, r] 进行更新（更新值为 val）
{
    if(segTree[i].l==l&&segTree[i].r==r){ // 若更新节点 i 的代表区间，则懒惰标记设为 val
                                        //（避免更新到叶节点），区间值修正为区间内金属棒
                                        // * val，回溯
        segTree[i].lazy=val;
        segTree[i].sum=(r-l+1)*val;
        return;
    }
    push_down(i);                                   // 从节点 i 出发，懒惰标记下推
    int mid=(segTree[i].l+segTree[i].r)/2;          // 计算节点 i 的代表区间的中间指针
    if(r<=mid) update(i<<1, l, r, val);             // 若在左子区间内更新，则递归左子树
    else if(mid<l) update((i<<1)|1, l, r, val);     // 若在右子区间内更新，则递归右子树
        else{                                       // 跨越左右子区间
            update(i<<1, l, mid, val);              // 在左子树更新 [l, mid]
            update((i<<1)|1, mid+1, r, val);        // 在右子树更新 [mid+1, r]
        }
    push_up(i);                                     // 计算节点 i 的金属棒价值 sum
}

int query(int i, int l, int r)    // 从节点 i 出发，查询区间 [l, r] 内的金属棒价值总和
{
    if(segTree[i].l==l&&segTree[i].r==r) // 若节点 i 的代表区间正好为 [l, r]，则返回 sum
        return segTree[i].sum;
```

```
    push_down(i);                              // 下推节点 i 的懒惰标记
    int mid=(segTree[i].l+segTree[i].r)/2; // 计算节点 i 的代表区间的中间指针
    // 若 [l, r] 在节点 i 的左子区间，则递归左子树；若 [l, r] 在节点 i 的右子区间，则递归右子树；否则
    // [l, r] 横跨 i 的左右子区间，递归计算左子树中 [l, mid] 的金属棒价值 + 右子树中 [mid+1, r] 的
    // 金属棒价值
    if(r<=mid) return query(i<<1, l, r);
    else if(l>mid) return query((i<<1)|1, l, r);
         else return query(i<<1, l, mid)+query((i<<1)|1, mid+1, r);
}

int main()
{
    int T, q;
    int x, y, z;
    scanf("%d", &T);                            // 测试用例数 T
    for(int t=1; t<=T; t++){                    // 每次循环处理一个测试用例
        scanf("%d", &n);                        // 输入钩子上金属棒的数目 n
        build_tree (1, 1, n);                   // 从根节点 1 出发，构建区间 [1, n] 的线段树
        scanf("%d", &q);                        // 输入改进操作的数目 q
        while(q--){                             // 依次处理 q 个改进操作
            scanf("%d%d%d", &x, &y, &z);        // 输入当前操作命令
            update(1, x, y, z);                 // 从根节点 1 出发，将 [x, y] 内的金属棒改为 z 类
        }
        // 计算和输出金属棒的价值总和
        printf("Case %d: The total value of the hook is %d.\n", t, query(1, 1, n));
    }
    return 0;
}
```

【5.3.2　Count Color】

有一个很长的板，长度为 L 厘米，L 是一个正整数，所以可以均匀地将板划分成 L 段，并自左向右编号为 1，2，…，L，每段的长度为 1 厘米。现在我们对这块板着色，为每段着上一种颜色。在板上，我们进行以下两类操作。

- “C A B C” 从段 A 到段 B 用颜色 C 着色。
- “P A B” 输出段 A 到段 B 之间（包括段 A 和段 B）不同颜色的着色数目。

假如在我们的日常生活中不同颜色的总数 T 非常小，且没有词语来确切描述任一种颜色（红色、绿色、蓝色、黄色……）。所以你可以假设不同颜色的总数 T 非常小。为了简单起见，我们以颜色 1，颜色 2，……，颜色 T 为颜色命名。在开始的时候，在板上着颜色 1。接下来的问题留给你来处理。

输入

输入的第一行给出整数 L ($1 \leqslant L \leqslant 100\ 000$)、$T$ ($1 \leqslant T \leqslant 30$) 和 O ($1 \leqslant O \leqslant 100\ 000$)，这里 O 表示操作的次数。接下来的 O 行每行给出 “C A B C” 或 “P A B”（这里 A、B、C 是整数，并且 A 可以大于 B），表示如前所定义的操作。

输出

按操作序列输出操作结果，每行一个整数。

样例输入	样例输出
2 2 4 C 1 1 2 P 1 2 C 2 2 2 P 1 2	2 1

试题来源：POJ Monthly--2006.03.26, dodo

在线测试：POJ 2777

试题解析

最初为这块板涂颜色 1，然后依次进行更新和查询操作。

- 更新操作：用指定颜色给某子区间涂色。
- 查询操作：回答某子区间的颜色数。

显然，这是计算可见线段的典型例题。求解方法与《算法设计编程实验：大学程序设计课程与竞赛训练教材》（第 2 版）的题目 7.2.3.2 完全相同。需要注意，由于颜色数的上限为 30，因此可以通过位运算提高计算效率。如果一段区间之前涂过色，那么之后的涂色会对之前的涂色进行覆盖，在这种情况下，需要进行延迟操作，也就是说，如果要对当前节点的代表区间进行部分涂色，则先将当前节点代表区间原来的颜色下传给左右儿子，并撤去该节点原色，然后再进行涂色操作。具体过程如下。

```
void Update( root, x, y, colc)          // 从节点 root 出发，给区间 [x, y] 着色 colc
{
    if ([x, y] 覆盖了 root 的代表区间) root 的代表区间涂 colc 色并回溯;
    else                                // 进行延迟标记
    {
        if (root 的代表区间已涂色);
        { 该颜色分别下传给左儿子区间和右儿子区间;
          撤去 root 代表区间的涂色 ;
        }
        计算 root 代表区间的中间指针 mid;
        if ([x, y] 在 root 的右子区间) Update( 右儿子 , x, y, colc);
        else if ([x, y] 在 root 的左子区间) Update( 左儿子 , x, y, colc);
             else { //[ x, y] 跨越中间指针 mid, 分别给 [x, y] 在左右区间的部分涂色
                    Update( 左儿子 , x, mid, colc);
                    Update( 右儿子 , mid+1, y, colc);
             }
    }
}
```

参考程序

```
#include <stdio.h>
#include <string.h>
#define maxn 1000005
struct note{
    int l, r;                               // 当前节点代表的区间和颜色
    int col;
}Tegtree[ 3*maxn ];                         // 线段树序列
bool mark[40];                              // 当前区间存在颜色 i 的标志 mark[i]
void bulid(int root, int st, int en)        // 从根 root 出发，构建区间 [st, en] 的线段树
{
    Tegtree[ root ].l = st;                 // 线段树根的区间设为 [st, en]
    Tegtree[ root ].r = en;
    if(st == en) return ;                   // 若区间仅有一个元素，则返回
    int mid = ( Tegtree[ root ].l + Tegtree[ root ].r )>>1; // 计算区间的中间指针
    bulid( root << 1 , st , mid );          // 递归构建左子树
    bulid( (root << 1) + 1 , mid + 1 , en );  // 递归构建右子树
}

void Update(int root, int x, int y, int colc) // 从节点 root 出发，给区间 [x, y] 着色 colc
```

```
{
    if(Tegtree[ root ].l >= x &&Tegtree[ root ].r <=y )      // 若 [x, y] 覆盖了 root 的代表
                                                              // 区间，则该 root 的代表区间涂
                                                              // colc 色，回溯；否则进行延迟
                                                              // 标记
    {
        Tegtree[ root ].col = colc;
        return ;
    } else
    {
        // 若 root 已涂色，则将该颜色下移给左右儿子，撤去 root 的颜色
        if(Tegtree[root].col > 0)
        {
            Tegtree[ root << 1 ].col = Tegtree[root].col;
            Tegtree[( root << 1 ) + 1 ].col = Tegtree[root].col;
            Tegtree[root].col = 0;
        }
        int mid = (Tegtree[ root ].l + Tegtree[ root ].r ) >> 1;  // 计算 root 代表区间的中间指针
        if(x>mid)                                     // 若 [x, y] 在其右子区间，则递归右儿子
            Update((root<<1)+1, x, y, colc);
        else if(y<=mid){                              // 若 [x, y] 在其左子区间，则递归左儿子
            Update(root<<1, x, y, colc);
        }else {                                       // [ x, y] 跨越中间指针
            Update(root<<1, x, mid, colc);            // 从左儿子出发，给 [x, mid] 涂色 colc
            Update((root<<1)+1, mid+1, y, colc);// 从右儿子出发，给 [mid+1, y] 涂色 colc
        }
    }
}

void Find(int root, int x, int y)// 从节点 root 出发，查询 [x, y] 的着色情况
{
    if(Tegtree[root].col > 0 )     // 若 root 的代表区间涂满色，则设定该颜色存在标志
        mark[Tegtree[root].col] = true;
    else{
        int mid = (Tegtree[ root ].l + Tegtree[ root ].r ) >> 1;      // 计算 root 代表区间
                                                                      // 的中间指针
        if(x>mid) Find((root<<1)+1, x, y);            // 若 [x, y] 在其右区间，则递归查询右子树
        else if(y<=mid) Find(root<<1, x, y);          // 若 [x, y] 在其左区间，则递归查询左子树
            else {                                    // [x, y] 跨越中间指针，需分别在左子树
                                                      // 查询 [x, mid] 的涂色情况，在右子树
                                                      // 查询 [mid+1, y] 的涂色情况
                Find(root<<1, x, mid);
                Find((root<<1)+1, mid+1, y);
                }
    }
}

int main()
{
    int l, t, o, a, b, c;
    char tmp[5];
    while(scanf("%d%d%d", &l, &t, &o)!=EOF)       // 反复输入板长 l，颜色数 t 和工作次数 o
    {
        Tegtree[1].col = 1;                       // 将根节点 1 代表区间的颜色初始化为 1
        bulid(1, 1, l);                           // 从根节点 1 出发，构建区间 [1, l] 的线段树
        while(o--)                                // 顺序进行 o 次操作
        {
            scanf("%s", tmp);                     // 输入当前命令字
            if(tmp[0]=='C')                       // 若着色操作，则输入着色的区间 [a, b]
                                                  // 和颜色 c
            {
```

```
            scanf("%d%d%d", &a, &b, &c);
            getchar();
            Update(1, a, b, c);                  // 从线段树的根出发，给区间 [a, b] 着色 c
        }
        else if(tmp[0]=='P')                     // 若询问操作，则输入待查区间 [a, b]
        {
            scanf("%d%d", &a, &b);
            getchar();
            memset(mark, false, sizeof(mark)); // 查询前，假设所有颜色不存在
            Find(1, a, b);                       // 从线段树的根出发，查询 [a, b] 的着色情况
            int ans = 0;                         // 将着色数初始化为 0
            for(int i = 0 ; i <= 40 ; i++)   // 搜索 [a, b] 内不同的颜色，累计颜色数
                if(mark[i]) ans++;
            printf("%d\n", ans);                 // 输出 [a, b] 内不同的颜色数
        }
    }
  }
  return 0;
}
```

5.4　线段树动态维护：子区间合并

每次给出插入线段的长度 l。若线段树中存在空位置数不小于 l 的子区间，则该线段插入（一般规定选择区间的优先级），这样可使得树中“满”的线段互不相交。对删除操作，若线段树中存在被删线段的“满区间”，则该线段可被删除。

节点的懒惰标志一般包括：

- 对应子区间的占据情况 mark：分“全满”“全空”“部分占据”三种。
- 对应子区间中的最长空区间 lm 和 pos，即从 pos 位置开始长度为 lm 的区间为最长空区间。
- 左端最长空区间的长度 ll 和右端最长空区间的长度 lr，即“跨越左右子区间”的最长空区间的长度为 ll + lr。

下面，通过两个实例来了解子区间合并的一般方法。

【5.4.1　Hotel】

奶牛向北旅行，到加拿大的桑德贝（Thunder Bay），在苏必利尔湖（Lake Superior）的阳光湖岸度假。Bessie 是一个非常有能力的旅行社主管，提出选择在著名的 Cumberland 街的 Bullmoose Hotel 作为假期的居住地。这个巨大的宾馆有 N ($1 \le N \le 50\ 000$) 间客房，这些客房全部位于一条非常长的走廊的同一边（当然，从所有的客房都能看到湖）。

奶牛和其他观光客是以游客数为 D_i ($1 \le D_i \le N$) 的团队方式到达宾馆的，在前台办理入住手续。每个团队 i 要求柜台主管 Canmuu 给他们 D_i 间连续的客房。如果可行，Canmuu 就分配给他们某个连续的客房集合，房号为 r，…，$r + D_i - 1$；如果没有连续的客房，Canmuu 就礼貌地建议可供选择的住宿方案。Canmuu 总是选择 r 的值尽可能地最小。

观光客也是以团队方式离开宾馆的，要退连续的客房。退房时团队 i 给出参数 X_i 和 D_i，表示退出的房间为 X_i，…，$X_i + D_i - 1$（$1 \le X_i \le N - D_i + 1$）。在退房前，这些房间的部分（或全部）可能为空。

请帮助 Canmuu 处理 M（$1 \le M < 50\ 000$）次入住 / 退房请求。这间宾馆初始时没有人住。

输入

第 1 行：两个用空格分开的整数 N 和 M。

第 2～$M+1$ 行：第 $i+1$ 行给出以下两种可能格式之一的请求。

- 两个用空格分开的整数，表示入住请求，如 1 D_i。
- 三个用空格分开的整数，表示退房请求，如 2 X_i D_i。

输出

对每个入住请求，输出一行，给出一个整数 r，表示要占据的连续客房序列中的第一间客房。如果需求不可能被满足，则输出 0。

样例输入	样例输出
10 6 1 3 1 3 1 3 1 3 2 5 5 1 6	1 4 7 0 5

试题来源：USACO 2008 February Gold

在线测试：POJ 3667

试题解析

本题题意：宾馆有 N 间连续的客房，有以下两种操作。

- 1 a：询问是不是有连续的 a 间空客房，如果有，住最靠前的连续 a 间空客房。
- 2 a b：将区间 $[a, a+b-1]$ 的房间清空。

本题要求对区间进行操作，每种操作都需要对线段树进行维护，而维护方法可采用高效的懒惰标记法。线段树的节点表示为：

```
struct node { int ls, rs, ms, pos, mark ; }
```

其中：

- mark 为对应区间的状态，0 为“未定”，1 为“全空”，2 为“全满”。
- ls 为从区间左端点开始在区间内空区间的长度。
- rs 为从区间右端点开始在区间内空区间的长度。
- ms 为区间内最长空区间的长度，区间的开始位置为 pos。

对于线段树（根为 i、对应区间为 $[l, r]$）有三种操作，即维护、查询和区间更新，分别论述这三种操作如下。

（1）维护操作

```
update(int l, int r, int i)        // 使用标记法维护线段树（以节点 i 为根、对应区间 [l, r]）
    if (节点 i 的 mark 值 ==0) 返回;   // 若“未定”，则返回
    if( 节点 i 的 mark 值 ==1){       // 节点 i 的区间 [l, r]“全空”，将 r-l+1 个空位置均分给左右
                                   // 子树，左右子树设“全空”状态，区间长度 len = r - l + 1
        左儿子的 ls、rs 和 ms 值设为 (len + 1) / 2, pos 值设为 l;
        右儿子的 ls、rs 和 ms 值设为 len /2, pos 值设为 (l + r) / 2 + 1;
        左右儿子的 mark 值设为 1;
    }
    else{// 节点 i 的区间 [l, r]“全满”，0 个空位置下移给左右子树，左右子树“全满”
        左儿子的 ls、rs 和 ms 值设为 0, pos 值设为 l;
        右儿子的 ls、rs 和 ms 值设为 0, pos 值设为 (l + r) / 2 + 1;
```

```
        左右儿子的 mark 值设为 2;
        }
节点 i 的 mark 值设为 0;          // 设节点 i 的状态"未定"
```

（2）查询操作

```
query(int d, int l, int r, int i)// 从节点 i（对应区间 [l, r]）出发，查询长度为 d 的空区间。若
                                 // 存在，则返回最靠前的空区间的左指针
{  update(l, r, i);              // 通过标记法维护以 i 为根、对应区间为 [l, r] 的线段树
    if (节点 i 的 ms<d) 返回失败信息;
    if (若节点 i 的 ms==d) 返回节点 i 的 pos;
    if (左子树的 ms≥d) 递归查询左子树（根为 2*i, 区间为 [l, mid]）中长度为 d 的空区间;
    if(左子树的 rs+ 右子树的 ls≥d) 返回 ((l + r)/2- 左子树的 rs + 1);
    递归查询右子树（根为 2*i+1, 区间为 [ mid+1, r]）中长度为 d 的空区间;
}
```

（3）区间更新操作

```
change(int tl, int tr, int l, int r, int i, bool flag) // 在根为节点 i、对应区间为 [l, r] 的线
                                                       // 段树中插入或删除线段 [tl, tr]（插删
                                                       // 标志为 flag）
{  if([tl, tr] 在 [l, r] 外 ) 返回;
    if([tl, tr] 完全覆盖 [l, r]){
        if (插入操作)                          // 插入后节点 i 所代表的区间"全满"
            节点 i 的 ls、rs 和 ms 值设为 0, pos 值设为 l, mark 值设为 2;
        else                                   // 删除后节点 i 所代表的区间"全空"
            节点 i 的 ls、rs 和 ms 值设为 r - l + 1, pos 值设为 l, mark 值设为 1;
        回溯;
    }
    update(l, r, i);                           // 通过标记法维护以 i 为根、代表区间 [l, r] 的线段树;
    change(tl, tr, l, mid, 2*i, flag);         // 递归左子树
    change(tl, tr, mid + 1, r, 2*i + 1, flag);// 递归右子树
    节点 i 的 ls 设为左儿子的 ls;              // 调整节点 i 的 ls、rs、ms 和 pos 值
    if (若左子树"全空") 节点 i 的 ls + = 右儿子的 ls;
    节点 i 的 rs 设为右儿子的 rs;
    if (右子树"全空") 节点 i 的 rs + = 左儿子的 rs;
    节点 i 的 ms=max(左儿子的 rs+ 右儿子的 ls, 左儿子的 ms, 右儿子的 ms);
    if (节点 i 的 ms ==左儿子的 ms)            // 最长空子空间位于左区间
        节点 i 的 pos= 左儿子的 pos;
    else
        if(节点 i 的 ms== 左儿子的 rs+ 右儿子的 ls) // 最长空子空间跨越左右子区间
            节点 i 的 pos = ⌊(l+r)/2⌋ - 左儿子的 rs+1;

        else 节点 i 的 pos= 右儿子的 pos;      // 最长空子空间位于右区间
}
```

参考程序

```
#include <iostream>
#define maxn 80010
using namespace std;
struct node {int ls, rs, ms, pos, mark;}tree[4*maxn]; // 线段树，其中节点 i 的懒惰标记：对应区间
                                                     // 的状态标志为 tree[i].mark（0 为"未定",
                                                     // 1 为"全空", 2 为"全满"）；左端空区间
                                                     // 的长度为 tree[i].ls，右端空区间的长度
                                                     // 为 tree[i].rs；最长子区间的长度为 tree[i].ms,
                                                     // 开始位置为 tree[i].pos
int n, m;                                            // 房间数、请求数
void build_tree(int l, int r, int i)                 // 构建"全空"的线段树
{
```

```
    tree[i].ls=tree[i].rs=tree[i].ms=r-l+1;      // 节点 i 所代表的区间 [l, r] 为空
    tree[i].pos = l;
    if (l == r)                                  // 若递归至单元素的叶节点，则回溯
        return;
    int mid = (l + r) / 2;                       // 计算中间指针
    build_tree(l, mid, i + i);                   // 递归左右子树
    build_tree(mid + 1, r, i + i + 1);
}

bool all_space(int l, int r, int i) // 若 i 节点的对应区间 [l, r] “全空”，则返回 1；否则返回 0
{
    if (tree[i].ls==r-l+ 1)         // 返回“全空”标志
        return 1;
    return 0;                       // 返回非“全空”标志
}

void update(int l, int r, int i) // 通过标记法维护线段树
{
    if (!tree[i].mark)              // 若节点 i 的对应的区间“未定”，则返回
        return;
    if (tree[i].mark == 1){         // 若节点 i 代表的区间 [l, r] “全空”，则将 r-l+1 个空位置
                                    // 均分给左右子树，将左右子树设为“全空”状态
        int len = r - l + 1;
        tree[i + i].ls = tree[i + i].rs = tree[i + i].ms = (len + 1) / 2;
        tree[i + i].pos = l;
        tree[i + i + 1].ls = tree[i + i + 1].rs = tree[i + i + 1].ms = len /2;
        tree[i + i + 1].pos = (l + r) / 2 + 1;
        tree[i + i].mark = tree[i + i + 1].mark = 1;
    }else{          // 节点 i 代表的区间 [l, r] “全满”，0 个空位置下移给左右子树，将左右子树设为
                    // “全满”状态
        tree[i + i].ls = tree[i + i].rs = tree[i + i].ms = 0;
        tree[i + i].pos = l;
        tree[i + i + 1].ls = tree[i + i + 1].rs = tree[i + i + 1].ms = 0;
        tree[i + i + 1].pos = (l + r) / 2 + 1;
        tree[i + i].mark = tree[i + i + 1].mark = 2;
    }
    tree[i].mark = 0;                        // 设节点 i 的状态“未定”
}

int query(int d, int l, int r, int i)   // 若线段树（根为 i，对应区间 [l, r]）存在长度为 d 的空区间，
                                        // 则返回其左指针，否则返回 0
{
    update(l, r, i);                    // 通过标记法维护线段树
    if (tree[i].ms < d)                 // 若节点 i 的空位置数不足 d 个，则返回失败信息
        return 0;
    if (tree[i].ms==d)                  // 若节点 i 的空位置数正好为 d 个，则返回空子区间的左指针
        return tree[i].pos;
    int mid = (l + r)/2;                // 计算中间指针
    if (tree[i+i].ms>=d)                // 若左子树的空位置数不少于 d 个，则递归左子树
        return query(d, l, mid, i + i);
    if (tree[i + i].rs + tree[i + i + 1].ls >= d) // 若跨越中间点的空子区间的长度不小于 d，则返回该空
                                                  // 子区间的左指针；否则递归右子树
        return mid - tree[i + i].rs + 1;
    return query(d, mid + 1, r, i + i + 1);
}

void change(int tl, int tr, int l, int r, int i, bool flag) // 在线段树（根为 i，代表区间为 [l, r]）
                                                            // 中插入或删除线段 [tl, tr]，插删标志为 flag
{
    if (tl > r || tr < l)                    // 若线段 [tl, tr] 在区间 [l, r] 外，则返回
        return;
    if (tl <= l && r <= tr){                 // 线段 [tl, tr] 完全覆盖区间 [l, r]
```

```
        if (flag){                          // 若为插入操作，则节点 i 所代表的区间“全满”
            tree[i].ls = tree[i].rs = tree[i].ms = 0;
            tree[i].pos = 1;
            tree[i].mark = 2;               // 设节点 i 代表的区间“全满”标志
        }else{                              // 若为删除操作，则节点 i 所代表的区间 " 全空 "
            tree[i].ls = tree[i].rs = tree[i].ms = r - l + 1;
            tree[i].pos = l;
            tree[i].mark = 1;               // 设节点 i 代表的区间“全空”标志
        }
        return;                             // 返回
    }
    update(l, r, i);                        // 通过标记法维护线段树
    int mid = (l + r) / 2;                  // 计算中间指针
    change(tl, tr, l, mid, i + i, flag);    // 递归左子树
    change(tl, tr, mid + 1, r, i + i + 1, flag);  // 递归右子树
    tree[i].ls = tree[i + i].ls;            // 计入左子树左端连续空区间的长度
    if (all_space(l, mid, i+i))             // 若左子树“全空”，则累计右子树左端连续空区间
                                            // 的长度
        tree[i].ls += tree[i + i + 1].ls;
    tree[i].rs=tree[i+i+1].rs;              // 计入右子树右端连续空区间的长度
    if (all_space(mid+1, r, i+i+1))         // 若右子树“全空”，则累计左子树右端连续空区间
                                            // 的长度
        tree[i].rs += tree[i + i].rs;
    tree[i].ms=max(tree[i+i].rs+tree[i+i+1].ls, max(tree[i+i].ms, tree[i+i+1].ms));
    // 计算节点 i 所代表的区间中最长空子空间的长度
    if (tree[i].ms == tree[i + i].ms)       // 最长空子空间位于左子树
        tree[i].pos = tree[i + i].pos;
    else                                    // 最长空子空间跨越中间点
        if (tree[i].ms == tree[i + i].rs + tree[i + i + 1].ls)
            tree[i].pos = mid - tree[i + i].rs + 1;
        else                                // 最长空子空间位于右子树
            tree[i].pos = tree[i + i + 1].pos;
}
int main()
{
    scanf("%d%d\n", &n, &m);                // 输入房间数和请求数
    memset(tree, 0, sizeof(tree));
    build_tree(1, n, 1);                    // 构建“全空”的线段树
    for (int i =1; i <=m; i ++) {           // 依次处理每个请求
        int kind;
        scanf("%d", &kind);                 // 输入请求类别
        if (kind == 1){                     // 若为入住请求
            int d;
            scanf("%d\n", &d);              // 输入入住的房间数
            int ans=query(d, 1, n, 1);      // 检查线段树中是否存在长度为 d 的空区间，若存在
                                            // 则返回该区间的左指针，若不存在则返回 0
            printf("%d\n", ans);
            if (ans)                        // 若线段树中存在长度为 d 的空区间，则将线段 [ans,
                                            //ans+d-1] 插入线段树
                change(ans, ans+d-1, 1, n, 1, 1);
        }else{                              // 处理退房请求
            int x, d;
            scanf("%d%d\n", &x, &d);        // 从 x 开始的 d 间房退房
            change(x, x+d-1, 1, n, 1, 0);   // 从线段树中删除线段 [x, x+d-1]
        }
    }
    return 0;
}
```

【5.4.2　LCIS】

给出 n 个整数，有以下两种操作。

- U A B：用 B 取代第 A 个数（下标从 0 开始计数）。
- Q A B：输出在 $[A, B]$ 中最长连续递增子序列（the Longest Consecutive Increasing Subsequence, LCIS）的长度。

输入

在第一行给出 T，表示测试用例的个数。每个测试用例的开始给出两个整数 n（$n>0$）、m（$m\leqslant10^5$）。下一行给出 n（$0\leqslant n\leqslant10^5$）个整数。接下来的 m 行每行给出一个操作 U A B（$0\leqslant A<n$，$0\leqslant B\leqslant10^5$）或 Q A B（$0\leqslant A\leqslant B<n$）。

输出

对每个 Q 操作，输出答案。

样例输入	样例输出
1 10 10 7 7 3 3 5 9 9 8 1 8 Q 6 6 U 3 4 Q 0 1 Q 0 5 Q 4 7 Q 3 5 Q 0 2 Q 4 6 U 6 10 Q 0 9	1 1 4 2 3 1 2 5

试题来源：HDOJ Monthly Contest – 2010.02.06

在线测试：HDOJ 3308

试题解析

简述题意：给出一个序列，有以下两种操作。

- 单点更新值。
- 查询区间的最长连续递增子序列长度。

这是一个典型的区间合并问题，每一个节点（节点代表区间的长度为 len）需要记录以下 3 个域信息。

- 包含左端点的最长连续递增子长度 lsum。
- 包含右端点的最长连续递增子长度 rsum。
- 整个区间的最长递增子长度 msum。

无论是单点更新还是构造线段树，都需要自下而上更新，即把儿子的 3 个域信息上传给父节点，并对父节点的 3 个域信息进行更新。向上更新就是区间合并。

对于左连续，既可以由左儿子的左连续得来，也可能包括右儿子的左连续，要判断左儿子的左连续是否是整个区间，而且中间的结合是否满足递增的条件。右连续也一样。

对于整个区间的最值，可能来源于左右儿子的最值，也可以来源于两个区间的中间部分。

（1）若左儿子最右边的值 < 右儿子最左边的值，则节点的 3 个域调整如下。

- lsum = (左儿子的 lsum == 左儿子的 len)？左儿子的 len + 右儿子的 lsum：左儿子的 lsum。
- rsum = (右儿子的 rsum == 右儿子的 len)？右儿子的 len + 左儿子的 rsum：右儿子的 rsum。
- msum = max{左儿子的 rsum + 右儿子的 lsum，左儿子的 msum，右儿子的 msum，lsum, rsum)。

（2）若左儿子最右边的值≥右儿子最左边的值，则节点的 3 个域调整如下。

- lsum = 左儿子的 lsum。
- rsum = 右儿子的 rsum。
- msum = max{左儿子的 msum, 右儿子的 msum}。

查找区间 $[l, r]$ 中最长递增子序列的长度也要十分小心，应从根出发自上而下地进行查找。设当前节点 p 代表区间的中间指针是 mid（$\text{mid}=\left\lfloor\frac{p.l+p.r}{2}\right\rfloor$）。若 $r\leqslant$mid，则递归左儿子 $p.l$；若 $l>$mid，则递归右儿子 $p.r$；否则说明 $[l, r]$ 横跨 p 的左右儿子。

$\text{LCIS}_{[l,r]}$ = max{左儿子的 $\text{LCIS}_{[l,\text{mid}]}$，右儿子的 $\text{LCIS}_{[\text{mid}+1,r]}$，
左儿子的 $\text{LCIS}_{[l,\text{mid}]}$ + 右儿子的 $\text{LCIS}_{[\text{mid}+1,r]}$ | 左儿子右端数据与右儿子左端数据满足递增要求}

查找过程一直进行到 $[p.l, p.r] == [l, r]$ 为止。p 节点的 msum 即为查询结果。

参考程序

```
#include<iostream>
#include<cstring>
#include<cstdio>
#definelsonpos<<1                    // 节点 pos 的左儿子序号
#definersonpos<<1|1                  // 节点 pos 的右儿子序号
usingnamespacestd;
const int MSUMN=100005;
structnode                           // 线段树节点的结构定义
{
    int l, r;                        // 代表区间 [l, r]
    int msum;                        // 整个区间的最长递增子序列长度为 msum，其中左端最长连续
                                     // 递增子序列长度为 lsum、右端最长连续递增子序列长度为 rsum
    int lsum, rsum;
    int mid()                        // 计算区间 [l, r] 的中间指针
    {
    return(l+r)>>1;
    }
};
nodetree[MSUMN*4];                   // 线段树
int num[MSUMN];                      // 序列

inlinevoidpushup(int pos)            // 上传左右儿子的信息，调整 pos 节点的 3 个域
{
tree[pos].msum=msum(tree[lson].msum, tree[rson].msum);  // 上传左右儿子的信息
tree[pos].lsum=tree[lson].lsum;tree[pos].rsum=tree[rson].rsum;
if(num[tree[lson].r]<num[tree[rson].l])                  // 若左儿子右端数字小于右儿子
                                                         // 左端数字，则合并左右儿子
{
tree[pos].msum=msum(tree[pos].msum, tree[lson].rsum+tree[rson].lsum);
```

```
if(tree[lson].lsum==tree[lson].r-tree[lson].l+1)        // 左子区间满足递增要求
    tree[pos].lsum+=tree[rson].lsum;
if(tree[rson].rsum==tree[rson].r-tree[rson].l+1)        // 右子区间满足递增要求
    tree[pos].rsum+=tree[lson].rsum;
   }
}

voidbuild(int l, int r, int pos)             // 构建以 pos 节点为根、代表区间 [l, r] 的线段树
{
     tree[pos].l=l;tree[pos].r=r;            // 设定节点 pos 的左右指针
     if(l==r)                                // 若节点 pos 为叶子，则左端最长连续递增子序列长
                                             // 度、右端的最长连续递增子序列长度，以及整个区
                                             // 间的最长递增子序列长度为 1，回溯
{
    tree[pos].lsum=tree[pos].rsum=tree[pos].msum=1;
    return;
    }
    int mid=tree[pos].mid();                 // 计算 pos 代表区间的中间指针
build(l, mid, lson);build(mid+1, r, rson);  // 递归 pos 的左右子树
pushup(pos);                                 // 上传左右儿子的信息，调整 pos 节点的 3 个域
}

void update(int a, int b, int pos)           // 从节点 pos 出发，单点更新将 num[a] 的值改为 b
{
    if(tree[pos].l==tree[pos].r)             // 找到位置，更新该值并返回
       {num[a]=b;return;}
    int mid=tree[pos].mid();                 // 计算 pos 代表区间的中间指针
    if(a<=mid) update(a, b, lson);           // 更新位置在左区间，则递归左儿子；否则递归右儿子
        elseupdate(a, b, rson);
    pushup(pos);                             // 上传左右儿子的信息，调整 pos 节点的 3 个域
}

int queryL(int l, int r, int pos)            // 检查 pos 节点左端最长递增子序列的长度：若不超过
                                             // 待查区间 [l,r] 的长度，则返回左端最长递增子序列
                                             // 的长度；否则返回 [l,r] 的长度
{
    if(r-l+1>=tree[pos].lsum) returntree[pos].lsum;
        elsereturnr-l+1;
}

int queryR(int l, int r, int pos)            // 检查 pos 节点右端最长递增子序列的长度：若不超过
                                             // 待查区间 [l,r] 的长度，则返回右端最长递增子序列
                                             // 的长度；否则返回 [l,r] 的长度
{
    if(r-l+1>=tree[pos].rsum) returntree[pos].rsum;
        elsereturnr-l+1;
}

int query(int l, int r, int pos) // 从节点 pos 出发，查找区间 [l, r] 中最长递增子序列的长度
{
    if(l==tree[pos].l&&r==tree[pos].r) returntree[pos].msum; // 若 pos 节点恰好为待查区间，则
                                                             // 返回 pos 节点的最长递增子序列
                                                             // 长度
    int mid=tree[pos].mid();                 // 计算 pos 节点的中间指针
    if(r<=mid) return query(l, r, lson);     // 若 pos 的左儿子含待查区间，则递归左儿子；
                                             // 若 pos 的右儿子含待查区间，则递归右儿子
    else if(l>mid) return query(l, r, rson);
        else      // 待查区间 [l, r] 横跨 pos 的左右儿子。LCIS[l, r]=max{ 左儿子的 LCIS[l, mid],
                  // 右儿子的 LCIS[mid+1, r]，左儿子的 LCIS[l, mid]+ 右儿子的 LCIS[mid+1, r]，| 左儿子
                  // 右端数据与右儿子左端数据满足递增要求 }
          {
```

```
                int res=0;
                if(num[tree[lson].r]<num[tree[rson].l])
                res=msum(res, queryR(l, mid, lson)+queryL(mid+1, r, rson));
                res=msum(res, query(l, mid, lson));
                res=msum(res, query(mid+1, r, rson));
                return res;
            }
}

int main()
{
    int n, m, t;
    scanf("%d", &t);                          // 输入测试用例数
    while(t--)                                // 依次处理每个测试用例
    {
    scanf("%d%d", &n, &m);                    // 输入序列长度和命令数
    int i;
    for(i=1;i<=n;i++) scanf("%d", &num[i]);// 输入序列
    build(1, n, 1);                           // 构建线段树
    char word[2];                             // 命令字
    for(i=1;i<=m;i++)                         // 依次处理命令
    {
        int a, b;
        scanf("%s%d%d", word, &a, &b);   // 输入命令字和参数
        if(word[0]=='U') update(a+1, b, 1); // 若单点更新命令，则将 num[a+1] 的值改为 b
        else    // 查询命令，计算并输出 [num[a+1], num[b+1]] 区间中最长连续递增子序列的长度
        {
        int x=query(a+1, b+1, 1);
        printf("%d\n", x);
        }
      }
    }
    return0;
}
```

5.5 权值线段树

权值线段树本质上仍然是一棵线段树，但它的每个节点表示或维护的是一个区间内元素出现的次数。设 tree[v] 为节点 v 对应区间的元素个数，即 v 的权值。

权值线段树不需要进行建树操作，其初始状态是一棵已经建好的且所有节点的权值为 0 的空树；存储权值线段树的数组下标范围根据区间最大值、最小值确定。例如，对于区间 [1, 4]，节点 0 的权值 tree[0] 代表区间 [1, 4] 的数字个数，节点 1 的权值 tree[1] 代表左子区间 [1, 2] 的数字个数，节点 2 的权值 tree[2] 代表右子区间 [3, 4] 的数字个数……权值线段树的初始状态如图 5.5-1 所示。

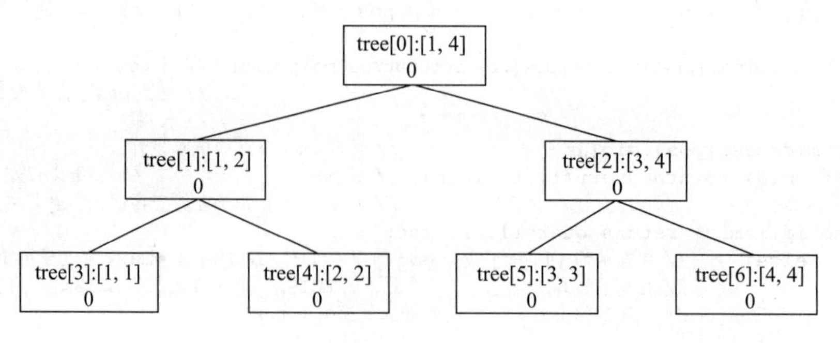

图 5.5-1

向空的权值线段树中插入一个无序序列，每次对于插入值 v，对应的区间长度增 1。向空的权值线段树中插入数据与线段树的单点更新操作类似，对于插入值 x，递归到叶节点，然后回溯，对应的区间长度增 1，程序段如下：

```
void add(int l, int r, int v, int x)                    // 向 v 代表的区间插入数字 x
{   if (l == r) tree[v]++;                              // 若递归到叶节点 v，节点 v 的权值增 1
    else{
        int mid = (l + r) >> 1;                         // 计算中间指针
        if (x <= mid) add(l, mid, v<< 1, x);            // 若 x 在 v 的左子区间，则递归左子区间
        else add(mid + 1, r, v << 1 | 1, x);            // 若 x 在 v 的右子区间，则递归右子区间
        tree[v] = tree[v<< 1] + tree[v<< 1 | 1];// v 的权值为左右儿子的权值和
    }
}
```

例如，将无序序列 { 1 , 2 , 3 , 3 , 3 , 3 , 2 , 4 , 4 , 3 } 加入权值线段树后，权值线段树如图 5.5-2 所示。

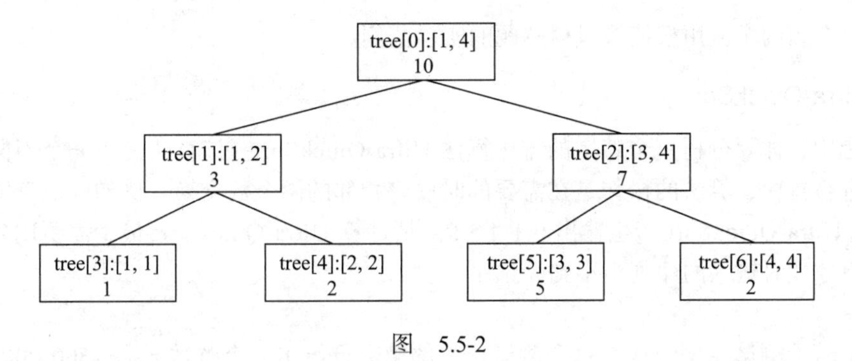

图　5.5-2

在无序序列插入完成后，无法再由权值线段树得到原序列，但能通过遍历得到有序序列，也就是说，插入的无序序列变为有序序列。

权值线段树有如下常用操作。

（1）查询无序序列中第 k 大的数，代码如下。

```
int query_max(int pos, int l, int r, int k)            // 返回 pos 的代表区间 [l, r] 中第 k 大的数
{   if(l == r) return l;                                // 若递归至叶子，则返回该数
    int mid = (l + r) >> 1, right = tree[pos<< 1 | 1];          // 计算中间指针和右指针
    if(k<= right) return query_max(pos<< 1 | 1, mid + 1, r, k);  // 递归右儿子
    else return query_max(pos<< 1, l, mid, k - right);          // 递归左儿子
}
```

（2）查询无序序列中第 k 小的数，代码如下。

```
int query_min(int pos, int l, int r, int k)            // 返回 pos 的代表区间 [l, r] 中第 k 小的数
{   if(l == r) return l;                                // 若递归至叶子，则返回该数
    int mid = (l + r) >> 1, left = tree[pos<< 1];       // 计算中间指针和左指针
    if(k <= left) return query_min(pos << 1, l, mid, k);          // 递归左儿子
    else return query_min(pos<< 1 | 1, mid + 1, r, k - left);    // 递归右儿子
}
```

（3）查询某个数 x 在无序序列中的个数，采用树的二分查找方法实现，代码如下。

```
int find-num(int l, int r, int v, int x)               // 返回 v 的代表区间 [l, r] 中 x 的个数
{   if (l == r) return tree[v];                         // 若递归至叶子，则返回 x 的个数（即 v 的权值）
    else{
        int mid = (l + r) >> 1;                                  // 计算中间指针
        if (x <= mid) return find_num(l, mid, v << 1, x);        // 递归左子区间
```

```
        else return find_num(mid + 1, r, v<< 1 | 1, x); //递归右子区间
    }
}
```

（4）查询区间 $[x, y]$ 中的数出现的次数，即对应节点的权值，代码如下。

```
int find_interval(int l, int r, int v, int x, int y)    //返回v的代表[l, r]中子区间[x, y]中
                                                        //的数出现的次数
{   if (l== x&&r==y) return tree[v]; //若v的代表区间为[x, y]，则返回v的权值
    else{
        int mid = (l + r) >> 1;                                         //计算中间指针
        if (y <= mid) return find_interval(l, mid, v << 1, x, y);       //递归左儿子
        else if (x > mid) return find_interval (mid + 1, r, v<< 1 | 1, x , y);  //递归右儿子
            else return find_interval (l, mid, v<< 1, x, mid) + find_interval (mid
                + 1, r, v<< 1 | 1, mid + 1, y); // [x, y]跨越左右子区间，分别递归左右
                                                //子区间的覆盖部分
    }
}
```

下面，介绍两个应用权值线段树解题的实验范例。

【5.5.1　Ultra-QuickSort】

在本题中，你要分析一个特定的排序算法 Ultra-QuickSort。该算法是将 n 个不同的整数由小到大进行排序，算法的操作是在需要的时候将相邻的两个数交换。例如，对于输入序列 9 1 0 5 4，Ultra-QuickSort 产生输出 0 1 4 5 9。请计算 Ultra-QuickSort 最少需要用到多少次交换操作，才能对输入的序列由小到大排序。

输入

输入由若干测试用例组成。每个测试用例的第一行给出一个整数 n（n<500 000），表示输入序列的长度。后面的 n 行每行给出一个整数 $a[i]$（$0 \leqslant a[i] \leqslant 999\ 999\ 999$），表示输入序列中第 i 个元素。输入以 n=0 为结束，这一序列不用处理。

输出

对每个测试用例，输出一个整数，它是对输入序列进行排序所做的交换操作的最少次数。

样例输入	样例输出
5 9 1 0 5 4 3 1 2 3 0	6 0

试题来源：Waterloo local 2005.02.05

在线测试：POJ 2299，ZOJ 2386，UVA 10810

试题解析

简述题意：给出一个整数序列，求对该整数序列进行排序所需完成的最少交换次数，也

就是求逆序对个数。

对于本题，可以用两重循环枚举序列中的每个数对 (A_i, A_j)，其中 $i<j$，检验 A_i 是否大于 A_j，然后统计逆序对数。这种算法虽然简洁，但时间复杂度为 $O(n^2)$，由于本题输入序列的长度 n 小于 500 000，因此当 n 很大时，相应的程序出解非常慢。

本题的解法有很多种，在拙作《程序设计实践入门：大学程序设计课程与竞赛训练教材》的第5章中，我们给出了用归并排序进行求解的算法和程序。

现在，我们给出用权值线段树进行求解的方法。

对于给出的测试用例，依次将每个元素插入权值线段树中，并计算在当前的权值线段树中比该元素大的值有多少个。最后，累加起来即可。

参考程序

```
#include<iostream>
#include<vector>
#include<algorithm>
using namespace std;
#define mid ((l+r)>>1)                          // mid 代表中间指针
#define lson rt<<1, l, mid                      // lson 代表左儿子及其代表区间
#define rson rt<<1|1, mid+1, r                  // rson 代表右儿子及其代表区间
const int maxn = 5e5 + 10;
int tree[maxn << 2], arr[maxn];                 // 输入序列为 arr[]，权值线段树为 tree[]
vector<int>vec;                                 // 元素类型为整型的容器 vec
int getId(int x)                                // 返回 x 在容器 vec 中的顺序值
{  return lower_bound(vec.begin(), vec.end(), x) - vec.begin() + 1;
}
void update(int rt, int l, int r, int pos, int &res) { // 将 pos 插入权值线段树(根为 rt，代表
                                                       // 区间 [l, r])，并返回树中比它大的整数
                                                       // 个数 res
    if (l == r) {                               // 若递归到叶节点 rt，则 rt 的权值加 1，并回溯
        tree[rt]++;
        return;
    }
    if (pos <= mid) {                           // 若 pos 应位于左子区间，则将 pos 插入左子区间，并
                                                // 返回 res（左子区间中值比它大的整数的个数 res+
                                                // 右子区间的整数个数）
        update(lson, pos, res);
        res += tree[rt << 1 | 1];
    }
    else                  // 否则将 pos 插入右子区间，并返回右子区间中值比它大的整数的个数 res
        update(rson, pos, res);
    tree[rt] = tree[rt << 1] + tree[rt << 1 | 1];   // rt 的权值为左右儿子的权值之和
}
int main()
{    int n;
    while (cin>> n && n) {                      // 反复输入序列长度 n，直至输入 0
        memset(arr, 0, sizeof(arr));            // 输入序列和权值线段树清零
        memset(tree, 0, sizeof(tree));
        vec.clear();                            // 清空容器 vec
        int i;
        for (i = 1; i <= n; i++) {              // 依次输入 arr[]，并将它送入容器 vec
            cin>>arr[i];
            vec.push_back(arr[i]);
        }
        sort(vec.begin(), vec.end());           // 对容器 vec 的元素排序
        vec.erase( unique(vec.begin(), vec.end()), vec.end());      // 去除容器 vec 中的
                                                                    // 重复元素
        long long ans = 0;
```

```
        for (i = 1; i <= n; i++) {                    // 依次计算每个整数的顺序值 id
            int id = getId(arr[i]);
            int tmp = 0;
            update(1, 1, n, id, tmp);                 // 将 id 插入权值线段树并返回树中比它大
                                                      // 的元素个数 tmp（即对第 i 个元素排序所
                                                      // 做的最少交换次数），并计入 ans
            ans += tmp;
        }
        cout<< ans <<endl;                            // 输出排序所做的最少交换次数
    }
    return 0;
}
```

【5.5.2　Lost Cows】

有 N（$2 \leqslant N \leqslant 8000$）头奶牛，每头奶牛身上都有一个 1～$N$ 范围内的唯一的数字烙印作为编号。它们在晚饭前去附近的“水坑”喝了很多啤酒，酩酊大醉，以至于到要排队吃晚饭的时候，它们没有按照编号的升序来排队。

遗憾的是，农夫 John 也没有办法对它们进行排序。此外，他也不善于观察，没有记下每头奶牛的编号，而是做了一个相当愚蠢的统计：对于排队的每一头奶牛，只知道在某头奶牛前面有多少头奶牛的编号比它小。

现在请根据这些数据，告诉农夫 John 奶牛的确切顺序。

输入

输入的第 1 行，给出一个整数 N。

输入的第 2～N 行，这 $N-1$ 行给出了排在给定的奶牛前面但编号小于该奶牛的奶牛数量。当然，因为在第 1 头奶牛之前没有其他的奶牛，所以这头奶牛没有被列入。输入的第 2 行给出在队中第 2 头奶牛前编号小于该奶牛的奶牛数量，第 3 行给出在队中第 3 头奶牛前编号小于该奶牛的奶牛数量，以此类推。

输出

输出 N 行，每行给出一头奶牛的编号。输出的第 1 行给出队中第 1 头奶牛的编号，第 2 行给出队中第 2 头奶牛的编号，以此类推。

样例输入	样例输出
5 1 2 1 0	2 4 5 3 1

试题来源：USACO 2003 US Open Orange

在线测试：POJ 2182

试题解析

本题的解法有很多种，这里给出用权值线段树进行求解的方法。

首先，根据奶牛的数量构造权值线段树，每个节点对应相应区间的奶牛数量。然后，对于每个测试用例，用数组元素 cow[i] 表示排在第 i 头奶牛前且编号小于第 i 头奶牛的奶牛数量。

从最后一头奶牛开始，从后向前逐个处理：对于当前的 cow[i]，奶牛排在当前的 cow[i] + 1 位，权值线段树自底向上，相应的区间元素个数减 1。这样便可得出每头奶牛的实际位置，即每头奶牛的编号。

参考程序

```
#include <iostream>
using namespace std;
const int maxn = 8005;
int tree[maxn*4];                               // 权值线段树
void built(int root , int l , int r)            // 构造权值线段树
{
    tree[root] = r - l + 1;                     // 权值线段树的节点对应的区间为奶牛数量
    if(l == r)  return;
    int m = (l+r)/2;
    built(root*2 , l, m);                       // 构造权值线段树的左子树
    built(root*2+1, m+1, r);                    // 构造权值线段树的右子树
}
int update(int root, int l , int r , int u) // 返回当前奶牛的实际位置
{
    tree[root]--;                               // 处理一头奶牛，奶牛所在区间的奶牛数量减 1
    if(l == r )  return l;
    int m =(l+r)/2;
    if(u <= tree[root*2] )  update (root*2, l, m, u);  // 奶牛在左子区间
    else update (root*2+1, m+1, r, u-tree[root*2]);// 奶牛在右子区间
}
int main()
{
        int n , cow[maxn], dir[maxn];
        cin>> n;                                        // 奶牛数量
        built(1, 1, n);                                 // 构造权值线段树
        cow[1] = 0;                                     // 在第一头奶牛之前没有其他的奶牛
            for(int i = 2 ;i <=n ; i++)
                cin>> cow[i];                           // 输入测试用例的第 2~n 行
            for(int i = n ;i >= 1;i--)
                dir[i] = update(1, 1, n, cow[i]+1); // 从后往前，返回当前奶牛的实际位置
            for(int i = 1; i <= n; i++)
                cout<< dir[i] <<endl;                   // 输出结果
        return 0;
}
```

5.6 主席树

权值线段树，是指该线段树的节点还保存值的个数。例如，给出区间为 [1, 5] 的数列 2 1 2 5 1 1 1 3，在该数列中，数字 1 出现了 4 次，数字 2 出现了 2 次，数字 3 和数字 5 都出现了 1 次。将该数列表示为权值线段树如图 5.6-1 所示，其中节点右上方的数字表示权值，可以被视为节点保存的值的个数。

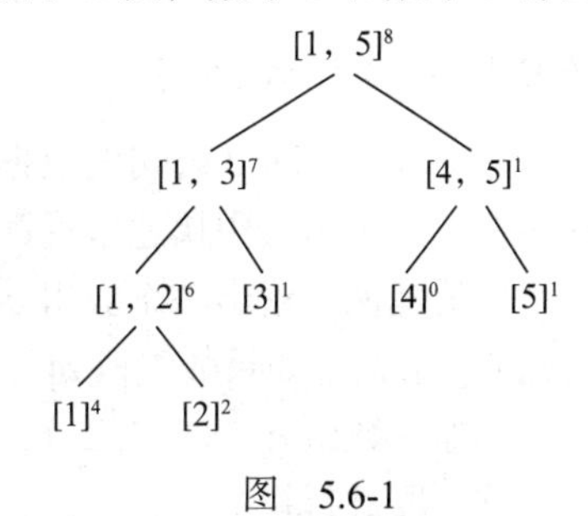

图 5.6-1

主席树，也称为可持久化权值线段树，其中的每一棵树都是一棵权值线段树。为了实现可持久化权值线段树，就要保存权值线段树的历史版本。如果对权值线段树每进行一次修改就新建一棵权值线段树，那么其空间复杂度显然是不能接受的。

然而，每次进行单点修改时，发生变化的只有从叶节点到根节点的路径上的节点，也就是说，只有 $\log_2 n$ 个节点发生了变化，其他的节点都可以重用，没有必要新建。由此引出主席树的原理：每次修改（或插入）时，新建一个根节点，并向下递归，仅新建需要新建的节点。

新建根节点是必要的。首先是为了区分不同的版本，修改前是一个版本，修改后是另一个版本。其次，如果做了修改，那么根节点的值一定发生了变化，所以必须新建一个根节点。在主席树中，新建节点是为对应的节点分配编号。

主席树的关键是实现上一版本节点的复用。在建主席树时，依次将数列中的每个元素插入树中，而每次插入就要新建一个版本。Root[i] 表示第 i 个版本的线段树的根节点编号，在图 5.6-2 中，节点左边的数字表示节点的编号，而节点右上方的数字表示权值（可以理解为节点保存的值的个数）。给出区间为 [1, 4] 的数列 4 1 2 3，依次插入数字，建主席树的过程如下。

初始时，未插入数字，主席树为空树，仅有一个根节点，Root[0] = 0，如图 5.6-2 所示。

第一步，插入数字 4，根节点维护的区间是 [1, 4]，根节点右儿子维护的区间是 [3, 4]，所以应该向右儿子方向递归，直到叶节点。因为上一版本是空树，只有一个根节点，所以没有节点可以复用，Root[1] = 1，如图 5.6-3 所示。

第二步，插入数字 1，根节点维护的区间是 [1, 4]，根节点左儿子维护的区间是 [1, 2]，所以应该向左儿子方向递归，直到叶节点。Root[2] = 4，插入数字 1 对 Root[2] 的右子树没有影响，所以 Root[2] 的右子树指向上一版本的右子树，如图 5.6-4 所示。

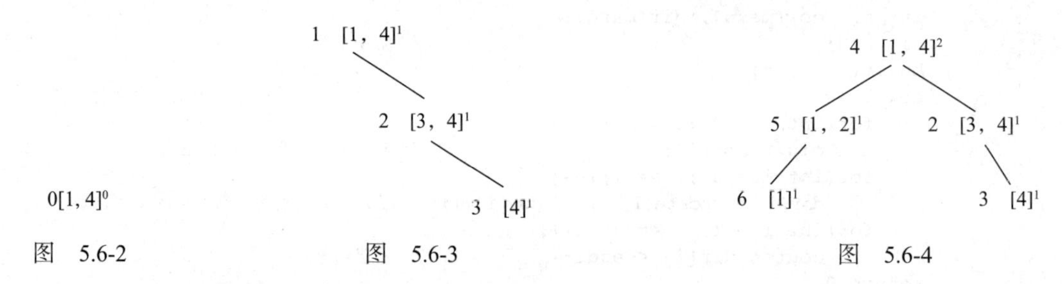

图　5.6-2　　图　5.6-3　　图　5.6-4

接下来插入数字 2 和 3，过程与上面类似：首先，新建一个根节点；其次，向下递归，仅新建需要新建的节点，直到叶节点；其他节点则复用上一版本的节点。也就是说，发生变化的只有从叶节点到根节点的路径上的节点。

实验 5.6.1 是一道求区间第 K 大的数的试题。此题可以采用划分树求解（在第 4 章给出），也可以采用主席树进行求解。

【5.6.1　K-th Number】

你为 Macrohard 公司的数据结构部门工作。你被要求编写一个新的数据结构，该数据结构能在一个数组段中快速地返回按序排列的第 k 个数。

也就是说，给出一个数组 $a[1..n]$，其中包含不同的整数，程序要回答一系列以下形式的问题 $Q(i, j, k)$：如果数组段 $a[1..n]$ 是排好序的，在该数组 $a[i..j]$ 段中第 k 个数是什么？

例如，数组 a = (1, 5, 2, 6, 3, 7, 4)，问题是 Q(2, 5, 3)，数组段 a[2..5] 是 (5, 2, 6, 3)。如果对这一段进行排序，得 (2, 3, 5, 6)，第 3 个数是 5，所以这个问题的答案是 5。

输入

输入的第一行给出数组的大小 n（$1\leqslant n\leqslant 100\,000$）和要回答的问题数 m（$1\leqslant m\leqslant 5\,000$）。

第二行给出回答问题的数组，即 n 个不同绝对值不超过 10^9 的整数。

后面的 m 行给出问题描述，每个问题由 3 个整数组成，即 i、j 和 k ($1\leqslant i\leqslant j\leqslant n$，$1\leqslant k\leqslant j-i+1$)，表示相应的问题 $Q(i, j, k)$。

输出

对每个问题输出答案——在已排好序的 $a[i..j]$ 段中输出第 k 个数。

样例输入	样例输出
7 3 1 5 2 6 3 7 4 2 5 3 4 4 1 1 7 3	5 6 3

 **提示**

本题有海量输入，采用 C 语言的输入 / 输出格式（scanf，printf），否则会超时。

试题来源：ACM Northeastern Europe 2004, Northern Subregion

在线测试地址：POJ 2104

试题解析

简述题意：给出一个长度为 n 的整数序列，要求反复采用快速查找方法查找某个子序列中第 k 大的值。

在参考程序中，主席树的节点表示为 struct node { int l, r, sum; }，其中 l 和 r 分别表示左儿子和右儿子，sum 表示当前节点对应的数字出现了几次，即节点保存的值的个数。

首先，通过函数 insert(1, n, root[i − 1], root[i], getid(a[i])) 依次将当前的数字 $a[i]$ 插入主席树中，其中 getid(a[i]) 为 $a[i]$ 的大小顺序值（$1\leqslant i\leqslant n$）。循环结束后，主席树也构建完成。

其次，函数 query(1, n, root[l − 1], root[r], k) − 1 查询在数组 $a[l..r]$ 段中的第 k 个数。对于函数 query(l, r, L, R, k)，当前的主席树子树的根节点有两个版本 $t[L]$ 和 $t[R]$，而两者左儿子的 sum 的差 tmp = t[t[R].l].sum − t[t[L].l].sum 就是两个版本之间插入左儿子的数字的个数。如果 $k\leqslant tmp$，就在其左子树中查找 query(l, mid, t[L].l, t[R].l, k)；否则，就在其右子树中查找 query(mid + 1, r, t[L].r, t[R].r, k − tmp)。

参考程序

```
#include <iostream>
#include <vector>
#include <algorithm>
using namespace std;
const int maxn=1e5+10;
struct node {
    int l, r, sum;              // 左儿子 l 和右儿子 r，当前区间保存的值为 sum 个
} t[maxn<<5];                   // 主席树的节点数组
int cnt;                        // 主席树的指针
int root[maxn];                 // 主席树中第 i 个版本（即整数 a[i] 的节点编号为 root[i]）
int a[maxn];                    // 输入的整数数组
```

```
vector<int>v;                    //放置整数数组的容器
int getid(int x) {               //返回x在v中的大小顺序值
    return lower_bound(v.begin(), v.end(), x)-v.begin()+1;
}

void insert(int l, int r, int pre, int &now, int p) {//插入：区间为[l, r]，旧版本的节点序号
                                                     //为pre；新版本的节点序号为now，插入
                                                     //元素的大小顺序为p
    t[++cnt]=t[pre];             //重用旧版本的节点
    now=cnt;                     //记下新版本的节点序号
    t[now].sum++;                //当前新版本节点保存的整数个数加1
    if (l==r) return;            //若递归至叶子，则回溯；否则计算区间的中间指针
    int mid=(l+r)>>1;
    if (p<=mid)                  //在左区间插入
        insert(l, mid, t[pre].l, t[now].l, p);
    else                         //在右区间插入
        insert(mid+1, r, t[pre].r, t[now].r, p);
}

int query(int l, int r, int L, int R, int k) {       //查询：区间为[l, r]，被查子区间左指针
                                                     //的节点序号为L，右指针的节点序号为R；
                                                     //被查元素在该子区间的顺序为k，返回其
                                                     //在容器v中的位置
    if (l==r) return l;                              //若查询至叶子l，则返回l
    int mid=(l+r)>>1;                                //计算中间指针
    int tmp=t[t[R].l].sum-t[t[L].l].sum;             //两个版本之间插入左儿子的数字个数
    if (k<=tmp)                                      //在左子树中查找
        return query(l, mid, t[L].l, t[R].l, k);
    else                                             //在右子树中查找
        return query(mid+1, r, t[L].r, t[R].r, k-tmp);
}
int main() {
    int n, m;                                        //输入数组大小n和要回答的问题数m
    cin>>n>>m;
    for (int i=1; i<=n; i++) {                       //依次输入数组的n个整数，并将其置入容器v中
        cin>>a[i];
        v.push_back(a[i]);
    }
    sort(v.begin(), v.end());                        //容器v按照递增顺序排序
    v.erase(unique(v.begin(), v.end()), v.end());    //删除容器v中的重复元素
    for (int i=1; i<=n; i++)                         //按照数字递增顺序插入，构建主席树
        insert(1, n, root[i-1], root[i], getid(a[i]));
    while (m--) {                                    //依次处理查询
        int l, r, k;
        //询问a[l..r]中第k大的数，计算并输出该数
        cin>>l>>r>>k;
        cout<<v[query(1, n, root[l-1], root[r], k)-1]<<endl;
    }
    return 0;
}
```

本章给出的线段树是一维的，线段树也可以拓展为二维线段树和多维线段树，用于平面统计和空间统计。有关这方面的内容，在2015年出版的《程序设计解题策略》的第4章中，在讲解数据统计上的二分策略时进行了相关的论述。对于这部分内容，我们也计划进行脱胎换骨的改进，在未来将要出版的《算法设计解题策略》中，专门阐释。

第 6 章

最小生成树的拓展

设有连通的有权无向图 $G(V, E, W)$，其中 V 为节点集，E 为边集，W 为边权集；G 的生成树指的是包含 G 的所有节点，且包含 G 的 $|V| - 1$ 条边的连通子图。在一个带权的无向连通图中寻找边的权和为最小或最大的生成树，这样的生成树被称为最小生成树或最大生成树。在《数据结构编程实验：大学程序设计课程与竞赛训练教材》（第 3 版）的第 12 章“应用最小生成树算法编程”中，给出了应用 Kruskal 算法和 Prim 算法求解最小生成树的实验，以及计算最大生成树的实验。在此基础上，本章给出如下 4 个方面的实验。

- 最小生成树的应用
- 最优比率生成树
- 最小 k 度限制生成树
- 次小生成树

6.1 最小生成树的应用

由于最小生成树的应用范围很广，且特殊类型生成树的算法也是在求解最小生成树的基础上拓展的，因此，首先论述最小生成树的理论，并给出应用最小生成树算法求解实际问题的实验。

设 A 是一棵最小生成树的边的子集，如果边 (u, v) 不属于 A 且 $A \cup \{(u, v)\}$ 仍然是某一棵最小生成树的边的子集，则称 (u, v) 为集合 A 的安全边。基于此，给出计算最小生成树的算法思想：

```
A=Ø;                                  // 最小生成树初始时为空
while (A 没有形成一棵生成树)           // A 中的边数不足 |V|-1
{ 找出 A 的一条安全边 (u, v);
    A=A ∪ {(u, v)};                   /// (u, v) 加入最小生成树
};
return A;                             // 返回最小生成树
```

在生成树中添加一条安全边 (u, v) 的过程如图 6.1-1 所示。

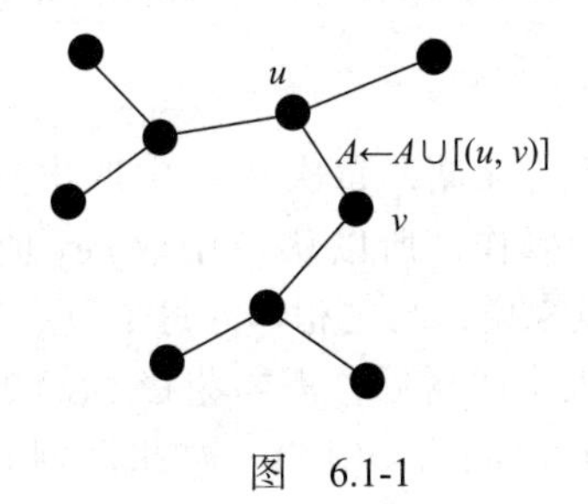

图　6.1-1

计算最小生成树的常用方法有 Prim 算法和 Kruskal 算法，两种算法都采用了“贪心”的算法设计思想。

（1）Prim 算法

从任一节点出发，通过不断加入边权最小的安全边扩展最小生成树，直至连接了所有节点为止。图 6.1-2 列举了运用 Prim 算法计算最小生成树的过程。

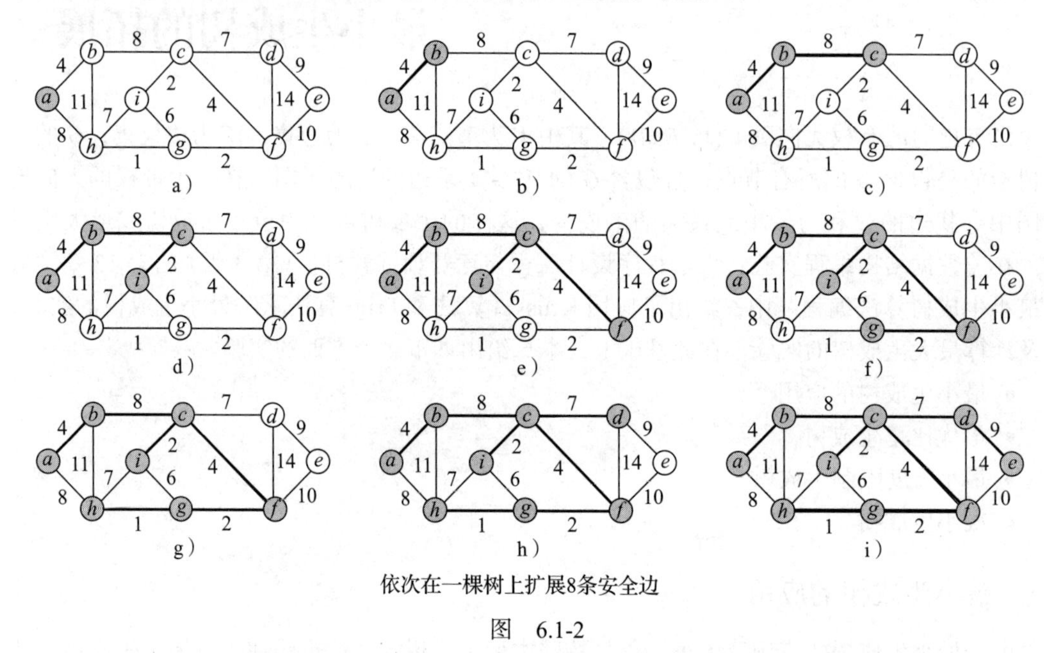

依次在一棵树上扩展8条安全边

图　6.1-2

Prim 算法采用在一棵树上扩展安全边的计算方式。用相邻矩阵 *w*[][] 存储图，用一维数组 key[] 存储每个树外节点到树中节点的边所具有的最小权值（简称为最短距离值），用 fa[] 记录生成树中每个节点的父节点，用优先队列 *Q* 存储树外节点。Prim 算法如下。

```
void PRIM(G, w, r)                     // 图 G 的相邻矩阵为 w，构造以 r 为根的最小生成树
{
    Q=V[G];                            // 将所有节点送入优先队列 Q
    for (每个 u ∈ Q) key[u]= ∞ ;       // 将所有节点的最短距离值初始化为∞
    key[r]=0;                          // 根 r 的最短距离值为 0
    fa[r]=NIL;                         //r 的父节点为空，即 r 进入生成树
    while(Q ≠ Φ)                       // 若队列不空
    { u=EXTRACT-MIN(Q);                // 优先队列 Q 中距离值最小的节点 u 出队，进入生成树
        for (每个 v ∈ Adj[u])          // 对 Q 中 u 相邻的每个节点 v 进行松弛操作：若 v 在优先队列 Q 中
                                       // 且 (u, v) 的边权小于原距离值，则 v 的父亲调整为 u，距离值
                                       // 调整为 (u, v) 的边权
            if ((v ∈ Q)&&(w(u, v)<key[v]))  {fa[v]=u; key[v]= w(u, v); };
        }
}
```

如果优先队列 *Q* 采用一维数组存储，每次从 *Q* 中取出 key 值最小的节点，需要运行时间为 $O(|V|)$；存在 $|V|$ 次这样的操作，所以从 *Q* 中取 key 值最小节点的全部运行时间为 $O(|V|^2)$。对每个 key 值最小的节点来说，与之相邻的每个节点都要考察一次，因此考察次数为 $O(|V|)$。而每确定一个节点进入生成树后，需要花费 $O(1)$ 的时间更新与之相连的树外节点的 key 值，累计整个算法的运行时间为 $O(|V|^2)$；如果队列 *Q* 采用小根堆组存储，则算法的运行时间可降为 $O(|V|*\log_2|V|)$。由此看出，Prim 算法的时间复杂度取决于节点数 $|V|$，而与边数 $|E|$ 无关，因此一般适用于稠密图。

（2）Kruskal 算法

首先，按照权值从小到大的顺序对边进行排序。初始时，每个节点单独组成了一棵生成树。然后，按照权值递增的顺序扩展安全边。每扩展一条安全边，就将其中两棵生成树合并成一棵生成树，直至构造出连接所有节点的最小生成树为止。图 6.1-3 给出了运用 Kruskal 算法计算最小生成树的过程。

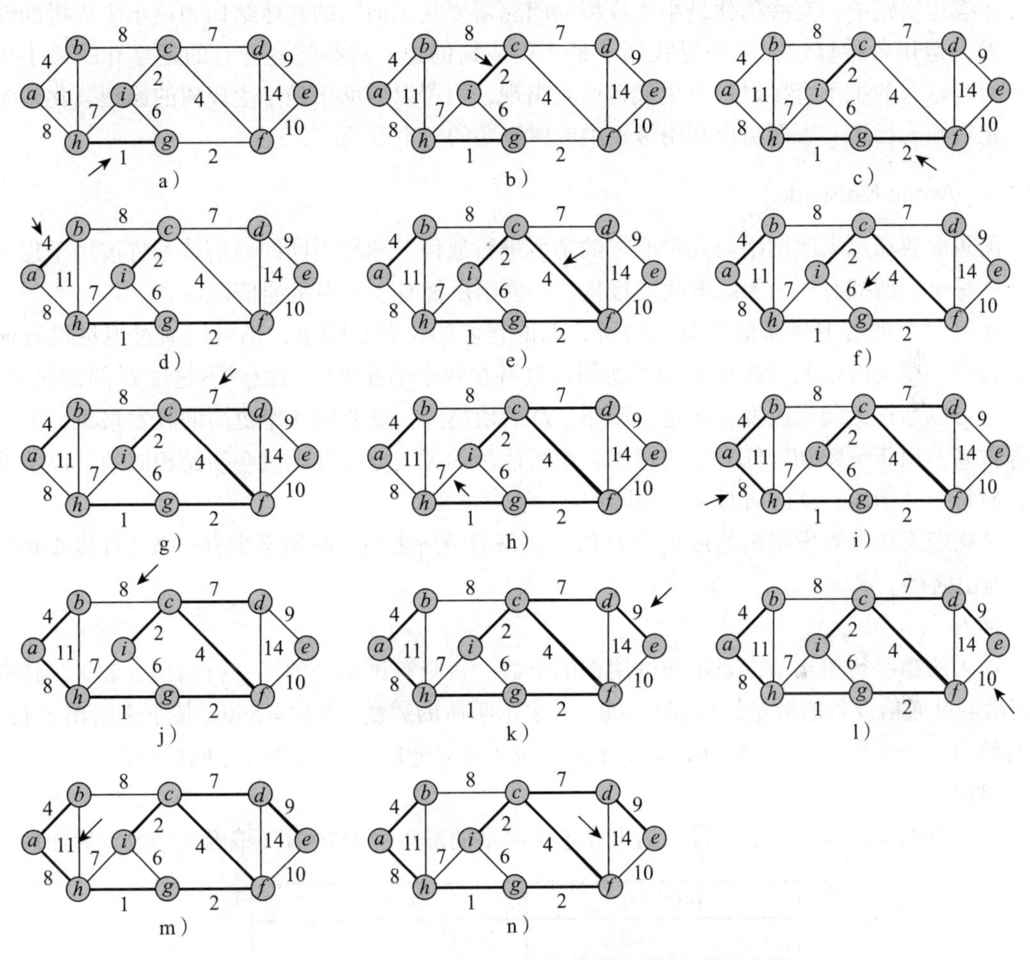

依次在两棵生成树之间加入安全边，最终合并成一棵生成树

图　6.1-3

下面给出 Kruskal 算法的基本流程。

```
void KRUSKAL(G, w)
{   A=Ø;                              //将最小生成树的边集 A 初始化为空
    for(每个节点 v ∈ V[G])v 自成一个集合;
    根据边权递增的顺序排序边表 E;
    for (顺序搜索 E 中的每条边 (u, v))
        if  (u 和 v 属于两个不同的集合)
        { A=A ∪ {(u, v)};             //(u, v) 加入最小生成树
            合并 u 和 v 所在的两个集合;
        }
    return A;                         //返回生成树 A
}
```

显然，Kruskal 算法采用了合并生成树的计算方式。初始化的时间复杂度为 $O(|V|)$，边按照边权递增顺序排序需要的运行时间为 $O(|E|*\log_2|E|)$；对分离的森林要进行 $O(|E|)$ 次操作，每次操作需要时间 $O(\log_2|E|)$，所以 Kruskal 算法的时间复杂度为 $O(|E|*\log_2|E|)$。由于 Kruskal 算法的时间复杂度取决于边数 $|E|$，与节点数 $|V|$ 无关，因此 Kruskal 算法一般适用于稀疏图。

在编程实践中，有些构建最小生成树的问题需要从无向图的具体结构和最小生成树的性质出发，运用各种算法在图中寻找属于最小生成树的边。这些问题，有的是显性的最小生成树问题，有的虽不直接以最小生成树面貌出现，但可以借助于最小生成树的原理，化繁为简，化未知为已知。下面给出利用最小生成树解题的三个范例。

【6.1.1　Arctic Network】

国防部要通过无线网络与几个北方的哨所进行通信。两种不同的通信技术将被用于建立网络：每个哨所拥有一台无线电收发报机，一些哨所拥有一个卫星通信设备。

任何两个拥有卫星通信设备的哨所，无论它们的位置在哪里，都可以通过卫星进行通信。否则，受无线电收发报机的功率所限，只有在两个哨所之间的距离不超过 D 的情况下，它们才可以通过无线电收发报机进行联络。D 的值越高，就要用功率更高的收发报机，但成本非常高。出于采购和维修方面的考虑，哨所使用的无线电收发报机必须是相同的；也就是说，对每一个哨所，D 的值必须是相同的。

请确定无线电收发报机的最小的 D 值。在每对哨所之间，必须至少有一条（直接或间接的）通信路径。

输入

输入的第一行给出 N，表示测试用例的个数。每个测试用例的第一行给出 S 和 P，其中 S 表示卫星通信设备的数量，$1 \leqslant S \leqslant 100$，$P$ 表示哨所的数量，$S<P \leqslant 500$。接下来给出 P 行，每行给出一个哨所的 (x, y) 坐标，以千米为单位（坐标是在 0 和 10 000 之间的整数）。

输出

对每个测试用例，输出一行，给出要连接网络的最小的 D 的值，精确到小数点后 2 位。

样例输入	样例输出
1 2 4 0 100 0 300 0 600 150 750	212.13

试题来源：Waterloo local 2002.09.28

在线测试：POJ 2349，ZOJ 1914，UVA 10369

本题题意简述如下。有两种不同的通信技术：卫星通信和无线电通信。卫星通信可在任意两个哨所之间联络；但采用无线电通信的哨所只能和距离不超过 D 的哨所进行通信。无线电收发报机的功率越高（即传输距离 D 越大），则花费就越多。已知卫星通信设备的数量

S 和哨所的数量 P，计算最小的 D 使每对哨所之间至少有一条（直接或间接的）通信路径。

本题可以用一个带权完全图表示，哨所表示为节点，边的权值为相连的两个哨所之间的距离。则本题的要求是在这个带权完全图中划分出 S 个连通分支，每个连通分支内节点间的边权不大于 D，即位于同一连通分支内的哨所间采用无线电收发机进行通信；每个连通分支分配一台卫星通信设备，用于不同连通分支间的通信。显然，卫星通信设备的数量就是图的连通分支数，目标是求连通分支内边长的上限 D（即最小收发距离）。有以下两种解题策略。

- 正向思考：在已知连通分支数 S 的基础上求连通分支内边长的上限 D。
- 逆向思考：在已知连通分支内边长上限 D 的基础上求连通分支数 S。

显然，正向思考的策略似乎难以实现，因为 n 个哨所构成由 $\frac{n(n-1)}{2}$ 条边组成的完全图，要在这张图中找到连通分支内边长上限 D，使删去大于 D 的边后图的连通分支数为 S 是相当困难的。而逆向思维的策略的实现相对简单，在正向思考受阻的情况下，应该“正难则反”，逆向考虑问题：找到一个最小的 D，使得把所有权值大于 D 的边去掉之后，连通分支数大于等于 S。由此引出如下定理。

定理 6.1.1 *对于带权连通图 G 及其最小生成树 T，如果在 T 中删去所有权值大于 D 的边后，T 被分割成为 S 个连通分支，则在图 G 中删去这些所有权值大于 D 的边后，G 也被分割成为 S 个连通分支。*

证明：假设在最小生成树 T 中删去所有权值大于 D 的边后，T 被分割为 S 个连通分支，而在图 G 中删去这些所有权值大于 D 的边后，G 被分割成 S'（$S'\neq S$）个连通分支。由于 T 是 G 的一个生成子图，因此 $S' < S$。所以，在图的某一连通分支中，最小生成树至少被分为两个部分，设其中的两棵树为 T_1 和 T_2。因为 T_1 和 T_2 同属于一个连通分支，所以在 T_1 和 T_2 中分别存在节点 x 和节点 y，$w(x, y)\leqslant D$。又因为在整个最小生成树中，从 x 到 y 的路径一定包含一条权值大于 D 的边 (u, v)，否则节点 x 和节点 y 就不会分属于 T_1 和 T_2 了，$w(x, y)\leqslant D<w(u, v)$，所以把 (x, y) 加入最小生成树，再把 (u, v) 删去，则得到一棵总权值比最小生成树还小的生成树。这会导致矛盾。所以，原命题成立。■

基于定理 6.1.1，最小生成树 T 的第 S 长的边就是问题的解。

D 取最小生成树中第 S 长的边是可行的。如果 D 取第 S 长的边，我们将去掉最小生成树中前 $S-1$ 长的边，最小生成树将被分割为 S 个连通分支。由定理 4.1.1，图 G 也将被分割为 S 个连通分支。其次，如果 D 比最小生成树中第 S 长的边小的话，最小生成树至少被分割为 $S+1$ 个连通分支，原图也至少被分割为 $S+1$ 个连通分支。与题意不符（最优性）。

综上所述，最小生成树中第 S 长的边是使连通分支个数小于等于S 的最小的 D，即问题的解。

由于通信图的节点数不多（$P\leqslant 500$），对应完全图的边数不是太多，因此我们在计算最小生成树时采用了 Kruskal 算法。

参考程序

```
#include <iostream>
#include <cmath>
#include <algorithm>
using namespace std ;
const int MAXN = 505 ;
struct Edge                                 // 边的结构定义
```

```
{
    int start , end ;                       //边的两个端点
    double length ;                         //边长
    bool visit ;                            //最小生成树的边标志
} edge[MAXN * MAXN] ;                       //边集
struct  Point                               //点的结构定义
{
    int  x , y ;                            //坐标
} point[MAXN] ;                             //点集
int  father[MAXN], Count ;                  //节点i所在连通分支的代表节点为father[i],
                                            //完全图的边数为Count
double getlength( Point a , Point b )       //计算a点和b点的欧氏距离
{
    double len ;
    len=sqrt(double((a.x-b.x)*(a.x-b.x)+(a.y-b.y)*(a.y-b.y ))) ;
    return len ;
}
bool cmp( Edge a , Edge b )                 //比较a和b的边长大小
{
    return a.length < b.length ;
}
int find( int x )                           //计算x点所在连通分支的代表节点
{
    if( father[x] == x ) return x ;
    father[x] = find( father[x] ) ;
    return father[x]
}
bool Union( int x , int y )                 //合并：若x和y不在同一连通分支，则代表节点序号
                                            //小的连通分支并入代表节点序号大的连通分支，并返回
                                            //合并标志
{
int  f1 = find( x ) ;                       //计算x所在连通分支的代表节点f1
int  f2 = find( y ) ;                       //计算y所在连通分支的代表节点f2
if( f1 == f2 ) return false ;               //若x和y在同一连通分支，则返回false
    else if( f1<f2 ) father[f1]=f2;         //合并x和y所在的连通分支，返回合并标志
        else father[f2] = f1 ;
    return true ;
}
double kruskal( int n )                     //使用Kruskal算法计算最小生成树
{
    int  i , j = 0 ;
    double sum = 0 ;
    for(i=0;i< n;i ++) father[i]=i;         //初始时每个节点自成一个连通分支
    sort( edge, edge+Count, cmp ) ;         //Count条边按边长递增顺序排列
    for(i=0;i<Count && j<n;i++)             //枚举每条边，构造n-1条边的最小生成树
    {
        if (Union(edge[i].start, edge[i].end))      //若第i条边的两个端点不在同一连通
                                                    //分支，则加入最小生成树
        {
        sum += edge[i].length;              //边长计入最小生成树的边权和
        edge[i].visit  = 1 ;                //第i条边为最小生成树的树边
        j ++ ;
        }
    }
    return sum ;                            //返回最小生成树的边权和
}
int  main()
{
    int  T , S , P ;                        //测试用例数为T，卫星通信设备数为S，哨所数为P
    int  i , j ;
```

```
    scanf( "%d" , & T ) ;                           // 输入测试用例数
    while( T -- )                                   // 依次处理每个测试用例
    {
        Count=0 ;                                   // 完全图的边数初始化
        scanf( "%d%d", &S , &P );                   // 输入卫星通信设备数和哨所数
        for( i=0;i<P;i++ )                          // 输入每个哨所的坐标
            scanf( "%d%d" , & point[i].x , & point[i].y ) ;
        for( i=0;i<P-1;i++ )                        // 以哨所为节点构造完全图
            for( j=i+1;j<P;j++)
                {                                   // 记下第 Count 条边的端点和边长
                    edge[Count].start=i;edge[Count].end=j;
                    edge[Count].length=getlength( point[i] , point[j] ) ;
                    edge[Count].visit=0;            // 设置非生成树边标志
                    Count ++ ;                      // 完全图的边数加 1
                }
            kruskal( P ) ;                          // 构造完全图的最小生成树
            for( i=Count-1;i>= 0;i-- ){             // 按照边长递减的顺序枚举最小生成树的 s 条树边,
                                                    // 第 s 大的树边即为连接网络的最小 D 值
            if( edge[i].visit )
                {
                    S -- ;
                    if( S == 0 ) break ;
                }
            }
            printf( "%.2f\n", edge[i].length ); // 输出连接网络的最小 D 值
        }
        return 0 ;
}
```

看似毫无头绪的题目 6.1.1 用最小生成树的算法破解了，显示出最小生成树的魅力。在解题过程中，给出并论证了最小生成树和图的连通分支之间关系的定理 6.1.1，并由此解决本题。

【6.1.2　Qin Shi Huang’s National Road System】

在中国古代的战国时期（公元前 476 年至公元前 221 年），中国被分成 7 个国家——齐、楚、燕、韩、赵、魏、秦。嬴政是秦国的国王。经历了 9 年的战争，嬴政终于在公元前 221 年征服了其他 6 个国家，成为统一中国的第一个皇帝。这就是秦朝——中国的第一个王朝，所以嬴政自称“秦始皇”，因为“始皇”在汉语中的意思是“第一个皇帝”。

秦始皇主持了许多巨大的工程项目，其中就包括秦长城。秦长城就像现在的国家道路系统，有一个关于道路系统的故事。

在中国有 n 座城市，秦始皇希望用 $n-1$ 条道路把这些城市全部连接起来，以便他能从首都咸阳到达每一个城市。秦始皇希望所有道路的总长度最小，使道路系统不必花太多的人力。有个道士告诉秦始皇，他可以用魔法修建一条道路，而且用魔法修建的道路不用花钱，也不用使用劳动力。但道士只能为秦始皇修建一条魔法道路，所以秦始皇要决定在哪里修建魔法道路。秦始皇希望所有不用魔法修建的道路的总长度尽可能小，但道士则希望魔法道路要有利于尽可能多的人。所以秦始皇决定，A/B 的值（A 与 B 的比率）必须最大，其中 A 是两座用魔法道路连接的城市的总人口，而 B 是没有用魔法修建的道路的总长度。

你能帮助秦始皇吗？

每座城市被视为一个点，一条道路被视为连接两个点的一条直线。

输入

第一行给出一个整数 t（$t \leqslant 10$），表示测试用例的个数。

对每个测试用例：

- 第一行给出一个整数 n（$2<n \leqslant 1000$），表示有 n 座城市。
- 接下来给出 n 行，每行给出 3 个整数 X（$X \geqslant 0$）、Y（$Y \leqslant 1000$）和 P（$0 < P < 100\,000$），其中，(X, Y) 是一座城市的坐标，P 是这座城市的人口。

本题设定，每座城市的位置是不同的。

输出

对每个测试用例，按上述要求输出一行，给出最大比率 A/B。结果精确到小数点后两位。

样例输入	样例输出
2 4 1 1 20 1 2 30 200 2 80 200 1 100 3 1 1 20 1 2 30 2 2 40	65.00 70.00

试题来源：ACM Beijing 2011

在线测试：UVA 5713，HDOJ 4081

试题解析

简述题意：给出 n 个城市的二维坐标以及每个城市的人口，如果把城市看作节点，任一对节点间连边，边权为城市间的欧氏距离，则构成一个带权的完全图。用 $n-1$ 条道路连接所有的城市，使秦始皇能从首都咸阳到达每一座城市，也就是构造这个完全图的一棵生成树。

对于这棵生成树，秦始皇希望所有道路的总长度最小，道士可以不用花钱，也不用使用劳动力，用魔法修建一条道路，而这条道路的比率 A/B 最大，其中 A 表示这条道路两端城市的人口和，B 表示生成树的边权和，但不包括这条道路的长度。

显然，想要比率 A/B 最大，A 要尽可能大、B 要尽可能小。要使 B 尽可能小，可以先求得最小生成树 T，其边权和为 total。然后枚举最小生成树上的每条边 $\{i, j\}$，在删除该边后得到的两个点集中分别找到最大的人口和的节点 v_i 和 v_j，两个节点的人口分别为 A_i 和 A_j，添加边 $\{v_i, v_j\}$，得到的依然是一棵生成树，更新 A/B 比率。显然，最大比率 $A/B=\max\limits_{\{i,j\}\in T}\left\{\dfrac{A_i+A_j}{\text{total}-\{i,j\}\text{的权值}}\right\}$。

由于图为一个节点数不超过 1000 的完全图，因此使用 Prim 算法计算最小生成树，并通过 DFS 找两个集合中的点。计算的时间复杂度为 $O(n^2)$。

参考程序

```
#include <iostream>
#include <algorithm>
```

```
using namespace std;
const int X = 1002;                          // 城市数的上限
#define INF 1e12                             // 无穷大的定义
struct node                                  // 城市的结构定义
{
    int x, y, w;                             // 坐标 (x, y)、人口 w
}p[X];                                       // 城市序列
int n;                                       // 城市数
double map[X][X];                            // 完全图的相邻矩阵
double dis[X], total, ans;                   // 节点距离值为 dis[]，最小生成树的边权和为 total，
                                             // 最大比率 A/B 为 ans
bool use[X];                                 // 生成树的节点标志或当前集合标志
int pre[X];                                  // 生成树的节点 i 的父指针为 pre[i]
double dist(int x1, int y1, int x2, int y2) //(x1, y1) 和 (x2, y2) 间的欧氏距离
{
    return sqrt((x1-x2)*(x1-x2)+(y1-y2)*(y1-y2));
}
void prim()                                  // 使用 prim 算法求完全图 map[][] 的最小生成树
{
    memset(pre, 0, sizeof(pre));             // 前驱初始化
    total = 0;                               // 最小生成树的边权和初始化
    memset(use, false, sizeof(use));         // 所有节点未在生成树上
    for(int i=1;i<=n;i++) dis[i]=INF;        // 所有节点的距离值初始化
    dis[1] = 0;                              // 节点 1 为根，距离值为 0
    int k;
    double MIN;
    for(int i=0;i<n;i++)                     // 寻找生成树外距离值最小的节点 k（距离值为 MIN）
    {
        MIN = INF;
        for(int j=1;j<=n;j++)
            if(!use[j]&&dis[j]<MIN) MIN = dis[k = j];
        use[k]=true;total+=MIN;              // k 进入最小生成树，距离值计入边权和
        for(int j=1;j<=n;j++)                // 对生成树外节点的距离值进行松弛操作
            if(!use[j]&&dis[j]>map[k][j]) dis[j]=map[k][j], pre[j]=k;
    }
}
void dfs(int i)                              // 通过深搜 i 的后趋点找到所在集合 use[]
{
    use[i]=true;                             // i 进入集合
    for(int j=1;j<=n;j++)                    // 递归 i 后驱点中未被访问的节点
      if(!use[j]&&pre[j]==i) dfs(j);
}
void solve()                                 // 计算并输出最大比率 A/B
{
    double temp;
    ans = 0;
    int a, b;
    for(int i=1;i<=n;i++)                    // 枚举每条边
    {
        if(pre[i]==0) continue;              // 若 i 为根，则继续枚举
        temp=total-map[i][pre[i]];           // 删除边 (i, pre[i])
        memset(use, false, sizeof(use)); // 计算 i 所在的集合 use[]
        dfs(i);
        a = b = 0;
        for(int j=1;j<=n;j++)                // 在删除边 (i, pre[i]) 后得到的两个点集中分别
                                             // 找最大价值的点
        {
            if(use[j]&&j!=pre[i])            // j 为 pre[i] 所在集合的点，调整该集合最大价值
                a=max(a, p[j].w);
             else if(!use[j]&&j!=i)          // j 为 i 所在集合的点，调整该集合最大价值
                    b=max(b, p[j].w);
        }
```

```
        ans=max(ans, (a+b)/temp);          // 调整 ans
    }
    printf("%.2lf\n", ans);                // 输出最大比率 A/B
}
int main()
{
    int t;
    cin>>t;                                // 输入测试用例数
    while(t--)
    {
        scanf("%d", &n);                   // 输入城市数
        for(int i=1;i<=n;i++)              // 输入每座城市的坐标和人口数
        {
            scanf("%d%d%d", &p[i].x, &p[i].y, &p[i].w);
            for(int j=i;j>=1;j--)          // 构造完全图的相邻矩阵 map[][]
                map[i][j] = map[j][i] = dist(p[i].x, p[i].y, p[j].x, p[j].y);
        }
        prim();                            // 计算完全图的最小生成树
        solve();                           // 计算和输出最大比率 A/B
    }
    return 0;
}
```

有些看似与最小生成树风马牛不相及的计算几何题，也可以经过分析转化为图论模型，并采用最小生成树去解决。

【6.1.3　Robot】

在不久的将来，机器人要给参加巴尔干半岛信息学奥林匹克竞赛（Balkan Olympiad in Informatics）的选手运送食品。机器人将所有的食品放置在一个方形托盘中。不幸的是，在厨房和选手餐厅之间的路径上充满了各种障碍，因此，机器人不能带任意大小的托盘。请编写一个程序 zad1.exe，确定可用于餐饮的托盘的最大可能尺寸。

机器人要行走的路径是平行的墙壁包夹的走廊，走廊只能有 90° 转角。走廊在 x 轴正方向开始，障碍是一些立柱，被表示为点，它们都在包夹走廊的墙壁之间。为了使机器人能够走过这段路径，托盘不能撞到立柱或墙壁——它可能只是边与边“触摸”。机器人和它的托盘只能在 x 或 y 轴的方向上转换移动。假定机器人的尺寸小于托盘的尺寸，机器人完全在托盘之下（如图 6.1-4 所示）。

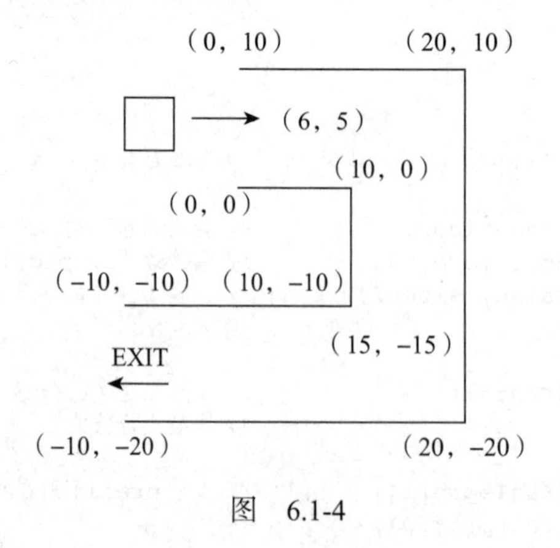

图　6.1-4

输入

文件 zad1.dat 的第一行是一个整数 m（$1\leqslant m\leqslant 30$），表示直线墙的线段的数量。接下来

的 $m+1$ 行是所有转弯点（包括端点）的“上部分”墙体的 x 和 y 坐标，相似地，接下来的 $m+1$ 行是所有转弯点（包括端点）的“下部分”墙体的 x 和 y 坐标。然后的一行给出整数 n（$0 \leqslant n \leqslant 100$），表示障碍物的数量，接下来的 n 行是障碍物的 x 和 y 坐标。所有坐标是绝对值小于 32 001 的整数。

输出

文件 zad1.res 仅包含一个整数，表示满足本题条件的最大托盘的边长。

样例输入	样例输出
3 0 10 20 10 20 −25 −10 −25 0 0 10 0 10 −10 −10 −10 2 15 −15 6 5	5

试题来源：Balkan Olympiad in Informatics 2002

在线测试：HDOJ 4840

试题解析

简述题意：m 条包含上下部分的直线墙线段互相连接，并以 90° 转角组成一条走廊，走廊墙壁之间有部分障碍物。机器人举着托盘沿走廊行走，托盘不能撞到障碍物或墙壁。问托盘的边长最大为多少时机器人才能走过走廊。

设 l_i 为穿行第 i 条走廊时托盘的最大边长。显然，机器人要顺利穿行 n 条走廊，则托盘的最大边长为 $\min\limits_{1 \leqslant i \leqslant n}\{l_i\}$。显然问题的关键是，在已知第 i 条走廊的“上部”墙线段和“下部”墙线段的情况下如何计算 l_i。下面，我们就来讨论这个问题。

解法 1：通过二分 + 模拟的算法查找能够通过走廊的盘子的最大尺寸

这是一种比较容易想到的方法。为了提高查找效率，我们做了如下优化。

首先，对机器人和障碍物进行“换位”思考。

根据题意，机器人是正方形，障碍物是点（如图 6.1-5a 所示）；如果把机器人的尺寸移植到障碍物上，那么机器人就成了一个点，而障碍物就是正方形了（如图 6.1-5b 所示）。显然这两个问题是等价的。

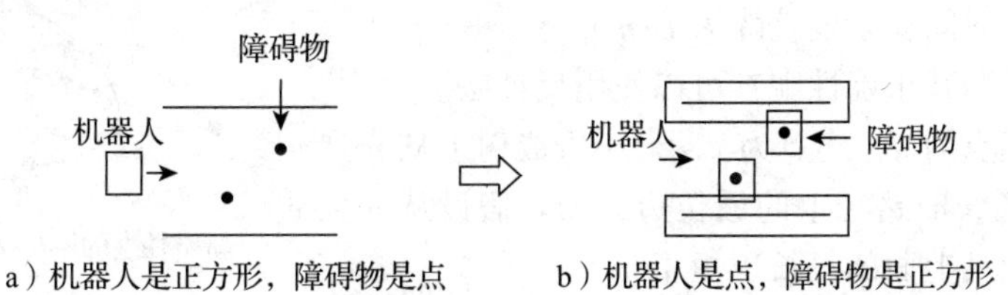

a）机器人是正方形，障碍物是点　　b）机器人是点，障碍物是正方形

图　6.1-5

要让一个点通不过，唯一的办法就是用障碍物把走廊堵住。这里的“堵住”，是指障碍物将在走廊的两堵墙之间形成一条通路。于是，这道题就被转化成一个图论问题。

把障碍物和墙壁看作图中的点，点 $p1(x_1, y_1)$ 和点 $p2(x_2, y_2)$ 之间的距离 $\max\{|x_1-x_2|, |y_1-y_2|\}$ 为边的权值，按照这一公式定义障碍点间的距离。障碍物与墙壁的距离就是障碍点与墙壁上所有点的距离的最小值，两堵墙之间的距离就是走廊的最小宽度（如图 6.1-6 所示）。

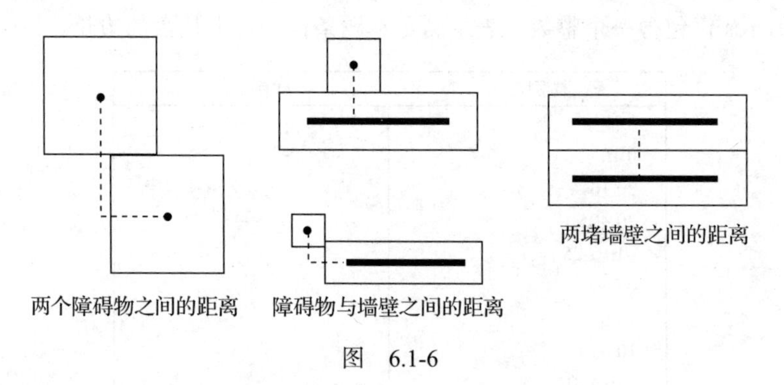

图 6.1-6

把墙壁看作起点和终点。例如图 6.1-7a 中的两堵墙之间有两个障碍物，在图 6.1-7b 中两个障碍物被分别设为顶点 x 和 y，两堵墙被分别设为起点 u 和终点 v。墙与墙之间、障碍物与障碍物之间、障碍物与墙之间连边，边长为对应的距离。问题就转化为：从起点 u 到终点 v 的所有路径中最长边的最小值是多少。因为当边长达到一条路径上的最长边时，这条路径就“通”了，走廊也就被堵住了。

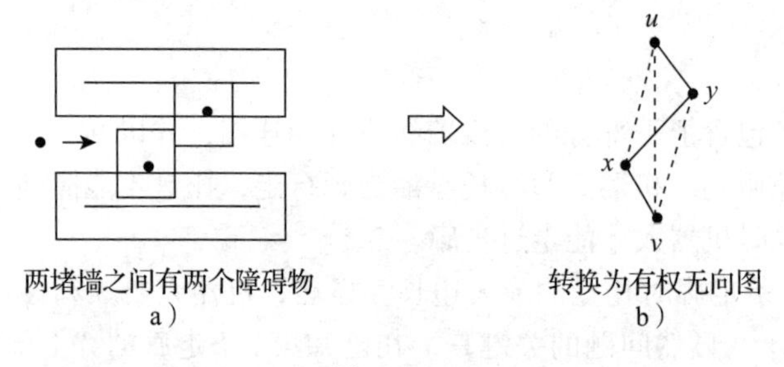

图 6.1-7

显然，这个问题可以在对边权进行二分计算的基础上求解，即采用“二分 + 宽度优先搜索”的方法解决，时间复杂度是 $O(n^2*\log_2(\text{边权上限}))$。这个算法的效率并不理想，还有没有其他更好的算法呢？有的。

解法 2：通过计算图的最小生成树得出问题的解

先求出这个图的最小生成树，那么从起点到终点的路径就是我们所要找的路径，这条路径上的最长边就是问题的答案。这样，时间复杂度就降为 $O(n^2)$。

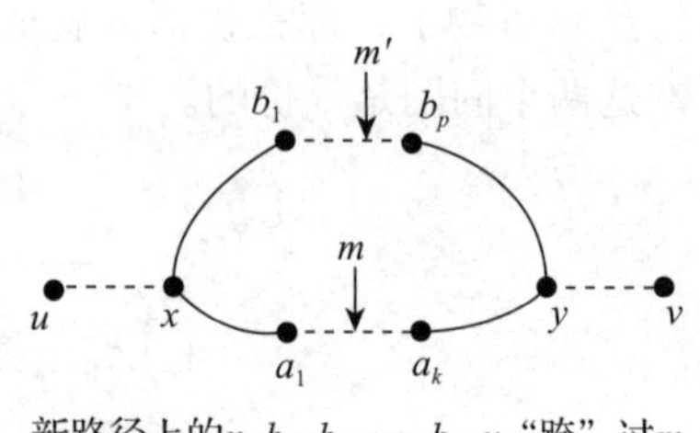

新路径上的 $x-b_1-b_2-\cdots-b_p-y$ “跨”过 m

图 6.1-8

可是怎么证明其正确性呢？可以使用反证法。

证明：设起点为 u，终点为 v，最小生成树上从 u 到 v 的路径为旧路径，旧路径上的最长边为 m。假设从 u 到 v 存在一条新路径且上面的最长边短于 m。

如果新路径包含 m，则新路径上的最长边不可能短于

m。与假设不符。

如果新路径不包含 m，则新路径一定“跨”过 m。如图 6.1-8 所示，$x - \cdots - a_1 - a_2 - \cdots a_k - y$ 是旧路径上的一段，$x - b_1 - b_2 - \cdots - b_p - y$ 是“跨”过去的一段。

如果把 m 去掉，最小生成树将被分割成两棵子树，显然 x 和 y 分属于不同的子树（否则最小生成树包含一个环）。因此在 $x - b_1 - b_2 - \cdots - b_p - y$ 上，一定存在一条边 m'，它的端点分属于不同的子树。因为最小生成树中只有 m 的端点分属于不同的子树，所以 m' 不属于最小生成树。因此 m' 和 m 一样是连接两棵子树的边。因为新路径的最长边短于 m 且 m' 属于新路径，所以 $w(m')<w(m)$。把 m 去掉，加入 m'，将得到一棵新的生成树且它的总权值比最小生成树的还要小。这显然不可能。

综上所述，不可能存在另一条从 u 到 v 的路径，使它的最长边短于 m。最小生成树上从 u 到 v 的路径就是最长边最短的路径，该路径上的最长边就是问题的解。 ■

由于图的节点数较少（小于等于 100），因此，采用 Prim 算法计算最小生成树为宜。

参考程序

```
#include <iostream>
using namespace std ;
typedef struct {            // 定义坐标
    int x, y;
} pt;
int m, n;                   // 直线墙数为 m，障碍物数为 n
pt up[32], dn[32];          // 第 i 个转弯点的“上部分”墙体坐标 up[i]、“下部分”墙体坐标 dn[i]
pt pr[128];                 // 障碍物坐标

int min(int a, int b){      // 计算和返回整数 a 和 b 中的较小者
    if (a<b) { return a; } else { return b; }
}

int max(int a, int b){      // 计算和返回整数 a 和 b 中的较大者
    if (a>b) { return a; } else { return b; }
}

int ISIN(int a, int b, int c){ // 返回区间 [b, c] 包含 a 的标志
    if ((a>=b) && (a<=c)) { return 1; } else { return 0; }
}

int gr[128][128];           // 连通图的相邻矩阵
int wel[128];               // 节点的距离值
int inv[128];               // 节点在生成树的标志
int clc[128];               // 经过当前转弯处的障碍物标志
int dst(int x1, int y1, int x2, int y2, int x3, int y3){ // 当前线段为 (x1, y1)-(x2, y2)，障碍
                                                        // 物坐标为 (x3, y3)，计算障碍物与线段
                                                        // 在 X 或 Y 轴向上的最大距离
    int d;
    if (y1==y2){            // 若线段是水平的，则返回 max{ 线段与障碍物的垂直距离，X 轴向上
                            // 障碍物与线段的最近距离｜障碍物的 x 坐标在线段的 x 区间外 }
        d = abs(y3-y1);
        if (ISIN(x3, min(x1, x2), max(x1, x2))==0)
            { d=max(d, min(abs(x3-x1), abs(x3-x2)) ); }
    } else {                 // 若线段是垂直的（x1=x2），则返回 max{ 线段与障碍物的水平距离，
                             // Y 轴向上障碍物与线段的最近距离｜障碍物的 y 坐标在线段的 x 区间外 }
        d = abs(x3-x1);
        if (ISIN(y3, min(y1, y2), max(y1, y2))==0)
            { d=max(d, min(abs(y3-y1), abs(y3-y2)) ); }
```

```
    }
    return d;
}

int pass(int x1, int y1, int x2, int y2, int h0, int h){      // h 转弯处线段 h 和线段 h+1 的
                                                              // 上下两部分的 X 区间为 [x1, x2],
                                                              // Y 区间为 [y1, y2], h 的奇偶
                                                              // 标志位为 h0。向连通图添加边
    int i, j, v, v1;
    for (i=0;i<n;i++){      // 标志经过 h 转弯处的障碍物
        if ((ISIN(pr[i].x, x1, x2)) && (ISIN(pr[i].y, y1, y2))){
            clc[i]=1;
        } else { clc[i]=0; }
    }
    for (j=0;j<n;j++){      // 枚举经过 h 转弯处的一对障碍物 j 和 i, 计算 (j, i) 的边权
        if (clc[j]==0) { continue; }
        for (i=j+1;i<n;i++){
            if (clc[i]==0) { continue; }
            v = max(abs(pr[i].x-pr[j].x), abs(pr[i].y-pr[j].y));
            gr[i][j]=v;
            gr[j][i]=v;
        }
    }
    for (i=0;i<n;i++){      // 枚举经过 h 转弯处的障碍物 i, 调整 (n, i) 和 (n+1, i) 的边权
        if (clc[i]==0) { continue; }
        v = dst( up[h].x , up[h].y , up[h+1].x , up[h+1].y , pr[i].x , pr[i].y );
        v1 = dst( dn[h].x , dn[h].y , dn[h+1].x , dn[h+1].y , pr[i].x , pr[i].y );
        gr[n][i] = min(gr[n][i], v);
        gr[i][n] = min(gr[i][n], v);
        gr[n+1][i] = min(gr[n+1][i], v1);
        gr[i][n+1] = min(gr[i][n+1], v1);
    }
    if (h0==0) {            // 若 h 为偶数, 则调整 (n, n+1) 的边权
        v = y2-y1;
    } else { v=x2-x1; }
    gr[n][n+1] = min(v, gr[n][n+1]);
    gr[n+1][n] = min(v, gr[n+1][n]);
    return 0;
}

int deik(void){             // 使用 Prim 算法计算连通图 gr[][] 的最小生成树
    int c, i, v, v1;
    c = n+2;                // 计算最小生成树的节点数
    for (i=0;i<c;i++){      // 所有节点在生成树外, 距离值为∞
        wel[i]=0x7FFF;
        inv[i]=0;
    }
    wel[c-2] = 0;           // 节点 n 为根, 其距离值为 0
    for (;;){
        v1 = 0x7fff; v=-1; // 在生成树外寻找距离值最小 (v1) 的节点 v
        for (i=0;i<c;i++)
        if (inv[i]==0)
            if (wel[i]<v1) { v1=wel[i]; v=i; }
        if (v<0) { break; } // 若生成树外无节点, 则成功退出; 否则 v 进入生成树
        inv[v] = 1;
        for (i=0;i<c;i++) // 对生成树外节点的距离值进行松弛操作
            if ((inv[i]==0) && (gr[v][i]<0x7fff))
                wel[i] = min( max(v1, gr[v][i]) , wel[i] );
    }
    return wel[c-1];        // 返回最小生成树的最长边
}
```

```
int main(void){
    int test;
    scanf("%d", &test);   // 输入测试用例数
    while(test--){        // 依次处理每个测试用例
        int i, a, b, c, d, r;
        scanf("%d ", &m); // 输入直线墙的线段数
        // 输入m+1个转弯点（包括端点）的“上部分”墙体坐标和“下部分”墙体坐标
        for (i=0;i<=m;i++) scanf("%d %d ", &up[i].x, &up[i].y);
        for (i=0;i<=m;i++) scanf("%d %d ", &dn[i].x, &dn[i].y);
        scanf("%d ", &n); // 输入障碍物数和每个障碍物的坐标
        for (i=0;i<n;i++) scanf("%d %d ", &pr[i].x, &pr[i].y);
        memset(gr, 0x11, 128*128*sizeof(int));
        for (i=0;i<m;i++){// 枚举每个转弯点。计算邻接于第i个转弯点的两条线段的X轴区间[a, c]、
                          // Y轴区间[b, d]，根据该信息向连通图添加边
            a = min( min( up[i].x , up[i+1].x ) , min( dn[i].x , dn[i+1].x ) );
            b = min( min( up[i].y , up[i+1].y ) , min( dn[i].y , dn[i+1].y ) );
            c = max( max( up[i].x , up[i+1].x ) , max( dn[i].x , dn[i+1].x ) );
            d = max( max( up[i].y , up[i+1].y ) , max( dn[i].y , dn[i+1].y ) );
            pass(a, b, c, d, i%2, i);
        }
        r = deik();       // 使用Prim算法计算和输出连通图的最小生成树的最长边
        printf("%d\n", r);
    }
    return 0;
}
```

题目 6.1.2 和题目 6.1.3 还有其他解法，比如 DFS 搜索等。本章给出通过计算最小生成树的方法，不仅因为该方法效率高、编程复杂度低，最重要的是因为它构思巧妙，颇有启发性。把两道貌似计算几何的问题转化为最小生成树模型，再用最小生成树去解决转化后的图论问题，这个思维过程是深入思考的结果。例如在题目 6.1.3 中，我们面临的问题是如何从 u 到 v 的众多路径中选择最佳路径。如果你在 u 和 v 之间画了两条路径，并标记最长边，准备考虑如何比较它们优劣的话，会出现一个环，而且环上有一条最长边。这时便初显出最小生成树的端倪。再如在题目 6.1.2 中，我们面临的问题是，如果删除任意一条边 (i, j)，则会形成两个连通分支，在每个连通分支中各选一个价值最大的节点连边，则生成树性质保持不变，但相对 (i, j) 来说，A 是最大的。我们按照上述思路尝试最小生成树的 $n-1$ 条边，自然可以得出 A/B 的最大比率。显然，在问题初显出最小生成树端倪的基础上，经过反复修正、严谨证明，算法会逐渐成熟。所以，最小生成树的应用并不是想象中那么简单，需要敏锐的洞察力、扎实的图论基础和积极创新的思维。

6.2 最优比率生成树

在现实中，我们会经常遇到类似修建道路时要使花费和收益的比最小化的问题。

此前所讨论的最小生成树是连通图中边权和最小的生成树，即在图中的每条边只有边权一个参数。最小生成树的一种扩展形式——最优比率生成树的定义如下。

定义 6.2.1（最优比率生成树） 给出一个带权完全图 $G(V, E)$，对于图 G 中的每条边 $e_i \in E$，存在两个参数 benifit[i]（收入）和 cost[i]（花费），分别表示为 b_i 和 c_i，要求计算一棵生成树 T，使 $\frac{\sum x_i b_i}{\sum x_i c_i}$ 最大，或使 $\frac{\sum x_i c_i}{\sum x_i b_i}$ 最小，即达到最大收益；其中 x_i 表示第 i 条边是否包含在 T 中，如果是则 x_i 为 1，否则 x_i 为 0。这样的生成树称为最优比率生成树。

最优比率生成树的计算，本质上是一个 01 整数规划问题，设 x_i 等于 1 或 0，表示边 e_i

是否属于生成树，$\boldsymbol{X}$ 是 x_i 组成的向量，则所求比率 $r(\boldsymbol{X})=\dfrac{\sum x_i c_i}{\sum x_i b_i}$ 最小，$0\leqslant i\leqslant \dfrac{n(n-1)}{2}-1$。

要使比率 r 最小，就要考虑如下子问题。设 $z(l)=\sum(x_i c_i)-l^*\sum(x_i b_i)=\sum(t_i^* x_i)$，则 $z(l)$ 表示为 $(c_i-l^*b_i)$ 为边 i 的权值的图所生成的最小生成树的权值和。可以证明，$z(l)$ 是单调递减函数；而且，当 $z(l)=0$ 时，l 的值最小；由此，可以求出 $r(\boldsymbol{X})$ 的最小值。

定理 6.2.1　$z(l)$ 是单调递减函数。

证明：因为 $\sum(x_i b_i)$ 为正数，所以 z 随 l 的减小而增大。■

定理 6.2.2　当 $z(l)=0$ 时，l 的值最小。

证明：若 $z(\max(l))<0$、$\sum(x_i b_i)-\max(l)^*\sum(x_i c_i)<0$，则 $\dfrac{1}{r}<\max(l)$，导致矛盾；若 $z(\max(l))\geqslant 0$，根据定理 6.2.1，当 $z=0$ 时，l 最小。■

通过上面的分析，我们就将问题转化为求解比率 rate，使 $z(\text{rate})==0$，由此引出方法 1 和方法 2。

方法 1（二分法）

步骤 1：找出比率 rate 的最小值 l 和最大值 r，并设定精度范围。

步骤 2：求 $\text{mid}=(l+r)/2$。

步骤 3：用 $b_i-\text{mid}^*c_i$ 重新构图。

步骤 4：通过求最小生成树的算法求出新图的最小生成树权值和 $z(\text{mid})$。

步骤 5：如果权值和等于 0，则 mid 就是我们要求的比率，成功返回。如果权值和大于 0 时，则 $l=\text{mid}$；如果权值小于 0，则 $r=\text{mid}$；跳回步骤 2 继续循环。

二分法一定能够在经过 $\log_2(r-l)$ 次搜索之后找到所求比率。可以将最大值 r 的初值设为一个无法达到的最大值：$\dfrac{\sum c_i}{\min b_i}$。

方法 2（迭代法）

生成树的比率为 $\dfrac{\sum 生成树边c_i参数}{\sum 生成树边b_i参数}$。设 prerate 为上次计算出的生成树的比率，rate 为当前生成树的比率，$\text{sumc}=\sum 生成树边c_i的参数$，$\text{sumb}=\sum 生成树边b_i的参数$。

迭代过程如下：

```
计算连通图中每条边的参数 ci 和 bi;
prerate 和 rate 初始化;
while(true)
{
    用 ci-rate*bi 作为连通图的边长重新构图 G;
    计算 G 图的最小生成树，得出生成树边的两个参数和（sumc, sumb);
    rate=sumc/sumb;
    if (|rate-prerate|≤精度要求 ) break;  //不可能再优化，成功退出
    prerate=rate;                         //记下当前生成树的比率
}
输出最优比率 rate;
```

下面，我们给出一个通过最优比率生成树解题的范例。

【6.2.1　Desert King】

David 刚刚成为一个沙漠国家的国王。为了赢得人民的尊敬，他决定在他的国家内建造

通水渠道，实现村村通水，和首都连通的村庄都将通水。作为国家的统治者和国家智慧的象征，他需要用一个最优的方式建造通水渠道。

经过几天的研究，他终于完成了计划。他希望通水渠道每千米的平均成本最小。也就是说，通水渠道的总的成本与总长度的比例必须最小。他只需要修建将水通到所有村庄的必要通道就可以，这意味着将每个村庄连接到首都只有一种方式。

他的工程师调查了国家，并记录了每个村庄的位置。在两个村庄之间所有的通水渠道都是直线。由于任何两个村庄的海拔高度都不同，因此工程师得出的结论是，每两个村之间的通水渠道都需要安装一个垂直传输水的升降机，可以将水向上打，或让水流下来。通水渠道的长度是两村之间的水平距离，通水渠道的成本是升降高度。要注意每个村庄所在的不同的海拔高度，而且不同的通水渠道不能共享一个升降机。通水渠道能安全地相交，不会出现三个村庄在同一条直线上的情况。

作为 David 国王的首席科学家和程序员，请你找出建造通水渠道的最佳解决方案。

输入

存在若干测试用例。每个测试用例开始的第一行给出整数 N ($2 \leqslant N \leqslant 1000$)，表示村庄的数目。接下来的 N 行每行给出 3 个整数 x、y 和 z（$0 \leqslant x, y < 10000$, $0 \leqslant z < 10000000$），其中，(x, y) 是村庄的位置，z 是村庄的海拔高度。第一个村庄是首都。以 $N = 0$ 结束输入，程序不用处理。

输出

对于每个测试用例，输出一行，给出一个十进制数，表示通水渠道总成本与总长度的最小比值。这个数字精确到小数点后三位。

样例输入	样例输出
4 0 0 0 0 1 1 1 1 2 1 0 3 0	1.000

试题来源：ACM Beijing 2005

在线测试地址：POJ 2728，UVA 3465

试题解析

简述题意：已知 n 个村庄的坐标和海拔高度，在任何两个村庄之间存在高度差和欧几里得距离两个数据，要求任何两个村庄直接或者间接连通，且所有连通边的高度差之和除以距离和的值最小。

将村庄作为节点，任意两个村庄间互通，则构成了一个完全图。通水渠道的成本取决于相邻两个村庄高度差的绝对值，长度是两个村庄之间的水平距离。因此每条边有两个参数，即两个端点高度差的绝对值 b_i 和两个端点间的欧氏距离 c_i。由于需要实现村村通水且通水渠道的总的成本与总长度的比例必须最小，因此本题是一个典型的最优比率生成树问题。

下面分别给出二分法和迭代法的参考程序。由于图的节点数较少（小于等于 1000），因此采用 Prim 算法计算最小生成树。

参考程序 1（二分法）

```
#include<iostream>
#include<cmath>
using namespace std;
#define MAX 1001                          // 节点数的上限
#define INF 1000000000                    // 定义无穷大
struct node                               // 节点的结构定义
{
    double x, y, h;                       // 坐标和高度
}dot[MAX];                                // 节点序列
inline double dis(double x1, double y1, double x2, double y2) // 求 (x1, y1) 至 (x2, y2) 的
                                                              // 欧氏距离
{
    return sqrt( (x2-x1)*(x2-x1)+(y2-y1)*(y2-y1) );
}
double graph[MAX][MAX];                   // 相邻矩阵
inline void creat(int n, double l)// 构造新图的相邻矩阵 graph[][]
{
    int i, j;
    for(i=1;i<=n;i++)
        for(j=1;j<=n;j++)
            graph[i][j]=fabs(dot[i].h-dot[j].h)-l*dis(dot[i].x, dot[i].y, dot[j].
                x, dot[j].y);
}
inline double prim(double graph[MAX][MAX], int n) // 使用 Prim 算法构造连通图 graph[][] 的
                                                  // 最小生成树
{
    bool visit[MAX]={0};                  // 所有节点在生成树外
    int mark;                             // 进入生成树的节点序号
    double dis[MAX];                      // 节点的距离值
    double ans=0;                         // 最小生成树的边权和初始化
    int i, j;
    visit[1]=true;                        // 以节点 1 为根，计算各节点的距离值
    for(i=1;i<=n;i++)
        dis[i]=graph[1][i];
    for(i=1;i<n;i++)                      // 逐条边加入生成树
    {
        int minnum=INF;                   // 在生成树外的节点中寻找距离值最小的节点 mark，其距离值为 minnum
        for(j=1;j<=n;j++)
            if(!visit[j]&&dis[j]<=minnum)
            {
                minnum=dis[j];
                mark=j;
            }
        visit[mark]=true;  ans+=dis[mark];        // mark 进入生成树，距离值计入边权和
        for(j=1;j<=n;j++)                         // 对生成树外节点的距离值进行松弛
            if(!visit[j]&&graph[mark][j]<dis[j])
                dis[j]=graph[mark][j];
    }
    return ans;                           // 返回最小生成树的边权和
}
int main()
{
    int i, j;
    int n;                                // 节点数
    double res;                           // 当前生成树的边权和
    while(scanf("%d", &n))                // 反复输入节点数，直至输入 0 为止
    {
        if(n==0)
            break;
        for(i=1;i<=n;i++)                 // 输入每个节点的坐标和高度
```

```
            scanf("%lf%lf%lf", &dot[i].x, &dot[i].y, &dot[i].h);
        double front, rear; front=0; rear=100;  // 通水渠道总成本与总长度的比值区间初始化
        double mid;                         // 区间中间指针
        double pre=0.0;
        while(front<=rear)                  // 若未找到最小比值，则循环
        {
            mid=(front+rear)/2;             // 计算中间指针
            creat(n, mid);                  // 构造新图的相邻矩阵 graph[][]
            res=prim(graph, n);             // 计算新图的最小生成树的边权和
            if(fabs(res-pre)<=0.0005)       // 若边权和为 0，则退出
                break;
            else if(res>0.0005)             // 若边权和大于 0，则在右区间寻找；否则在左区间寻找
                front=mid;
            else
                rear=mid;
        }
        printf("%.3lf\n", mid);             // 输出通水渠道总成本与总长度的最小比值
    }
    return 0;
}
```

参考程序 2（迭代法）

```
#include<iostream>
#include<cmath>
using namespace std;
#define MAX 1001                        // 节点数的上限
#define INF 1000000000                  // 无穷大
struct node                             // 节点的结构定义
{
    double x, y, h;                     // 位置为 (x, y)，高度为 h
}dot[MAX];                              // 节点序列
inline double dis(double x1, double y1, double x2, double y2) // 计算线段 (x1, y1)-(x2, y2)
                                                              // 的欧氏距离
{
    return sqrt( (x2-x1)*(x2-x1)+(y2-y1)*(y2-y1) );
}
double graph[MAX][MAX];                 // 图的相邻矩阵
double c[MAX][MAX];                     // 存储节点间高度差的绝对值
double s[MAX][MAX];                     // 存储节点间的欧氏距离
inline void creatcs(int n)              // 计算每对村庄间的距离和海拔高度差的绝对值
{
    int i, j;
    for(i=1;i<=n;i++)
        for(j=1;j<=n;j++)
        {
            c[i][j]=fabs(dot[i].h-dot[j].h);
            s[i][j]=dis(dot[i].x, dot[i].y, dot[j].x, dot[j].y);
        }
}
inline void creat(int n, double l)// 用 c[i][j]-l*s[i][j] 重新构图
{
    int i, j;
    for(i=1;i<=n;i++)
        for(j=1;j<=n;j++)
            graph[i][j]=c[i][j]-l*s[i][j];
}
double sumc;                            // 最小生成树边长 1（两端点之间高度差的绝对值）的和
double sums;                            // 最小生成树边长 2（两端点之间的欧氏距离）的和
inline void prim(double graph[MAX][MAX], int n)  // 使用 Prim 算法计算图的最小生成树
{
    sumc=0;sums=0;                      // 最小生成树边长 1 的和与边长 2 的和初始化
```

```
    bool visit[MAX]={0};              //初始时所有节点在生成树外
    int mark;                         //生成树外节点中距离值最小的节点
    int pre[MAX];                     //节点父指针
    double dis[MAX];                  //节点距离值（与生成树节点的最短边长）
    int i, j;
    visit[1]=true;                    //节点1进入生成树，计算所有节点的距离值和父指针
    for(i=1;i<=n;i++)
        { dis[i]=graph[1][i];  pre[i]=1;}
    for(i=1;i<n;i++)                  //逐条边加入生成树
    {
    int minnum=INF;                   //计算生成树外节点中距离值最小（minnum）的节点mark
    for(j=1;j<=n;j++)
        if(!visit[j]&&dis[j]<=minnum)
            { minnum=dis[j];mark=j;}
    visit[mark]=true;                 //节点mark进入生成树，与生成树相连边的高度差的绝对值
                                      //计入sumc，欧氏距离计入sums
    sumc+=c[pre[mark]][mark];sums+=s[pre[mark]][mark];
    for(j=1;j<=n;j++)                 //调整生成树外与mark相邻节点的距离值
        if(!visit[j]&&graph[mark][j]<dis[j])
            {dis[j]=graph[mark][j];pre[j]=mark;}
    }
}
int main()
{
    int i, j;
    int n;                            //村庄数
    while(scanf("%d", &n))            //反复输入村庄数，直至输入0
    {
    if(n==0) break;
    for(i=1;i<=n;i++)                 //输入每个村庄的位置和海拔高度
        scanf("%lf%lf%lf", &dot[i].x, &dot[i].y, &dot[i].h);
    creatcs(n);                       //计算每对村庄之间的距离和海拔高度差的绝对值
    double prerate=30.0;double rate=30.0;       //比率的最小值和最大值初始化
    while(true)
    {
        creat(n, rate);               //用c[i][j]-rate*s[i][j]重新构图graph[][]
        prim(graph, n);               //计算图的最小生成树
        rate=sumc/sums;               //计算当前生成树的比率
        if(fabs(rate-prerate)<0.001) break;
                                      //若比率与上次生成树的比率相同，则成功退出
        prerate=rate;                 //记下当前生成树的比率
    }
    printf("%.3lf\n", rate);          //输出通水渠道总成本与总长度的最小比值
    }
    return 0;
}
```

6.3　最小 k 度限制生成树

在实践中遇到的最小生成树问题，问题背景和适用环境千变万化，有时会被加入一些限制条件。例如，要求生成树中某一节点的度为 k。

定义 6.3.1（余枝，树枝，弦） 设 T 是连通图 G 的一棵生成树，从 G 中删去 T 的边，得到的图称为 G 的余枝，记为 $\overline{T}$。T 中的边称为树枝（或枝）。$\overline{T}$ 中的边称为 G 的弦（或连枝）。

设 T 是连通图 G 的一棵生成树，$\overline{e}$ 是任一条弦，则 $T \cup \overline{e}$ 恰好产生一条基本回路 C；设 e 是 C 上 T 的任一条枝，显然，$(T \cup \overline{e}) - e$ 仍然是一棵生成树。

定义 6.3.2（生成树的基本变换） 设连通图 G 的生成树 T，通过加一条弦 a，再在形成的回路中删去一条枝 b，就得到另一棵生成树，这种变换称为生成树的基本变换，记作 $T(+a, -b)$。

定义 6.3.3（生成树的距离） 设连通图 G 的生成树 T_i 和 T_j，出现在 T_i 上而不出现在 T_j 上的边数称为 T_i 和 T_j 的距离，记为 $d(T_i, T_j)$。

显然，$d(T_i, T_j)\geqslant 0$。如果 $T_i = T_j$，则 $d(T_i, T_j) = 0$，反之亦然，并且 $d(T_i, T_j) = d(T_j, T_i)$。

定理 6.3.1 设连通图 G，T_1 和 T_2 是 G 的两个不同的生成树，则由 T_1 通过有限次树的基本变换可以得到 T_2。

证明：因为 $T_1\neq T_2$，$d(T_1, T_2) = d(T_2, T_1)\neq 0$，所以存在边 $e_1\in T_2$，但 $e_1\notin T_1$，则 $T_1\cup e_1$ 包含一条基本回路 C，显然回路 C 上的边不全在 T_2 中，即存在边 $e_2\in T_1$，但 $e_2\notin T_2$，设 $T_1^1 = (T_1\cup e_1) - e_2$，$T_1^1$ 无回路并且边数为 $n-1$，因此 T_1^1 还是一棵生成树，并且 $d(T_1^1, T_2) = d(T_1, T_2) - 1$。

如果 $d(T_1^1, T_2)\neq 0$，重复上述步骤，经过有限步以后，必存在 k 使 $d(T_1^k, T_2) = 0$，即 $T_1^k = T_2$。■

定义 6.3.4（最小 k 度限制生成树） 设 $G(V, E, \omega)$ 是连通的带权无向图，$v_0\in V$ 且 v_0 是特别指定的一个节点，k 为一个给定的正整数。如果 T 是 G 的一棵生成树且 $d_T(v_0) = k$，则称 T 为 G 的 k 度限制生成树，而其中具有最小权值和的 k 度限制生成树称为 G 的最小 k 度限制生成树。

定理 6.3.2 设 T 是 G 的 k 度限制生成树，$d_T(v_0) = k$，则 T 是 G 的最小 k 度限制生成树当且仅当 T 满足以下三个条件。

1）在 G 中，边 a 和 b 与 v_0 关联，$a\notin T$，$b\in T$。如果 $T(+a, -b)$ 是一个生成树的基本变换，产生 k 度限制生成树 T_1，则 $\omega(T)\leqslant\omega(T_1)$。

2）在 G 中，边 a 和 b 不与 v_0 关联，$a\notin T$，$b\in T$。如果 $T(+a, -b)$ 是一个生成树的基本变换，产生 k 度限制生成树 T_1，则 $\omega(T)\leqslant\omega(T_1)$。

3）在 G 中，边 a_1 和 b_2 与 v_0 关联，边 b_1 和 a_2 不与 v_0 关联；$a_1\notin T$，$a_2\notin T$，$b_1\in T$，$b_2\in T$；如果 $T(+a_1, -b_1)$ 和 $T(+a_2, -b_2)$ 是生成树的基本交换，产生 k 度限制生成树 T_1，则 $\omega(T)\leqslant\omega(T_1)$。

证明：必要性。因为 T 是 G 的最小 k 度限制生成树，则 1）和 2）显然成立。因为 $T(+a_1, -b_1)$ 和 $T(+a_2, -b_2)$ 是生成树的基本变换，产生生成树 T_1，而 T_1 是 G 的 k 度限制生成树；因为 T 是 G 的最小 k 度限制生成树，则有 $\omega(b_1)+\omega(b_2)\leqslant\omega(a_1)+\omega(a_2)$，即 $\omega(T)\leqslant\omega(T_1)$。

充分性。设 T 是 G 的 k 度限制生成树，且满足 1）、2）和 3）；假设存在 G 的另一个 k 度限制生成树 T_1，$\omega(T_1)<\omega(T)$，而且在 T_1 中但不在 T 中的边的集合为 $\{a_1, a_2, \cdots, a_n\}$，而在 T 中但不在 T_1 中的边的集合为 $\{b_1, b_2, \cdots, b_n\}$，则 $\sum_{i=1}^{n}\omega(a_i)<\sum_{i=1}^{n}\omega(b_i)$，由定理 4.3.1，由 T 通过有限次的生成树的基本变换可以得到 T_1，生成树的基本变换则按 1）、2）和 3）进行，则 $\omega(T)\leqslant\omega(T_1)$，导致矛盾。所以，$T_1$ 不存在。■

定理 6.3.2 说明，对于图 G 的最小 k 度限制生成树，保持 k 度限制的生成树的基本变换会改变其最小性。

定理 6.3.3 设 T 是 G 的最小 k 度限制生成树，E_0 是 G 中与 v_0 关联的边的集合，$E_1 = E_0 - E(T)$，$E_2 = E(T) - E_0$，$A = \{T(+a, -b)\mid a\in E_1,\ b\in E_2\}$，设 $\omega(a') - \omega(b') = \min\{\omega(a) - \omega(b)\mid T(+a, -b)\in A\}$，则 $T(+a', -b')$ 是 G 的一个最小 $k+1$ 度限制生成树。

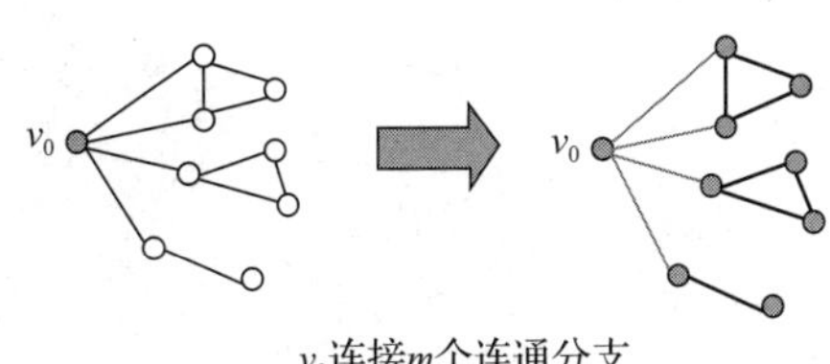

图　6.3-1

求最小 k 度限制生成树，首先要考虑边界情况，先求出问题有解时 k 的最小值。把 v_0 点从图 G 中删去后，图中可能会出现 m 个连通分支，而这 m 个连

通分支必须通过 v_0 来连接，如图 6.3-1 所示。所以，在图 G 的所有生成树中，$d_T(v_0) \geqslant m$。也就是说，当 $k<m$ 时，问题无解。

根据定理 6.3.3，求最小 k 度限制生成树的算法思想如下。

1）求出最小 m 度限制生成树。

2）由最小 m 度限制生成树得到最小 $m+1$ 度限制生成树。

3）若 $d_T(v_0)=k$ 时结束算法；否则，返回步骤 2）。

对于步骤 1）的实现，分析如下。首先，将 v_0 和与之关联的边分别从图中删去，此时的图就不连通，设有 m 个连通分支；对每个连通分支，分别求最小生成树。然后，对于每个连通分支 V_i（$1 \leqslant i \leqslant m$），求节点 v_i，$v_i \in V_i$，且 $\omega(v_0, v_i)=\min\{\omega(v_0, v') \mid v' \in V_i\}$，则该连通分支通过边 (v_0, v_i) 与 v_0 相连，如图 6.3-2 所示。于是，我们就得到了一个 m 度限制生成树，可以证明，这就是最小 m 度限制生成树。步骤 1）的时间复杂度为 $O(V\log_2 V+E)$。

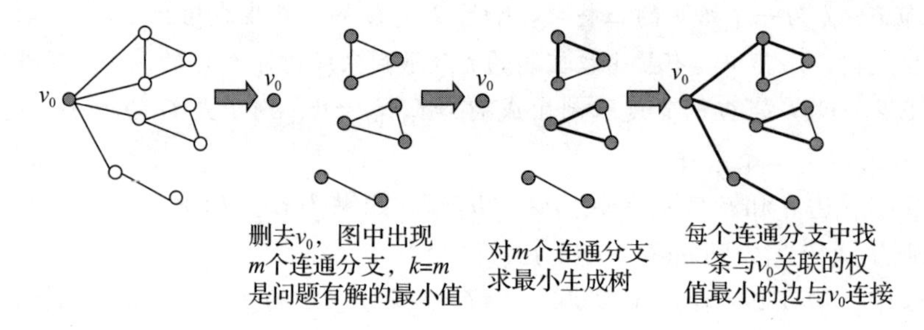

图 6.3-2

虽然所求的生成树是无根树，为了解题的简便，把生成树转化成以 v_0 为根的有根树。由步骤 1），设已经得到了最小 p 度限制生成树，步骤 2）求最小 $p+1$ 度限制生成树。对于步骤 2）的实现，分析如下。

根据定理 6.3.3，最小 $p+1$ 度限制生成树是由最小 p 度限制生成树 T 经过一次生成树的基本变换 $T(+a, -b)$ 得到的。如果采用枚举的方法实现，则时间复杂度为 $O(E^2)$。因为步骤 2）的生成树的基本变换，必定是一条边跟 v_0 关联，另一条边不与 v_0 关联，所以，要先枚举与 v_0 关联的边，再枚举另一条边，然后判断该交换是否是生成树的基本变换，最后在所有可行的变换中取最优值即可，时间复杂度降到了 $O(VE)$。再进一步分析，在原先的树中加入一条与 v_0 相关联的边后，必定形成一个回路。如果要得到一棵 $p+1$ 度限制生成树，就要删去一条在回路上且与 v_0 无关联的边。删去的边的权值越大，所得到的生成树的权值和就越小。如果每添加一条边，都需要对回路上的边一一枚举，时间复杂度将比较高，因为有不少边重复统计多次。例如图 6.3-3a 给出了一棵生成树，依次添边 (v_0, v_4) 和 (v_0, v_3)，如图 6.3-3b 和图 6.3-3c 所示。在形成的两个回路中，边 (v_1, v_2) 和 (v_2, v_3) 分别被重复统计了两次（如图 6.3-3d 所示）。

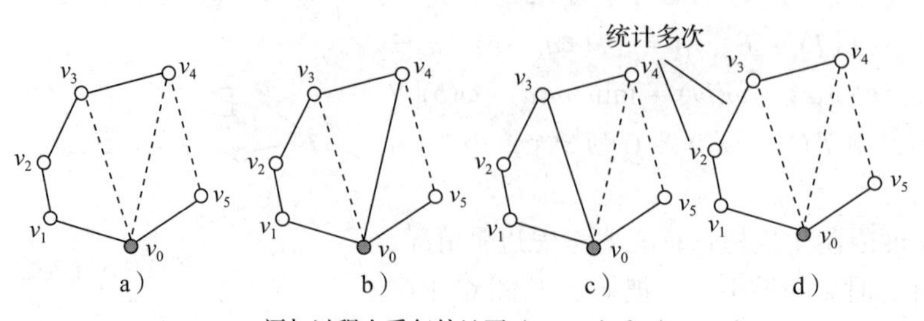

添加过程中重复统计了（v_1，v_2）和（v_2，v_3）

图 6.3-3

采用动态规划进行处理，设 Best(v) 为 v_0 至 v 的路径上与 v_0 无关联且权值最大的边，father(v) 为 v 的父节点，则状态转移方程为 Best(v) = max{Best(father(v)), ω(father(v), v)}；边界条件为 Best(v_0) = $-\infty$、Best(v') = $-\infty$ $|(v_0, v') \in E(T)$。因为状态共有 $|V|$ 个，每次状态转移的时间复杂度为 $O(1)$，所以时间复杂度为 $O(V)$。故得出步骤 2）（由最小 p 度限制生成树得到最小 $p+1$ 度限制生成树）的时间复杂度为 $O(V)$。由于这一计算过程直至 $d_T(v_0)=k$ 时为止，因此步骤 2）和步骤 3）的时间复杂度为 $O(kV)$。

所以，求最小 k 度限制生成树的算法的总的时间复杂度为 $O(V\log_2 V + E + kV)$。下面给出一个通过最小 k 度限制生成树解题的范例。

【6.3.1　Picnic Planning】

Contortion Brothers 是一群著名的马戏团小丑，众所周知，他们有着令人难以置信的能力，能把无限多的自己塞进最小的车辆。在演出淡季，他们喜欢聚在一起，在当地的公园举行年度的柔术演员会议（Annual Contortionists Meeting，ACM）。然而，他们不仅受限于狭窄的空间，而且缺钱，所以他们尝试寻找一个方法，使参加会议的每个人的车的里程数最小（以节省汽油，减少磨损，等等）。为此，他们要把自己挤塞进尽可能少的汽车内，使所有的车辆的总的里程数最小。这就导致了这样的情况，即他们中许多人开车到一个同伴的家，把他们的车放在那里，而他们却挤进同伴的车中。然而，在公园也有一条规定：在野餐地点的停车场只能容纳有限数量的汽车，所以必须考虑到整体的计算。此外，由于公园需要门票，一旦一个同伴的车到了公园，他就不能放下乘客，离开去接其他的同伴了。现在请编写一个程序来解决他们的里程数最小化问题。

输入

输入给出一个问题的测试用例。第一行给出一个整数 n，表示连接马戏团小丑之间或马戏团小丑和公园之间的公路的条数。接下来的 n 行每行表示一个公路连接，形式为 name1 name2 dist；其中 name1 和 name2 是马戏团两个小丑的名字，或者一个是小丑的名字，另一个是单词 Park（顺序是任意的）；dist 是一个整数，表示他们之间的距离。这些公路都是双向的道路，距离总是为正。马戏团小丑的最大数量为 20，任何 name 最多有 10 个字符。接下来的最后一行给出一个整数，表示在野餐的地点可以停车的数量。本题设定从每个小丑的家到公园都有一条路径，每个测试用例都存在解。

输出

输出一行，格式如下：Total miles driven: *xxx*。其中 *xxx* 是总的里程数除以所有小丑的车辆数。

样例输入	样例输出
10 Alphonzo Bernardo 32 Alphonzo Park 57 Alphonzo Eduardo 43 Bernardo Park 19 Bernardo Clemenzi 82 Clemenzi Park 65 Clemenzi Herb 90 Clemenzi Eduardo 109 Park Herb 24 Herb Eduardo 79 3	Total miles driven: 183

试题来源：ACM East Central North America 2000

在线测试地址：POJ 1639，UVA 2099

试题解析

本题题意：有一群小丑要开车去公园，公园停车场只能停 k 辆车，所以，要由一些小丑先开车到其他小丑家里，载上其他小丑去公园，车辆没有人数的限制，车辆到公园停车场之后就不能离开了，要求所有车辆行驶的总路程的距离最短，问最短距离是多少？

以小丑的家作为节点，道路作为边，则构成一个带权的无向连通图。本题要求计算一棵以节点 v_0（公园）为根的生成树，但这棵生成树并不是严格意义上的最小 k 度限制生成树，而是在 v_0 的度不超过 k 的情况下的最小生成树。也就是说，并不一定要求 v_0 的度数为 k，只要图的总权值不能继续减小，计算就可以结束。

本题的算法步骤如下。

1）将 v_0 从图中删除，将得到 p 个连通分支。

2）对每个连通分支求最小生成树。

3）从每个连通分支中找出与 v_0 关联的权值最小的边，与 v_0 相连接，这样得到 v_0 的最小 p 度限制生成树。

4）如果 $k<p$，则满足条件的生成种树不存在。

5）如果 $k \geqslant p$，则考虑构建 $p+1$ 度最小限制生成树，即加入每一条与 v_0 相连的且不在当前生成树的边。

6）显然，在步骤 5）添加一条与 v_0 相连的树外边，必然会产生一个回路，删掉该回路中与 v_0 不关联的权值最大边，将得到一棵最小生成树，且 v_0 的度数是 $p+1$。若 $p+1$ 度最小限制生成树的边权和大于 p 度最小限制生成树的边权和，则直接输出 p 度最小限制生成树的边权和；否则重复步骤 5）、6），直至 k 度最小限制生成树出现为止。

由于节点数较少（$n \leqslant 20$），因此算法步骤 1）、2）、3）可以用 Prim 算法实现，时间复杂度为 $O(n^2)$；在步骤 5）、6）中，若通过蛮力枚举每条边来进行增删操作，则时间复杂度是 $O(n^2)$，使总复杂度达到 $O(k*n^2)$。为了提高时效，在参考程序的增删边的操作中设立了一个 del[] 数组，其中 del[i] 记录了从 v_0 到 v_i 路径上的最长边。加入边 (v_0, v_i)，删除边 del[i] 便形成了一棵 $p+1$ 度的最小限制生成树，其边权和 = 原边权和 − del[i] 的边权 + (v_0, v_i) 的边权。显然，每次只要枚举 max{del[i] 的边权 − (v_0, v_i) 的边权 }，即可最大幅度地减少生成树的边权和。在每次操作后，更新该连通块的 del[]，这样可将时间复杂度降为 $O(k*n)$。

参考程序

```
#include<iostream>
#include<string>
#include<map>
using namespace std;
#define inf 0x3f3f3f3f                                          // 定义无穷大
const int maxn = 25;                                            // 节点数的上限
int m, n, k, g[maxn][maxn], dis[maxn], pre[maxn], ans;  // 图的节点数为 n, 边数为 m, 相邻
                                                        // 矩阵为 g[][]; 节点 i 的距离
                                                        // 值（生成树外的节点 i 连接生成
                                                        // 树内节点的最短边长）为 dis
                                                        // [i], 节点 i 的前驱为 pre[i];
                                                        // k 度最小生成树的边权和为 ans
```

```
bool vis[maxn], link[maxn][maxn];          // link[][] 数组保存在生成树中的边；生成树内节点
                                           // 的标志为 vis[]
struct node                                // 边节点的结构定义
{
    int u, v, len;                         // 边 (u, v) 的权为 len
    node(){}
    node(int u, int v, int len):u(u), v(v), len(len){}
}del[maxn];                                // del[i] 保存节点 0 到节点 i 的路径上的最长边
int kk;
void prim(int st)                          // 使用 Prim 算法求包含 st 的连通块的生成树
{
    vis[st] = 1;                           // st 进入生成树
    memset(pre, -1, sizeof(pre));          // 将所有节点的前驱指针初始化为空
    for (int i = 1; i < n; ++i)            // 定义所有节点的距离值和前驱指针
        { dis[i] = g[st][i]; pre[i] = st; }
    while(1)
    {
        int tmp = inf, nt = st;            // 在树外节点中找出距离值最小的节点 nt
        for (int i = 1; i < n; ++i)
        {
            if (!vis[i] && dis[i] <tmp) { nt = i; tmp = dis[i]; }
        }
        if (st == nt) break;               // 该连通分支的最小生成树已形成
        if(g[0][nt]<g[0][kk]) kk=nt;       // kk 保存该连通分支到节点 0 距离最近的点
        link[pre[nt]][nt] = link[nt][pre[nt]]=1;// 将边加入生成树中
        vis[nt]=1; ans+=dis[nt];           // nt 为生成树内的节点，将其距离值累计入生成树的
                                           // 总权和
        for (int i=1; i<n; ++i)            // 调整生成树外每个节点的前驱和距离值
        {
            if(!vis[i]&&dis[i]>g[nt][i]) // 若 i 在树外且 (nt, i) 的边长小于 i 的距离值，
                                           // 则调整 i 的前驱和距离值
                { pre[i] = nt; dis[i] = g[nt][i]; }
        }
    }
}
void dfs(int cur, int cpre, int u, int v) // 修改当前连通分支中到达节点 0 的路径上的最大边。
                                           // Cur 为当前节点，cpre 为当前节点的前驱，(u, v)
                                           // 表示调整前路径上的最大边
{
    for (int i = 1; i < n; ++i)            // 枚举树中除 (cpre, cur) 外与 Cur 相连的每条边
    {
        if (cpre != i && link[cur][i])
        {
            if(cpre==-1||g[cur][i]>=g[u][v])       // 若当前边权大于之前保存的最大边，则当
                                                   // 前边记为最大边，继续递归；否则最大边
                                                   // 不变，继续递归
                 { del[i]=node(cur, i, g[cur][i]); dfs(i, cur, cur, i); }
            else { del[i] = node(u, v, g[u][v]); dfs(i, cur, u, v); }
        }
    }
}
void solve()                                       // 计算并输出 k 度最小生成树的边权和
{
    for (int i = 1; i < n; ++i)                    // 枚举节点 0 外不在生成树上的每个节点 i
    {
        if (vis[i]) continue;
        k--; kk = i;                               // 计算剩余的度数，记下 i
        prim(i);                                   // 计算以 i 为根的最小生成树
        ans+=g[0][kk];link[kk][0]=link[0][kk]=1;//(i, 0) 加入生成树，累计边权
```

```
        dfs(kk, -1, -1, -1);                          //调整当前连通分支的最长边
    }
    while(k--)
    {
        int c = 0, nt = 0;
        for (int j = 1; j < n; ++j)                   //枚举生成树外邻接节点 0 的所有节点
        {
            if (link[0][j] || g[0][j] == inf) continue;
            if(c < del[j].len - g[0][j]) //找出使边权和减少量最大的增删操作，即添边 (0, nt)、
                                        //删除节点 0 到节点 nt 的路径上的最长边后使边权和
                                        //减少量最大
            { nt=j; c=del[j].len-g[0][j]; //记下边权和的减少量
            }
        }
        if (c == 0) break;                      //若生成树的边权和无法减少，则退出循环
        ans -= c;                               //调整生成树的边权和
        link[del[nt].u][del[nt].v]=link[del[nt].v][del[nt].u]=false;   //删除最长边
        link[0][nt] = link[nt][0] = 1;   //添加边 (0, nt)
        dfs(nt, 0, -1, -1);                     //调整当前连通分支的最长边
    }
    printf("Total miles driven: %d\n", ans);  //输出 k 度最小生成树的边权和
}
void init()                                     //输入边信息，构造图的相邻矩阵
{
    char s1[20], s2[20];
    int w, u, v;
    n = 0;                                      //节点数初始化
    map <string, int> name;
    map <string, int>::iterator it1, it2;
    name.clear();
    name["Park"] = n++;                         //根节点定义为 0
    memset(g, 0x3f, sizeof(g));                 //图的相邻矩阵初始化为空
    memset(vis, 0, sizeof(vis));                //初始时所有节点在生成树外，生成树的相邻矩阵为空
    memset(link, 0, sizeof(link));
    for (int i = 0; i < m; ++i)
    {
        scanf("%s %s %d", &s1, &s2, &w);              //输入边信息
        it1 = name.find(s1); it2 = name.find(s2);
        if (it1 != name.end()) u = it1->second; //定义两个端点的节点编号
        else { name[s1] = n; u = n++; }
        if (it2 != name.end()) v = it2->second;
        else { name[s2] = n; v = n++; }
        if (g[u][v] > w) g[u][v] = g[v][u] = w; //向相邻矩阵添加边
    }
    scanf("%d", &k);                            //输入度的限制数
    ans = 0;                                    //k 度最小生成树的边权和初始化
}
int main()
{
    while(scanf("%d", &m) != EOF)               //反复输入边数
    {
        init();                                 //输入边信息，构造图的相邻矩阵
        solve();                                //计算并输出 k 度最小生成树的边权和
    }
    return 0;
}
```

6.4　次小生成树

如果要构造一棵边权和次小的生成树，那么，就有这样的问题：用什么方法怎么构造？

构造出的生成树与最小生成树有什么不同？次小的边权是多少？现实生活中的许多问题都可以归结为次小生成树问题，这使计算次小生成树的算法有实际的应用价值。

定义 6.4.1（次小生成树） 设 $G(V, E, \omega)$ 是带权连通图，T 是图 G 的一棵最小生成树。如果有另一棵生成树 T_1，不存在其他的生成树 T'，使 $\omega(T')<\omega(T_1)$，则称 T_1 是图 G 的次小生成树。

定义 6.4.2（邻集） 设 T 是图 G 的一棵生成树。通过删除 T 的一条树枝，再向 T 加入一条弦而得到的新的生成树所组成的集合，称为 T 的邻集，记为 $N(T)$。

定理 6.4.1 设 T 是图 G 的最小生成树，如果生成树 T_1 满足 $\omega(T_1) = \min\{\omega(T') \mid T' \in N(T)\}$，则 T_1 是 G 的次小生成树。

证明： 如果 T_1 不是 G 的次小生成树，那么必定存在另一棵生成树 T'，使 $\omega(T)\leqslant\omega(T')<\omega(T_1)$，由 T_1 的定义式知 $T' \notin N(T)$，则 $E(T') - E(T) = \{a_1, a_2, \cdots, a_t\}$，$E(T) - E(T') = \{b_1, b_2, \cdots, b_t\}$，其中 $t\geqslant1$。

由定理 6.3.1，存在一个排列 $b_{i1}, b_{i2}, \cdots, b_{it}$，使 $T(+a_j, -b_{ij})$ 是 G 的生成树，且 $T(+a_j, -b_{ij}) \in N(T)$，$1\leqslant j\leqslant t$，所以 $\omega(a_j)\geqslant\omega(b_{ij})$，$\omega(T')\geqslant\omega(T(+a_j, -b_{ij}))\geqslant\omega(T_1)$，导致矛盾。所以，$T_1$ 是图 G 的次小生成树。 ■

基于定理 6.4.1，求解图 G 的次小生成树问题的基本思路如下。

首先，求该图 G 的最小生成树 T，时间复杂度 $O(V\log_2V + E)$；其次，求 T 的邻集 $N(T)$ 中权值和最小的生成树，即图 G 的次小生成树。

给出一个带权连通无向图 G，可以产生最小生成树 T。如果枚举 G 中每条不在 T 中的边，并把这条边加入 T 中，则一定会和 T 中的边形成一条回路；然后，在这条回路中删去一条权值最大的边（除新加入的那一条边之外），则得到的生成树在 T 的邻集 $N(T)$ 中。最终，在 $N(T)$ 中，权值最小的生成树就是次小生成树；即 SecondMST = min(MST + $w(u, v)$ − maxd(u, v))，其中，SecondMST 为次小生成树的权值，MST 是 T 的权值，边 (u, v) 不在最小生成树 T 中，$w(u, v)$ 是边 (u, v) 的权值，且 maxd(u, v) 为 T 中连接节点 u 和 v 的路径上的边的最大权值。

可以基于 Kruskal 算法计算次小生成树，例如，如图 6.4-1 所示。

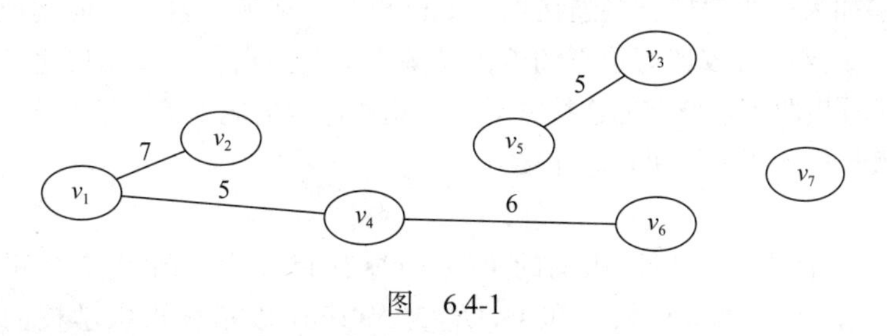

图　6.4-1

如果接下来要添加权值为 8 的边 (v_2, v_5)，因为 v_2 和 v_5 分别属于两个等价类 $\{v_2, v_1, v_4, v_6\}$ 和 $\{v_3, v_5\}$，所以，对于连接这两个等价类中的任何两个节点之间的路径，路径上的边的最大权值都是 8。设 maxd[i][j] 为 T 中连接节点 i 和 j 的路上的边的最大权值，则 maxd[3][2] = maxd[3][1] = maxd[3][4] = maxd[3][6] = 8，maxd[5][2] = maxd[5][1] = maxd[5][4] = maxd[5][6] = 8。在 Kruskal 算法执行过程中，每增加一条边就这样计算，最后就可以得到图中两个节点之间的路径上的边的最大权值。

基于图中两个节点之间的路径上的边的最大权值，计算次小生成树。例如，设图 G 的最小生成树 T 如下，在图 G 中存在权值为 8 的边 $\{v_6, v_5\}$。枚举到边 $\{v_6, v_5\}$ 时，在 T 中添加此边，则产生一条回路，而在连接 v_6 和 v_5 的路径上边的最大权值是 7，删除权值为 7 的边，则产生最小生成树邻集中的树，计算其权值；然后，继续枚举其他在 G 中不属于 T 的边；最后，在邻集中具有最小权值的生成树就是次小生成树（如图 6.4-2 所示）。

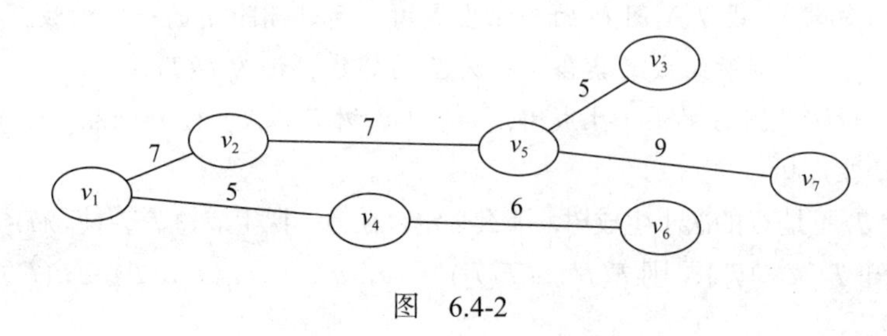

图　6.4-2

计算次小生成树也可以用 Prim 算法。

同样，在产生最小生成树 T 的过程中，设二维数组 maxd[i][j] 表示在 T 中节点 i 到节点 j 的路径上具有最大权值的边的权值，用动态规划的思想来计算数组 maxd[][]，设当前加入最小生成树的节点为 index，其父节点为 per[index]，对于生成树上已经有的节点 j，则 maxd[index][j] = maxd[j][index] = max(maxd[j][per[index]], dis[index])，其中，dis[index] 为节点 index 与生成树之间的距离，也就是连接节点 per[index] 与节点 index 之间的边的权值 weight[per[x]][x]。此外，数组 connect[i][j] 表示边 (i, j) 是否在最小生成树 T 中。

题目 6.4.1 和题目 6.4.2 是计算次小生成树的范例，其中，题目 6.4.2 给出了分别用 Kruskal 算法和 Prim 算法计算次小生成树的参考程序。

【6.4.1　ACM contest and Blackout】

为了准备将要举行的全国首届 ACM 学校竞赛，市长决定为所有的学校提供可靠的电力来源，他非常害怕停电。为了做到这一点，Future 电站一定要和一所学校（是哪一所学校并不重要）连接，而且，所有学校必须连接上电源。

本题设定，如果一所学校直接连接到 Future 电站，或者连接到任何其他有可靠的电力来源的学校，那么这所学校就有可靠的电力来源。本题给出在一些学校之间进行连接的成本。市长决定挑选出两个最便宜的连接方案——总的连接的成本等于学校之间的连接成本的总和。请帮助市长找到两个最便宜的连接方案。

输入

输入首先在一行中给出测试用例的个数 T ($1<T<15$)。然后给出 T 个测试用例，每个测试用例的第一行给出两个整数 N 和 M，N ($3<N<100$) 表示城市中学校的数目，M 表示学校之间可能的连接，用一个空格分开。接下来 M 行每行给出 3 个整数 A_i、B_i、C_i，其中 C_i($1<C_i<300$) 是学校 A_i 和 B_i 之间连接的成本。学校用从 1 到 N 的整数来编号。

输出

对每个测试用例输出一行，给出两个整数，表示两个最便宜的连接方案的成本，用一个空格分开。设 S_1 是最便宜的连接方案的成本，S_2 是次便宜的连接方案的成本。当且仅当有两个最便宜的连接方案时 $S_1=S_2$；否则 $S_1<S_2$。本题设定 S_1 和 S_2 是存在的。

样例输入	样例输出
2 5 8 1 3 75 3 4 51 2 4 19 3 2 95 2 5 42 5 4 31 1 2 9 3 5 66 9 14 1 2 4 1 8 8 2 8 11 3 2 8 8 9 7 8 7 1 7 9 6 9 3 2 3 4 7 3 6 4 7 6 2 4 6 14 4 5 9 5 6 10	110 121 37 37

试题来源：Ukrainian National Olympiad in Informatics 2001

在线测试：UVA 10600

试题解析

简述题意：在 n 个节点（学校）和 m 条边（学校连接关系）组成的带权（连接成本）连通图中，计算最小生成树的边权和（最便宜的连接方案的成本）与次小生成树的边权和（次便宜的连接方案的成本）。

由于图的节点数较少（$3<N<100$），我们使用 Prim 算法计算最小生成树的边权和 ans1。在计算的过程中，记录树中每一对节点 j 和 k 间路径上的最长边权 $F[j][k]$。方法是如下。

若当前边 (v, k) 被加入生成树，则搜索生成树内每个节点 j，$F[j][k] = \max\{F[j][v], w_{vk}\}$。

有了 $F[][]$ 和 ans1，便可以计算次小生成树 T 的权值和 ans2。

枚举最小生成树 T 外的每一条边 (i,j)（$1\leqslant i,j\leqslant n$，$(i,j)\notin T$），计算加入 (i,j)，并删除生成树中 i 与 j 间路径上最长边后的权值和增量（$w_{ij}-F[j][k]$）。则 $ans2 = \min\limits_{1\leqslant i,j\leqslant n,(i,j)\notin T}\{ans1 + w_{ij} - F[i][j]\}$。

参考程序

```
#include<cstdio>
#include<cstring>
#define INF 1<<30                              // 定义无穷大
int map[110][110], n, m;                       // 图的相邻矩阵为 map[][]，节点数为 n，边数为 m
int vis[110], use[110][110], low[110];         // 节点 i 的树内标志为 vis[i]，距离值为 low[i]，
```

$$use[i][j]=\begin{cases}0 & i\text{和}j\text{无边}\\ 1 & (i,j)\notin\text{最小生成树}T\\ 2 & (i,j)\in\text{最小生成树}T\end{cases}$$

```
int pre[110], F[110][110];          // 节点 i 的前驱为 pre[i]，生成树中 i 至 j 路径上的最大边权
                                    // 为 F[i][j]
int max(int x, int y)               // 求 x 和 y 中的较大者
{
    return x>y?x:y;
}

int prim(int s, int t)              // 使用 Prim 算法计算以节点 s 为根的最小生成树
{   int ans=0;                      // 最小生成树的边权和初始化
    memset(pre, -1, sizeof(pre));// 每个节点的父指针初始化为空
    pre[s] = -1;                    // s 的父指针为 -1
    memset(F, 0, sizeof(F));        // 生成树中路径的最大边初始化
    for(int i = 1; i <= n; i++)     // 初始时所有节点在生成树外，距离值为∞
        {vis[i] = 0;  low[i] = INF;  }
    low[1] = 0;                     // 节点 1 的距离值为 0
    for(int i = 1; i <= n; i++)     // 逐个节点加入生成树
    {   int temp = INF, tp=-1;      // 寻找生成树外距离值最小的节点 tp（距离值为 temp）
        for(int j=1; j<=n; j++)
            if(!vis[j]&&temp>low[j])
                {tp = j; temp=low[j]; }
        if(tp==-1) continue;
        int k=tp;  int v=pre[k];
        if(v!=-1)                   // 若 k 非根，则 (v, k) 进入生成树
        {  use[k][v]=use[v][k]=2;
            for(int j=1;j<=n;j++)// 搜索生成树内的每个节点 j，调整 F[j][k]
                if(vis[j])
                F[j][k]=max(F[j][v], map[v][k]);
        }
        vis[k]=1; ans+=low[k];      // k 进入最小生成树，距离值累计入边权和
        for(int j=1;j<=n; j++)      // 调整生成树外的每个节点的距离值和父指针
            if(!vis[j]&&low[j]>map[k][j])
                { low[j] = map[k][j];pre[j] = k; }
    }
    return ans;                     // 返回最小生成树的权值和
}

int second_mst(int x)               // 根据最小生成树的权值和 x 计算次小生成树的权值和
{   int res=x, ans=INF;             // 记下最小生成树的权值和，次小生成树的权值和初始化
    for(int i=1;i<=n;i++)           // 搜索生成树外每条满足条件的边 (i, j)（i 与 j 之间在生成
                                    // 树内存在路径）：若加入 (i, j)，删除 i 与 j 之间路径上的
                                    // 最长边可使权值和的增量最小，则调整次小生成树的权值和
        for(int j = 1; j <= n; j++)
            if(use[i][j]==1 && map[i][j]!=INF && F[i][j]!=INF)
                if(res+map[i][j]-F[i][j]<ans)
                    ans=res+map[i][j]-F[i][j];
        return ans;                         // 返回次小生成树的权值和
}
int main()
{     int t;
      scanf("%d", &t);                      // 输入测试用例数
      while(t--)
         {   scanf("%d%d", &n, &m);         // 输入节点数和边数
             for(int i = 0; i<=n; i++)      // 相邻矩阵 map 初始化
                 for(int j = 0; j<=n; j++)
                     map[i][j] = INF;
             memset(use, 0, sizeof(use)); // 所有节点间无边
```

```
    int x, y, z;
    for(int i=0; i<m; i++)          // 输入m条边的信息，构造相邻矩阵并设这些边在树外
    {   scanf("%d%d%d", &x, &y, &z);
        map[x][y]=map[y][x]=z;
        use[x][y]=use[y][x]=1;
    }
    int ans=prim(1, n);             // 使用Prim算法计算最小生成树的边权和
    int ans1=second_mst(ans);       // 计算次小生成树的边权和
    printf("%d %d\n", ans, ans1);   // 输出最小生成树的边权和与次小生成树的边权和
  }
  return 0;
}
```

【6.4.2 The Unique MST】

给出一个连通无向图，判断其最小生成树是否是唯一的。

定义 1（生成树） 给出一个连通的无向图 $G = (V, E)$。G 的生成树是 G 的子图 $T = (V', E')$，具有以下性质：

- $V' = V$；
- T 是连通无回路的。

定义 2（最小生成树，MST） 给出边带权的连通无向图 $G = (V, E)$。G 的最小生成树 $T = (V, E')$ 是总权值最小的生成树。T 的总权值是 E' 中所有边上的权值之和。

输入

输入的第一行给出一个整数 t（$1 \leqslant t \leqslant 20$），表示测试用例的数量。每个测试用例表示一个图，测试用例的第一行给出两个整数 n（$1 \leqslant n \leqslant 100$）和 m，表示节点数和边数；接下来的 m 行给出三元组 (x_i, y_i, w_i)，表示由节点 x_i 和节点 y_i 连接的边，权值为 w_i。对于任意两个节点，最多有一条边连接它们。

输出

对于每个输入的测试用例，如果最小生成树（MST）是唯一的，则输出它的总权值；否则输出字符串“Not Unique!”。

样例输入	样例输出
2 3 3 1 2 1 2 3 2 3 1 3 4 4 1 2 2 2 3 2 3 4 2 4 1 2	3 Not Unique!

试题来源：POJ Monthly--2004.06.27 srbga@POJ

在线测试：POJ 1679

 **试题解析**

试题要求判断带权连通无向图 G 的最小生成树是否唯一。判断方法如下。

首先，计算给出边带权的连通无向图 G 的最小生成树 T；其次，计算图的次小生成树，判断次小生成树的权值与最小生成树的权值是否相等，如果不相等，则最小生成树唯一，输出它的总权值；否则最小生成树不唯一，输出字符串“Not Unique!”。

计算图的次小生成树，是在计算出最小生成树的基础上，通过枚举法计算任意两个节点之间的路径上权值最大的边。设 p_i 为第 i 条不在生成树上的边，在生成树上加入 p_i 后便形成一个回路，删除经由 p_i 的回路上权值最大的边，便得到一棵生成树。显然，在添加 p_i 并删除 p_i 的两个端点路径上的最大边权后，这棵生成树的权值和是最小的，即 sum_i= 最小生成树的权值和 sum + p_i 的边权 $-p_i$ 的两个端点路径上的最大边权。由此，得到次小生成树的权值和 $T=\min\{\text{sum}_i \mid p_i \in$ 最小生成树的边集 $\}$。

下面分别给出用 Kruskal 算法和 Prim 算法实现计算次小生成树的参考程序。在判别最小生成树的唯一性上，Kruskal 算法采用计算最小生成树和次小生成树的方法，而 Prim 算法则采用另一种方法。

参考程序

参考程序 1（Kruskal 算法实现）

```
#include <vector>
#include <iostream>
#include <algorithm>
#define INF 0x3f3f3f3f
using namespace std;
int n, m;
struct data
{
    int u, v, w;
    bool vis;
} p[20010];                      // 边序列为 p[]，其中第 i 条边为 (p[i].v, p[i].u)，边权
                                 // 为 p[i].w，最小生成树的边标志为 p[i].vis
vector<int>G[110];               // v 所在连通分支的节点存储在容器 G[v] 中
int per[110], maxd[110][110];    // 节点 i 的父指针为 per[i]，节点 i 和 j 间距离的最大值为
                                 // maxd[i][j]
bool cmp(data a, data b)         // 比较函数
{
    return a.w < b.w;
}
int Union_Find(int x)            // 计算并返回 x 点所在连通分支的代表节点
{
    return x == per[x] ? x: per[x] = Union_Find(per[x]);
}
void kruskal()                   // 使用 Kruskal 算法计算最小生成树。判断该树是否唯一并输出
                                 // 此信息
{
    sort(p, p+m, cmp);           // 按照边权递增的顺序排序 m 条边
    for(int i=0; i<=n; i++)      // 初始时每个节点自成一个连通分支
    {
        G[i].clear();
        G[i].push_back(i);
        per[i]=i;                // i 节点的父指针指向自己
    }
    int sum=0, k=0;              // 最小生成树的值 sum 和边数 k 初始化为 0
    for(int i=0; i<m; i++)       // 枚举每条边
    {
        if(k==n-1) break;        // 若构造出 n-1 条边的最小生成树，则退出循环
```

```
        int x1=Union_Find(p[i].u), x2=Union_Find(p[i].v);// 计算第 i 条边的两个端点所在
                                                        // 连通分支的代表节点
        if(x1!=x2)                          // 若第 i 条边的两个端点不在同一连通分支
        {
            k++;                            // 最小生成树的边数加 1
            p[i].vis=1;                     // 标志第 i 条边已用过，该边权计入最小生成树的权和
            sum+=p[i].w;
            int len_x1=G[x1].size();        // 计算第 i 条边两个端点所在连通分支的节点数
            int len_x2=G[x2].size();
            // 枚举两个连通分支间的节点对，更新两点间距离的最大值
            for(int j=0; j<len_x1; j++)
                for(int k=0; k<len_x2; k++)
                    maxd[G[x1][j]][G[x2][k]]=maxd[G[x2][k]][G[x1][j]]=p[i].w;
                    // 因为后面的边会越来越大，所以这里可以直接等于当前边的长度
                    per[x1]=x2;             // x1 所在的连通分支并入 x2 所在的连通分支
                    for(int j=0; j<len_x1; j++)
                        G[x2].push_back(G[x1][j]);
            }
        }
        int cisum=INF;                  // 次小生成树的权值和初始化
        for(int i=0; i<m; i++)          // 枚举不在最小生成树数中的每条边，调整次小生成树的权值和
            if(!p[i].vis) cisum=min(cisum, sum+p[i].w-maxd[p[i].u][p[i].v]);
        if(cisum>sum)                   // 若次小生成树的与最小生成树的权值不相等，则输出唯一的
                                        // 最小生成树权值，否则输出最小生成树不唯一的信息
            printf("%d\n", sum);
        else printf("Not Unique!\n");
}
int main()
{
        int T;
        scanf("%d\n", &T);          // 输入测试用例数
        while(T--)                  // 依次处理每个测试用例
        {
            scanf("%d%d", &n, &m); // 输入节点数 n 和边数 m
            for(int i=0; i<m; i++) // 依次输入 m 条边的信息
            {
                scanf("%d%d%d", &p[i].u, &p[i].v, &p[i].w);
                p[i].vis = false;// 该边初始时不在生成树内
            }
            kruskal();              // 使用 Kruskal 算法计算最小生成树，计算该树是否唯一并输出此信息
        }
        return 0;
}
```

当然，并不是非得计算出次小生成树的权值才能确定最小生成树的唯一性，还有另外一种方法。

枚举每一条未被生成树使用的边 (i, j)，一旦发现其边权等于树中 i 与 j 的环中的最大边权 maxd[i][j]，则可确定最小生成树与次小生成树相同，因为次小生成树的权值是最小生成树的权值与最小生成树外的边权的和减去对应环中的最大边权。

由于在使用 Prim 算法计算最小生成树的同时，可顺便计算出 maxd[][]，因此直接使用 Prim 算法计算出最小生成树和 maxd[][]。在此基础上采用上述方法判别最小生成树的唯一性。

参考程序 2（Prim 算法实现）

```
#include <iostream>
#include <algorithm>
#define INF 0x3f3f3f3f
using namespace std;
const int MAXN = 110;
```

```
int n, m, mapp[MAXN][MAXN];         //无向图信息，其中边数为m，节点数为n；边(i, j)存在的
                                    //标志为connect[i][j]，其边权为mapp[i][j]；节点i在
                                    //最小生成树中的标志为vis[i]
bool vis[MAXN], connect[MAXN][MAXN];
int dis[MAXN], maxd[MAXN][MAXN], per[MAXN];      //节点i的距离值为dis[i]，父指针为per[i]，
                                                 //节点i和j间距离的最大值为maxd[i][j]；
void Init()                         //无向图的相邻矩阵初始化为空
{
    memset(mapp, INF, sizeof(mapp));
    memset(connect, false, sizeof(connect));
}

int prim()
{
    memset(maxd, 0, sizeof(maxd));          //所有节点对之间距离的最大值初始化为0
    memset(vis, false, sizeof(vis));        //所有节点初始时不在最小生成树中
    for(int i = 1;i <= n;i ++)              //节点1为根，枚举每个节点，其父指针指向节点1，
                                            //距离值为该节点与节点1的边权
    {
        dis[i] = mapp[1][i];
        per[i] = 1;
    }
    vis[1] = 1;                             //节点1进入最小生成树，距离值为0
    dis[1] = 0;
    int res = 0;                            //最小生成树的边权和初始化为0
    for(int i = 1;i < n;i ++)               //构建最小生成树的n-1条边
    {
        int index = -1, temp = INF;         //生成树外距离值最小的边和最小距离值初始化
        for(int j = 1;j <= n;j ++)          //枚举未在生成树中且距离值为目前最小的节点j
            if(!vis[j] && dis[j] < temp)
            {
                index = j;                  //将节点j记为index，其距离值调整为最小距离值temp
                temp = dis[j];
            }
        if(index == -1) return res;         //若所有节点进入生成树，则返回最小生成树的权和；
                                            //否则index进入最小生成树，index连接生成树的
                                            //边从无向图中删除，以避免重复添加
        vis[index] = 1;
        connect[index][per[index]] = false;
        connect[per[index]][index] = false;
        res += temp;                        //最小距离值temp累计入生成树的边权和
        maxd[per[index]][index] =maxd[index][per[index]] = temp;//更新点之间的距离最大值
        for(int j = 1;j <= n;j ++)
        {
            if(j != index && vis[j])        //枚举生成树中除index外的其他节点，更新index
                                            //与j间的距离最大值
            {
                maxd[index][j] = maxd[j][index] = max(maxd[j][per[index]], dis[index]);
            }
            if(!vis[j] && mapp[index][j] < dis[j])      //若生成树外存在这样的节点j，其
                                                        //距离值大于与index间的最大
                                                        //距离，则将其与index间的最大
                                                        //距离值调整为节点j的距离值，
                                                        //节点j的父指针指向index
            {
                dis[j] = mapp[index][j];
                per[j] = index;
            }
        }
    }
    return res;                     //返回最小生成树的权和
```

```
    }

    int main()
    {
        int T;
        scanf("%d\n", &T);                   // 输入测试用例数
        while(T--)                           // 依次处理每个测试用例
        {
            scanf("%d%d", &n, &m);           // 输入节点数 n 和边数 m
            Init();
            int u, v, w;
            for(int i = 0;i < m;i ++)        // 依次输入每条边 (u, v) 的权 w
            {
                scanf("%d%d%d", &u, &v, &w);
                mapp[u][v] = w;mapp[v][u] = w; // 构建无向图的相邻矩阵
                connect[u][v] = true;connect[v][u] = true;
            }
            int ans = prim();                // 使用 Prim 算法计算最小生成树的边权和
            bool over = false;               // 初始时假设最小生成树唯一
            for(int i = 1;!over && i <= n;i ++) // 在目前最小生成树唯一的情况下，枚举每一对节点 i 和 j
                for(int j = 1;j <= n;j ++)
                {   // 若 i 和 j 已进入生成树或者无边相连，则枚举下一对节点
                    if(connect[i][j] == false || mapp[i][j] == INF) continue;
                    // 若 (i, j) 未在生成树中且 (i, j) 为途经该边回路上的最大边，则加入 (i, j) 并
                    // 删除途经该边回路上的最大边后，生成树的权值和依然保持最小，因此设定最小生成
                    // 树不唯一，退出循环
                    if(mapp[i][j] == maxd[i][j])
                    {
                        over = 1;
                        break;
                    }
                }
            if(over)                         // 根据 over 输出最小生成树是否唯一的信息
                printf("Not Unique!\n");
            else
                printf("%d\n", ans);
        }
        return 0;
    }
```

题目 6.4.3 和题目 6.4.4 是求最小生成树中最佳替换边的试题，属于次小生成树的变形题。

【6.4.3　Genghis Khan the Conqueror】

我们的故事是关于哲别的，他是成吉思汗麾下最著名的将领之一。有一次，他率领先遣军团入侵一个叫 Pushtuar 的国家。蒙古骑兵迅速占领了 Pushtuar 的所有城市。由于哲别的先遣军团没有足够的士兵，这场征服是暂时的和脆弱的，他在等待成吉思汗的增援；与此同时，哲别需要在 Pushtuar 的城市之间的道路上部署警卫部队，以保证在每个城市中的部队都能够通过这些道路收发信息。

Pushtuar 有 N 个城市，城市之间由双向道路连接。如果哲别在道路上部署警卫部队，那么在该道路连接的两个城市之间传递信息是安全的。然而，在不同的道路上部署警卫部队，根据距离、路况和附近的抵抗力量的情况，所需的费用是不同的。哲别知道在每一条道路上

部署警卫部队的费用。他希望能够确保在任何两个城市之间都能安全地直接或间接地传递信息，而且总的费用最低。

然而，事情总会变得复杂。作为一名老练的将军，哲别断言，Pushtuar 迟早会爆发一次起义，这会增加道路上部署警卫部队的费用。他不知道哪条道路会受到影响，只是得到了起义会导致道路的费用变化的信息。本题设定道路的费用变化的概率是相同的。由于起义发生后，需要重新部署警卫部队，以达到最低费用，哲别要求根据目前的信息计算预期的新的最低总费用。

输入

输入中的测试用例不超过 20 个。

对于每个测试用例，第一行给出两个整数 N 和 M（$1 \leqslant N \leqslant 3000$，$0 \leqslant M \leqslant N \times N$），表示 Pushtuar 的城市和道路数量。城市编号为 $0 \sim N-1$。接下来给出 M 行，每行给出三个整数 x_i、y_i 和 c_i（$c_i \leqslant 10^7$），表明 x_i 和 y_i 之间有一条双向道路，在这条路上部署警卫部队的费用是 c_i。本题设定图是连通的，且图的总成本小于或等于 10^9。

接下来的一行给出整数 Q（$1 \leqslant Q \leqslant 10\ 000$），表示费用会发生变化的道路的数量。接下来的 Q 行中，每行给出三个整数 X_i、Y_i 和 C_i，表示道路 (X_i, Y_i) 的费用可能更改为 C_i（$C_i \leqslant 10^7$）。本题设定道路始终存在，并且 C_i 大于原来的费用，在两个城市之间最多有一条道路直接连接。这里要注意，每条道路费用发生变化的概率是相同的。

输出

对于每个测试用例，输出一个实数，表示预期的最低总费用。结果应四舍五入到小数点后 4 位。

样例输入	样例输出
3 3 0 1 3 0 2 2 1 2 5 3 0 2 3 1 2 6 0 1 6 0 0	6.0000

提示

样例说明，通过将城市 0 连接到城市 1（费用为 3），以及将城市 0 连接到城市 2（费用为 2），初始最小费用为 2 + 3 = 5。第一个道路费用发生变化（0 2 3），最低总费用增加到 3 + 3 = 6；第二个道路费用发生变化（1 2 6），最低总费用仍然是 5；第三个道路费用发生变化（0 1 6），最低总费用增加到 2 + 5 = 7。因此，预期的最小总费用为（5 + 6 + 7）/3 = 6。

试题来源：ACM-ICPC 2011 Asia Fuzhou Regional Contest

在线测试：UVA5834，HDOJ 4126

试题解析

本题分析如下。首先，在图中找到最小生成树；然后，对费用发生变化的边进行判断：

如果当前的费用发生变化的边不在最小生成树中，则当前的最小生成树的权值就是当前的最低总费用的值；如果当前的费用发生变化的边在最小生成树中，那么将该边删除之后就会形成两棵子树，就要找一条能连接这两棵子树的权值最小的一条边，也就是要计算最小生成树中每条边的最小替换值（如图 6.4-3 所示）。

因此，本题的算法如下。首先，计算最小生成树及其权值和 sum；然后将图中每个节点作为根进行 DFS，计算 dp[u][v]，dp[u][v] 表示在最小生成树中删除边 $\{u, v\}$ 后，从节点 u 所在的连通分支到节点 v 所在的连通分支的最短距离。接下来，依次处理 q 条费用发生变化的道路，分别计算出每条道路费用变化后的最小生成树的权值。当其中第 i 条道路 $\{u_i, v_i\}$ 的费用变成 w_i 时，分析如下。

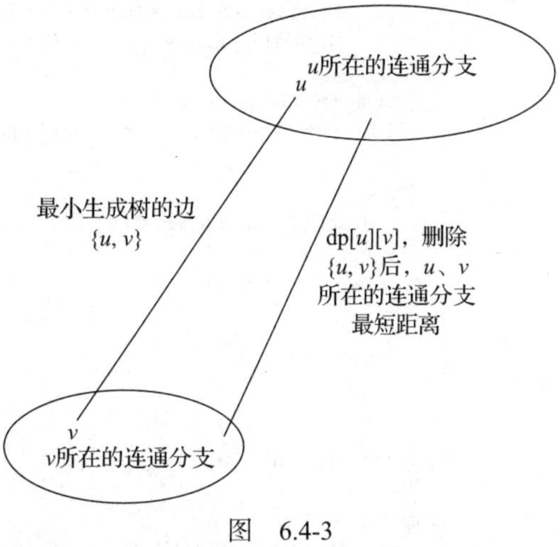

图　6.4-3

- 若 $\{u_i, v_i\}$ 不在生成树中，则此时生成树的权值依然是 sum。
- 若 $\{u_i, v_i\}$ 在生成树中，则此时生成树的权值变为 sum $-\{u_i, v_i\}$ 的边权 + min(w_i, dp[u_i][v_i])。

由此得出：q 个生成树的权值和

$$\text{res}=\begin{cases}\text{sum} & \{u_i,v_i\}\text{不在生成树中}\\ \sum_{i=1}^{q}\text{sum}-\{u_i,v_i\}\text{的边权}+\min(w_i,\text{dp}[u_i][v_i]) & \{u_i,v_i\}\text{在生成树中}\end{cases}$$

显然，预期的最低总费用为 $\dfrac{\text{res}}{q}$。

参考程序

```
#include<cstdio>
#include<algorithm>
#include<vector>
using namespace std;
typedef long long LL;
const int INF = 1e9 + 7;
const int maxn = 3000;
int n, m, q;                    // 城市数为 n，道路数为 m，费用会发生变化的道路数为 q
vector<int>E[maxn + 5];         // 生成树中存储节点 u 的所有邻接点的容器为 E[u]
LL sum;                         // 最小生成树的权值和
bool vis[maxn + 5];             // 节点 u 进入生成树的标志为 vis[u]
int dis[maxn + 5], dp[maxn + 5][maxn + 5], a[maxn + 5][maxn + 5]; // 无向图的相邻矩阵为 a[][]；删除
                                                                  // 边 (u, v) 后，从 u 所在的连通
                                                                  // 分支到 v 所在的连通分支的最短
                                                                  // 距离为 dp[u][v]；节点 v 的
                                                                  // 距离值为 dis[v]
int pre[maxn + 5];              // 节点 v 的父指针为 pre[v]
void Prim(int x) {              // 使用 Prim 算法构造以 x 为根的最小生成树
    sum = 0LL;                  // 最小生成树的权值和初始化为 0
    // 所有节点的距离值为 (x, i) 的边长，父指针指向 x，所在连通分支的容器置空
    for(int i = 0; i < n; i++) dis[i] = a[x][i], pre[i] = x, vis[i] = 0, E[i].clear();
    vis[0] = 1, pre[0] = -1, dis[0] = INF; // 虚拟节点 0，其父指针为空，距离值为无穷大
    for(int i = 1; i < n; i++) {           // 在生成树外的节点中寻找距离值最小的节点 k
        int k = 0;
        for(int j = 0; j < n; j++) {
```

```
            if(!vis[j] && dis[k] > dis[j]) k = j;
        }
        vis[k] = 1;                               // k节点进入生成树
        if(pre[k] != -1) {                        // 若k的父指针非空，则其父节点进入k所在的连通
                                                  // 分支；k进入其父节点所在的连通分支
            E[k].push_back(pre[k]);
            E[pre[k]].push_back(k);
        }
        sum += (LL)dis[k];                        // k的距离值累计入最小生成树的权值和
        for(int j = 0; j < n; j++) {              // 对生成树外所有与k相连的节点j进行松弛操作:
                                                  // 若(k, j)的边权小于j的距离值，则j的距离值
                                                  // 调整为该边权，j的父指针指向k
            if(!vis[j] && dis[j] > a[k][j]) {
                dis[j] = a[k][j];
                pre[j] = k;
            }
        }
    }
}

int Dfs(int u, int fa, int p) {                   // 递归计算断开边(fa, u)后，以p为u所在连通
                                                  // 分支与fa所在连通分支间的最短距离
    int res = INF;                                // 两个连通分支间的最短距离初始化为无穷大
    for(int i = 0; i < E[u].size(); i++) {        // 搜索u的每个儿子v
        int v = E[u][i];
        if(v != fa) {                             // 从v往下继续递归
            int tmp = Dfs(v, u, p);
            res = min(tmp, res);                  // 调整res
            dp[u][v] = dp[v][u] = min(dp[u][v], tmp);   // 所有情况下的最小值即为最短边
        }
    }
    if(p != fa) res = min(res, a[p][u]);          // 若此时fa非最初的p，说明(p, u)不在生成树中
    return res;                                   // 返回最短距离
}

int main() {
    while(~scanf("%d%d", &n, &m)) {               // 反复输入城市数n和道路数m，直至输入0 0为止
        if(n == 0 && m == 0)break;
        for(int i = 0; i < n; i++) for(int j = 0; j < n; j++) a[i][j] = dp[i][j] = INF;
        for(int i = 1; i <= m; i++) {             // 依次输入m条边的信息，构造无向图的相邻矩阵a[][]
            int u, v, w;
            scanf("%d%d%d", &u, &v, &w);
            a[u][v] = a[v][u] = w;
        }
        Prim(0);                                  // 从节点0出发，构造最小生成树
        for(int i = 0; i < n; i++) Dfs(i, -1, i); // 处理所有最小生成树上边的最小替换值
        scanf("%d", &q);                          // 输入费用会发生变化的道路数
        LL res = 0LL;
        for(int i = 1; i <= q; i++) {             // 依次输入q条道路被更改的费用
            int u, v, w;
            scanf("%d%d%d", &u, &v, &w);
            if(pre[u] != v && pre[v] != u) res += sum;   // 若(u, v)不在生成树中，则最小
                                                         // 生成树费用累计入总费用；否则
                                                         // 将在最小生成树中删除(u, v)，
                                                         // 并在u和v所在连通分支间添加
                                                         // 最短边后的费用累计入总费用
                                                         // [注意：若(u, v)的更改值小于
                                                         // u和v所在连通分支间的最小
                                                         // 值，则将(u, v)的边长调整
                                                         // 为更改值]
              else res += (sum - a[u][v] + min(w, dp[u][v]));
```

```
        }
        printf("%.4lf\n", res * 1.0 / q);                // 输出预期的最小总费用
    }
    return 0;
}
```

【6.4.4　Install Air Conditioning】

每年炎热的夏季，某大学的同学们都很难入睡。然而，他们再也不用忍受酷热的天气了。今年是该学校建校 60 周年，学校要在学生宿舍安装空调。由于该大学历史悠久，旧电路不能承载大电量的负荷，因此有必须搭建新的高负荷电线。为了降低成本，在两个宿舍之间的每条电线都被视为一段。现在，已知所有宿舍和发电厂的位置，以及高负荷电线每米的成本，Tom200 想事先知道，在所有宿舍都能供电的情况下，高负荷电线的成本最低是多少，这是最小化策略。而且，Tom200 还被告知，因为在两个特定宿舍之间的电线太多，不能在这两个宿舍之间搭建新的高负荷电线，否则可能会有潜在的风险。但问题是，在搭建高负荷电线的工程开始之前，Tom200 不知道是哪两个宿舍。因此，根据上面给出的最小化策略，计算最多要花多少钱。

输入

输入的第一行包含单个整数 T（$T\leqslant 100$），即测试用例数。

对于每个测试用例，第一行给出两个整数 n（$3\leqslant n\leqslant 1000$）和 k（$1\leqslant k\leqslant 100$）；其中，$n$ 表示 $n-1$ 个宿舍和一个发电厂，k 表示高负荷电线每米的成本。后面的 n 行每行给出两个整数 x（$x\geqslant 0$）和 y（$y\leqslant 10\ 000\ 000$），表示宿舍或发电厂的位置，本题设定没有两个位置是相同的，也没有三个位置在同一条直线上，第一个位置是发电厂的位置。

输出

对于每个测试用例，输出高负荷电线的成本，精确到小数点后两位。

样例输入	样例输出
2 4 2 0 0 1 1 2 0 3 1 4 3 0 0 1 1 1 0 0 1	9.66 9.00

试题来源：2013 ACM-ICPC Asia Regional Nanjing Online

在线测试：HDOJ 4756

试题解析

本题给出 n（$3\leqslant n\leqslant 1000$）个二维坐标点，第一个点是发电厂的位置，另外的 $n-1$ 个点是宿舍的位置；有两个宿舍之间不能连边，但是不知道是哪两个宿舍。在这种情况下，求最

小生成树的最大值。

因为本题的图是完全图，不宜用 Kruskal 算法。首先，用 Prim 算法求出最小生成树；然后，通过 DFS 算法计算最小生成树中所有树枝的最小替代边权值 dp[][]；显然，删除树枝 (u, v) 后，使用最小替代边连接 u 和 v 所在的连通分支，最小生成树的权值变为 MST − (u, v) 的权值 + dp[u][v]，其中 MST 是最小生成树的权值；最后，依次枚举最小生成树的所有树枝，计算每个树枝被替代后最小生成树的权值，并取其中最大的一个权值 ans = max{ 当前树枝被替代后最小生成树的权值 }。显然，最多花费为 ans 乘以高负荷电线每米的成本 k。

参考程序

```
#include <iostream>
#include <algorithm>
using namespace std;
const int INF = 0x3f3f3f3f;
const int maxn = 1010;
const int N = 1010;
const int M = 300010;
struct node         // 位置序列为 p[]，其中 (p[1].x, p[1].y) 为发电厂位置，其他为宿舍位置
{
    int x, y;       // 坐标
} p[maxn];
struct node1
{
    int to, next;                       // 另一端点为 to，后继边指针为 next
} f[M];                                 // 生成树的邻接表为 f[]
int pre[N], head[N], flag[N];           // 节点 v 的父指针为 pre[v]，链表首指针为 head[v]，在生成
                                        // 树的标志为 flag[v]
int vis[N][N];                          // (v, u) 在生成树中的标志为 vis[v][u]
double low[N];                          // low[v] 为 v 的距离值，即生成树外的 v 与生成树节点的最短边长
double dis[N][N], dp[N][N];             // 节点 v 与 u 的欧氏距离为 dis[v][u]；最短距离矩阵为 dp[][]，
                                        // 其中删除最小生成树的边 (u, v) 后，从 u 所在连通分支到 v
                                        // 所在连通分支的最短距离为 dp[u][v]
int n, m, num;                          // 发电厂和宿舍的总数为 n，电线每米的成本为 m，边表指针为 num
double sum;                             // 最小生成树的权值和
void init()
{
    sum = 0;                            // 最小生成树的权值和初始化为 0
    num = 0;                            // 边编号初始化为 0
    memset(flag, 0, sizeof(flag));// 初始时，所有节点和所有边都不在生成树中
    memset(vis, 0, sizeof(vis));
    memset(head, -1, sizeof(head));// 初始时生成树上所有节点的链首指针为空
    memset(dp, 0, sizeof(dp));    // 初始时最短距离矩阵初始化为 0
}
double Dis(int x0, int y0, int x1, int y1) // 计算并返回 (x0, y0) 至 (x1, y1) 的欧氏距离
{
    return sqrt(1.0*(x0-x1)*(x0-x1) + 1.0*(y0-y1)*(y0-y1));
}

void add(int s, int t)                  // 将 (s, t) 加入生成树的邻接表
{
    f[num].to = t;                      // num 边的另一端点为 t
    f[num].next = head[s];              // 将该边插入链首指针为 head[s] 的单链表
    head[s] = num ++;                   // 调整链首指针 head[s]
}

void prim()                             // 使用 Prim 算法计算最小生成树的权值和
{
```

```
    for(int i = 1; i <= n; i++)  //初始时，所有节点的距离值为该节点与发电厂的欧氏距离，
                                 //父指针指向发电厂
    {
        low[i] = dis[1][i];
        pre[i] = 1;
    }
    flag[1] = 1;                 //发电厂进入生成树
    for(int i = 1; i < n; i++)   //依次构造生成树的n-1条边
    {
        double Min = INF;        //最小距离值初始化为∞
        int v;                   //具有最小距离值的节点v
        for(int j = 1; j <= n; j++) //枚举每个在生成树外且距离值目前最小的节点j,
                                 //该节点记为v，距离值记为min
        {
            if(!flag[j] && Min > low[j])
            {
                v = j;
                Min = low[j];
            }
        }
        sum += Min;              //最小距离值min计入最小生成树的权值和。标记v与其父的边
                                 //进入生成树
        vis[pre[v]][v] = vis[v][pre[v]] = 1;
        add(v, pre[v]);          //v与其父的边加入生成树的邻接表
        add(pre[v], v);
        flag[v] = 1;             //标记v在生成树中
        for(int j = 1; j <= n; j++)//松弛操作：枚举生成树外与v的欧氏距离小于其距离值的节点
                                 //j，将j的距离值调整为与v的欧氏距离，j的父指针指向v
        {
            if(!flag[j] && low[j] > dis[v][j])
            {
                low[j] = dis[v][j];
                pre[j] = v;
            }
        }
    }
}

double dfs(int cur, int u, int fa)//用cur更新cur点所在连通分支和其他连通分支的最短距离
{
    double ans = INF;                      //最短距离初始化为∞
    for(int i = head[u]; ~i; i = f[i].next) //从u出发，遍历生成树的每条边
    {
        if(f[i].to == fa) continue;        //若为(fa, u)，则枚举u的下一条邻接边
        double tmp=dfs(cur, f[i].to, u); //用cur更新的以(f[i].to, u)为割边的两棵子
                                           //树最短距离
        ans = min(tmp, ans);               //调整(fa, u)为割边的两棵子树的最短距离
        dp[u][f[i].to] = dp[f[i].to][u] = min(tmp, dp[u][f[i].to]);
        //调整删除树枝(f[i].to, u)后，从f[i].to所在连通分支到u所在连通分支的最短距离
    }
    if(cur != fa)                          //生成树边不更新
        ans = min(ans, dis[cur][u]);
    return ans;                            //返回更新后的最短距离
}

int main()
{
    int T;
    scanf("%d", &T);                       //输入测试用例数
    while(T--)                             //依次处理每个测试用例
    {
```

```
        init();
        scanf("%d %d", &n, &m);              //输入发电厂和宿舍的总数 n，电线每米的成本 m
        for(int i = 1; i <= n; i++) scanf("%d %d", &p[i].x, &p[i].y);  //输入宿舍或发电厂的
                                                                        //位置
        for(int i = 1; i <= n; i++)          //计算每对节点 i 和 j 的欧氏距离
        {
            for(int j = 1; j <= i; j++)
            {
                dp[i][j] = dp[j][i] = INF; //初始时 i 和 j 的最短距离为∞
                if(i == j)                   // dis[][] 的对角元素赋为 0
                {
                    dis[i][j] = 0.0;
                    continue;
                }
                dis[i][j] = dis[j][i] = Dis(p[i].x, p[i].y, p[j].x, p[j].y);
                //计算 i 和 j 的欧氏距离
            }
        }
        prim();                              //使用 Prim 算法计算最小生成树的权值和
        double ans = sum;
        for(int i = 0; i < n; i++) dfs(i, i, -1);
        for(int i = 2; i <= n; i++)          //枚举生成树中的每一对宿舍 (i, j)
        {
            for(int j = 2; j < i; j++)
            {
                if(!vis[i][j]) continue;
//若在生成树中删除 (i, j) 后在两个连通分支间加上权值最小的边，其权值和为目前调整方案最大，则设定
//其为调整方案的最大权值和
                ans = max(ans, sum-dis[i][j]+dp[i][j]);
            }
        }
        printf("%.2lf\n", ans*m);            //输出最多花费
    }
    return 0;
}
```

对于最小生成树及其拓展的知识体系，在“大学程序设计课程与竞赛训练教材”系列中，系统组织如下。

贪心算法是 Kruskal 算法、Prim 算法所基于的算法思想，在《数据结构编程实验：大学程序设计课程与竞赛训练教材》（第 3 版）的第 12 章“应用最小生成树算法编程”中，首先给出直接应用 Kruskal 算法、Prim 算法解题的实验，然后，给出将 Kruskal 算法、Prim 算法稍做修改的最大生成树的实验。

在本章中，首先，给出应用最小生成树算法求解实际问题的实验；其次，给出最小生成树的拓展实验：最优比率生成树、最小 k 度限制生成树、次小生成树。不仅是最小生成树，其他经典的图论模型也是如此，在解决实际问题时，不拘泥于经典模型，因“题”制宜，在原模型的基础之上，适当地加以拓展，建立符合问题本身特点的模型。

本章给出的解题策略一方面要求使用经典模型；另一方面，根据实际情况进行拓展和推导。

第7章

利用改进型的二叉搜索树优化动态集合的操作

二叉搜索树（Binary Search Tree）能够支持多种动态集合操作，可以被用来表示有序集合、建立索引或优先队列等，因此，二叉搜索树有着非常重要的作用。作用于二叉搜索树上的基本操作的时间是与树的高度成正比的，对于一棵含 n 个节点的二叉搜索树：如果呈完全二叉树结构，则这些操作的最坏情况运行时间为 $O(\log_2 n)$；如果呈线性链结构，则这些操作的最坏情况运行时间就退化为 $O(n)$。针对二叉搜索树的这种不平衡、不稳定的情况，人们做了改进和优化，使其基本操作在最坏情况下的性能尽量保持良好。本章介绍两种改进型的二叉搜索树：

- 伸展树（Splay Tree）。
- 红黑树（Red Black Tree）。

与普通的二叉搜索树相比，这两种“改进版”不仅具有有序性，即，对于树中每一个节点的值 x，其左子树中每一个节点的值都不大于 x，而其右子树中每一个节点的值都大于 x；而且，树的高度保持近似“平衡”，使每一步操作在最坏情况下也有良好的运行时间，并且在运行过程中保持稳定和高效，可在 $O(\log_2 n)$ 时间内完成查找、插入和删除操作，其中 n 为树中的节点数。

7.1 伸展树

定义 7.1.1（伸展树） 伸展树（Splay Tree）又称为分裂树，是一种自调整的二叉搜索树。对于伸展树 S 中每一个节点的键值 x，其左子树中每一个元素的键值都小于 x，而其右子树中每一个元素的键值都大于 x。而且，沿着从该节点到树根之间的路径，通过一系列的旋转（伸展）操作可以把这个节点搬移到树根。

为简明起见，键值为 x 和 y 的节点分别称为节点 x 和节点 y。

伸展操作 splay 是通过一系列旋转将伸展树 S 中的节点 x 调整至树根。在调整的过程中，要分以下三种情况分别处理。

情况 1： 节点 x 的父节点 y 是树根节点。如果节点 x 是节点 y 的左儿子，则进行一次 Zig（右旋转）操作；如果节点 x 是节点 y 的右儿子，则进行一次 Zag（左旋转）操作。经过旋转，节点 x 成为 S 的根节点，调整结束。Zig 和 Zag 操作如图 7.1-1 所示。

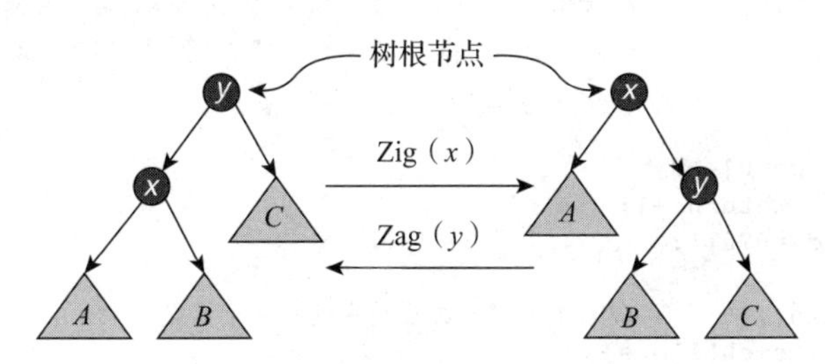

图 7.1-1

情况 2：节点 x 的父节点 y 不是树根节点，节点 y 的父节点为节点 z，并且节点 x 与节点 y 都是各自父节点的左儿子或者都是各自父节点的右儿子，则进行 Zig-Zig 操作或者 Zag-Zag 操作。Zig-Zig 操作如图 7.1-2 所示。

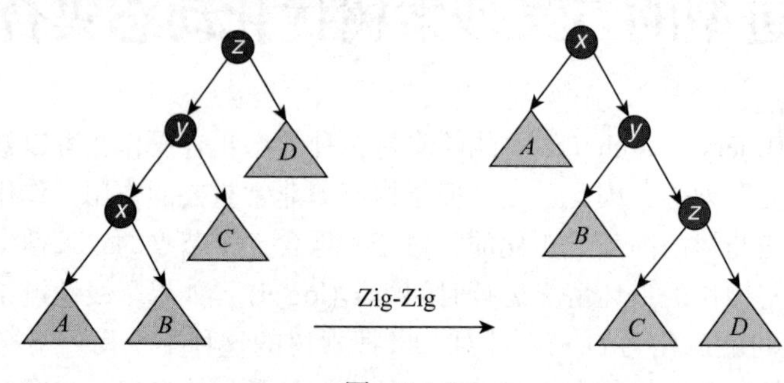

图　7.1-2

情况 3：节点 x 的父节点 y 不是树根节点，节点 y 的父节点为节点 z，并且节点 x 与节点 y 中一个是其父节点的左儿子而另一个是其父节点的右儿子，则进行 Zig-Zag 操作或者 Zag-Zig 操作。Zig-Zag 操作如图 7.1-3 所示。

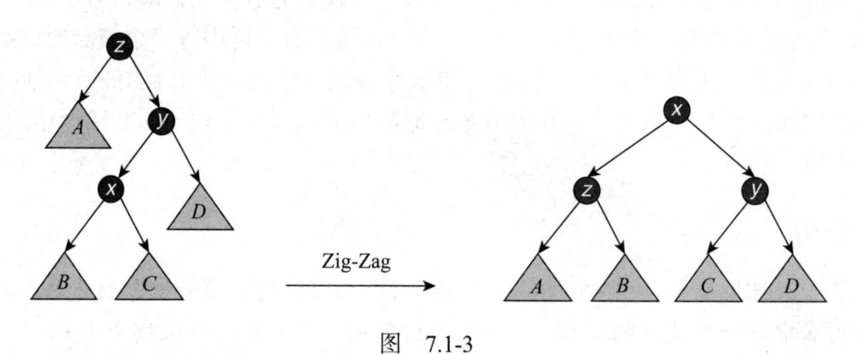

图　7.1-3

将节点的属性及相关运算定义为一个名为 Node 的结构体：

```
struct Node{                    // 伸展树节点为结构体类型
    Node* ch[2];                //ch[0] 和 ch[1] 分别为左右指针
    int s;                      // 子树规模
    int v;                      // 数据值
    根据题目要求设懒惰标志;
    pushdown();                 // 定义调整懒惰标志的子程序
    {…}
                                            ⎧-1  左子树规模为k-1, 不需要旋转
    int cmp(int k)              // cmp(k)=  ⎨0   左子树规模不小于k, 需要右旋转Zig
                                            ⎩1   左子树规模小于k-1, 需要左旋转Zag
    {
        int d=k-ch[0]->s;
        if(d==1) return -1;
        return d<=0?0:1;
    }
    void maintain(){            // 子树规模 = 左子树规模 + 右子树规模 +1
        s=ch[0]->s+ch[1]->s+1;
    }
};
```

在定义结构体 Node 的基础上，旋转操作和伸展操作的子程序如下。

```
void rotate(Node* &o, int d)      //旋转操作：节点 o 向 d 方向旋转（d={0，左旋转Zag; 1，右旋转Zig}）
{
    o->pushdown();                //调整 o 的懒惰标志
    Node* k=o->ch[d^1];           //o 的（d^1）方向的子节点 k 成为父节点，o 成为其 d 方向的
                                  //子节点，而原 k 的 d 方向的子节点成为 o 的（d^1）方向的子
                                  //节点 [ 注：（d^1）方向为 d 的相反方向 ]
    k->pushdown();                //调整 k 的懒惰标志
    o->ch[d^1]=k->ch[d];          //o 的（d^1）的子节点位置被原 k 的 d 方向的子节点取代
    k->ch[d]=o;                   //k 的 d 方向的子节点调整为 o
    o->pushdown(); k->pushdown(); //调整 o 和 k 的懒惰标志
    o=k;                          //旋转后 k 成为根
    }
void splay(Node*&o, int k)        //伸展操作，通过一系列旋转将第 k 个数值对应的节点调整至树
                                  //根，返回树根 o
    {
        o->pushdown();            //调整 o 的懒惰标志
        int d=o->cmp(k);          //o 的左子树规模与 k 比较
        if(d==1) k-=o->ch[0]->s+1; //若左子树规模小于 k-1，则 k-（左子树规模 +1）
        if(d!=-1){                //若左子树规模非 k-1，则需要旋转
            Node* p=o->ch[d];     //取 o 的 d 方向的子节点 p
            p->pushdown();        //调整 p 的懒惰标志
            int d2=p->cmp(k);     // p 的左子树规模与 k 比较
            int k2=(d2==0?k:k-p->ch[0]->s-1);    //k2={k  d2=0; k-(p的左子树规模+1)  d2=1}
            if(d2!=-1){                          //若 p 的左子树规模非 k-1，则需要旋转
                splay(p->ch[d2], k2);            //将第 k2 大的数旋转至 p 的 d2 方向的子节点位置
                if(d2==d) rotate(o, d^1);        //若 d 与 d2 相同，则 o 向（d^1）方向旋转；
                                                 //否则 o 的 d 方向的子节点向 d 方向旋转
                    else rotate(o->ch[d], d);
            }
            rotate(o, d^1);                      // o 向（d^1）方向旋转
        }
}
```

利用 splay 操作，可以在伸展树 S 上进行如下的基本操作。

1）merge($s1$, $s2$)：将两个伸展树 $s1$ 与 $s2$ 合并为一个伸展树，其中 $s1$ 中所有节点的键值都小于 $s2$ 中所有节点的键值。

首先，找到伸展树 $s1$ 中包含最大键值 x 的节点；然后，通过 splay 将该节点调整到伸展树 $s1$ 的树根位置（执行子程序 splay($s1$, $s1\rightarrow s$)）；最后，将 $s2$ 作为节点 x 的右子树。这样，就得到了新的伸展树 s，如图 7.1-4 所示。

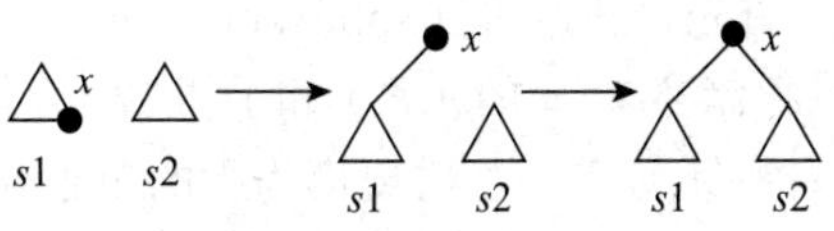

图　7.1-4

程序段如下：

```
Node* merge(Node* s1, Node* s2){  //将伸展树 s1 和 s2 合并成新的伸展树，返回其根
    splay(s1, s1->s);             //将 s1 树中的最大值旋转至 s1 的树根位置
    s1->ch[1]=s2;                 //将 s2 调整为 s1 的右子树
    s1->maintain();               //计算 s1 的树规模
    return s1;                    //返回合并后的 s1
}
```

2）split(o, x, $s1$, $s2$)：将伸展树 o 分离为两棵伸展树 $s1$ 和 $s2$，其中 $s1$ 中所有节点的数值均小于第 x 个数，$s2$ 中所有节点的数值均大于第 x 个数。

首先，通过执行 splay(o, x)，将第 x 个数旋转至 o 的根位置；其次，取其左子树为 $s1$（$s1 = o \to ch[0]$），取其右子树为 $s2$（$s2 = o \to ch[1]$），如图 7.1-5 所示。

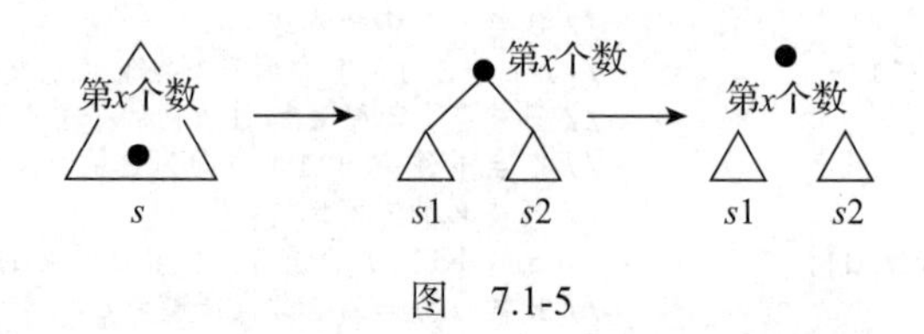

图 7.1-5

程序段如下：

```
void split(Node* o, int x, Node*&s1, Node*&s2){ // 将伸展树 o 分离为两棵伸展树 s1 和 s2,
                                                 // 其中 s1 中所有节点的值均小于第 x 个数,
                                                 // s2 中所有节点的值均大于第 x 个数。
    splay(o, x);                                 // 将第 x 个数旋转至 o 的根位置
    s1=o->ch[0];                                 // o 的左子树为 s1
    s2=o->ch[1];                                 // o 的右子树为 s2
    s1->maintain(); s2->maintain()               // 计算 s1 树和 s2 树的规模
}
```

3）delete($root$, x)：将伸展树 root 中包含第 x 个数的节点删除。

首先，从伸展树 root 中分离出两棵子树，即存储第 1～x – 1 的数的子树 left 和存储第 x + 1～n 的数的子树 right；其次，通过执行 root = merge(left, right) 合并伸展树 left 和 right，返回其根 root。

程序段如下：

```
void delete (Node* root, int x)          // 从伸展树 root 中删除第 x 个数
{
    split(root, x, left, right);         // 从伸展树 root 中分离出第 1~ x-1 的数，对应
                                         // 伸展树 left，第 x+1~n 的数对应伸展树 right
    root=merge(left, right);             // 合并伸展树 left 和 right，返回其根 root
}
```

4）insert(root, x, v)：将数值 v 插入伸展树 root 中包含第 x 个数的节点之后（第 x 个数≤ v < 第 x+1 的数）。

首先，通过执行 split(root, x + 1, $s1$, o) 和 split(root, x, m, $s2$)，从伸展树 root 中分离出子树 $s1$（存储第 1～x 的元素）和子树 $s2$（存储第 x+1～n 的元素）；其次构建包含数据值为 v 的节点、左右指针为空、子树规模为 1 的单根树 tt，顺序合并 $s1$、tt 和 $s2$（root = merge(merge($s1$, tt), $s2$)），并将含数据 v 的插入节点旋转至根（splay(root, x + 1)）。

```
void insert(Node* root, int x, int v)    // 按照有序性要求，将数值 v 插至第 x 的元素后
{
    split(root, x+1, s1, s2);            // 从伸展树 root 中分离出第 1～x 的元素对应的
                                         // 子树 s1，第 x+2～n 的元素对应的子树 s2
    split(root, x, o, s2);               // 从伸展树 root 中分离出第 1～x-1 的元素对应的
                                         // 子树 o，第 x+1～n 的元素对应的子树 s2
    构建数据值为 v、左右指针为空、子树规模为 1 的叶节点 tt;
    root=merge(merge(s1, tt), s2);       // 顺序合并 s1、tt 和子树 s2，返回其根 root
    splay(root, x+1);                    // 将插入节点旋转至根
}
```

【7.1.1　Permutation Transformer】

请编写一个程序，根据 m 条指令来转换排列 1, 2, 3, …, n。指令 (a, b) 表示将从第 a 个元素到第 b 个元素的子序列取出，将其反转，然后将其加到序列的末尾。

输入

本题只有一个测试用例。第一行给出两个整数 n（$n \geqslant 1$）和 m（$m \leqslant 100\,000$）。接下来的 m 行，每行给出一条指令的两个整数 a 和 b（$1 \leqslant a \leqslant b \leqslant n$）。

输出

输出 n 行，每个整数一行，表示最终的排列。

样例输入	样例输出
10 2 2 5 4 8	1 6 7 3 2 4 5 10 9 8

样例说明

指令 (2, 5)：取出子序列 {2, 3, 4, 5}，将其反转为 {5, 4, 3, 2}，然后，将其加到剩余的序列 {1, 6, 7, 8, 9, 10} 的末尾，得到 {1, 6, 7, 8, 9, 10, 5, 4, 3, 2}。

指令 (4, 8)：序列 {1, 6, 7, 8, 9, 10, 5, 4, 3, 2} 的第 4～8 个元素的子序列是 {8, 9, 10, 5, 4}，把它取出来，反转并添加到剩余的序列的末尾，则得到样例输出为 {1, 6, 7, 3, 2, 4, 5, 10, 9, 8}。

提示

对于本题，不要使用 cin 和 cout，要使用更快的输入 / 输出方法，例如 scanf 和 printf。

试题来源：World Finals Warmup I 2011

在线测试：UVA 11922

试题解析

简述题意：维护序列 1, 2, 3, …, n，给出一种操作（a b），表示把序号区间 $[a, b]$ 反转，然后把反转的区间放到序列尾部。

本题是伸展树的模板题。

按照伸展树的性质，初始时，数字 x 对应伸展树的根节点，其左子树对应子序列区间 $[1, x-1]$，规模为 $x-1$；其右子树对应子序列区间 $[x+1, n]$，规模为 $n-x$。

为了提高子序列反转的效率，伸展树的每个节点设交换左右子树的懒惰标志。

算法求解的步骤如下。

1）输入整数 n 和命令数 m，构建大小为 $n+1$ 的伸展树，最前面的节点是一个虚拟节点。

2）在伸展树上依次执行 m 条指令。其中，执行指令 (a, b) 的过程如下。

- 执行 split(root, a, left, o)，将伸展树 root 分离为两棵伸展树 left 和 o，其中 left 中所有节点的序号均不大于 a，o 中所有节点的序号均大于 a。
- 执行 split(o, $b-a+1$, mid, right)，将伸展树 o 分离为两棵伸展树 mid 和 right，其中 mid 是 o 中序号前 $b-a+1$ 个元素，而 right 中所有节点的序号大于 $b-a+1$；即伸展树 mid 中是序号区间 $[a, b]$ 中的元素。
- 伸展树 mid 的懒惰标志取反。
- 执行 root = merge(merge(left, right), mid)，先合并子树 left 和 right，然后，再合并子树 mid，得到合并后的新树根 root。

3）中序遍历以 root 为根的伸展树，依次输出节点值。

参考程序

```
#include<cstdio>
#include<vector>
using namespace std;
struct Node
{
    Node *ch[2];                        // 左右指针
    int s;                              // 子树规模
    int flip;                           // 懒惰标志
    int v;                              // 数据值
                                                   ⎧-1, 左子树规模为k-1, 不需要旋转
    int cmp(int k) const                // cmp(k)= ⎨0,  左子树规模不小于k, 需要右旋转Zig
                                                   ⎩1,  左子树规模小于k-1, 需要左旋转Zag
    {
        int d = k - ch[0]->s;
        if(d == 1) return -1;
        return d <= 0 ? 0 : 1;
    }
    void maintain()                     // 子树规模 = 左子树规模 + 右子树规模 +1
    {
        s = ch[0]->s + ch[1]->s + 1;
    }
    void pushdown()                               // 调整懒惰标志
    {
        if(flip)                                  // 若存在懒惰标志
        {
            flip = 0;                             // 撤去懒惰标志
            swap(ch[0], ch[1]);                   // 交换左右子树
            ch[0]->flip = !ch[0]->flip;           // 左右子树的懒惰标志取反
            ch[1]->flip = !ch[1]->flip;
        }
    }
};
Node *null = new Node();                // 为节点 Node 申请内存
                                                                  ⎛   ⎧0, 左旋转Zag⎞
void rotate(Node* &o, int d)            // 旋转操作：节点 o 向 d 方向旋转 ⎜d =⎨           ⎟
                                                                  ⎝   ⎩1, 右旋转Zig⎠
{
    Node* k = o->ch[d^1];               // o 的 (d^1) 方向的子节点 k 成为父节点，o 成为其 d 方向的
                                        // 子节点，而原 k 的 d 方向的子节点成为 o 的 (d^1) 方向的
                                        // 子节点 [ 注：(d^1) 方向为 d 的相反方向 ]
    o->ch[d^1] = k->ch[d];              // o 的 (d^1) 的子节点位置被原 k 的 d 方向的子节点取代
    k->ch[d] = o;                       // k 的 d 方向的子节点调整为 o
```

```
    o->maintain();                 // 调整o和k的懒惰标志
    k->maintain();
    o = k;                         // 旋转后k成为根
}
void splay(Node* &o, int k)        // 伸展操作，通过一系列旋转将序号第k个数值对应的节点调整
                                   // 至树根，返回树根o
{
    o->pushdown();                 // 调整o的懒惰标志
    int d = o->cmp(k);             // o的左子树规模与k比较
    if(d == 1) k -= o->ch[0]->s + 1;// 若左子树规模小于k-1，则k-（左子树规模+1）
    if(d != -1)                    // 若左子树规模非k-1，则需要旋转
    {
        Node* p = o->ch[d];        // 取o的d方向的子节点p
        p->pushdown();             // 调整p的懒惰标志
        int d2 = p->cmp(k);        // 将p的左子树规模与k比较
        int k2 = (d2 == 0 ? k : k - p->ch[0]->s - 1); // k2={k  d2=0; k-(p的左子树规模+1)  d2=1}
        if(d2 != -1)               // 若p的左子树规模非k-1，则需要旋转
        {
            splay(p->ch[d2], k2);// 将第k2大的数旋转至p的d2方向的子节点位置
            if(d == d2) rotate(o, d^1);  // 若d与d2相同，则o向（d^1）方向旋转；否则
                                         // o的d方向的子节点向d方向旋转
            else rotate(o->ch[d], d);
        }
        rotate(o, d^1);            // o向（d^1）方向旋转
    }
}
Node* merge(Node* left, Node* right) // 合并left和right。left的所有元素的序号都比right小。
                                   // 注意right可以是null，但left不可以
{
    splay(left, left->s);          // 将left树中的序号最大值旋转至left的树根位置
    left->ch[1] = right;           // 将right调整为left的右子树
    left->maintain();              // 计算left的树规模
    return left;                   // 返回合并后的left
}
void split(Node* o, int k, Node* &left, Node* &right) // 将伸展树o分离为两棵伸展树left和
                                                      // right，其中left中所有节点序号均
                                                      // 不大于k，right中所有节点序号均大于k
{
    splay(o, k);                   // 将第k个数旋转至o的根位置
    left = o;                      // o为left
    right = o->ch[1];              // o的右子树为right
    o->ch[1] = null;               // 将o的右子树设为空
    left->maintain();              // 计算left的树规模
}
const int maxn = 100000 + 10;
struct SplaySequence               // 定义名为SplaySequence的结构体
{
    int n;                         // 数据值
    Node seq[maxn];                // 存储虚拟节点的缓冲区seq[]
    Node *root;                    // 伸展树的根
    Node* build(int sz)            // 构造数据规模为sz的伸展树
    {
        if(!sz) return null;       // 若整数序列为空，则返回空指针
        Node* L = build(sz/2);     // 构造规模为sz/2的子树L
        Node* o = &seq[++n];       // 构造仅含虚拟节点n+1的子树o
        o->v = n;                  // 设o的数据值为n，左子树为L
        o->ch[0] = L;
        o->ch[1] = build(sz - sz/2 - 1); // 构造o的右子树，其数据规模为sz—sz/2—1
        o->flip = o->s = 0;              // o的懒惰标志和数据规模为0
```

```
        o->maintain();              // o 的规模
        return o;
    }
    void init(int sz)               // 初始化：构造数据规模为 sz 的伸展树
    {
        n = 0;                      // 设数据上限和空节点的子树规模为 0
        null->s = 0;
        root = build(sz);           // 构建数据规模 sz 的伸展树，返回根 root
    }
};
vector<int> ans;                    // 存储最终排列的容器 ans
void print(Node* o)                 // 中序遍历伸展树，依次将节点值送入最终排列的容器 ans
{
    if(o != null)                   // 若 o 非空
    {
        o->pushdown();              // 调整 o 的懒惰标志
        print(o->ch[0]);            // 递归 o 的左子树
        ans.push_back(o->v);        // 将 o 的数据值送入容器 ans
        print(o->ch[1]);            // 递归 o 的右子树
    }
}
SplaySequence ss;                   // 变量 ss 的类型为结构体 SplaySequence
int main()
{
    int n, m;
    scanf("%d%d", &n, &m);          // 输入数据规模 n 和命令数 m
    ss.init(n+1);                   // 构造伸展树，最前面有一个虚拟节点 n+1
    while (m--)                     // 依次处理 m 条命令
    {
        int a, b;
        scanf("%d%d", &a, &b);      // 输入待处理的序号区间 [a, b]
        Node *left, *mid, *right, *o;
        // 将伸展树 ss.root 分离为两棵伸展树 left 和 o，其中 left 中所有节点序号均不大于 a，
        // o 中所有节点序号均大于 a
        split(ss.root, a, left, o);
        // 将伸展树 o 分离为两棵伸展树 mid 和 right，其中 mid 中所有节点序号均不大于 b-a+1，
        // right 中所有节点序号均大于 b-a+1
        split(o, b-a+1, mid, right);
        mid->flip ^= 1;             // mid 的懒惰标志取反
        // 合并子树 left 和 right 后再合并子树 mid，返回合并后的新树根 ss.root
        ss.root = merge(merge(left, right), mid);
    }
    print(ss.root);                 // 中序遍历伸展树，依次将节点值送入最终排列的容器 ans
    // 依次输出容器 ans 中的每一个元素（最终序列值应是容器元素值 -1）
    for(int i = 1; i < ans.size(); i++)
        printf("%d\n", ans[i]-1);
    return 0;
}
```

【7.1.2　Looploop】

×××得到了一个名为 Looploop 的新玩具。这个玩具是由 N 个元素排列成的一个环，有一个箭头指向其中一个元素，并包含两个预设参数 $k1$ 和 $k2$。在每个元素上都标有一个数字。

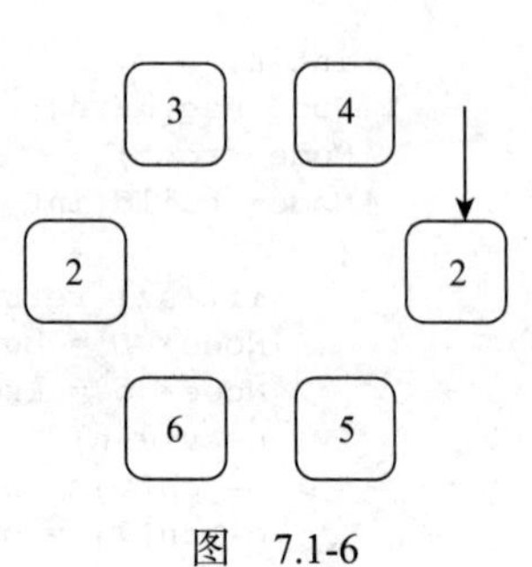

图　7.1-6

图 7.1-6 所示是一个由 6 个元素组成的环。假设预设参数 $k1$ 为 3，$k2$ 为 4。

×××可以用这个玩具完成如下 6 个操作。

1）add x：从箭头指向的元素开始，沿顺时针方向，为前 $k2$ 个元素的数字加上 x，如图 7.1-7 所示。

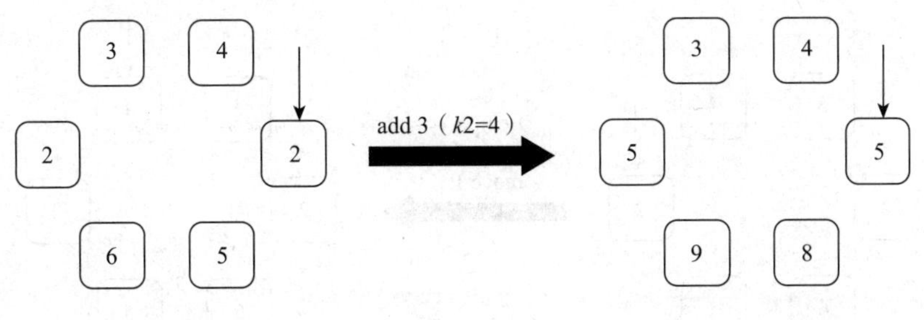

图　7.1-7

2）reverse：从箭头指向的元素开始，沿顺时针方向反转前 $k1$ 个元素，如图 7.1-8 所示。

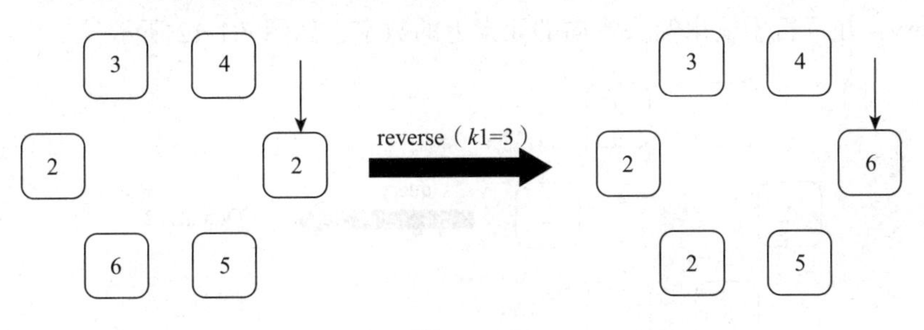

图　7.1-8

3）insert x：在箭头指向的元素的右侧（沿顺时针方向）插入一个标为数字 x 的新元素，如图 7.1-9 所示。

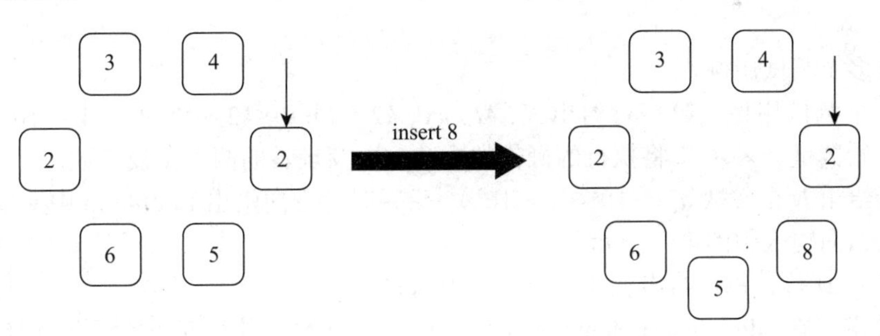

图　7.1-9

4）delete：删除箭头指向的元素，然后将箭头指向右边（沿顺时针方向）的元素，如图 7.1-10 所示。

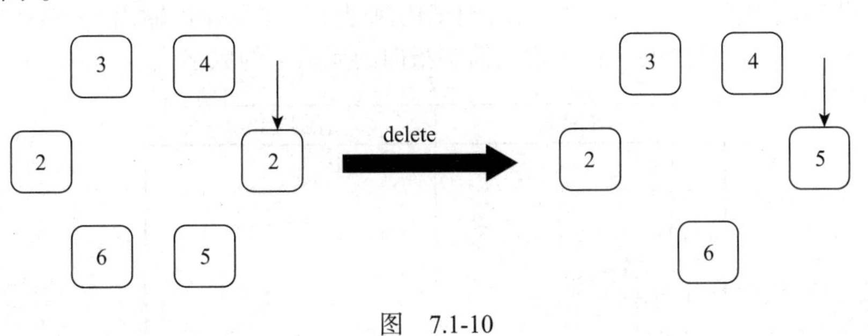

图　7.1-10

5）move x：x 只能是 1 或 2。如果 $x=1$，则将箭头指向左边的元素（沿逆时针方向），如果 $x=2$，则将箭头指向右边的元素（沿顺时针方向），如图 7.1-11 所示。

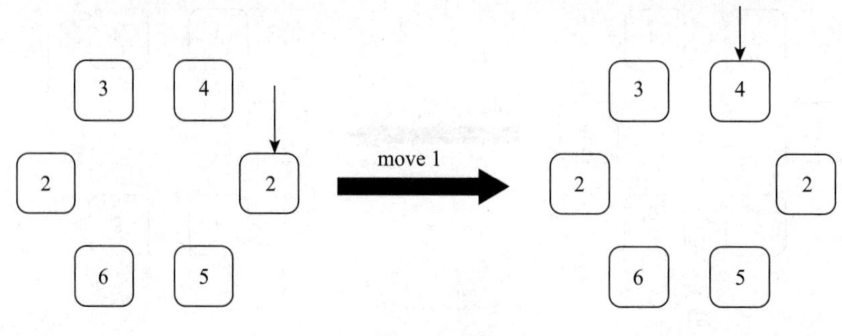

图　7.1-11

6）query：在一行中输出箭头指向的元素上的数字，如图 7.1-12 所示。

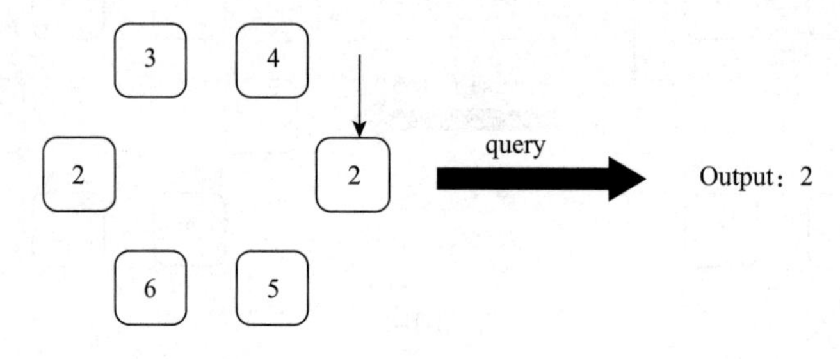

图　7.1-12

××× 要求在一系列操作中给出每个查询 query 的答案。

输入

输入有多个测试用例。

对于每个测试用例，第一行给出 N、M、$k1$、$k2$（$2\leqslant k1<k2\leqslant N\leqslant 10^5$, $M\leqslant 10^5$），分别表示元素的初始数量、××× 将执行的操作的次数，以及玩具的两个预设参数。

第二行给出 N 个整数 a_i（$-10^4\leqslant a_i\leqslant 10^4$），沿顺时针方向给出 Looploop 中元素上的 N 个数字。箭头指向输入中的第一个元素。

接下来的 M 行，每行给出上述 6 个操作中的一个。

本题设定，在 add、insert 和 move 操作中的 x 是整数，其绝对值小于等于10^4，在操作过程中，元素数量不会小于 N。

输入以 0 0 0 0 的一行结束。

输出

对于每个测试用例，在第 1 行中输出测试用例号（形式见样例输出）。然后，对于测试用例中的每个查询，在单独的一行中输出箭头指向的元素上的数字。

样例输入	样例输出
5 1 2 4	Case #1:
3 4 5 6 7	3
query	Case #2:
5 13 2 4	2
1 2 3 4 5	8
move 2	10

（续）

样例输入	样例输出
query insert 8 reverse query add 2 query move 1 query move 1 query delete query 0 0 0 0	1 5 1

试题来源：ICPC Asia Hangzhou Regional Contest 2012

在线测试：HDOJ 4453

试题解析

简述题意：给出一个由数字组成的圆环，有一个箭头指向某个位置，箭头初值指向输入中的第一个元素，按照顺时针方向计数。在运算中，第一个数值对应的节点就是箭头所指的元素。

有 6 种操作：插入数，区间加，询问点，区间反转，删除点，箭头移动。

本题可以用伸展树解答，对于输入的初始数字序列，按序号构建伸展树。需要注意的是，标准的伸展树是对数列进行操作，而本题则是对一个首尾相连的数列进行操作。

每次相加和反转的时候，要标记源点位置：需将源点转至根节点，然后对根节点及其左子树进行操作。此外，为了提高相加和反转的效率，为每个节点设置了两个懒惰标志。

- add：该节点及其左右儿子的加值。
- lazy：反转标志，即需要交换左右子树。

下面阐述 6 种操作的计算步骤。

1）区间加值操作：Add(&t, k, a)——将伸展树中前 k 个数分别加上 a，返回树根 t。

①执行 Splay(t, k)，通过一系列旋转将伸展树 t 中第 k 个数值对应的节点调整至树根，返回树根 t。

② t 的数值和 t 的左子树的懒惰标志 add 分别加上 a。

2）区间反转操作：Reverse(&t, k)——将伸展树 t 的前 k 个元素进行反转，返回树根 t。

①执行 Splay(t, k)，通过一系列旋转将伸展树 t 中第 k 个数值对应的节点调整至树根，返回树根 t。

②把 t 的右子树暂存到 p，然后，t 的右子树被清空。

③更新 t 的规模，设 t 反转标志，向下更新 t 的懒惰标记。

④执行 Splay(t, k)，通过一系列旋转将伸展树 t 中第 k 个数值对应的节点调整至树根，返回树根 t。

⑤设 t 的右子树为 p，更新 t 的规模。

3）插入操作：Insert(&t, x)—— 在箭头所指位置的右侧插入值为 x 的新元素，返回树根 t。

①执行 Splay(t, 1)，通过一系列旋转将伸展树 t 中第 1 个数值对应的节点调整至树根，返回树根 t。

②先生成值为 x 的单点 p，然后右儿子方向接入 t 的右子树，并更新其规模，伸展树的规模加 1。

4）删除操作：Remove(&t)——在伸展树 t 中删除箭头所指的元素，返回树根 t。

①执行 Splay(t, 1)，通过一系列旋转将伸展树 t 中第 1 个数值对应的节点调整至树根，返回树根 t。

②将 t 的右子树设为 t。

③向下更新 t 的懒惰标记。

④删除后的伸展树规模减 1。

5）移动操作：Move(&t, x) ——箭头指向 x 方向的相邻元素，返回树根 t。按照方向 x 分情形处理。

①若箭头指向左边元素（$x == 1$）：

- 执行 Splay(t, Size)，通过一系列旋转将伸展树 t 中最后一个数值对应的节点调整至树根，返回根节点 t；
- 将 t 的左子树暂存到 p 后将之删除，向下调整 p 的懒惰标记；
- 执行 Splay(p, 1)，通过一系列旋转将第一个数值对应的节点调整至树根，返回树根 p；
- p 作为 t 的右子树，更新 t 的规模。

②若箭头指向右边元素（$x == 2$）：

- 执行 Splay(t, 1)，通过一系列旋转将第一个数值对应的节点调整至树根，返回树根 t；
- 将 t 的右子树暂存到 p 后将之删除，向下调整 p 的懒惰标记；
- 执行 Splay(p, Size − 1)，通过一系列旋转，将第 Size − 1 个数值对应的节点调整至树根，返回树根 p；
- p 作为 t 的左子树，更新 t 的规模。

6）查询操作：query——输出箭头指向的元素上的数字。

①执行 Splay(r, 1)，通过一系列旋转，将第一个数值对应的节点（即箭头所指元素）调整至树根。

②输出该 r 节点的值。

参考程序

```
#include<cstdio>
#include<algorithm>
using namespace std;
const int maxn=200005;
int A[maxn], cnt;          // 数组 A 存储玩具中以顺时针方向排列的 n 个数字，cnt 是节点标号
struct treap               // 定义伸展树节点的结构类型
{
    treap* son[2];         // 左右子树
    int v, s, add, lazy;   // 值为 v，数据规模为 s，含两个懒惰标志：增加的值 add，是否需要反转 lazy
    treap(){ v=s=add=lazy=0; son[0]=son[1]=NULL; }       // 伸展树初始化
    treap(int nv);         // 构造仅含值为 nv 的单点伸展树
    int rk(){ return son[0]->s+1; }                      // 根节点排名，即第几大的数
```

```
    int cmp(int k)                                 // k与根节点排名比较，如果相等则返回-1,
                                                   // 小于则返回0，大于则返回1
    {
        if(k==rk()) return -1;
        return k<rk()?0:1;
    }
    void pushup(){ s=son[0]->s+son[1]->s+1; }      // 更新伸展树规模
    void pushdown()                                // 向下更新懒惰标记
    {
        if(lazy)                                   // 若需要反转
        {
            swap(son[0], son[1]);                  // 交换左右子树
            son[0]->lazy^=1;                       // 左右子树的反转标志取反
            son[1]->lazy^=1;
            lazy=0;                                // 取消反转标志
        }
        if(add)                                    // 若需要增加值
        {
          v+=add;                                  // 节点值增加add
            son[0]->add+=add;                      // 左右子树懒惰标记增加add
            son[1]->add+=add;
            add=0;                                 // 取消加值标志add
        }
    }
}null, tr[maxn];
treap::treap(int nv)                               // 构造仅含值为nv的单点伸展树
{
    v=nv;                                          // 设置数据值为nv、数据规模为1、懒惰标
                                                   // 志为0、左右子树为空的单点伸展树
    s=1;
    add=lazy=0;
    son[0]=son[1]=&null;
}
treap* NewNode(int x)                              // 将值为x的单点伸展树送入序列tr[]
{
    tr[cnt]=treap(x);
    return tr+cnt++;                               // 返回序列tr[]及其箭头cnt
}

struct splaytree                                   // 定义伸展树的结构体
{
    int Size;                                      // 规模
    treap* root;                                   // 根
    splaytree(){ Size=0; root=&null; }             // 空树
    void Rotate(treap* &t, int d)                  // 伸展树向d方向旋转，返回根t
    {
        t->pushdown();                             // 向下更新t的懒惰标记
        treap* p=t->son[d^1];                      // t的(d^1)方向的子节点p成为父节点，
                                                   // t成为其d方向的子节点，而原p的d方
                                                   // 向的子节点成为t的(d^1)方向的子节
                                                   // 点[注：d的相反方向为(d^1)]
        p->pushdown();                             // 向下更新p的懒惰标记
        t->son[d^1]=p->son[d];                     // t的(d^1)的子节点位置被原p的d方向
                                                   // 的子节点取代
        p->son[d]=t;                               // p的d方向的子节点调整为t
        t->pushup();                               // 更新t的规模
        t=p;                                       // 更新旋转后p的规模，并返回该节点
        t->pushup();
    }
    void Splay(treap* &t, int k)                   // 伸展操作：从t出发，通过一系列旋转将第
                                                   // k个数对应的节点调整至树根，返回树根t
```

```
{
    t->pushdown();                          // 向下更新 t 的懒惰标记
    int d=t->cmp(k);                        // t 的根节点排名与 k 比较
    if(d!=-1)                               // 若 t 的根节点排名非 k
    {
        // 若 t 的根节点排名小于 k，则从 t 的右子树出发，将第（k-t 的根节点排名）个数对应的节
        // 点调整至根；否则，从 t 的左子树出发，将第 k 个数对应的节点调整至根
        if(d) Splay(t->son[d], k- t->rk());
        else Splay(t->son[d], k);
        Rotate(t, d^1);                     //t 向 d^1 方向旋转
    }
}
void Build(treap* &t, int le, int ri) // 构造整数区间 a[le]..a[ri] 对应的伸展树，返回
                                        树根 t
{
    if(le>ri) return;                       // 若构造完毕，则成功返回
    int mid=(le+ri)/2;                      // 计算中间指针 mid
    t=NewNode(A[mid]);                      // 构造值为 a[mid] 的节点 t
    Build(t->son[0], le, mid-1);            // 构造 t 的左子树，对应子区间 a[le]..a[mid-1]
    Build(t->son[1], mid+1, ri);            // 构造 t 的右子树，对应子区间 a[mid+1]..a[ri]
    t->pushup();                            // 处理 t 的懒惰标记
}
void Add(treap* &t, int k, int a)         // 加值操作：将伸展树中前 k 个数分别加上 a，返回树根 t
{// 先通过一系列旋转将伸展树 t 中第 k 个数值对应的节点调整至树根，返回树根 t；然后 t 的数值和 t
 // 的左子树的懒惰标志 add 分别加上 a
    Splay(t, k);
    t->v+=a;
    t->son[0]->add+=a;
}
void Reverse(treap* &t, int k)            // 反转操作：将伸展树 t 的前 k 个元素进行反转，
                                          // 返回树根 t
{
    Splay(t, k);                            // 先通过一系列旋转将伸展树 t 中第 k 个数值对应的节
                                            // 点调整至树根，返回树根 t
    treap* p=t->son[1];                     // t 的右子树暂存到 p 后被清空
    t->son[1]=&null;
    t->pushup();                            // 更新 t 的规模
    t->lazy=1;                              // 设 t 反转标志
    t->pushdown();                          // 向下更新 t 的懒惰标记
    Splay(t, k);                            // 通过一系列旋转将伸展树 t 中第 k 个数值对应的节点
                                            // 调整至树根，返回树根 t
    t->son[1]=p;                            // 设 t 的右子树为 p
    t->pushup();                            // 更新 t 的规模
}
void Insert(treap* &t, int x)             // 在箭头所指位置的右侧插入值为 x 的新元素，返回树根 t
{
    Splay(t, 1);                            // 通过一系列旋转将伸展树 t 中第一个数值对应的节点
                                            // 调整至树根，返回树根 t
    treap* p=NewNode(x);                    // 生成值为 x 的单点 p
    p->son[1]=t->son[1];                    // p 的右儿子方向接入 t 的右子树
    p->pushup();                            // 更新 p 的规模
    t->son[1]=p;                            // t 的右儿子方向接入 p
    t->pushup();                            // 更新 t 的规模
    Size++;                                 // 插入后，伸展树的规模加 1
}
void Remove(treap* &t)                    // 在伸展树 t 中删除箭头所指的元素 ，返回树根 t
{
    Splay(t, 1);                            // 通过一系列旋转将伸展树 t 中第一个数值对应的节点
                                            // 调整至树根，返回树根 t
    treap* next=t->son[1];                  // 将 t 的右子树设为 t
    t=next;
```

```
        t->pushdown();                 // 向下更新 t 的懒惰标记
        Size--;                        // 删除后伸展树的规模减 1
    }
    void Move(treap* &t, int x)        // 移动操作：箭头指向 x 方向的相邻元素，返回树根 t
    {
        if(x==1)                       // 若箭头指向左边的元素
        {
            Splay(t, Size);            // 通过一系列旋转将伸展树 t 中最后一个数值对应的节点调整至
                                       // 树根，返回树根 t
            treap* p=t->son[0];        // 将 t 的左子树暂存到 p 后删除
            t->son[0]=&null;
            p->pushdown();             // 向下调整 p 的懒惰标记
            Splay(p, 1);               // 从 p 出发，通过一系列旋转将第一个数值对应的节点调整至
                                       // 树根，返回树根 p
            t->son[1]=p;               // p 作为 t 的右子树
            t->pushup();               // 更新 t 的规模
        }
        else                           // 若箭头指向右边的元素
        {
            Splay(t, 1);               // 从 t 出发，通过一系列旋转将第一个数值对应的节点调整至
                                       // 树根，返回树根 t
            treap* p=t->son[1];        // 将 t 的右子树暂存 p 后删除
            t->son[1]=&null;
            p->pushdown();             // 向下调整 p 的懒惰标记
            Splay(p, Size-1);          // 从 p 出发，通过一系列旋转，将第 Size-1 个数值对应的节点
                                       // 调整至树根，返回树根 p
            t->son[0]=p;               // p 作为 t 的左子树
            t->pushup();               // 更新 t 的规模
        }
    }
};
int N, M, K1, K2;                      // 元素数为 N，操作次数为 M，预设参数为 K1 和 K2
int main()
{
    int Case=0;                        // 测试用例编号初始化
    while(scanf("%d%d%d%d", &N, &M, &K1, &K2)!=EOF)     // 反复输入元素数 N、操作次数 M、
                                                         // 预设参数 K1 和 K2
    {
        if(!N&&!M&&!K1&&!K2) break; // 若输入 4 个 0，则运行结束
        for(int i=1;i<=N;i++) scanf("%d", &A[i]);       // 输入玩具中以顺时针方向排列
                                                         // 的 n 个数字
        cnt=0;                         // tr[] 的指针初始化
        splaytreespt;                  // 定义伸展树 spt
        spt.Build(spt.root, 1, N); // 将 a[1]..a[N] 送入伸展树，返回树根 spt.root
        spt.Size=N;                    // 伸展树的规模为 N
        printf("Case #%d:\n", ++Case);                   // 显示测试用例编号
        while(M--)                                       // 依次处理 M 个操作
        {
            char op[10];                                 // 操作指令
            int x;                                       // 操作指令的参数
            scanf("%s", op);                             // 输入操作指令
            if(strcmp(op, "add")==0)                     // 若为加值指令
            {
                scanf("%d", &x); // 输入加数
                spt.Add(spt.root, K2, x);                // 将伸展树中前 K2 个数分别加上 x
            }
            else if(strcmp(op, "reverse")==0) spt.Reverse(spt.root, K1);
            // 处理反转命令：反转伸展树值前 K1 个元素
            else if(strcmp(op, "insert")==0)             // 若为插入操作
            {
                scanf("%d", &x);                         // 输入待插值 x
```

```
                spt.Insert(spt.root, x);         //在箭头所指位置的右侧插入值为 x 的新元素
            }
            else if(strcmp(op, "delete")==0) spt.Remove(spt.root);
            //若为删除操作，则删除箭头指向的元素，并右移箭头
            else if(strcmp(op, "move")==0)       //若为移动操作，则输入移动方向
            {
                scanf("%d", &x);
                spt.Move(spt.root, x);           //将箭头指向 x 方向的相邻元素
            }
            else
            {
                spt.Splay(spt.root, 1);          //通过一系列旋转，将伸展树中第一个数值
                                                 //对应的节点（即箭头所指元素）、调整至
                                                 //树根，返回树根 spt.root
                printf("%d\n", spt.root->v);     //输出箭头指向的元素值
            }
        }
    }
    return 0;
}
```

当然，伸展树并不是求解上述两题的唯一策略，我们也可以采用顺序查找、线段树、AVL 树求解，但采用伸展树的策略与其他三种策略相比有许多优势。下面的表格比较了四种算法（顺序查找、线段树、AVL 树和伸展树）的时间复杂度、空间复杂度和编程复杂度，从中可以看出伸展树的优越性。

效率	算法			
	顺序查找	线段树	AVL 树	伸展树
时间复杂度	$O(n^2)$	$O(n\log_2 a)$	$O(n\log_2 n)$	$O(n\log_2 n)$
空间复杂度	$O(n)$	$O(a)$	$O(n)$	$O(n)$
编程复杂度	很简单	较简单	较复杂	较简单

通过上面的分析，我们可以发现伸展树有以下几个优点。

- 时间复杂度低，伸展树的各种基本操作的均摊复杂度都是 $O(n\log_2 n)$。这在树状的数据结构中，无疑是非常优秀的。
- 空间要求不高。AVL 树需要记录不同的平衡因子，伸展树不需要记录任何信息以保持树的平衡。
- 算法简单，编程容易，调试方便。伸展树的基本操作都是以 Splay 操作为基础的，而 Splay 操作中只需根据当前节点的位置进行旋转操作即可。

虽然伸展树算法与 AVL 树在时间复杂度上相差不多，甚至有时候比 AVL 树慢一些，但伸展树的编程复杂度大大低于 AVL 树。竞赛中使用伸展树在编程和调试等方面都更有优势。

当然，有些问题复杂一些，单一的伸展树难以适用，这时就需要采用搭配其他数据结构的策略，通过结合不同的数据结构，使其发挥出各自的优势，取长补短，形成共同解决问题的方法。我们不妨看以下两个实例。

【7.1.3　Queue Sequence】

队列遵循先进先出规则。每次可以将一个数字加入队列（$+i$），或从队列中弹出一个数字（$-i$）。在一系列操作之后，你会得到一个序列（例如 +1 −1 +2 +4 −2 −4）。我们把这样的序列称为队列序列。

现在，给出一个队列序列，并要求你执行以下几个操作。

1）insert p。首先，请你找到当前队列序列中未出现的最小正数（例如 i），然后要求在第 p 个位置（位置从 0 开始）插入 $+i$。然后，将 $-i$ 插入到最右边的合法位置（所谓合法，是指这个序列对队列的操作是合法的，队列序列是有效的，即当遇到元素 $-x$ 时，队列的队首正好是 x）。

例如，(+1 –1 +3 +4 –3 –4) 在操作“insert 1”后将变为 (+1 +2 –1 +3 +4 –2 –3 –4)。

2）remove i。从序列中删除 $+i$ 和 $-i$。

例如，(+1 +2 –1 +3 +4 –2 –3 –4) 在操作“remove 3”后将变为 (+1 +2 –1 +4 –2 –4)。

3）query i。输出 $+i$ 和 $-i$ 之间的元素之和。例如，在序列 (+1 +2 –1 +4 –2 –4) 中“query 1”,“query 2”,“query 4”的结果是 2、3（由 –1 + 4 获得）和 –2。

输入

测试用例少于 25 个。每个测试用例首先给出一个数字，表示操作的次数 n（$1\leqslant n\leqslant 100\,000$）。接下来的 n 行为“insert p”“remove i”或“query i”，其中 p（$0\leqslant p\leqslant$ ）为当前序列的长度，i（$i\geqslant 1$）必定在序列中。

对于每个测试用例，序列最初为空。

输入以 EOF 终止。

输出

对于每个测试用例，首先输出一行“case#d:”，表示测试用例的 id。

对于每个 query 操作，输出 $+i$ 和 $-i$ 之间的元素总和。

样例输入	样例输出
10 insert 0 insert 1 query 1 query 2 insert 2 query 2 remove 1 remove 2 insert 2 query 3 6 insert 0 insert 0 remove 2 query 1 insert 1 query 2	Case #1: 2 –1 2 0 Case #2: 0 –1

试题来源：ICPC Asia Tianjin Regional Contest 2012

在线测试：HDOJ 4441

试题解析

本题可以用“Splay+ 线段树”的方法进行求解。

本题给出一个队列序列，对于队列序列，有如下的三种操作。

- insert p，表示在第 p 个位置插入一个数，这个数是没有在序列中出现的最小的正数，而且还要在最右边的合法位置插入这个数的相反数。
- remove i，表示从序列中删除 $+i$ 和 $-i$。
- query i，表示输出 $+i$ 和 $-i$ 之间的元素之和。

对于 insert 操作，对于需要插入的数，维护一个线段树表示区间最值。

对于插入的正数，根据给出的位置进行插入；对于插入的负数，要求插入在最右边的合法位置。实际上，题目要求正数的顺序和负数的顺序是一样的，如果当前数字 i 前面有 n 个正数，那么表示 $-i$ 前面也有 n 个负数；要求插入在最右边的合法位置，就是指插到第 $n+1$ 个负数的左边，如果没有 $n+1$ 个负数，那就插到最后，在代码中会对此进行判断。对于如何找第 $n+1$ 个负数，只需要用一个值来表示负数的个数即可。

对于 remove i，由于记录了 $+i$ 和 $-i$ 在伸展树中的编号，因此依次从伸展树中删除 $+i$ 对应的节点和 $-i$ 对应的节点，并从线段树根对应的区间中删除 i。注意，在伸展树中删除节点时，先将该节点旋转至根。

对于 query i，首先通过伸展操作，将 $+i$ 所在的节点调整至根 *root* 的右儿子位置，然后，将 $-i$ 所在的节点调整至 *root* 的右儿子的左儿子位置，则 *root* 的右儿子的左子树的数和即为 $+i$ 和 $-i$ 之间的元素之和。

参考程序

```
#include<iostream>
#include<algorithm>
#define inf 1<<30
#define M 200005
#define N 200005
#define LL long long
//定义线段树节点step的左儿子序号lson=2*step，右儿子序号rson = 2*step+1
#define lson step<<1
#define rson step<<1|1
#define Key_value ch[ch[root][1]][0]     //定义伸展树中根root的右儿子的左儿子为Key_value
using namespace std;
struct Splay_tree{                        //定义名为Splay_tree的结构体
//以r为根的子树数和为sum[r]；子树规模为size[r]；节点r的父亲为pre[r]，数值为val[r]，
//左儿子为ch[r][0]，右儿子为ch[r][1]，正数个数为cnt[r][0]，负数个数为cnt[r][1]，伸展树的
//节点数为tot。节点编号指针为tot1，s[]的指针为tot2
    LL sum[N];
    int size[N], pre[N], val[N], tot;
    int ch[N][2], tot1, root, s[N], tot2, cnt[N][2];
    inline void NewNode(int &r, int k, int father){     //在father的下方插入一个值
                                                         //为k的叶节点r，返回r
        r=++tot1;                         //设置叶节点编号r
        ch[r][0]=ch[r][1]=0;              //设r的左右儿子空
        cnt[r][0]=k>0;                    //r的正数个数cnt[r][0]= {1  k>0 ; 0  k≤0}
        cnt[r][1]=k<0;                    //r的负数个数cnt[r][0]= {1  k<0 ; 0  k≥0}
        sum[r]=k;                         //r的子树数和为k
        pre[r]=father;                    //r的父指针指向father
        size[r]=1;                        //r的子树规模为1
        val[r]=k;                         //r的数值为k
```

```
}
inline void Push_Up(int x){                 //调整以x为根的子树规模、正负数个数、数和
    if(x==0) return ;                       //若x为叶节点，则退出
    int l=ch[x][0], r=ch[x][1];             //取x的左右儿子l和r
//计算以x为根的子树规模size[x]、数和sum[x]、正数个数cnt[x][0]、负数个数cnt[x][1]
    size[x]=size[l]+size[r]+1;
    cnt[x][0]=cnt[l][0]+cnt[r][0]+(val[x]>0);
    cnt[x][1]=cnt[l][1]+cnt[r][1]+(val[x]<0);
    sum[x]=(LL)sum[l]+sum[r]+val[x];
}
inline void Init(){                         //内联函数初始化
    tot1=tot2=root=tot=0;                   //将伸展树的根root、节点数tot、节点编号指针
                                            //tot1、s[]的指针tot2初始化为0
    //将root的左右儿子、父亲、子树规模、数和、正负数个数、数值初始化为0
    ch[root][0]=ch[root][1]=pre[root]=size[root]=sum[0]=cnt[0][0]=cnt[0]
        [1]=0;val[root]=0;
    NewNode(root, 0, 0);                    //在虚拟节点0后插入一个值为0的单节点root，返回root
    NewNode(ch[root][1], 0, root);          //插入root的右儿子，其值为0
    Push_Up(ch[root][1]);                   //计算root的右子树规模、正负数个数、数和
    Push_Up(root);                          //计算以root为根的树规模、正负数个数、数和
}
inline void Rotate(int x, int kind){ //x沿kind方向旋转
    int y=pre[x];                           //取x的父亲y
    ch[y][!kind]=ch[x][kind];               //将x的kind方向的儿子设为y的kind相反方向的儿子
    pre[ch[x][kind]]=y;                     //将y设为x的kind方向的儿子的父亲
    //若y的父亲存在，则按照其父亲与y原来的方向，将其父亲的儿子由y改为x
    if(pre[y])
        ch[pre[y]][ch[pre[y]][1]==y]=x;
    //将x的父亲改为y的父亲，将x的kind方向的儿子改为y，将y的父亲改为x
    pre[x]=pre[y];
    ch[x][kind]=y;
    pre[y]=x;
    Push_Up(y);                             //调整以y为根的子树规模、正负数个数、数和
}
inline void Splay(int r, int goal){ //伸展操作：从r出发，通过一系列旋转将节点goal
                                            //调整至r的父节点位置
    while(pre[r]!=goal){                    //循环，直至r的父节点为goal为止
        if(pre[pre[r]]==goal)               //若r的祖父为goal
            Rotate(r, ch[pre[r]][0]==r);//若r是其父亲的左儿子，则r右旋，否则左旋
        else{           //否则取r的父亲y，计算方向数kind= {1 y是其父亲的左儿子
                                                               {0 其他
            int y=pre[r];
            int kind=(ch[pre[y]][0]==y);
            //若r是y的kind方向的儿子，则r先沿kind的相反方向旋转，再沿kind方向
            //旋转；否则y沿kind方向旋转，r沿kind方向旋转
            if(ch[y][kind]==r){
                Rotate(r, !kind);
                Rotate(r, kind);
            }
            else{
                Rotate(y, kind);
                Rotate(r, kind);
            }
        }
    }
    Push_Up(r);                             //调整以r为根的子树规模、正负数个数、数和
    if(goal==0) root=r;                     //若goal为0，则r为树根root
}
inline void RotateTo(int k, int goal) {//通过一系列旋转，使goal的某儿子值对应子区间第
                                            //k大的数
```

```
        int x=root;                  //从根出发，向下寻找节点x，其代表所在子区间第k大的数
        while(k!=size[ch[x][0]]+1){
//若左子树规模不小于k，则沿左方向找下去；否则k减去（左子树规模+1），沿右方向找下去
            if (k<=size[ch[x][0]]){
                x=ch[x][0];
            }else{
                k-=(size[ch[x][0]]+1);
                x=ch[x][1];
            }
        }
        Splay(x, goal);              //从x出发，通过一系列旋转将goal调整至x的父亲位置
    }
    inline int Get_Kth(int r, int k){      //返回第k大的数对应的节点序号
        int t=size[ch[r][0]]+1;            //t为r的左子树规模加1（r本身）
        if(t==k) return r;                 //若t正好为k，则返回r
        //若t大于k，则在r的左子树中寻找第k大的数对应的节点序号；否则在r的右子树中寻找第
        //k-t大的数对应的节点
        if(t>k) return Get_Kth(ch[r][0], k);
        else return Get_Kth(ch[r][1], k-t);
    }
    inline int Insert(int pos, int k){     //在伸展树的pos位置处插入值为k的新节点，返回
                                           //该节点编号
        tot++;                             //伸展树的节点数加1
        //通过一系列旋转，使虚拟节点0的某儿子代表所在区间第pos大的数
        RotateTo(pos, 0);
        //通过一系列旋转，使根root的某儿子代表所在区间第pos+1大的数
        RotateTo(pos+1, root);
        NewNode(Key_value, k, ch[root][1]); //在根root的右儿子的左儿子位置插入
                                           //一个值为k的叶节点，返回其节点编号
        Push_Up(ch[root][1]);         //调整root的右子树的规模、正负数个数以及数和
        Push_Up(root);                //调整以root为根的伸展树规模、正负数个数以及数和
        return Key_value;             //返回root的右儿子的左儿子编号
    }
    inline void Delete(int r){        //从伸展树中删除节点r
        tot--;                        //伸展树的节点数减1
        Splay(r, 0);                  //伸展操作，从r出发，通过一系列旋转将虚拟节点0调整至
                                      //r的父节点位置
        int pos=size[ch[r][0]];       //取r的左子树规模pos
        //通过一系列旋转，使节点0的某儿子代表所在区间的第pos大的数
        RotateTo(pos, 0);
        //通过一系列旋转，使root的某儿子代表所在区间的第pos+2大的数
        RotateTo(pos+2, root);
        s[tot2++]=Key_value;          //将root的右儿子的左儿子送入s[]
        Key_value=0;                  //清除root的右儿子的左儿子
        Push_Up(ch[root][1]);         //调整root的右子树的规模、正负数个数以及数和
        Push_Up(root);                //调整以root为根的伸展树规模、正负数个数以及数和
    }
    inline int find(int x, int n){          //从节点x出发，寻找第n个负数的位置
        int l=ch[x][0], r=ch[x][1];         //取x的左儿子l和右儿子r
        //若x的值为负数且左子树中有n个负数，则从x出发，通过一系列旋转将节点0调整至x的父亲位置，
        //返回root的左子树规模；否则若x的左子树中负数的个数不小于n+1，则从x的左儿子出发，寻找
        //第n个负数的位置；否则从x的右儿子出发，寻找第[n-(x及x的左子树的负数个数)]个负数的位置
        if(cnt[l][1]==n&&val[x]<0) {Splay(x, 0);return size[ch[root][0]];}
        else if(cnt[l][1]>=n+1) return find(l, n);
        else return find(r, n-cnt[l][1]-(val[x]<0));
    }
    inline void InOrder(int r){       //中序遍历以r为根的子树，输出节点值（测试用）
        if(r==0) return;              //若递归至叶节点，则回溯
        InOrder(ch[r][0]);            //中序遍历左子树
        printf("%d ", val[r]);        //输出r的数值
        InOrder(ch[r][1]);            //中序遍历右子树
```

```
    }
    inline void Print(){                // 按照中序遍历顺序输出伸展树的节点值（测试用）
        RotateTo(1, 0);                 // 通过一系列旋转，使虚拟节点 0 的儿子 root 仅含右子树
        RotateTo(tot+2, root);          // 通过一系列旋转，使 root 的右儿子的左子树规模为 tot+1
        InOrder(Key_value);             // 中序遍历 root 的右儿子的左子树，输出节点值
        printf("\n");
    }
}splay;                                 // splay 是类型名为 Splay_tree 的结构体变量
struct Segment_tree{                    // 线段树节点的结构类型
    int left, right, mmin;              // 区间的左右指针，子树最小值
}L[N*4];                                // 存储线段树的节点序列
int position[N][2];                     // 在伸展树中，+i 的节点编号为 position[i][0]，-i 的
                                        // 节点编号为 position[i][1]
void Push_Up(int step){                 // 调整线段树中以 step 根的子树最小值
    L[step].mmin=min(L[lson].mmin, L[rson].mmin);
}
void Bulid(int step, int l, int r){ // 从节点 step 出发，构建区间 [l, r] 对应的线段树
    L[step].left=l;                     // 设定 step 对应区间的左右指针
    L[step].right=r;
    if(l==r){                           // 若区间仅含 l，则设 step 的最小值为 l 后返回
        L[step].mmin=l;
        return;
    }
    int m=(l+r)/2;                      // 计算区间的中间指针
    Bulid(lson, l, m);                  // 构建左子树，对应左子区间 [l, m]
    Bulid(rson, m+1, r);                // 构建右子树，对应右子区间 [m+1, r]
    Push_Up(step);                      // 调整 step 的最小值
}
void Update(int step, int pos, int flag){           // 从线段树的 step 出发，为对应区间进行
                                                    // 插删 pos 的操作 (flag: 0 删，1 插)
    if(L[step].left==pos&&pos==L[step].right){      // 若 step 节点对应区间仅含元素 pos
        if(flag) L[step].mmin=inf;                  // 若插入，则 step 的最小值为∞
        else L[step].mmin=L[step].left;             // 若删除，则 step 的最小值为 pos
        return ;                                    // 回溯
    }
    int m=(L[step].left+L[step].right)/2;           // 计算区间中间值
    if(pos<=m) Update(lson, pos, flag);             // 若 pos 在左子区间，则递归左儿子
    else Update(rson, pos, flag);                   // 否则递归右儿子
    Push_Up(step);                                  // 调整 step 的最小值
}
void Insert(int pos){                   // 在第 pos 个位置插入一个没有在序列中出现的最小正数，并且
                                        // 在最右边的合法位置插入这个数的相反数
    int num=L[1].mmin;                  // 没有在序列中出现的最小正数为 num
    // 在第 pos+1 位置处插入值为 +num 的新节点，将该节点编号存入 position[num][0]
    position[num][0]=splay.Insert(pos+1, num);
    // 从插入节点出发，通过一系列旋转将虚拟节点 0 调整至其父亲位置
    splay.Splay(position[num][0], 0);
    int n=splay.cnt[splay.ch[splay.root][0]][0];// 计算在 +num 之前的正数个数 n
    // 将 -num 插入到第 n+1 个负数左边
    if(splay.cnt[splay.root][1]<=n){ // 若伸展树中负数的个数不大于 n，则调整插入位置 m；在伸展树
                                     // 的 m 位置处插入值为 -num 的新节点，将其节点编号存入 position
                                     // [num][1]；在线段树根对应的区间中插入 num
        int m=splay.size[splay.root]-2+1;
        position[num][1]=splay.Insert(m, -num);
        Update(1, num, 1);
    }
    else{  // 若伸展树中负数的个数大于 n，直接找最后的位置 m；在 m 位置处插入值为 -num 的新节点，
           // 将其节点编号存入 position[num][1]；在线段树根对应的区间中插入 num
        int m=splay.find(splay.root, n);
```

```
        position[num][1]=splay.Insert(m, -num);
        Update(1, num, 1);
    }
}
void Remove(int k){// 从序列中删除 + k 和 - k
    splay.Delete(position[k][0]);          // 从伸展树中删除 + k 对应的节点
    splay.Delete(position[k][1]);          // 从伸展树中删除 -k 对应的节点
    Update(1, k, 0);                       // 从线段树根对应的区间中删除 k
}
LL Query(int k){                           // 输出 +k 和 - k 之间的元素之和
    // 通过一系列旋转，将 +k 所在的节点调整至虚根（节点 0）的右儿子位置
    splay.Splay(position[k][0], 0);
    // 通过一系列旋转，将 -k 所在的节点调整至该节点的左儿子位置
    splay.Splay(position[k][1], splay.root);
    return splay.sum[splay.ch[splay.ch[splay.root][1]][0]];   // 返回根的右儿子的左
                                                              // 子树的数和
}
int main(){
    int cas=0, q;                          // 测试用例编号初始化，操作次数为 q
    while(scanf("%d", &q)!=EOF){ // 反复输入操作次数 q，直至终止标志 EOF
        printf("Case #%d:\n", ++cas);      // 显示测试用例编号
        splay.Init();                      // 伸展树初始化
        Bulid(1, 1, q);                    // 从节点 1 出发，构建 [1, q] 的线段树
        while(q--){                        // 依次处理每个操作
            char str[10];int k;            // 操作命令串为 str，参数为 k
            scanf("%s%d", str, &k);        // 输入当前操作命令及参数
            if(str[0]=='i') Insert(k);     // 插入操作
            else if(str[0]=='r') Remove(k); // 删除操作
            else printf("%I64d\n", Query(k)); // 输出操作
        }
    }
    return 0;
}
```

【7.1.4　Jewel Magic】

我是一个魔术师。我有一串由绿宝石和珍珠组成的珠宝串。我可以在珠宝串中插入新的珠宝，也可以从珠宝串中删除旧的珠宝。我甚至可以反转珠宝串中一个连续的部分。在任何时候，如果你问我从某两个珠宝开始，珠宝串的最长公共前缀（the Longest Common Prefix，LCP）的长度是多少，我可以马上回答你的问题。你能比我做得更好吗？

在形式上，本题给出一个由 0 和 1 组成的珠宝串。你要进行四种操作（如下所述，L 表示珠宝串的长度，珠宝的当前位置从左到右由 1 到 L 编号）。

操　作	说　明
1 pc	在位置 p 后插入一个珠宝 c($0 \leqslant p \leqslant L$; p=0 表示在整个珠宝串之前插入),c=0 表示绿宝石，c=1 表示珍珠
2 p	将在位置 p 的珠宝移走（$1 \leqslant p \leqslant L$）
3 $p1$ $p2$	从起始位置 $p1$ 到终止位置 $p2$，反转部分串（$1 \leqslant p1 < p2 \leqslant L$）
4 $p1$ $p2$	输出从位置 $p1$ 和位置 $p2$ 开始的珠宝串的 LCP 长度（$1 \leqslant p1 < p2 \leqslant L$）

输入

输入包含若干测试用例。每个测试用例的第一行给出整数 n（$n \geqslant 1$）和 m ($m \leqslant 200\ 000$)，其中 n 是初始时的珠宝的数目，m 是操作的数目。接下来的一行给出长度为 n 的 01 字符串。

后面的 m 行每行给出一个操作。输入以 EOF 结束。输入文件大小不超过 5MB。

输出

对于每个类型 4 的操作，输出答案。

样例输入	样例输出
12 9 000100001100 1 0 1 4 2 6 3 7 10 4 1 7 2 9 4 3 11 4 1 9 4 1 7 4 2 3	3 6 2 0 3 2

说明

在操作 1 0 1 之后的字符串为 1000100001100。

在操作 3 7 10 之后的字符串为 1000101000100。

在操作 2 9 之后的字符串为 100010100100。

试题来源：Rujia Liu's Present 3: A Data Structure Contest Celebrating the 100th Anniversary of Tsinghua University

在线测试地址：UVA 11996

试题解析

简述题意：给出一个初始长度为 n 的 01 串，进行以下四种操作。

- 在位置 x 插入 y。
- 删除位置 x 的内容。
- 反转区间 $[L, R]$ 的内容。
- 输出从 x 开始和从 y 开始的串的最长公共前缀。

如果以珠宝位置为关键字的话，则一个珠宝串可用一棵伸展树表示，树中的节点序号为珠宝位置 i（i = 左子树的节点数 +1），以其为根的子树代表一个连续的珠宝子串 $[l, r]$（$l \leqslant i \leqslant r$），左子树对应珠宝 i 左方的连续子串 $[l, i-1]$，右子树对应珠宝 i 右方的连续子串 $[i+1, r]$，用一个整数 s_i（11 进制）表示珠宝子串 $[l, r]$ 的状态：

$$s_i = \text{左子树的珠宝状态值} \times 11^{\text{右子树的节点数}+1} + i\text{位置的珠宝状态} \times 11^{\text{右子树的节点数}} + \text{右子树的珠宝状态值}$$

若珠宝子串 $[l, r]$ 反转的话，相当于左右子树交换，反转后 $[l, r]$ 的状态值为：

$$s_i' = \text{右子树的珠宝状态值} \times 11^{\text{左子树的节点数}+1} + i\text{位置的珠宝状态} \times 11^{\text{左子树的节点数}} + \text{左子树的珠宝状态值}$$

显然，插入、删除和反转都需要通过伸展（splay）操作维护伸展树。关键是如何查找首指针分别为 x 和 y 的两个子串的最长公共前缀（即 LCP 长度）。设 LCP 的长度区间为 $[l, r]$，初始时为 $[0, \min\{\text{串长} - x + 1, \text{串长} - y + 1\}]$，方法如下。

```
若 x==y，则 LCP 长度为 r-1;
若伸展树中节点 x 的位码≠节点 y 的位码，则 LCP 长度为 0;
```

```
否则采用二分查找的方法计算 LCP 长度:
while (l+1<r)                                                   // 二分搜索 LCP 长度
{
    mid=(l+r)/2;                                                // 计算中间指针
    if ([x, x+mid-1] 的状态值 ==[y, y+mid-1] 的状态值 )l= mid;// 查找右子区间
        else r= mid;                                            // 查找左子区间
    }
    得出 LCP 长度为 l;
```

对于查询从 x 开始长度为 mid 的串的状态值，只要将 $x-1$ 和 $x+$ mid 分别调整到根和根的右子树，则根的右子树的左子树就是串 $[x, x+\text{mid}-1]$，由此得到其状态值（如图 7.1-13 所示）。

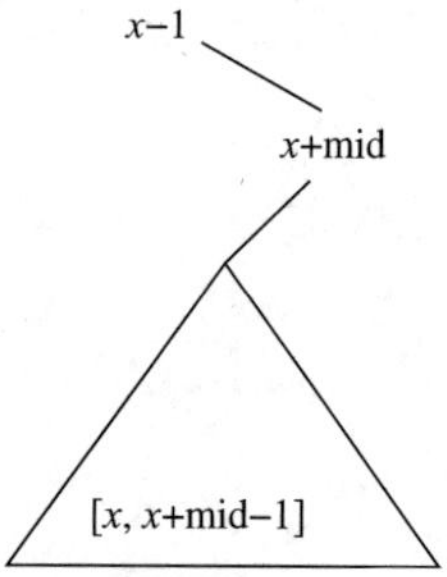

用类似方法可查询 $[y, y+\text{mid}-1]$ 的状态值。

x−1
x+mid
[x, x+mid−1]

图　7.1-13

参考程序

```
#include<iostream>
#include<cstdio>
using namespace std;
const int maxn = 400010;
typedef unsigned long long uLL;
int base=11;
uLL weight[maxn];
void getweight()                        // 计算各个数位的权值，其中第 i 位的权值为 weight[i]=11^i
{
    weight[0] = 1;
    for (int i=1; i<maxn; i++) weight[i]=weight[i-1]*base;
}
struct treenode                         // 节点的结构定义
{
    treenode *leftc, *rightc, *pre; // 左右子树指针分别为 *leftc、*rightc，父指针为 *pre
    int size, val;                  // size 为子树的节点总数，val 为当前位的值
    uLL data, revdata;              // data 为关键字，revdata 为反转后的关键字（关键字为代表
                                    // 子串的十进制数）
    bool rev;                       // rev 为反转标记
    treenode(treenode* _pre = NULL, int _val = 0):      // 构造一个空节点
    leftc(NULL), rightc(NULL), pre(_pre), size(1), val(_val), data(_val),
        revdata(_val), rev(false)
    int getsize();                  // 返回子树大小
    int getdata();                  // 取得节点的状态值
    int getrevdata();               // 取得反转后节点的状态值
    int getkey();                   // 取得节点的序号
    void pushdown();                // 向下传递懒惰标记
    void update();                  // 更新节点，子树改变后使用
    void zig();                     // 右旋操作
    void zag();                     // 左旋操作
};
inline int treenode::getsize()      // 返回子树的大小
    { return this? size : 0;}

inline int treenode::getdata()      // 返回节点的状态值
{
    if (this) return rev ? revdata : data;
    else return 0;
}

inline int treenode::getrevdata()// 返回节点反转后的状态值
{
    if (this) return rev ? data : revdata;
    else return 0;
}

inline int treenode::getkey() {return leftc->getsize()+1;}      // 取得节点序号
```

```
void treenode::pushdown()        // 向下传递懒惰标记
{
    if(rev)                      // 若反转，则交换反转前后的关键字，交换左右子树，左右子树
                                 // 的反转标志取反
    {
        swap(data, revdata);
        swap(leftc, rightc);
        if (leftc) leftc->rev = !leftc->rev;
        if (rightc) rightc->rev = !rightc->rev;
        rev = false;
    }
}

void treenode::update()          // 更新节点的域值
{
    size=leftc->getsize()+rightc->getsize()+1;
    data=leftc->getdata()*weight[rightc->getsize()+1]+val*weight[rightc-
        >getsize()]+rightc->getdata();
    revdata=rightc->getrevdata()*weight[leftc->getsize()+1]+ val*weight[leftc-
        >getsize()]+leftc->getrevdata();
}

void treenode::zig()             // 右旋操作
{
    pre->leftc = rightc;
    if (rightc) rightc->pre = pre;
    rightc = pre;
    pre = rightc->pre;
    rightc->pre = this;
    if (pre)
        if (pre->leftc == rightc) pre->leftc = this;
        else pre->rightc = this;
    rightc->update(); update();
}

void treenode::zag()             // 左旋操作
{
    pre->rightc = leftc;
    if (leftc) leftc->pre = pre;
    leftc = pre;
    pre = leftc->pre;
    leftc->pre = this;
    if (pre)
        if (pre->leftc == leftc) pre->leftc = this;
        else pre->rightc = this;
    leftc->update(); update();
}

Treenode *splay(treenode *&root, treenode *x)   // 伸展操作：通过一系列旋转，将以 root
                                                // 为根的伸展树中的 x 节点调整至树的根部
{
    treenode *p, *g;
    while (x->pre)
    {
        p = x->pre; g = p->pre;
        if (g == NULL)
            if (x == p->leftc) x->zig();
                else x->zag();
        else
            if (p == g->leftc)
                if (x == p->leftc) p->zig(), x->zig();
```

```
                else x->zag(), x->zig();
            else
                if (x == p->rightc) p->zag(), x->zag();
                else x->zig(), x->zag();
    }
    return root = x;
}

Treenode *searchkey(treenode *&root, int key)     // 从伸展树（以 root 为根）表示的有序集
                                                  // 中寻找值为 key 的节点，通过伸展操作将
                                                  // 该节点调整至树的根部
{
    treenode *p = root;
    while (p->pushdown(), p->getkey()!= key)
    {
        if (key < p->getkey()) p = p->leftc;
        else key -= p->getkey(), p = p->rightc;
    }
    return splay(root, p);
}

Treenode *insertval(treenode *&root, int pos, int val)// 将位置为 pos 的珠宝 val 插入到伸展树(以
                                                  // root 为根) 的相应位置，并通过伸展操作
                                                  // 将该节点调整至树的根部
{
    treenode *p = root, *ret;
    bool found = false;
    while (!found)
    {
        p->pushdown();
        if (pos < p->getkey())
            if (p->leftc) p = p->leftc;
            else ret = p->leftc = new treenode(p, val), found = true;
        else
            if (p->rightc) pos -= p->getkey(), p = p->rightc;
            else ret = p->rightc = new treenode(p, val), found = true;
    }
    for (; p; p=p->pre) p->update();
    return splay(root, ret);
}

void deletekey(treenode*& root, int key) // 从伸展树（以 root 为根）表示的有序集中删除值为
                                         // key 的节点。如果该节点没有儿子或只有一个儿子，
                                         // 则直接删除该节点，并通过伸展操作将其父节点调
                                         // 整至树的根部；否则该节点被后继所替代，并通过
                                         // 伸展操作将替代节点调整至树的根部
{
    treenode *p = searchkey(root, key);
    treenode *lc = p->leftc, *rc = p->rightc;
    lc->pre = rc->pre = NULL;
    delete p;
    searchkey(rc, 1)->leftc = lc; lc->pre = rc;
    rc->update();
    root = rc;
}

void reverse(treenode*& root, int left, int right) // 在以 root 为根的伸展树中反转子串区间
                                                   // [left, right]
{
    searchkey(root, left-1)->rightc->pre = NULL;
    searchkey(root->rightc, right-left+2)->pre = root;
```

```
    root->rightc->leftc->rev = !root->rightc->leftc->rev;
    root->rightc->update(); root->update();
}

uLL querysegment(treenode *&root, int left, int right)  // 在 root 为根的伸展树中计算
                                                        // 珠宝子串 [left, right]
                                                        // 对应的状态值
{
    searchkey(root, left-1)->rightc->pre = NULL;
    searchkey(root->rightc, right-left+2)->pre = root;
    return root->rightc->leftc->getdata();
}

treenode *root;
int m, nowlen;
void insertunit(int pos, int x)           // 将珠宝 x 插入 pos 位置
{
    insertval(root, pos+1, x+1);
    nowlen++;
}

void deleteunit(int pos)                  // 删除 pos 位置的珠宝
{
    deletekey(root, pos+1);
    nowlen--;
}

void reversesegment(int left, int right) // 反转珠宝子串 [left, right]
{
    reverse(root, left+1, right+1);
}

int queryLCP(int x, int y)                // 计算从位置 x 和位置 y 开始的珠宝串的 LCP 长度
{
    int left=0, right=min(nowlen-x+1, nowlen-y+1), mid; // LCP 的长度区间 [left, right]
                                                        // 初始化，区间的中间指针为 mid
    if (x == y) return right-1;           // 若两个串的开始位置相同，则 LCP 长度为区间长度
    else                                  // 两个串首数字不同，则 LCP 长度为 0
        if (searchkey(root, x+1)->val != searchkey(root, y+1)->val) return 0;
    while (left+1 < right)                // 二分搜索 LCP 长度
    {
        mid = (left + right)/2;           // 计算中间指针
        if(querysegment(root, x+1, x+mid)==querysegment(root, y+1, y+mid))
            left = mid;
        else right = mid;
    }
    return left;
}

bool init()                               // 输入信息，构造初始时的伸展树
{
    static char dat[maxn];
    int n;
    if (scanf("%d%d", &n, &m)==EOF)       // 输入初始珠宝数和操作次数
        return false;
    scanf("%s", dat);                     // 输入 01 串（0 表示绿宝石，1 表示珍珠）
    root = new treenode;                  // 构造伸展树
    for (int i=0; i<n; i++) insertval(root, i+1, dat[i]-47);
    insertval(root, n+1, 3);
    insertval(root, n+2, 0);
    nowlen = n+1;
```

```
}

void work()
{
    int t, x, y;
    for (int i=0; i<m; i++)                 // 处理 m 个操作
    {
        scanf("%d", &t);                    // 输入第 i 个操作的命令字
        if (t == 1)                         // 若为插入操作
        {
            scanf("%d%d", &x, &y);          // 读插入位置 x 和珠宝类型 y
            insertunit(x, y);               // 将珠宝 y 插入 x 位置并维护伸展树
        }
        else if (t == 2)                    // 若为删除操作
        {
            scanf("%d", &x);                // 读被删位置
            deleteunit(x);                  // 删除 x 位置的珠宝并维护伸展树
        }
        else if (t == 3)                    // 若为反转操作
        {
            scanf("%d%d", &x, &y);          // 读被反转的区间
            reversesegment(x, y);           // 将反转 [x, y] 区间内的珠宝并维护伸展树
        }
        Else                                // 输出操作
        {
            scanf("%d%d", &x, &y);          // 读两个串的开始位置
            printf("%d\n", queryLCP(x, y)); // 计算和输出从位置 x 和位置 y 开始的两串珠宝的 LCP
                                            // 长度
        }
    }
}

int main()
{
    getweight();                            // 计算各个数位的权重
    while (init()) work();                  // 反复处理测试用例
    return 0;
}
```

7.2　红黑树

红黑树（Red-Black Tree）也是一种自平衡的二叉搜索树。虽然与伸展树、平衡二叉树一样，红黑树也可以在 $O(\log_2 N)$ 时间内完成查找、插入和删除等操作，但其统计性能更好，因此红黑树在很多地方都有应用，例如 C ++ STL 中的很多部分（包括 set、multiset、map、multimap）都应用了红黑树的变体，Java 提供的集合类 TreeMap 本身就是一个红黑树的实现。红黑树的操作有着良好的最坏情况运行时间，任何不平衡都会在三次旋转之内解决，因此提供了一个比较“便宜”的解决方案。

红黑树，就是通过红黑两种颜色域保证二叉搜索树的高度近似平衡。它的定义如下。

定义 7.2.1（红黑树）　*红黑树是每个节点包含 5 个属性，即 color（颜色）、key（数据）、left（左儿子）、right（右儿子）和 p（父节点），并且具有如下性质的二叉搜索树。*

- 性质 1：每个节点都是红色或黑色的。
- 性质 2：根节点是黑色的。
- 性质 3：所有叶节点都是黑色的（叶节点是 NIL 节点）。
- 性质 4：如果一个节点是红色的，则它的两个儿子节点都是黑色的。
- 性质 5：从任一节点到其叶节点的路径都包含相同数目的黑色节点。

图 7.2-1 给出了一棵红黑树的实例。

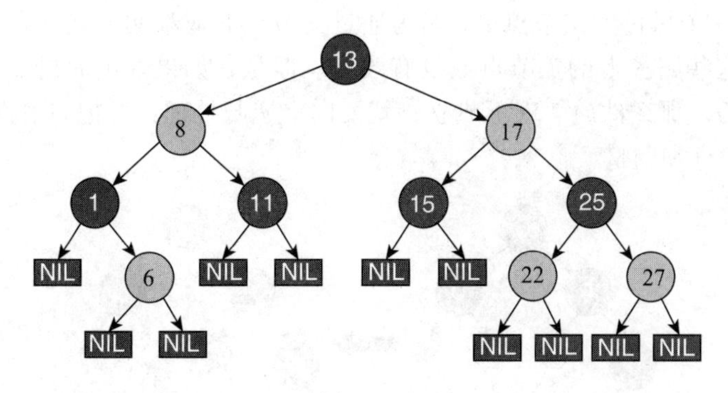

图　7.2-1

红黑树的上述 5 条性质蕴涵了红黑树的关键特征：通过对任何一条从根到叶子的路径上节点的颜色进行约束，使最长路径的长度不多于最短路径的长度的两倍，以此保证二叉树的高度近似平衡。其中，性质 4 蕴涵了在任何一条从根节点到叶节点的路径上不能有两个毗连的红色节点，性质 5 蕴涵了任何一条从根到其叶节点的路径都包含相同数目的黑色节点；所以最短路径可以全部是黑色节点，而最长路径则是红色节点和黑色节点互相交替；所以最长路径的长度不多于最短路径的长度的两倍。

由于红黑树也是二叉搜索树，因此红黑树上的查找操作与普通二叉搜索树上的查找操作相同。然而，红黑树上的插入操作和删除操作可能会导致红黑树性质的丧失。恢复红黑树的性质需要少量节点的颜色变更 [变更颜色的节点数不超过 $O(\log_2 N)$，非常快速] 和不超过三次的树旋转（插入操作仅需要两次旋转）。虽然插入和删除操作较复杂，但实际时间仍可以保持为 $O(\log_2 N)$ 次。

（1）插入操作

插入操作分为以下 3 个步骤。

1）查找要插入的位置，时间复杂度为 $O(\log_2 N)$。

2）将插入节点的 color 赋为红色。

3）自下而上重新调整该树为红黑树。

其中，步骤 1）的查找方法与普通二叉查找树一样；步骤 2）之所以将插入节点的颜色赋为红色，是因为如果颜色被设为黑色，就会由于从根节点到叶节点的路径上多出一个黑色节点而破坏红黑树（性质 5）。将插入节点设为红色节点后，可能会存在两个连续的红色节点，要通过简单的颜色调换（color flips）和树旋转来调整，进行什么操作则取决于其邻近节点的颜色。这里，叔父节点表示一个节点的父节点的兄弟节点。插入节点后，性质 1、性质 2 和性质 3 依旧保持不变；而性质 4 和性质 5 有可能会有变化，要在步骤 3）进行调整。

步骤 3）实现如下。

设要插入的红色节点为 N，其父节点为 P，P 的兄弟节点为 U、父节点为 G；即，P 和 U 是 G 的两个子节点，U 是 N 的叔父节点。父节点 P 有两种可能的颜色：

- 如果 P 是黑色的，则整棵树保持红黑树性质，不必调整。
- 如果 P 是红色的，即，其父节点 G 一定是黑色的，则插入 N 后，由于不满足性质 4，需要对红黑树进行调整。调整分为以下 3 种情况。

情况 1：N 的叔父节点 U 是红色的。

如图 7.2-2 所示，我们将 P 和 U 重绘为黑色并重绘节点 G 为红色，则性质 4 成立。现在新节点 N 有了一个黑色的父节点 P，因为通过父节点 P 或叔父节点 U 的路径都必定通过祖父节点 G，在这些路径上的黑节点数没有改变。但是，如果红色的祖父节点 G 的父节点也有可能是红色的，那么性质 4 就不成立，就要向上递归处理：要把 G 作为新加入的节点，进行各种情况的检查和调整。

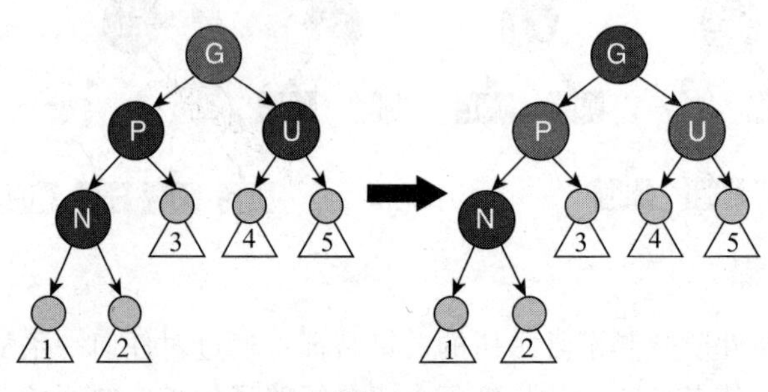

图　7.2-2

情况 2：N 的叔父节点 U 是黑色的，且 N 是右儿子。

如图 7.2-3 所示，我们对 P 进行一次左旋转调换新节点和其父节点的角色；接着，按情况 3 处理以前的父节点 P，以解决仍然不成立的性质 4。

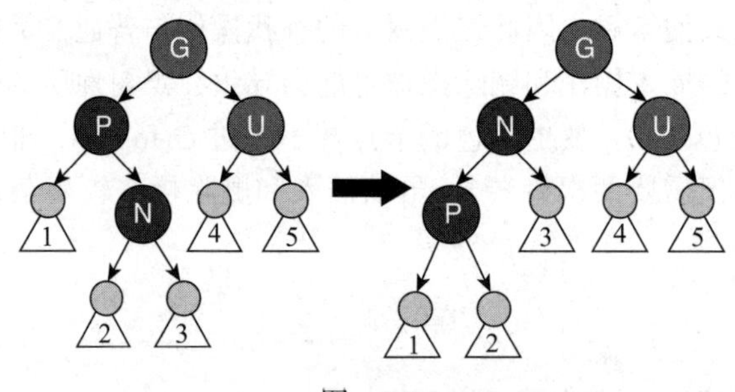

图　7.2-3

情况 3：N 的叔父节点 U 是黑色的，且 N 是左儿子。

如图 7.2-4 所示，对祖父节点 G 进行一次右旋转；在旋转产生的树中，以前的父节点 P 现在是新节点 N 和以前的祖父节点 G 的父节点，然后交换以前的父节点 P 和祖父节点 G 的颜色，则性质 4 和性质 5 成立。

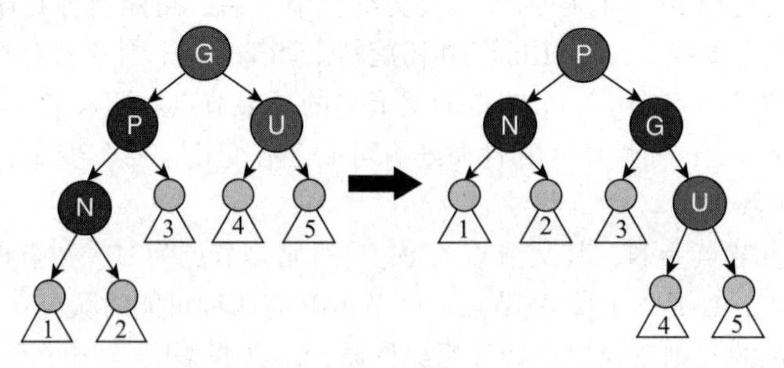

图　7.2-4

（2）删除操作

删除操作由如下两个步骤组成。

1）查找要被删除的节点，时间复杂度为 $O(\log_2 N)$。

2）对要被删除的节点，根据节点的位置，分为如下 4 种情况。

- 情况 1：要被删除节点为叶节点。
- 情况 2：要被删除节点只有左儿子，没有右儿子。
- 情况 3：要被删除节点只有右儿子，没有左儿子。
- 情况 4：要被删除节点既有左儿子，又有右儿子。

为了便于处理，设要被删除的节点为 D，D 的父节点为 P，D 的兄弟节点为 B，D 的侄子节点为 N，其中 D 的左侄子节点为 LN，D 的右侄子节点为 RN，D 的左儿子为 LC，D 的右儿子为 RC。下面对每一种情况进行处理。

情况 1：要被删除节点为叶节点，再细分为两种情况，即要被删除叶节点 D 为红色节点和黑色节点。

如果要被删除叶节点 D 为红色节点，则直接删除节点 D，如图 7.2-5 所示。

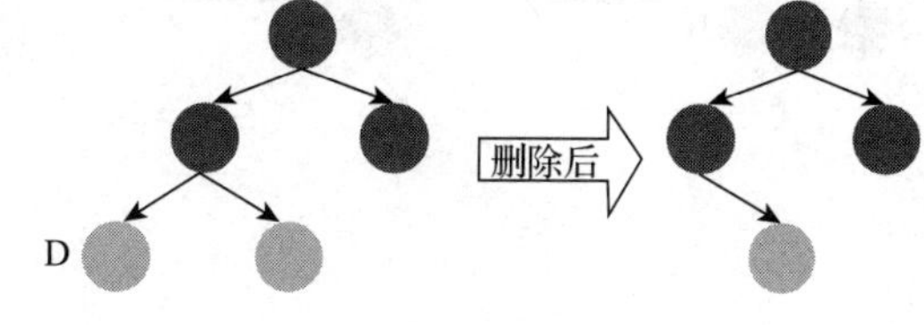

图　7.2-5

如果删除叶节点 D 为黑色节点，则存在 5 种情况，如图 7.2-6 所示。其中，前 4 种情况（图 7.2-6a～图 7.2-6d），节点 D 的兄弟节点 B 为黑色，父节点 P 可以是红色，也可以是黑色，在图 7.2-6 中用白色圆圈表示 P。对于图 7.2-6e，节点 D 的兄弟节点 B 为红色，P 为黑色。下面讨论的是要删除的叶节点 D 为节点 P 的左儿子。

如果要删除的叶节点 D 为节点 P 的右儿子，则方法和 D 是左儿子的分析是相似的，此处不再赘述。

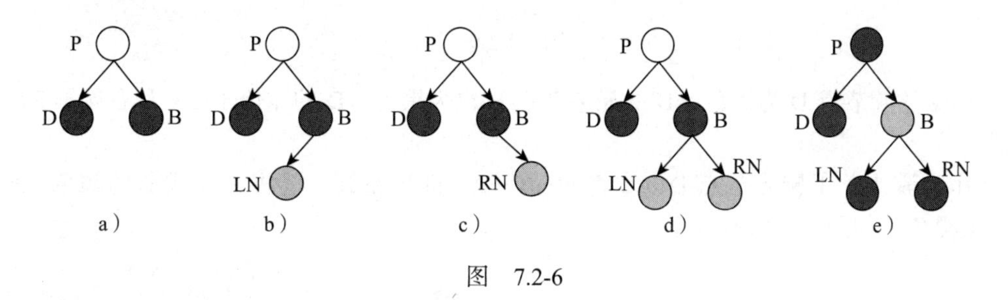

图　7.2-6

对于图 7.2-6 给出的 5 种情况，分析如下。

要删除的叶节点 D 为黑色，D 的兄弟节点 B 也为黑色。没有侄子节点。

操作步骤为：①删除节点 D，②将节点 P 绘为黑色，将节点 B 绘为红色。如图 7.2-7 所示。

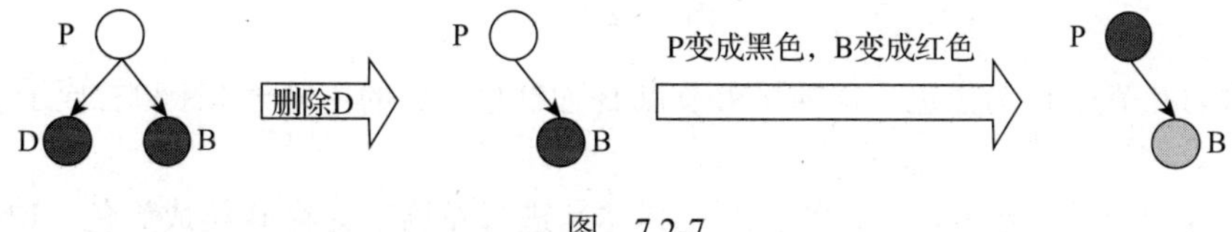

图　7.2-7

如果节点 P 原来是红色，则删除操作结束；但如果节点 P 原来是黑色，则节点 P 就成为失衡节点。也就是说，节点 P 为根的红黑子树维持了红黑树的定义，但是与节点 P 的父节点的另一棵子树对比，节点 P 到叶节点的路径上少一个黑色节点，称节点 P 为失衡节点。

对于失衡节点的处理将在后面论述。

要删除的叶节点 D 为黑色，D 的兄弟节点 B 也为黑色，D 的左侄子 LN 为红色。

操作步骤为：①删除节点 D，②将 B—LN 进行右旋，③将 LN 绘成 P 的颜色，P 节点绘成黑色，④将 P—LN—B 进行左旋。如图 7.2-8 所示。

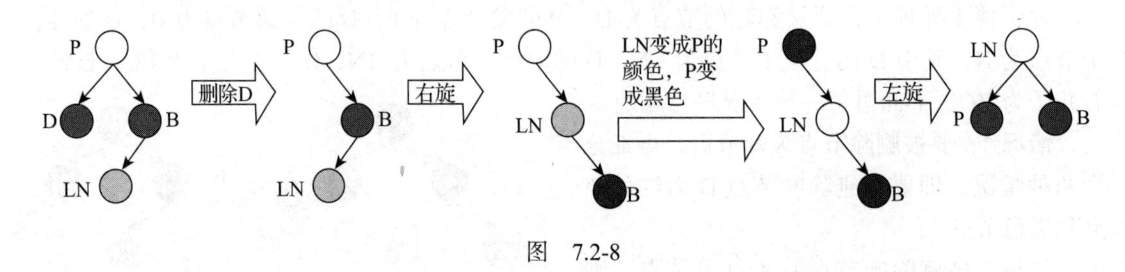

图　7.2-8

要删除的叶节点 D 为黑色，D 的兄弟节点 B 也为黑色。D 的右侄子 RN 为红色。

操作步骤为：①删除节点 D，②将 B 绘成 P 的颜色，将 P 和 RN 绘成黑色，③将 P—B—RN 进行左旋。如图 7.2-9 所示。

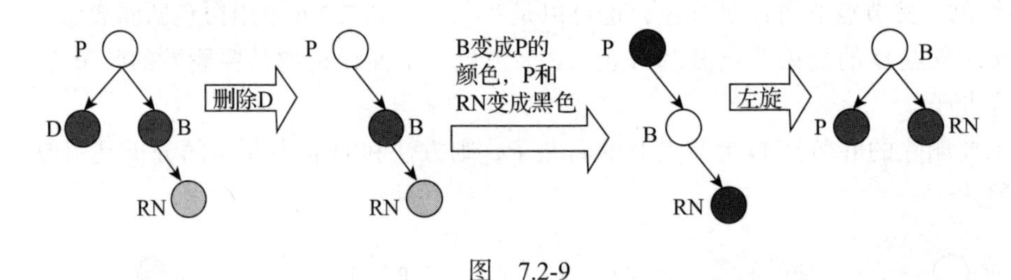

图　7.2-9

要删除的叶节点 D 为黑色，D 的兄弟节点 B 也为黑色。D 的左侄子 LN 和右侄子 RN 都为红色。

操作步骤为：①删除节点 D，②将 P—B—RN 进行左旋，③将 B 绘成 P 的颜色，P 和 RN 绘成黑色。如图 7.2-10 所示。

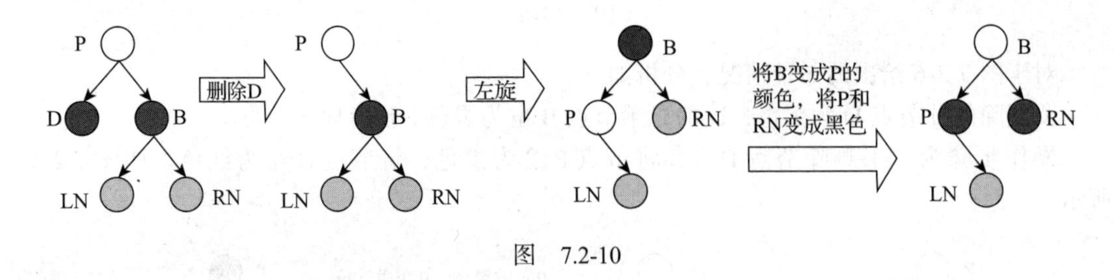

图　7.2-10

要删除的叶节点 D 为黑色，D 的兄弟节点 B 为红色，D 的左侄子 LN 和右侄子 RN 都为黑色。

操作步骤为：①删除节点 D，②将 P—B—RN 进行左旋，③将 B 绘成黑色，LN 绘成红色。如图 7.2-11 所示。

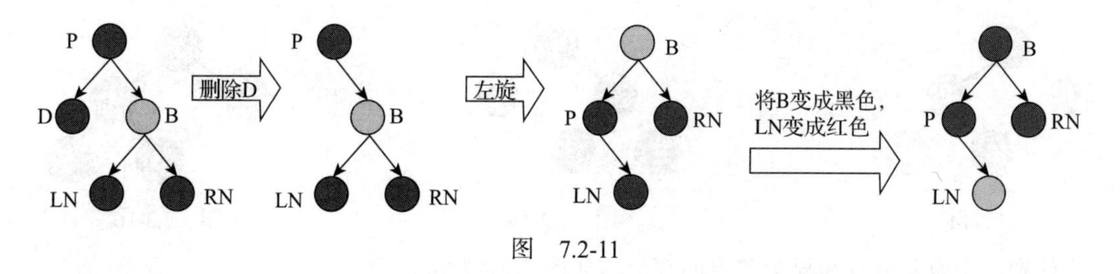

图　7.2-11

情况 2：要删除的节点 D 只有左儿子 LC，没有右儿子 RC。

操作步骤为：①将 D 的值变成 LC 的值，②删除节点 LC。如图 7.2-12 所示。

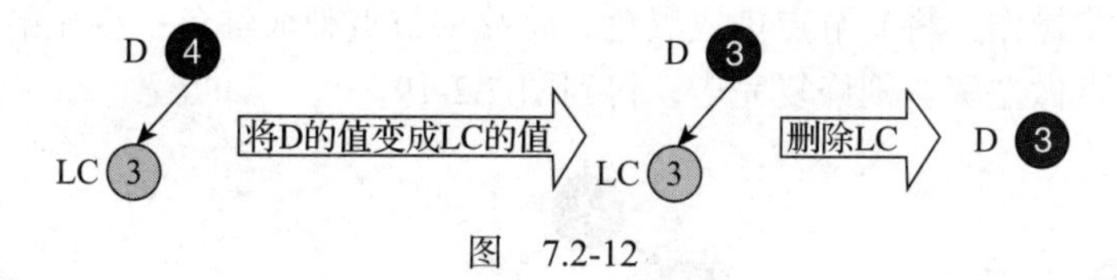

图　7.2-12

情况 3：要被删除节点 D 只有右儿子 RC，没有左儿子 LC，则和情况 2 一样。

操作步骤为：①将 D 的值变成 RC 的值，②删除节点 RC。如图 7.2-13 所示。

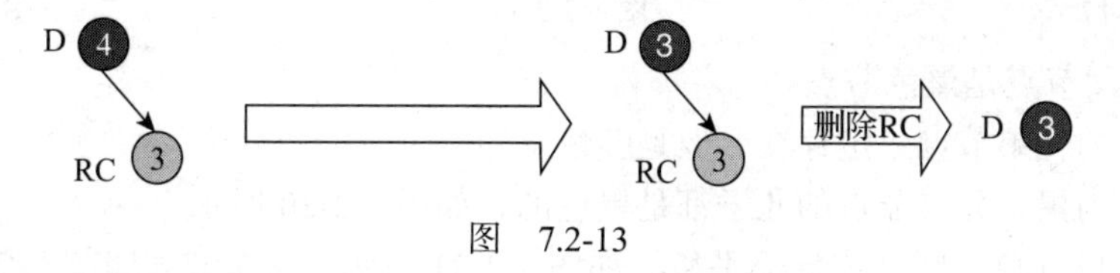

图　7.2-13

情况 4：要被删除节点 D 既有左儿子 LC，又有右儿子 RC。

操作步骤为：

①将节点 D 的值替换成 D 节点的后继节点的数据。后继节点是中序遍历访问节点 D 之后，下一个被访问的节点，也就是节点 D 的右儿子的最左儿子节点。

②删除该后继节点，此时可以转换成前 3 种情况。

（3）对失衡节点的修复处理

对于失衡节点修复的论述，为了方便起见，如无特殊说明，父节点、兄弟节点是指失衡节点的父节点、兄弟节点。

首先，失衡节点一定是黑色的。因为，如果它是红色的，只需要把失衡节点绘为黑色，失衡问题就不再存在了。

对于失衡节点的父节点、兄弟节点，以及兄弟的儿子节点，分情况讨论如下。

情况 1：父节点是红色节点。

如果父节点是红色节点，则失衡节点有一个黑色的兄弟节点，而且这个兄弟节点必须有儿子节点；并且当兄弟的儿子是红色时，红色儿子必定也有儿子。分情况讨论如下。

兄弟的左儿子是黑色，如图 7.2-14 所示。

在图 7.2-14 中，加环圈标记的是失衡节点。失衡节点、节点 3 和节点 5 也可以有子树；在修复操作后，不影响它们。

对于图 7.2-14，修复操作是将失衡节点的父节点（即节点 2）左旋，得到图 7.2-15，完成了对失衡情况的修复。

兄弟的左儿子是红色，兄弟的右儿子是黑色，如图 7.2-16 所示。

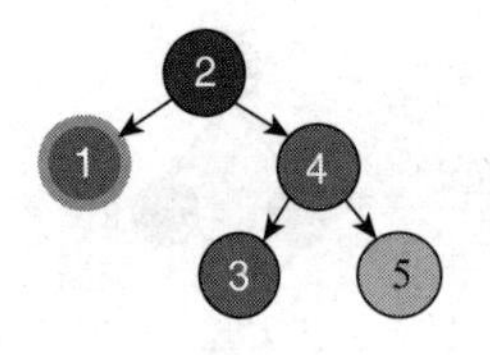

图　7.2-14

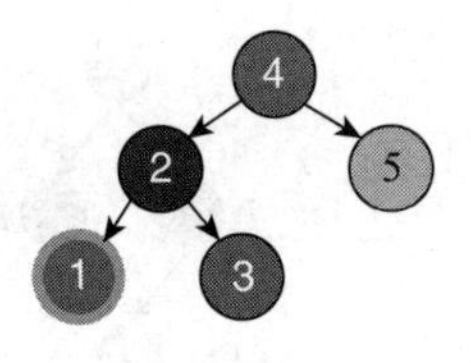

图　7.2-15

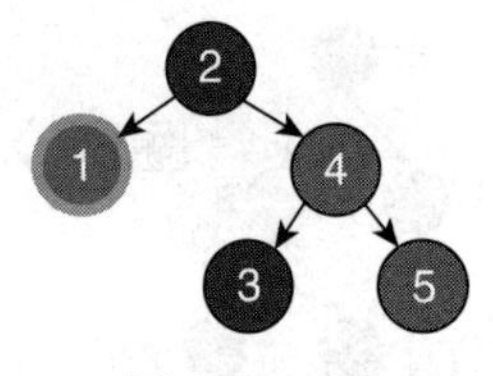

图　7.2-16

首先，交换父节点和兄弟节点的颜色，如图 7.2-17 所示。

其次，对节点 3，启用插入操作中的“连续红色节点”修复的做法。

兄弟节点的两个儿子都是红色的，如图 7.2-18 所示。

执行以下 4 步操作：将父节点染成黑色；将兄弟节点染成红色；将兄弟节点的右儿子染成黑色；对父节点做左旋。则修复完毕，得到图 7.2-19。

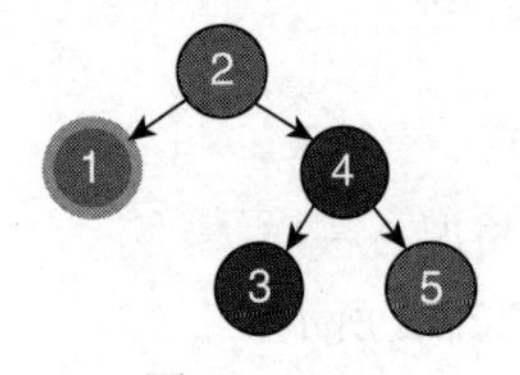

图　7.2-17

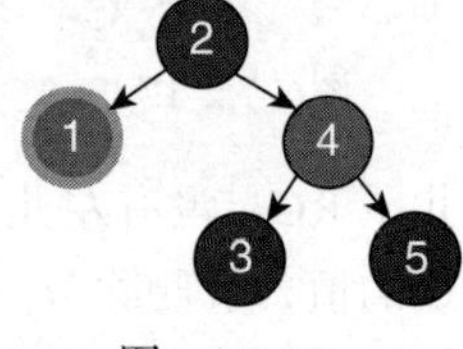

图　7.2-18

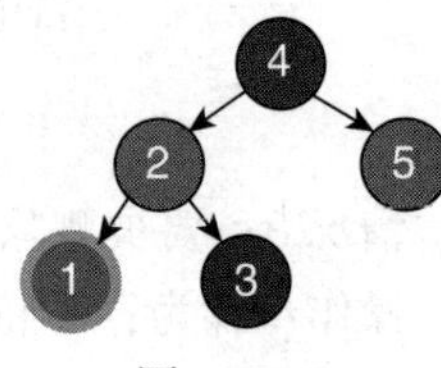

图　7.2-19

情况 2：父节点是黑色节点。

失衡节点的兄弟节点一定存在，但是颜色未知。

兄弟节点为黑，兄弟节点的儿子都是黑色的，如图 7.2-20 所示。

将兄弟设成红色，则完成局部平衡，如图 7.2-21 所示。父节点（即节点 2）就成为新的失衡节点，然后重复失衡节点的修复。

兄弟节点为黑，兄弟节点的右儿子为红色，如图 7.2-22 所示。

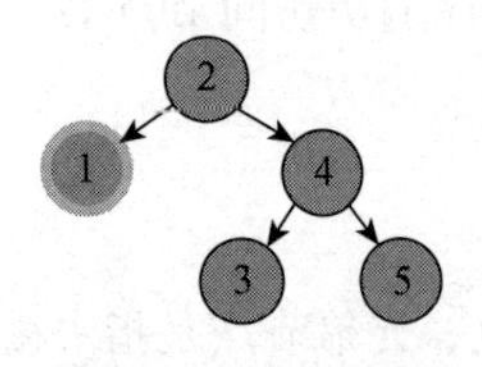

图　7.2-20

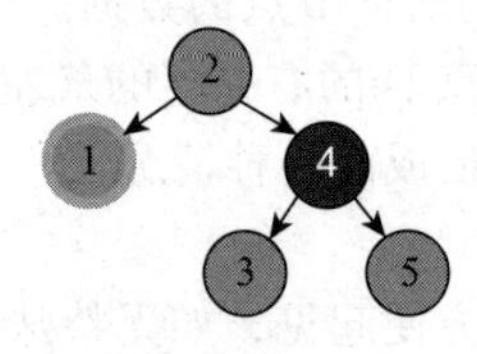

图　7.2-21

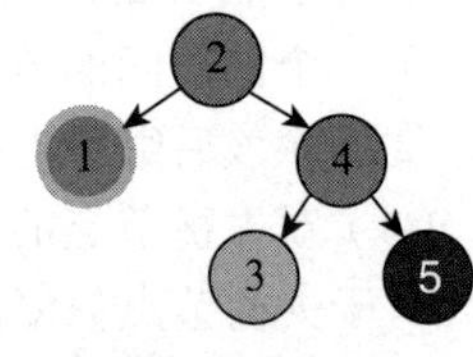

图　7.2-22

对父节点做左旋，然后将兄弟节点的右儿子染成黑色，即可完成修复，如图 7.2-23 所示。

兄弟节点为黑色，兄弟节点的左儿子为红色，兄弟节点的右儿子为黑色，如图 7.2-24 所示。

执行以下操作，完成修复：将兄弟节点的左儿子染成黑色；对兄弟节点做右旋；对父节点做左旋。结果如图 7.2-25 所示。

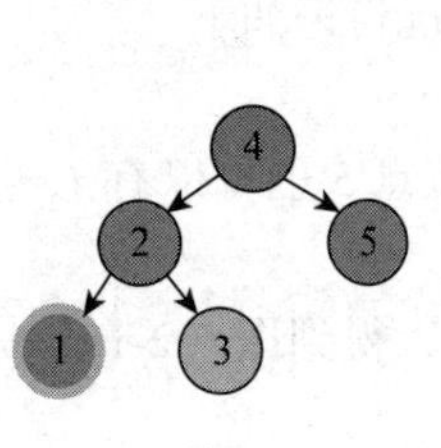

图　7.2-23

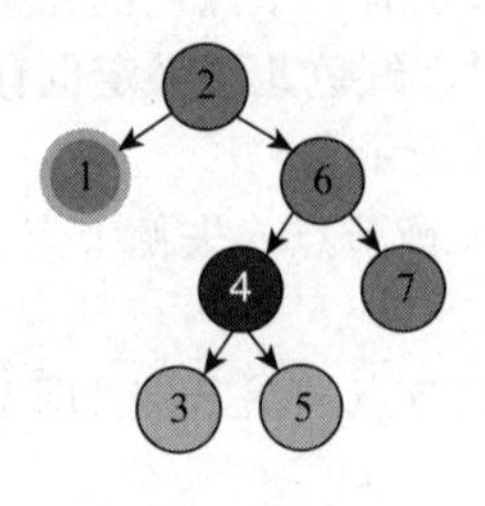

图　7.2-24

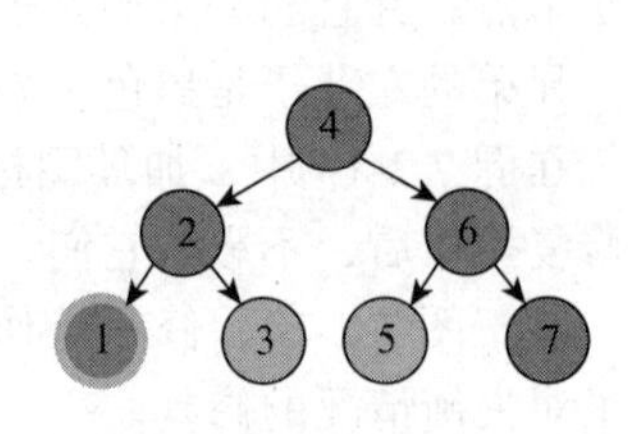

图　7.2-25

兄弟节点为红色，那么兄弟节点一定有两个黑色的儿子，如图 7.2-26 所示。

执行以下操作：将父节点染成红色；将兄弟节点染成黑色；对父节点做左旋。如图 7.2-27 所示。

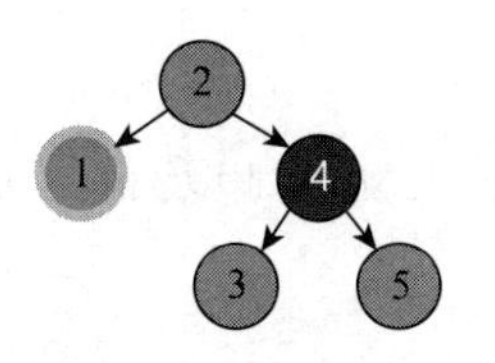

图　7.2-26

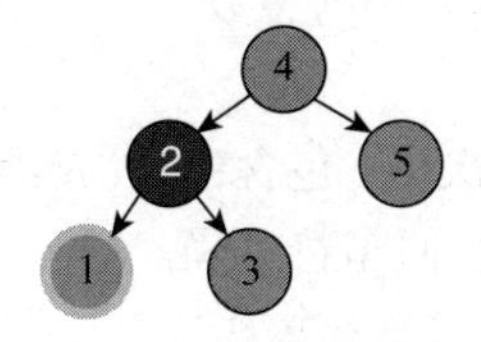

图　7.2-27

这就是情况 1，即父节点是红色节点。按照情况 1 中的 3 种子情况分类处理即可。

对于失衡节点处理过程中向父节点变迁，如果不断进行，则是向根节点靠近；当某一次处理完毕后，失衡节点变成了根节点，就不需要做任何处理，直接结束即可。因为失衡节点下方是局部平衡的；当它正是根节点时，就相当于整棵树已经平衡了。

【7.2.1　Black Box】

黑匣子（Black Box）表示一个原始的数据库。它可以保存一个整数数组，并有一个特殊的变量 i。初始时，黑匣子为空，i 等于 0。黑匣子处理一个命令序列（事务）。它有以下两类事务。

- ADD (x)：将元素 x 加入黑匣子中。
- GET: i 增加 1，并在黑匣子中给出所有整数中第 i 小的整数。在黑匣子中元素按非降序排列后，第 i 小的整数排在第 i 个位置上。

下面给出一个 11 个事务的序列。

编号	命令	i	黑匣子中的内容	输出
1	ADD(3)	0	3	
2	GET	1	3	3
3	ADD(1)	1	1, 3	
4	GET	2	1, 3	3
5	ADD(– 4)	2	–4, 1, 3	
6	ADD(2)	2	–4, 1, 2, 3	
7	ADD(8)	2	–4, 1, 2, 3, 8	
8	ADD(–1000)	2	–1000, –4, 1, 2, 3, 8	
9	GET	3	–1000, –4, 1, 2, 3, 8	1
10	GET	4	–1000, –4, 1, 2, 3, 8	2
11	ADD(2)	4	–1000, –4, 1, 2, 2, 3, 8	

请完成一个处理给出的事务序列的有效算法：ADD 和 GET 事务的最大数目，都为 30 000。本题用以下两个整数数组描述事务的序列。

- $A(1), A(2), \cdots, A(M)$：表示在黑匣子中的元素序列。A 的值是绝对值不超过 2 000 000 000 的整数，$M \leqslant 30\,000$。上面的例子中，$A=(3, 1, -4, 2, 8, -1000, 2)$。
- $u(1), u(2), \cdots, u(N)$：在执行第一个，第二个，…，第 N 个 GET 事务时，黑匣子中序

列的元素的个数。上面的例子中，$u = (1, 2, 6, 6)$。

黑匣子假设自然数序列 $u(1), u(2), \cdots, u(N)$ 按非降序排列，$N \leqslant M$，并且对每个 p ($1 \leqslant p \leqslant N$)，不等式 $p \leqslant u(p) \leqslant M$ 成立。对于 u 序列的第 p 个元素，执行 GET 事务从 $A(1), A(2), \cdots, A(u(p))$ 序列中给出第 p 小的整数。

输入

输入（以给出的次序）包含：M、N、$A(1), A(2), \cdots, A(M)$ 以及 $u(1), u(2), \cdots, u(N)$。所有的数字以空格和（或）回车符分隔。

输出

对于给出的事务序列，输出黑匣子的结果，每个数字一行。

样例输入	样例输出
7 4 3 1 -4 2 8 -1000 2 1 2 6 6	3 3 1 2

试题来源：ACM Northeastern Europe 1996

在线测试地址：POJ 1442，ZOJ 1319，UVA 501

试题解析

简述题意：给出两种操作，ADD(x) 将 x 添加到有序列表中，GET(up[p]) 返回有序列表的前 up[p] 个元素中第 p 小的元素值。其中迭代器 p 在 GET 操作后会自动加 1。

方法 1：使用大根堆和小根堆

本题有两种指令：ADD(x) 和 GET。下面采用两个堆表示 Black Box：一个小根堆和一个大根堆。当前的前 i 个小的整数在大根堆中。所以，小根堆的根是当前第 $i+1$ 个小的整数。

对于每个 ADD 指令 ADD(x)，首先，将元素 x 插入小根堆；然后，将小根堆的根插入大根堆，并将这个小根堆的根从小根堆中删除；最后，将大根堆的根插入小根堆，并将这个大根堆的根从大根堆中删除。在执行这些操作之后，当前的前 i 个小的整数在大根堆中，小根堆的根大于或等于大根堆中的任何元素。也就是说，小根堆的根是当前所有在 Black Box 中的整数中的第 $i+1$ 个小的整数。

对每个 GET 指令，首先，i 增加 1；也就是说，小根堆的根是当前第 i 个小的整数。所以 GET 指令返回小根堆的根。然后，删除小根堆的根，并把它插入大根堆中。

方法 2：使用红黑树

由于 $u(1), u(2), \cdots, u(N)$ 是递增排序的，将 $u[]$ 分成 N 个子区间：

$$[1, u[1]],\ [u[1]+1, u[2]],\ \cdots,\ [u[N-1]+1, u[N]]$$

依次处理 $u[i]$（$1 \leqslant i \leqslant N$）：将 A 序列中第 i 个子区间的元素 $A[u[i-1]+1] \cdots A[u[i]]$ 插入红黑树，然后计算并输出红黑树中第 i 小的元素。

显然，算法的时间复杂度为 $O(N\log_2 M)$，效率提高了不少。

参考程序

```
#include <iostream>
using namespace std;
int m, n;                    // A序列的长度和u序列的长度
```

```
int a[60000];                 // A 序列
enum COLOR                    // 颜色的定义
{
    red, black
};
struct RedBlack               // 红黑树节点的结构定义
{
    COLOR color;              // 颜色
    int l;int r;int p;        // 左右指针和父指针
    int key;                  // 数值
    int cnt;                  // 子树规模
};
RedBlack tree[60000];         // 存储红黑树
int lt;                       // 待插入节点的序号
int root;                     // 红黑树的根
void RB_Init()                // 红黑树初始化
{
    tree[0].color=black;  // 虚拟根的父节点 0
    tree[0].key=-1;
    root=1;                   // 确定根节点的域值
    tree[1].l=0;tree[1].r=0;tree[1].p=0;tree[1].cnt=0;tree[1].key=-1;
}
void RB_KeyC_Fixup(int x) // 计算以 x 为根的子树规模
{
    tree[x].cnt=tree[tree[x].l].cnt+tree[tree[x].r].cnt+1;
}
void RB_Left_Rotate(int x) // 以 x 节点为基准左旋
{
    int y;
    y=tree[x].r; tree[x].r=tree[y].l;            // 取 x 的右儿子 y，y 的左儿子作为 x 的右儿子
    if(tree[y].l!= 0) {tree[tree[y].l].p=x; }    // 若 y 存在左儿子，则 x 作为 y 左儿子的
                                                 // 父亲，x 的父亲作为 y 的父亲
    tree[y].p=tree[x].p;
    if (tree[x].p==0) { root=y;}                 // 若 x 为根，则根调整为 y；在 x 非根的情况
                                                 // 下，若 x 为其父的左儿子，则其父的左儿子
                                                 // 调整为 y，否则其父的右儿子调整为 y
    else if(tree[x].p!=0 && x== tree[tree[x].p].l) {tree[tree[x].p].l=y; }
        else if(tree[x].p!=0&&x!= tree[tree[x].p].l) {tree[tree[x].p].r=y ;}
    tree[y].l=x;tree[x].p=y;                     // 将 y 的左儿子调整为 x，将 x 的父亲调整为 y
    RB_KeyC_Fixup(x);RB_KeyC_Fixup(y);           // 分别计算以 x 和 y 为根的两棵子树的规模
}
void RB_Right_Rotate(int y)                      // 以 x 节点为基准右旋
{
    int x;
    x=tree[y].l;tree[y].l=tree[x].r;             // y 的左儿子记为 x，x 的右儿子记为 y 的左儿子
    if(tree[x].r!=0){ tree[tree[x].r].p=y;}      // 若 x 存在右儿子，则将其父记为 y
    tree[x].p=tree[y].p;                         // 将 y 的父亲记为 x 的父亲
    // 若 x 右旋至根位置，则设定 x 为根；否则若 y 是其父的左儿子，则将 y 的父亲的左儿子调整为 x；若 y 非其
    // 父的左儿子，则将 y 的父亲的右儿子调整为 x
    if (tree[y].p == 0) {root=x; }
    else if(tree[y].p!=0 &&y==tree[tree[y].p].l) {tree[tree[y].p].l=x;}
        else if(tree[y].p!=0&& y!=tree[tree[y].p].l) {tree[tree[y].p].r=x;}
    tree[x].r=y;tree[y].p=x;                     // 将 x 的右儿子调整为 x，将 y 的父亲调整为 x
    RB_KeyC_Fixup(y);RB_KeyC_Fixup(x);           // 分别计算以 x 和 y 为根的两棵子树的规模
}
void RB_Insert_Fixup(int z)                      // 在红黑树中插入节点 z 后的维护
{
    int y;
    while (tree[tree[z].p].color==red)           // 若 z 的父节点为红色
    {
    if(tree[z].p==tree[tree[tree[z].p].p].l)     // 若 z 的父节点为祖父的左儿子
```

```
    {
        y=tree[tree[tree[z].p].p].r;      // 取 z 的祖父的右儿子 y
        if (tree[y].color == red)         // 若 y 为红色节点，则将 z 的父节点和 y 节点的颜色
                                          // 调整为黑色，将 z 的祖父的颜色调整为红色，z 指针
                                          // 指向其祖父
        {
            tree[tree[z].p].color=black; tree[y].color=black;
            tree[tree[tree[z].p].p].color=red;
            z=tree[tree[z].p].p;
        }
        else        // 在 y 非红色节点的情况下，若 z 为其父的右儿子，则 z 指向其父，左旋 z；若 z 为
                    // 其父的左儿子，则将 z 的父亲颜色调整为黑色，将 z 的祖父的颜色调整为红色，
                    // 右旋其祖父
        if (tree[y].color != red && z == tree[tree[z].p].r)
            {z=tree[z].p; RB_Left_Rotate(z); }
        else if (tree[y].color != red && z == tree[tree[z].p].l)
                {
                    tree[tree[z].p].color=black;
                    tree[tree[tree[z].p].p].color=red;
                    RB_Right_Rotate(tree[tree[z].p].p);
                }
    }
    else            // 在 z 的父节点为祖父右儿子的情况下，取祖父的左儿子 y
        {
            y=tree[tree[tree[z].p].p].l;
            if (tree[y].color == red)     // 若 y 为红色节点，则将 z 的父亲颜色和 y 的颜色调
                                          // 整为黑，将 z 的祖父颜色调整为红，z 指向其祖父
            {
            tree[tree[z].p].color=black;
            tree[y].color=black;
            tree[tree[tree[z].p].p].color=red;
            z=tree[tree[z].p].p;
            }
            else  // 在 y 非红色节点的情况下，若 z 是其父的左儿子，则 z 指向其父亲，右旋 z；若 z
                  // 是其父的右儿子，则将其父颜色调整为黑色，将祖父颜色调整为红色，左旋其祖父
                if (tree[y].color != red && z == tree[tree[z].p].l)
                    { z=tree[z].p; RB_Right_Rotate(z); }
                else if(tree[y].color != red && z == tree[tree[z].p].r)
                        {
                            tree[tree[z].p].color=black;
                            tree[tree[tree[z].p].p].color=red;
                            RB_Left_Rotate(tree[tree[z].p].p);
                        }
        }
    }
    tree[root].color=black;                // 将根节点的颜色调整为黑
}
void RB_Insert(int n)                      // 在红黑树中插入数值为 n 的节点
{
    int x, y;
    y=0;
    x=root;                                // 从根开始寻找插入的叶节点位置 x（父节点为 y）
    while (tree[x].key != -1)
    {
        y=x;
        tree[x].cnt++;
        if(n<tree[x].key) { x=tree[x].l; }
        else { x=tree[x].r; }
    }
    tree[lt].p=y;                          // y 为节点 lt 的父指针
    if (y== 0) {root=lt;}
```

```
        else if(y!=0&&n<tree[y].key) {tree[y].l=lt;}     // 确定 lt 在 y 的子树方向
             else if (y != 0 && n >= tree[y].key) { tree[y].r=lt;}
    tree[lt].l=0;tree[lt].r=0;                           // 设定节点 lt 的域值
    tree[lt].color=red;tree[lt].key=n; tree[lt].cnt=1;
    RB_Insert_Fixup(lt);                                 // 节点 lt 插入红黑树后的维护
    lt++;                                                // 计算待插入节点的序号
}
int RB_Query(int k)                                      // 返回红黑树中第 k 大的数
{
    int x, y;
    x=root;                                              // 从树根开始自上而下寻找
    while (k != 1 || tree[x].cnt != 1)
    {
       if (k <= tree[tree[x].l].cnt&& tree[x].l != 0)
              // 若左子树的节点数不小于 k，则沿左子树方向寻找
          x=tree[x].l;
       else if(k==tree[tree[x].l].cnt+1)                 // 若 x 正好为第 k 大的数，则返回
          return tree[x].key;
       else if(k>tree[tree[x].l].cnt+1)                  // 若第 k 大的数在右子树方向，则
                                                         // 在右子树中寻找第（k- 左子树
                                                         // 规模 -1）大的数
       {
          k-=tree[tree[x].l].cnt+1; x=tree[x].r;
       }
   }
    return tree[x].key;                                  // 返回红黑树中第 k 大的数
}
int main()
{
    int i, j, pr, t, p;
    scanf("%d%d", &m, &n);                               // 输入黑匣子中的元素数
    for (i=1; i<=m; i++)                                 // 输入黑匣子中的元素序列
        scanf("%d", a+i);
    pr=1;                                                // 插入区间的左指针初始化
    p=1;                                                 // GET 事务序号初始化
    lt=1;                                                // 待插入节点序号初始化
    RB_Init();                                           // 红黑树初始化
    while (n--)                                          // 依次执行 n 个 GET 事务
    {
        scanf("%d", &t);                                 // 输入 u[p] 的值 t
        for (i=pr; i<=t; i++)                            // 将 a[pr]..a[t] 插入红黑树
           RB_Insert(a[i]);
        pr=t+1;                                          // 调整区间首指针
        printf("%d\n", RB_Query(p));                     // 输出 a[1] …, a[t] 中第 p 小
                                                         // 的整数
        p++;                                             // 迭代器 p 自动加 1
    }
}
```

【7.2.2　Moo University - Financial Aid】

Bessie 注意到，人类有许多大学可以上，但奶牛却没有大学可以上。为了解决这个问题，她和伙伴们成立了一所新的大学——威斯康星大学农场分校，简称为 Moo U。

由于不想招收比普通奶牛更笨的奶牛，她们创建了一个极其精准的招生考试，称为奶牛学习能力测试（Cow Scholastic Aptitude Test，CSAT），其得分范围为 1～2 000 000 000。

Moo U 的学费很贵，并不是所有的小牛都能负担得起，事实上，大多数小牛都需要某种经济援助 *aid*（0≤*aid*≤100 000）。政府不给小牛们提供奖学金，所以所有的钱必须来自大

学的有限基金（基金总额为 F，$0\leqslant F\leqslant 2\ 000\ 000$）。

更糟糕的是，Moo U 的教室仅有 N（N 为奇数且 $1\leqslant N\leqslant 19\ 999$）间，$C$ 头小牛申请入学（$N\leqslant C\leqslant 100\ 000$），Bessie 想要招收 N 头小牛入学，以最大化教育机会。她还希望招收的小牛的 CSAT 得分的中位数尽可能地高。

一组个数为奇数的整数的中位数是它们排序后中间的值。例如，集合 {3，8，9，7，5} 的中值是 7，因为 7 的上面正好有两个值，下面正好有两个值。

给出每头小牛的分数和所需的经济援助、录取小牛的总数量，以及 Bessie 资助的总金额，要求录取最佳的一组小牛，确保 Bessie 可以得到最大中位数的分数。

输入

第 1 行：三个空格分隔的整数 N、C 和 F。

第 $2\sim C+1$ 行：每行为两个空格分隔的整数。第一个整数是小牛的 CSAT 分数，第二个整数是小牛需要的经济援助金额。

输出

1 行：一个整数，Bessie 可以得到的最大中位数的分数。如果没有足够的钱资助 N 头小牛，则输出 -1。

样例输入	样例输出
3 5 70 30 25 50 21 20 20 5 18 35 30	35

 **提示**

样本输出：如果 Bessie 录取了 CSAT 分数为 5、35 和 50 的小牛，则中位数为 35。所需经济援助总额为 $18+30+21=69\leqslant 70$。

试题来源：USACO 2004 March Green

在线测试：POJ 2010

 **试题解析**

学校招收 N 头小牛入学，有 C 头小牛申请入学，因此要选 N 头小牛（N 为奇数）。已知每头小牛的考试分数和它需要的经济援助金额，学校的基金总额为 F，问招生方案中最大中位数的分数（即排名第 $(N+1)/2$）最高是多少？

首先，将 N 头小牛的考试分数由高到低排序，设第 k 头小牛是招收的小牛中排名在中间的那头，则按排序可知，在第 k 头小牛之前的 $k-1$ 头小牛中被招了 $(N-1)/2$ 头，在第 k 头小牛之后，从第 $k+1$ 头小牛到第 C 头小牛中被招了 $(N-1)/2$ 头；而且无论在第 k 头小牛之前和之后招了哪些小牛，以及这些小牛的分数是多少，本题要求的是具有最大中位数的分数的第 k 头小牛。所以，设置两棵节点数为 $N/2$ 的红黑树 pre_tree 和 suf_tree，其中，pre_tree 计算前 $k-1$ 头小牛的最小经济援助金额，而 suf_tree 计算第 $k+1$ 头小牛到第 C 头小牛的最小经济援助金额，并对 k 进行枚举。最后给出最大中位数的分数。

参考程序

（略。本题参考程序的 PDF 文件和本题的英文原版均可从机械工业出版社网站下载）

由上可见，红黑树与伸展树、AVL 树类似，都是在进行插入和删除操作时通过特定操作保持二叉搜索树的平衡，从而获得较高的检索性能。区别在于，伸展树、AVL 树所追求的是全局均衡，插入、删除操作需调整整棵树，颇为费时；而红黑树使用颜色来标识节点高度，所追求的是局部平衡而不是非常严格的平衡，插入、删除数据时最多旋转 3 次，尤其是对随机无序数据，由于平衡要求没那么严格，旋转次数较少，因而提升了增删操作的效率。

但不足的是，由于红黑树需要存储颜色类型，因此存储空间要比伸展树大一些，且编程复杂度和思维复杂度较高。因此对这几种改进型二叉搜索树的选择权衡，需要遵循“边分析，边选择，兼顾四个标准（时间复杂度、空间复杂度、编程复杂度和思维复杂度）”的原则。

第 8 章

利用左偏树实现优先队列的合并

优先队列是一种特殊的队列，在优先队列中，每个元素都有一个优先级。对于优先队列的每次删除操作，具有最大优先权（或最小优先权）的元素被删除；优先队列通常采用二叉堆来实现，如果每次删除的是具有最大优先权的元素，则以大根堆实现，反之，则以小根堆实现。在《数据结构编程实验：大学程序设计课程与竞赛训练教材》(第 3 版）的第 10 章“应用经典二叉树编程”中，给出了二叉堆的实验。

二叉堆编程简单、效率高，但如果需要对两个优先队列进行合并，二叉堆的效率就无法令人满意了。为了解决这个问题，我们引入了左偏树的概念。

8.1 左偏树的基本概念

左偏树（Leftist Tree）也称左偏堆（Leftist Heap），定义如下。

定义 8.1.1（左偏树） *左偏树是一棵二叉树，它的节点包含 4 个值，即左、右子树指针，以及两个属性值——键值和距离。其中，键值用于比较节点的大小。在左偏树中，当且仅当节点 i 的左子树或右子树为空时，节点 i 被称作外节点。节点 i 的距离是节点 i 到它的最近的外节点所经过的边数。如果节点 i 是外节点，则它的距离为 0；而空节点的距离为 −1。左偏树的距离是该树根节点的距离。*

以小根堆为例，左偏树具有如下性质。

- 性质 1（堆性质）：节点的键值小于或等于它的左右子节点的键值（满足小根堆的基本性质）。
- 性质 2（左偏性质）：节点的左子节点的距离不小于右子节点的距离。

在左偏树的性质 1 和性质 2 的基础上，可以推出左偏树的性质 3 和性质 4。

- 性质 3：左偏树中任何一个节点的距离等于它的右子节点的距离加 1。
- 性质 4：一棵 n 个节点的左偏树的距离最多为 $\log_2(n+1)-1$。

设左偏树的距离为 d，那么这棵左偏树至少有 $2^{d+1}-1$ 个节点。因为，如果一棵左偏树是一个完全二叉树，则节点数最少，而距离为 d 的完全二叉树高度也为 d，所以节点数为 $2^{d+1}-1$。所以，一棵 n 个节点的左偏树的距离小于等于 $\log_2(n+1)-1$。

例如，图 8.1-1 所示是一棵左偏树，其中节点内的值为键值 key，节点边的值为距离 dist。

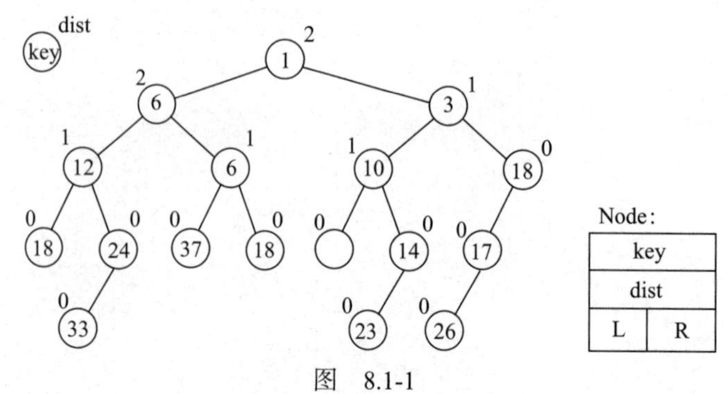

图 8.1-1

左偏树节点的数据结构和左偏树定义如下：

```
struct node;
    typedef node *leftlist;                 //左偏树的指针类型
    struct node{                            //左偏树的节点类型
        int key, dist;                      //键值和距离
        leftlist left, right, parent;       //左右指针和父指针
};
leftlisttree[MAXN];                         //左偏树
```

由于左偏树的每一个节点具有堆性质和左偏性质，因此，在左偏树中，任一节点的左右子树都是左偏树。左偏树是具有左偏性质的堆有序二叉树。

左偏性质是为了使我们在插入节点和删除最小节点后，以更小的代价维持堆特征。左偏树用于实现可并堆。

基于左偏树的性质，给出左偏树的操作。

操作 1：合并左偏树（Merge(*A*, *B*)）

由于合并操作是插入和删除操作的基础，因此下面进行重点讨论。

Merge(*A*, *B*) 把两棵左偏树 *A* 和 *B* 合并，返回一棵包含 *A* 和 *B* 中所有元素的左偏树 *C*。一棵左偏树用它的根节点的指针表示，待合并的左偏树 *A* 和 *B* 如图 8.1-2 所示。

在合并操作中，最简单的情况是其中一棵树为空（也就是，该树的根节点指针为 NULL）。这时只需要返回另一棵树。

如果 *A* 和 *B* 都非空，假设 *A* 的根节点的键值小于等于 *B* 的根节点的键值（否则交换 *A* 和 *B*），把 *A* 的根节点作为新树 *C* 的根节点；然后，*A* 的右子树 right(*A*) 和 *B* 合并，如图 8.1-3 所示。

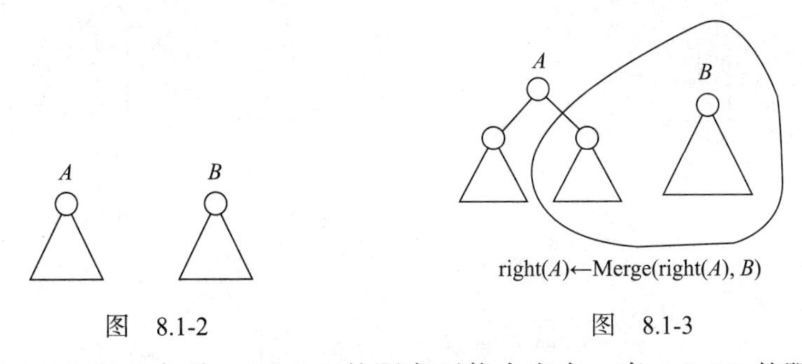

图　8.1-2　　　　图　8.1-3

合并了 right(*A*) 和 *B* 之后，right(*A*) 的距离可能会变大，当 right(*A*) 的距离大于 *A* 的左子树 left(*A*) 的距离时，左偏树的左偏性质会被破坏，如图 8.1-4 所示。在这种情况下，我们要交换 left(*A*) 和 right(*A*)。

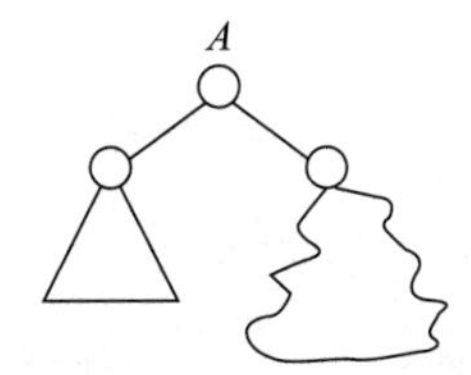

若dist(left(*A*))>dist(right(*A*)), 则交换left(*A*)和right(*A*)

图　8.1-4

最后，由于 right(*A*) 的距离可能发生改变，因此要更新 *A* 的距离：dist(*A*) = dist(right(*A*)) + 1。

不难验证，经这样合并后的树 *C* 符合堆性质和左偏性质，因此是一棵左偏树。至此，

左偏树的合并就完成了。图 8.1-5 所示是一个合并过程的示例（节点上方的数字为距离值）。

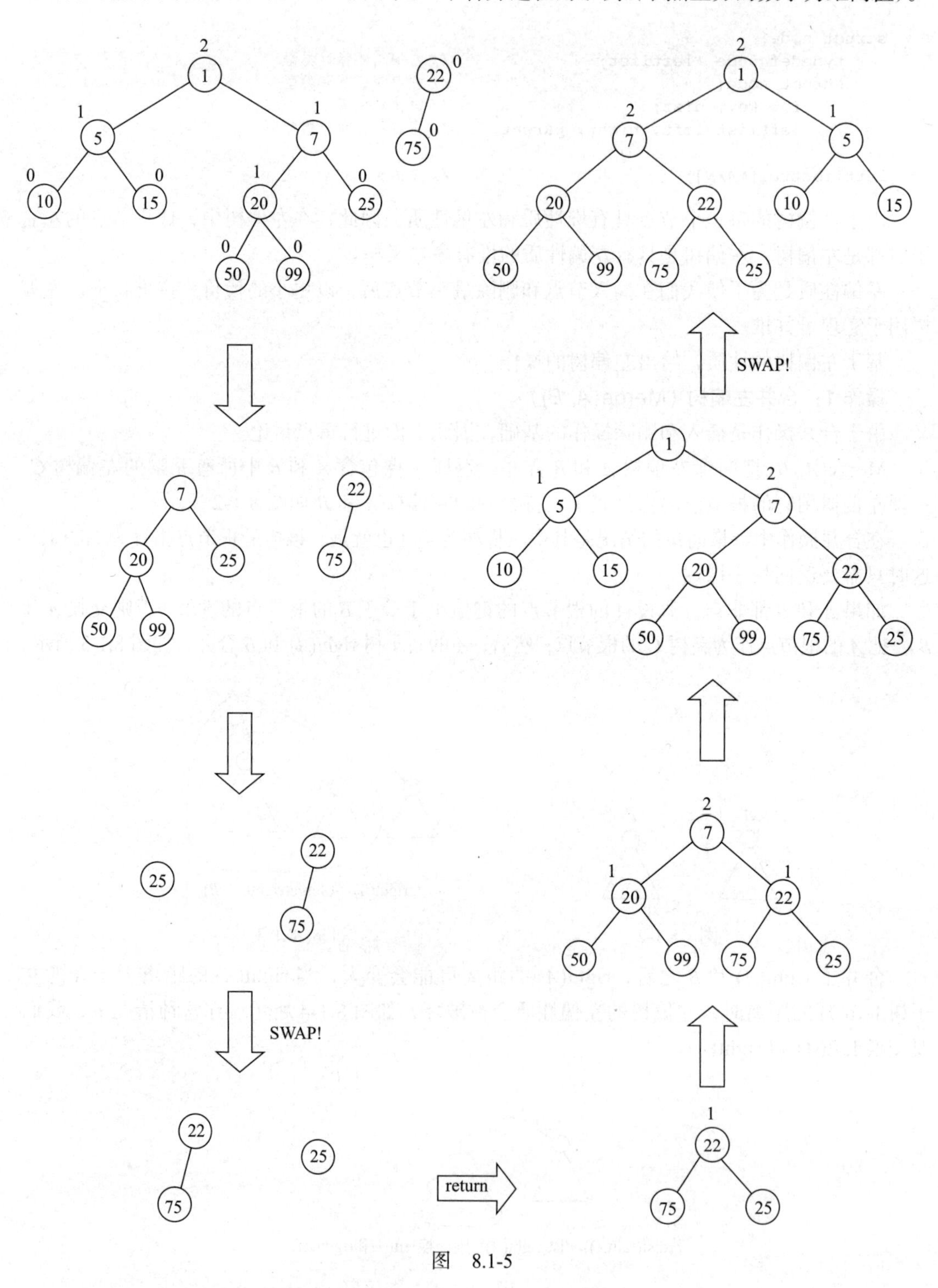

图 8.1-5

合并左偏树 Merge(*A*, *B*) 的程序段如下。

```
leftlist Merge(leftlist a, leftlist b) //合并以 a 和 b 为根的两棵左偏树，返回合并后的新树根
{
```

```
    leftlist temp;
    if (a == NULL) return b;                      // 若其中一棵左偏树为空，则返回另一棵
    if (b == NULL) return a;
    if (b->key<a->key)  { temp=a; a=b; b=temp; }// 假设 a 的数据值不大于 b 的数据值，把 a
                                                  // 作为新树根，其右子树与 b 合并
    a->right=Merge(a->right, b);
    if ((a->left==NULL)||((a->right!=NULL)&&(a->right->dist>a->left->dist)))
    // 若 a 的左子树为空或者 a 的右子树的距离大于左子树的距离，则交换左右子树，以维护左偏树的左偏
    性质
    { temp=a->right; a->right=a->left; a->left=temp; }
    if (a->right==NULL)  a->dist=0 ;              // 更新 a 的距离
       else a->dist=a->right->dist+1;
    return a;                                     // 返回合并后的左偏树
}
```

合并操作的时间复杂度分析如下。由上所述，每一次递归合并的开始，都需要分解其中一棵树，总是把分解出的右子树加入下一步的合并。根据左偏树的性质 3，一棵树的距离决定于其右子树的距离，而右子树的距离在每次分解中递减，因此左偏树 A 和 B 被分解的次数不会超过它们各自的距离。根据左偏树的性质 4，分解的次数不会超过 $\lfloor \log_2(n_1+1) \rfloor + \lfloor \log_2(n_2+1) \rfloor - 2$，其中 n_1 和 n_2 分别为左偏树 A 和 B 的节点个数。因此合并操作最坏情况下的时间复杂度为 $O(\lfloor \log_2(n_1+1) \rfloor + \lfloor \log_2(n_2+1) \rfloor - 2) = O(\log_2 n_1 + \log_2 n_2)$。

操作 2：插入节点（Insert(val)）

单节点的树一定是左偏树，因此可以将向左偏树插入一个值为 val 的节点看作对两棵左偏树的合并（如图 8.1-6 所示）。

插入新节点插入节点 Insert(val) 的代码如下：

```
leftlistInsert(int val)              // 向左偏树插入值为 val 的一个节点，返回新树根
{
    newNode(newNode->left=newNode->right=newNode->parent=null, newNode->dist=0 ;
        newNode->key=val);           // 构造一个数据值为 val 的单节点
    root=Merge(root, newNode);       //newNode 并入以 root 为根的左偏树，返回根 root
    return root;
}
```

由于合并的其中一棵树只有一个节点，因此插入新节点操作的时间复杂度是 $O(\log_2 n)$。

操作 3：删除左偏树的最小节点（DeleteRoot()）

由堆性质可知，左偏树的根节点是最小节点。在删除根节点后，剩下的两棵子树都是左偏树，需要把它们合并（如图 8.1-7 所示）。

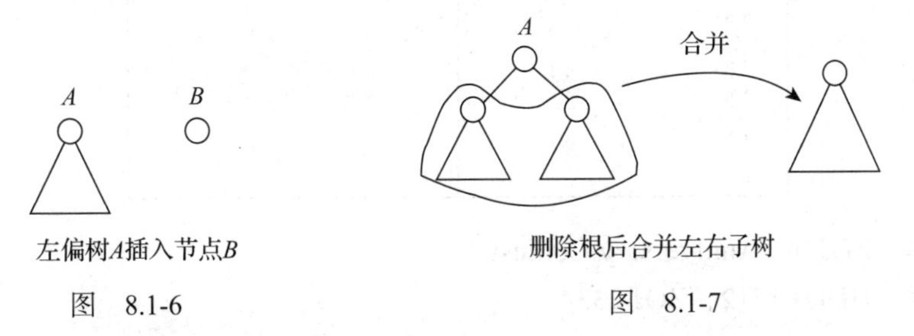

左偏树A插入节点B　　　　删除根后合并左右子树

图 8.1-6　　　　图 8.1-7

删除最小节点操作的代码 DeleteRoot() 如下：

```
void Deleteroot(leftlist&a)          // 删除左偏树 a 的根节点，返回新树根 a
{ a=Merge(a->left, a->right); }      // 合并左右子树，合并后的根节点为 a
```

由于删除最小节点后只需进行一次合并，因此删除最小节点的时间复杂度也为 $O(\log_2 n)$。

8.2　利用左偏树解题

左偏树属于可并堆，是一种优先队列实现方式，常用于求解统计问题、最值问题、模拟问题和贪心问题等。下面，我们给出利用左偏树解题的 4 个实验。

【8.2.1　Monkey King】

从前，在森林里住着 N 只好斗的猴子。一开始，它们各自为政，彼此都不认识。但是猴子们无法避免争吵，争吵只发生在两只彼此不认识的猴子之间。当争吵发生后，这两只猴子就会邀请它们最强壮的朋友，然后进行决斗。当然，决斗之后，这两只猴子以及它们所有的朋友彼此都认识了，即使它们发生冲突，也不会再发生上面的争吵了。

本题设定，每只猴子都有一个强壮值，决斗后该值将减少到原来值的一半（即，10 将减少到 5，5 将减少到 2）。

本题还设定，每只猴子都认识自己。也就是说，当它是它的所有朋友中最强壮的一个时，它就自己去决斗。

输入

输入有若干个测试用例，每个用例由两部分组成。

- 第一部分：第一行给出一个整数 N（$N \leqslant 100\,000$），表示猴子的数量。然后给出 N 行，每行一个数字，表示第 i 只猴子的强壮值（小于等于 32 768）。
- 第二部分：第一行给出一个整数 M（$M \leqslant 100\,000$），表示发生了 M 次冲突。接下来是 M 行，每行给出两个整数 x 和 y，表示在第 x 只猴子和第 y 只猴子之间有冲突。

输出

对于每次冲突，如果两只猴子彼此认识，则输出 -1；否则，输出决斗后它们所有朋友中最强壮的猴子的强壮值。

样例输入	样例输出
5 20 16 10 10 4 5 2 3 3 4 3 5 4 5 1 5	8 5 5 -1 10

试题来源：ZOJ 3rd Anniversary Contest

在线测试：HDOJ 1512，ZOJ 2334

试题解析

有 N（$N \leqslant 10^5$）只猴子，初始时每只猴子为自己猴群的猴王，每只猴子有一个初始的强壮值。这些猴子会有 m 次冲突。每次冲突发生在两只猴子 x 和 y 之间。如果 x 和 y 属于同一个猴群，则输出 -1；否则，将 x 和 y 所在猴群的最强壮的猴王的强壮值减半，然后合并这两个猴群。新猴群中强壮值最高的为猴王，并输出新猴王的强壮值。

用左偏树实现优先队列，两个优先队列的合并可以在 $O(\log_2 n)$ 时间内完成。

本题是左偏树的基础训练题。用左偏树表示猴群，初始时每只猴子就是一棵左偏树，然后，每次决斗，将猴子 x 和 y 所在堆（优先队列）的堆顶元素删除，强壮值减半，再插回到原来的堆；然后，合并两个堆；最后，输出堆顶元素的强壮值。

参考程序

```
#include<iostream>
const int MAXN = 100010;
using namespace std;
struct heap{                          //左偏树的节点类型
    int key, dist;                    //键值和距离
    heap *left, *right;               //左右指针
    heap (int key, int dist, heap *left, heap *right):
        key(key), dist(dist), left(left), right(right) {}
};
typedef heap *pheap;                  //定义 pheap 为左偏树的类型
pheap nil;                            // nil 为左偏树类型的变量
void init_heap()                      //初始时左偏树为空
{
    nil=new heap(0, 0, nil, nil);//定义空的左偏树 nil（键值和距离为 0，左右指针为空）
    nil->left=0;
    nil->right=0;
    nil->left=nil;
    nil->right=nil;
}

void swap(pheap&a, pheap&b)          //交换左偏树 a 和左偏树 b
{
    pheap h=a;a=b;b=h;
}

pheap merge(pheap a, pheap b)        //合并左偏树 a 和 b，返回合并后的左偏树 a
{
    if (b==nil) return a;             //若左偏树 b 为空，则返回左偏树 a
    if (a==nil) return b;             //若左偏树 a 为空，则返回左偏树 b
    if ((a->key<b->key)) swap(a, b); //按键值递减顺序排列 a 和 b
    //若 a 的右子树为空，则 b 设为 a 的右子树；否则将 b 并入 a 的右子树
    if (a->right==nil) a->right=b;else a->right=merge(a->right, b);
    //若 a 的左子树为空或者左子树的距离小于右子树的距离，则交换 a 的左右子树，以维护左偏树的左偏性质
    if ((a->left==nil)||((a->left->dist)<(a->right->dist))) swap(a->left, a->right);
    a->dist=a->right->dist+1;         //a 的距离定义为右子树的距离加 1
    return a;                         //返回合并后的左偏树 a
}

pheap insert(pheap a, int x)         //将键值 x 插入左偏树 a
{  //构造键值为 x、距离为 1、左右指针为空的左偏树 new heap，将其并入左偏树 a 后返回 a
    return merge(a, new heap(x, 1, nil, nil));
}

pheap pop(pheap a)                    //删除 a 的树根，返回新树根
{
    pheap p=merge(a->right, a->left); //将 a 的左子树并入 a 的右子树后形成左偏树 p
    delete a;                         //删除 a 并返回 p
    return p;
}
```

```
int n, m;                              // 猴子个数为 n，冲突次数为 m
int father[MAXN];                      // 父指针序列
pheap h[MAXN];                         // 左偏树序列
void init()                            // 初始时读入 n 只猴子的强壮值，构造左偏树序列 h[] 和父指针
                                       // 序列 father[]
{
    int k;
    for(int i=1;i<=n;++i)
    {
        scanf("%d", &k);               // 读当前猴子的强壮值
        father[i]=i;                   // 初始时左偏树 i 的父指针指向自己
        h[i]=new heap(k, 1, nil, nil);// 左偏树 i 的键值为 k，距离为 1，左右指针为空
    }
}

int getfather(int p)                   // 返回 p 所在左偏树的根
{
    if (father[p]==p) return p;
    father[p]=getfather(father[p]);
    return father[p];
}
void solve()                           // 依次处理 m 次冲突
{
    scanf("%d", &m);                   // 输入冲突次数
    for(int i=1;i<=m;++i)              // 依次处理每次冲突
    {
        int p1, p2;
        scanf("%d%d", &p1, &p2);       // 输入 p1 猴子和 p2 猴子
        p1=getfather(p1);              // 取得 p1 和 p2 所在左偏树的根
        p2=getfather(p2);
        if (p1==p2)                    // 若两只猴子属同一棵左偏树，则说明它们互相认识，返回 -1
        {
            printf("-1\n");
            continue;                  // 继续枚举
        }
        int k1=h[p1]->key;             // 分别取得左偏树 p1 和 p2 的键值
        int k2=h[p2]->key;
        h[p1]=pop(h[p1]);              // 将 p1 的左子树并入其右子树后形成新的左偏树 p1
        h[p2]=pop(h[p2]);              // 将 p2 的左子树并入其右子树后形成新的左偏树 p2
        h[p1]=merge(h[p1], new heap(k1 >> 1, 1, nil, nil));// 将键值 k1/2 插入左偏树 p1
        h[p2]=merge(h[p2], new heap(k2 >> 1, 1, nil, nil));// 将键值 k2/2 插入左偏树 p2
        father[p2]=p1;                 // 将左偏树 p2 并入左偏树 p1，并将 p2 的父指针设为 p1，此时 p1
                                       // 的键值即为决斗后 p1 和 p2 所有朋友中最强壮的猴子的强壮值
        h[p1]=merge(h[p1], h[p2]);
        printf("%d\n", h[p1]->key); // 输出决斗结果
    }
}

int main()
{
    init_heap();                       // 初始时左偏树为空
    while (scanf("%d", &n)!=EOF)
    {
        init();                        // 输入 n 个猴子的强壮值，构建左偏树序列 h[] 和父指针序列 father[]
        solve();                       // 依次处理 m 次冲突
    }
}
```

【8.2.2　To Be Or Not To Be】

喜羊羊被灰太狼抓住了。当灰太狼正忙着准备大餐时，喜羊羊有了一个好主意。它提出

了一个只有灰太狼赢的游戏，如果灰太狼赢了就可以吃掉喜羊羊。灰太狼总是认为它自己是最聪明的，所以它们达成了共识。它们都同意红太狼当裁判，如果犯规就要被红太狼惩罚。

游戏定义如下。

本题有多个测试用例。每个测试用例是一个有 R（$R<10$）轮的游戏，R 是一个奇数，以保证最后一定会有一个赢家。

对于游戏的每一轮，桌上有一堆 n（$10 \leqslant n \leqslant 200$）张的操作卡，以及 m（$1 \leqslant m \leqslant 100$）堆分值卡。分值卡堆的堆号排列从 1 到 m。灰太狼和喜羊羊轮流从操作卡的堆的顶部取一张卡，并进行相应的操作。灰太狼在游戏中总是先手。当所有的操作卡都被取走后，这一轮游戏结束，手中分值卡多的玩家得 1 分。如果打成平局，则灰太狼得 1 分。（灰太狼和喜羊羊在游戏开始的时候都是 0 分。）

游戏中的分值卡，以及 5 种操作卡的说明如下。

0）分值卡：具有分值 X（$1 \leqslant X \leqslant 2\,000\,000$）的卡。

1）挑战卡：无论哪位玩家拿到挑战卡，两位玩家都从自己手中拿出一张分值最高的分值卡，进行比较。如果喜羊羊的分值卡有更大的分值，它会把灰太狼手中所有的分值卡都拿走，反之亦然；如果是平局，则什么也不做。

2）损失卡：拿到这张卡的玩家，必须放弃一张分值最大的分值卡。

3）添加卡：一张分值为 P 的卡。获得该卡的玩家，其具有最大分值的卡的分值增加 P，即如果一张分值最大的分值卡，分值为 X，那么这张卡的分值就变为 $X + P$。一张添加卡只能作用于一张分值卡。

4）交换卡：一张分值数为 Q 的卡。获得该卡的玩家，其具有最大分值的卡的分值改变为 Q。

5）拿卡：一张带整数 K 的卡，表示玩家可以得到第 K 个分值卡堆的所有分值卡。在一轮游戏中，没有两张拿卡的 K 值相同。

本题设定，当一个玩家拿到损失卡、添加卡、交换卡时，它的手中至少有一张分值卡；当一个玩家拿到挑战卡时，两个玩家手中都至少有一张分值卡。

输入

对于每个测试用例，输入的第一行是一个整数 R，表示游戏轮数。

第 2 行：两个整数 n 和 m，分别表示操作卡的数量，以及分值卡堆的堆数。

第 3 行：在一行中给出 m 个整数。第 i 个数字 P_i（$1 \leqslant P_i \leqslant 10\,000$）表示第 i 个分值卡堆的分值卡的数量。

接下来的 m 行，第 i 行给出 P_i 个数字，表示第 i 个分值卡堆的每个分值卡的分值。

接下来的 n 行，每行是如下的 5 种输入之一，表示玩家按“从上到下”的顺序取操作卡，并进行相关的操作。

- T K：表示一个玩家得到一张拿卡，它可以得到第 K 个分值卡堆（$1 \leqslant K \leqslant m$）。
- C：表示一个玩家得到一张挑战卡。
- L：表示一个玩家得到一张损失卡。
- A P：表示一个玩家得到一张添加卡，添加卡的分值数为 P（$1 \leqslant P \leqslant 30$）。
- E Q：表示一个玩家得到一张交换卡，交换卡的分值数为 Q（$1 \leqslant Q \leqslant 2\,000\,000$）。

输出

对于游戏的每一轮，在一行中输出 A:B，其中 A 表示灰太狼手里留下的分值卡的数目，

B 表示喜羊羊手里留下的分值卡的数目。在游戏结束时，如果灰太狼赢的次数多，则输出“Hahaha...I win!!”；否则输出“I will be back!!”。

样例输入	样例输出
3 5 3 3 3 3 10 11 2 7 4 12 4 2 9 T 1 T 2 A 7 T 3 C 6 3 2 2 2 1 4 5 2 4 2 T 2 T 1 L A 2 T 3 C 5 3 2 2 2 1 3 4 2 5 2 T 2 T 1 E 3 A 1 L	9:0 0:5 1:2 I will be back!!

试题来源：2009 Multi-University Training Contest 13 - Host by HIT

在线测试：HDOJ 3031

试题解析

为每张分值卡构建左偏树 nd[]，树中仅含一个节点，键值为卡片分值，左右指针和距离为 0。

构建每堆分值卡的左偏树，存储该堆中所有的分值卡，树根为其中分值最大的卡片，其卡片编号为 $f[i]$（$1 \leqslant i \leqslant m$）。每读入每堆中分值卡的信息时，便将所有卡片的 nd[] 并入左偏树 $f[i]$ 中。

每轮游戏后，我们将灰太狼和喜羊羊手中的卡片分别存储在以 root[0] 和 root [1] 为根的左偏树中，root[0] 和 root [1] 分别存储喜羊羊和灰太狼手中卡片的最大分值，双方的卡片数分别为 sum[105] 和 sum[106]。由于双方轮流操作且灰太狼先手，灰太狼始终处于奇数次操作，而喜羊羊始终处于偶数次操作，因此第 i 轮游戏一方的左偏树根为 root[i&1]，树的规模为 sum[i&1 + 105]。每次操作都是基于左偏树实现的。

第 i 轮游戏（$1 \leqslant i \leqslant R$）：

- T k：$f[k]$ 并入 root[1&i]；$f[k] = 0$；卡堆 k 的卡片数累计入 sum[(1&i) + 105]。
- C：若卡片 root[1&i] 的键值大于对方 root[] 卡片的键值，则对方的 root[] 并入 root[1&i]，清空对方的 root[] 和 sum[]。
- L：弹出 root[1&i] 的根；sum[(1&i) + 105] − 1。
- A k：卡片 nd[root[1&i]] 的键值加 k。
- E k：弹出 root[1&i] 的根；将键值为 k 的左偏树 nd[] 并入 root[1&i]。

本轮游戏结束后，比较 sum[105] 和 sum[106] 的大小，若 sum[105] 大，则喜羊羊加一分；否则灰太狼加一分。

R 轮游戏结束后，得分多的一方赢。

参考程序

```
#include<cstdio>
#include<algorithm>
#include<string>
using namespace std;
#define N 2001000
int R, happy, wolf, n, m, tot;    // 游戏轮次为 R，喜羊羊的分数为 happy，灰太狼的分数为 wolf，
                                  // 操作卡片数为 n，分值卡的堆数为 m，nd[] 的指针为 tot
int f[110], root[2], sum[110];    // i 堆分值卡的左偏树中，根的卡片序号为 f[i]，卡片数为
                                  // sum[i] 第 i 轮游戏方手中最大的卡片分值为 root[i&1]，
                                  //（游戏方左偏树的根）
struct node                       // 左偏树节点的结构类型
{
    int v, l, r, dis;             // 键值为 v，左右指针分别为 l 和 r，距离为 dis
}nd[N];                           // 卡片序列对应的左偏树集
int newnode(int x)                // 构建一个键值为 x、左右指针和距离为 0 的左偏树，返回其在
                                  // nd[] 中的指针
{
    nd[tot].v=x;
    nd[tot].l=0;
    nd[tot].r=0;
    nd[tot].dis=0;
    tot++;                        // 计算下一棵左偏树在 nd[] 中的下标
    return tot-1;                 // 返回当前左偏树在 nd[] 中的下标
}
int merge(int x, int y)           // 合并以卡片 x 和 y 为根的两棵左偏树
{
    if(!x) return y;              // 若左偏树 x 为空，则返回左偏树 y
    if(!y) return x;              // 若左偏树 y 为空，则返回左偏树 x
    if(nd[x].v<nd[y].v) swap(x, y);// 按键值递减顺序排列 x 和 y，保证大根堆性质
    nd[x].r=merge(nd[x].r, y);    // 将左偏树 y 并入左偏树 x 的右子树
    // 按照距离递减的顺序排列左偏树 x 的左右子树，维护左偏树的左偏性质
    if(nd[nd[x].l].dis<nd[nd[x].r].dis) swap(nd[x].l, nd[x].r);
    nd[x].dis=nd[nd[x].r].dis+1;  // 左偏树 x 的距离为其右子树的距离加 1
    return x;                     // 返回 x
}
int pop(int x)                    // 删除 x 的树根，返回新树根
{
    int tmp=merge(nd[x].l, nd[x].r);// 将 x 的右子树并入 x 的左子树后形成新的左偏树 tmp
```

```
    nd[x].dis=nd[x].l=nd[x].r=0;                    //删除左偏树x
    return tmp;                                     //返回新树根tmp
}
int main()
{
    int i, j, k, num;
    char op[10];                                    //操作符
    while(~scanf("%d", &R))                         //反复输入游戏轮数R，直至输入0
    {
        happy=wolf=0;                               //双方分数初始化为0
        while(R--)                                  //依次处理每轮游戏
        {
            scanf("%d%d", &n, &m);                  //输入操作卡的数量n和分值卡的堆数m
            tot=1;                                  //nd[]的指针初始化
            memset(f, 0, sizeof(f));                //每个分值卡堆对应的左偏树和卡片数初始化
            memset(sum, 0, sizeof(sum));
            root[0]=root[1]=0;                                  //双方卡片的左偏树初始化
            for(i=1;i<=m;i++) scanf("%d", &sum[i]);             //输入每个分值卡堆中的卡片数
            for(i=1;i<=m;i++)                                   //枚举每个分值卡堆
            {
                //依次输入当前堆中的每张卡片分值，并插入左偏树f[i]
                for(j=1;j<=sum[i];j++)
                {
                    scanf("%d", &num);
                    f[i]=merge(f[i], newnode(num));
                }
            }
            for(i=1;i<=n;i++)                                   //依次枚举每张操作卡
            {
                scanf("%s", op);                                //输入操作符
                if(op[0]=='T')                                  //若得到一张拿卡
                {
                    scanf("%d", &k);                            //输入分值卡堆序号
                    root[1&i]=merge(root[1&i], f[k]);           // f[k]并入root[1&i]
                    f[k]=0;                                     //撤去f[k]
                    sum[(1&i)+105]+=sum[k];                     //累计分值卡堆k的卡片数
                }
                else if(op[0]=='C')                             //若当前玩家得到挑战卡
                {
                    if(nd[root[0]].v>nd[root[1]].v)             //若root[0]根的键值大于root[1]
                                                                //根的键值，则root[1]并入root[0]，
                                                                // sum[106]计入sum[105]，
                                                                //清空root[1]和sum[106]
                    {
                        root[0]=merge(root[0], root[1]);
                        sum[105]+=sum[106];
                        root[1]=0;
                        sum[106]=0;
                    }
                    else if(nd[root[0]].v<nd[root[1]].v) //若root[0]根的键值小于root[1]
                                                         //根的键值，则root[0]并入root[1]，
                                                         // sum[105]计入sum[106]，
                                                         //清空root[0]和sum[105]
                    {
                        root[1]=merge(root[0], root[1]);
                        sum[106]+=sum[105];
                        root[0]=0;
                        sum[105]=0;
                    }
                }
```

```
                else if(op[0]=='L')                    //若当前玩家得到一张损失卡
                {
                    root[1&i]=pop(root[1&i]);          //弹出root[1&i]的根
                    sum[(1&i)+105]--;                  //当前玩家的卡片数减1
                }
                else if(op[0]=='A')                    //当前玩家得到分值数为k的添加卡
                {
                    scanf("%d", &k);
                    nd[root[1&i]].v+=k;                //root[1&i]的根对应卡片的键值加k
                }
                else if(op[0]=='E')                    //当前玩家得到分值为k的交换卡
                {
                    scanf("%d", &k);
                    root[1&i]=pop(root[1&i]);          //弹出root[1&i]的根后加入键值k
                    root[1&i]=merge(root[1&i], newnode(k));
                }
            }
            //当前游戏轮次结束后，卡片数多的一方得1分，输出双方手中的卡片数
            if(sum[105]>sum[106]) happy++ ;
            else wolf++;
            printf("%d:%d\n", sum[106], sum[105]);
        }
        //R轮次游戏结束后比较双方得分，输出输赢
        if(happy>wolf) puts("I will be back!!");
        else puts("Hahaha...I win!!");
    }
    return 0;
}
```

【8.2.3　Financial Fraud】

Bernard Madoff是一位股票经纪人、投资顾问、NASDAQ股票市场的非执行董事长，并被认为是历史上最大的庞氏（Ponzi）骗局的操盘手。

两个程序员，Jerome O’Hara和George Perez，帮助Bernard Madoff编写程序，产生虚假的记录，因而被起诉。他们被指控伪造代理经销商的记录和变造投资顾问的记录。

在这些年的每个季度，这两个程序员都会收到一个数据表，给出这一时期一系列的利润记录 $a_1, a_2, \cdots, a_N$。由于经济危机，这些可怕的记录可能会让投资者望而却步。所以，这两程序员被要求将这些记录变造为 $b_1b_2\cdots b_N$。为了欺骗投资者，任何一项记录必定不能小于前面的记录（也就是说，对任意的 $1\leqslant i<j\leqslant N$，$b_i\leqslant b_j$）。

在另一方面，他们为非法工作定义了一个冒险值（risk value）：risk value $=|a_1-b_1|+|a_2-b_2|+\cdots+|a_N-b_N|$。例如，原始的利润记录是300 400 200 100，如果他们选择300 400 400 400作为虚假记录，则冒险值是0 + 0 + 200 + 300 = 500。但如果他们选择250 250 250 250作为虚假记录，则冒险值是50 + 150 + 50 + 150 = 400。为了避免引起怀疑，他们需要最小化冒险值。

给出原始的利润记录的一些拷贝，请找出最小的可能的冒险值。

输入

输入有多个测试用例（至多20个）。

对每个测试用例，第一行给出一个整数 N ($1\leqslant N\leqslant 50\ 000$)，下一行给出 N 个整数 $a_1a_2\cdots a_N$ ($-10^9\leqslant a_i\leqslant 10^9$)。输入以 $N=0$ 结束。

输出

对每个测试用例，输出一行，给出最小的可能的冒险值（risk value）。

样例输入	样例输出
4 300 400 200 100 0	400

试题来源：ZOJ Monthly, July 2011

在线测试地址：ZOJ 3512

试题解析

简述题意：给出包含 $n(n \leqslant 50\,000)$ 个数的序列 $a[1]..a[n]$，求一个非递减的序列 $b[1], \cdots, b[n]$，使 $\sum_{i=1}^{n}|a[i]-b[i]|$ 最小。

对于本题，采用对 Ad Hoc 类问题求解的统计分析法，分析如下。

首先，分析两个最特殊的极端情况，作为部分解：

- 特殊情况 1：$a[1] \leqslant a[2] \leqslant \cdots \leqslant a[n]$，则显然，最优解为 $b[i]=a[i]$，$1 \leqslant i \leqslant n$。
- 特殊情况 2：$a[1] \geqslant a[2] \geqslant \cdots \geqslant a[n]$，则最优解为 $b[i]=x$，其中 x 是数列 a 的中位数，$1 \leqslant i \leqslant n$。为了方便讨论和程序实现，中位数都是指序列中第 $\lfloor n/2 \rfloor$ 大的数。

在最特殊情况的部分解的基础上，分析求解思想如下：把序列 a 划分成 m 个连续的子区间，每个子区间的元素是非递增的。也就是说，下标区间 $[1, n]$ 被划分为连续的子区间 $[q[1], q[2]-1]$，$[q[2], q[3]-1]$，$\cdots$，$[q[m], q[m+1]-1]$，其中 $q[i]$ 为第 i 个区间的首指针，$q[m+1]=n+1$。而序列 b 中的元素值为序列 a 对应子区间的中位数，即，$b[q[i]]=b[q[i]+1]=\cdots=b[q[i+1]-1]=w[i]$，其中 $w[i]$ 为 $a[q[i]]$，$a[q[i]+1]$，$\cdots$，$a[q[i+1]-1]$ 的中位数。

显然，对于特殊情况 1，则 $m=n$，$q[i]=i$；对于特殊情况 2，$m=1$，$q[1]=1$。

如果序列 a 的前半部分 $a[1]$，$a[2]$，$\cdots$，$a[n]$ 的最优解为 $(u, u, \cdots, u)$，后半部分 $a[n+1], a[n+2], \cdots, a[m]$ 的最优解为 $(v, v, \cdots, v)$，并且如果 $u \leqslant v$，显然整个序列的最优解为 $(u, u, \cdots, u, v, v, \cdots, v)$。否则，即 $u>v$，设整个序列的最优解为 $(b[1], b[2], \cdots, b[m])$，则显然 $b[n] \leqslant u$，$b[n+1] \geqslant v$。

定理 8.2.1　对于任意一个序列 $a[1]$，$a[2]$，$\cdots$，$a[n]$，如果最优解为 $(u, u, \cdots, u)$，那么在满足 $u \leqslant u' \leqslant b[1]$ 或 $b[n] \leqslant u' \leqslant u$ 的情况下，$(b[1], b[2], \cdots, b[n])$ 不会比 $(u', u', \cdots, u')$ 更优。

证明：我们用归纳法证明 $u \leqslant u' \leqslant b[1]$ 的情况，$b[n] \leqslant u' \leqslant u$ 的情况可以用类似方法证明。

当 $n=1$ 时，$u=a[1]$，命题显然成立。

当 $n>1$ 时，假设对于任意长度小于 n 的序列命题都成立，现在证明对于长度为 n 的序列命题也成立。首先把 $(b[1], b[2], \cdots, b[n])$ 改为 $(b[1], b[1], \cdots, b[1])$，这一改动将不会导致解变坏，因为如果解变坏了，由归纳假设可知 $a[2], a[3], \cdots, a[n]$ 的中位数 $w>u$，这样的话，最优解就应该为 $(u, u, \cdots, u, w, w, \cdots, w)$，则导致矛盾。然后再把 $(b[1], b[1], \cdots, b[1])$ 改为 $(u', u', \cdots, u')$，由于 $|a[1]-x|+|a[2]-x|+\cdots+|a[n]-x|$ 的几何意义为数轴上点 x 到点 $a[1], a[2], \cdots, a[n]$ 的距离之和，且 $u \leqslant u' \leqslant b[1]$，显然点 u' 到各点的距离之和不会比点 $b[1]$ 到各点的距离之和大，也就是说，$(b[1], b[1], \cdots, b[1])$ 不会比 $(u', u', \cdots, u')$ 更优。■

再回到之前的论述，由于 $b[n] \leqslant u$，作为上述事实的结论，我们可以得知，将 $(b[1], b[2], \cdots, b[n])$ 改为 $(b[n], b[n], \cdots, b[n])$，再将 $(b[n+1], b[n+2], \cdots, b[m])$ 改为 $(b[n+1], b[n+1], \cdots, b[n+1])$，并不会使解变坏。也就是说，整个序列的最优解为 $(b[n], b[n], \cdots,$

$b[n], b[n+1], b[n+1], \cdots, b[n+1]$)。再考虑一下该解的几何意义，设整个序列的中位数为 w，则令 $b[n]=b[n+1]=w$，将得到整个序列的最优解 $(w, w, \cdots, w)$。

基于上述讨论，算法如下。

设前 k 个数 $a[1], a[2], \cdots, a[k]$（$k<n$）的最优解已经求出，得到 m 个子区间组成的队列，子区间对应的解为 $(w[1], w[2], \cdots, w[m])$，现在要加入 $a[k+1]$，并求出前 $k+1$ 个数的最优解。首先我们把 $a[k+1]$ 作为一个新区间直接加入队尾，令 $w[m+1]=a[k+1]$，然后不断检查队尾两个区间的解 $w[m]$ 和 $w[m+1]$：如果 $w[m]>w[m+1]$，我们需要将最后两个区间合并，并找出新区间的最优解（也就是序列 a 中，下标在这个新区间内的各项的中位数）。重复这个合并过程，直至 $w[1]\leqslant w[2]\leqslant\cdots\leqslant w[m]$ 时结束，然后继续处理下一个数。

前面已经论证过这个算法的正确性，数据结构的选取分析如下。在算法中，涉及以下两种操作：合并两个有序集以及查询某个有序集内的中位数。只有当某一区间内的中位数比后一区间内的中位数大时，合并操作才会发生；也就是说，任一区间与后面的区间合并后，该区间内的中位数不会变大。所以，用最大堆来维护每个区间内的中位数，当堆中的元素大于该区间内元素的一半时，删除堆顶元素，这样堆中的元素始终为区间内较小的一半元素，堆顶元素即为该区间内的中位数。考虑到必须高效地完成合并操作，左偏树是一个理想的选择。虽然前面介绍的左偏树是最小堆，但在本题中，显然只需要把左偏树的性质稍做修改，就可以实现最大堆。左偏树的询问操作时间复杂度为 $O(1)$，删除和合并操作时间复杂度都是 $O(\log_2 n)$，而询问操作和合并操作少于 n 次，删除操作不超过 $n/2$ 次（因为删除操作只会在合并两个元素个数为奇数的堆时发生），因此用左偏树实现，可以把算法的时间复杂度降为 $O(n*\log_2 n)$。

参考程序

```
#include <iostream>
using namespace std;
const int MAXN =50050;                      // 整数序列的长度上限
struct node;
typedef node *leftlist;                     // 左偏树的指针类型
struct node{                                // 左偏树的节点类型
    int key, Dist;                          // 键值和距离
    leftlist l, r;                          // 左右指针
};
leftlist tree[MAXN];                        // 左偏树
int size[MAXN], s[MAXN], t[MAXN];          // 第 i 棵左偏树的规模为 size[i]，第 i 个区间的始
                                            // 末端点分别为 s[i] 和 t[i]
int a[MAXN];                                // 整数序列
int m, n;                                   // 整数序列的长度为 n，区间个数为 m
void Init()                                 // 输入整数序列
{
    for(int i=1; i<=n;++i) cin>>a[i];      // 读整数序列
    m=0;                                    // 区间个数初始化
}

leftlist Merge(leftlist a, leftlist b)     // 合并以 a 和 b 为根的两棵左偏树
{
    leftlist temp;
    if (a == NULL) return b;               // 若其中一棵左偏树为空，则返回另一棵
    if (b == NULL) return a;
    if(b->key>a->key) { temp=a; a=b; b=temp; }  // 假设 a 的根节点大于等于 b 的根节点。把 a
                                                 // 的根节点作为新树的根节点，合并 a 的
                                                 // 右子树和 b
```

```
    a->r=Merge(a->r, b);
    if((a->l==NULL)||((a->r!=NULL)&&(a->r->Dist>a->l->Dist)))// 若 a 的右子树空或者 a 的右子树
                                                              // 距离大于左子树距离，则交换左
                                                              // 右子树，以维护左偏树的左偏性质
    { temp=a->r; a->r=a->l; a->l=temp; }
    if (a->r == NULL)  a->Dist=0 ; else a->Dist=a->r->Dist+1;  // 更新 a 的距离
    return a;                                                   // 返回合并后的左偏树
}

void Delete(leftlist&a)                      // 删除左偏树 a 的根节点，返回新树根 a
    { a=Merge(a->l, a->r); }

void Make()                                  // 计算并输出满足要求的非递减序列
{
    int i, j, b;long long ans;
    for (i=1; i <= n;++i)                    // 搜索整数序列的每个元素
    {
        tree[++m]=new node;                  // 为第 i 个整数新建一个区间
        tree[m]->key=a[i];tree[m]->Dist=0;
        tree[m]->l=NULL;tree[m]->r=NULL;
        size[m]=1;s[m]=i;t[m]=i;
        while ((m>1)&&(tree[m-1]->key>=tree[m]->key))  // 如果当前区间的值小于前一个
                                                        // 区间的值，则合并两个区间
        {
            tree[m-1]=Merge(tree[m-1], tree[m]);size[m-1]=size[m-1]+size[m];
            t[m-1]=t[m];--m;
            while (size[m]>(t[m]-s[m])/2+1)             // 删除区间的后半部分
                { Delete(tree[m]); --size[m]; }
        }
    }
    ans=0;                                   // n 项之差的绝对值之和的最小值初始化
    for (i=1; i <= m; ++i)                   // 满足要求的非递减序列由每个区间的解构成
        for(j=s[i];j<=t[i];++j)              // 枚举 a 的第 i 个区间的所有整数，累计当前项之差
                                             // 的绝对值
            ans+=abs(a[j]-tree[i]->key);
    cout<< ans <<endl;                       // 输出 n 项之差的绝对值之和的最小值
}
int main()
{
    while(1){
        cin>>n;                              // 反复输入整数序列的长度，直至输入 0 为止
        if(!n) break;
        Init();                              // 输入整数序列
        Make();                              // 计算并输出满足要求的非递减序列
    }
    return 0;
}
```

【8.2.4 Making the Grade】

一条笔直的土路连接着农夫 John 农场的两块田地，但这条路的高度变化出乎农夫 John 的意料。农夫 John 的奶牛不会介意爬上或走下一个斜坡，但它们不喜欢山丘和山谷交替出现。农夫 John 希望在道路上添加和清除泥土，使道路成为一个单调的斜坡（向上或向下）。

给出 N 个整数 $A_1, \cdots, A_N$（$1 \leqslant N \leqslant 2\ 000$），表示在道路上 N 个等距位置处的高度（$0 \leqslant A_i \leqslant 1\ 000\ 000\ 000$），从一块田地开始，到另一块田地结束。农夫 John 要将这些高度调整为新的序列 $B_1, \cdots, B_N$，序列或者是非递增的，或者是非递减的。由于在道路沿线任何位置添加或清除泥土的费用相同，因此改造道路的总费用为 $|A_1 - B_1| + |A_2 - B_2| + \cdots + |A_N - B_N|$。

请计算改造道路使其成为连续坡度的最低成本。农夫 John 很高兴地告诉你，可以用有符号 32 位整数来计算。

输入

第 1 行：一个整数 N。

第 2～$N+1$ 行：第 $i+1$ 行给出一个整数高度 A_i。

输出

1 行：一个整数，农夫 John 改造土路，使其高度变成非递增或非递减序列的最低成本。

样例输入	样例输出
7 1 3 2 4 5 3 9	3

试题来源：USACO 2008 February Gold

在线测试：POJ 3666

试题解析

简述题意：给定一个整数序列 $a_1, a_2, \cdots, a_n$，求一个非递减序列 $b_1 \leqslant b_2 \leqslant \cdots \leqslant b_n$，使数列 $\{a_i\}$ 和 $\{b_i\}$ 的各项之差的绝对值之和 $|a_1-b_1|+|a_2-b_2|+\cdots+|a_n-b_n|$ 最小。我们先来看看以下两个最特殊的情况。

- $a[1] \leqslant a[2] \leqslant \cdots \leqslant a[n]$，在这种情况下，显然，最优解为 $b[i]=a[i]$。
- $a[1] \geqslant a[2] \geqslant \cdots \geqslant a[n]$，这时，最优解为 $b[i]=x$，其中 x 是数列 a 的中位数。为了方便讨论和程序实现，这个中位数是指 a 数列中第 $\lfloor n/2 \rfloor$ 大的数。

于是可以初步建立以下思路。

把 $1 \cdots n$ 划分成 m 个区间：$[q[1], q[2]-1]$，$[q[2], q[3]-1]$，$\cdots$，$[q[m], q[m+1]-1]$（$q[m+1]=n+1$）。每个区间对应一个解，$b[q[i]]=b[q[i]+1]=\cdots=b[q[i+1]-1]=w[i]$，其中 $w[i]$ 为 $a[q[i]], a[q[i]+1], \cdots, a[q[i+1]-1]$ 的中位数。

显然，在上面第一种情况下 $m=n$，$q[i]=i$；在第二种情况下 $m=1$，$q[1]=1$。

这样的想法究竟对不对呢？应该怎样实现？

若某序列前半部分 $a[1], a[2], \cdots, a[n]$ 的最优解为 $(u, u, \cdots, u)$，后半部分 $a[n+1], a[n+2], \cdots, a[m]$ 的最优解为 $(v, v, \cdots, v)$，那么整个序列的最优解是什么呢？若 $u \leqslant v$，显然整个序列的最优解为 $(u, u, \cdots, u, v, v, \cdots, v)$。否则，设整个序列的最优解为 $(b[1], b[2], \cdots, b[m])$，则显然 $b[n] \leqslant u$（否则我们把前半部分的解 $(b[1], b[2], \cdots, b[n])$ 改为 $(u, u, \cdots, u)$，由题设可知整个序列的解不会变坏），同理 $b[n+1] \geqslant v$。接下来，我们将看到下面的事实。

对于任意一个序列 $a[1], a[2], \cdots, a[n]$，如果最优解为 $(u, u, \cdots, u)$，那么在满足 $u \leqslant u' \leqslant b[1]$ 或 $b[n] \leqslant u' \leqslant u$ 的情况下，$(b[1], b[2], \cdots, b[n])$ 不会比 $(u', u', \cdots, u')$ 更优。

我们用归纳法证明 $u \leqslant u' \leqslant b[1]$ 的情况，$b[n] \leqslant u' \leqslant u$ 的情况可以用类似方法证明。

当 $n=1$ 时，$u=a[1]$，命题显然成立。当 $n>1$ 时，假设对于任意长度小于 n 的序列，

命题都成立，现在证明对于长度为 n 的序列命题也成立。首先把 $(b[1], b[2], \cdots, b[n])$ 改为 $(b[1], b[1], \cdots, b[1])$，这一改动将不会导致解变坏，因为如果解变坏了，由归纳假设可知 $a[2], a[3], \cdots, a[n]$ 的中位数 $w>u$，这样的话，最优解就应该为 $(u, u, \cdots, u, w, w, \cdots, w)$，导致矛盾。然后再把 $(b[1], b[1], \cdots, b[1])$ 改为 $(u', u', \cdots, u')$，由于 $|a[1]-x|+|a[2]-x|+\cdots+|a[n]-x|$ 的几何意义为数轴上的点 x 到点 $a[1], a[2], \cdots a[n]$ 的距离之和，且 $u \leqslant u' \leqslant b[1]$，显然点 u' 到各点的距离之和不会比点 $b[1]$ 到各点的距离之和大，也就是说，$(b[1], b[1], \cdots, b[1])$ 不会比 $(v, v, \cdots, v)$ 更优。■

再回到之前的论述，由于 $b[n] \leqslant u$，作为上述事实的结论，我们可以得知，将 $(b[1], b[2], \cdots, b[n])$ 改为 $(b[n], b[n], \cdots, b[n])$，再将 $(b[n+1], b[n+2], \cdots, b[m])$ 改为 $(b[n+1], b[n+1], \cdots, b[n+1])$，并不会使解变坏。也就是说，整个序列的最优解为 $(b[n], b[n], \cdots, b[n], b[n+1], b[n+1], \cdots, b[n+1])$。再考虑一下该解的几何意义，设整个序列的中位数为 w，则显然令 $b[n]=b[n+1]=w$ 将得到整个序列的最优解，即最优解为 $(w, w, \cdots, w)$。

分析到这里，我们开始的想法已经有了理论依据，算法便由此浮出水面。

已经找到前 k 个数 $a[1], a[2], \cdots, a[k]$（$k<n$）的最优解，得到 m 个区间组成的队列，对应的解为 $(w[1], w[2], \cdots, w[m])$，现在要加入 $a[k+1]$，并求出前 $k+1$ 个数的最优解。首先我们把 $a[k+1]$ 作为一个新区间直接加入队尾，令 $w[m+1]=a[k+1]$，然后不断检查队尾两个区间的解 $w[m]$ 和 $w[m+1]$，如果 $w[m]>w[m+1]$，则需要将最后两个区间合并，并找出新区间的最优解（也就是序列 a 中下标在该新区间内的各项的中位数）。重复这个合并过程，直至 $w[1] \leqslant w[2] \leqslant \cdots \leqslant w[m]$ 时结束，然后继续处理下一个数。

前面已经论证过这个算法的正确性，现在我们需要考虑数据结构的选取。算法中涉及以下两种操作：合并两个有序集以及查询某个有序集内的中位数。能较高效地支持这两种操作的数据结构有不少，比较常见的是二叉检索树（BST），它的询问操作复杂度是 $O(\log_2 n)$，但合并操作不甚理想，采用启发式合并，总时间复杂度为 $O(n\log_2 n)$。

有没有更好的选择呢？通过进一步分析，我们发现只有当某一区间内的中位数比后一区间内的中位数大时，合并操作才会发生，也就是说，任一区间与后面的区间合并后，该区间内的中位数不会变大。于是我们可以用最大堆来维护每个区间内的中位数，当堆中的元素大于该区间内元素的一半时，删除堆顶元素，这样堆中的元素始终为区间内较小的一半元素，堆顶元素即为该区间内的中位数。考虑到我们必须高效地完成合并操作，左偏树是一个理想的选择。左偏树的询问操作时间复杂度为 $O(1)$，删除和合并操作时间复杂度都是 $O(\log_2 n)$，而询问操作和合并操作少于 n 次，删除操作不超过 $n/2$ 次（因为删除操作只会在合并两个元素个数为奇数的堆时发生），因此用左偏树实现，可以把算法的时间复杂度降为 $O(n\log_2 n)$。

参考程序

```
#include <iostream>
using namespace std;
const int N = 2005;
typedef long long ll;
struct LTree {                                // 左偏树节点的结构类型
    int l, r, sz;                             // 左右指针分别为 l 和 r，树规模为 sz
    int key, dis;                             // 键值为 key，距离为 dis
    bool operator<(const LTree lt) const {    // 左偏树按键值定义大小
        return key < lt.key;
    }
} tr[N];                                      // 存储 a[] 的左偏树序列
```

```
int cnt_tr;                                   // tr[] 的指针
int NewTree(int k) {                          // 创建一个键值为 k 的单节点左偏树
    //tr[] 新增一棵单节点左偏树，其键值为 k，左右指针和距离为 0，规模为 1
    tr[++cnt_tr].key = k;
    tr[cnt_tr].l = tr[cnt_tr].r = tr[cnt_tr].dis = 0;
    tr[cnt_tr].sz = 1;
    return cnt_tr;
}
int Merge(int x, int y) {                     // 合并左偏树 tr[y] 和 tr[x]
    if (!x || !y) return x + y;               // 若其中一棵左偏树为空，则返回另一棵左偏树
    if (tr[x] < tr[y]) swap(x, y);            // 按照键值的递减顺序排列 x 和 y，以保证大根堆性质
    tr[x].r = Merge(tr[x].r, y);              // 将 y 并入 x 的右子树
    // 按距离值递减顺序排列 x 的左右子树，以维护合并后的左偏性质
    if (tr[tr[x].l].dis<tr[tr[x].r].dis) swap(tr[x].l, tr[x].r);
    //x 的距离为右子树的距离加 1，规模为左右子树规模之和加 1
    tr[x].dis = tr[tr[x].r].dis + 1;
    tr[x].sz = tr[tr[x].l].sz + tr[tr[x].r].sz + 1;
    return x;                                 // 返回合并后的左偏树序号
    }
    int Top(int x) {                          // 返回左偏树 tr[x] 的根键值
        return tr[x].key;
    }
    void Pop(int &x) {                        // 删除 tr[x] 的树根
        x = Merge(tr[x].l, tr[x].r);          // 将 x 的右子树并入 x 的左子树
    }
    int a[N], root[N], num[N];                // 整数序列为 a[]，左偏树序列 root[] 维护每个
                                              // 递减子区间的中位数，num[] 存储每个子区间长度
    int main() {
        int n;
        while (~scanf("%d", &n)) {            // 反复输入整数个数 n，直至输入 0 为止
            ll sum, tmp, ans;                 // n 个整数的和为 sum，得到目标序列的最低成本 ans
            cnt_tr = sum = tmp = 0;
            for (int i = 0; i < n; ++i) {     // 依次输入 n 个整数高度 a[]，累计和 sum
                scanf("%d", a+i);
                sum += a[i];
            }
            int cnt = 0;                      // root[] 表的指针初始化
            for (int i = 0; i < n; ++i) {     // 枚举每一个整数高度
                root[++cnt] = NewTree(a[i]);  // 增加一个区间，初始时当前区间的左偏树仅含 a[i]，
                                              // 左偏树的节点个数为 1
                num[cnt] = 1;
                // 依次按中位数递减的顺序合并区间左偏树 (root[k]…root[cnt])，合并后的左偏树为
                // root[k]，将被合并左偏树的节点和累计入 num[k]
                while (cnt> 1 && Top(root[cnt]) < Top(root[cnt-1])) {
                    cnt--;
                    root[cnt] = Merge(root[cnt], root[cnt+1]);
                    num[cnt] += num[cnt+1];
                    // 在堆中元素数大于该区间内元素的一半时，删除堆顶元素
                    while (tr[root[cnt]].sz*2 > num[cnt]+1) Pop(root[cnt]);
                }
            }
            int px = 0;                       // 从 a[0] 开始
            for (int i = 1; i <= cnt; ++i)    // 依次枚举每一个递减子区间
                for (int j=0, x=Top(root[i]); j < num[i]; ++j) // 取出当前递减子区间
                                                                // 的中位数 x
                    tmp += abs(a[px++]-x);    // 将递减子区间每个整数减 x 的绝对值的和加入 tmp
            ans = tmp;
            printf("%lld\n", ans);            // 输出序列变成非递增或非递减序列的最低成本
        }
        return 0;
}
```

第 9 章

利用动态树维护森林的连通性

首先，阐述树链剖分和动态树的问题背景。

给出一棵共有 n（$n \leqslant 10\,000$）个节点的树，每条边都有一个权值，要求维护一个数据结构，支持如下操作。

- 操作 1——修改某条边的权值。
- 操作 2——询问某两个节点之间唯一通路上的最大边权。

其中操作的总的次数为 q。

对于操作 2，按此前的做法，先求出被询问的两个节点的最近公共祖先，再求出这两个节点通过最近公共祖先连接的路径上的最大边权即为解。但是，这种直接的算法可能会超时。要提高解题的效率，就必须探索一种新的数据结构，用来维护从某个点往根方向路径上的权值。这就是树链剖分、动态树的问题背景。

本章首先给出树链剖分的实验，然后给出解决动态树问题的数据结构——Link_Cut Tree。

9.1 树链剖分

对于一棵树 T，定义如下术语。

定义 9.1.1（重儿子，轻儿子，重边，轻边，重链，轻链） *在树 T 中，对于一个内节点 v，如果节点 w 是 v 的子节点，并且在以 v 的所有子节点为根的子树中，以 w 为根的子树的节点数最多，则 w 是 v 的***重儿子***；除重儿子 w 以外的子节点称为 v 的***轻儿子***。父节点 v 和其重儿子 w 连的边称为***重边***；而父节点和轻儿子连的边称为***轻边***。由多条重边连接而成的路径称为***重链***；而由多条轻边连接而成的路径称为***轻链***。

如图 9.1-1 所示，粗边为重边，细边为轻边。有的节点编号旁边有一个点，表示该节点是其所在重链的顶端节点。在图 9.1-1 中，1-4-9-13-14 为一条重链。“落单”的叶节点也被作为重链，这样，整棵树就被剖分成若干条重链。

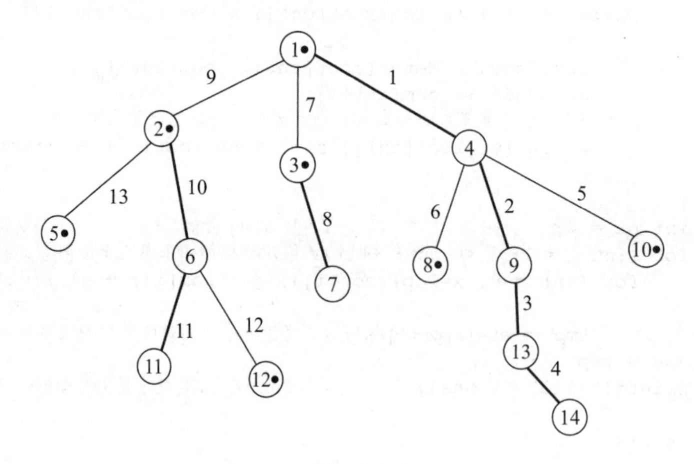

图 9.1-1

定义 9.1.2（树链，树链剖分） 树链是指树上的路径。树链剖分，就是指把树上的路径分类为重链和轻链。

树链剖分由两个 DFS 实现。其中，$f[u]$ 表示节点 u 的父节点；$d[u]$ 表示节点 u 的深度值，根的深度值为 1；size[u] 表示以 u 为根的子树的节点数；son[u] 表示节点 u 的重儿子。而树边的结构变量定义如下：

```
struct edge{
    int next, to;          // e[i].to：边 i 指向的儿子节点，e[i].next：边 i 的父节点的下一条边
} e[2*maxn];               // 边表
```

head[u] 表示邻接表首指针，即以 u 为父节点的第一条边序号。从 e[head[u]] 出发，可顺着 next 指针遍历从 u 出发的所有边。

第 1 个 DFS（dfs1(u, fa, depth)）计算每个节点的父节点、深度、以该节点为根的子树的节点数，以及该节点的重儿子。

```
void dfs1(int u, int fa, int depth)          // 参数表中 u 为当前节点、其父节点为 fa、深度为 depth
{
    f[u]=fa;                                 // 设定 u 的父指针和深度
    d[u]=depth;
    size[u]=1;                               // 初始时子树本身的 size 为 1
    for(int i=head[u]; i; i=e[i].next)       // 枚举从 u 出发的每一条边
    {
        int v=e[i].to;                       // 记下第 i 条边的另一端点（u 的儿子）v
        if(v==fa) continue;                  // 若当第 i 条边返回父节点，则枚举从 u 出发的下一条边
        dfs1(v, u, depth+1);                 // 从 v 出发继续往下递归层次，深度加 1
        size[u]+=size[v];                    // 将 v 的子树规模加入其父节点 u 的子树规模
        if(size[v]>size[son[u]])             // 若 v 的子树规模大于目前重儿子的子树规模，
                                             // 则将 v 调整为 u 的重儿子
            son[u]=v;
    }
}
```

初始时，调用 dfs1(root, 0, 1)。

对于图 9.1-1，调用 dfs1，结果如图 9.1-2 所示。

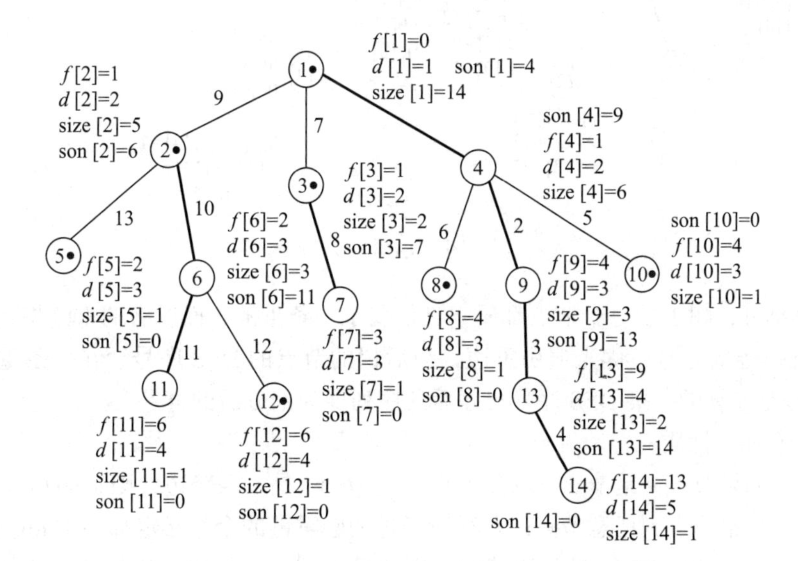

图　9.1-2

第 2 个 DFS（dfs2(*u*, *t*)）：连接重链，同时标记每一个节点的 DFS 序号，并且为了用数据结构来维护重链，在 DFS 时保证一条重链上各个节点的 DFS 序号是连续的（即处理数组 top、id、rk）；其中，rk[cnt] 表示当前 DFS 序号 cnt 在树中所对应的节点，top[*u*] 表示节点 *u* 所在的重链的顶端节点，id[*u*] 表示节点 *u* 的 DFS 的执行顺序的序号。

```
void dfs2(int u, int t)                      // 当前节点为 u、重链顶端为 t
{
    top[u]=t;                                // u 所在重链的顶端节点为 t
    id[u]=++cnt;                             // 记下 u 的 DFS 序号
    rk[cnt]=u;                               // DFS 序号 cnt 对应的节点为 u
    if(!son[u]) return;                      // 若 u 无重儿子，则返回
    dfs2(son[u], t);                         // 优先对重儿子进行 DFS，同一条重链上的点 DFS
                                             // 序号连续
    for(int i=head[u]; i; i=e[i].next)       // 回过头来在轻儿子中拉链
    {
        int v=e[i].to;
        if(v!=son[u]&&v!=f[u])
            dfs2(v, v);                      // 一个点位于轻链底端，那么其所在重链的顶端必然是
                                             // 它本身
    }
}
```

对于图 9.1-2，调用 dfs2，结果如图 9.1-3 所示。

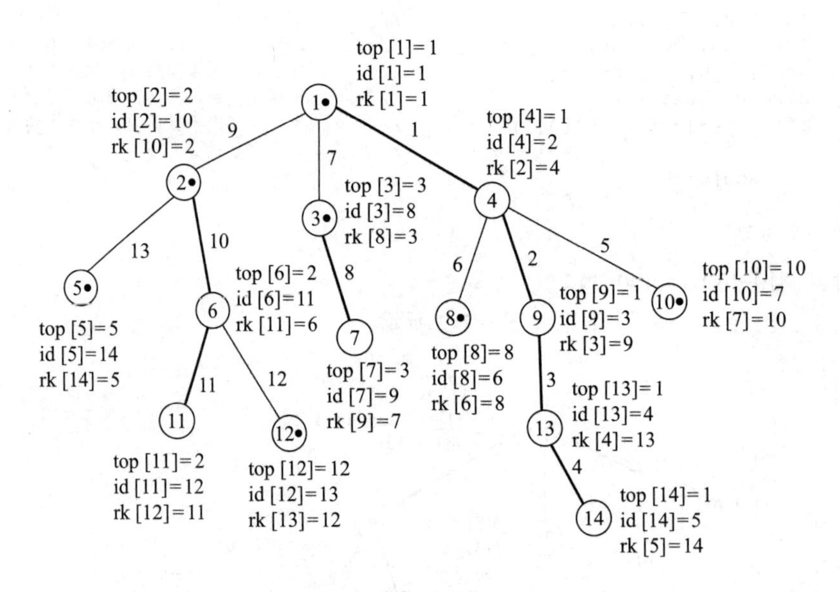

图　9.1-3

经过树链剖分，树上的每个节点都属于且仅属于一条重链，而所有的重链将整棵树完全剖分。在进行树链剖分时，优先遍历重边，最后树的节点的 DFS 序号、在一条重链上的节点的 DFS 序号是连续的，按 DFS 序号排序后的序列即为剖分后的链。

树链剖分有如下性质。

- 性质 1：如果节点 *u* 是节点 *v* 的父节点，且 $\{u, v\}$ 是一条轻边，则 $\text{size}(v) < \text{size}(u)/2$。
- 性质 2：从根节点到任意节点的路径所经过的轻重链的个数必定都小于 $\log_2 n$。

由于重链上节点的 DFS 序号是连续的，因此可以用数据结构来维护链。此外，在每一

条从根到叶节点的路径上，轻链和重链的个数均不会超过 $\log_2 n$。这个性质决定了树链剖分的时间复杂度，如果用线段树来维护链，则时间复杂度就是 $n\log_2 n$。

树链剖分的常见应用包括：

- 路径维护，用树链剖分求树上两个节点之间的路径的权值和。
- 子树维护，比如，将以某个节点为根的子树的所有节点的权值增加某个值。
- 求最近公共祖先（Least Common Ancestor，LCA）。

例如，树链剖分求两个节点的 LCA，当这两个节点在同一条重链上时，深度较小的节点就是 LCA；否则，每次选择深度较大的节点向上走，直到两个节点所在的重链的顶端节点相同，此时深度较小的节点就是 LCA。用树链剖分求 LCA，预处理时间复杂度为 $O(n)$，单次询问时间复杂度为 $O(\log_2 n)$，程序段如下：

```
int LCA(int x, int y)                          // 计算 x 和 y 的最近公共祖先
{
    while(top[x]!=top[y])                      // 若 x 和 y 所在重链的顶端节点不同，则循环
    { if(d[top[x]]<d[top[y]])  swap(x, y);     // 每次选择深度较大的节点向上走
        x=f[top[x]];
    }
    // 当 x 和 y 所在重链的顶端节点相同时，深度较小的节点就是最近公共祖先
    if (d[x]>d[y]) return y;
    return x;
}
```

由上可见，树链剖分是一种对树进行划分的算法，它通过轻重边剖分将树分为多条链，保证每个节点属于且只属于一条链，通过树状数组、二叉查找树和线段树等数据结构来维护每一条链。在此基础上，计算任意两个节点的最近公共祖先以及它们之间的路径长度。在现实生活中，很多问题都可转换为树链剖分问题来解决。

【9.1.1　Distance Queries】

农夫 John 的奶牛拒绝参加他组织的马拉松比赛，因为他选择的路线对于过惯悠闲生活的奶牛们来说太长了。因此，John 要找到一条长度更合理的路线。本题输入的第 $1\sim M+1$ 行与试题 Navigation Nightmare 中的输入相同，接下来的第 $M+2$ 行，给出一个整数 K，后面的 K 行是 K 个“距离查询”。每个距离查询在一行中给出两个整数，表示农夫 John 要计算距离的两个农场的编号，两个农场的距离是指连接这两个农场之间的路径的长度。请计算农夫 John 的每个距离查询。

输入

第 1 行给出两个用空格分隔的整数 N 和 M。

第 $2\sim M+1$ 行每行给出 4 个用空格分隔的数据 $F1$、$F2$、L 和 D，用于表示一条道路，其中 $F1$ 和 $F2$ 是这条道路所连接的两个农场的编号，L 是这条道路的长度，而 D 表示从 $F1$ 到 $F2$ 的道路方向的字符，为“N”“E”“S”或“W”。

第 $M+2$ 行给出一个整数 K（$1\leqslant K\leqslant 10\,000$）。

第 $M+3\sim M+K+2$ 行每行给出两个农场的编号，表示一个距离查询。

输出

第 $1\sim K$ 行每行输出一个整数，表示相应的距离。

样例输入	样例输出
7 6 1 6 13 E 6 3 9 E 3 5 7 S 4 1 3 N 2 4 20 W 4 7 2 S 3 1 6 1 4 2 6	13 3 36

提示：

农场 2 和农场 6 之间的距离是 20 + 3 + 13 = 36。

试题来源：USACO 2004 February

在线测试：POJ 1986

试题解析

本题可以应用树链剖分来求解最近公共祖先。

本题给出一棵树、K（$1 \leqslant K \leqslant 10\,000$）个查询，查询树上两个节点 u 和 v 之间的距离。在输入中，每条道路的方向字符没有什么用处。

在树链剖分的第一个 DFS 同时计算节点 v 到根节点的距离 dis[v]。在计算树上两节点 u 和 v 的 LCA 之后，u 和 v 之间的距离是 dis[u] + dis[v] – 2*dis[LCA(u, v)]。

参考程序

```
#include<iostream>
#define MAXN 40010
using namespace std;
struct tr
{
    int v, w, next;                     // 边的另一端点为 v，边权为 w，后继边指针为 next
}edge[MAXN*2];                          // 边表
int head[MAXN],cnt;                     // head[ ] 存储邻接表首指针，即以 u 为父节点的第一
                                        // 条边序号。从 edge[head[u]] 出发，可顺着 next
                                        // 指针遍历从 u 出发的所有边
void add_edge(int u,int v,int w)        // 将权值为 w 的边 (u,v) 插入邻接表 head[u]
{
    edge[cnt].v = v;                    // 设定第 cnt 条边的端点 v 和权 w
    edge[cnt].w = w;
    edge[cnt].next = head[u];           // 插入 head[u] 的链表首
    head[u] = cnt++;                    // 调整链首指针
}
int n,m,q,x,y,z;                        // 节点数为 n，边数为 m，询问数为 q，边的端点为 x 和
                                        // y，边权为 z
int htp[MAXN],son[MAXN],sz[MAXN],dis[MAXN],fa[MAXN],dep[MAXN];
                                        // 每个节点所在重链的顶端为 htp[ ]，重儿子为 son[ ]，
                                        // 子树规模为 sz[ ]，至根的距离为 dis[ ]，父节点为 fa[ ]，
                                        // 深度为 dep[ ]
char ops[3];                            // 边的方向
```

```
void dfs1(int u,int f)                    // 从 u 出发（其父为 f），计算每个子节点的父节点
                                          // fa[]、深度 dep[]、子树规模 sz[]、至根的距离
                                          // dis[] 和重儿子 son[]
{
    int maxnv = 0;                        // 重儿子初始化
    for(int i = head[u]; i != -1; i = edge[i].next)
                                          // 枚举从 u 出发的每条边
    {
        int v = edge[i].v;                // 当前边的另一端点为 v
        if(v == f) continue;              // 若当前边返回 u 的父亲，则继续枚举下一条边
        dep[v] = dep[u]+1;                // 计算 v 的深度、距离，设定 v 的父亲为 u
        dis[v] = dis[u]+edge[i].w;
        fa[v] = u;
        dfs1(v,u);                        // 从 v 继续递归下去
        sz[u] += sz[v];                   // 将 v 的子树规模累计入 u 的子树规模
        if(sz[v] > sz[maxnv]) maxnv = v;  // 若 v 的子树规模目前最大，则记下
    }
    sz[u]++;                              // 将 u 本身计入 u 的子树规模
    son[u] = maxnv;                       // 记录 u 的重儿子
}
void dfs2(int u,int tp)                   // 从 u（所在的重链顶端为 tp）出发，递归计算每个
                                          // 子节点所在重链的顶端 htp[]
{
    htp[u] = tp;                          // tp 设为 u 所在重链的顶端
    if(son[u] == 0) return;               // 若 u 无重儿子，则回溯
    dfs2(son[u],tp);                      // 沿重儿子继续递归
    for(int i = head[u]; i != -1; i = edge[i].next)
                                          // 枚举从 u 出发的每一条边
    {
        int v = edge[i].v;                // 当前边的另一端点为 v
        if(v==fa[u]||v== son[u]) continue; // 若 v 是 u 的父亲或重儿子，则枚举下一条边
        dfs2(v,v);                        // 沿 v 继续递归，寻找下一条重链
    }
}
int LCA(int u, int v)                     // 寻找 u 和 v 的最近公共祖先
{
    while(1)
    {
        if(htp[u] == htp[v])              // 若 u 和 v 所在重链的两个顶端相同，则返回深度
                                          // 较小的节点
                return dep[u]<=dep[v]?u:v;
        else if(dep[htp[u]] >= dep[htp[v]])
                                          // 每次选择深度较大的节点向上走
                    u = fa[htp[u]];
                else v = fa[htp[v]];
    }
}
int Dis(int u,int v)                      // 计算 u 和 v 的距离
{
    return dis[u]+dis[v]-2*dis[LCA(u,v)];
}
int main()
{
    memset(head,-1,sizeof head);          // 初始时邻接表为空
    scanf("%d%d",&n,&m);                  // 输入节点数和边数
    for(int i = 1; i <= m; i++)           // 输入每条边的信息，构造邻接表 head[]
    {
        scanf("%d%d%d%s",&x,&y,&z,ops);   // 输入当前边的两个端点、边长和方向
```

```
        add_edge(x,y,z);                    // 将双向边插入邻接表
        add_edge(y,x,z);
    }
    scanf("%d",&q);                         // 输入查询次数
    dfs1(1,-1);                             // 从根出发，计算每个子节点的父节点 fa[]、深度
                                            // dep[]、子树规模 sz[]、至根的距离 dis[] 和
                                            // 重儿子 son[]
    dfs2(1,1);                              // 从根出发，递归计算每个子节点所在重链的顶端 htp[]
    for(int i = 1; i <= q; i++)             // 依次处理 q 个询问
    {
        scanf("%d%d",&x,&y);                // 当前询问 x 与 y 间的距离
        printf("%d\n",Dis(x,y));            // 计算并返回 x 与 y 间的距离
    }
}
```

由于执行 dfs2() 后，可得到每个节点的 DFS 访问顺序值 id[]，且保证每条重链上各个节点的 DFS 序号是连续的。因此我们使用线段树来维护一个 DFS 序列。

```
struct Tree                 // 线段树的结构类型
{
    int l, r, val;          // DFS 访问顺序区间为 [l, r]，路径长度（经过边的权值和）为 var
};
Tree tree[4*N];             // 线段树
```

树中的叶节点代表一条边，我们使用 val[] 记录每条边的权值，val[] 的下标由该边深度较大节点的 DFS 顺序定义（如图 9.1-4 所示）。

y
w
val[id[x]]=w
dep[x]>dep[y]
x

图 9.1-4

构建线段树的程序模板如下。

```
void build(int l, int r, int v)   // 从 v 出发（DFS 访问顺序区间为
                                  // [l, r]），构建线段树
{
    tree[v].l=l; tree[v].r=r;     // 设置 v 的 DFS 访问顺序区间为 [l, r]
    if(l==r){                     // 若递归至叶节点 v，则设定其权值并回溯
        tree[v].val = val[l];
        return ;
    }
    int mid=(l+r)>>1;             // 计算中间指针
    build(l, mid, v*2);           // 递归左子树
    build(mid+1, r, v*2+1);       // 递归右子树
    pushup(v);                    // 将 v 的权设为左右儿子的权值和
}
```

有了线段树，便可直接统计同一条重链上 DFS 访问顺序从 l 至 r 的路径长度。程序模板如下：

```
int query(int o, int l, int r)                  // 从 o 出发，统计 DFS 访问顺序从 l 至 r 的路径长度
{
    if (tree[o].l>= l&& tree[o].r <= r) { // 若 [l, r] 覆盖 o 的代表区间，则返回 o 的权值
        return tree[o].val;
    }
    int mid = (tree[o].l + tree[o].r) / 2;  // 计算中间指针
    if(r<=mid)                                  // 若 [l, r] 在 o 的左子区间，则递归左儿子
        return query(o+o, l, r);
    else if(l>mid)                              // 若 [l, r] 在 o 的右子区间，则递归右儿子
        return query(o+o+1, l, r);
    else                                        // [ l, r] 横跨 o 的左右子区间，返回左右子区间
                                                // 被 [l, r] 覆盖的路径长度和
        return query(o+o, l, mid) + query(o+o+1, mid+1, r);
}
```

如果被查询路径的两个端点 u 和 v 在不同的重链上（如图 9.1-5 所示），则：

$$u \text{ 与 } v \text{ 间的路长} = \text{LCA}_{u,v} \text{ 与 } u \text{ 间的路长} + \text{LCA}_{u,v} \text{ 与 } v \text{ 间的路长}$$

查询树上两个节点之间路径的权值和，如果这两个节点在同一重链上，则可以直接查询；如果这两个节点在不同的重链上，则和求 LCA 一样，每次选择深度较大的节点向上走，直到两个节点在同一条重链上。程序段如下：

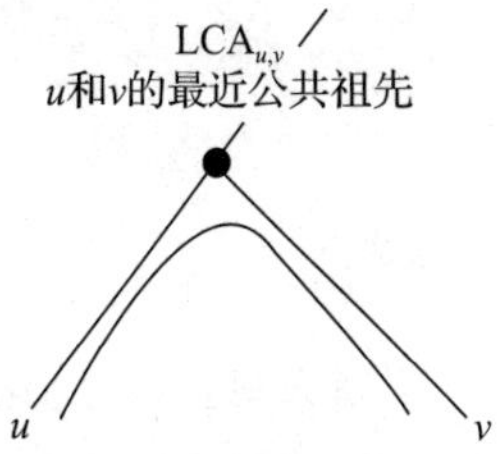

$\text{LCA}_{u,v}$
u和v的最近公共祖先

u　v

图　9.1-5

```
int Qsum(int u, int v)              // 计算并返回 u 与 v 之间的
                                    // 路径长度（经过边的权值和）
{
    int ret = 0;                    // u 和 v 之间的路径长度初始
                                    // 化为 0
    while(top[u] != top[v])         // 若两个节点不在同一条重链上
    {
        if (id[top[u]] < id[top[v]]) swap(u, v);// 将深度较大的节点调整为 u
        ret += query(root, id[top[u]], id[u]),; // 累计 u 所在重链的顶端与 u 的路长
        u = fa[top[u]]                          // 继续往上走
    }
    if(dep[u] > dep[v]) swap(u, v);             // u 和 v 按深度递增顺序排列
    ret += query(root, id[u], id[v]);           // 累计 u 与 v 之间的路径长度
    return ret;                                 // 返回总的路径长度
}
```

【9.1.2　Housewife Wind】

在盛大的婚礼后，Jiajia 和 Wind 隐居在 ×× 村，过着平凡而又幸福的生活。×× 村的人们都住在漂亮的小屋里。有若干对小屋通过双向道路相连，我们称这样的一对小屋是直接相连的。×× 村非常特别，可以从任何一间小屋出发到达任何其他的小屋。如果每条路不能走两次，那么每对小屋之间的路线是唯一的。

自从 Jiajia 挣到足够的钱之后，Wind 就在家照顾孩子。他们的孩子喜欢去找其他孩子玩，要回家时会给 Wind 打电话："妈妈，带我回家！"

在不同的情况下，沿着道路行走所需的时间可能不同。例如，Wind 在路上的时间通常需要 5 分钟，但是如果有一只可爱的小狗，她可能需要 10 分钟，如果道路周围有一些未知的奇怪气味，她可能需要 3 分钟。

Wind 爱她的孩子们，所以她想告诉孩子们她在路上所需的确切时间。你能帮她吗?

输入

第一行给出三个整数 n、q、s，分别表示 ×× 村有 n 间小屋、有 q 条消息要处理、当前 Wind 在小屋 s 中，其中 n<100 001、q<100 001。

接下来的 $n-1$ 行每行给出三个整数 a、b 和 w，表示有一条道路直接连接小屋 a 和小屋 b，从 a 走到 b 所需的时间是 w（$1 \leqslant w \leqslant 10\,000$）。

再接下来的 q 行，有以下两种类型的消息：

- 消息 A：0 u。孩子在小屋 u 里给 Wind 电话，Wind 要离开她现在的位置去小屋 u。
- 消息 B：1 i w。第 i 条路所需时间改为 w。这里要注意，当 Wind 在路上时，时间不会发生变化。只有当 Wind 停在某个地方，等着带走下一个孩子的时候，改变才会发生。

输出

对于每条消息 A，输出一个整数 X，表示到下一孩子那里所需的时间。

样例输入	样例输出
3 3 1 1 2 1 2 3 2 0 2 1 2 3 0 3	1 3

试题来源：POJ Monthly--2006.02.26, zgl&twb

在线测试：POJ 2763

试题解析

由试题描述"××村非常特别，可以从任何一间小屋出发到达任何其他的小屋。如果每条路不能走两次，那么每对小屋之间的路线是唯一的"，则以小屋为点、路为边，得到一棵边带权值的无根树。试题要求以下两种操作。

- 0 *a*：在这棵树中从节点 *s* 到 *a* 的路径权值和。到达后 *a* 变成了 *s*。
- 1 *a b*：把第 *a* 条边的权值变为 *b*。

由于执行 dfs2() 后得到每个节点的 DFS 访问顺序，且保证每条重链上各个节点的 DFS 序号是连续的，因此我们使用线段树维护 DFS 序列，任一个 DFS 访问顺序区间 $[l, r]$ 及其路径长度都可由树中的节点表示。这样可大大提高查询任意一对节点间路径长度的效率。

参考程序

```
#include <cstdio>
#include <vector>
using namespace std;
#define Del(a,b) memset(a,b,sizeof(a))
const int N = 100005;
int dep[N],siz[N],fa[N],id[N],son[N],val[N],top[N]; // 存储每个节点的深度为 dep[]，子树规模
                                                    // 为 siz[]，父节点为 fa[]，DFS 访问顺序
                                                    // 为 id[]，重儿子为 son[]，权值为 val[]
                                                    // (以 DFS 访问顺序存储)，所在重链的顶端
                                                    // 节点为 top[]
int num,head[N],cnt;                 // DFS 访问顺序为 num，head[] 存储每个节点的邻接表。从
                                     // e[head[u]] 出发，顺着 next 指针可遍历从 u 出发的所有边
struct Edge                          // 链节点的结构类型
{
    int to,next;                     // 端点序号，后继边的指针
};
Edge v[N*2];                         // 边表
struct tree
{
    int x,y,val;                     // 边为 (x, y)，权为 val
    void read(){                     // 读边信息
        scanf("%d%d%d",&x,&y,&val);
    }
};
void add_Node(int x,int y)           // 将 (x, y) 插入以 head[x] 为首指针的单链表
{
    v[cnt].to = y;
    v[cnt].next = head[x];
    head[x] = cnt++;
}
```

```
tree e[N];                          // 无根树
void dfs1(int u, int f, int d) {    // 从 u 出发（其父为 f，深度为 d），计算每个子节点的父节点
                                    // fa[]、深度 dep[]、子树规模 siz[] 和重儿子 son[]
    dep[u] = d;                     // u 的深度为 d，父亲为 f
    fa[u] = f;
    siz[u] = 1;                     // 初始时，u 的子树为本身，重儿子为空
    son[u] = 0;
    for(int i = head[u]; i != -1 ;i = v[i].next)// 枚举从 u 出发的每一条边
    {
        int to = v[i].to;           // 当前边的另一端点为 to
        if(to != f)                 // 若当前边未返回父亲
        {
            dfs1(to,u,d+1);         // 从 to 出发向下递归
            siz[u] += siz[to];      // 将 to 的子树规模累计入 u 的子树规模
            if(siz[son[u]] <siz[to])// 若 to 的子树规模比目前 u 的重儿子的子树规模还要大，则调
                                    // 整 to 为 u 的重儿子
                son[u] = to;
        }
    }
}
void dfs2(int u, int tp) {          // 从 u（其所在的重链顶端为 tp）出发，递归计算每个子节点
                                    // 所在重链的顶端 top[] 和 DFS 序号 id[]
    top[u] = tp;                    // 记录 u 所在重链的顶端 tp 和 DFS 访问顺序
    id[u] = ++num;
    if (son[u]) dfs2 (son[u], tp);// 若 u 有重儿子，则沿重儿子（所在重链顶端为 tp）递归下去
    for(int i = head[u]; i != -1 ;i = v[i].next )       // 枚举从 u 出发的每条边
    {
        int to = v[i].to;
        if(to == fa[u] || to == son[u])  // 若该边返回父节点或者另一端点为 u 的重儿子，则枚
                                         // 举下一条边
            continue;
        dfs2(to,to);                // 一个节点位于轻链底端，其所在重链的顶端必然是它本身
    }
}
#define lson(x) ((x<<1))            // x 的左儿子编号为 2*x
#define rson(x) ((x<<1)+1)          // x 的右儿子编号为 2*x +1
struct Tree                         // 线段树的结构类型
{
    int l,r,val;                    // DFS 访问顺序区间为 [l, r]，权为 var
};
Tree tree[4*N];                     // 线段树
void pushup(int x) {                // 将 x 的权设为左右儿子的权和
    tree[x].val = tree[lson(x)].val + tree[rson(x)].val;
}
void build(int l,int r,int v)       // 从 v 出发（DFS 访问顺序区间为 [l, r]），构建线段树
{
    tree[v].l=l;                    // 设置 v 的 DFS 访问顺序区间为 [l, r]
    tree[v].r=r;
    if(l==r){                       // 若递归至叶节点 v，则设定其权值并回溯
        tree[v].val = val[l];
        return ;
    }
    int mid=(l+r)>>1;               // 计算中间指针
    build(l,mid,v*2);               // 递归左子树
    build(mid+1,r,v*2+1);           // 递归右子树
    pushup(v);                      // 将 v 的权设为左右儿子的权和
}
void update(int o,int v,int val) // 将 DFS 访问顺序为 v 的节点权值改为 val，动态维护线段树
{
    if(tree[o].l==tree[o].r)        // 若 o 为叶节点，则该节点权值改为 val 并回溯
    {
```

```
        tree[o].val = val;
        return ;
    }
    int mid = (tree[o].l+tree[o].r)/2;    //计算中间指针
    if(v<=mid)                            //若v在左子区间，则递归左子树；否则递归右子树
        update(o*2,v,val);
    else
        update(o*2+1,v,val);
    pushup(o);                            //向上回溯，调整节点的权值
}
int query(int o,int l, int r)             //从o出发，询问DFS访问顺序区间[l, r]所属的
                                          //节点权值
{
    if (tree[o].l >= l && tree[o].r <= r) {//若[l, r]覆盖o的代表区间，则返回o的权值
        return tree[o].val;
    }
    int mid = (tree[o].l + tree[o].r) / 2; //计算中间指针
    if(r<=mid)                            //若[l, r]在o的左子区间，则递归左儿子
        return query(o+o,l,r);
    else if(l>mid)                        //若[l, r]在o的右子区间，则递归右儿子
        return query(o+o+1,l,r);
    else   //[l, r]横跨o的左右子区间，计算并返回左右子区间被[l, r]覆盖的节点权值和
        return query(o+o,l,mid) + query(o+o+1,mid+1,r);
}
int Qsum(int u, int v) {                  //计算由u至v所需的时间
    int tp1 = top[u], tp2 = top[v];       //分别取u和v所在重链顶端tp1和tp2
    int ans = 0;                          //所需时间初始化为0
    while (tp1 != tp2) {                  //寻找最近公共祖先
        if (dep[tp1] < dep[tp2]) {        //按照深度递减顺序排列tp1和tp2以及u和v
            swap(tp1, tp2);
            swap(u, v);
        }
        ans += query(1,id[tp1], id[u]);   //累计tp1至u的路径长度
        u = fa[tp1];                      //每次选择深度较大的节点向上走
        tp1 = top[u];
    }
    if (u == v) return ans;               //若由u行至v，则返回所需时间
    if (dep[u] > dep[v]) swap(u, v);      //u和v处于同一条重链，按深度递增顺序u和v
    ans += query(1,id[son[u]], id[v]);    //累计u的重儿子至v的路径长度
    return ans;                           //返回由u至v所需的时间
}
int main()
{
    int n,m,s;
    while(~scanf("%d%d%d",&n,&m,&s))      //反复输入小屋数n、消息数m和Wind所在的小屋s
    {
        cnt = 0;
        memset(head,-1,sizeof(head));     //初始时边表的首指针为空
        for(int i=1;i<n;i++)              //依次输入n-1条边的信息，构建树的邻接表
        {
            e[i].read();
            add_Node(e[i].x,e[i].y);
            add_Node(e[i].y,e[i].x);
        }
        num = 0;                          //DFS访问顺序初始化
        dfs1(1,0,1);                      //从根出发，计算每个节点的父节点fa[]、深度dep[]、
                                          //子树规模siz[]和重儿子son[]
        dfs2(1,1);                        //从根(所在重链的顶端为根p)出发，递归计算每个子
                                          //节点所在重链的顶端top[]和DFS序号id[]
        for(int i=1;i<n;i++)              //构造val[]：枚举每一条边，将边权赋给val[]，
                                          //其下标由该边较深一端的节点的DFS访问顺序定义
```

```
        {
            if(dep[e[i].x] < dep[e[i].y])
                swap(e[i].x,e[i].y);
            val[id[e[i].x]] = e[i].val;
        }
        build(1,num,1);                     // 从根出发 (DFS 访问顺序区间为 [1, num]) 构建线段树
        for(int i=0;i<m;i++)                // 依次处理每条消息
        {
            int ok,x,y;
            scanf("%d",&ok);                // 输入消息类型
            if(ok==0)                       // 消息为 A 类型
            {
                scanf("%d",&x);             // 输入 Wind 去的位置 x
                printf("%d\n",Qsum(s,x));   // 计算并输出 Wind 由 s 至 x 所需的时间
                s = x;                      // 将 Wind 现在的位置调整为 x
            }
            else                            // 消息为 B 类型
            {
                scanf("%d%d",&x,&y);        // 需要将第 x 条路所需时间改为 y
                update(1,id[e[x].x],y);
            }
        }
    }
    return 0;
}
```

9.2 动态树

因为树链剖分的重儿子和轻儿子是根据子树大小而决定的，所以树是静态的。

动态树用于维护一个带权的森林，支持边的插入与删除，支持树的合并与分离，支持寻找路径上费用最小的边。所有操作的均摊复杂度为 $O(\log_2 n)$。由于在动态树中所有节点或者部分节点不是固定的，可随需要而动态变动，因此动态树具备一般静态树无法企及的功能，在网络优化等领域得到广泛应用。

在本章中，仅考虑一个简化的动态树问题，它只包含对树的形态的操作和对某个点到根的路径的操作，不包含对子树的操作。为此，将动态树中的边分为实边和虚边两种，从每个节点出发，最多有一条实边连向它的儿子节点。一条路径包括一些自底向上连通的实边，剩下的边都是虚边。如图 9.2-1 所示，实线表示实边，虚线表示虚边。

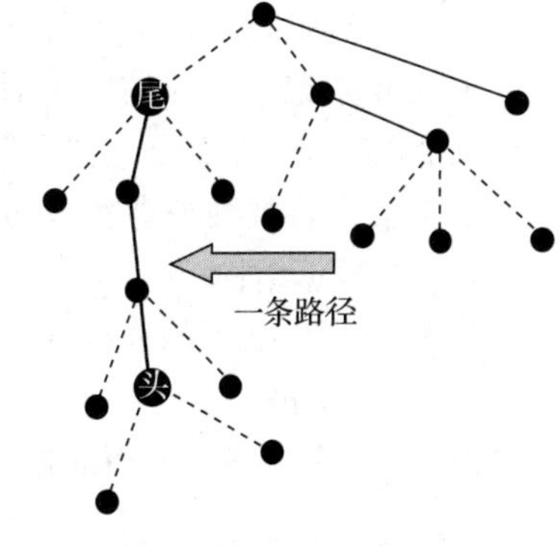

图 9.2-1

维护这样一个数据结构，必须支持以下典型的操作。

- Make_Tree()：新建一棵仅有一个节点的树。
- Cut(v)：删除节点 v 与它的父节点 parent(v) 的边，即把节点 v 为根的子树分离出来。
- Link(v, w)：节点 v 成为节点 w 的新儿子，其中 v 是一棵树的根节点，并且 v 和 w 是不同的两棵树中的节点。
- Find_Root(v)：返回节点 v 所在的树的根节点。

解决了上述问题，就方便扩充这个数据结构了，维护每个节点到它所属的树的根节点的路径的一些信息，例如权和、边权的最大值、路径长度等。

Link_Cut Tree（简称 LCT）是由 Sleator 和 Tarjan 发明的解决动态树问题的一种数据结

构，LCT 的基础是 Splay，该数据结构可以在均摊 $O(\log_2 n)$ 的时间内实现上述动态树问题的每个操作。

首先，我们介绍 LCT 的概念；其次，介绍 LCT 支持的各种操作，并对 LCT 的时间复杂度进行分析。

称一个节点 u 被访问过当且仅当对 u 执行了 Access(u) 操作，即 u 到根节点的路径上的边成为实边，并且 u 到儿子节点的实边变成虚边（后面将阐述）。如果节点 w 是节点 v 的儿子节点，而且在以 v 为根的子树中，最后被访问的节点在以 w 为根的子树中，那么就称 w 是 v 的首选子节点（Preferred_Child）。如果最后被访问过的节点就是 v 本身，那么 v 没有首选子节点。每个节点到它的首选子节点的边称作首选边（Preferred_Edge）。由首选边连接的不可再延伸的路径称为首选路径（Preferred_Path）。

这样，整棵树就被划分成了若干条首选路径。对每条首选路径，以这条路径上的节点的深度作为关键字，用一棵平衡树来维护它，即，在这棵平衡树中，每个节点的左子树中的节点都在首选路径中该节点的上方，右子树中的节点都在首选路径中该节点的下方。需要注意的是，这种平衡树必须支持分离与合并。这里，我们选择伸展树（Splay Tree）作为其数据结构，这样的平衡树称为辅助树（Auxiliary Tree），如图 9.2-2 所示。

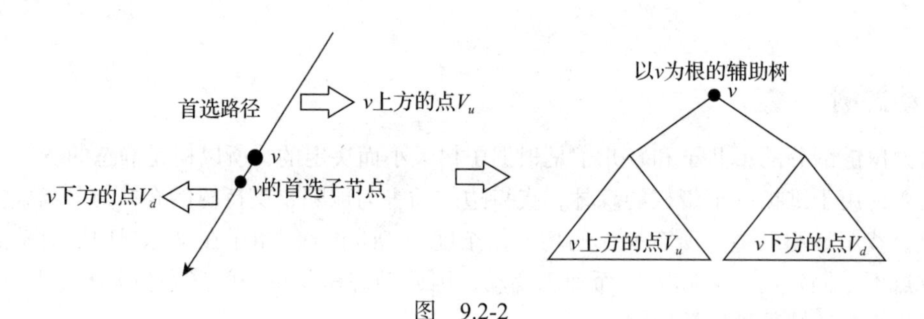

图　9.2-2

树 T 分解成的这若干条首选边，基于这些路径之间的连接关系，就可以表示树 T。用 Path_Parent 来记录每棵辅助树对应的首选路径中最高点的父节点，如果这个首选路径的最高点就是根节点，那么令这棵辅助树的 Path_Parent 为 null。

LCT 就是将被维护森林中的每棵树 T 表示为辅助树，并通过 Path_Parent 将这些辅助树连接起来的数据结构。

首先，介绍 LCT 的 9 种基本操作。

（1）Splay(p)

把节点 p 旋到 Splay 树的根部。

```
void Splay(node *p){                                   //把节点 p 旋到 Splay 树的根部
    while(p->f&& (p->f->l==p || p->f->r==p)){          //若 p 的父亲存在且 p 为其父的左右儿子
                                                       //之一，则调整
    node *q=p->f, *y=q->f;                             //记 q 为 p 的父亲，y 为 p 的祖父
    if (y&&y->l==q){                                   //在 q 是 y 左儿子的情况下，若 p 是 q 的左
                                                       //儿子，则 q 右旋后 p 右旋；若 p 是 q 的
                                                       //右儿子，则 p 左旋后右旋
        if (q->l==p) zig(q), zig(p);
            else zag(p), zig(p);
    }else if (y&&y->r==q){          //在 q 是 y 的左儿子的情况下，若 p 是 q 的右儿子，则 q 左旋后
                                    //p 左旋；若 p 是 q 的左儿子，则 p 右旋后左旋
```

```
                if (q->r==p) zag(q), zag(p);
                else zig(p), zag(p);
                }else                      // 在 q 是树根的情况下，若 p 是 q 的左儿子，则 p 右旋；若 p 是
                                           // 是 q 的右儿子，则 p 左旋
                {
                    if (q->l==p) zig(p);
                        else zag(p);
            }
    }
    p->update();                           // 调整 p 子树的信息
}
```

（2）Access(u)

Access(u) 操作是核心操作，经过 Access(u) 之后，节点 u 到根节点的路径成为实边，并且 u 到其儿子节点的实边变成虚边。也就是说，这条首选路径的一端是根节点，另一端是 u。图 9.2-3 所示为一棵 LCT 经过一次 Access 操作后的变化。

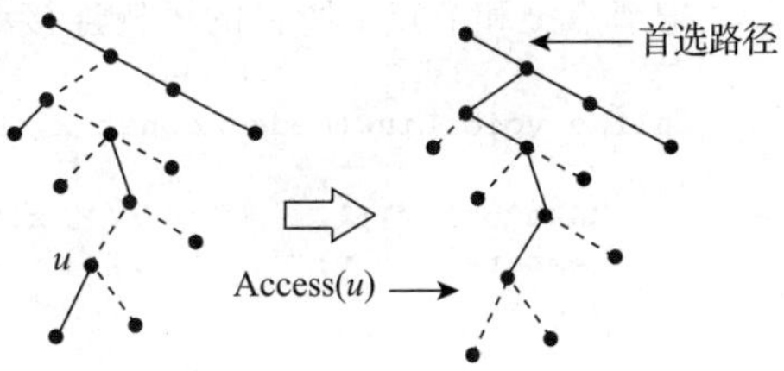

图　9.2-3

```
Node* Access(Node* u)
{
    Node* v = EMPTY;                       // 初始时 v=EMPTY 是为了清除 u 原来的儿子。因为不是每次
                                           // Access 操作都需要把最后节点旋到 Splay 树的根，所以
                                           // 不需要最后的 Splay(v) 操作
    for (; u!=EMPTY; u=u->parent)// 向上追溯 u 至根的路径
    {
        Splay(u);                          // 把节点 u 旋到 Splay 树的根
        u->child[1] = v;                   // 把上一次的 Splay 的根节点 v 当作 u 的右儿子
        Update(v = u);                     // 将 u 记为 v 并调整其子树信息
    }
    return v;                              // 返回最后访问到的节点 v，即原树根
}
```

（3）MakeRoot(x)

把节点 x 当作原树的根（因为是无向图，所以随便指定树根）。

```
inline void MakeRoot(Node* const x)
{
    Access(x)->rev ^= true;                // 打通节点 x 到原根的路径，并翻转标记（交换左右子树，也就
                                           // 是在原树中交换上下关系）
    Splay(x);                              // 清除标记
}
```

（4）Find_Root(x)

返回节点 x 所属的首选路径在原树的最上方节点，常用来判断两个节点是否同属一棵树。

```
Node* Find_Root(Node* x)  // 构建一条一端是根节点、一端是节点 x 的首选路径，然后不断往左走（往原
                          // 树的根方向走），边走边清除标记，最终使 x 变为所属辅助树的最小节点
{
    for (x=Access(x); clear(x), x->child[0]!=EMPTY; x=x->child[0]);
    return x;             // 返回根节点
}
```

（5）Cut(x, y)

以节点 x 为树根，把 y 到 x 的路径分离出来。

```
inline void Cut(Node* const x, Node* const y)
{
    MakeRoot(x);                    // 把 x 当作原树的根
    access(y);                      // 构建一条一端是根、一端是 y 的首选路径
    splay(y);                       // 将 y 旋转至根
    y->child[0]->parent=EMPTY;      // 断开 y 在它的所属辅助树中与它的左子树的连接
    y->child[0] = EMPTY;
    update(y);                      // 更新 y 所在子树的信息
}
```

（6）Link(x, y)

把节点 x 和节点 y 所在的子树连接起来（森林中树的连接）。

```
inline void Link(Node* const x, Node* const y)
{
    MakeRoot(x);            // 把 x 当作原树的根
    x->parent = y;          // 修改 x 所属的辅助树的 Path Parent 为 y
    access(x);              // 构建一条一端是根、一端是 x 的首选路径
}
```

（7）Query(x, y)

以询问 x 到 y 路径上的最大值为例：

```
inline int query(Node* x, Node* y)
{
    MakeRoot(x);            // 把 x 当作原树的根
    access(y), splay(y);    // 构建一条一端是根、一端是 y 的首选路径，将 y 旋转至根
    return y->max;          // 返回 y 子树的最大值
}
```

（8）Modify(x, y)

在 x 到 y 路径上做修改，以加上某一个值 w 为例：

```
inline void modify(Node* x, Node* y, const int w)
{
    MakeRoot(x);            // 把 x 当作原树的根
    access(y), splay(y);    // 构建一条一端是根、一端是 y 的首选路径，将 y 旋转至根
    _inc(y, w);             // 同 splay 中的清除标记
}
```

（9）_splay_parent(x, y)

看节点 x 的父节点 y 是否为 x 所在 Splay 的父亲。这个条件可成为 Splay 过程中的终止条件。

```
inline bool _splay_parent(Node *x, Node* (&y))
    { return (y=x->parent)!=EMPTY &&(y->child[0]==x ||y->child[1]==x); }
```

从上述 9 种操作的伪代码中可以看出，除 Access 操作之外的其他操作，其均摊时间复杂度至多为 $O(\log_2 n)$，而每一个动态树操作都需要用到一次 Access()，所以只用分析 Access() 的时间复杂度。

对于动态树中的边 (v, w)，如果 v 的子孙大于 w 的子孙 /2，则边 (v, w) 被称为 A 类边，否则被称为 B 类边。显然每个节点最多连出一条 A 类边，树中每条路径上最多有 $O(\log_2 N)$ 条 B 类边。令 p 为 B 类边中的虚边数。执行一次 Access()，可能执行许多次 Splay() 操作，每一次 Splay() 操作：

- 若添加一条 B 类虚边进入路径，则 $p+1$，这种情况最多发生 $O(\log_2 N)$ 次。
- 若添加一条 A 类虚边进入路径，则 $p-1$，可能发生许多次，但代价是 p,p 保持非负。

由此可知，平均每次 Access() 操作要执行 $O(\log_2 N)$ 次路径操作。

在每一次 Splay() 操作中，调整树的结构与保持伸展树不变量的总花费不超过 $3*\lfloor \log_2|s| \rfloor+1$（$|S|$ 表示伸展树 S 的节点个数），也就是说，Splay() 操作中多次旋转的时间复杂度叠加最多为 $3*\lfloor \log_2|s| \rfloor+1$。Access($v$) 操作是把从 v 到动态树树根的路径上的所有虚边消除，并合并路径上的伸展树，因此路径的合并操作均摊时间复杂度不会超过 $3*\lfloor \log_2|s| \rfloor+1$，叠加后可得到 Access($v$) 的时间复杂度不超过 $3*\lfloor \log_2|s| \rfloor+k$（$k$ 是从 v 到树根路径上的虚边个数）。由平均每次 Access(v) 操作要执行 $O(\log_2 N)$ 次路径操作，可知平均 k 是对数级别的，而 $\lfloor \log_2|s| \rfloor$ 也是对数级别的，所以 Access(v) 均摊复杂度为 $O(\log_2 N)$，这也就是所有动态树操作的时间界。

动态树能够高效地维护带权森林，有效地支持边的插入与删除、树的合并与分离、寻找路径上费用最小的边。下面通过三个实验范例说明动态树的应用价值。

【9.2.1 Query on The Trees】

对于树，会有许多问题。本题要求处理对一个树的集合进行查询的问题。

给出 N 个节点，每个节点具有唯一的权重 W_i。我们将对其进行 4 种操作，请高效地执行这些操作。

输入

本题的输入有多个测试用例。

对于每个测试用例，第一行仅给出一个整数 N（$1 \leqslant N \leqslant 300\,000$）。接下来的 $N-1$ 行每行给出两个整数 x、y，表示它们之间有一条边。这也表示给出一棵初始树。

下一行给出 N 个整数，表示每个节点的权重 W_i（$0 \leqslant W_i \leqslant 3000$）。

再下一行将给出一个整数 Q（$1 \leqslant Q \leqslant 300\,000$）。接下来的 Q 行以整数 1、2、3 或 4 开始，表示操作的类型。

- 以整数 1 开始。给出两个整数 x、y，要在这两个节点 x 和 y 之间创建一条新边。因此，在此操作之后，两棵树将连接成一棵新树。
- 以整数 2 开始。给出两个整数 x、y，要在树集中找到包含节点 x 的树，并且使节点 x 成为该树的根，然后删去节点 y 和其父节点之间的边。在此操作之后，一棵树将被分成两部分。
- 以整数 3 开始。给出三个整数 w、x、y，对于 x、y 和从 x 到 y 的路径之间的所有节点，增加它们的权重 w。
- 以整数 4 开始。给定两个整数 x、y，请检查 x 和 y 之间的路径上的节点的权重，并输出最大权重。

输出

对于每个查询，输出正确的答案。

如果发现这一查询是非法操作，则输出 −1。

在每个测试用例之后输出一个空行。

样例输入	样例输出
5 1 2 2 4 2 5 1 3 1 2 3 4 5 6 4 2 3 2 1 2 4 2 3 1 3 5 3 2 1 4 4 1 4	3 -1 7

 提示

不同操作的非法情况定义如下。

- 在第一个操作中：如果节点 x 和 y 属于同一棵树，则是非法的。
- 在第二个操作中：如果 $x = y$ 或者 x 和 y 不属于同一棵树，则是非法的。
- 在第三个操作中：如果 x 和 y 不属于同一棵树，则是非法的。
- 在第四个操作中：如果 x 和 y 不属于同一棵树，则是非法的。

试题来源：2011 ACM/ICPC Asia Regional Dalian Site —— Online Contest

在线测试：HDOJ 4010

 试题解析

简述题意：要求对一棵带权树执行 4 种操作，即分割、合并子树、添加路径上节点的权值、查询路径上节点的最大权值。

这些操作属于动态树的基本操作，通过解析参考程序，可帮助读者加深对动态树概念和各类操作模板的理解，掌握编程实现和检验结果的基本方法。

 参考程序

```
#include <iostream>
using namespace std;
#define N 300008
#define rep(x,y,z) for (int x=y;x<=z;x++)
#define repd(x,y,z) for (int x=y;x>=z;x--)
//存储节点的所有信息，其中节点 i 的权值为 val[i]，左右儿子分别为 c[i][0] 和 c[i][1]。父指针为
//fa[i]，懒惰标记为 tag[i]，翻转标记为 rev[i]，邻接表的首指针为 lt[i]，栈为 st[]
int val[N],c[N][2],fa[N],mx[N],tag[N],rev[N],lt[N],st[N];
int n,q,sum;                        //节点数为 n，操作次数为 q，边表指针为 sum
struct line{
    int u,v,nt;                     //边为 (u, v)，后继边指针为 nt
}eg[N*2];                           //边表为 eg[]
void addedge(int u,int v){          //将 (u, v) 加入 eg[]，u 的邻接表的首指针为 lt[u]
    eg[++sum]=(line){u,v,lt[u]};
    lt[u]=sum;                      //调整 u 的邻接表首指针
}

void init(){                        //将每个节点的所有信息清零
```

```
    rep(i,1,n) val[i]=c[i][0]=c[i][1]=mx[i]=tag[i]=rev[i]=lt[i]=fa[i]=0;
    sum=1;                          //边表指针初始化
}

void dfs(int u){                    //从u出发，建立每个节点的父指针
    for (int i=lt[u];i;i=eg[i].nt){//枚举u的每一个邻接点v
        int v=eg[i].v;
        if (fa[v] || v==1) continue; //若v的父指针已确定或v是树根，则枚举u的下一个邻接点
        fa[v]=u;                    //确定v的父亲为u
        dfs(v);                     //沿v继续递归下去
    }
}

bool isroot(int k){                 //返回k是根的标志（即k非其父亲的左右儿子）
    return c[fa[k]][0]!=k && c[fa[k]][1]!=k;
}

void pushup(int x){                 //计算以x为根的子树的最大值
    int l=c[x][0],r=c[x][1];        //取x的左右儿子l和r
    mx[x]=max(max(mx[l],mx[r]),val[x]); //在x的权值和左右子树最大值中取较大值
}

void pushdown(int x){               //从x节点出发，向下进行翻转操作
    int l=c[x][0],r=c[x][1];        //记下x的左右儿子l和r
    if (rev[x]){                    //若x需要翻转
        if (l) rev[l]^=1;           //若存在左儿子，则左儿子的翻转标志取反
        if (r) rev[r]^=1;           //若存在右儿子，则右儿子的翻转标志取反
        rev[x]^=1;                  //x的翻转标志取反
        swap(c[x][0],c[x][1]);      //交换x的左右儿子
    }
    if (tag[x])
    {  //在x有懒惰标记的情况下，将儿子的权值、懒惰标记和子树的最大值加上tag[x]
        if (l) {tag[l]+=tag[x]; mx[l]+=tag[x], val[l]+=tag[x]; }
        if (r) {tag[r]+=tag[x]; mx[r]+=tag[x], val[r]+=tag[x]; }
        tag[x]=0;                   //撤去x的懒惰标志tag[x]
    }
}

void rotate(int x){                 //以x为基点进行旋转
    int y=fa[x],z=fa[y],l,r;        //取x的父亲y、祖父z
    if (c[y][0]==x) l=0; else l=1; r=l^1;//旋转方向l={0 x是y的左儿子; 1 x是y的右儿子}，r是l的反方向
    //在y非根的情况下，若y是z的左儿子，则将z的左儿子调整为x；否则将z的右儿子调整为x
    if (!isroot(y))  {if(c[z][0]==y) c[z][0]=x; else c[z][1]=x; }
    //将x的父亲调整为z，将y的父亲调整为x，将x的r方向的儿子的父亲调整为y
    fa[x]=z; fa[y]=x; fa[c[x][r]]=y;
    //y的方向l的儿子被调整为x的方向r的儿子，x的方向r的儿子被调整为y
    c[y][l]=c[x][r]; c[x][r]=y;
    pushup(y); pushup(x);           //分别计算以y为根和以x为根的两棵子树的最大值
}

void splay(int x){                  //把节点x旋转到根部
    //从x出发，沿父指针将x至根的路径上的节点依次存入栈st[]
        int top=0; st[++top]=x;
    for (int i=x;!isroot(i);i=fa[i]) st[++top]=fa[i];
    while (top) pushdown(st[top--]); //st[]中的节点依次出栈，向下进行翻转操作
        while (!isroot(x)){         //若x非根，则取x的父亲y和祖父z
            int y=fa[x],z=fa[y];
            if (!isroot(y)){        //在y非根的情况下，若z-y-x为左链，则旋转x；否则旋转y
                if (c[y][0]==x^c[z][0]==y) rotate(x);
```

```
                else rotate(y);
            }
            rotate(x);                              // 旋转 x
    }
}

void access(int x){                                 // 打通节点 x 到原根的路径
    int t=0;                                        // 当前子根初始化
    while (x){                                      // 向上追溯 x 至根的路径
        splay(x);                                   // 把节点 x 旋到根部
        c[x][1]=t;                                  // 将上一次的子根当作 x 的右儿子
        pushup(x);                                  // 调整以 x 为根的子树的最大值
        t=x; x=fa[x];                               // 将当前子根 x 记为 t，向上追溯 x 的父节点
    }
}

int find(int u){                                    // 返回 u 所在子树的根
    access(u);                                      // 打通 u 到原根的路径
    splay(u);                                       // 把节点 u 旋到根部
    while (c[u][0]) u=c[u][0];                      // 沿 u 的左指针向下追溯
    return u;                                       // 返回原来 u 所在子树的根
}

bool judge(int u,int v){                            // 判别 u 和 v 是否在同一个连通分支
    return find(u)==find(v);                        // 标志：u 和 v 所在子树的根为同一节点
}

void rever(int u){                                  //  将 u 当作原树的根
access(u);                                          // 打通节点 u 到原根的路径
splay(u);                                           // 将 u 旋转到根部
rev[u]^=1;                                          // u 的翻转标志取反
}

void link(int u,int v){                             // 将 u 和 v 所在的连通分支合并成一个连通分支
    rever(u); fa[u]=v;                              //  将 u 当作原树的根，u 的父指针指向 v
}

void cut(int u,int v){                              // 对同一分支内的不同节点 u 和 v 进行分割操作
    rever(u);                                       // 将 u 当作原树的根
    access(v);                                      // 打通 v 到原根的路径
    splay(v);                                       // 将 v 旋转到根部
    fa[c[v][0]]=0; c[v][0]=0;                       // 撤去 v 的左儿子的父指针和 v 的左儿子
    pushup(v);                                      // 调整以 v 为根的子树的最大值
}

void add(int u,int v,int w){                        // 对 u 至 v 的路径上的每个节点增加权重 w
// 将 u 当作原树的根，打通 v 到原根的路径，将 v 旋转到根部
rever(u); access(v); splay(v);
//v 节点的懒惰标记 tag[v]、权值 val[v] 和以 v 为根的子树的最大值 mx[v] 分别增加 w
tag[v]+=w; val[v]+=w;mx[v]+=w;
}

void query(int u,int v){
// 将 u 当作原树根，打通 v 到原根的路径，将 v 旋转到根部，输出以 v 为根的子树上的最大值
    rever(u); access(v); splay(v); printf("%d\n",mx[v]);
}

int main(){
    while (~scanf("%d",&n))                         // 反复处理测试用例，每个测试用例以输入节点数 n 开始
    {
```

```
        init();                              //动态树初始化为空
        rep(i,1,n-1){                        //依次输入每条边的信息
            int u,v;
            scanf("%d%d",&u,&v);             //输入第i条边(u,v)
            addedge(u,v); addedge(v,u);      //将v加入u的邻接表，将u加入v的邻接表
        }
        rep(i,1,n){                          //依次输入每个节点的权值
            int x;
            scanf("%d",&x);                  //输入节点i的权值x
            val[i]=mx[i]=x;                  //将i节点的权值和以其为根的子树的最大权值初始化为x
        }
        dfs(1);                              //从根出发，建立每个节点的父指针
        scanf("%d",&q);                      //输入操作次数q
        while (q--){                         //依次进行q次操作
            int x,u,v,w;
            scanf("%d",&x);                  //输入当前操作的类型
            if (x==1){                       //若为合并操作，则输入待加边的两个端点
                scanf("%d %d",&u,&v);
                //若u和v不在同一个连通分支，则在u和v之间加边；否则输出失败信息
                if (!judge(u,v)) link(u,v); else puts("-1");
            }
            if (x==2){      //若为分割操作，则输入节点u和v。若它们是同一分支内的两个不同节点，
                            //则进行分割操作；否则输出失败信息
                scanf("%d %d",&u,&v);
                if (judge(u,v) && u!=v) cut(u,v); else puts("-1");
            }
            if (x==3){      //若为增权操作，则输入增加的权重w及路径的首尾节点u和v。若它们
                            //在同一分支内，则对该路径上的每个节点增加权重w；否则输出失败信息
                scanf("%d %d %d",&w,&u,&v);
                if (judge(u,v)) add(u,v,w); else puts("-1");
            }
            if (x==4){      //若查询路径上节点的最大权值，则输入路径的首尾节点u和v。若它们在
                            //同一分支内，则执行查询操作；否则输出失败信息
                scanf("%d %d",&u,&v);
                if (judge(u,v)) query(u,v); else puts("-1");
            }
        }
        printf("\n");
    }
}
```

【9.2.2　洞穴勘测】

辉辉热衷于洞穴勘测。某天，他按照地图来到了一片被标记为JSZX的洞穴群地区。经过初步勘测，辉辉发现这片区域由n个洞穴（编号分别为1～n）以及若干通道组成，并且每条通道恰好连接了两个洞穴。假如两个洞穴可以通过一条或者多条通道按一定顺序连接起来，那么这两个洞穴就是连通的，按顺序连接在一起的这些通道则被称为这两个洞穴之间的一条路径。洞穴都十分坚固，无法被破坏，然而通道不太稳定，时常因为外界的影响而发生改变，比如，根据有关仪器的监测结果，123号洞穴和127号洞穴之间有时会出现一条通道，有时这条通道又会因为某种稀奇古怪的原因被毁。辉辉有一台监测仪器，可以实时将通道的每一次改变状况在辉辉手边的终端机上显示：如果监测到洞穴u和洞穴v之间出现了一条通道，终端机上会显示一条指令Connect u v；如果监测到洞穴u和洞穴v之间的通道被毁，终端机上会显示一条指令Destroy u v。经过长期的艰苦卓绝的手工推算，辉辉发现一个奇怪的现象：无论通道怎么改变，任意时刻任意两个洞穴之间至多只有一条路径。因而，辉辉坚

信这是由于某种本质规律的支配导致的。因而，辉辉夜以继日地坚守在终端机前，试图通过通道的改变情况来研究这条本质规律。然而，终于有一天，辉辉在堆积成山的演算纸中崩溃了……他把终端机砸向地面（终端机足够坚固，无法被破坏），转而求助于你，说道："你把这程序写写吧。"辉辉希望能随时通过终端机发出指令 Query u v，向监测仪询问此时洞穴 u 和洞穴 v 是否连通。现在你要为他编写程序回答每一次询问。已知在第一条指令显示之前，JSZX 洞穴群中没有任何通道存在。

输入

第一行为两个正整数 n 和 m，分别表示洞穴的个数和终端机上出现过的指令的个数。以下的 m 行，依次表示终端机上出现的各条指令。每行开头是一个表示指令种类的字符串 s（"Connect""Destroy"或者"Query"，区分大小写），之后有两个整数 u 和 v ($u \geqslant 1$, $v \leqslant n$ 且 $u \neq v$) 分别表示两个洞穴的编号。

输出

对每个 Query 指令，输出洞穴 u 和洞穴 v 是否互相连通：是则输出"Yes"，否则输出"No"。(不含双引号。)

输入样例	输出样例
200 5 Query 123 127 Connect 123 127 Query 123 127 Destroy 127 123 Query 123 127	No Yes No
3 5 Connect 1 2 Connect 3 1 Query 2 3 Destroy 1 3 Query 2 3	Yes No HINT

数据说明

10% 的数据满足 $n \leqslant 1000$, $m \leqslant 20\,000$
20% 的数据满足 $n \leqslant 2000$, $m \leqslant 40\,000$
30% 的数据满足 $n \leqslant 3000$, $m \leqslant 60\,000$
40% 的数据满足 $n \leqslant 4000$, $m \leqslant 80\,000$
50% 的数据满足 $n \leqslant 5000$, $m \leqslant 100\,000$
60% 的数据满足 $n \leqslant 6000$, $m \leqslant 120\,000$
70% 的数据满足 $n \leqslant 7000$, $m \leqslant 140\,000$
80% 的数据满足 $n \leqslant 8000$, $m \leqslant 160\,000$
90% 的数据满足 $n \leqslant 9000$, $m \leqslant 180\,000$
100% 的数据满足 $n \leqslant 10\,000$, $m \leqslant 200\,000$

保证所有 Destroy 指令将摧毁的是一条存在的通道。本题输入、输出规模比较大，建议 C\C++ 选手使用 scanf 和 printf 进行 I\O 操作以免超时。

试题来源：SDOI 2008

测试地址：头歌，https://www.educoder.net/problems/e8f9olp3/share

试题解析

简述题意：在一个图上进行三类操作，即断开 u 和 v 之间的边、在 u 和 v 之间连一条边、询问 u 和 v 是否连通。任何操作须保证不会出现回路，即维护图的森林性质。

本题是动态树的模板题。三类命令分别与动态树的三种典型操作对应。

Destroy u v 命令需要将两个节点 u 和 v 之间的边删除，即将一棵树切割为两棵树（对应 Cut 操作）。我们首先要选出两个节点中深度较大的点。计算一个节点 v 的深度的简单方法是先执行 access(v)，然后执行 splay(v)，v 的左子树就是根到 v 这一条链上的节点。如果 v 不是根节点，则 v 的左子树大小就是 v 的深度。设 u 的深度较浅。我们需要先执行 access(v)。由于 u 一定是 v 的 parent 节点，因此执行 splay(u) 后直接切断两点的边，即断开 u 在它的所属辅助树（Auxiliary Tree）中与它的左子树的连接。

Connect u v 命令需要将两个属于不同树的节点连边，即将两棵树合并（对应 Link 操作）。操作时，若需要将节点 u 挂在节点 v 上，可以先执行 access(u)，然后将 u 旋转至 Splay 树的根部，再将 u 和 v 连一条虚边。这时，Splay 树中是 u 的根到 u 这一条链。由于动态树维护的是有根树，因此可以将 u 这一整棵树的根换成 v 所属的树的根。这样，由于 Splay 的关键字是深度，而 Splay 树中原本深度最大的点 u 合并后离新根的距离最近，因此 u 的深度变成了最小，原来的根深度却变成最大的——整条链翻转了过来。因此，我们需要给 u 打上翻转标记。

Query u v 命令就是通过执行 getroot(u) 和 getroot(v)（对应 Find_Root 操作），找出含 u 的首选路径（Preferred_Path）在原树最上方的节点 ra 和含 v 的首选路径（Preferred_Path）在原树最上方的节点 rb。若 ra == rb，则说明节点 u 和 v 之间有通道；否则，u 和 v 之间无通道。计算 getroot() 其实很简单，只要执行 access 后找到 Splay 树中最小的节点即可。

参考程序

```
#include <cstdio>
#include <algorithm>
const int MAXN = 10002;                              // 节点数上限
struct Node                                          // 节点的结构定义
{
    bool rev;                                        // 翻转标记
    Node *parent, *child[2];                         // 父指针和左右儿子指针
} _memory[MAXN], *EMPTY=_memory;                     // 动态树

inline void clear(Node* const x)                     // 节点 x 翻转
{
    if (x == EMPTY) return;                          // 若 x 节点空，则退出
    if (x->rev)                                      // 若 x 翻转，则左右儿子的翻转标志取反
    {
        x->child[0]->rev ^= true;x->child[1]->rev ^= true;
        std::swap(x->child[0], x->child[1]);         // 交换 x 的左右儿子
        x->rev = false;                              // 撤去 x 的翻转标志
    }
}

void rotate(Node* const x, const int c)              // 节点 x 按 c 方向旋转
```

```
{
    Node* const y = x->parent;
    y->child[c^1] = x->child[c];
    if (x->child[c] != EMPTY) x->child[c]->parent = y;
    x->parent = y->parent;
    if (y->parent->child[0] == y) x->parent->child[0] = x; else
    if (y->parent->child[1] == y) x->parent->child[1] = x;
    x->child[c] = y;
    y->parent = x;
}

inline bool _splay_parent(Node* const x, Node* (&y))//看x的父亲y是否为x所在Splay的父亲
    { return (y = x->parent) != EMPTY && (y->child[0] == x || y->child[1] == x); }

void splay(Node* const x)                          //把节点x旋到Splay的根部
{
    clear(x);                                      //节点x翻转
    for (Node *y, *z; _splay_parent(x, y); )
        if (_splay_parent(y, z))                   //若y的父亲z为y所在Splay的父亲
        {
            clear(z), clear(y), clear(x);          //x、y和z翻转
            const int c = y == z->child[0];        //根据y在z的儿子方向，确定旋转方向
            //若x是y的c方向的儿子，则x先按c的相反方向旋转，再按c方向旋转；若x是y的c
            //的相反方向的儿子，则y和x先后按c方向旋转
            if (x == y->child[c]) rotate(x, c^1), rotate(x, c);
            else rotate(y, c), rotate(x, c);
        }
        else                                       //y的父亲z非y所在Splay的父亲
        {
            clear(y), clear(x);                    //y和x翻转
            rotate(x, x == y->child[0]);           //若x非y的左儿子，则x左旋；否则x右旋
        }
}

Node* access(Node* u)       //将u到根的路径打通成为实边，且u的儿子节点的实边变成虚边，
                            //使这条首选路径一端是根，一端是u
{
    Node* v = EMPTY;        //初始时v=EMPTY是为了翻转u原来的儿子。因为不是每次执行access
                            //都需要把最后节点旋到Splay的根，所以不需要最后的splay(v)
    for (; u != EMPTY; u = u->parent)              //向上追溯u至根的路径
    {
        splay(u);                                  //把节点u旋到Splay的根部
        u->child[1] = v;                           //把上一次Splay的根节点v当作u的右儿子
        v = u;                                     //记下本次的Splay根节点
    }
    return v;                                      //返回最后访问到的节点v，即原树根
}

inline Node* getroot(Node* x)                      //计算x所属的首选路径在原树最上方的节点
{
    for (x = access(x);clear(x), x->child[0] != EMPTY; x = x->child[0]);
    //构建一条一端是根、一端是x的首选路径，然后不断往左走（往原树的根方向走），边走边清除标记，
    //最终使x变为所属辅助树的最小节点
    return x;                                      //返回x所属的首选路径在原树最上方的节点
}

inline void makeroot(Node* const x)                //把x当作原树的根
{
    access(x)->rev ^= true;                        //打通到原根的路径，并翻转标记取反（交
                                                   //换左右子树，也就是在原树中交换上下关系）
    splay(x);                                      //将x旋转到根，即翻转
```

```
}

void link(Node* const x, Node* const y)  //把x和y所在的子树连接起来

{
    makeroot(x);                         //把x当作原树的根
    x->parent=y;                         //修改x所属的辅助树的Path Parent为y
    access(x);                           //构建一条一端是根、一端是x的首选路径
}

void cut(Node* const x, Node* const y)   //以x为树根，把y到x的路径分离出来
{
    makeroot(x);                         //把x当作原树的根
    access(y), splay(y);                 //构建一条一端是根、一端是y的首选路径，将y旋转
                                         //至根
    y->child[0]->parent=EMPTY;y->child[0]=EMPTY;//断开y在它的所属辅助树中与它的左子树
                                                //的连接

}

int n, m;                                //洞穴数和指令数
int main()
{
    scanf("%d%d", &n, &m);               //输入洞穴数和指令数
    for (int i = 0; i <= n; ++i)         //动态树初始化为空
    {
        Node* const node = _memory+i;
        node->child[0] = node->child[1] = node->parent = EMPTY;
    }
    for (int i = 0, x, y; i < m; ++i)    //处理每条命令
    {
        static char buf[10];
        scanf("\n%s%d%d", buf, &x, &y);  //输入命令buf和参数x、y
        Node *ra, *rb;
        switch (buf[0])
        {
            case 'Q':                    //若为询问命令
                ra=getroot(_memory+x), rb=getroot(_memory+y);    //计算含x的首选路径在
                                                                 //原树的最上方节点ra
                                                                 //和含y的首选路径在
                                                                 //原树的最上方节点rb

                 printf(ra == rb && ra != EMPTY ? "Yes\n" : "No\n"); break;
                 //若ra和rb在同一棵树上，则洞穴x和洞穴y可互相连通；否则不连通
            case 'D': cut(_memory+x, _memory+y); break;
            //若洞穴x和洞穴y之间的通道被毁，则以_memory[x]为树根，把_memory[y]到
            //_memory[x]的路径分离出来
            case 'C': link(_memory+x, _memory+y); break;
            //若洞穴x和洞穴y之间出现通道，则把_memory[x]和_memory[y]所在的子树连接起来
        }
    }
}
```

如果说题目9.2.2是计算无权森林中树的合并、分离并询问节点间的连通关系，那么，我们再通过一个范例将问题拓展至有权森林中的路径计算。

【9.2.3　Tree】

给出一棵树的 N 个节点，树的节点编号为 $1\sim N$，树的边的编号为 $1\sim N-1$，每条边和一个权值相关联，请对树执行一系列的指令。指令是如下形式之一。

CHANGE *iv*	将第 *i* 条边的权值改为 *v*
NEGATE *ab*	在从 *a* 到 *b* 的路径上，每条边的权值取相反数
QUERY *ab*	在从 *a* 到 *b* 的路径上，找到边的最大权值

输入

输入包含多个测试用例。输入的第一行给出一个整数 t（$t \leqslant 20$），表示测试用例的数目。然后给出多个测试用例。

每个测试用例之前有一个空行。第一个非空行给出 N（$N \leqslant 10\ 000$）。接下来的 $N-1$ 行每行给出 3 个整数 a、b 和 c，表示连接 a 和 b 的权值为 c 的一条边。在输入中边按出现的次序编号。然后给出指令，每条指令形式如上。最后一行给出单词“DONE”结束测试用例。

输出

对每条 QUERY 指令，在单独的一行中输出结果。

样例输入	样例输出
1 3 1 2 1 2 3 2 QUERY 1 2 CHANGE 1 3 QUERY 1 2 DONE	1 3

试题来源：POJ Monthly--2007.06.03, Lei, Tao

在线测试地址：POJ 3237

试题解析

简述题意：给出一棵树，要求支持下列 3 个操作。

- 询问两节点之间路径的边中边权最大的。
- 把两节点之间的路径的边权全部取反。
- 修改某条边的边权。

根据试题要求，对伸展树的节点，定义如下域：父指针 pre，左儿子指针 ls，右儿子指针 rs，取反标志 neg，入边的权 key，子树的最大值 maxkey 和最小值 minkey，当前节点是否为它所在的伸展树的根标志 root。

所谓取反，就是将当前节点的 key 取负，maxkey = – minkey，minkey = – maxkey。取反过程打懒惰标记 neg，取反标志下传就是将左右儿子的 neg 标志及节点的 key、max 和 min 信息取反。

使用 Link–Cut Tree 数据结构来维护这棵树，仅需要对辅助树（Auxiliary Tree）做一些扩充。在辅助树中，记录每个节点到它的父节点的边权 key 和以它为根的子树中所有节点的 key 的最大值 maxkey。由于求最大值的运算是满足结合律的，因此 maxkey 可以在辅助树旋转的过程中用 $O(1)$ 的时间维护。

对于修改边权的操作，我们只需要更新相应节点在它所属的辅助树中的 key, 并对这个节点进行 Splay 操作来维护这棵辅助树中相关节点的 maxkey。显然，这个操作的时间复杂度是 $O(\log_2 n)$。

对于询问 u 到 v 的路径的最大边权的操作，我们先执行 access(u)，然后在 access(v) 的过程中，一旦走到了包含根节点（也就是包含 u）的辅助树，这时我们走到的节点恰好就是 u 和 v 的最近公共祖先，设这个节点为 d。这时 d 所在的辅助树中 d 的右子树的 maxkey 即为 u 到 d 的路径的最大边权，v 所在的辅助树的 maxkey 则是 v 到 d 的路径的最大边权。于是答案就是这两个 maxkey 中的最大值。因为 access 操作的均摊复杂度为 $O(\log_2 n)$，所以回答这个询问所花的时间也是 $O(\log_2 n)$。

对于把 x 和 y 之间的路径的边权全部取反的操作也是一样。先执行 access(x)，将节点 x 到根上的所有点按深度用一棵伸展树维护，左边比根深度小，右边比根深度大。然后依次枚举 y 至根路径上的每个节点 fy，每次通过 Splay 操作将 fy 旋转至根，然后将 fy 右儿子至 y 的路径取反，将其后继节点 p 至 y 的路径取反，使 (fy 右儿子，p) 的边取反，而 p 至 y 的路径上的边保持不变。以此类推，直至 fy=0 为止。

参考程序

```
#include<stdio.h>
#include<string.h>
#define MAXD 100010                           // 节点数上限
#define MAXM 200010                           // 边数上限
#define INF 0x7fffffff                        // 定义无穷大
int N,q[MAXD],first[MAXD],e,next[MAXM],v[MAXM],w[MAXM],dep[MAXD];
// 节点数为 n，队列为 q[]，节点 x 在邻接表的首条边序号为 first[x]，该边的端点为 v[e]，权为 w[e]，
// 后继边为 next[e]；节点 x 的度为 dep[x]
struct Edge                                   // 边的结构定义
{
    int x, y, z;                              // 权为 z 的边 (x,y)
}edge[MAXD];                                  // 边表
struct Splay                                  // 伸展树节点的结构定义
{
    int pre, ls, rs, neg, key, max, min; // 父指针、左右儿子指针、取反标志、边权、子树的
                                              // 最大值和最小值
    bool root;                                // 当前节点是否为它所在的伸展树的根标志
    void update(); void pushdown(); void zig(int); void zag(int); void splay(int);
    // 伸展树操作：调整子树的最大值和最小值 update()，取反操作 pushdown()，右旋操作 zig(int)，左旋
    // 操作 zag，通过一系列旋转将边调整至伸展树的根部 splay(int)
    void renew()           // 构造单个节点的伸展树
    {
        root = true; pre = ls = rs = 0; neg = 0;
    }
}sp[MAXD];                 // 伸展树 sp[]

int Max(int x, int y)      // 计算 x 和 y 中的较大值
{
    return x > y ? x : y;
}

int Min(int x, int y)      // 计算 x 和 y 中的较小值
{
    return x < y ? x : y;
}

void Splay::update()       // 伸展树操作：调整子树的最大值和最小值
```

```
{
    max = Max(Max(sp[ls].max, sp[rs].max), key);
    min = Min(Min(sp[ls].min, sp[rs].min), key);
}
void makeneg(int cur)                          // 节点 cur 取反
{
    if(cur!=0)                                 // 节点 cur 的取反标志取反。该边的关键字取负, max
                                               // 域取 min 域的负值, min 域取 max 域的负值
    {
        sp[cur].neg ^= 1, sp[cur].key = -sp[cur].key;
        int t = sp[cur].max;sp[cur].max = -sp[cur].min, sp[cur].min = -t;
    }
}

void Splay::pushdown()                         // 伸展树操作: 下传取反的懒惰标志
{
    if(neg)                                    // 若取反的懒惰标志存在, 则下传给左右儿子, 撤去其
                                               // 懒惰标志
    {
        makeneg(ls), makeneg(rs); neg = 0;
    }
}

void Splay::zig(int x)                         // 伸展树操作: 节点 x 右旋操作
{
    int y = rs, fa = pre;
    pushdown(), sp[y].pushdown();
    rs = sp[y].ls, sp[rs].pre = x;
    sp[y].ls = x, pre = y; sp[y].pre = fa;
    if(root) root = false, sp[y].root = true;
    else sp[fa].rs == x ? sp[fa].rs = y : sp[fa].ls = y;
    update();
}

void Splay::zag(int x)                         // 伸展树操作: 节点 x 左旋操作
{
    int y = ls, fa = pre;
    pushdown(), sp[y].pushdown();
    ls = sp[y].rs, sp[ls].pre = x;
    sp[y].rs = x, pre = y; sp[y].pre = fa;
    if(root) root = false, sp[y].root = true;
    else sp[fa].rs == x ? sp[fa].rs = y : sp[fa].ls = y;
    update();
}
void Splay::splay(int x)                       // 在保持伸展树有序性的前提下, 通过一系列旋转将伸
                                               // 展树中的元素 x 调整至树的根部, 维护 x 子树的最大
                                               // 值和最小值
{
    int y, z;
    for(pushdown(); !root;)
    {
        y = pre;
        if(sp[y].root) sp[y].rs == x ? sp[y].zig(y) : sp[y].zag(y);
        else
        {
            z = sp[y].pre;
            if(sp[z].rs == y)
            {
                if(sp[y].rs == x) sp[z].zig(z), sp[y].zig(y);
                else sp[y].zag(y), sp[z].zig(z);
```

```
            }
            else
            {
                if(sp[y].ls == x)
                    sp[z].zag(z), sp[y].zag(y);
                else
                    sp[y].zig(y), sp[z].zag(z);
            }
        }
    }
    update();
}

void add(int x, int y, int z)                   // 将权为 z 的边 (x,y) 加入邻接表
{
    v[e] = y, w[e] = z;
    next[e] = first[x], first[x] = e ++;
}

void prepare()                                  // 计算树中每个节点的父指针、层次，key、max 和 min
                                                // 域初始化
{
    int i, j, x, rear = 0;                      // 队尾指针初始化
    sp[0].max = -INF, sp[0].min = INF;
    q[rear ++] = 1;                             // 节点 1 入队
    sp[1].renew(), dep[1] = 1;                  // 为节点 1 申请内存，层次为 1
    for(i = 0; i < rear; i ++)                  // 队列中的节点依次出队，直至队列为空
    {
        x = q[i];
        for(j = first[x]; j != -1; j = next[j]) // 搜索 x 的每条出边，设定儿子节点的父指
                                                // 针、层次，key、max 和 min 域设为边权，
                                                // 儿子入队
            if(v[j] != sp[x].pre)
            {
                sp[v[j]].renew(), sp[v[j]].pre = x, dep[v[j]] = dep[x]+1;
                sp[v[j]].key = sp[v[j]].max = sp[v[j]].min=w[j];
                q[rear ++] = v[j];
            }
    }
}

void Swap(int &x, int &y)                       // 交换 x 和 y
{
    int t;
    t = x, x = y, y = t;
}

void init()                                     // 输入信息，构造相邻矩阵
{
    int i;
    memset(first, -1, sizeof(first));
    e = 0;
    scanf("%d", &N);                            // 输入节点数
    for(i = 1; i < N; i ++)                     // 输入每 n-1 条边信息，构建邻接表
    {
        scanf("%d%d%d", &edge[i].x, &edge[i].y, &edge[i].z);
        add(edge[i].x,edge[i].y,edge[i].z),add(edge[i].y,edge[i].x,edge[i].z);
    }
    prepare();                                  // 计算树中每个节点的父指针、层次，key、max 和 min
                                                // 域初始化
    for(i = 1; i < N; i ++)                     // 每条边 x 端节点的深度大
```

```
        if(dep[edge[i].x]>dep[edge[i].y]) Swap(edge[i].x, edge[i].y);
}

void access(int x)                          // 从节点 x 到根上的所有节点按深度用一棵伸展树维护，左边比
                                            // 根深度小，右边比根深度大
{
    int fx;
    for(fx=x,x=0;fx!=0;x=fx,fx=sp[x].pre)       // 依次枚举 x 至根路径上的每个节点 fx
    {
        sp[fx].splay(fx);sp[sp[fx].rs].root=true; // 将 fx 旋转至根，fx 的右儿子设旋转标志
        sp[fx].rs=x,sp[x].root=false;sp[fx].update(); // fx 的右儿子设为 x，x 不再作为 splay 的
                                                  // 根，维护 fx 子树的最大值和最小值
    }
}

void Change(int x, int y)                         // 将节点 x 的出边权值改为 y
{
sp[x].splay(x); sp[x].key = y; sp[x].update();    // 将节点 x 调整到树的根部，将出边权改为
                                                  // y，维护其子树的最大值和最小值
}

void Negate(int x, int y)                         // 消除 x 到 y 路径上每条边的权值
{
    int fy;
    access(x);                                    // 从节点 x 到根上的所有点按深度用一棵伸
                                                  // 展树维护，左边比根深度小，右边比根深度大
    for(fy=y, y=0;fy!=0;y=fy,fy=sp[y].pre)        // 依次枚举 y 至根路径上的每个节点 fy
    {
        sp[fy].splay(fy);                         // 将 fy 旋转至根
        if(sp[fy].pre == 0) makeneg(sp[fy].rs), makeneg(y);
        // 若 fy 为根，其右儿子取反，后继节点 y 取反
        sp[sp[fy].rs].root=true;sp[fy].rs=y,sp[y].root=false;
        // 设 fy 的右儿子为 Splay 树的根标志，fy 的右儿子更新为 y，取消 y 的根标志
        sp[fy].update();                          // 维护 fy 子树的最大值和最小值
    }
}

void Query(int x, int y)                          // 计算并输出 x 到 y 路径上的最大权值
{
    int fy;
    access(x);                                    // 从节点 x 到根上的所有点按深度用一棵 Splay
                                                  // 树维护，左边比根深度小，右边比根深度大
    for(fy = y, y = 0; fy != 0; y = fy, fy = sp[y].pre) // 依次枚举 y 至根路径上的每个节点 fy（其
                                                  // 后继节点为 y）
    {
        sp[fy].splay(fy);                         // 将 fy 旋转至根
        if(sp[fy].pre == 0)                       // 若 fy 为根，则 x 到 y 路径上的最大权值为
                                                  // max{fy 右子树的最大值，y 子树的最大值 }
            printf("%d\n", Max(sp[sp[fy].rs].max, sp[y].max));
        sp[sp[fy].rs].root = true; sp[fy].rs = y, sp[y].root = false;
        // 设 Splay 树的根为 fy 的右儿子，将 y 调整为 fy 的右儿子，取消 y 的根标志
        sp[fy].update();                          // 维护 fy 子树的最大值和最小值
    }
}

void solve()                                      // 依次处理当前测试用例的每条命令
{
    int x, y;                                     // 命令参数
    char op[10];                                  // 命令字
    for(;;)
    {
```

```
        scanf("%s", op);                          // 输入命令字
        if(op[0] == 'D') break;                   // 若为结束命令，则退出
        scanf("%d%d", &x, &y);                    // 输入命令参数
        if(op[0] == 'C') Change(edge[x].y, y);  // 将第x条边的权值改为y
            else if(op[0] == 'N') Negate(x, y); // 消除x到y路径上每条边的权值
                else Query(x, y);                 // 计算并输出x到y路上的最大权值
    }
}

int main()
{
    int t;
    scanf("%d", &t);                              // 输入测试用例数
    while(t --)                                   // 依次处理每个测试用例
    {
        init();                                   // 输入信息
        solve();                                  // 依次处理当前测试用例的每条命令
    }
    return 0;
}
```

第10章

利用跳跃表替代树结构

在单链表中查找一个元素的时间复杂度为 $O(n)$，即使该单链表是有序的，也不能通过二分法来降低时间复杂度。

跳跃表（Skip List）是在1987年提出的一种数据结构。跳跃表是对有序链表进行扩展，使用关键节点作为索引的一种结构。也就是说，在有序单链表中选取部分节点作为索引，这些索引在逻辑关系上构成了一个新的线性表，并且索引的层数可以叠加，生成二级索引、三级索引、多级索引，以实现对节点的跳跃查找的功能。对跳跃表进行查找、插入、删除等操作时的期望时间复杂度均为 $O(\log_2 n)$，可以替代平衡树；而且与AVL树、红黑树等相比，跳跃表的编程复杂度要低得多。

10.1 跳跃表的基本概念

首先，通过实例来说明跳跃表的结构。图10.1-1为一个有7个元素的跳跃表。

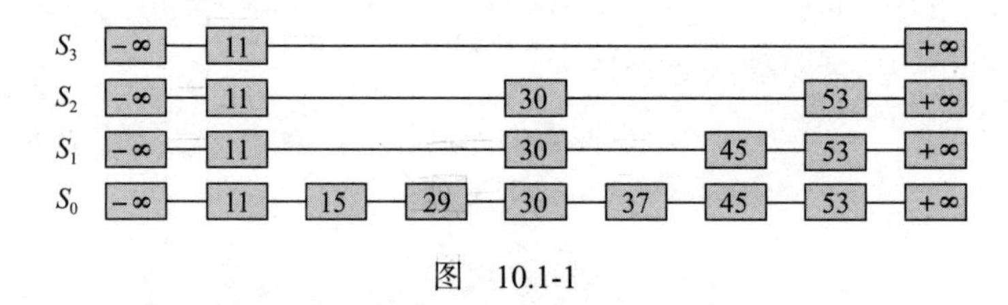

图 10.1-1

跳跃表是一个有序的链表集合 $\{S_0, S_1, S_2, \cdots, S_h\}$，且满足如下三个条件。

- 每条链表包含两个特殊元素：$+\infty$ 和 $-\infty$。
- S_0 包含所有的元素，并且所有链表中的元素按照升序排列。
- 每条链表的元素集合是序数较小的链表的元素集合的子集，即，$S_h \subseteq \cdots \subseteq S_2 \subseteq S_1 \subseteq S_0$。

1. 跳跃表的基本操作

跳跃表的基本操作论述如下。

（1）查找

查找就是在跳跃表中查找一个元素 x，按照如下步骤进行。

1）当前的查找位置为最上层的链表（S_h）的表头，从当前位置开始查找。

2）设当前查找位置为 p，它向右指向的节点为 q（在最下层 S_0，p 与 q 不一定相邻），且 q 的值为 y，则将 y 与 x 做比较：

- 如果 $x = y$，则输出查询成功及相关信息；
- 如果 $x > y$，则当前查找位置从 p 向右移动到 q 的位置；
- 如果 $x < y$，则当前查找位置从 p 向下移动到下一层的链表，在下一层的当前查找位置依然是 p。

3）如果当前查找位置 p 已经在最底层的链表（S_0）中，而且还要往下一层移动，则输出查询失败。

例如，图 10.1-2 给出在跳跃表中查找元素 53 的过程。

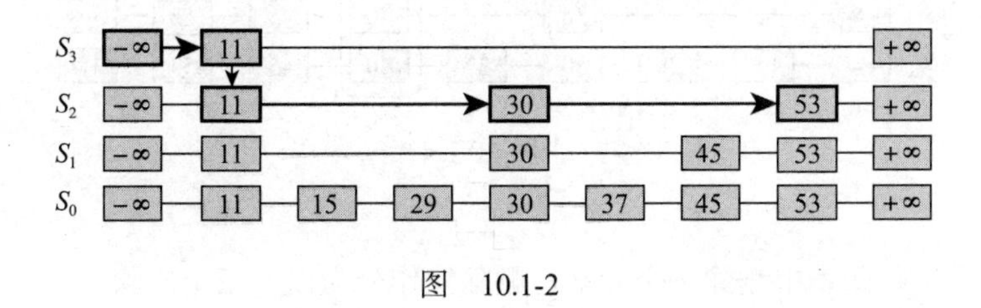

图　10.1-2

（2）插入

插入是指在跳跃表中插入一个元素 x，也就是说，在跳跃表中，从底层的有序链表 S_0 中某一位置出发，插入一列向上的连续一段元素 x。对于跳跃表的插入，有两个参数需要确定：插入列的位置，以及插入列的"高度"。

对于插入列的位置，利用跳跃表的查找功能，找到比 x 小的最大的数 y。根据跳跃表中所有链均是递增序列的原则，x 必然插在 y 的后面。

对于插入列的"高度"，为了使插入元素之后，还要保持对跳跃表进行各种操作的时间复杂度均为 $O(\log_2 n)$ 的性质，引入随机化算法（Randomized Algorithm）。定义一个随机决策模块，内容如下：

```
r=random();           // 产生一个 0 到 1 的随机数 r
if r < p              // 如果 r 小于一个常数 p，则执行 A 操作，否则执行 B 操作
    then do A
else do B;
```

初始时插入列的高度为 1。插入元素时，不停地执行随机决策模块。如果要求执行的是 A 操作，则将插入列的高度加 1，并且继续反复执行随机决策模块。直到第 i 次，模块要求执行的是 B 操作，则结束决策，并向跳跃表中插入一个高度为 i 的列。

根据乘法原理，一个元素的插入列高度等于 i 的概率为 p^{i-1}（i>1）。

如果得到的 i 比当前跳跃表的高度 h 大，则需要增加新的链，而跳跃表仍满足性质。

例如，假设当前我们要插入元素 40，且在执行随机决策模块后得到高度为 4，则步骤如下。

1）找到表中比 40 小的最大的数，确定插入位置，如图 10.1-3 所示。

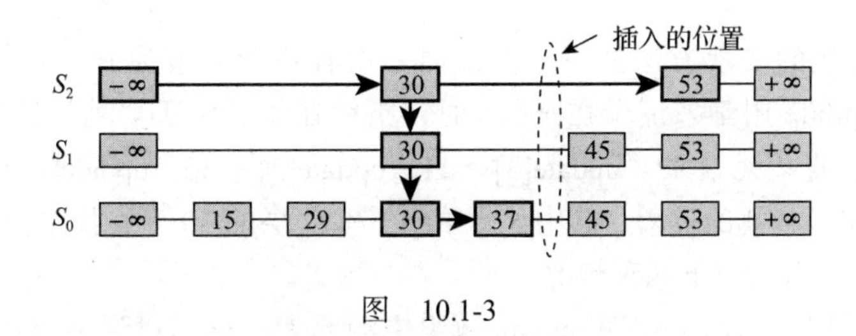

图　10.1-3

2）插入高度为 4 的列，并维护跳跃表的结构，如图 10.1-4 所示。

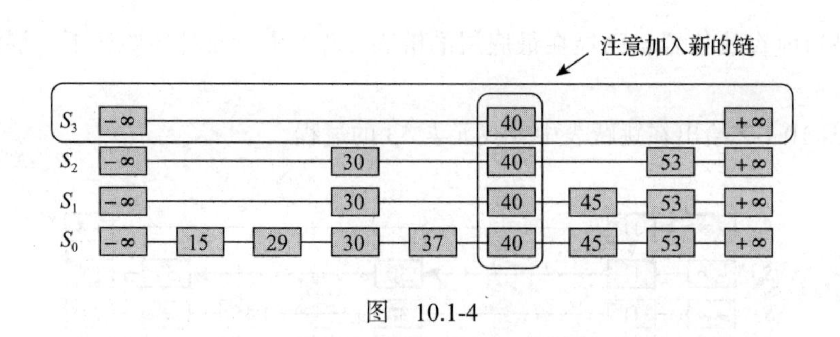

图　10.1-4

（3）删除

删除，就是从跳跃表中删除一个元素。删除操作分为以下三个步骤。

1）在跳跃表中查找到该元素的位置，如果未找到，则退出。

2）将该元素所在的列从跳跃表中删除。

3）如果存在多余的“空链”，则将多余的“空链”删除。

例如，删除元素 11 的过程如图 10.1-5 所示。

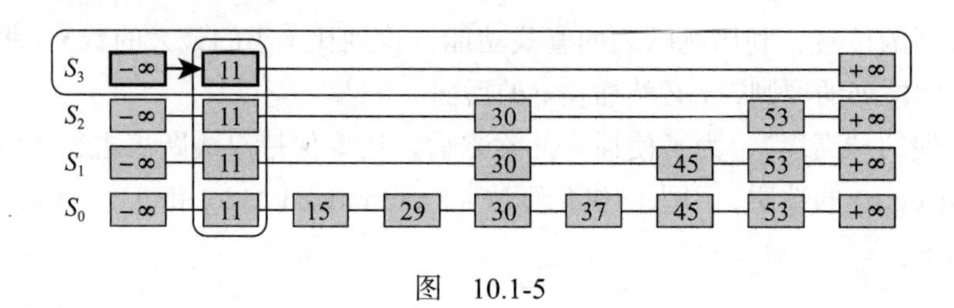

图　10.1-5

删除元素 11 以后的跳跃表如图 10.1-6 所示。

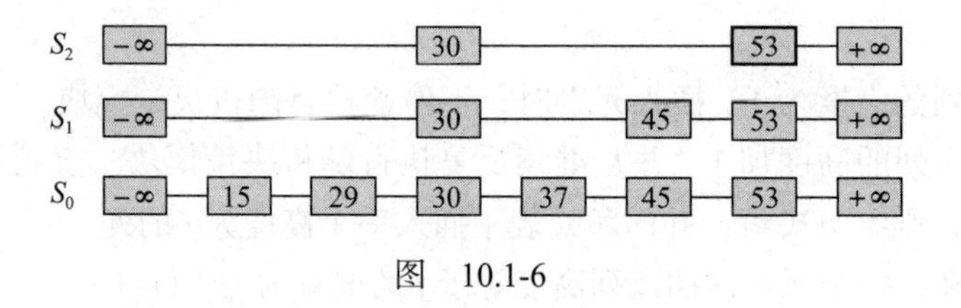

图　10.1-6

（4）“记忆化”查找

“记忆化”查找，就是在前一次查找的基础上进行当前的查找。当前查找利用前一次查找所得到的信息，取其中可以被当前查找所利用的部分。利用“记忆化”查找可以将一次查找的复杂度变为 $O(\log_2 k)$，其中 k 为当前与前一次两个被查找元素在跳跃表中位置的距离。

“记忆化”查找的实现方法如下。假设前一次查找的元素为 i，当前要查找的元素为 j。首先，数组 update 用于来记录在查找 i 时，指针在每一层所“跳”到的最右边的位置。如图 10.1-7 所示，查找元素 37，update[3] = 11，update[2] = 30，update[1] = 30，update[0] = 37，粗线箭头给出了查找的过程，其中 S_2 层的 11 和 S_0 层的 30 为查找路径上的其他元素。

查找元素 j 时，分为以下两种情况。

- $i \leqslant j$。从 S_0 层开始向上遍历 update 数组中的元素，直到找到某个元素，该元素的向右指向的元素大于等于 j，就在此处开始新一轮对 j 的查找（与一般的查找过程相同）。

- $i>j$。从 S_0 层开始向上遍历 update 数组中的元素，直到找到某个元素小于等于 j，并于此处开始新一轮对 j 的查找（与一般的查找过程相同）。

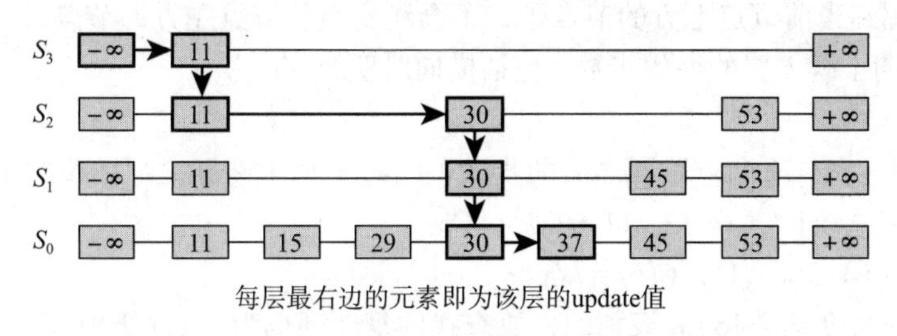

图　10.1-7

图 10.1-8 说明在查找了 $i = 37$ 之后，继续查找 $j = 15$ 或 $j = 53$ 的两种不同情况：从元素 37 出发的深色粗线箭头指明了查找 15 的过程，浅色粗线箭头指明了查找 53 的过程。

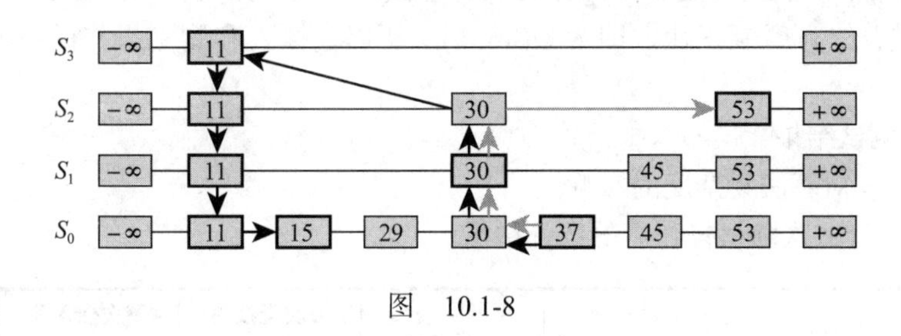

图　10.1-8

“记忆化”查找技术对于那些前后相关性较强的数据效率极高。

2. 跳跃表的效率

跳跃表的效率分析如下。

一个数据结构的好坏取决于它自身的空间复杂度以及基于它的一系列操作的时间复杂度。需要说明的是，跳跃表的空间复杂度和每一项操作的时间复杂度是一种“期望”，因为跳跃表的复杂度分析是基于概率论的，有可能会产生最坏情况，不过概率极其微小。

（1）跳跃表的空间复杂度为 $O(n)$

假设共有 n 个元素，因为一个元素的插入列高度等于 i 的概率为 p^{i-1}（$i>1$）；即，一个元素插入到第 i 层（S_i）的概率为 p^{i-1}，则在第 i 层插入的期望元素个数为 np^{i-1}，跳跃表的元素期望个数为 $\sum_{i=0}^{h-1} np^i$，当 p 取小于 0.5 的数时，次数总和小于 $2n$。所以总的空间复杂度为 $O(n)$。

（2）跳跃表的高度为 $O(\log_2 n)$

如前所述，每个元素插入到第 i 层（S_i）的概率为 p^i，在第 i 层插入的期望元素个数为 np^{i-1}。

考虑一个特殊的层：第 $1+3\log_{1/p} n$ 层。$S_{1+3\log_{1/p} n}$ 层的元素期望个数为 $np^{3\log_{1/p} n} = 1/n^2$，当 n 取较大数时，这个式子的值接近 0，故跳跃表的高度为 $O(\log_2 n)$。

（3）查找的时间复杂度为 $O(\log_2 n)$

对于查找时间的复杂度的分析，采用逆向分析的方法：从目标节点回走到跳跃表最左上方的开始节点；则这条路径的长度，可被视为查找的时间复杂度。设目标节点是第 i 层第 j 列的节点。

如果第 j 列恰好只有 i 层（对应插入这个元素时第 i 次调用随机化模块时所产生的 B 决策，概率为 $1-p$），则查找目标节点的路径必然是从左方的某个节点向右“跳”过来。

如果第 j 列的层数大于 i（对应插入这个元素时第 i 次调用随机化模块时所产生的 A 决策，概率为 p），则查找目标节点的路径必然是从上方“跳”下来。（不可能从左方来，否则在以前就已经跳到当前节点上方的节点了，不会跳到当前节点左方的节点。）

设 $C(k)$ 为向上跳 k 层的期望步数（包括横向跳跃），有：

- $C(0) = 0$；
- $C(k) = (1-p)(1+\text{向左跳跃之后的步数}) + p(1+\text{向上跳跃之后的步数})$
  $= (1-p)(1+C(k)) + p(1+C(k-1))$。

则 $C(k) = 1/p + C(k-1)$；$C(k) = k/p$。

而跳跃表的高度又是 $\log_2 n$ 级别的，故查找的复杂度也为 $\log_2 n$ 级别。

对于“记忆化”查找技术，我们可以采用类似的方法分析，很容易得出它的复杂度是 $O(\log_2 k)$，其中 k 为此次与前一次两个被查找元素在跳跃表中位置的距离。

（4）插入与删除的时间复杂度为 $O(\log_2 n)$

插入和删除都由查找和更新两部分构成。查找的时间复杂度为 $O(\log_2 n)$，更新部分的复杂度又与跳跃表的高度成正比，即为 $O(\log_2 n)$。所以，插入和删除操作的时间复杂度都为 $O(\log_2 n)$。

（5）分析测试结果

1）不同的 p 对算法复杂度的影响。

下表是进行 10^6 次随机操作后的统计结果。

p	平均操作时间 /ms	平均列高度	总节点数	每次查找跳跃次数（平均值）	每次插入跳跃次数（平均值）	每次删除跳跃次数（平均值）
2/3	0.0024690	3.004	91233	39.878	41.604	41.566
1/2	0.0020180	1.995	60683	27.807	29.947	29.072
1/e	0.0019870	1.584	47570	27.332	28.238	28.452
1/4	0.0021720	1.330	40478	28.726	29.472	29.664
1/8	0.0026880	1.144	34420	35.147	35.821	36.007

由上表可见，当 p 取 1/2 和 1/e 的时候，时间效率比较高。而如果在实际应用中空间要求很严格的话，那就可以考虑取稍小一些的 p，如 1/4。

下面论证当 $p = 1/e$ 时，时间效率最高。

证明： 由复杂度分析得出，跳跃表的时间效率取决于跳跃的次数，也就是 k/p（k 为跳跃表高度），而 k 是 $\log_{1/p} n$ 级别，所以 $f(x)=\dfrac{k}{p}=\dfrac{\log_{1/p} n}{p}=\ln n\dfrac{1/p}{\ln 1/p}$；令 $x = 1/p$，则 $f(x)=\ln n\dfrac{x}{\ln x}$。对 $g(x)=\dfrac{x}{\ln x}$ 求导，$g'(x)=\dfrac{\ln x-1}{(\ln x)^2}$。则当 x=e 时，$g'(x)$=0，即 $f(x)$ 到达极值点，此时 $p = 1/e$。

2）用“记忆化”查找的效果分析。

所谓“记忆化”查找，就是在前一次查找的基础上进行进一步的查找。它可以利用前一次查找所得到的信息，取其中可以被当前查找所利用的部分。利用“记忆化”查找可以将一次查找的复杂度变为 $O(\log_2 k)$，其中 k 为此次与前一次两个被查找元素在跳跃表中位置的距离。下表是进行 10^6 次相关操作后的统计结果。

p	数据类型	不运用记忆化查找		运用记忆化查找	
		平均操作时间 / ms	平均每次查找跳跃次数	平均操作时间 /ms	平均每次查找跳跃次数
0.5	随机（相邻被查找元素键值差的绝对值较大）	0.0020150	23.262	0.0020790	26.509
0.5	前后具备相关性（相邻被查找元素键值差的绝对值较小）	0.0008440	26.157	0.0006880	4.932

由上表可见，当数据相邻被查找元素键值差绝对值较小的时候，运用“记忆化”查找的优势是很明显的，不过当数据随机化程度比较高的时候，“记忆化”查找不但不能提高效率，反而会因为跳跃次数过多而成为算法的瓶颈。

合理地利用此项优化，可以在特定的情况下将算法效率提升一个层次。

10.2　利用跳跃表解题

跳跃表中高效率的相关操作和较低的编程复杂度使跳跃表在实际中应用十分广泛，尤其是在那些编程时间特别紧张的情况下，跳跃表很可能会成为最佳选择。下面，让我们通过两个实例来体验跳跃表编程简易高效的特点。

【10.2.1　郁闷的出纳员】

OIER 公司是一家大型专业化软件公司，有着数以万计的员工。作为一名出纳员，我的任务之一便是统计每位员工的工资。这本来是一份不错的工作，但是令人郁闷的是，我们的老板反复无常，经常调整员工的工资。如果他心情好，就可能把每位员工的工资加上一个相同的量；如果他心情不好，就可能把每位员工的工资扣除一个相同的量。

工资的频繁调整很让员工反感，尤其是集体扣除工资的时候，一旦某位员工发现自己的工资已经低于合同规定的工资下界，他就会立刻气愤地离开公司，并且再也不会回来了。每位员工的工资下界都是统一规定的。每当一个员工离开公司，我就要从计算机中把他的工资档案删去，同样，每当公司招聘了一位新员工，我就得为他新建一个工资档案。

老板经常到我这边来询问工资情况，他并不问某位员工的具体工资情况，而是问现在工资第 k 多的员工拿多少工资。每当这时，我就不得不对数万个员工进行一次漫长的排序，然后告诉他答案。

好了，现在你已经对我的工作了解了不少。正如你猜的那样，我想请你编写一个工资统计程序。怎么样，不是很困难吧？

输入

第一行有两个非负整数 n 和 min。n 表示下面有多少条命令，min 表示工资下界。

接下来的 n 行，每行表示一条命令。命令可以是以下四种之一。

命令名称	格式	作用
I 命令	I_k	新建一个工资档案，初始工资为 k。如果某员工的初始工资低于工资下界，他将立刻离开公司
A 命令	A_k	把每位员工的工资加上 k
S 命令	S_k	把每位员工的工资扣除 k
F 命令	F_k	查询第 k 多的工资

_（下划线）表示一个空格，I 命令、A 命令、S 命令中的 k 是一个非负整数，F 命令中的 k 是一个正整数。

在初始时，可以认为公司里一个员工也没有。

输出

输出文件的行数为 F 命令的条数加 1。

对于每条 F 命令，你的程序要输出一行，仅包含一个整数，为当前工资第 k 多的员工所拿的工资数，如果 k 大于目前员工的数目，则输出 –1。

输出文件的最后一行包含一个整数，为离开公司的员工的总数。

样例输入	样例输出
9 10 I 60 I 70 S 50 F 2 I 30 S 15 A 5 F 1 F 2	10 20 –1 2

约定

- I 命令的条数不超过 100 000。
- A 命令和 S 命令的总条数不超过 100。
- F 命令的条数不超过 100 000。
- 每次工资调整的调整量不超过 1000。
- 新员工的工资不超过 100 000。

评分方法

对于每个测试点，如果你输出文件的行数不正确，或者输出文件中含有非法字符，得分为 0。

否则，你的得分将按如下方法计算：如果对于所有的 F 命令，你都输出了正确的答案，并且最后输出的离开公司的人数也是正确的，你将得到 10 分；如果你只对所有的 F 命令输出了正确答案，得 6 分；如果只有离开公司的人数是正确的，得 4 分；否则得 0 分。

试题来源：NOI 2004 第一试

在线测试地址：头歌，https://www.educoder.net/problems/fhl7g6at/share

试题解析

简述题意：设计一个能够实现四种操作的工资统计程序，即，加入一个初始工资为 A 的员工，将所有人的工资提高一个数，将所有人的工资降低一个数，其中若某人工资低于工资下限，他就会立刻离开公司，询问第 K 多工资的员工是谁。

上述四种操作包含插入、删除元素，以及查找第 K 大的数，因此要考虑哪种数据结构能为这些操作提供有力的支撑。

本题解法的多样性为我们提供了一次对比的机会。用线段树、伸展树和跳跃表都可以解这道题，解题过程也不复杂，现在的问题是，跳跃表与线段树、伸展树相比，在效率上会有怎样的差异呢？

设变量 R 为工资的范围，N 为员工总数。下面，我们分别采用线段树、伸展树和跳跃表解题，分析每类命令的处理上不同算法间的时效差异，为读者在不同条件下选择合适算法提供思路。

（1）线段树

简述：以工资为关键字构造线段树，并完成相关操作。

参考程序（线段树）

```
#include <iostream>
#include <string>
#include <cstring>
using namespace std;
const int MAXN = 100001;              //命令条数的上限
int sum[MAXN * 20];                   //线段树中节点 i 的子树规模（即工资在对应区间的人数）为 sum[i]
int min_, n, delta, ans;              //命令数为 n，工资下界为 min_n，工资基数为 delta，离开
                                      //公司的员工总数为 ans
void Init()                           //初始化
{
    cin>> n >> min_;                  //输入命令数和工资下界
    memset(sum, 0, sizeof(sum));      //线段树为空
    delta=0;ans=0;                    //工资基数和离开公司的员工总数初始时为零
}
void Insert(int i, int s, int t, int x, int d)  //在以节点 i（对应工资区间为 [s,t]）为根
                                                //的子树中插入工资 x。子树非空的标志为 d
{
    int mid;                          //区间的中间指针
    if (s==t)                         //若找到插入位置，则计算子树规模
        { if (d==1)  ++sum[i]; else sum[i]=1;return; }
    mid=(s+t+2*MAXN)/ 2-MAXN;         //计算区间的中间指针
    if (sum[i]==0)  { sum[2*i]=0;sum[2*i+1]=0;d=0; } //若 i 子树为空，则 i 的左右子树为空，设
                                                    //定子树的空标志
    if(x<=mid)Insert(2*i,s,mid,x,d);                //根据 x 所在工资区间，递归左子树或右子树
        else      Insert(2*i+1,mid+1,t,x,d);
    sum[i]=sum[2*i]+sum[2*i+1];   //i 子树的规模为其左子树和右子树的规模和
}
void Check(int i,int s,int t,int k) //在以节点 i（对应工资区间为 [s,t]）为根的子树中，查询
                                    //工资第 k 多的员工所拿的工资数
{
    int mid;                          //区间的中间指针
    if (s==t)                         //若找到工资第 k 多的员工，则输出其工资数
        { cout<< s+delta <<endl;return; }
    mid=(s+t+2*MAXN)/ 2- MAXN;        //计算中间指针
    if (sum[2*i+1]>=k)                //若右子树的规模不小于 k，则递归右子树；否则递归左子树
        Check(2*i+1,mid+1,t,k);
    else Check(2*i,s,mid,k-sum[2*i+1]);
}
void Update(int i, int s, int t) //在以 i 节点（对应的工资区间为 [s,t]）为根的子树中，删除
                                 //工资低于下界的子树，并维护线段树
{
    int mid;                                              //区间的中间指针
    if(t+delta<min_){ans=ans+sum[i];sum[i]=0;return;}     //若 i 节点对应的工资区间低于下界，则将
                                                          //其子树规模计入离开公司的人数，子树撤
                                                          //空并回溯
    mid=(s+t+2*MAXN)/ 2-MAXN;                             //计算中间指针
    if((s+delta<min_)&&(sum[2*i]!=0))Update(2*i,s,mid);   //若左子区间存在工资低于下界的情况且左
                                                          //子树非空，则删除左子树中工资低于下界
                                                          //的子树
```

```
    if((mid+1+delta<min_)&&(sum[2*i+1]!=0))Update(2*i+1,mid+1,t);
    //若右子区间存在工资低于下界的情况且右子树非空，则删除右子树中工资低于下界的子树
    sum[i]=sum[2*i]+sum[2*i+1];   // i 子树的规模为其左子树和右子树的规模和
}
void Make()                       // 依次处理每条命令，计算并输出离开公司的人数
{
    int i, k;
    char c;
    for( i=1; i <= n; ++i)        // 依次处理每条命令
    {
        cin>> c >> k;             // 读入第 i 条命令
        if (c=='I')               // 新建工资档案。若初始工资不小于下界，则将调整后的工资插
                                  // 入线段树
        { if (k<min_) continue;   // 若工资小于下界，则处理下一条命令
          k-=delta;Insert(1,-MAXN,MAXN*2,k,1);}
        if (c=='A')  delta+=delta; // 每位员工的工资增加 k，计算工资基数
        if (c=='S') { delta-=delta;Update(1,-MAXN,MAXN*2);}
        // 每位员工的工资扣除 k，计算工资基数，在线段树中删除工资小于下限的子树，累计离开公司的
        // 员工数
        if (c=='F')               // 查询第 k 多的员工。若 k 大于目前员工数，则输出 -1；否则
                                  // 计算并输出工资第 k 多的员工所拿的工资数
            { if (sum[1]<k)  {cout<< -1 <<endl;continue;}
        Check(1,-MAXN, MAXN * 2, k); }
    }
    cout<< ans <<endl;            // 输出离开公司的人数
}
int main()
{
    Init();                       // 初始化
    Make();                       // 依次处理每条命令，计算并输出离开公司的人数
}
```

由上述程序可以看出，处理 I 命令的时间复杂度为 $O(\log R)$，处理 A 命令的时间复杂度为 O(1)，处理 S 命令的时间复杂度为 $O(\log R)$，处理 F 命令的时间复杂度为 $O(\log R)$，其中 R 为工资上限。从表面上看，线段树这种经典的数据结构似乎占据着很大的优势。可有一点万万不能忽略，那就是线段树是基于键值 R 构造的，它受到键值范围的约束。在本题中 R 的范围只有 10^5 级别，这在内存较宽裕的情况下还是可以接受的。但是如果问题要求的键值范围更大，或者根本就不是整数时，线段树就很难适应。这时我们就不得不考虑伸展树、跳跃表这类基于元素构造的数据结构。

（2）伸展树

简述：以工资为关键字构造伸展树，并通过“旋转”完成相关操作。

参考程序

```
#include <iostream>
#include <string>
#include <cstring>
using namespace std;
const int MAXN=100001;           // 伸展树的规模上限
struct treetype{                 // 伸展树的节点类型
    int data;                    // 工资数
    int s, ls, rs;               // 工资为 data 的员工数为 s，工资小于 data 的员工数为 ls
                                 // （左子树规模），工资大于 data 的员工数为 rs（右子树规模）
    int fa, l, r;                // 父指针为 fa，左指针为 l，右指针为 r
};
treetype t[MAXN];                // 伸展树序列
int root, m;                     // 伸展树的根为 root，节点数为 m
```

```
int n, min_, delta, ans;                   // 命令数为 n，工资下界为 min_，工资基数为 delta，
                                           // 离开公司的员工总数为 ans
void Init()                                // 初始化
{
    cin>> n >> min_;                       // 输入命令数和工资下界
    delta=0;ans=0;                         // 工资基数和离开公司的员工总数初始时为零
    root=0;m=0;memset(t,0,sizeof(t));      // 伸展树初始时为空
}
void LeftRotate(int x)                     // 以 x 节点为基准左旋
{
    int y;
    y=t[x].fa;t[y].r=t[x].l;t[y].rs=t[x].ls; // x 的左儿子变成其父节点的右儿子
    if (t[x].l!=0) t[t[x].l].fa=y;
    t[x].fa=t[y].fa;                       // x 的祖父成为 x 的父节点，x 的原父节点成为 x 的左儿子
    t[x].l=y;t[x].ls=t[y].rs+t[y].ls+t[y].s;
    if (t[y].fa!=0)                        // 在 x 存在祖父节点的情况下，若 x 的原父节点在左位置，
                                           // 则祖父节点的左儿子改为 x；否则祖父节点的右儿子改为 x
    {
        if (y==t[t[y].fa].l )
        {
            t[t[y].fa].l=x;t[t[y].fa].ls=t[x].rs+t[x].ls+t[x].s;
        }
        else
        {
            t[t[y].fa].r=x;t[t[y].fa].rs=t[x].rs+t[x].ls+t[x].s;
        }
    }
    t[y].fa=x;                             // x 上移至原来的祖父位置
}
void RightRotate(int x)                    // 以 x 节点为基准右旋
{
    int y;
    y=t[x].fa;t[y].l=t[x].r;t[y].ls=t[x].rs; // x 的右儿子变成其父节点的左儿子
    if (t[x].r != 0)  t[t[x].r].fa=y;
    t[x].fa=t[y].fa;                       // x 的祖父成为 x 的父节点，x 的原父节点成为 x 的右儿子
    t[x].r=y;t[x].rs=t[y].ls+t[y].rs+t[y].s;
    if (t[y].fa!=0)                        // 在 x 存在祖父节点的情况下，若 x 的原父节点是祖父
                                           // 节点的左儿子，则祖父节点的左儿子改为 x；否则祖
                                           // 父节点的右儿子改为 x
    {
        if (y==t[t[y].fa].l)
        {
            t[t[y].fa].l=x;t[t[y].fa].ls=t[x].rs+t[x].ls+t[x].s;
        }
        else
        {
            t[t[y].fa].r=x;t[t[y].fa].rs=t[x].rs+t[x].ls+t[x].s;
        }
    }
    t[y].fa=x;                             // x 上移至原来的祖父位置
}
void splay(int x)                          // 以 x 节点为基准伸展，即通过一系列的旋转操作将 x
                                           // 节点调整至根部
{
    int l;
    while (t[x].fa!=0)                     // 反复进行旋转操作，直至将 x 节点调整至根部为止
    {
        l=t[x].fa;                         // 取出 x 的父节点
        if (t[l].fa==0)                    // 在 x 的父节点为根的情况下，若 x 在左儿子位置，则
                                           // 右旋；否则左旋
        {
```

```
            if (x == t[l].l) RightRotate(x); else LeftRotate(x);
            break;                      //退出循环
        }
        if (x == t[l].l)                //在x位于左位置的情况下，若x的父节点位于左位置，则分别
                                        //以x的父节点和x为基准两次右旋；否则以x为基准右旋和左旋
        {
            if (l==t[t[l].fa].l)
            { RightRotate(l);RightRotate(x); }
            else { RightRotate(x);LeftRotate(x);}
        }
        else                            //在x位于右位置的情况下，若x的父节点位于右位置，则分别
                                        //以x的父节点和x为基准两次左旋；否则以x为基准左旋和右旋
        {
            if (l == t[t[l].fa].r)
            { LeftRotate(l);LeftRotate(x); }
            else { LeftRotate(x);RightRotate(x); }
        }
    }
    root=x;                             //x为伸展树的根
}
void Insert(int x)                      //将x插入伸展树
{
    int l, f;
    t[++m].data=x;t[m].s=1;t[m].ls=0;t[m].rs=0;t[m].fa=0;t[m].l=0;t[m].r=0;
    if (root==0)  { root=m;return; }//若原伸展树为空，则返回该节点
    l=root;                             //从伸展树的树根出发，寻找插入位置的父指针f
    do{
        f=l;
        if (x==t[l].data)  { ++t[l].s;return;}
        if (x<t[l].data)  { ++(t[l].ls);l=t[l].l; }
        else { ++(t[l].rs);l=t[l].r;}
    }while (l!=0);
    t[m].fa=f;                          //确定m的父指针和左右位置
    if (x<=t[f].data)  t[f].l=m; else t[f].r=m;
    splay(m);                           //以m为基准，进行伸展操作
}
void Delete()                           //在伸展树中删除工资小于下限的节点，累计离开公司的员工数
{
    int l, f;l=root;f=-1;               //从伸展树的树根出发，寻找删除节点的父指针f
    while (l!=0)
    {
        if(t[l].data+delta<min_) //若l节点的员工工资小于下限，则沿右方向寻找，否则沿左方
                                 //左方向寻找
            { f=l;l=t[l].r; }
        else l=t[l].l;
    }
    if (f == -1)  return;               //若所有员工工资不小于下限，则退出
    l=f;splay(l);                       //伸展操作：将f节点旋转至根位置
    ans += t[l].ls + t[l].s;            //左子树和根位置上的员工离开公司
    root = t[l].r;                      //将f的右儿子作为根
    if (root!=0)  t[root].fa=0;
}
void Check(int k)                       //计算并输出工资第k多的员工所拿的工资数
{
    int l, f;
    l=root;                             //从伸展树的树根出发，寻找工资第k多的员工所在的节点l
    while (true)
    {
        if ((t[l].rs<k)&&(t[l].rs+t[l].s>=k))
            { cout<<t[l].data+delta<<endl;return; };
                                        //若节点l的员工工资为第k多，则输出后退出
```

```
        if (t[l].rs>=k) l=t[l].r;// 若工资大于 l 节点的员工数不小于 k，则沿右指针搜索下去；
                                 // 否则 k 减去 l 节点和右子树上的员工总数，沿左指针搜索下去
            else { k=k-t[l].rs-t[l].s;l=t[l].l;}
    }
}
void Make()
{
    int i, k;
    char c;
    for (i=1; i <= n; ++i)          // 依次处理每条命令
    {
        cin>> c >> k;               // 读入第 i 条命令
        if (c == 'I')               // 新建工资档案。若初始工资不小于下界，则将调整后的工资插
                                    // 入伸展树
        {
            if (k >= min_)  { k-=delta;Insert(k); }
        }
        if (c == 'A')delta=delta+k; // 每位员工的工资增加 k，计算工资基数
        if (c == 'S'){ delta=delta-k;Delete(); }
                                    // 每位员工的工资扣除 k，计算工资基数，在伸展树中删除工资小于
                                    // 下限的节点，累计离开公司的员工数
        if (c == 'F')               // 查询第 k 多的员工。若 k 大于目前的员工数，则输出 -1，否则计
                                    // 算并输出工资第 k 多的员工所拿的工资数
        {
            if((root==0)||(t[root].ls+t[root].rs+t[root].s<k))cout<<-1<<endl;
                else Check(k);
        }
    }
    cout<< ans <<endl;              // 输出离开公司的员工总数
}
int main()
{
    Init();                         // 初始化
    Make();                         // 依次处理每条命令
    return 0;
}
```

由上述程序可以看出，处理 I 命令的时间复杂度为 $O(\log_2 N)$，处理 A 命令的时间复杂度为 $O(1)$，处理 S 命令的时间复杂度为 $O(\log_2 N)$，处理 F 命令的时间复杂度为 $O(\log_2 N)$。显然，在伸展树的节点数 N 远小于工资数上限 R 的情况下，采用伸展树比采用线段树更为适宜。但在编程实现上，伸展树比线段树麻烦一些。

（3）跳跃表

简述：运用跳跃表数据结构完成相关操作。

参考程序

```
#include <iostream>
#include <string>
#include <cstring>
#include <cstdlib>
#include <ctime>
#include <cmath>
using namespace std;
const int MAXL = 51;                // 高度的上限
const int INF = 0x7FFFFFFF;

struct node;
typedef node *point;                // 跳跃表的指针类型
```

```
struct node{                            // 跳跃表的元素类型
    int data, pnum;                     // 元素值为 data，其频率为 pnum
    int l;                              // data 值所在的层数范围
    point next[MAXL];                   // 第 i 层链的后继指针为 next[i]
    int sum[MAXL];                      // 第 i 条链中元素数为 sum[i]
};
struct list{                            // 跳跃表的类型
    int level;                          // 链条数
    point head,tail;                    // 首尾指针
};
int totnum[MAXL];                       // 查找点到第 i 条链的元素数为 totnum[i]，其位置为 update[i]
point update[MAXL];
list skip;                              // 跳跃表
int n, min_, totp, ans, delta;          // 命令条数为 n，工资下界为 min_，公司人数为 totp，离开公
                                        // 司的人数为 ans，工资基数为 delta
void Init()                             // 初始化
{
    int i;
    srand(time(NULL));                  // 随机数初始化
    cin>> n >> min_;                    // 输入命令数和工资下界
    delta=0;ans=0;totp=0;               // 工资基数、离开公司和公司人数初始时为零
    skip.level=1;                       // 跳跃表的高度为 1，首尾指针初始化
    skip.head= new node;
    skip.head->data = -INF;
    skip.head->pnum = 0;
    skip.head->l = 1;
    memset(skip.head->sum, 0, sizeof(skip.head->sum));
    skip.tail= new node;
    skip.tail->data = -INF;
    skip.tail->pnum = 0;
    skip.tail->l = 1;
    memset(skip.tail->next, 0, sizeof(skip.head->next));
    for (i=1; i <= MAXL; ++i) skip.head->next[i]=skip.tail;     // 每层链初始化
}

int random()                            // 随机决策插入列的高度
{
    int ret = 1;                        // 从第 1 层开始，依次向上决策插入列的高度，直至随机数大于
                                        // 0.5 或者达到高度上限或目前高度的上一层为止
    while (rand() % 1)
    {
        ++ret;
        if ((ret==MAXL)||(ret==skip.level+1)) break;
    }
    return ret;
}
point Find(int k)                       // 返回跳跃表中工资最接近 k 的元素
{
    point p;
    int i;
    p=skip.head;
    for (i=skip.level; i > 0; --i)// 自上而下查找每条链
    {
        totnum[i]=0;                    // 累计第 i 条链中工资小于 k 的元素数
        while (p->next[i]->data<k)
        { totnum[i]=totnum[i]+p->sum[i];p=p->next[i]; }
        update[i]=p;
    }                                   // 记下第 i 条链中工资最接近 k 的元素 p
    return p;                           // 返回跳跃表中工资最接近 k 的元素 p
}
```

```
void Insert(int k)                            // 往跳跃表中插入一个工资为 k 的元素
{
    point p, t;
    int i, tot;
    p=Find(k);                                // 返回跳跃表中工资最接近 k 的元素 p
    if (p->next[1]->data==k)                  // 若底层存在工资为 k 的元素，则该元素的频率加 1，并
                                              // 插入该列
    {
        p=p->next[1];++(p->pnum);
        for (i=skip.level; i > 0; --i) ++(update[i]->sum[i]);
    }
    else
    {
        t = new node;                         // 为插入元素申请内存，设该元素频率为 1，随机决策插
                                              // 入列的高度
        t->data=k;t->pnum=1;t->l=random();
        if (t->l>=skip.level)                 // 若插入列的高度不低于跳跃表的高度，则加入新链
        {
            for (i=skip.level+1; i <= t->l+1; ++i)
            {
                update[i]=skip.head;update[i]->sum[i]=totp;
                skip.head->next[i]=skip.tail;totnum[i]=0;
            }
            skip.level=t->l+1;skip.head->l=skip.level;  // 调整高度
            skip.tail->l=skip.level;
        }
        memset(t->next, 0, sizeof(t->next));// 插入工资为 k 的一列元素，调整各层的 update
        tot=0;
        for (i=1; i <= skip.level; ++i)
        {
            if (i<=t->l)                      // 若层次 i 不高于插入列的高度，则插入到第 i 条链
                                              // 的 update 位置后；否则该位置的 sum 值增加 1
            {
                t->sum[i]=update[i]->sum[i]-tot;
                t->next[i]=update[i]->next[i];update[i]->next[i]=t;
                update[i]->sum[i]=tot+t->pnum;tot=tot+totnum[i];
            }
            else
                update[i]->sum[i]=update[i]->sum[i]+t->pnum;
        }
    }
    ++(totp);                                 // 累计公司人数
}

void Delete()                                 // 在跳跃表中删除工资小于下限的元素，累计离开公司
                                              // 的员工数
{
    int i;
    int   tot;                                // 当前工资情况下离开公司的人数
    Find(min_+delta);                         // 计算各层中工资最接近下界的元素位置 update
    tot=0;                                    // 离开公司的人数初始化
    for(i=1;i<=skip.level;++i)                // 依次删除各层 update 位置前的元素，累计离开公司的人数
    {
        skip.head->next[i]=update[i]->next[i];
        skip.head->sum[i]=update[i]->sum[i]-tot;
        tot=tot+totnum[i];
    }
    while ((skip.level>1)&&(skip.head->next[skip.head->l-1]==skip.tail))
    {
        skip.head->sum[skip.level]=0;     // 删除多余的“空链”
        --(skip.level);--(skip.head->l);--(skip.tail->l);
```

```
    }
    ans += tot;totp -= tot;                        // 累计离开公司的总人数，调整剩余的人数
}
void Findnum(int k)                                // 在跳跃表中查询第 k 大的数
{
    point p;
    int i;
    k=totp-k+1;                                    // 统计工资不小于第 k 多的人数上限
    if (k<=0                                       // 若所有人的工资小于第 k 大的数，则输出 -1；否则
                                                   // 在跳跃表中查询第 k 大的数
        cout<< -1 <<endl;
    else
    {
        p=skip.head;
        for (i=skip.level; i > 0; --i)
        {
          while ((p!=skip.tail)&&(p->sum[i]<k)and(k>0))
          {
              k=k-p->sum[i];p=p->next[i];
          }
        }
        p=p->next[1];cout<<p->data-delta<<endl; // 输出工资第 k 多的员工的工资数
    }
}
void Make()
{
    int i, k;
    char c;
    for(i=1; i<= n;++i)                            // 依次处理每条命令
    {
        cin>> c >> k;                              // 读入第 i 条命令
        if (c == 'I')                              // 新建工资档案。若初始工资不小于下界，则将调整后
                                                   // 的工资插入跳跃表
        {
            if (k >= min_)  { k-=delta;Insert(k); }
        }
        if(c=='A') delta=delta+k;                  // 每位员工的工资增加 k，计算工资基数
        if(c=='S') {delta=delta-k;Delete();}// 每位员工的工资扣除 k，计算工资基数，在跳跃表中
                                                   // 删除工资小于下限的节点，累计离开公司的员工数
        if (c == 'F') Findnum(k);
    }
    cout<< ans <<endl;                             // 输出离开公司的员工总数
}
int main()
{
    Init();                                        // 初始化
    Make();                                        // 依次处理每条命令
    return 0;
}
```

由上述程序可以看出，处理 I 命令的时间复杂度为 $O(\log_2 N)$，处理 A 命令的时间复杂度为 $O(1)$，处理 S 命令的时间复杂度为 $O(\log_2 N)$，处理 F 命令的时间复杂度为 $O(\log_2 N)$。显然，跳跃表的效率并不比伸展树差。加上编程复杂度上的优势，跳跃表尽显出其简单高效的特点。

【10.2.2　宠物收养所】

最近，阿 Q 开了一间宠物收养所。收养所提供两种服务：收养被主人遗弃的宠物和让新的主人领养这些宠物。

每个领养者都希望领养到自己满意的宠物，阿Q根据领养者的要求通过自己发明的一个特殊的公式，得出该领养者希望领养的宠物的特点值 a（a 是一个正整数，a<2^31），他也给每个在收养所的宠物一个特点值。这样他就能够方便地处理整个领养宠物的过程了。宠物收养所总是会有两种情况发生：被遗弃的宠物过多或者想要收养宠物的人太多而宠物太少。

被遗弃的宠物过多时，假如来了一个领养者，该领养者希望领养的宠物的特点值为 a，那么他将会领养一只目前未被领养的宠物中特点值最接近 a 的宠物。（任何两只宠物的特点值都不可能是相同的，任何两个领养者的希望领养宠物的特点值也不可能是一样的。）如果有两只满足要求的宠物，即存在两只宠物，它们的特点值分别为 $a-b$ 和 $a+b$，那么领养者将会领养特点值为 $a-b$ 的那只宠物。

领养宠物的人过多，假如来了一只被收养的宠物，那么哪个领养者能够领养它呢？能够领养它的领养者，是那个希望被领养宠物的特点值最接近该宠物特点值的领养者，如果该宠物的特点值为 a，存在两个领养者，他们希望领养宠物的特点值分别为 $a-b$ 和 $a+b$，那么特点值为 $a-b$ 的那个领养者将成功领养该宠物。

一个领养者领养了一个特点值为 a 的宠物，而他本身希望领养的宠物的特点值为 b，那么这个领养者的不满意程度为 abs($a-b$)。

任务描述

你得到了一年当中领养者和被领养宠物来到收养所的情况，希望你计算所有收养了宠物的领养者的不满意程度的总和。这一年初始时，收养所里既没有宠物，也没有领养者。

输入

你将从文件 input.txt 中读入数据。文件的第一行为一个正整数 n（$n \leqslant 80\ 000$），表示一年当中来到收养所的宠物和领养者的总数。接下来的 n 行，按到来时间的先后顺序描述了一年当中来到收养所的宠物和领养者的情况。每行有两个正整数 a、b，其中 $a=0$ 表示宠物，$a=1$ 表示领养者，b 表示宠物的特点值或领养者希望领养宠物的特点值。（同一时间待在收养所中的，要么全是宠物，要么全是领养者，这些宠物和领养者的个数不会超过 10 000。）

输出

输出文件 output.txt 中仅有一个正整数，表示一年当中所有收养了宠物的领养者的不满意程度的总和模 1 000 000 之后的结果。

输入样例	输出样例
5 0 2 0 4 1 3 1 2 1 5	3 (abs(3 - 2) + abs(2 - 4)=3，最后一个领养者没有宠物可以领养)

【运行限制】 运行时限：1ms

【评分方法】

本题目一共有十个测试点，每个测试点的分数为总分数的10%。对于每个测试点来说，如果你给出的答案正确，那么你将得到该测试点全部的分数，否则得0分。

试题来源：HNOI 2004

在线测试地址：头歌，https://www.educoder.net/problems/42uwrkj3/share

试题解析

简述题意：给出一个数列，初始时数列为空。整个操作涉及两类数，一类数的特征值为0，另一类数的特征值为1，有以下两种操作。

- 0 x：若当前数列为空或者数列中的数字为特征0，则直接插入；否则在数列中找到一个最接近x的数字y（若存在$x-t$和$x+t$则选择$x-t$）将其删除，花费值增加$|x-y|$。
- 1 x：若当前数列为空或者数列中的数字为特征1，则直接插入；否则在数列中找到一个最接近x的数字y（若存在$x-t$和$x+t$则选择$x-t$）将其删除，花费值增加$|x-y|$。输出最后的总花费。

本题与题目10.2.1类似，算法也比较简单，因此这里不讨论解法，只讨论数据结构的选择。本题与题目10.2.1最大的不同，就在于它的键值范围达到了2^{31}级别，这对线段树来说，几乎是不可承受的。虽然采取边做边开空间的策略可以勉强缓解内存的压力，但此题对内存的要求很苛刻，元素相对范围来说也比较少，如果插入的元素稍微分散一些，很可能使空间复杂度接近$O(N\log_2N)$！若再拓展一下，插入的元素不是整数而是实数，就更难对付了。

本题用跳跃表来解决再适合不过。对标准的算法几乎不需要做修改，如果熟练的话，从思考到编程实现可在很短的时间内完成，最终的算法效率也很高。更重要的是，跳跃表绝不会因键值类型的变化而失效，推广性很强。

参考程序

```
#include <iostream>
#include <string>
#include <cstring>
#include <cstdlib>
#include <cmath>
#include <ctime>
using namespace std;
const int MAXL=19;                          //跳跃表的高度上限
const int INF = 0x7FFFFFFF;
struct node;
typedef node *point;                        // 跳跃表的指针类型
struct node{
    int data;                               //数据
    point next[MAXL];                       //各层的后继指针
};
struct list{                                //跳跃表的类型
    point head, tail;                       //首尾指针
    int level;                              //高度
};
list skip;                                  //跳跃表
point update[MAXL];                         //查找过程中第i条链的指针所“跳”到的最右边位置为update[i]
int n, ans;                                 //宠物和领养者的总数为n，不满意程度的总和为ans
void Init()                                 //初始化
{
    cin>> n;                                //输入宠物和领养者的总数
    skip.level = 1;                         //初始化跳跃表，初始时高度为1
    skip.head = new node;                   //为首尾指针申请内存，元素值分别为-∞和∞
    skip.tail = new node;
    skip.head->data=-INF; skip.tail->data=INF;
    for (int i=1; i < MAXL; ++i)
    {skip.head->next[i]=skip.tail;skip.tail->next[i]=NULL;}     //各层的链为空
}
int random()                                //随机决策插入列的高度
```

```
{
    int ret = 1;                                     // 从第 1 层开始依次向上决策插入列的高度，
                                                     // 直至随机数大于 0.5 或者达到高度上限为止
    while (rand() & 1) { ++ret;if (ret==MAXL)  break; }
    return ret;
};// rand
void Insert(int x)                                   // 往跳跃表中插入一个值为 x 的元素
{
    point p;
    int i, l;
    for(i=1; i<MAXL; ++i) update[i]=skip.head;       // 将各层的 update 值设为首指针
    p=skip.head;l=skip.level;                        // 从最上层链的首指针开始搜索
    while (true)                                     // 计算各条链的插入列位置
    {
        if (x>p->next[l]->data) p=p->next[l];        // 若第 l 条链中 x 的插入位置在 p 的右方，
                                                     // 则指针右移；否则将 x 插在 p 指针后，将
                                                     // 第 l 条链的 update 指针设为 p
        else
        {
            update[l]=p;
            if (l==1)  break; else --l;              // 若确定了所有链的插入位置，则退出循环；
                                                     // 否则计算下面一条链的插入位置
        }
    }
    l = random();                                    // 随机决策插入列的高度 l
    p = new node;p->data=x;                          // 构造插入元素 p
    for (i=1; i <= l; ++i)                           // 自底向上地将 p 插入第 l 条链
        { p->next[i]=update[i]->next[i];update[i]->next[i]=p; }
    if (l>skip.level)  skip.level=l;                 // 调整跳跃表的高度
}
void Delete(int x)                                   // 从跳跃表中删除值最接近 x 的元素，累计
                                                     // 不满意程度的总和
{
    point p;
    int key;
    int i, l;
    for(i=1;i< MAXL;++i) update[i]=skip.head;        // 将各层的 update 值设为首指针
    p=skip.head;l=skip.level;                        // 从最上层链的首指针开始搜索
    while (true)
    {
        if (x>p->next[l]->next[l]->data)             // 若 x 在第 l 条链的元素 p 的右邻两个元素之后，
                                                     // 则右移指针；否则将第 l 条链的 update 指
                                                     // 针设为 p
            p=p->next[l];
        else
        {
            update[l]=p;
            if (l==1)                                // 若当前链为最底层，则在 p 的右邻两个元素
                                                     // 中选择最接近 x 的元素为被删元素，记下元
                                                     // 素值 key，并退出循环；否则搜索下面的一条链
            {
                if (x-p->next[l]->data<=p->next[l]->next[l]->data-x)
                    key=p->next[l]->data;
                else  key=p->next[l]->next[l]->data;
                break;
            }
            else --l;
        }
    }
    ans=(ans+abs(key-x))% 1000000;                   // 累计不满意程度的总和
    for(i=1;i<=skip.level;++i)                       // 自下而上搜索各条链中值为 key 的元素，将
                                                     // 其删除
```

```
    {
        while (update[i]->next[i]->data<key) update[i]=update[i]->next[i];
        if (update[i]->next[i]->data==key)
            update[i]->next[i]=update[i]->next[i]->next[i];
    }
    while((skip.level>1)&&(skip.head->next[skip.level]=skip.tail)) --skip.level;
    //删除多余的“空链”
}
void Make()                    //输入宠物和领养者到来的信息，计算并输出不满意程度的总和
{
    int i;
    int d, m, a, b;            //当前跳跃表记录的信息是关于宠物的还是领养者的标志为d，跳跃表中元
                               //素总数为m，对象标志为a，宠物特点或希望领养宠物的特点为b
    ans=0;m=0;                 //不满意程度的总和与跳跃表中的元素数初始化
    for (i=1; i <= n; ++i)
    {
        cin>> a >> b;          //读对象标志a和宠物特点或希望领养宠物的特点b
        if (m == 0)  d=a;      //若跳跃表为空，则记下对象标志a
        if (d==a)              //若当前对象与最初一致，则向跳跃表添加一个值为b的元素，否则删除一
                               //个值为b的元素
        {
            ++m;
            Insert(b);
        }
        else
        {
            --m;
            Delete(b);
        }
    }
    cout<< ans <<endl;         // 输出不满意程度的总和
}
int main()
{
    srand(time(NULL));         //启动随机数发生器
    Init();                    //初始化
    Make();                    //输入宠物和领养者到来的信息，计算并输出不满意程度的总和
    return 0;
}
```

在日常生活中，人们在思考一类问题时，会由于思维定式的作用而使思路落入俗套。就拿与平衡树相关的问题来说，人们凭借自己的智慧创造出了红黑树、AVL树等一些复杂的数据结构，可是却一直走不出“树”的范围。过高的编程复杂度使这些成果很难被人们所接受。而跳跃表为人们打开了另一种思路：用线性表结构也能够实现树的功能。

本节介绍跳跃表，不仅是因为它的自身结构具备了一定的优越性，更重要的是，它给出了一种思考方法，一种跳出定势且返璞归真的思维方式：在你感到山重水复疑无路的时候，不妨“跳”出思维的定式，回到问题的原点，在一条全新的思路上找到解决问题的方法。

第二篇小结

本篇在《数据结构编程实验：大学程序设计课程与竞赛训练教材》(第 3 版) 的第三篇“树的编程实验”的基础上，系统地提高读者对树的认识，拓展树的应用范围，使读者掌握更多利用树进行解题的策略。本篇给出如下的树的解题策略及其实验范例。

- 如何利用划分树求解整数区间中第 k 大的值：首先，离线构建出整个查询区间的划分树；然后，在划分树中查找某子区间中第 k 大的值。这一算法保证能在 $O(\log_2 n)$ 的时间复杂度内快速求出问题解。
- 系统阐述用于区间计算的线段树，给出构建和维护一维线段树的一般方法，并对线段树的时空复杂度、优缺点、适用范围进行分析。
- 通过分析蕴涵最小生成树性质的试题，给出了应用最小生成树原理优化算法的一般思路和方法；在此基础上，给出最小生成树的拓展：最优比率生成树、最小 k 度限制生成树和次小生成树。
- 阐述两种“近似平衡”的二叉搜索树：伸展树和红黑树。介绍了这两种改进型二叉查找树的基本操作和应用实例，在时间复杂度、空间复杂度、编程复杂度三个方面，比较了它们与其他同类树的优劣。
- 通过介绍左偏树的基本操作和应用实例来展现其编程简单、效率较高的特点，并利用左偏树实现优先队列的合并。
- 在树链剖分的概念及实验的基础上，介绍了一种能够维护带权森林、支持边的插入与删除、支持树的合并与分离、支持寻找路径上费用最小边的数据结构——动态树。由于动态树的所有操作的均摊复杂度均为 $O(\log_2 n)$，且树中所有节点或者部分节点可随需要而动态变动，因此动态树具备一般静态树无法企及的功能。
- 展示一种可取代树结构的线性表——跳跃表。跳跃表不仅有较高的时空效率，而且编程复杂度较低。

在编程实践中，有时不能一味追求算法的时间效率，而需要在时间复杂度、空间复杂度、编程复杂度三者之间寻找一个满足要求的“平衡点”。只有在对各种树结构的原理和应用进行编程实践后，才能真正运用树结构来解决实际问题。

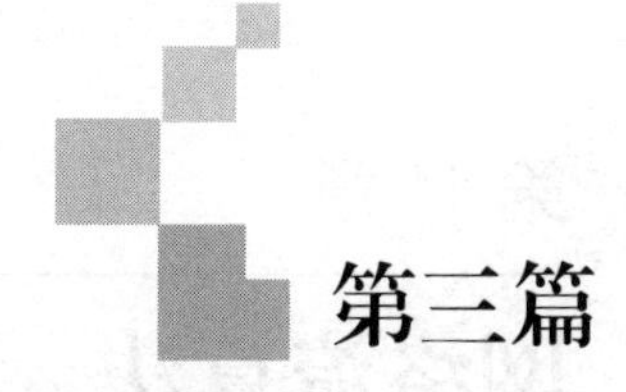

第三篇

图的解题策略

图是对现实世界的一种表示方式，用节点、边和权来描述现实世界中的对象以及对象之间的关系。因此，图提供了一个自然的结构，由此产生的数学模型几乎适合于所有科学（自然科学和社会科学）领域，只要领域研究的主题是“对象”与“对象”之间的关系。也正因为如此，在所有的数据结构中，图的应用最广泛。第二篇所述的树是一种特殊的图：树是无回路的连通图；或者，树是最大无回路图，即，在无回路图中的任何两个不相邻的节点之间添加一个边，恰好得到一条回路；或者，树是最小连通图，即，在连通图中删去任一边后，该图便不连通。

建立与问题相适应的图论模型，是利用图结构解题的策略核心，即，如何从问题的原型中抽取有用的信息和要素，使要素间的内在联系体现在点、边、权的关系上，使纷杂的信息变得有序、直观、清晰。本篇对如下内容进行系统的阐述。

- 网络流算法。
- 二分图匹配。
- 平面图、图的着色与偏序关系。
- 分层图。
- 可简单图化与图的计数。
- 挖掘和利用图的性质。

对于上述内容，本篇在系统阐述理论的基础上给出解题实验，并着重讨论选择图论模型的重要意义和优化算法的方法。

第 11 章

网络流算法

11.1　利用 Dinic 算法求解最大流

在拙作《数据结构编程实验：大学程序设计课程与竞赛训练教材》（第 3 版）的 14.2 节“计算网络最大流”中，给出了网络最大流的理论和实验。

本节首先介绍一种按层次计算最大流的 Dinic 算法，该算法比逐边扩展增广路的 Ford-Fulkerson 算法更高效。虽然这种算法也是采用 DFS 寻找增广路的，但由于整个计算过程在层次图的基础上进行，因此计算时间与流量的大小无关。

定义 11.1.1（残留网络） 在网络 $G(V, E, C)$ 中，有网络流 f，N 关于 f 的残留网络记为 $G'(V', E', C')$，其中 $V' = V$，对于 G 中任何一条弧 (u, v)，如果 $f(u, v) < C(u, v)$，那么在 G' 中有一条弧 $(u, v) \in E'$，其容量为 $C'(u, v)=C(u, v) - f(u, v)$，如果 $f(u, v) > 0$，则在 G' 中有一条弧 $(v, u) \in E'$，其容量为 $C'(v, u) = f(u, v)$。

也就是说，残留网络就是将初始网络上的前向弧 (u, v) 的容量调整为“剩余容量”，即 $C'(u, v) = C(u, v) - f(u, v)$；将后向弧 (v, u) 的容量调整为“可退流量”，即 $C'(v, u) = f(u, v)$；并且去除“剩余容量”为 0 的弧。

例如，图 11.1-1a 是网络 $G(V, E, C)$，图 11.1-1b 是 G 的残留网络，记为 G'。

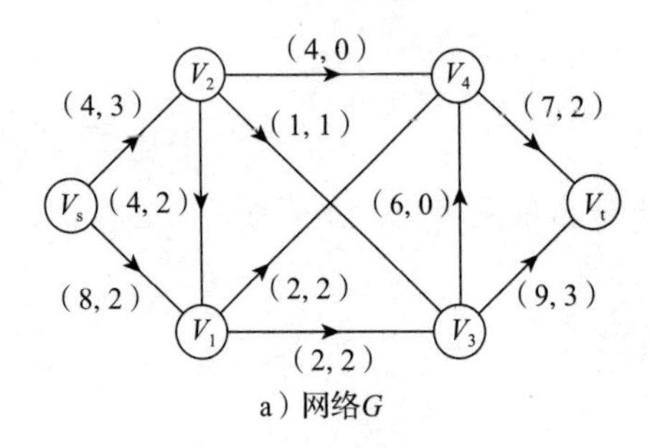

a）网络 G

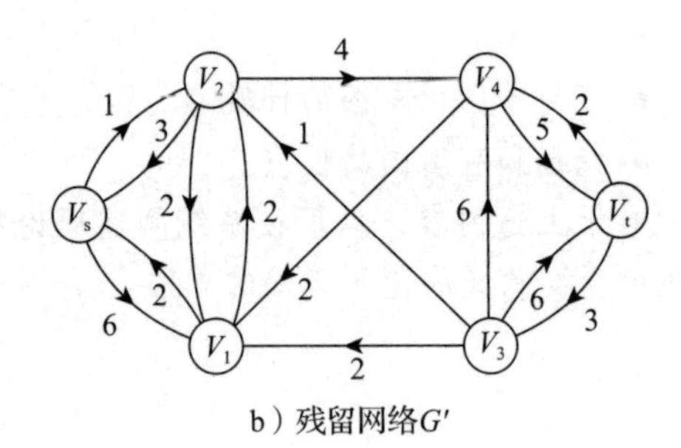

b）残留网络 G'

图　11.1-1

定义 11.1.2（节点的层次，层次图） 在残留网络中，源点 V_s 的层次为 0，把从源点 V_s 到节点 u 的最短路径长度，称为节点 u 的层次。这样分层的结果被称为层次图。

例如，图 11.1-2a 是一个残留网络，图 11.1-2b 是图 11.1-2a 的层次图。

残留网络的性质如下：

- 对残留网路进行分层后，弧有如下 3 种可能的情况。
  - 从第 i 层节点指向第 $i + 1$ 层节点。
  - 从第 i 层节点指向第 i 层节点。
  - 从第 i 层节点指向第 j 层节点，$j < i$。

- 不存在从第 i 层节点指向第 $i+k$ 层节点的弧，$k \geqslant 2$。
- 并非所有的残留网络都能分层。

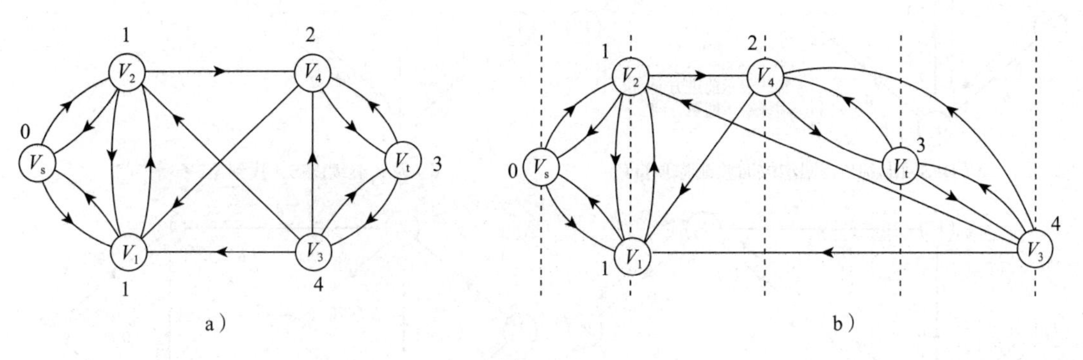

图　11.1-2

例如，图 11.1-3 是一个不能分层的残留网络。

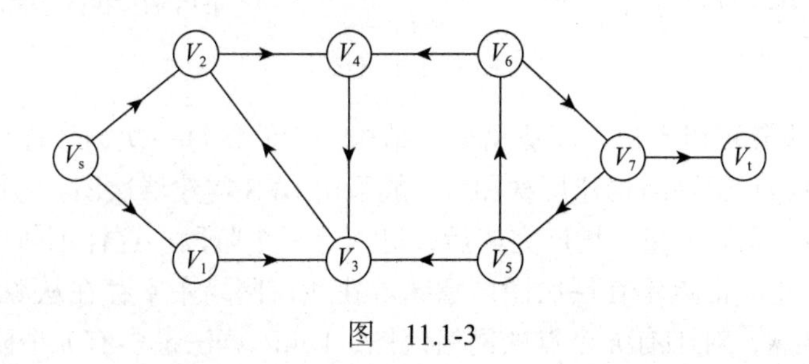

图　11.1-3

Dinic 算法的思想是分阶段地在层次图中增广，步骤如下。

1）初始化网络流图。

2）构造残留网络和层次图，如果汇点不在层次图中，则 Dinic 算法结束。

3）在层次图中用一次 DFS 或 EK 过程进行增广，改进流量。

4）转步骤 2）。

例如，图 11.1-4 给出了 Dinic 算法的一次循环的实例。

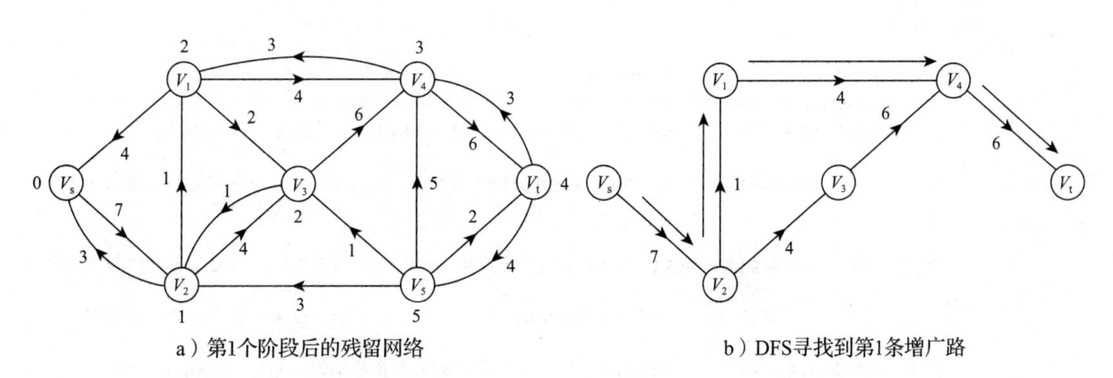

a）第1个阶段后的残留网络
b）DFS寻找到第1条增广路

图　11.1-4

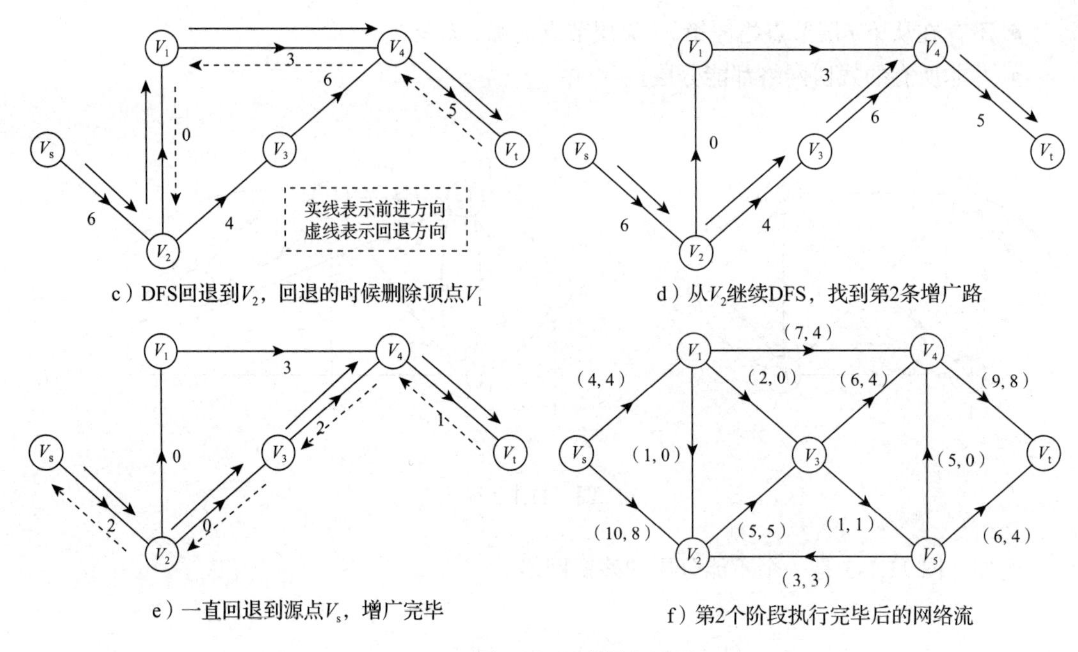

c）DFS回退到V_2，回退的时候删除顶点V_1

d）从V_2继续DFS，找到第2条增广路

e）一直回退到源点V_s，增广完毕

f）第2个阶段执行完毕后的网络流

图 11.1-4 （续）

由 Dinic 算法步骤可以看出，算法呈循环结构。我们将每一次循环称为一个阶段。在每个阶段中，首先根据残留网络构建层次图（一般采用 BFS 构建层次图），其次通过 DFS 在层次图内扩展增广路，调整流量。增广完毕后，进入下一个阶段。这样不断重复，直到汇点不在层次图内出现为止。汇点不在层次图内意味着在残留网络中不存在从源点到汇点的路径，即没有增广路。显然，对于有 n 个点的网络流图，Dinic 算法最多有 n 个阶段。下面，给出 Dinic 算法的程序代码。设 dep[] 为层次图，存储各节点的层次；edge[] 为边表，其中第 i 条边为 (edge[i].u, edge[i].v)，流量为 edge[i].c ；节点 j 的所有出边存储在单链表中，首条边为 head[j]，链表的后继指针为 edge[].next ；在构造层次图过程中，ps[] 为队列，队首指针为 f，队尾指针为 r；在调整增广路过程中，ps[0]…ps[top] 顺序存储增广路上的弧。

```
int dinic(int s, int t)                        // 使用 Dinic 算法计算网络（源点为 s，汇点为 t）的最大流
{
    int tr, res = 0;
    int i, j, k, f, r, top;
    while(1)                                   // 反复计算层次图并在图内改进流量
    {
        memset(dep, -1, sizeof(dep));          // 层次图初始化
        for(f=dep[ps[0]=s]=0,r=1;f!=r;)        // 源点入队，层次设为 0，从源点出发进行 BFS
            for(i=ps[f++],j=head[i];j;j=edge[j].next)   // 队首节点 i 出队，枚举 i 引出
                                                        // 的每条出边
                if(edge[j].c && dep[k=edge[j].v] == -1) // 若出边存在且另一端点 k 的
                                                        // 层次未确定
                {
                    dep[k]=dep[i]+1; ps[r++] = k;       // k 的层次为 i 的层次加 1，节点
                                                        // k 入队
                    if(k==t) { f=r; break; }            // 若 k 为汇点，则退出 BFS
                }
        if(dep[t] == -1) break;            // 若汇点 t 不在层次图，则退出 Dinic 算法
        memcpy(cur, head, sizeof(cur));    // 边表首指针记为 cur
        i = s, top = 0;                    // 从源点开始递推
        while(1)                           // 反复在层次图中改进流量
```

```
            {
                if(i == t)                          //若递推至汇点，则计算增广路的可改进量tr
                {
                    for(tr =inf, k = 0; k < top; k ++)
                        if(edge[ps[k]].c < tr) tr = edge[ps[f=k]].c;
                    for(k = 0; k < top; k ++)       //对增广路上正向弧和反向弧的流量进行调整
                        { edge[ps[k]].c -= tr; edge[ps[k]^1].c += tr; }
                    i = edge[ps[top=f]].u;          //记下队列最后边的端点i，对余下的边进
                                                    //行增广
                    res += tr;                      //网络流量增加tr
                }
                for(j=cur[i]; cur[i]; j=cur[i]=edge[cur[i]].next)
                //搜索i节点引出的所有边中属于层次图的首条边
                {
                    if(edge[j].c && dep[i]+1 == dep[edge[j].v]) break;
                }
                if(cur[i]) { ps[top++]=cur[i];i=edge[cur[i]].v; }
                //若该边存在，则进入增广路，并将该边另一端点记为i
                else                                //在i节点的所有出边不属层次图的情况下，
                                                    //若增广路为空，则重新构造层次图；否则撤
                                                    //去i节点的层次和增广路的最后一条边，将
                                                    //前条边的端点记为i
                {
                        if(top == 0) break;
                        dep[i] = -1;
                        i = edge[ps[-- top]].u;
                }
            }
        }
    return res;                                     //返回最大流
}
```

Dinic 算法的时间复杂度分析如下。如果网络 $G(V, E, C)$ 有 n 个节点和 m 条弧，Dinic 算法最多有 n 个阶段，即最多构建 n 个层次图。每个层次图通过一次 BFS 可得到，而一次 BFS 的时间复杂度为 $O(m)$，所以构建层次图的时间复杂度为 $O(m)$。在层次图内进行一次流量调整的时间复杂度为 $O(mn)$。因为最多进行 n 次，所以找增广路共需的时间为 $O(mn^2)$，这也是 Dinic 算法的时间复杂度。

下面，给出 4 个利用 Dinic 算法求最大流的应用实例。在层次图中寻找增广路时，题目 11.1.1 和题目 11.1.4 的参考程序采用的是 DFS 算法；题目 11.1.2 和题目 11.1.3 的参考程序则采用 EK 算法。

【11.1.1　Drainage Ditches】

每次下雨，农夫 John 最喜欢的三叶草地里就要形成池塘，这会让三叶草在一段时间内被水所覆盖，要过很长时间才能重新生长。因此，农夫 John 要建立一套排水的沟渠把水排到最近的溪流中，使三叶草地不会一直被水覆盖。作为一个称职的工程师，农夫 John 在每条排水沟渠的开始端安装了调节器，因此他可以控制进入沟渠的水流速率。

农夫 John 不仅知道每条沟渠每分钟可以传输多少升的水，而且知道沟渠的精确布局，他能将水从池塘中排出，再通过复杂的网络把水注入每条沟渠和溪流中。

给出所有的有关信息，确定可以从池塘中流出并流入溪流中的水的最大速率。对每个沟渠，水流的方向是唯一的，但水可以循环流动。

输入

输入包含若干测试用例。对于每个测试用例，第一行给出用空格分开的两个整数 N（$0\leqslant$

$N \leqslant 200$）和 M（$2 \leqslant M \leqslant 200$），$N$ 是农夫 John 挖的沟渠数量，M 是这些沟渠的交叉点的数量。交叉点 1 是池塘，交叉点 M 是溪流。后面的 N 行每行给出 3 个整数 S_i、E_i 和 C_i，S_i 和 E_i（$1 \leqslant S_i$，$E_i \leqslant M$）表示沟渠的两个交叉点，水从 S_i 向 E_i 流，C_i（$0 \leqslant C_i \leqslant 10\,000\,000$）是通过这条沟渠的水流的最大流量。

输出

对每个测试用例，输出一个整数，表示从池塘中排水的最大流量。

样例输入	样例输出
5 4 1 2 40 1 4 20 2 4 20 2 3 30 3 4 10	50

试题来源：USACO 93

在线测试：POJ 1273

试题解析

本题给出信息直接对应的网络流图 D。沟渠的 m 个交叉点组成网络流图 D 的 m 个节点，n 条沟渠组成 D 的 n 条边。其中交叉点 i 对应节点 i（$1 \leqslant i \leqslant m$）。由于水从交叉点 1 流入，从交叉点 m 流出，因此源点为节点 1，汇点为节点 m。若第 k（$1 \leqslant k \leqslant n$）条沟渠由交叉点 x 至交叉点 y，水流的最大流量为 f，则对应节点 x 至节点 y 的一条容量为 f 的有向弧 (x, y)。

直接对上述网络流图 D 计算最大流 f，f 即为池塘中排水的最大流量。

参考程序

```
#include <iostream>
#include <queue>
#define inf 0x3f3f3f3f
using namespace std;
static const int maxn = 205;
int n, m;                                         // 弧数为 n，节点数为 m
struct Dinic{                                     // 定义名为 Dinic 的结构体
    struct Edge{                                  // 出弧链节点的结构体：另一端点为 v，容量
                                                  // 为 w，后继出弧指针为 next
        int v, w, next;
    }edge[maxn << 1];                             // 出弧表
    int head[maxn], tot, dep[maxn], cur[maxn];    // head[v] 存储每个节点出弧链的首指针，
                                                  // 出弧表 edge[] 指针为 tot，层次图为 dep[]，
                                                  // 当前增广时每个节点出弧表的首指针为 cur[]
    void init(){                                  // 初始化
        tot = 0;                                  // 将 edge[] 的指针初始化为 0
        memset(head, -1, sizeof(head));           // 将所有节点出弧链的首指针初始化为 -1
    }
    void addEdge(int u, int v, int w){            // 将容量为 w 的弧 (u,v) 插入以 head[u] 为
                                                  // 首指针的弧表中
        edge[tot].v = v;
        edge[tot].w = w;
        edge[tot].next = head[u];
        head[u] = tot++;
    }
```

```
    bool bfs(int s, int t){// 使用宽度优先搜索构造网络（源点为 s，汇点为 t）的层次图
        memset(dep, -1, sizeof(dep));                    // 将层次图 dep[] 中各节点的层次初始化为 -1
        dep[s] = 0;                                      // 将源点 s 的层次设为 0
        queue<int>q;                                     // 队列 q
        q.push(s);                                       // 源点 s 入队
        while(!q.empty()){                               // 若队列非空，则弹出队首 u
            int u = q.front();
            q.pop();
            for(int i = head[u]; ~i; i = edge[i].next){ // 顺序搜索 u 的所有出弧
                int v = edge[i].v, w = edge[i].w;        // 取出出弧 i 的另一端点 v 和容量 w
                if(w > 0 && dep[v] == -1){               // 若出弧存在且另一端点 v 的层次未确定，
                                                         // 则 v 的层次为 u 的层次加 1，v 入队
                    dep[v] = dep[u] + 1;
                    q.push(v);
                }
            }
        }
        return dep[t] > 0;                               // 返回层次图是否存在（是否确定汇点的层次）
                                                         // 的信息
    }
    int dfs(int u, int t, int f){                        // 使用 DFS 算法进行增广，改进流量
        if(u == t) return f;                             // 若搜索至汇点，则返回流量增量
        for(int& i = cur[u]; ~i; i = edge[i].next){     // 搜索 u 的每一条出弧
            int v = edge[i].v, w = edge[i].w;            // 取出出弧的另一端点 v 和容量 w
            if(w > 0 && dep[v] == dep[u] + 1){           // 若出弧存在且为层次图中的弧
                int d = dfs(v, t, min(f, w));            // 沿 v 继续增广和改进流量
                if(d > 0){         // 若存在可改进量 d，则正向弧流量减 d，反向弧流量增 d
                    edge[i].w -= d;
                    edge[i ^ 1].w += d;
                    return d;                            // 返回流量增量
                }
            }
        }
        return 0;
    }
    int dinic(int s, int t){                             // 使用 Dinic 算法计算网络（源点为 s，汇点
                                                         // 为 t）最大流
        int ans = 0;                                     // 最大流初始化为 0
        while(bfs(s, t)){                                // 反复构造网络的层次图 dep[]，直至层次图
                                                         // 不存在为止
            for(int i = 1; i <= m; ++i) cur[i] = head[i];// 将每个节点出弧链的首指针记入
                                                         //cur[]
            // 反复通过 DFS 进行增广，累加流量增量，直至可增广路不存在为止
            while(int d = dfs(s, t, inf)){
                ans += d;
            }
        }
        return ans;                                      // 返回最大流
    }
}mf;                                                     // 类型名为 Dinic 的结构体变量 mf
void mainwork(){                                         // 主程序
    while(scanf("%d%d", &n, &m) != EOF){                 // 反复输入弧数 n 和节点数 m
        mf.init();                                       // 网络初始化
        int u, v, w;
        for(int cas = 1; cas <= n; ++cas){               // 依次输入 n 条弧的信息，构造网络
            scanf("%d%d%d", &u, &v, &w);                 // 读入当前弧的两个端点 u、v 和容量 w
            mf.addEdge(u, v, w);                         // 将容量为 w 的正向弧 (u, v) 插入 u 的出弧表
            mf.addEdge(v, u, 0);                         // 将容量为 0 的反向弧 (v, u) 插入 v 的出弧表
        }
        printf("%d\n", mf.dinic(1, m));                  // 使用 Dinic 算法计算网络的最大流（源点为 1,
                                                         // 汇点为 m）
```

```
    }
}
int main(){
    mainwork();                         // 主程序
    return 0;
}
```

在现实生活中，许多问题都可以被抽象为网络流问题，用最大流表示解答方案。虽然求最大流方法一般可模式化，但关键是建模，即如何构建与问题对应的网络流图。

【11.1.2　How Many Shortest Path】

给出一个带权有向图，最短路径被定义为连接源点和汇点的所有路径中最小长度的路径。如果两条路径没有公共边，则称这两条路径是非重叠的。因此，本题给出一个带权有向图、一个源点和一个汇点，要求找出有多少条非重叠的最短路径。

输入

输入包含多个测试用例。每个测试用例的第一行给出一个整数 N（$1 \leqslant N \leqslant 100$），表示顶点的个数，然后给出一个 $N \times N$ 矩阵，表示有向图。矩阵中每个元素或者是表示边的长度的非负整数；或者是 -1，表示没有边。最后给出两个整数 S（$S \geqslant 0$）和 T（$T \leqslant N-1$），表示源点和汇点。处理到文件结束。

输出

对于每个测试用例，输出一行，给出非重叠的最短路径最多有多少条；如果源点和汇点在同一点，则输出“inf”(没有引号)。

样例输入	样例输出
4 0 1 1 -1 -1 0 1 1 -1 -1 0 1 -1 -1 -1 0 0 3 5 0 1 1 -1 -1 -1 0 1 1 -1 -1 -1 0 1 -1 -1 -1 -1 0 1 -1 -1 -1 -1 0 0 4	2 1

试题来源：ZOJ Monthly, September 2006

在线测试：ZOJ 2760

试题解析

简述试题：给出一个有 N 个节点的弧带权的有向图 $G(V, E)$，源点为 s、汇点为 t，要求计算出从 s 到 t 非重叠的最短路径的条数。

解题算法步骤如下。

1）在输入带权的有向图的信息的同时，构造相邻矩阵 map[][]，其中

$$\text{map}[i][j]=\begin{cases}\text{弧}(i,j)\text{的权值} & (i,j)\in E\\ \infty & (i,j)\notin E\\ 0 & i=j\end{cases}$$

2）通过 Floyd 算法计算最短路径矩阵 maz[][]，其中

$$\text{maz}[i][j]=\begin{cases}\text{从}i\text{到}j\text{的最短路长} & \text{从}i\text{到}j\text{有路}\\ \infty & \text{从}i\text{到}j\text{没有路}\\ 0 & i=j\end{cases}$$

3）构造附加网络 g：如果 maz[s][i] + map[i][j] + maz[j][t] == maz[s][t]，则说明弧 (i, j) 必为某条最短路径的一条边，在网络 g 中添加一条容量为 1 的有向弧，代表边 (i, j) 只能走一次。显然，网络 g 包含 s 至 t 的所有最短路径，并且每条弧的容量保证其不与其他最短路径的边重合。

4）用 Dinic 算法计算 s 至 t 的最大流量，按照流的流量限制条件和平衡条件，该流量即为从 s 到 t 非重叠的最短路径条数。

程序清单

```
#include<iostream>
#include<cstring>
using namespace std;
const int nMax=200;                    // 节点数上限
const int mMax=100005;                 // 弧数上限
class node{                            // 边表的节点类型
    public:
    int c,u,v,next;                    // 弧 (u,v) 的流量为 c，后继边的指针为 next
};node edge[mMax];                     // 边表为 edge[]
int ne, head[nMax],n;                  // 边表指针为 ne，节点 i 引出的第一条边的边表指针为 head[i]
int cur[nMax],ps[nMax],dep[nMax]; //cur[] 暂存 head[]，ps[] 存储增广路，dep[] 存储各节点
                                       // 的层次
const int inf=1<<29;                   // 定义无穷大
void addedge(int u,int v,int c){ // 将容量为 c 的 (u,v) 拆成正反两条弧并将其加入边表
    edge[ne].u=u; edge[ne].v=v;   // 将容量为 c 的前向弧 (u,v) 加入边表 edge[]
    edge[ne].c = c;
    edge[ne].next = head[u];
    head[u] = ne ++;
    edge[ne].u = v; edge[ne].v = u;// 将容量为 0 的反向弧 (v,u) 加入边表 edge[]
    edge[ne].c = 0;
    edge[ne].next = head[v];
    head[v] = ne ++;
}
int dinic(int s, int t)                // 网络流 Dinic 算法
{
    int tr, res = 0;                   // 可改进量为 tr，最大流量初始化
    int i, j, k, f, r, top;            // BFS 中队列的首尾指针为 f 和 r，增广路的长度为 top
    while(1)
    {
        memset(dep, -1, sizeof(dep));                        // 层次图初始化
        for(f = dep[ps[0]=s] = 0, r = 1; f != r;)            // 通过 BFS 构造层次图
            for(i = ps[f ++], j=head[i]; j; j=edge[j].next) // 出队，搜索该节点的每条出边
                if(edge[j].c && dep[k=edge[j].v] == -1) // 若出边存在且另一端点的层次未
                                                         // 确定，则计算另一端点的层次，
                                                         // 该端点入队
                {
                    dep[k] = dep[i] + 1; ps[r ++] = k;
                    if(k == t) { f = r; break; }         // 若另一端点为汇点，则层次图构
                                                         // 造完毕
                }
        if(dep[t] == -1) break;                          // 若汇点 t 不在层次图中，则算法结束
```

```
        memcpy(cur, head, sizeof(cur));          // 暂存 head[]
        i = s, top = 0;                          // 从源点出发递推，增广路初始化为空
        while(1)
        {
            if(i == t)                           // 若递推至汇点，则计算可改进量 r，调整
                                                 // 增广路上的流量
            {
                for(tr =inf, k = 0; k < top; k ++) if(edge[ps[k]].c < tr)
                    tr=edge[ps[f=k]].c;
                for(k = 0; k < top; k ++) { edge[ps[k]].c -= tr; edge[ps[k]^1].c
                    += tr; }
                i = edge[ps[top=f]].u;           // 从层次图上最后一条边的起点 i 出发扩展
                res += tr;                       // 网络流量增加 tr
            }
            for(j=cur[i]; cur[i]; j=cur[i]=edge[cur[i]].next)  // 搜索 i 出边中首条在
                                                               // 层次图中的边
                { if(edge[j].c && dep[i]+1 == dep[edge[j].v]) break; }
            if(cur[i])                           // 若该边存在，则进入增广路，将该边另一
                                                 // 端点记为 i
                { ps[top ++] = cur[i]; i = edge[cur[i]].v; }
            else                                 // 在该边不存在的情况下，若增广路为空，则
                                                 // 重新计算层次图；否则撤去 i 的层次和增
                                                 // 广路上的最后一条边，将增广路上前一条边
                                                 // 的端点记为 i
            {
                if(top == 0) break;
                dep[i] = -1; i = edge[ps[-- top]].u;
            }
        }
    }
    return res;                                  // 返回最大流量
}
int map[nMax][nMax],maz[nMax][nMax];             // 相邻矩阵为 map[][]，最短路径矩阵为 maz[][]
void floyd(int N){                               // 使用 Floyd 算法计算最短路径矩阵 maz[][]
    int i,j,k;
    for(k=1;k<=N;k++)                            // 枚举中间点 k
        for(i=1;i<=N;i++)                        // 枚举路径的首尾节点 i 和 j
            for(j=1;j<=N;j++)                    // 调整 i 至 j 的最短路径长度
                maz[i][j]=min(maz[i][j],maz[i][k]+maz[k][j]);
}
void buildmap(int s,int t,int N){                // 构造附加网络 g：若 s 至 i 和 j 至 t 之间存
                                                 // 在最短路径且存在边 (i, j)，则 i 至 j 间
                                                 // 连一条容量为 1 的有向弧
    int i,j;
    for(i=1;i<=N;i++){                           // 枚举有向边的起点 i
        if(maz[s][i]==inf)continue;              // 若 s 至 i 无路，则重新枚举边的起点
        for(j=1;j<=N;j++){                       // 枚举有向边的终点 j
        if(i==j||maz[j][t]==inf||maz[i][j]==inf) continue; // 若 i 与 j 间无边或者 j 至 t 无路，
                                                            // 则重新枚举边的终点
            if(maz[s][t]==maz[s][i]+map[i][j]+maz[j][t]){
            // 若 s 至 t 的最短路径途径有向边 (i,j)，则设该边容量为 1 后将其加入附加网络
                addedge(i,j,1);
            }
        }
    }
}
int main(){
    int N,i,j,s,t;
    while(scanf("%d",&N)!=EOF){                  // 反复输入节点数，直至文件结束
        for(i=1;i<=N;i++){                       // 输入有向图，构造初始时的最短路径矩阵 maz[]
                                                 // []，并将边长记入 map[][] ，其中 maz[i]
```

$$//[j]=map[i][j]=\begin{cases}(i,j)\text{ 的边长} & (i,j)\in E\\ \infty & (i,j)\notin E\\ 0 & i=j\end{cases}$$

```
            for(j=1;j<=N;j++){
                scanf("%d",&maz[i][j]);
                if(maz[i][j]==-1) maz[i][j]=inf;
                if(i==j) { maz[i][j]=0; } map[i][j]=maz[i][j];
            }
        }
        scanf("%d%d",&s,&t);                          // 输入源点和汇点
        s++;t++;
        if(s==t) { cout<<"inf"<<endl; continue; } // 若源点和汇点重合，则输出失败信息，
                                                  // 输入下一个测试用例
        floyd(N);                                 // 计算最短路径矩阵 maz[][]
        ne=2; memset(head,0,sizeof(head));        // 边表指针和边表初始化
        buildmap(s,t,N);                          // 构造附加网络
        cout<<dinic(s,t)<<endl;                   // 计算并输出附加网络的最大流量
    }
    return 0;
}
```

在一些复杂的综合题中，最大流算法可作为核心算法与其他算法配合使用。

【11.1.3　Ombrophobic Bovines】

农夫 John 的奶牛非常害怕被雨淋湿，只要想到被雨淋，奶牛们就战栗不已。于是他决定在农场中放置雨警报器，让奶牛们知道要下雨了。他还打算制订一个下雨疏散计划，使所有的奶牛可以在开始下大雨之前到雨棚去躲雨。然而，天气预报并不总是准确的。为了减少假警报的发生，他想让雨警报器在尽可能晚的时间鸣响，使所有的奶牛都有足够的时间跑到雨棚。

农场有 F（$1 \leqslant F \leqslant 200$）片草地用于放牧奶牛，这些草地由一组道路 P（$1 \leqslant P \leqslant 1500$）连接。因为道路很宽，所以任意数量的奶牛可以沿任何一个方向在道路上穿行。

农场的一些草地有雨棚，奶牛们可以在这些雨棚躲雨。这些雨棚的大小是有限的，所以一个雨棚可能无法容纳所有的奶牛。与道路相比，草地是比较小的，奶牛穿越草地的时间忽略不计。

为了使每头奶牛都可以进入雨棚，请计算在下雨前雨警报器必须鸣响的最小时间。

输入

第 1 行：用两个空格分隔的整数 F 和 P。

第 $2 \sim F+1$ 行：两个空格分隔的整数来描述一片草地。第一个整数（范围为 0～1000）是这片草地上奶牛的个数。第二个整数（范围为 0～1000）是这片草地上的雨棚能容纳的奶牛的个数。

第 $F+2 \sim F+P+1$ 行：三个空格分隔的整数来描述一条道路。第一个和第二个整数（范围为 $1 \sim F$）表示这条道路连接的草地；第三个整数（范围为 1～1 000 000 000）是这条道路的长度。

输出

第 1 行：所有奶牛都进入雨棚所需要的最少时间，假定它们规划了最优路线。如果不可能所有的奶牛都进入雨棚躲雨，则输出“-1”。

样例输入	样例输出
3 4 7 2 0 4 2 6 1 2 40 3 2 70 2 3 90 1 3 120	110

提示（输出说明）

在 110 个时间单位内，两头在草地 1 的奶牛躲进了这片草地的雨棚，四头在草地 1 的奶牛躲进了草地 2 的雨棚，一头奶牛到达草地 3 并和在草地 3 的奶牛一起躲进了草地 3 的雨棚。虽然还有其他计划使所有的奶牛都进入雨棚，但没有小于 110 时间单位。

试题来源：USACO 2005 March Gold

在线测试地址：POJ 2391

试题解析

简述题意：有 n 片草地，已知每片草地上奶牛的数量和雨棚能容纳的奶牛的数量；有 m 条道路，每条道路连接两片草地，且每条道路有固定长度。问如果下雨了，所有的奶牛怎么走，才能在最短的时间（最后的奶牛进入雨棚）内让所有的奶牛进入雨棚，如果不能，则输出 −1。

设草地为节点，道路为边，边的权值为道路长度。

由于奶牛总是选择最短路径避雨，因此首先使用 Floyd 算法计算任意一对节点间的最短路径，并计算出所有最短路径长度的最大值 a，即走到雨棚的最长时间。

如果在 t 时间内所有奶牛都能够进入雨棚，那么在大于 t 的时间内所有奶牛也能够进入雨棚，所以问题呈单调性质，可以使用二分法求解。

设时间区间 $[l, r]$，初始时为 $[0, a+1]$，取中间指针 mid=$\left\lfloor \frac{l+r}{2} \right\rfloor$。计算 mid 时间内进入雨棚的奶牛数。如果达到了奶牛总数，则缩小时间，搜索左区间；否则放宽时间，搜索右区间。以此类推，直至 $l \geqslant r$ 为止。

显然，问题就变为如何在 t 时间内计算能够进入雨棚的奶牛数。这一问题采用计算网络流的方法判定。

构造一个附加网络，设源点为 S，汇点为 T，源点 S 发出的流量上限为奶牛总数，汇点 T 接收的流量上限为各片草地的雨棚能容纳的奶牛总数。每个节点 i（$1 \leqslant i \leqslant n$）在这个网络流图中被拆分成两个节点 i 和 i'。源点 S 向节点 i 连一条有向弧 (S, i)，容量为节点 i 的奶牛数；i' 向汇点 T 连一条有向弧 (i', T)，容量为节点 i 的雨棚能容纳的奶牛数；同时，为了保证在时间 t 内能够疏散在本片草地上不能避雨的奶牛，从 i 至 i' 连一条容量为 ∞ 的有向弧 (i, i')；i 向每个最短路径长度不大于 t 的路径终点 j 添加一条容量为 ∞ 的有向弧 (i, j')。

显然，按照流量的限制条件和平衡条件，这个网络流图的最大流正好对应 t 时间内能够进入雨棚的奶牛数。

程序清单

```
#include<iostream>
#define max(a,b) ((a)>(b)?(a):(b))              // 求 a 和 b 中的大者
using namespace std;
const int NMAX = 420;                           // 节点数上限
const int EMAX = 82000;                         // 边数上限
const int INF = 1<<30;                          // 无穷大
struct EDGE                                     // 边表 bf[] 的元素类型
{
    int u, v, c, nxt;                           // 容量为 c 的边 (u,v)，后继边指针 nxt
};
```

```
EDGE bf[EMAX];
int n, m;                                   // 节点数和边数
int ne, head[NMAX];                         // 边表长度为 ne，节点的边表首指针为 head[]
int cur[NMAX], ps[NMAX], dep[NMAX];         // cur[] 暂存 head[]，ps[] 存储增广路，dep[] 存
                                            // 储各节点的层次
int cow[NMAX], shelter[NMAX];               // 草地 i 的奶牛数为 cow[i]，雨棚能容纳的奶牛数为
                                            // shelter[i]
__int64 map[NMAX][NMAX];                    // 最短路径矩阵
void addEdge(int u, int v, int c)           // 往附加网络添加容量为 c 的正向弧 (u,v) 和容量为
                                            // 0 的反向弧 (v,u)
{
    // 添加容量为 c 的正向弧 (u,v)
    bf[ne].u = u;
    bf[ne].v = v;
    bf[ne].c = c;
    bf[ne].nxt = head[u];
    head[u] = ne ++;
    // 添加容量为 0 的反向弧 (v,u)
    bf[ne].u = v;
    bf[ne].v = u;
    bf[ne].c = 0;
    bf[ne].nxt = head[v];
    head[v] = ne ++;
}
int dinic(int s, int t)                     // Dinic 算法，计算最大流的算法 (源点为 s，汇点为 t)
{
    int tr, res = 0;                        // 可改进量为 tr，最大流量初始化
    int i, j, k, f, r, top;
    while(1)
    {
        memset(dep, -1, sizeof(dep));       // 层次图初始化
        for(f = dep[ps[0]=s] = 0, r = 1; f != r;)       // 源点入队，设层次为 0，通过
                                                        // BFS 计算层次图
            for(i = ps[f ++], j = head[i]; j; j = bf[j].nxt) // 首节点出队，遍历所有未访问的
                                                        // 出边
                if(bf[j].c && dep[k=bf[j].v] == -1)
                {
                    dep[k] = dep[i] + 1;  ps[r ++] = k; // 定义儿子的层次，入队
                    if(k == t)              // 若确定汇点层次，则 BFS 结束
                    {
                        f = r; break;
                    }
                }
        if(dep[t] == -1) break;             // 若汇点不在层次图内，则退出算法
        memcpy(cur, head, sizeof(cur));     // 暂存 head[]
        i = s, top = 0;                     // 从源点出发，将增广路初始化为空
        while(1)                            // 反复在层次图内改进流量
        {
            if(i == t)                      // 若顺推至汇点，则计算可改进量 tr，调整增广路的
                                            // 正向弧和反向弧的流量
            {
                for(tr = INF, k = 0; k < top; k ++)
                    if(bf[ps[k]].c < tr)
                        tr = bf[ps[f=k]].c;
                for(k = 0; k < top; k ++)
                {
                    bf[ps[k]].c -= tr;
                    bf[ps[k]^1].c += tr;
                }
                i = bf[ps[top=f]].u;        // 从层次图上的最后一条边的起点 i 出发扩展
                res += tr;                  // 网络流量增加 tr
```

```
            }
            for(j = cur[i]; cur[i]; j = cur[i] = bf[cur[i]].nxt)
            //搜索i出边中首条属于层次图的边
                if(bf[j].c && dep[i]+1 == dep[bf[j].v]) break;
            if(cur[i])    //若该边存在，则进入增广路，将该边另一端点记为i
            {
                ps[top ++] = cur[i];
                i = bf[cur[i]].v;
            }
            else          //在该边不存在的情况下，若增广路为空，则重新计算层次图；否则撤去i
                          //的层次和增广路上的最后一条边，将增广路上前一条边的端点记为i
            {
                if(top == 0) break;
                dep[i] = -1;
                i = bf[ps[-- top]].u;
            }
        }
    }
    return res;           //返回最大流量
}
int main()
{
    int i, j, k, u, v, w, sum;
    while(scanf("%d%d", &n, &m) != EOF)         //反复输入草地数和道路数
    {
        for(i = 1; i <= n; i ++)                //最短路径矩阵初始化
            for(j = 1; j <= n; j ++)
                map[i][j] = (i == j ? 0 : -1);
        for(sum = 0, i = 1; i <= n; i ++)       //输入每块草地上的奶牛数和雨棚能容纳的
                                                //奶牛数
        {
            scanf("%d%d", &cow[i], &shelter[i]);
            sum += cow[i];                      //累计奶牛总数sum
        }
        __int64 ma = -1;
        while(m --)       //输入每条道路的端点及其长度，构造最短路径矩阵的初始值，计算最大边
                          //长ma
        {
            scanf("%d%d%d", &u, &v, &w);
            if(map[u][v] == -1 || w < map[u][v])
            {
                map[u][v] = map[v][u] = w;
                ma = max(ma, w);
            }
        }
        for(k = 1; k <= n; k ++)                //Floyd算法，枚举中间点k
            for(i = 1; i <= n; i ++)            //枚举路径的首尾节点
                for(j = 1; j <= n; j ++)
                {
                    if(map[i][k] == -1 || map[k][j] == -1) continue;
                    if(map[i][j] == -1 || map[i][k] + map[k][j] < map[i][j])
                    //调整i至j的最短路径长度
                    {
                        map[i][j] = map[i][k] + map[k][j];
                        ma = max(ma, map[i][j]);//调整最短路径长度的最大值
                    }
                }
        __int64 mid, low = 0, high = ma + 1, ans = -1; //区间的左右指针初始化
        while(low < high)                              // 二分答案，网络流判定
        {
```

```
            mid = (low + high) / 2;                          // 计算中间指针
            ne = 2;                                          // 构建附加网络
            memset(head, 0, sizeof(head));                   // 初始时附加网络为空
            for(i = 1; i <= n; i ++)
            {
                addEdge(0, i, cow[i]);   // 添加容量为草地 i 奶牛数的有向弧 (0,i)
                addEdge(i, i + n, INF);  // 添加容量为∞的有向弧 (i,i')
                addEdge(i + n, 2 * n + 1, shelter[i]);  // 添加容量为草地 i 的雨棚能容纳
                                                        // 的奶牛数的有向弧 (i', t)
                for(j = 1; j <= n; j ++) // 枚举从 i 出发、最短路径长度不大于 mid 的路径
                                         // 终点 j，添加容量为∞的有向弧 (i, j')
                    if(i != j && map[i][j] != -1 && map[i][j] <= mid)
                        addEdge(i, j + n, INF);
            }
            if(dinic(0, 2 * n + 1) == sum)                   // 若最大流量（能避雨的奶牛数）为
                                                             // 奶牛总数，则搜索左区间，将中
                                                             // 间指针 mid 记入 ans
                ans = high = mid;
            else                                 // 否则有奶牛不能避雨，则搜索右区间
                low = mid + 1;
        }
        printf("%I64d\n", ans);                  // 输出所有奶牛都进入雨棚所需的最少时间
    }
    return 0;
}
```

在有些试题中，利用割的性质和**最大流最小割定理**解题，可以使问题的数学模型更加清晰简练，求解过程更加简捷有效。

【11.1.4 Internship】

美国中央情报局（CIA）总部在各地通过网络收集数据。在光导纤维应用于民用项目之前，中央情报局工作人员就已经使用了光导纤维。然而，由于数据量激增，他们仍然有很多的压力。因此，他们考虑采用新的技术，用几倍的带宽来升级网络。在实验阶段，他们要对一段原有网络段进行升级，以实验它的执行情况。你是中央情报局的一个实习生，你的工作就是检测某网络段是否可以增加总部接收的带宽总量，假设所有的城市都有无限量的数据要发送，而且路由算法已经被优化。相关人员已经为你在几分钟内准备好了数据，你也被告知，他们立即需要结果。所以，请立即检测。

输入

输入包含多个测试用例。每个测试用例的第一行给出 3 个整数 n、m 和 l，分别表示城市的数量、中继站的数量和网络段的数量。城市用 $1 \sim n$ 的整数编号，中继站用整数 $n+1 \sim n+m$ 编号。本题设定 $n+m \leqslant 100$，$l \leqslant 1000$（均为正数）。总部用整数 0 编号。

接下来的 l 行每行描述一个网络段，形式为 a b c；其中 a 是源节点，b 是目标节点，而 c 是它的带宽；这些值都是整数，其中 a 和 b 是有效标识符（$0 \sim n+m$），c 是正数。由于某种原因，数据链接都是定向的。

输入以 $n=0$ 的测试用例终止。本题设定，计算范围是 32 位整数。

输出

对于每个测试用例，输出满足标准的网络段的 ID。结果输出在一行，以升序排序，用一个空格作为分隔符。如果没有网络段符合标准，则输出一个空行。网路段的 ID 以 1 开始，而不是以 0 开始。

样例输入	样例输出
2 1 3 1 3 2 3 0 1 2 0 1 2 1 3 1 3 1 2 3 1 3 0 2 0 0 0	2 3 <一条不可见的空行>

试题来源：CYJJ's Funny Contest #3, Having Fun in Summer

在线测试地址：ZOJ 2532

试题解析

简述题意：给出 n 个城市和 m 个中继站。这 $n+m$ 个点由一些有向的光纤连接，并且每条光纤都有一定的带宽。n 个城市为发送点，0 号点为接收点，现在需要扩大城市的带宽。问哪些网络段升级后可以增加总带宽。

我们按照题意构造一个附加网络 g：设 n 个城市和 m 个中继站作为节点，源点 s 的编号为 $n+m+1$，汇点 t 的编号为 0；每个网络段作为一条有向弧，容量为该网络段带宽。为了保证 n 个城市能够无限量地发送数据，源点 s 向 n 个城市连接一条容量为无穷大的有向弧。

对上述网络求最大流，可以得到一个由所有未饱和边组成的残留网络 D_f ($c_{uv}>f_{uv},(u, v)\in D_f$)，如果对未饱和边 (u, v) 来说，源点 s 可达 u，v 可达汇点 t，则对应的网络段升级后可增加总带宽。显然，满足这样条件的有向弧就是所谓的最小割 $(S, \bar{S})$。由此得到算法：

1）计算附加网络 g 的最大流 f。

2）从源点 s 出发，对 D_f 进行 DFS，所有遍历到的点构成点集 S。

3）从汇点 t 出发，对 D_f 倒向进行 DFS，在 $v-S$ 中所遍历到的点构成点集 $\bar{S}$。

4）计算点集 S 与点集 $\bar{S}$ 间相连的边。

程序清单

```
#include <iostream>
#include <string.h>
using namespace std;
const int maxn = 150;                 // 节点数的上限
const int maxe = 1500;                // 边数的上限
const int inf = 999999999;            // 无穷大
int mapmap[maxn][maxn], s, t;         // 残留网络为 mapmap[][]；源点为 s，汇点为 t
int dep[maxn];                        // 层次图
int visited[maxn];                    // 节点标志
int n, m, L;                          // 城市数为 n，中继站数为 m，网络段数为 L
struct node {                         // 边表元素类型
    int x, y;                         // 边为 (x,y)
    node() {
    }
    node(int x, int y) {              // 将 (x,y) 置入边表
        this->x = x;
        this->y = y;
    }
} p[maxe];                            // 边表，存储网络段
```

```
bool bfs() {                                    // 使用 BFS 算法构造层次图
    int i, j;
    int Q[maxn];                                // 队列
    for (i = 0; i <= n; i++)dep[i] = -1; // 将层次图初始化为空
    int front = 0, rear = 0;                    // 队列的首尾指针初始化
    Q[rear++] = s; dep[s] = 0;                  // 源点入队，将层次设为 0
    while (front < rear) {                      // 若队列非空，则队首节点出队
        int temp = Q[front++];
        for (i = 0; i <= n; i++)                // 搜索出队节点引出的每条出边
            if (mapmap[temp][i] > 0)
              if (dep[i] == -1){                // 出边另端点入队，设定其层次
                dep[i] = dep[temp] + 1; Q[rear++] = i;
            }
    }
    if (dep[t] == -1) return 0;                 // 若汇点未在层次图中，返回 0；否则返回 1
        else return 1;
}
int dfs(int u,int flow){  // 从 u 出发（可改进量为 flow）计算层次图中的流量增值
    if(u==t)return flow;  // 若递推至汇点，返回层次图中的流量增量 flow
    int sum = 0;          // 将层次图中的流量增量初始化为 0
    for(int i=0;i<=n;i++) // 搜索 u 在层次图中每条可调整流量的出边，调整可改进量并递归下去
         if (mapmap[u][i]>0)
            if (dep[i] == dep[u]+1&& sum < flow) {
                    int _min = min(mapmap[u][i], flow - sum);
                    int k = dfs(i, _min);
                    mapmap[u][i]-=k;mapmap[i][u]+=k; sum+=k;      // 调整正反向弧的流量
                                                                  // 并累计流量增值
        }
    if(sum==0) dep[u]=-1; // 若 u 的所有出边未在层次图或流量无法增加，则在层次图中撤去节点 u
    return sum;           // 返回流量增量
}
void dinic() {
    int k, ans = 0;       // 将最大流初始化为 0
    while (bfs())         // 反复构造层次图，直至汇点不在层次图内
        while (k = dfs(s, inf)) ans += k; // 反复在层次图中使用 DFS 改进流量，累计流量增值，
                                          // 直至层次图中流量无法增加为止
}
void dfs1(int k) {                              // 从 k 出发，对残留网络（mapmap[][] 中的非零元素）
                                                // 进行正向 DFS，将遍历过的先前未标志节点标志为 1
    visited[k] = 1;
    for (int i = 0; i <= n; i++)
        if (mapmap[k][i] > 0 && visited[i] == 0) dfs1(i);
}
void dfs2(int k) {                              // 从 k 出发，对残留网络（mapmap[][] 中的非零元素）
                                                // 进行反向 DFS，将遍历过的先前未标志节点标志为 2
    visited[k] = 2;
    for (int i = 0; i <= n; i++)
        if (mapmap[i][k] && visited[i] == 0) dfs2(i);
}
int ans[maxe];                                  // 存储满足标准的网络段序号
int main(int argc, char** argv) {
int i, j;
    while(scanf("%d%d%d",&n,&m,&L)!=EOF){ // 反复输入城市数、中继站数和网络段数
    if (n == 0) break;                          // 若城市数为 0，则退出程序
    s = n+m+1;t = 0;                            // 定义源点和汇点的编号
    memset(mapmap, 0, sizeof (mapmap));
    for(i=1;i<=n;i++) mapmap[s][i]=inf;         // 源点向每座城市连一条容量为∞的有向弧
    for (i = 1; i <= L; i++) {                  // 输入 L 条有向弧的信息
        int x, y, c;
        scanf("%d%d%d",&x,&y,&c);               // 第 i 条有向弧 (x,y) 的容量为 c
        mapmap[x][y] = c;
```

```
        p[i] = node(x, y);
    }
    n = n + m + 1;                              // n 为节点的最大编号
    dinic();                                    // 使用 Dinic 算法计算最大流
    memset(visited,0,sizeof(visited));          // 节点标志初始化
    dfs1(s); dfs2(t);                           // 从源点出发，对残留网络进行正向 DFS，将遍历过的
                                                // 节点标志为 1；从汇点出发，对残留网络反向 DFS，
                                                // 将遍历过的节点标志为 2
    int num = 0;                                // 满足标准的网络段数初始化
    for(i=1;i<=L;i++){                          // 将所有一端标志为 1、另一端标志为 2 的边序号计入 ans
        int x = p[i].x; int y = p[i].y;
        if (visited[x]==1 && visited[y]==2) { ans[++num]=i;}
    }
    if (num > 0) {                              // 若存在标准的网络段，则输出
        for (i = 1; i < num; i++) printf("%d ", ans[i]);
        printf("%d\n", ans[num]);
        } else
            printf("\n");
}
return (EXIT_SUCCESS);
}
```

求解本题的关键在于网络流数学模型的建立，建模的独到之处是以前的网络流问题通常使用流量表示解答方案，而本题使用割切表示解答方案，并充分利用了割切性质，流只是求最小割切的手段，这就为我们利用网络流解题开辟了一条新思路。这种方法可用于计算连通图的连通程度，例如求连通图的割顶集或桥集时，可将原图转化为对应的网络流图，使原问题与网络流图的最小割切对应起来。

11.2　求容量有上下界的网络流问题

在《数据结构编程实验：大学程序设计课程与竞赛训练教材》（第 3 版）的 14.2 节“计算网络最大流”，以及本节 11.1 节“利用 Dinic 算法求解最大流”中，讨论的是一般情况下的网络流问题。之所以说是一般情况，是因为网络中每条弧的容量下界都为 0。

给出一个网络，每条弧有一个下界容量 low 和一个上界容量 up，0≤low≤up。网络的可行流不仅要求所有节点满足流量平衡，而且所有弧的流量都满足流量限制。这就是容量有上下界的网络流问题。在本节，我们分三种情况进行讨论。

- 求解无源汇且容量有上下界的网络可行流。
- 求解有源汇且容量有上下界的网络最大流。
- 求解有源汇且容量有上下界的网络最小流。

11.2.1　求解无源汇且容量有上下界的网络可行流问题

在一个容量有上下界的网络 G 中，没有源点和汇点，每条弧 (u, v) 的容量有下界 $B(u, v)$ 和上界 $C(u, v)$。要求 G 中的每个节点 i 都满足流量平衡条件 $\sum_{(u,i)\in E} f(u,i)=\sum_{(i,v)\in E} f(i,v)$，且每条弧 (u, v) 都满足流量限制 $B(u, v)\leq f(u, v)\leq C(u, v)$ 的条件下，寻找一个可行流 f，或指出这样的可行流不存在。这个问题被称为无源汇且容量有上下界的网络可行流问题。

对于无源汇且容量有上下界的网络可行流问题，分析如下。在一般情况下的网络中，对于每条弧 (u, v)，流量 $f(u, v)\geqslant 0$，而在无源汇且容量有上下界的网络可行流问题中，流量却必须大于等于某一个下界，即，

$$f(u,v) = B(u, v) + g(u, v) \tag{11-1}$$

其中 $g(u, v) \geqslant 0$，这样就可以保证 $f(u,v) \geqslant B(u, v)$；同时为了满足上界限制，有

$$g(u, v) \leqslant C(u, v) - B(u, v) \tag{11-2}$$

将式（11-1）代入流量平衡条件中，对于网络中任意节点 i，有

$$\sum_{(u,i)\in E} (B(u,i) + g(u,i)) = \sum_{(i,v)\in E} (B(i,v) + g(i,v))\text{；}$$

所以，对于节点 i，

$$\sum_{(u,i)\in E} B(u,i) - \sum_{(i,v)\in E} B(i,v) = \sum_{(i,v)\in E} g(i,v) - \sum_{(u,i)\in E} g(u,i) \tag{11-3}$$

即，式（11-3）的左边是节点 i 所有入弧的容量下界之和与节点 i 所有出弧的容量下界之和的差。

设 $D[i] = \sum_{(u,i)\in E} B(u,i) - \sum_{(i,v)\in E} B(i,v)$，则如果 $D[i]$ 非负，那么有

$$\sum_{(i,v)\in E} g(i,v) = \left[\sum_{(u,i)\in E} g(u,i)\right] + D[i] \tag{11-4}$$

$D[i]$ 就是要积累在节点 i 的流量，如果 $D[i]$ 为负数，那么有

$$\left[\sum_{(i,v)\in E} g(i,v)\right] - D[i] = \sum_{(u,i)\in E} g(u,i) \tag{11-5}$$

对于给出的无源汇且容量有上下界的网络 G，构建其伴随网络 C。

- 构建一个源点 s 和一个汇点 t，对于网络 G 中的每个节点 i，如果 $D[i]$ 非负，则构建一条从源点 s 到节点 i 的弧，容量为 $D[i]$；如果 $D[i]<0$，则构建一条从节点 i 到汇点 t 的弧，容量为 $-D[i]$（$-D[i]$ 为正数）。
- 对于原来网络 G 中的每条弧，容量修正为容量上界减去容量下界。

在这样的伴随网络 C 中，如果所有的 $g(s, i)$ 和 $g(i,t)$ 都达到饱和，那么伴随网络 C 中的这一个可行流 g 一定对应原网络 G 中的一个可行流 f；反之 G 中的任意一个可行流 f 都可以对应 C 中的一个使所有的 $g(s, i)$ 和 $g(i,t)$ 都饱和的流。而让从附加源点 s 出发的弧都饱和的可行流，一定是一个从附加源点 s 到附加汇点 t 的最大流。因此，求原网络 G 中的一个可行流等价于求 C 中从 s 到 t 的最大流，并判断从源点 s 流出的弧是否饱和：如果饱和，则这个无源汇且容量有上下界的网络一定有可行流，否则一定没有可行流。

下面，给出两个应用实例 11.2.1.1 和 11.2.1.2，它们的参考程序在层次图中寻找增广路时，采用的都是 DFS 算法。

【11.2.1.1　Reactor Cooling】

由恐怖组织正在建造一座核反应堆，他们计划制造生产核弹的钚。作为这个团队中邪恶的计算机天才，你负责开发反应堆的冷却系统。

反应堆的冷却系统由特殊冷却液流过的若干条管道组成。管道在被称为节点的特殊点处连接，每条管道都有起点和终点。液体必须通过管道从起点流向终点，而不是反向流动。节点编号为 1～N。冷却系统的设计必须确保液体通过管道循环，并且到达每个节点的液体量（以时间为单位）等于离开节点的液体量。也就是说，如果从第 i 个节点到第 j 个节点通过管道的液体量为 f_{ij}（如果从节点 i 到节点 j 没有管道，则 $f_{ij} = 0$），则对于每个 i，以下条件必须成立：

$$f_{i,1}+f_{i,2}+\cdots+f_{i,N}=f_{1,i}+f_{2,i}+\cdots+f_{N,i}$$

每个管道的容量是有限的，因此，对于连接管道的每个 i 和 j，$f_{ij}\leqslant c_{ij}$，其中 c_{ij} 是管道的容量。为了提供足够的冷却液，通过从第 i 个节点到第 j 个节点的管道流动的液体量必须至少是 l_{ij}，因此，$f_{ij}\geqslant l_{ij}$。

给出所有管道的 c_{ij} 和 l_{ij}，请计算满足上述条件的 f_{ij}。

本题包含多个测试用例。

输入的第一行给出整数 N，然后是一个空行，后面给出 N 个测试用例。每个测试用例的格式如下所述。两个测试用例之间有一个空行。

输出给出 N 个测试用例的输出结果。两个测试用例输出之间有一个空行。

输入

测试用例输入的第一行给出节点数 N（$1\leqslant N\leqslant 200$）和管道数 M。接下来的 M 行每行给出四个整数 i、j、l_{ij} 和 c_{ij}。在两个节点之间连接的管道最多一个，对于所有管道，$0\leqslant l_{ij}\leqslant c_{ij}\leqslant 10^5$。没有管道是节点自己连接自己本身。如果从第 i 个节点到第 j 个节点存在管道，则从第 j 个节点到第 i 个节点没有管道。

输出

每个测试用例输出的第一行，如果有方法进行反应堆冷却，则输出“YES”，否则输出“NO”。在第一种情况下，后面给出 M 个整数，第 k 个数是流经第 k 个管道的液体量。管道序号与输入中给出的序号相同。

样例输入	样例输出
2 4 6 1 2 1 2 2 3 1 2 3 4 1 2 4 1 1 2 1 3 1 2 4 2 1 2 4 6 1 2 1 3 2 3 1 3 3 4 1 3 4 1 1 3 1 3 1 3 4 2 1 3	NO YES 1 2 3 2 1 1

试题来源：Andrew Stankevich’s Contest #1

在线测试：ZOJ 2314

试题解析

简述题意：给出 n 个节点和 m 条用来流动液体的单向管道，对于每个节点和每条管道，流进来的液体量等于流出去的液体量，要使 m 条管道组成一个液体流动的循环体，并且每条管道的流量要满足 $[L_i, R_i]$ 的限制，即每个时刻流进来的流量不能超过 R_i，同时最小不能

低于 L_i。本题给出一个无汇源且流量有上下界的网络，要求判断是否有可行流，如果有，则输出每条管道上的流量。

本题是求解无源汇且容量有上下界的网络可行流的模板题。构建一个伴随网络，对于原来网络中每条弧，有一个上界容量 up 和一个下界容量 low，在伴随网络中，这条弧的容量下界变为 0，上界为 up-low；增设一个附加源 v_s 和一个附加汇 v_t，并设一个数组 M_i 来记录每个节点的流量情况：M_i = in[i]（节点 i 的所有入流下界之和）-out[i]（节点 i 的所有出流下界之和）。

如果 M_i 大于 0，则从 v_s 到节点 i 连一条容量为 M_i 的弧；如果 M_i 小于 0，则从节点 i 到 v_t 连一条容量为 $-M_i$ 的弧。

最后，对求从源点 v_s 出发到汇点 v_t 的网络最大流，当所有附加弧饱和时 [即 maxflow == 所有 M_i（$M_i > 0$）之和]，有可行解。本题还要求计算原来的网络中每条弧的可行流流量，它等于原来的网络中每条弧的容量下界和伴随网络中所对应的弧的流量之和。

注意： 参考程序在层次图中寻找增广路时，采用的是 DFS 算法。

参考程序

```
#include <cstdio>
#include <cstring>
#include <vector>
#define inf 0x3f3f3f3f
#define N 410
using namespace std;
inline int read()                           // 读入数符，将其转化为整数
{
    char ch=getchar();int x=0,f=1;          // 将整数部分初始化为 0，假设为整数
    while(ch>'9'||ch<'0') {if(ch=='-') f=-1;ch=getchar();} // 处理负号
    while(ch<='9'&&ch>='0') {x=x*10+ch-'0';ch=getchar();} // 处理整数部分
    return x*f;                             // 返回正（或负）整数
}
int n,m,vs,vt,tot;                          // 节点数为 n，管道数为 m，源点为 vs，汇点为 vt，
                                            // 弧表 e[] 的指针为 tot
int pre[N],cur[N],h[N],q[N],in[N],out[N];   // pre[] 存储所有节点的首条出弧，pre[] 的暂存区为
                                            // cur[]，层次图为 h[]，队列为 q[]，节点的入流
                                            // 和为 in[]、出流和为 out[]
struct edge                                 // 边元素的结构体：弧 (u, v)、容量为 w、后继弧指
                                            // 针为 next
{
    int u,v,w,next;
    edge() {}
    edge(int u,int v,int w,int next):u(u),v(v),w(w),next(next) {}
} e[N*N];                                   // 弧表

void addedge(int u,int v,int w)             // 将容量为 w 的弧 (u,v) 拆分成前向弧和后向弧并插入弧表
{
    e[tot]=edge(u,v,w,pre[u]);              // 将容量为 w 的正向弧 (u,v) 插入 u 的出弧链首部
    pre[u]=tot++;                           // 设定 u 的出弧链的首指针
    e[tot]=edge(v,u,0,pre[v]);              // 将容量为 0 的反向弧 (v,u) 插入 v 的出弧链首部
    pre[v]=tot++;                           // 设定 v 的出弧链的首指针
}
void init()                                 // 初始化
{
    memset(in,0,sizeof(in));                // 每个节点的入流和初始化为 0
    memset(out,0,sizeof(out));              // 每个节点的出流和初始化为 0
    memset(pre,-1,sizeof(pre));             // 每个节点首条出弧的序号初始化为 -1
```

```
    tot=0;                                    // 将弧表初始化为空
}
int bfs()                                     // 使用 BFS 算法构建层次图 h[]
{
    int head=0,tail=1;                        // 队列的首尾指针初始化
    memset(h,-1,sizeof(h));                   // 所有节点的层次初始化为 -1
    q[0]=vs;h[vs]=0;                          // 源点入队，其层次为 0
    while(head!=tail)                         // 循环，直至队列空
    {
        int u=q[head++];                      // 取出队首节点 u
        for(int i=pre[u];~i;i=e[i].next) // 枚举 u 的所有出弧
        {
            int v=e[i].v,w=e[i].w;            // 取当前出弧的另一端点 v 和容量 w
            if(w&&h[v]==-1)                   // 若该出弧存在且 v 的层次未确定
            {
                h[v]=h[u]+1;                  // 设定 v 的层次为 u 的层次加 1
                q[tail++]=v;                  // v 入队
            }
        }
    }
    return h[vt]!=-1;                         // 返回层次图是否存在的标志（汇点层次是否确定）
}
int dfs(int u,int flow)                       // 使用 DFS 算法在层次图中进行增广，改进流量
{
    if(u==vt)return flow;                     // 若搜索至汇点，则返回流量增量
    int used=0;                               // 层次图中的流量增量初始化为 0
    for(int i=cur[u];~i;i=e[i].next)          // 枚举 u 的每条出弧
    {
        int v=e[i].v,w=e[i].w;                // 取当前出弧的另一端点 v 和容量 w
        if(h[v]==h[u]+1)                      // 若 (u,v) 在层次图中
        {
            w=dfs(v,min(flow-used,w));        // 从 v 出发，递归计算当前增广路的流量增量 w
            e[i].w-=w;e[i^1].w+=w;            // 调整前向弧和后向弧的流量
            if(e[i].w) cur[u]=i;              // 若前向弧的流量非零，则记下 u 的当前出弧
            used+=w;                          // 累计流量增量
            if(used==flow) return flow;       // 若流量无法再增加，则返回流量增量
        }
    }
    if(!used) h[u]=-1;                        // 若 u 的所有出弧未在层次图，则将 u 移出层次图
    return used;                              // 返回流量增量
}
int dinic()                                   // 使用 Dinic 算法计算最大流
{
    int res=0;                                // 最大流初始化为 0
    while(bfs())                              // 反复构造层次图，直至汇点不在层次图内
    {
        for(int i=vs;i<=vt;i++) cur[i]=pre[i]; // cur[] 记录所有节点的首条出弧
        res+=dfs(vs,inf);                     // 在层次图内使用 DFS 改进流量，将流量增值累计入
                                              // 最大流
    }
    return res;                               // 返回伴随网络的最大流
}
int u,v,w;                                    // 当前弧的两个端点为 u 和 v，容量为 w
int low[N*N],sum;                             // 管道的流量下界为 low[]，饱和量为 sum
void build()                                  // 读入信息，构建伴随网络
{
    n=read();m=read();                        // 读节点数 n 和管道数 m
    vs=0;vt=n+1;sum=0;                        // 源点为 0，汇点为 n+1，流量情况之和 sum 初始化为 0
    for(int i=0;i<m;i++)                      // 依次读入每个管道的信息
    {
        u=read();v=read();                    // 读当前管道 (u, v)
```

```
        low[i]=read();w=read();             // 读当前管道流量的下界和上界
        addedge(u,v,w-low[i]);              // 构建一条容量为上界 - 下界的弧 (u, v)
        in[v]+=low[i];out[u]+=low[i];       // 统计 v 的入流下界之和与 u 的出流下界之和
    }
    for(int i=1;i<=n;i++)                   // 枚举每个节点
        if(in[i]>out[i])                    // 若节点 i 的流量情况为正 (in[i]-out[i]>0)
        {
            sum+=in[i]-out[i];              // 累计饱和量
            addedge(vs,i,in[i]-out[i]);     // 源点与 i 间连一条容量为 in[i]-out[i] 的弧
        }
        else addedge(i,vt,out[i]-in[i]);    // 否则 i 与汇点间连一条容量为 out[i]-in[i] 的弧
}
void solve()                                // 通过计算伴随网络的最大流寻找可行流量
{
    int maxflow=dinic();                    // 使用 Dinic 算法计算伴随网络的最大流
    if(maxflow<sum) puts("NO");             // 若最大流未使所有附加弧饱和，则说明没有可行流
    else                                    // 否则存在可行流，输出每条管道的可行流量
    {
        puts("YES");
        for(int i=0;i<m;i++)
            printf("%d\n",low[i]+e[(i<<1)^1].w);
    }
    puts("");
}
int main()
{
    int T;
    T=read();                               // 读测试用例数
    while(T--)                              // 依次处理每个测试用例
    {
        init();                             // 初始化
        build();                            // 读入信息，构建伴随网络
        solve();                            // 通过计算伴随网络的最大流寻找可行流量
    }
}
```

【11.2.1.2　Destroy Transportation System】

Tom 是一名军官，他的任务是破坏敌人的运输系统。

敌人的运输系统可以表示为一个简单有向图 G，G 有 n 个节点和 m 条有向边。每个节点是一个城市，而每条有向边是一条有向的道路。每条从节点 u 到节点 v 的有向边都与两个值 D 和 B 相关联，其中，D 是删除这条有向边的成本，B 是在 u 和 v 之间构建一条无向边的成本。

当且仅当存在一条从节点 u 到节点 v 的有向路径时，敌人才能将补给从 u 城运送到 v 城。起初，敌人可以从任何城市向任何其他城市运送物资。所以这个图是一个强连通图。

Tom 要选择一个非空的城市真子集 S，S 的补集为 T。他命令他的士兵破坏（即删除）u 属于集合 S 且 v 属于集合 T 的所有有向边 (u, v)。

为了删除这些有向边，要付出相关的成本 D。他总共要付出的总成本为 X。你可以使用这一公式计算 X：$X=\sum_{u\in S,v\in T} D_{uv}$。

从 S 到 T 的所有有向边都被删除后，为了将补给从 S 运送到 T，敌人要把 u 属于集合 T 且 v 属于集合 S 的所有剩余的有向边 (u, v) 变成无向边。（当然，这些边是存在的，因为原始图是强连通的。）

要改变一条边，就必须先删除原始的有向边，其成本为 D，然后构建新的无向边，其成本为 B。敌人要付出的总成本为 Y。你可以使用这一公式计算 Y：$Y=\sum_{u\in T,v\in S}(D_{uv}+B_{uv})$。

最后，如果 $Y\geqslant X$，Tom 就实现了他的目标。但是 Tom 太懒了，他不愿意花时间来选择集合 S，使 $Y\geqslant X$，他希望可以随机选择集合 S。所以，他会问你是否有一个集合 S 使 $Y<X$。如果存在这样的集合，他会感到不快乐，因为他必须仔细地选择集合 S；否则他会非常快乐。

输入

输入有多个测试用例。

输入的第一行给出一个整数 T（$T\leqslant 200$），表示测试用例的数量。

对于每个测试用例，第一行给出两个数字 n 和 m。

接下来的 m 行每行描述每条边。每行给出四个数字 u、v、D 和 B，其中 $2\leqslant n\leqslant 200$，$2\leqslant m\leqslant 5000$，$u\geqslant 1, v\leqslant n$，$0\leqslant D, B\leqslant 100\,000$。

所有字符的含义如上所述。本题设定，输入的图是强连通的。

输出

对于每个测试用例，首先输出"Case #X:"，X 是从 1 开始的测试用例的编号。如果 $Y<X$ 的集合 S 不存在，则输出"happy"；否则，输出"unhappy"。

样例输入	样例输出
2 3 3 1 2 2 2 2 3 2 2 3 1 2 2 3 3 1 2 10 2 2 3 2 2 3 1 2 2	Case #1: happy Case #2: unhappy

提示

在第 1 个样例中，对于任何集合 S，$X=2$，$Y=4$。在第 2 个样例中，$S=\{1\}, T=\{2, 3\}, X=10$，$Y=4$。

试题来源：2014 Multi-University Training Contest 7

在线测试：HDOJ 4940

试题解析

本题给出的强连通图，每一条有向边都与两个值 D 和 B 相关联：删除这条有向边，Tom 要付出成本 D；敌人重建，则要付出成本 $D+B$。设 S 为真子集，S 的补集为 T，问是否对于任意的集合 S，都有 $\sum_{u\in S,v\in T}D_{uv}\leqslant\sum_{u\in T,v\in S}(D_{uv}+B_{uv})$？

将成本视为容量，所以对于任意一条有向边，容量的下界是 D，上界是 $D+B$，也就是说，任意一条有向边的流量一定在 $[D, D+B]$ 范围内。本题转化为求解无源汇且容量有上下界的网络可行流问题。因为 Tom 要达到的要求是对于任何集合 S，$Y\geqslant X$，所以每一条有向边的流量限制都是在 $[D, D+B]$。如果图中存在可行流，则可以达到 Tom 的要求。

证明如下。设 f_{uv} 是有向边 (u, v) 的流量，对于分离 S 和 T 的割，有 $\sum_{u\in S,v\in T} f_{uv} = \sum_{u\in T,v\in S} f_{uv}$。又因为 $D_{uv} \leqslant f_{uv} \leqslant D_{uv} + B_{uv}$，所以 $\sum_{u\in S,v\in T} D_{uv} \leqslant \sum_{u\in T,v\in S} (D_{uv} + B_{uv})$。

注意：参考程序在层次图中寻找增广路时，采用的是 DFS 算法。

参考程序

```
#include<iostream>
#include<queue>
#define inf 0x7fffffff
using namespace std;
const int N=550;
const int M=50000;
int n,m,ss,tt;                         // 节点数为 n，弧数为 m，源点为 ss，汇点为 tt
struct node                            // 弧的结构体包括弧的另一端点 v、后继弧指针 next、流量 flow
{
    int v,next,flows;
}e[M];                                 // 弧表
int head[N],cnt,du[N];                 // 节点 i 的首条出弧序号为 head[i]，流量情况为 du[i]，弧表 e[]
                                       // 指针为 cnt
void Init()                            // 初始化
{
    memset (head,-1,sizeof(head));// 所有节点首条出弧序号初始化为 -1
    memset (du,0,sizeof(du));          // 所有节点的流量情况初始化为 0
    cnt=0;                             // 弧表初始化为空
}

void add(int a,int b,int c)            // 将容量为 c 的正向弧 (a,b) 和容量为 0 的反向弧 (b,a) 插入弧表
{
    e[cnt].v = b;                      // 将容量为 c 的正向弧 (a,b) 插入 a 的出弧链首部
    e[cnt].flows = c;
    e[cnt].next = head[a];
    head[a] = cnt++;                   // 设定 a 的首条出弧序号
    e[cnt].v = a;                      // 将容量为 0 的反向弧 (b,a) 插入 b 的出弧链首部
    e[cnt].flows = 0;
    e[cnt].next = head[b];
    head[b] = cnt++;                   // 设定 b 的首条出弧序号
}

class Dinic                            // 定义名为 Dinic 的类
{
    public:                            // 以下函数可被外界直接访问和调用
        bool spath()                   // 构建层次图，返回层次图是否构建成功的标志
        {
            queue <int> q;             // 定义队列 q
            while(!q.empty()) q.pop();                        // 弹出队列中的剩余元素
            memset(dis,-1,sizeof(dis));                       // 将所有节点的层次初始化为 -1
            dis[ss] = 0;                                      // 设定源点 ss 的层次为 0 并将它送
                                                              // 入队列
            q.push(ss);
            while(!q.empty())                                 // 若队列非空，则取出队首节点 u
            {
                int u = q.front();
                q.pop();
                for(int i = head[u]; i+1 ;i = e[i].next) // 枚举 u 的所有出弧
                {
                    int v = e[i].v;                           // 设定出弧的另一端点为 v
                    if(dis[v] == -1&& e[i].flows>0)           // 若 v 的层次未确定且出弧流量为正
                    {
                        dis[v] = dis[u] + 1;                  // 设定 v 的层次为 u 的层次加 1
                        q.push(v);                            // v 入队
```

```
                }
            }
        }
        return dis[tt] != -1;          //返回层次图是否存在的标志(汇点的层次是否确定)
    }

    int Min(int a ,int b)              //返回a和b中的较小者
    {
        if(a > b) return b;
        return a;
    }

    int dfs(int u,int flows)           //从u和当前流量增量flows出发，使用DFS算法进
                                       //行增广，改进流量
    {
        int cost = 0;                  //将流量增量初始化为0
        if(u==tt) return flows;        //若搜索至汇点，则直接返回增广路上的流量增量
        for(int i = head[u]; i+1 ;i = e[i].next)    //枚举u的每条出弧
        {
            int v = e[i].v;                         //取出弧的另一端点v
            if(dis[v] == dis[u] + 1&& e[i].flows>0) //若层次图存在(u,v)且流量为
                                                    //正，则从v出发，递归计算流
                                                    //量增量
            {
                int minn=dfs( v,Min(flows-cost, e[i].flows));
                if(minn>0)             //若有流量增量，则调整正向弧和反向弧的流量
                {
                    e[i].flows -= minn;
                    e[i^1].flows += minn;
                    cost += minn;                   //累计流量增量
                    if(cost == flows) break;        //若流量无法再增加，则退出循环
                }
                else dis[v] = -1;      //否则u的所有出弧未在层次图，则v移出层次图
            }
        }
        return cost ;                  //返回流量增量
    }

    int result()                       //计算伴随网络的最大流
    {
        int res = 0;                   //将伴随网络的最大流初始化为0
        while(spath())                 //反复构造层次图，直至汇点不在层次图内
            res += dfs(ss,inf);        //使用DFS改进层次图的流量，将流量增值累计入最大流
        return res ;                   //返回最大流
    }
  private:                             //每个节点的层次仅可被本类内部访问
    int dis[N];
}dinic;                                //类型名为Dinic的类变量dinic

int main()
{
    int t,ca=1;                        //测试用例数为t，将测试用例编号ca初始化为1
    scanf("%d",&t);                    //输入测试用例数
    while(t--)                         //依次处理每个测试用例
    {
        int sumflows=0;                //将饱和量初始化为0
        scanf("%d%d",&n,&m);           //输入节点数n和弧数m
        Init();                        //初始化
        ss=0;tt=n+1;                   //源点为0，汇点为n+1
        for(int i=1;i<=m;i++)          //输入每条弧的信息，构造伴随网络
```

```
        {
            int a,b,c,d;
            scanf("%d%d%d%d",&a,&b,&c,&d);
            add(a,b,d);              // 将容量为 d 的正向弧 (a,b) 和容量为 0 的反向弧 (b,a) 插入弧表
            du[a]-=c;                // 分别累计节点 a 和 b 的流量情况
            du[b]+=c;
        }
        for(int i=1;i<=n;i++)        // 枚举每个节点
            if(du[i]>0)              // 若节点 i 的流量情况为正，则将流量情况累计入饱和量，源点向
                                     // 节点 i 连一条弧，其流量为节点 i 的流量情况
            {
                sumflows+=du[i];
                add(ss,i,du[i]);
            }
            else                     // 在节点 i 的流量情况为负的情况下，i 向汇点连一条弧，其流
                                     // 量为节点 i 的流量情况的绝对值
                add(i,tt,-du[i]);
        int flows=dinic.result();// 使用 Dinic 算法计算伴随网络的最大流 flows
        printf("Case #%d: ",ca++); // 输出测试用例编号
        // 若伴随网络的流量饱和，则输出“快乐”；否则输出“不快乐”
        if (sumflows == flows) puts ("happy");
        else puts ("unhappy");
    }
    return 0 ;
}
```

11.2.2　求解有源汇且容量有上下界的网络最大流问题

求解有源汇且容量有上下界的网络最大流问题，就是对一个有源点和汇点，并且每条弧的容量有上下界的网络，判断是否存在可行流；如果存在可行流，则求解从源点到汇点的网络最大流。

设网络有源点 s 和汇点 t，求解有源汇且容量有上下界的网络最大流的算法如下。

1）判断是否存在满足网络的所有弧的下界的可行流。

首先，将给出的有源汇的网络转化为无源汇的网络：增设一条从汇点 t 到源点 s 的容量下界为 0、上界为无穷大的弧，这样，原来有源汇的网络就转化为无源汇的网络。

然后，与求解无源汇且容量有上下界的网络可行流一样，构建其伴随网络：建一个超级源点 ss 和一个超级汇点 tt，设 $D[i]=\sum_{(u,i)\in E}B(u,i)-\sum_{(i,v)\in E}B(i,v)$。对于 $D[i]>0$ 的节点 i，从 ss 到 i 连一条容量为 $D[i]$ 的弧；对于 $D[i]<0$ 的节点 i，从 i 到 tt 连一条容量为 $-D[i]$ 的弧。

接下来，对于伴随网络，求从源点 ss 出发到汇点 tt 的网络最大流。如果伴随网络的最大流使从 ss 出发的每条弧都饱和，此时以 tt 为弧尾的弧也一定饱和，则原来的网络就有满足容量下界的可行流，进入步骤 2）；否则，原来的网络流不存在满足容量下界的可行流，失败退出。

2）在原来网络的满足容量下界的可行流的基础上，再计算从源点 s 出发到汇点 t 的最大流，此时得到的最大流则为有源汇容量有上下界的网络最大流。

下面给出两个应用实例，其参考程序在层次图中寻找增广路时，题目 11.2.2.1 采用的是 DFS 算法；题目 11.2.2.2 采用的是 EK 算法。

【11.2.2.1　Shoot the Bullet】

Gensokyo 是一个安静地存在于我们身边的世界，和我们之间被一条神秘的边界隔开。Gensokyo 是一个乌托邦，人类和其他生物，诸如幽灵和神仙，和平共处。Aya 是一个乌鸦

天狗（crow tengu），有能力驾驭风，她在 Gensokyo 生活了 1000 多年。她经营着一家成天造谣的报刊 *Bunmaru News*，为 *Bunmaru News* 提供 Gensokyo 的女孩们的文章和照片。她是天狗家族中制造谣言的最大行家，在 Gensokyo，她收集情报的能力是最好的。

在接下来的 n 天里，Aya 计划给 m 个女孩拍摄许多照片，女孩 x 至少要被拍摄 G_x 张照片。在第 k 天，Aya 要给 C_k 个女孩 $T_{k1}, T_{k2}, \cdots, T_{kC_k}$ 拍照，其中，Aya 给 T_{ki} 拍摄照片的数量要在 $[L_{ki}, R_{ki}]$ 范围内。此外，在第 k 天，Aya 拍照数不能超过 D_k 张。在这些约束条件下，照片越多越好。

Aya 不擅长解决这个复杂的问题，所以她来找你——一个地球人，寻求帮助。

输入

输入大约有 40 个测试用例。处理以 EOF 结束。

每个测试用例首先给出两个整数 n（$1 \leqslant n \leqslant 365$）和 m（$1 \leqslant m \leqslant 1000$），表示 n 天，m 个女孩。然后给出 [0, 10 000] 范围内的 m 个整数 $G_1, G_2, \cdots, G_m$，分别表示每个女孩总共至少要拍的照片张数。然后给出 n 天的描述，对于每天的描述，首先给出两个整数 C（$1 \leqslant C \leqslant 100$）和 D（$0 \leqslant D \leqslant 30\,000$），表示这一天要给 C 个女孩拍照，而这一天的拍摄的照片总数不超过 D。接下来给出 C 个被拍摄的不同女生的信息，每个女生由三个整数描述 T（$0 \leqslant T < m$）、L 和 R（$0 \leqslant L \leqslant R \leqslant 100$），表示在这一天里第 T 个女孩要拍的照片数目在 $[L, R]$ 区间中取值；这里要注意，女孩从 0 开始编号。

输出

对于每个测试用例，首先输出 Aya 可以拍摄的照片数量；如果无法满足她的需求，则输出 -1。如果有一个最好的策略，输出 Aya 每天要给每个女孩拍摄的照片数量，每个数字在单独的一行中输出。输出的顺序必须与输入的顺序相同。如果有不止一个最佳策略，任何一个都可以。

在每个测试用例后，输出一个空行。

样例输入	样例输出
2 3 12 12 12 3 18 0 3 9 1 3 9 2 3 9 3 18 0 3 9 1 3 9 2 3 9 2 3 12 12 12 3 18 0 3 9 1 3 9 2 3 9 3 18 0 0 3	36 6 6 6 6 6 6 36 9 6 3 3 6 9 -1

（续）

样例输入	样例输出
1 3 6 2 6 9 2 3 12 12 12 3 15 0 3 9 1 3 9 2 3 9 3 21 0 0 3 1 3 6 2 6 12	

试题来源：ZOJ Monthly, July 2009

在线测试：ZOJ 3229

试题解析

给出 n 天，第 i 天的拍摄的照片总数不超过 D_i。给出 m 个女孩，第 j 个女孩总共至少要拍的照片张数为 G_j。在每一天里，每个女孩要拍的照片数目在区间 $[L, R]$ 中取值。那么，这样的关系可以用一个带权二分有向图 $G(V_1, V_2)$ 表示。其中，V_1,=$\{v_1, v_2, \cdots, v_n\}$，$v_i$ 表示第 i 天，其权值为拍照张数的区间 $[0, D_i]$；V_2,=$\{u_0, u_1, \cdots, u_{m-1}\}$，$u_j$ 表示第 j 个女孩，其权值为拍照张数的区间 $[G_j, \infty]$；弧 (v_i, u_j) 的权值是在第 i 天第 j 个女孩要拍的照片数目的区间 $[L, R]$。

例如，样例输入的第一个测试用例如图 11.2-1 所示。

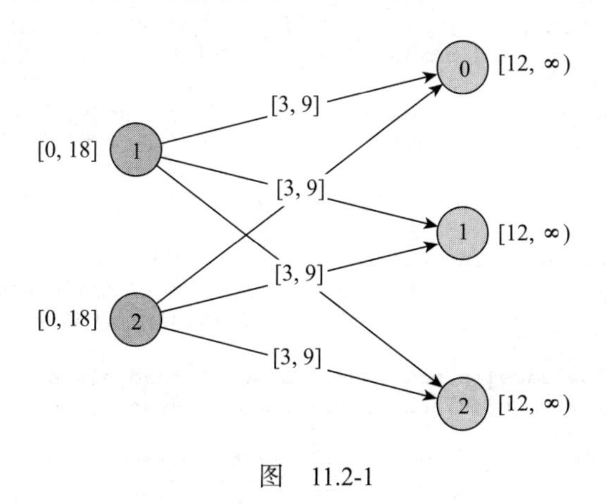

图　11.2-1

将两个点集 V_1 和 V_2 中节点的权值区间作为从虚拟源点 s 流出到 V_1 或从 V_2 流入虚拟汇点 t 的弧的权值的上下限，这样，带权二分有向图 $G(V_1, V_2)$ 就转换为一个有源汇且容量有上下界的网络 G'。例如，图 11.2-1 被转换为有源汇且容量有上下界的网络，如图 11.2-2 所示。

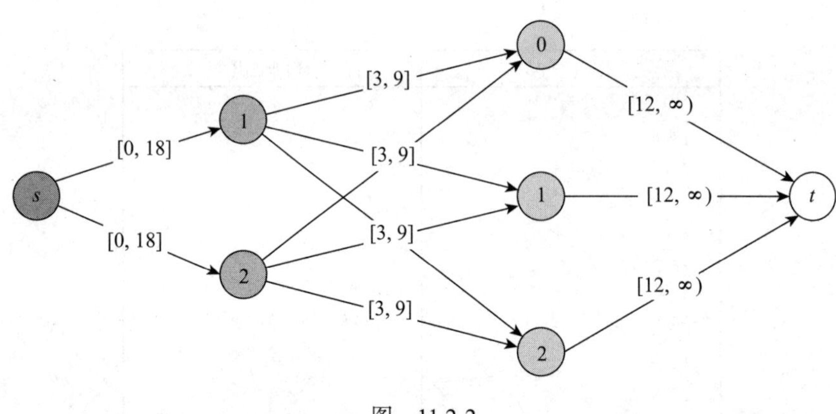

图　11.2-2

本题要求，在每条弧容量有上下界的约束条件下，Aya 拍摄的照片越多越好。所以，本题就是对有源汇且容量有上下界的网络 G'，求解其最大流。

按计算有源汇且容量有上下界的网络最大流的算法步骤，首先，判断 G' 是否有可行流；如果 G' 没有可行流，则输出 –1，否则，计算并输出 G' 的最大流。

参考程序

```
#include<cstdio>
#define min(a,b) (a<b?a:b)                    // 返回 a 和 b 中的较小者
using namespace std;
const int mm=888888;
const int mn=2222;
const int oo=1000000000;                      // 无穷大
int node,src,dest,edge;                       // 节点数为 node，源点为 src，汇点为 dest，弧数为
                                              // edge
int ver[mm],flow[mm],low[mm],next[mm];        // 弧 i 的另一端点为 ver[i]，流量为 flow[i]，容
                                              // 量下界为 low[i]，后继弧指针为 next[i]
int head[mn],work[mn],dis[mn],q[mn],in[mn],g[mn],d[mn];
// head[] 存储每个节点的首条出弧，work[] 存储待处理的节点首条出弧，层次图为 dis[]，队列为 q[]，
// 经过节点的流量情况为 in[]，每个女孩照片数的下限为 g[]，每天每个女孩拍照数的上限为 d[]
inline void prepare(int _node,int _src,int _dest) // 内联函数：初始化
{
    node=_node,src=_src,dest=_dest;           // 记下节点数 node、源点 src 和汇点 dest
    for(int i=0;i<node;++i) head[i]=-1,in[i]=0; // 初始时，所有节点的首条出弧序号为 -1，
                                                // 所有入流的下界之和为 0
    edge=0;                                   // 弧表初始化为空
}
inline void addedge(int u,int v,int c)        // 内联函数：将容量为 c 的正向弧 (u,v) 插入 u 的出
                                              // 弧链首部（首条弧为 head[u]），将容量为 0 的反向
                                              // 弧 (v,u) 插入 v 的出弧链首部（首条弧为 head[v]）
{
    ver[edge]=v,flow[edge]=c,next[edge]=head[u],head[u]=edge++;
    ver[edge]=u,flow[edge]=0,next[edge]=head[v],head[v]=edge++;
}
bool Dinic_bfs()                              // 使用 BFS 算法构建层次图，返回成功与否的标志
{
    int i,u,v,l,r=0;                          // 队列的首尾指针 l 和 r
    for(i=0;i<node;++i) dis[i]=-1;            // 所有节点的层次初始化为 -1
    dis[q[r++]=src]=0;                        // 源点 src 入队，设其层次为 0
    for(l=0;l<r;++l)                          // 依次处理队列的每个节点
        for(i=head[u=q[l]];i>=0;i=next[i]) // 队首节点 u 出队，枚举 u 的每一条出弧 i
            if(flow[i]&&dis[v=ver[i]]<0) // 若出弧 i 存在且另一端点 v 未确定层次，则 v 入队，
                                          // 其层次为 u 的层次加 1
```

```
            {
                dis[q[r++]=v]=dis[u]+1;
                if(v==dest) return 1;       // 若 v 为超级汇，则成功退出
            }
    return 0;                               // 若超级汇不在层次图内，则失败退出
}
int Dinic_dfs(int u,int exp)                // 从节点 u 和当前流量增量 exp 出发，使用 DFS 算法
                                            // 进行增广
{
    if(u==dest) return exp;                 // 若搜索至超级汇，则返回流量增量
    for(int &i=work[u],v,tmp;i>=0;i=next[i]) // 枚举 u 的每一条出弧 i
        if(flow[i]&&dis[v=ver[i]]==dis[u]+1&&(tmp=Dinic_dfs(v,min(exp,flow[i])))>0)
            // 若出弧 i 存在，且为层次图的弧，沿另一端点 v 递归下去可得到大于 0 的流量增量 tmp；则
            // 调整正向弧和反向弧的流量，返回流量增量 tmp
        {
            flow[i]-=tmp;
            flow[i^1]+=tmp;
            return tmp;
        }
    return 0;
}
void Dinic_flow()                           // 使用 Dinic 算法计算最大流
{
    while(Dinic_bfs())                      // 反复构造层次图，直至超级汇不在层次图内
    {
        // 每次循环将每个节点的首条出弧序号记为 work[]，反复使用 DFS 算法改进流量，直至当前层次
        // 图不存在增广路为止
        for(int i=0;i<node;++i) work[i]=head[i];
        while(Dinic_dfs(src,oo));
    }
}
int Limit_flow()                            // 计算原图的最大流
{
    int i,src0,dest0,edge0,ret=0;           // 将最大流 ret 初始化为 0
    src0=src,dest0=dest,edge0=edge;         // 记下原图的源点 src0、汇点 dest0 和弧数 edge0
    src=node++,dest=node++;                 // 建立超级源 src 和超级汇 dest
    head[src]=head[dest]=-1;                // 将超级源和超级汇的首条出弧序号初始化为 -1
    for(i=0;i<node-2;++i)                   // 枚举原图的每一个节点，构建伴随网络
    {
        // 若节点 i 入流的下界和 in[i] 大于 0，则超级源向 i 连一条容量为 in[i] 的弧；若小于 0，则
        //i 向超级 // 汇连一条容量为 -in[i] 的弧
        if(in[i]>0) addedge(src,i,in[i]);
        if(in[i]<0) addedge(i,dest,-in[i]);
    }
    addedge(dest0,src0,oo);                 // 原图的汇点向源点连一条容量为无穷大的弧
    Dinic_flow();                           // 使用 Dinic 算法计算伴随网络的可行流
    for(i=head[src];i>=0;i=next[i])         // 枚举超级源的每一条出弧。若有出弧尚存剩流量，则
                                            // 说明伴随网络不存在可行流，失败退出
        if(flow[i]) return -1;
    src=src0,dest=dest0;                    // 恢复原图的源点和汇点
    for(node-=2,i=0;i<node;++i)             // 对原图的每个节点设定首条出弧序号
        while(head[i]>=edge0) head[i]=next[head[i]];
    Dinic_flow();                                           // 使用 Dinic 算法计算原图的最大流
    for(i=head[src];i>=0;i=next[i]) ret+=flow[i^1];         // 累计源点出弧的反向弧的流量和
    return ret;                                             // 返回最大流
}
int main()
{
    int i,v,c,k,e,n,m,ans;
    while(scanf("%d%d",&n,&m)!=-1)                          // 输入天数 n 和女孩数 m
    {
```

```
        prepare(n+m+2,0,n+m+1);   //设置节点数为 n+m+2，源点为 0，汇点为 n+m+1
        for(i=1;i<=m;++i)          //枚举每个女孩，输入拍的照片数下限 g[i]，并累计入代表节点
                                   //i+n 的入流下界和与汇点 dest 的入流下界和
            scanf("%d",&g[i]),in[i+n]-=g[i],in[dest]+=g[i];
        for(e=0,i=1;i<=n;++i)      //枚举每一天，输入当天待拍照的女孩数 k 和照片数上限 d[i]
        {
            scanf("%d%d",&k,&d[i]);
            while(k--)             //依次输入 k 个被拍摄的女生信息
            {
                scanf("%d%d%d",&v,&low[++e],&c);  //女孩 v 的照片数区间为 [low[++e],c]
                v+=n+1,in[i]-=low[e],in[v]+=low[e]; //该女孩对应节点 v+n+1，累计 v 的入流
                                                    //下界和与 i 的出流下界和的负值
                addedge(i,v,c-low[e]);              //节点 i 向 v 之间连一条容量为 c-low[e] 的弧
            }
        }
        //源点分别向节点 1 到节点 n 连容量为 d[i] 的弧，节点 n+1 到节点 m+n 分别向汇点连容量为无穷
        //大的弧
        for(i=1;i<=n;++i) addedge(src,i,d[i]);
        for(i=1;i<=m;++i) addedge(i+n,dest,oo);
        if((ans=Limit_flow())>=0) //计算原图的最大流。若存在，则输出该流量以及每天要给每个
                                  //女孩拍摄的照片数量；否则输出失败信息 -1
        {
            printf("%d\n",ans);
            for(i=1;i<=e;++i) printf("%d\n",flow[(i<<1)-1]+low[i]);
        }
        else printf("-1\n");
        puts("");
    }
    return 0;
}
```

【11.2.2.2　Budget】

我们准备对多个赛点进行的比赛做一个预算案。用一个矩阵表示该预算案，行表示花费的不同种类，列表示不同的赛点。此前，我们举行了一次会议，讨论了不同种类的花费的总和，以及不同赛点的花费的总和。有些讨论涉及一些特殊的约束条件：有人提到，计算机中心需要至少 200 万里亚尔㊀的食物；Sharif 大学的管理官员说 T 恤的花费不会超过 300 万里亚尔；还有很多这样的信息。所以我们要从会议记录中努力发掘有关信息。

没有人会真正去读预算案，所以我们要确保它总结并满足了所有的约束。

输入

输入的第一行给出一个整数 N，表示测试用例的数目。下一行是空行，后面的行给出测试用例如下。每个测试用例的第一行给出两个整数 m（$m \leqslant 200$）和 n（$n \leqslant 20$），分别表示行数和列数。每个测试用例的第二行给出 m 个整数，表示矩阵的每行的和。第三行给出 n 个整数，给出矩阵的每列的和。第四行给出一个整数 c（$c<1000$），为约束条件的数量。接下来的 c 行给出这些约束。在每个测试用例后给出一行空行。

每条约束的格式如下：两个整数 r 和 q，表示在矩阵中的某个元素（或某些元素）（矩阵的左上角是 1 1；0 的含义为“所有的”，也就是说 4 0 表示第四行的所有的元素，0 0 表示整个矩阵）；一个取自集合 { <, =, > } 的元素；以及一个具有明显的解释的整数 v。例如，约束 1 2>5 表示矩阵的第一行第二列的元素必须大于 5；而约束 4 0 = 3 表示在矩阵的第四行中的所有元素都等于 3。

㊀　1 里亚尔≈0.0002人民币。——编辑注

输出

对每个测试用例，输出一个符合上述约束的非负整数矩阵，如果没有合适的解答存在，则输出字符串“IMPOSSIBLE”。在两个矩阵之间输出一个空行。

样例输入	样例输出
2 2 3 8 10 5 6 7 4 0 2 > 2 2 1 = 3 2 3 > 2 2 3 < 5 2 2 4 5 6 7 1 1 1 > 10	2 3 3 3 3 4 IMPOSSIBLE

试题来源：ACM Tehran 2003 Preliminary

在线测试地址：POJ 2396，ZOJ 1994

试题解析

简述题意：给出 $n \times m$ 数字矩阵中每一行的和与每一列的和，并且给出矩阵中某些元素需要满足的条件，即某元素应该在某个范围内。问有没有满足条件的矩阵；若有，则输出这个矩阵。注意，题目中的（0, 0）表示所有的点都要满足，而不是加起来的和满足。

本题是关于流量有上下界的网络流的试题，建图如下。

1）把每一行看作一个点，把每一列看作一个点。

2）建立一个源点 s，连接 s 与每一行，将容量上限和下限设为该行的和。

3）建立一个汇点 t，连接每一列与 t，将容量上限和下限设为该列的和。

4）对于每一行与每一列，先连一条下限为 0、上限为无穷大的弧，然后根据给出的条件修改弧上下界。

显然，该模型有可行流就有满足条件的矩阵，行节点与列节点间弧的流量 + 该弧的容量下界即为矩阵中对应位置的数字。

注意：参考程序在层次图中寻找增广路时，采用的是 EK 算法。

参考程序

```
#include<iostream>
#include<string>
using namespace std;
#define maxM 50000
#define maxN 500
#define inf 1<<30
struct node{                    // 弧的结构体包括(u,v)、流量 f 和后继弧指针 next
```

```
    int u,v,f,next;
}edge[maxM];                        // 弧表
int head[maxN],p,lev[maxN],cur[maxN]; // head[] 存储节点出弧链的首指针，lev[] 存储每个节点的层
                                    // 次，cur[] 为 head[] 的缓冲区
int que[maxM],tre[maxN],up[maxN][50],low[maxN][50];     // 队列为 que[]，行节点与列节点
                                                        // 间流量的下界为 low[][]、上界
                                                        // 为 up[][]; 节点的流量情况为 tre[]
void init1(int n,int m){
    p=0,memset(head,-1,sizeof(head)),memset(tre,0,sizeof(tre));
    // 将每个节点出弧链的首指针初始化为 -1，流量情况初始化为 0
    for(int i=0;i<=n;i++)           // 设每行与每列间弧的容量下界为 0、上界为无穷大
        for(int j=0;j<=m;j++)  up[i][j]=inf,low[i][j]=0;
}
bool bfs(int s,int t){              // 使用 BFS 算法构建层次图，并返回层次图是否存在的标志
    int qin=0,qout=0,u,i,v;         // 队列的首尾指针初始化
    memset(lev,0,sizeof(lev));      // 所有节点的层次初始化为 0
    lev[s]=1,que[qin++]=s;          // 源点的层次为 1，源点入队
    while(qout!=qin){               // 若队列非空，则取出队首节点 u
        u=que[qout++];
        for(i=head[u];i!=-1;i=edge[i].next)             // 枚举 u 的每条出弧
            if(edge[i].f>0 && lev[v=edge[i].v]==0){     // 若出弧存在且另一端点 v 的层次
                                                        // 未确定，则 v 的层次为 u 的层次
                                                        // 加 1，v 入队
                lev[v]=lev[u]+1,que[qin++]=v;
                if(v==t) return 1; // 若汇点已在层次图内，则返回成功标志
            }
    }
    return lev[t];                  // 返回失败标志 0
}
int dinic(int s,int t){             // 使用 Dinic 算法计算伴随网络（超级源为 s、超级汇为 t）的最大流
    int qin,u,i,k,f;                // 增广路长度为 qin，增广路上弧的最小流量为 f
    int flow=0;                     // 将最大流初始化为 0
    while(bfs(s,t)){                // 反复构造层次图，直至新建汇点不在层次图内
        memcpy(cur,head,sizeof(head));    // 将节点首条出弧序号集 head[] 复制给 cur[]
        u=s,qin=0;                  // 将源点设为当前节点 u，将增广路长度初始化为 0
        while(1){                   // 通过反复增广，改进流量，获取最大流
            if(u==t){               // 若递推至汇点，则在增广路中（弧序号存储于 que[0..qin]）
                                    // 寻找流量最小的弧（最小流量为 f，该弧序号为 i）
                for(k=0,f=inf;k<qin;k++)
                    if(edge[que[k]].f<f)
                        f=edge[que[i=k]].f;
                for(k=0;k<qin;k++) // 增广路上的正向弧流量减 f，反向弧的流量加 f
                    edge[que[k]].f-=f,edge[que[k]^1].f+=f;
                flow+=f,u=edge[que[qin=i]].u;    // f 累计入最大流量 flow，从最小流量弧的
                                                 // 另一端点继续递推
            }
            for(i=cur[u];cur[u]!=-1;i=cur[u]=edge[cur[u]].next)  // 在 u 的所有出弧中寻
                                                                 // 找属于层次图的弧
                if(edge[i].f>0 && lev[u]+1==lev[edge[i].v]) break;
            if(cur[u]!=-1)          // 若该弧存在，则进入增广路，沿该弧的另一端点继续递推
                que[qin++]=cur[u],u=edge[cur[u]].v;
            else{                   // 若该弧不存在
                if(qin==0) break; // 若无增广路，则直接返回最大流
                lev[u]=-1,u=edge[que[--qin]].u;  // u 退出层次图，退回到增广路的前一条弧
                                                 // 的端点，继续递推
            }
        }
    }
    return flow;                                 // 返回最大流
}
```

```
void addedge(int u,int v,int f){ //插入端点为u、v的正向弧和反向弧
//将流量为f的正向弧插入u的出弧链的首部，设定u的首条出弧的序号
edge[p].u=u,edge[p].v=v,edge[p].f=f,edge[p].next=head[u],head[u]=p++;
//将流量为0的反向弧插入v的出弧链的首部，设定v的首条出弧的序号
    edge[p].u=v,edge[p].v=u,edge[p].f=0,edge[p].next=head[v],head[v]=p++;
}
bool buit(int n,int m){                          //建图，并返回建图成功与否的标志
    for(int i=1;i<=n;i++)                        //枚举矩阵的每个位置(i, j)
        for(int j=1;j<=m;j++)
            if(low[i][j]>up[i][j]) return 0;     //若对应弧的下界大于上界，则失败退出，
                                                 //否则对应弧下界分别累计入节点i和节点
                                                 //j+n的流量情况，节点i向节点j+n连
                                                 //一条弧，其容量为对应弧上界与下界的差
            else{
                tre[i]-=low[i][j],tre[j+n]+=low[i][j];
                addedge(i,j+n,up[i][j]-low[i][j]);
            }
    return 1;                                    //返回建图成功标志
}
void limitflow(int s,int t,int n,int m){         //通过求解有源(s)汇(t)且容量有上下
                                                 //界的网络可行流得到n×m的数字矩阵
    int i,j,x,y;
    x=t+1,y=t+2;                                 //构建伴随网络：设定超级源x和超级汇y
    for(i=0;i<=t;i++){                           //枚举原图的每个节点
        if(tre[i]>0) addedge(x,i,tre[i]);        //若节点i的流量情况为正，则超级源向i
                                                 //连一条容量为流量情况的正向弧；其反向
                                                 //弧的容量为0
        else if(tre[i]<0) addedge(i,y,-tre[i]); //若节点i的流量情况为负，则i向超级汇连
                                                 //一条容量为流量情况绝对值的正向弧；
                                                 //其反向弧的容量为0
    }
    addedge(t,s,inf);        //原图的汇点向源点连一条容量为无穷大的正向弧，其反向弧容量为0
    dinic(x,y);              //使用Dinic算法计算伴随网络的最大流
    for(i=head[x];i!=-1;i=edge[i].next)          //枚举超级源的每一条出弧
        if(edge[i].f){       //若某出弧剩余流量，说明流入超级汇的流量未能饱和，则不存在可行流，
                             //失败退出
            printf("IMPOSSIBLE\n\n"); return ;
        }
    for(i=head[t];i!=-1;i=edge[i].next)          //寻找原图汇点的出弧中指向源点的弧i
        if(edge[i].v==s) break;
    if(i<0){                                     //若该弧不存在，失败退出
        printf("IMPOSSIBLE\n\n"); return;
    }
    for(i=1;i<=n;i++){                           //输出n×m的数字矩阵
        for(j=1;j<m;j++)
            printf("%d ",edge[((i-1)*m+j)*2-1].f+low[i][j]);
        printf("%d\n",edge[i*m*2-1].f+low[i][j]);
    }
    printf("\n");
}
int main(){
    int cas,cas1,n,m,i,j,sum1,sum2;
    int u,v,d,f1,t1,f2,t2,s,t;
    char c[5];
    scanf("%d",&cas);                            //输入测试用例数
    for(int tt=1;tt<=cas;tt++){                  //依次处理每个测试用例
        scanf("%d%d",&n,&m);                     //输入行数n和列数m
        s=0,t=n+m+1,sum1=0,sum2=0;               //源点s的编号为0，汇点t的编号为n+m+1，
                                                 //将n行的数和sum1与m列的数和sum2初
                                                 //始化为0
```

```
        init1(n,m);                                 //初始化
        //输入每行的数和，将之累计入源点的流出量、该行节点的流入量以及 sum1
        for(i=1;i<=n;i++) scanf("%d",&u),tre[s]-=u,tre[i]+=u,sum1+=u;
        //输入每列的数和，将之累计入列节点的流出量、汇点的流入量以及 sum2
        for(i=n+1;i<=n+m;i++) scanf("%d",&u),tre[i]-=u,tre[t]+=u,sum2+=u;
        scanf("%d",&cas1);                          //输入约束条件的数量
        while(cas1--){                              //依次输入每个约束条件
            scanf("%d%d%s%d",&u,&v,c,&d);           //输入位置 u 和 v，以及大小关系 c 和整数 d
            f1=t1=u,f2=t2=v;                        //设定行范围 [f1, t1] 和列范围 [f2, t2]
            if(u==0) f1=1,t1=n;
            if(v==0) f2=1,t2=m;
            for(i=f1;i<=t1;i++)
                //枚举范围内的每个位置，根据大小关系调整对应弧的上下界
                for(j=f2;j<=t2;j++){
                    if(c[0]=='='){
                        low[i][j]=max(d,low[i][j]),up[i][j]=min(d,up[i][j]);
                    }else if(c[0]=='>')
                        low[i][j]=max(d+1,low[i][j]);
                    else if(c[0]=='<')
                        up[i][j]=min(d-1,up[i][j]);
                }
        }
        //若 n 行的数和等于 m 列的数和且成功建图，则通过求解有源（s）汇（t）且容量有上下界的网络
          可行流得到 n×m 的数字矩阵；否则输出失败信息
        if(sum1==sum2 &&buit(n,m)) limitflow(s,t,n,m);
            else printf("IMPOSSIBLE\n\n");
    }
    return 0;
}
```

11.2.3　求解有源汇且容量有上下界的网络最小流问题

求解有源汇且容量有上下界的网络最小流问题，就是对一个有源点和汇点，并且每条弧的容量有上下界的网络，判断是否存在可行流；如果存在可行流，则求解从源点到汇点的网络最小流。有以下两种计算方法。

1）首先按照此前给出的方法计算可行流。显然，计算结果满足容量下界。接下来，只需在此基础上求出最小流即可。此时，需要理解后向弧的意义：后向弧的流量增加等价于前向弧的流量减少，即从 t 到 s 的流就相当于从 s 到 t 减少的流。所以，求出从 t 到 s 的最大流就相当于从 s 到 t 减少最多的流，剩下的就是最小流了。所以，最小流量 = 可行流量 − 从 t 到 s 的最大流。

2）设网络有源点 s 和汇点 t，算法过程如下。

首先，构造其伴随网络，但不添加从 t 到 s 的弧：构建一个超级源点 ss 和一个超级汇点 tt，对于 $D[i]>0$ 的节点 i，从 ss 到 i 连一条容量为 $D[i]$ 的弧；对于 $D[i]<0$ 的节点 i，从 i 到 tt 连一条容量为 $-D[i]$ 的弧；对于伴随网络，求从源点 ss 出发到汇点 tt 的网络最大流 $f1$。

然后，添加一条从 t 到 s 的弧，容量上限为无穷大。

最后，对 ss 到 tt 再次求最大流 $f2$，如果 ss、tt 满流（$f1 + f2$ = ss 所有出弧的容量和），即是可行流，则弧 (t, s) 的流量就是最小流。

为什么流经 (t, s) 的流量是最小流呢？首先因为整个图满足流量平衡，流入 t 点的流量等于流出 t 点的流量，而 t 流出的流量仅经过那条容量上限无穷大的弧，所以说最小流就是要求那条弧（无穷弧）流过的流量尽量小。

由于第一次求伴随网络最大流的时候已经满足了下界，那么满足下界的流量途经的弧已经饱和，因此在添加 t 到 s 的弧后再求最大流，这个流量就会尽可能小。

【11.2.3.1　Crazy Circuits】

你刚刚为你的新机器人制作了一块电路板，现在要给它供电。机器人的电路由许多电子元件组成，每个元件都需要一定量的电流才能工作。每个元件都有一个正极（+）和一个负极（–）导线，连接在电路板的接线柱上。电流通过元件是从正极流向负极。这里要注意，元件不会“耗尽”电流：通过正极端进入元件的电流会从负极端输出。

电路板上的接线柱被标记为 1, ⋯ , N，还有两个被标记为“ +”和“ –”的连接着电源端的电源接线柱。标记为“ +”的电源接线柱仅连接元件正极导线，而标记为“ –”的电源接线柱仅连接元件负极导线。所有从元件负极导线离开，进入所连接的接线柱的电流，还会经过接线柱连接的元件正极导线进入元件，但你可以控制每个接线柱流向它所连接的每个正极导线的电流量（尽管这种方法超出了本题的范围）。此外，你组装电路没有反向回路（尽管元件的连接方式是允许电流在回路中流动）。

图 11.2-3 给出两个电路图的示例。在图 11.2-3a 中，沿着从正极电源端到负极电源端的有向路径，所有元件都可以被供电。在图 11.2-3b 中，元件 4 和 6 无法被供电，因为从接线柱 4 到负极电源端接线柱没有有向路径。

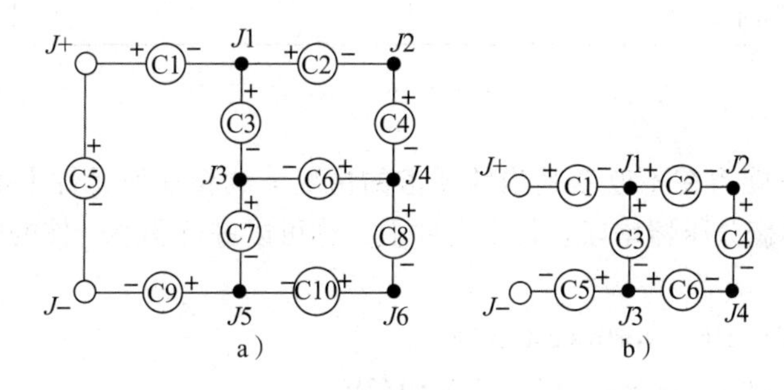

图　11.2-3

为了节省电能，也为了确保电路不会过热，你希望使用尽可能少的电流让机器人工作。你要计算从正极电源端接线柱出发（也就是通过负极电源端接线柱离开）的最小电流量是多少，以便机器人上的每个元件都能获得运行所需的电流。

输入

输入包含多个测试用例。每个测试用例的第一行给出两个整数：接线柱的数量 N（$0 \leqslant N \leqslant 50$），不包括正负电源接线柱；以及电路图中的元件数量 M（$1 \leqslant M \leqslant 200$）。接下来的 M 行每行给出图中每个元件的描述。第 i 个元件的描述包含三个字段：p_i，元件的正极导线连接的接线柱；n_i，元件的负极导线连接的接线柱；以及整数 I_i（$1 \leqslant I_i \leqslant 100$），元件 i 运行所需的最小电流量。接线柱 p_i 和 n_i 或者是表示电源正极接线柱的字符“ +”，表示电源负极接线柱的字符“ –”；或者是 1 和 N 之间的整数，表示一个接线柱的编号。任何两个接线柱之间最多只有一个元件通过正、负极导线连接。输入以 $N = M = 0$ 结束，程序不用对此进行处理。

输出

对于每个测试用例，输出一个整数，给出从正极电源端接线柱出发的最小电流量，以确保每个元件都能通电运行。如果无法同时给每个元件提供足够的电流，则输出“impossible”。

样例输入	样例输出
6 10 + 1 1 1 2 1 1 3 2 2 4 5 + - 1 4 3 2 3 5 5 4 6 2 5 - 1 6 5 3 4 6 + 1 8 1 2 4 1 3 5 2 4 6 3 - 1 3 4 3 0 0	9 impossible

提示

本题设定，你有能力在不改变其当前要求的情况下调整任何元件上的电压，或者等效地，有一个精确的可变分压器串联在每个元件上，你可以进行调整。你的电源为电路提供充足的电压。

试题来源：ICPCPacific Northwest 2008

在线测试：POJ 3801，HDOJ 3157，UVA4439

试题解析

简述题意：一个电路板上有 N 个接线柱（标号为 1,…, N）以及两个电源接线柱“+”和“-”；还有 M 个元件，每个元件都有一个正极（+）和一个负极（-）导线，连接在电路板的接线柱上；电流通过元件是从正极流向负极，并给出每个元件运行所需的最小电流量，求从正极电源端接线柱出发的最小电流量，以确保每个元件都能通电运行；如果无法同时给每个元件提供足够的电流，则输出“impossible”。

本题的求解采用求解有源汇且容量有上下界的网络最小流的方法。

先计算一个可行流。由于在计算可行流时采用的是计算最大流的方法，因此流量虽然满足容量下界的条件，但未必最小。为了得到原图中的最小流，需要在原图中实现退流，也就是在满足下界的情况下在“自由流量”中退掉尽量多的流量。

方法如下：还原原图的自由流量构成的网络，即把超级源和超级汇相连的那些正向弧和反向弧流量都赋值为 0，并删除那条成环的弧（汇点通往源点的那条容量为无穷大的弧）；然后，从超级汇 tt 开始顺着反向弧计算最大流，因为沿反向弧等于退流，计算最大流就是退掉了尽量多的流，所以用开始求出的可行流减去这次求出的最大流就是答案。

在参考程序中，使用 SAP（Shortest Augmenting Paths，最短增广路）算法（也称标号法）求最大流。

为了每次保证找到弧数最少的增广路，设 $D[i]$ 为节点 i 的距离标号，即该节点至汇点的最少弧数，满足 $D[i] = D[j] + 1$ 的弧 (i,j) 叫作允许弧，增广时仅走允许弧。每个节点的初始距离标号可以在一开始用一次从汇点沿所有反向边的 BFS 求出，当然，最省事、最简单的方法莫过于初始时设全部节点的距离标号为 0。在增广过程中按照如下方法反复维护节点的距离标号。

当找增广路过程中发现某节点的出弧中没有允许弧时，将这个节点的距离标号设为所有出弧终点的最小距离标号值加 1。由于距离标号的存在和“怎么走都是最短路”，因此可以采用 DFS 寻找增广路。

距离标号必定满足以下性质：节点 i 的距离标号不可能超过 i 到汇点 t 的最远距离。以源点 s 为例，当 s 的距离标号大于等于 N（节点总数）时，表示从 s 到 t 至少要走 N 条边，但是从 s 到 t 最远路径即经过每个节点的路径也只等于 N–1，所以必定会重复经过某些节点，但这又与网络流的基本定义相悖，所以如果 s 到 t 的距离标号大于等于 N，那么从 s 到 t 就不存在可行的增广路。

由于对允许弧 (i,j) 有 $D[i] = D[j] + 1$，因此若出现“断层”，即距离标号对应的节点个数为 0，则说明剩余图中不存在增广路，此时便可以直接退出，降低了无效搜索。例如，若节点距离标号为 3 的节点数为 0，而距离标号为 4 的节点数和距离标号为 2 的节点数都大于 0，那么在搜索至任意一个标号为 4 的节点时，便无法再继续往下搜索（搜索顺序为距离标号为 4 的节点→距离标号为 3 节点→距离标号为 2 的节点），说明图中不存在增广路，此时得到的流量值就是最大流，可将 s 的距离标号定义为 n 来直接结束搜索。

参考程序

```
#include<stdio.h>
#include<algorithm>
#define inf 9999999
#define M 100007
#define MIN(a,b) a>b?b:a;
using namespace std;
struct E                            // 弧的结构体包括另一端点 v、弧的容量 w、后继弧指针 next
{
    int v,w,next;
} edg[500000];                      // 弧表，弧元素结构为 E
int dis[M],gap[M],head[M],nodes;    // 节点 i 至超级汇的最少弧数（距离标号）为 dis[i], dis[i]==dis[j]+1
                                    // 的弧 (i,j) 为允许弧，增广时只走允许弧；距离标号值 k 对应
                                    // 的节点数为 gap[k]；head[] 存储每个节点的首条出弧序号，
                                    // 弧表 edg[] 指针为 nodes
int in[M],low[M];                   // in[] 存储每个节点的流量情况，low[] 存储每个节点的容量下界
int sourse,sink,nn;                 // 超级源为 sourse，超级汇为 sink
void addedge(int u,int v,int w)     // 将端点为 u、v 的正反向弧插入弧表 edg[nodes]
{
    edg[nodes].v=v;                 // 将容量为 w 的正向弧 (u,v) 插入 u 的出弧链的首部
    edg[nodes].w=w;
    edg[nodes].next=head[u];
    head[u]=nodes++;                // 调整 u 的出弧链的首指针
    edg[nodes].v=u;                 // 将容量为 0 的反向弧 (v,u) 插入 v 的出弧链的首部
    edg[nodes].w=0;
    edg[nodes].next=head[v];
    head[v]=nodes++;                // 调整 v 的出弧链的首指针
```

```
}
int dfs(int src,int aug)                          // 从节点 srt 和当前流量增量 aug 出发，使用 DFS 算法
                                                  // 进行增广
{
    if(src==sink) return aug;                     // 若递推至超级汇，则返回当前流量增量
    int left=aug,mindis=nn;                       // 增广后的流量增量 left 和 src 所有出弧的终点距离
                                                  // 标号的最小值初始化
    for(int j=head[src]; j!=-1; j=edg[j].next)// 枚举 src 的每一条出弧
    {
        int v=edg[j].v;                           // 取出弧的另一端点 v
        if(edg[j].w)                              // 若该出弧存在
        {
            if(dis[v]+1==dis[src])                // 若出弧为允许弧，则调整当前增广路的流量增量
            {
                int minn=MIN(left,edg[j].w);
                minn=dfs(v,minn);                 // 沿 v 增广下去，得到新的流量增量 minn
                edg[j].w-=minn;                   // 调整正向弧和反向弧的流量
                edg[j^1].w+=minn;
                left-=minn;                       // 调整增广后的流量增量
                // 若超级源的距离标号不小于最远距离，则返回最大流 aug-left
                if(dis[sourse]>=nn) return aug-left;
                if(left==0) break;                // 若增广前后的流量增量不变，则跳出循环
            }
            if(dis[v]<mindis) mindis=dis[v]; // 调整 src 所有出弧的终点距离标号的最小值
        }
    }
    if(left==aug)                                 // 若 src 是增广路终点(不存在出弧或所有出弧非允许弧)
    {
        if(!(--gap[dis[src]])) dis[sourse]=nn;   // 若增广前 src 所在的层为断层，则设终止
                                                  // 标志(超级源的最远距离达到上限)
        dis[src]=mindis+1;                        // 设置 src 的距离标号，该距离标号的节点数加 1
        gap[dis[src]]++;
    }
    return aug-left;                              // 返回流量增量 aug-left
}
int sap(int s,int e)                              // 计算伴随网络(超级源为 s，超级汇为 e)的最大流
{
    int ans=0;                                    // 将最大流初始化为 0
    nn=e+1;                                       // 设定超级源距离标号的上限
    memset(dis,0,sizeof(dis));                    // 将每个节点的距离标号值初始化为 0
    memset(gap,0,sizeof(gap));                    // 将各距离标号值的节点数初始化为 0
    gap[0]=nn;                                    // 将距离 0 的节点数初始化为 nn
    sourse=s;                                     // 从超级源出发，并记下超级汇
    sink=e;
    // 反复使用 DFS 过程进行增广，累计流量增量，直至超级源不在层次图为止
    while(dis[sourse]<nn)
        ans+=dfs(sourse,inf);
    return ans;                                   // 返回最大流
}
int main()
{
    int n,m,u,v;
    while(scanf("%d%d",&n,&m),n|m)                // 反复输入接线柱数 n 和元件数 m
    {
        int s=0,t=n+m+1,ss=t+1,tt=t+2,sum=0;// 设定源点 s 和汇点 t、超级源 ss 和超级汇 tt
        memset(head,-1,sizeof(head));             // 将每个节点出弧链的首指针初始化为 -1
        memset(in,0,sizeof(in));                  // 将途经每个节点的流量情况初始化为 0
        nodes=0;                                  // 将弧表初始化为空
        char s1[2],s2[2];
        int f;
```

```
        for(int i=1;i<=m;i++)               // 输入每个元件的信息，构造伴随网络
        {
            scanf("%s%s%d",s1,s2,&f);       // 输入元件连接正极导线的接线柱 s1 和负极导线的接
                                            // 线柱 s2 以及最小电流量 f
            if(s1[0]=='+') u=s;             // 源点作为电源正极接线柱
            else scanf(s1,"%d",&u);         // 读元件正极导线连接的接线柱 u
            if(s2[0]=='-') v=t;             // 汇点作为电源负极接线柱
            else scanf(s2,"%d",&v);         // 读元件负极导线连接的接线柱 v
          // 容量为 ( ∞ -f) 的正向弧 (u, v) 和容量为 0 的反向弧 (v,u) 插入弧表
            addedge(u,v,inf-f);
            in[u]-=f;                       // 将最小电流量 f 计入 u 和 v 的流量情况
            in[v]+=f;
        }
        for(int i=0;i<=t;i++)               // 枚举每个节点：若流量情况为正，则超级源向该节点
                                            // 连一条容量为流量情况的弧，流量情况累计入 sum;
                                            // 若流量情况为负，则该节点向超级汇连一条 -（流量情
                                            // 况）的弧
        {
            if(in[i]>0) {sum+=in[i];addedge(ss,i,in[i]);}
            if(in[i]<0) addedge(i,tt,-in[i]);
        }
        int f1=sap(ss,tt);                  // 计算伴随网络的最大流
        int p=nodes;                        // 记下弧表长度
        addedge(t,s,inf);                   // 汇点向源点连一条容量为∞的弧
        int f2=sap(ss,tt);                  // 计算添弧后伴随网络的最大流
        if(f1+f2!=sum) printf("impossible\n");  // 若 ss 和 tt 不能饱和，则失败退出
        else printf("%d\n",edg[p^1].w);         // 否则输出最小电流量（途经 (t,s) 的流量）
    }
    return 0;
}
```

11.3 计算最小（最大）费用最大流

在《数据结构编程实验：大学程序设计课程与竞赛训练教材》（第 3 版）的 14.2 节“计算网络最大流”中，给出了最小费用最大流的理论和实验。本节在最小费用最大流理论和实验的基础上，给出最大费用最大流的实验。

对于网络 $N(V, E, C)$ 的每一条弧 (v_i, v_j)，除给出容量 c_{ij} 外，还给出单位流量费用 b_{ij}（$b_{ij} \geqslant 0$）；不仅要求计算网络中的最大流 F，而且要使流的总输送费用 $B(F) = \sum_{(i,j)\in E} b_{ij} f_{ij}$ 取极小值，这就是最小费用最大流问题（Minimum-Cost Flow Problem）。

最大费用最大流的求解只需要将费用权值 w 取相反数即可，最后的最小费用也取相反数，就是最大费用。

【11.3.1 Intervals】

给出 N 个带权的开区间，第 i 个区间覆盖 (a_i, b_i)，其权值为 w_i。请在其中选择一些区间，使权值最大，并且在实数轴上区间重叠层数不超过 K。

输入

输入的第一行给出测试用例的数目。

每个测试用例的第一行给出两个整数 N 和 K（$1 \leqslant K \leqslant N \leqslant 200$）。

接下来的 N 行每行给出 3 个整数 a_i、b_i、w_i（$1 \leqslant a_i < b_i \leqslant 100\ 000$，$1 \leqslant w_i \leqslant 100\ 000$），表示一个区间。

在每个测试用例前给出一个空行。

输出

对每个测试用例，用单独的一行输出最大权值。

样例输入	样例输出
4 3 1 1 2 2 2 3 4 3 4 8 3 1 1 3 2 2 3 4 3 4 8 3 1 1 100000 100000 1 2 3 100 200 300 3 2 1 100000 100000 1 150 301 100 200 300	14 12 100000 100301

试题来源：POJ Founder Monthly Contest – 2008.07.27, windy7926778

在线测试：POJ 3680

试题解析

简述题意：给定 n 个带权开区间，选择其中一些区间使权值最大并且区间重叠层数不超过 k。

将 n 个带权开区间的左右指针作为节点，先将指针排序，剔除重合数后形成一个序列 ar[1..L]（$1\leqslant L\leqslant 2*n$），每个指针在 ar[1..$L$] 中的位置即为该指针对应的节点序号。

虚拟一个附加源 0，在节点 0 至节点 1，节点 1 至节点 2，…，节点 i 至节点 i+1，…，节点 L–1 至节点 L 之间连一条容量为 k、费用为 0 的有向弧。然后，对每个权值为 w_i 的开区间 (a_i, b_i)，a_{ii} 代表的节点向 b_i 代表的节点连一条容量为 1、费用为 $-w_i$ 的有向弧（$1\leqslant i\leqslant n$）。也就是说，如果选区间 (a_i, b_i)，流量就会从这条费用为负数的弧流过去，否则，流量会从费用为 0 的弧流过去。这样就保证了重叠数至多为 k，因为增广路上所经过的区间必定是不重合的，而流量只有 k，所以满足题意。

显然，最大权值与这个网络流图的最小费用最大流对应。由于得出的总输送费用是负值（因为途经弧的费用为负），因此应取反后输出。

参考程序

```
#include<cstdio>
```

```
#include<queue>
using namespace std;
const int N=500,M=1000;              //节点数的上限和弧数的上限
const int inf=1<<29;                 //定义∞
struct Edge                          //弧表的元素类型
{
    int x,y,next;                    //弧为(x, y)，后继弧在edge[]的指针为next，流量为cap，
                                     //费用为cost
    int cap, cost;
} edge[M*3];                         //弧表
int head[N],nc;                      //弧表edge[]的长度为nc；节点i的首条出弧在edge[]的指
                                     //针为head[i]，沿next指针可遍历节点i的所有出弧
void add(int x,int y,int cap,int cost)//在节点x和y间以容量cap、费用cost插入正反向弧
{
    edge[nc].x=x; edge[nc].y=y;  //在网络流图中插入容量为cap、费用为cost的正向弧(x, y)
    edge[nc].cap=cap; edge[nc].next=head[x]; edge[nc].cost=cost; head[x]=nc++;
    edge[nc].x=y; edge[nc].y=x;  //在网络流图中插入容量为0、费用为-cost的反向弧(y, x)
    edge[nc].cap=0; edge[nc].next=head[y]; edge[nc].cost=-cost; head[y]=nc++;
}

int dist[N],pe[N],pv[N];             //节点i的距离值（即与源点之间的最短路径长度）为dist[i]
bool mark[N];                        //节点i在队列的标志为mark[i]

int mincost(int n)                   //在规模为n的网络流图中计算最小费用最大流
{
    int S=0,T=n-1,                   //设置源点和汇点
    flow=0,cost=0,mxf,i,j,k;         //流量和流的输送费用初始化
    while(1)                         //反复计算，直至源点至汇点间不存在最短路径
    {
        for(i=0;i<n;i++) dist[i]=inf;     //最短距离矩阵初始化
        memset(mark,false,sizeof(mark)); //访问标志初始化
        queue<int> Q; Q.push(S);          //源点S入队
        mark[S]=true; dist[S]=0;          //设源点S队内标志，距离值为0
        while(!Q.empty())                 //通过BFS搜索计算源点至汇点间的最短路径
        {
            int now=Q.front(); Q.pop();  //队列首节点now出队
            mark[now]=false;              //设now出队标志
            for(i=head[now];i!=-1;i=edge[i].next)      //搜索now的每条出弧
            {
                Edge x=edge[i];
                if(x.cap&&dist[x.y]>x.cost+dist[now])  //若出弧在残留网络中且经过now
                                                       //至x.y的路径最短，则调整x.y
                                                       //的距离值，记下x.y的前驱弧
                                                       //和前驱节点
                {
                    dist[x.y]=x.cost+dist[now]; pe[x.y]=i;pv[x.y]=now;
                    if(!mark[x.y])         //若x.y在队外，则入队并设队内标志
                    { mark[x.y]=true; Q.push(x.y); }
                }
            }
        }
        if(dist[T]==inf) return cost;     //若不存在S至T的最短路径，则返回总输送费用cost
        for(k=T,mxf=inf;k!=S;k=pv[k]) mxf=min(mxf,edge[pe[k]].cap);
        //从T出发，沿最短路径计算可改进量mxf
        flow+=mxf;                   //将可改进量累计入总流量，将当前输送费用累计入总输送费用
        cost+=dist[T]*mxf;
        for(k=T;k!=S;k=pv[k])        // 调整最短路径上正反向弧的流量
            edge[pe[k]].cap-=mxf,edge[pe[k]^1].cap+=mxf;
    }
}
int data[N][3],ar[N];                //第i个开区间为(data[i][0], data[i][1])，权为data[i][2];
                                     //排序后的开区间指针为ar[]
```

```
int lisan[100005];                    // lisan[i]为区间指针i在ar[]的编号，即区间指针i的节点序号
int main()
{
    int T;
    for(scanf("%d",&T);T;T--)        // 输入测试用例数，依次处理测试用例
    {
        int num,i,j,k,n=1;
        memset(lisan,-1,sizeof(lisan)); // 将各区间指针的节点序号初始化为 -1
        memset(head,-1,sizeof(head));   // 将各节点首条出弧的序号初始化为 -1
        nc=0;                           // 将弧表初始化为空
        scanf("%d%d",&num,&k);          // 输入开区间数 num 和区间重叠层数的上限 k
        for(i=0;i<num;i++)              // 输入每个开区间的首尾指针和权
            scanf("%d%d%d",&data[i][0],&data[i][1],&data[i][2]),ar[n++]=data[i]
                [0],ar[n++]=data[i][1];
        sort(ar+1,ar+n);                                         // 排序开区间指针
        for(i=2,j=1;i<n;i++) if(ar[j]!=ar[i]) ar[++j]=ar[i];    // 剔除开区间指针
        n=j+1;                                                   // 记下 ar 的长度
        add(0,1,k,0);                 // 在附加源 0 和节点 1 间以容量 k、费用 0 插入正反向弧
        for(i=1;i<n;i++)              // 枚举 ar[] 中每个区间指针 i，在 ar[] 的相邻指针间连弧
        {
            lisan[ar[i]]=i;           // 记下区间指针 i 在 ar[] 的编号
            add(i,i+1,k,0);           // 在节点 i 和节点 i+1 之间以容量 k、费用 0 插入正反向弧
        }
        for(i=0;i<num;i++)            // 枚举每个开区间，在左右指针代表的节点间以容量为 1、费用
                                      // 为负的权值插入正反向弧
          add(lisan[data[i][0]],lisan[data[i][1]],1,-data[i][2]);
        printf("%d\n",-mincost(n));     // 计算并返回最小费用最大流（最小费用最小流取反）
    }
    return 0;
}
```

【11.3.2　Videos】

C-bacteria负责保管两类视频。为了简单起见，这两类视频被分为videoA和videoB。有些人想看视频，看了C-bacteria提供的视频后他们会很快乐。

每天有 n 个小时，有 m 个视频可以播放，要看视频的人数是 K。每个视频仅属于一种类型，即videoA或者videoB，且有一个播放时间，还有观看这个视频后人的快乐值。

人们可以连续观看视频，如果一个视频在下午2点到3点播放，另一个视频在下午3点到5点播放，人们就可以观看这两个视频。但是，每个视频只允许一个人观看。

对于一个人来说，最好是两类视频交替观看，否则他会失去 W 个快乐值。例如，如果视频的顺序是“videoA,videoB,videoA,videoB, …”，或者“videoB, videoA, videoB, videoA, videoB, …”，他不会失去愉悦度；但如果视频的顺序是“videoA, videoB, videoB, videoB, videoA, videoB, videoA, videoA”，他将失去 $3W$ 个快乐值。

现在请计算 K 个人最多可以获得多少快乐值。

输入

输入有多个测试用例。

在输入的第一行给出一个正整数 T，表示测试用例的数量。接下来给出 T 个测试用例。

每个测试用例的第一行给出四个正整数 n、m、K、W：每天 n 个小时，m 个视频，K 个人，以及观看同类视频后会失去 W 个快乐值。

在接下来的 m 行描述 m 个视频，每行给出四个正整数 S、T、w 和op：这段视频从 S 开始播放，到 T 结束；观看这段视频获得的快乐值是 w，op描述视频类型（若为videoA，则

op = 0；若为 videoB，则 op = 1）。每个测试用例前有一个空行。

其中 $T \leqslant 20$、$n \leqslant 200$、$m \leqslant 200$、$K \leqslant 200$、$W \leqslant 20$、$1 \leqslant S < T \leqslant n$、$W \leqslant w \leqslant 1000$、op = 0 或 op = 1。

输出

输出 T 行，每行输出相应测试用例的最大的快乐值。

样例输入	样例输出
2 10 3 1 10 1 5 1000 0 5 10 1000 1 3 9 10 0 10 3 1 10 1 5 1000 0 5 10 1000 0 3 9 10 0	2000 1990

试题来源：2018 Multi-University Training Contest 10

在线测试：HDOJ6437

试题解析

阐述本题题意：有 0 和 1 两种不同类型的视频，每个视频有开始播放时间 S 和结束时间 T，以及看完视频后能获得的快乐值 w，现在 K 个人看视频，规则如下。

一个人在一个时间内只能看一个视频，如果视频之间的播放时间不重合，那么这个人可以连续看多个视频；每个视频只允许一个人观看；一个人连续观看相同类型的视频会减去快乐值 W，例如观看视频序列“videoA, videoB, videoB, videoB, videoA, videoB, videoA, videoA”就会减去快乐值 $3W$；但是，交替观看两种不同类型的视频，就不会失去快乐值。

问 K 个人一共最多能获得多少快乐值。

构建网络，步骤如下。

1）把每个视频表示为两个节点 v 和 v'，加入弧 (v, v')，弧的权值为观看的该视频的快乐值的相反数，弧的容量为 1，表示只能观看一次。

2）加入源点 s，次源点 s'，以及弧 (s, s')，弧的权值为 0，容量为 K。

3）加入次源点 s' 到每个视频的 v 节点的弧 (s', v)，弧的权值为 0，容量为 1。

4）加入汇点 t，从每个视频的 v' 节点到汇点 t 连一条弧 (v', t)，弧的权值为 0，容量为 1。

5）构建视频与视频之间的关系。根据视频播放的开始和结束时间的区间，确定视频是否相交，判断是否可以跳转观看。如果视频 (u, u') 可以跳转到 (v, v') 观看，连一条容量为 1 的弧 (u', v)；如果两个视频类型相同，则弧的权值为 W；如果类型不相同，则弧的权值为 0。

显然，最大快乐值对应上述网络的最大费用最大流。我们可以通过求最小费用最大流算法，其总输送取反即可得到解。

参考程序

```
#include<bits/stdc++.h>
using namespace std;
```

```
const int maxn=1e3+20, inf=0x3f3f3f3f;
struct MCMF {                           // 定义名为 MCMF 的结构体
    struct Edge {                       // 弧的结构类型：(u, v) 的费用为 w，容量为 c
        int from, to, cap, cost;
        Edge(int u, int v, int w, int c): from(u), to(v), cap(w), cost(c) {}
    };
    int n, s, t;
    vector<Edge> edges;                 // 存储所有弧的容器 edges
    vector<int> G[maxn];                // 出弧容器，其中节点 i 的所有出弧的序号都存储在容器 G[i] 中
    int inq[maxn], d[maxn], p[maxn], a[maxn];    // 节点 i 的入队标志为 inq[i]，距离值为
                                                 // d[i]，源点至 i 的最短路径上弧容量的
                                                 // 最小值为 a[i]，尾弧序号为 p[i]
    void init(int n) {                           // 网络初始化
        this->n = n;                             // 设定网络规模
        for (int i = 0; i <= n; i ++) G[i].clear();  // 每个节点的出弧容器初始化为空
        edges.clear();                           // 弧容器初始化为空
    }

    void addedge(int from, int to, int cap, int cost) {  // 在节点 from 和 to 上加入正反向弧
        edges.push_back(Edge(from, to, cap, cost));  // 加入容量为 cap、权值为 cost 的正向弧
                                                     // (from, to) 和容量为 0、权值为 -cost
                                                     // 的反向弧 (to, from)
        edges.push_back(Edge(to, from, 0, -cost));
        int m = edges.size();                    // 取目前弧数 m
        G[from].push_back(m - 2);                // 弧 m-2 作为 from 的出弧进入容器 G[from]
        G[to].push_back(m - 1);                  // 弧 m-1 作为 to 的出弧进入容器 G[to]
    }
    bool BellmanFord(int s, int t, int &flow, int &cost) {    // 求解单源最短路径
        // 初始时每个节点的距离值为 0，并设未入队标志
        for (int i = 0; i <= n; i ++) d[i] = inf;
        memset(inq, 0, sizeof(inq));
        // 源点的距离值为 0，设置入队标志，最短路径上的尾弧序号为 0，最小容量为无穷大
        d[s] = 0; inq[s] = 1; p[s] = 0; a[s] = inf;
        queue<int> Q;                            // 设队列 Q
        Q.push(s);                               // 源点入队
        while (!Q.empty()) {                     // 若队列非空，则弹出队首节点 u
            int u = Q.front(); Q.pop();
            inq[u] = 0;                          //u 未入队
            for (int i = 0; i < G[u].size(); i ++) {    // 枚举 u 的每一条出弧
                Edge &e = edges[G[u][i]];               // 取当前出弧 e(另一端点为 e.to)
                if (e.cap && d[e.to] > d[u] + e.cost) { // 若 e 为正向弧且经过 e 的路径
                                                        // 为目前最短，则记下该路径长
                                                        // 度和尾弧序号
                    d[e.to] = d[u] + e.cost;
                    p[e.to] = G[u][i];
                    a[e.to] = min(a[u], e.cap);  // 调整至 e.to 最短路径上的最小容量
                    if (!inq[e.to]) {            // 若 e.to 未入队，则 e.to 入队并设入队标志
                        Q.push(e.to);
                        inq[e.to] = 1;
                    }
                }
            }
        }
        if (d[t] == inf) return false;           // 若未搜索至汇点，则失败退出
        flow += a[t];                            // 累计流量增量
        cost += d[t] * a[t];                     // 累计总费用
        int u = t;                               // 从汇点开始倒推
        while (u != s) {                         // 若未倒推至源点，则调整正反向弧的流量
            edges[p[u]].cap -= a[t];
            edges[p[u] ^ 1].cap += a[t];
```

```
            u = edges[p[u]].from;                   // 继续倒推
        }
        return true;                                // 输出成功标志
    }

    int solve(int s, int t) {                       // 迭代计算最小费用最大流
        int flow = 0, cost = 0;                     // 将初始流和费用初始化为 0
        while (BellmanFord(s, t, flow, cost));  // 反复调用单源最短路径算法，直到源点至
                                                    // 汇点的最短路径不存在为止
        return cost;                                // 返回最小费用最小流
    }
}solver;                                            // solver 是类型名为 MCMF 的结构体变量

struct node
{
    int l,r,w,type,id;                      // 当前视频的播放时间为 [l, r]，快乐值为 w，视类型
                                            // 为 type，编号为 id
                                            // 存储每个视频的信息
}a[maxn];
void build(int n,int m,int k,int w)
{
    solver.init(2*m+2);                     // 规模为 2*m+2 的网络初始化
    for(int i=0;i<m;i++)                    // 枚举每个视频
{   //把每个视频拆分成 i 和 i'，i 与 i'间加容量为 1、权值为快乐值的相反数的弧
        solver.addedge(a[i].id,a[i].id^1,1,-a[i].w);
        solver.addedge(2*m+1,a[i].id,1,0); // 次源点向 i 连一条容量为 1、权值为 0 的弧
        solver.addedge(a[i].id^1,2*m+2,1,0);// i'向汇点连一条容量为 1、权值为 0 的弧
    }
    for(int i=0;i<m;i++)                    // 枚举每一个视频对
    {
        for(int j=i+1;j<m;j++)
        {
            if(a[i].r<=a[j].l)      // 在视频 j 在视频 i 结束后播放的情况下，若两个视频同类，则 i'
                                    // 向 j 连一条容量为 1、费用为 w 的弧；否则 i'向 j 连一条容量
                                    // 为 1、费用为 0 的弧
            {
                if(a[i].type==a[j].type)
                    solver.addedge(a[i].id^1,a[j].id,1,w);
                else
                    solver.addedge(a[i].id^1,a[j].id,1,0);
            }
            else if(a[i].l>=a[j].r)         // 在视频 i 在视频 j 结束后播放的情况下，若两个视频
                                            // 同类，则 j'向 i 连一条容量为 1、费用为 w 的弧；否
                                            // 则 j'向 i 连一条容量为 1、费用为 0 的弧
            {
                if(a[i].type==a[j].type)
                    solver.addedge(a[j].id^1,a[i].id,1,w);
                else
                    solver.addedge(a[j].id^1,a[i].id,1,0);
            }
        }
    }
    solver.addedge(2*m,2*m+1,k,0);          // 源点向次源点连一条容量 k、费用 0 的弧
}
int main()
{
    int n,m,t,w,k;
    scanf("%d",&t);                         // 输入测试用例数
    while(t--)                              // 依次处理每个测试用例
    {
```

```
        scanf("%d%d%d%d",&n,&m,&k,&w);   //输入小时数n、视频数m、人数k和失去的快乐值w
        for(int i=0;i<m;i++)              //依次输入每个视频的信息,其中第i个视频的播放
                                          //时间为[a[i].l,a[i].r],快乐值为a[i].w,
                                          //视频类型为a[i].type,编号为a[i].id=i*2
        {
            scanf("%d%d%d%d",&a[i].l,&a[i].r,&a[i].w,&a[i].type);
            a[i].id=i*2;
        }
        build(n,m,k,w);                   //构建网络(源点为2m,次源点为2m+1,汇点为2m+2)
        int maxflow;
        maxflow=solver.solve(2*m,2*m+2);  //计算并返回最小费用最大流
        printf("%d\n",-maxflow);          //输出最大快乐值,即最小费用最大流取反
    }
    return 0;
}
```

第 12 章

二分图匹配

二分图匹配的基本概念如下。

定义 12.1（二分图） 设 $G(V, E)$ 是一个无向图，其节点集 V 可被划分成两个互补的子集 V_1 和 V_2，并且图中的每条边 $e \in E$，e 所关联的两个节点分别属于这两个不同的节点集 V_1 和 V_2，则称图 $G(V, E)$ 为一个二分图。节点集 V 被划分成两个互补的子集 V_1 和 V_2，也被称为 G 的一个二划分，记为 (V_1, V_2)。

定义 12.2（匹配） 在二分图 $G(V, E)$ 中，$M \subseteq E$，并且 M 中没有两条边相邻，则称 M 是 G 的一个匹配。M 中的边的节点被称为盖点，其余不与 M 中的边关联的节点被称为未盖点。M 中的边的两个节点称为在 M 下配对。

例如图 12-1a 和图 12-1b 中的粗线组成的边集合 M_1 与 M_2 分别是图 G_1 与 G_2 的匹配。

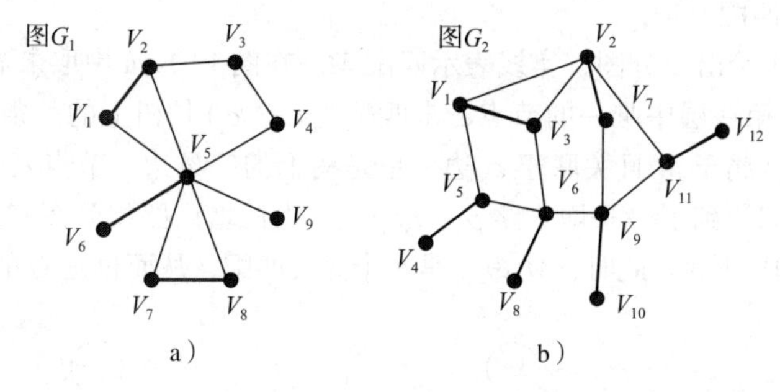

图 12-1

设 $G(V, E)$ 是一个二分图，G 具有二划分 (V_1, V_2)，M 是 G 的一个匹配，有下述定义。

定义 12.3（完美匹配，完备匹配，最大匹配） 如果 G 中每个节点都是盖点，则称 M 为 G 的完美匹配。如果 M 在 V_1 中的全部节点与 V_2 的一个子集中的节点之间有一一对应关系，则称 M 是 G 的完备匹配。如果 G 中不存在匹配 M'，使 $|M'|>|M|$，则称 M 为 G 的最大匹配。

定义 12.4（交错路、增广路） 若在 G 中有一条路 p，p 的边在 $E\text{-}M$ 和 M 中交错地出现，则称 p 为关于 M 的交错路。若关于 M 的交错路 p 的起点和终点都是未盖点，则称 p 为关于 M 的增广路。

本节将展开如下的二分图匹配的实验：计算二分图匹配的匈牙利算法，在现实生活中应用二分图进行完美匹配的经典问题，稳定婚姻问题，在增加边权因素的情况下计算最佳匹配的 KM 算法。

12.1 匈牙利算法

匈牙利算法（Hungarian Algorithm）由匈牙利数学家 Edmonds 提出，用于计算无权二分图的最大匹配，其思想就是应用增广路，每次寻找一条关于匹配 M 的增广路 p，通过 $M = M \oplus p$ 使 M 中的匹配边数增加 1，其中 $M \oplus p = (M \cup p)-(M \cap p)$ 称为边集与边集的环和。依次类推，直至二分图中不存在关于 M 的增广路为止。此时得到的匹配 M 就是 G 的一个最大匹配。

可以通过 DFS 算法寻找增广路，搜索过程产生的 DFS 树是一棵交错树，树中属于 M 的边和不属于 M 的边交替出现。取 $G(V, E)$ 的一个未盖点作为出发点，它位于 DFS 树的第 0 层。假设已经构造到树的第 $i-1$ 层，现在要构造第 i 层：

- 当 i 为奇数时，将那些关联于第 $i-1$ 层中一个节点且不属于 M 的边，连同该边关联的另一个节点一起添加到树上；
- 当 i 为偶数时，则添加那些关联于第 $i-1$ 层的一个节点且属于 M 的边，连同该边关联的另一个节点。

设二分图 $G(V, E)$，G 具有二划分 (V_1, V_2)，基于 DFS 产生交错树，匈牙利算法的过程如下。

初始时，集合 V_1 中的所有节点都是未盖点。我们依次对集合 V_1 中的每个节点进行一次 DFS 搜索。在构造 DFS 树的过程中，若发现一个未盖点 v 被作为树的奇数层节点，则这棵 DFS 树上从树根到节点 v 的路就是一条关于 M 的增广路 p，通过 $M = M \oplus p$ 得到图 G 的一个更大的匹配，即 v 被新增的匹配边盖住；如果既没有找到增广路，又无法按要求往树上添加新的边和节点，则断定 v 未引出匹配边，于是在集合 V_1 剩余的未盖点中再取一个作为出发点，构造一棵新的 DFS 树。这个过程一直进行下去，如果最终仍未得到任何增广路，则说明 M 已经是最大匹配。

例如，图 12.1-1 给出二分图，实线表示匹配 M。在图 12.1-1a 中取未盖点 t_5 作为出发点，节点 c_1 是 DFS 树上第一层中唯一的节点，未匹配边 $(t_5,\ c_1)$ 是树上的一条边。节点 t_2 处于树的第二层，边 (c_1, t_2) 属于 M 且关联于 c_1 边，也是树上的一条边。节点 c_5 是未盖点可以添加到第三层。至此我们找到了一条增广路 $p = t_5c_1t_2c_5$。由此增广路得到图 G 的一个更大的匹配 $M \oplus p$，如图 12.1-1b 所示。此时，$M \oplus p$ 是一个完美匹配，从而也是 G 的一个最大匹配。

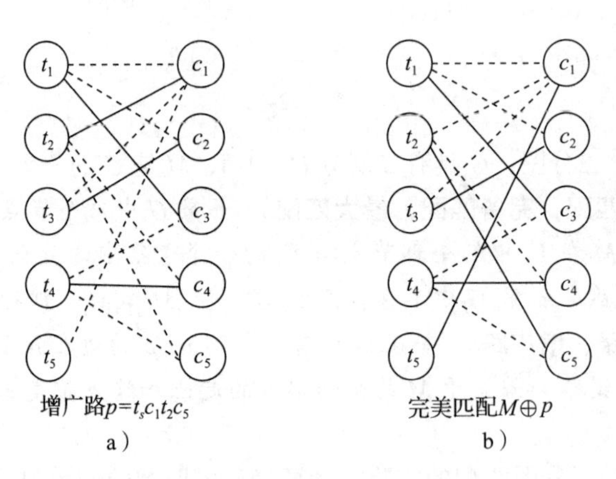

图　12.1-1

设二分图的相邻矩阵为 $\boldsymbol{a}$，V_1 和 V_2 的节点数分别为 n 和 m；匹配边集为 pre，其中节点 i 所在的匹配边为 (pre[i], i)；集合 V_2 中节点的访问标志为 v，若集合 V_2 中的节点 i 已经被访问，则 $v[i]$ = true。匈牙利算法的核心是判断以集合 V_1 中的节点为起点的增广路是否存在，这个判断过程由布尔函数 dfs(i) 完成。

```
bool dfs(int i){                              // 判断以集合 V₁ 中的节点 i 为起点的增广路是否存在
    for (int j=1; j<=m; j++)
        if ((!v[j])&&(a[i][j])){              // 搜索所有与 i 相邻的未访问点
```

```
            v[j]=1;                             // 访问节点 j
            if (pre[j]==0||dfs(pre[j])){ // 若 j 的前驱是未盖点或者存在由 j 的前驱出发的可增
                                                // 广路，则设定 (i, j) 为匹配边，返回成功标志
                pre[j]=i;
                return 1;
            }
        }
            return 0;                           // 返回失败标志
    }
```

若 dfs(i) 函数返回 true，则表明节点 i 被匹配边覆盖。显然，我们依次对集合 V_1 的每个节点做一次判断，即可得出二分图的最大匹配。由此得出匈牙利算法的计算流程：

```
int ans=0;                          // 最大匹配边数初始化
for (int i=1; i<=n; i++){           // 枚举集合 V1 的每个节点
    memset(v, 0, sizeof(v));        // 设集合 V2 中的所有节点未访问标志
     if (dfs(i)) ans++;             // 若节点 i 被匹配边覆盖，则匹配边数加 1
}
```

匈牙利算法的时间复杂度分析如下。设二分图 G 有 e 条边，V_1 和 V_2 各有 n 个节点，M 是 G 的一个匹配。求一条关于 M 的增广路需要 $O(e)$ 时间。因为每找出一条新的增广路都将得到一个更大的匹配，所以最多求 n 条增广路就可以求出图 G 的最大匹配。由此得出总的时间复杂度为 $O(n*e)$。

应用基于二分图的匈牙利算法，要考虑图的转化。转化的关键一般是从题目本身的条件出发，挖掘题目中深层次的信息，将关系复杂的运算对象分类成两个互补的子集，将之转化为二分图模型。题目 12.1.1 是构建二分图 $G(V_1, V_2)$ 后，采用匈牙利算法求最大匹配的实验。

【12.1.1　Gopher II】

地鼠家族避开了犬类动物的威胁后，现在又要面对新的捕食者。

有 n 只地鼠和 m 个地鼠洞，每个地鼠洞在不同的 (x, y) 坐标上。一只鹰飞来了，如果一只地鼠没有在 s 秒内进入地鼠洞，它就会被吃掉。一个地鼠洞最多只能进一只地鼠。所有地鼠的奔跑速度相同，都是 v。因此，地鼠家族需要一种逃命策略，使被吃掉的地鼠数量最少。

输入

输入包含若干测试用例。每个测试用例的第一行给出 4 个小于 100 的正整数：n、m、s 和 v。接下来的 n 行给出地鼠的坐标；然后的 m 行给出地鼠洞的坐标。所有的距离都以米为单位；所有的时间都以秒为单位；所有速度的单位都是米 / 秒。

输出

每个测试用例输出一行，给出会被吃掉的地鼠的数量。

样例输入	样例输出
2 2 5 10 1.0 1.0 2.0 2.0 100.0 100.0 20.0 20.0	1

试题来源：Waterloo local 2001.01.27

在线测试：POJ2536，UVA 10080

试题解析

简述题意：给出 n 只地鼠和 m 个地鼠洞的坐标，有老鹰要来抓地鼠，每只地鼠的速度都是 v，都要在 s 秒内进入地鼠洞，并且每个洞最多只能进一只地鼠，问最少有多少只地鼠会被吃掉。

构建二分图 $G(V_1, V_2)$，其中，V_1 表示地鼠集合，$|V_1| = n$；V_2 表示地鼠洞集合，$|V_2| = m$；对于 V_1 中的一只地鼠，如果能够在 s 秒内跑进 V_2 中的一个地鼠洞，则对应的两个节点之间连一条边。

对二分图 $G(V_1, V_2)$ 采用匈牙利算法求最大匹配，然后 n 减去最大匹配数，就是会被吃掉的地鼠的数量。

参考程序

```
#include <cmath>
#include <cstdio>
#include <cstring>
using namespace std;
#define N 205                          //定义地鼠数的上限
int n,tot=0,first[N],v[N*N],next[N*N],m,s,V,vis[N],fa[N],ans=0;
//地鼠数为n，将邻接表指针tot初始化为0，first[]存储每个节点的邻接表首指针，邻接表的后继指针
//为next[]，地鼠洞数为m，地鼠的时间限制s，地鼠的奔跑速度V，邻接表指针对应的节点存储在vis[]，
//节点的前驱（相关匹配边）存储在fa[]，将最大匹配边数ans初始化为0
double ax[N],ay[N],bx[N],by[N];  //ax[]、ay[]存储每个地鼠的坐标，bx[]、by[]存储每个地
                                   //鼠洞的坐标
void add(int x,int y)              //将y插入x的邻接表首
    {v[tot]=y,next[tot]=first[x],first[x]=tot++;}
bool dfs(int x){                   //判断以x为起点的增广路是否存在
    for(int i=first[x];~i;i=next[i])//顺着x的邻接表寻找x的每一个未访问点
        if(!vis[v[i]]){
            vis[v[i]]=1;           //设当前邻接点访问标志
            if(!fa[v[i]]||dfs(fa[v[i]])){       //若当前邻接点的前驱是未盖点或者存在由
                                                //当前邻接点的前驱出发的可增广路，则设定
                                                //x为当前邻接点的前驱，返回成功标志
                fa[v[i]]=x;return 1;
            }
        }
    return 0;                                   //返回失败标志
}
int main()
{
    while(~scanf("%d%d%d%d",&n,&m,&s,&V)){      //反复输入地鼠数、地鼠洞数、地鼠的时间
                                                //限制和奔跑速度
        tot=ans=0,memset(fa,0,sizeof(fa)),memset(first,-1,sizeof(first));
        //将邻接表指针和最大匹配数初始化为0，匹配边集清零，所有节点的邻接表为空
        for(int i=1;i<=n;i++) scanf("%lf%lf",&ax[i],&ay[i]);    //输入每个地鼠的坐标
        for(int i=1;i<=m;i++) scanf("%lf%lf",&bx[i],&by[i]);    //输入每个地鼠洞的坐标
        for(int i=1;i<=n;i++)      //构造二分图：依次枚举每个地鼠和地鼠洞
         for(int j=1;j<=m;j++)     //若地鼠s秒内跑过的距离不小于地鼠i与地鼠洞j间的距离，
                                   //则在节点i与节点n+j之间连边
           if(sqrt((bx[j]-ax[i])*(bx[j]-ax[i])+(by[j]-ay[i])*(by[j]-ay[i]))<=(double)
               s*V)
               add(i,n+j);
        for(int i=1;i<=n;i++,memset(vis,0,sizeof(vis))) //依次枚举每个地鼠
            if(dfs(i)) ans++;               //若存在地鼠i出发的增广路，则匹配边数加1
        printf("%d\n",n-ans);               //计算并输出会被吃掉的地鼠数
    }
}
```

国际象棋棋盘覆盖问题是一个经典二分图问题。把一个 8×8 国际象棋棋盘（如图 12.1-2

所示）的两个对角剪去后，得到一个残缺的棋盘。现有 31 张卡片，每一张卡片的大小恰好就是棋盘上黑白两个方格组成的长方形的大小，问能不能用这 31 张卡片不重叠地完全覆盖这个残缺的棋盘?

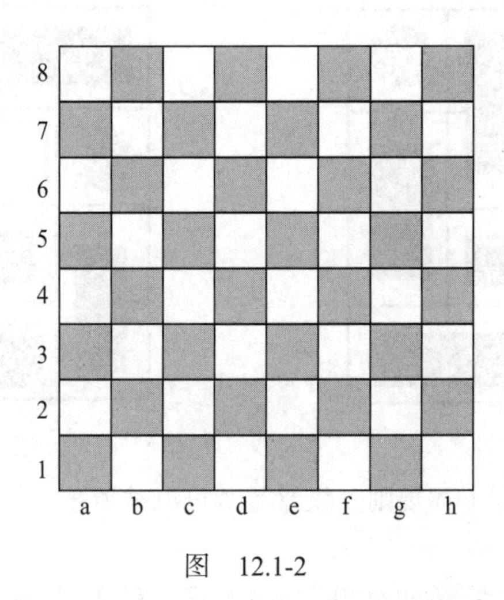

图　12.1-2

用图 G 表示国际象棋棋盘，其中，每个节点表示棋盘中的一个方格，将 8×8 国际象棋棋盘的两个对角剪去后，棋盘有 62 格。G 中每两个节点相邻当且仅当对应的黑白格相邻，得二分图 $G(V_1, V_2)$。因为 $|V_1| = 30$、$|V_2| = 32$、$|V_1| \neq |V_2|$，所以 $G(V_1, V_2)$ 中没有完美匹配，用 31 张卡片不能不重叠地完全覆盖这个残缺的棋盘。

题目 12.1.2 是国际象棋棋盘覆盖问题的实验。

【12.1.2　Chessboard】

Alice 和 Bob 经常在棋盘上玩游戏。有一天，Alice 画了一张大小为 $M \times N$ 的棋盘，她要 Bob 用大量的大小为 1×2 的卡片来覆盖棋盘。然而，她认为这对于 Bob 太容易了，所以她在棋盘上打了一些孔洞（如图 12.1-3 所示）。

我们称不含孔洞的网格为正常网格。Bob 必须遵循以下的规则来覆盖棋盘。

- 任何正常的网格都要被一张卡片所覆盖。
- 一张卡片恰好覆盖两个正常的相邻网格。

下面的图给出了一些实例。图 12.1-4 是一个有效解。

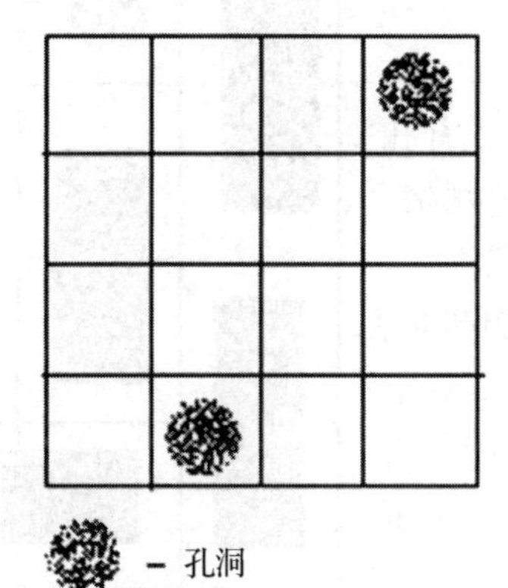
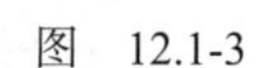

图　12.1-3

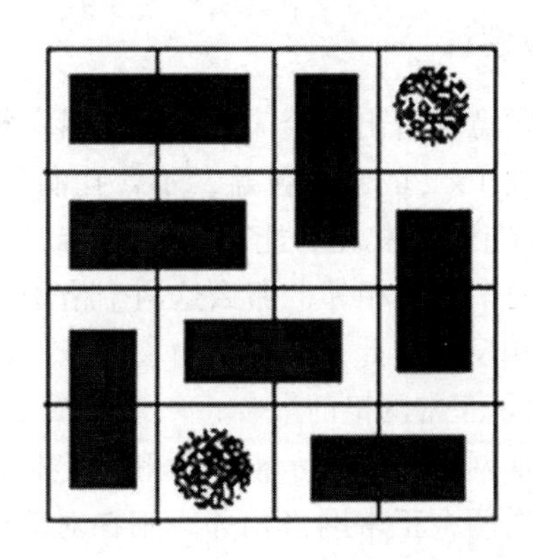

图　12.1-4

图 12.1-5 是一个无效解，因为有一个孔洞被一张卡片覆盖。

图 12.1-6 是一个无效解，因为有一个网格没有被覆盖。

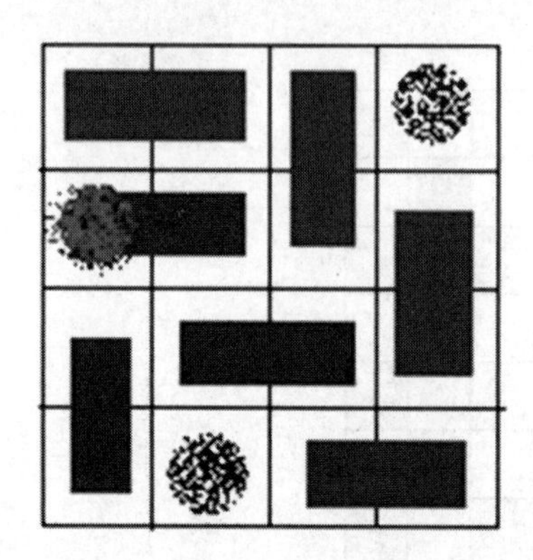

图　12.1-5

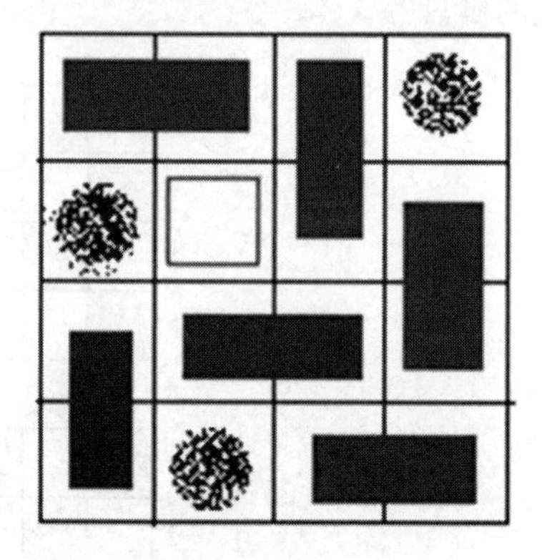

图　12.1-6

请帮助 Bob 确定，根据上述规则，棋盘是否可以被覆盖。

输入

输入的第一行给出 3 个整数 $m(m>0)$、$n(n\leqslant 32)$、$k(0\leqslant k<m\times n)$，分别表示棋盘的行数、列数和孔数。在接下来的 k 行中，每一行有一对整数 (x, y)，表示在第 y 行第 x 列的一个孔洞。

输出

如果棋盘可以被覆盖，则输出“YES”；否则，输出“NO”。

样例输入	样例输出
4 3 2 2 1 3 3	YES

提示

图 12.1-7 相应于样例输入的一个可能的解。

试题来源：POJ Monthly, charlescpp

在线测试：POJ2446

试题解析

简述题意：给出一个 $M\times N$ 的棋盘；棋盘有些格子有孔洞，不能被 1×2 的卡片覆盖，不含孔洞的网格为正常网格；请判断所有正常网格是否能被 1×2 的卡片不重叠地覆盖？

如果两个格子相邻，那么这两个格子（横坐标 + 纵坐标）的奇偶性相反。为此，构建二分图 $G(V_1, V_2)$，其中，节点集 $V_1\cup V_2$ 表示正常网格的集合，V_1 表示横坐标和纵坐标的和为奇数的正常网格，V_2 表示横坐标和纵坐标的和为偶数的正常网格；如果两个正常网格相邻，则在对应的两个节点之间连一条边。

图　12.1-7

变量 m、n、k 如题目所述，在二分图 $G(V_1, V_2)$ 中，正常网格数是 $n \times m - k$。

显然，如果正常网格数为奇数，则必定不能按照规则覆盖棋盘；否则，对二分图 $G(V_1, V_2)$ 采用匈牙利算法求最大匹配。如果最大匹配数 $sum \times 2$ 等于正常网格数，则可以按照规则覆盖棋盘；否则，不可以。

参考程序

```
#include<iostream>
using namespace std;
const int maxx=604;
int used[maxx];                             // V₂ 集中节点的访问标志
int nxt[maxx];                              // 存储V₂集中节点的前驱，即 (nxt[i], i) 为匹配边
int line[maxx][maxx];                       // 由 V₁ 集和 V₂ 集组成的二分图
void init(){                                // 二分图初始化
    memset(used,0,sizeof(used)) ;           // V₂ 集的所有节点未访问
    memset(line,0,sizeof(line));            // 将二分图初始化为空
    memset(nxt,0,sizeof(nxt));              // V₂ 集中所有节点的前驱（即匹配边）为空
}
int find(int x,int p){                      // 从 V₁ 的节点 x (V₂ 的节点数为 p) 出发，判断是否存在
                                            // 增广路
    for(int i=1;i<p;i++){                   // 依次搜索 V₂ 的每一个未访问点 i
        if(line[x][i]==1&&used[i]==0){
            used[i]=1;                      // 设节点 i 已访问
            // 若 i 的前驱是未盖点或由前驱节点出发存在增广路，则设 i 的前驱节点为 x，成功退出
            if(nxt[i]==0||find(nxt[i],p)){
                nxt[i]=x;
                return 1;
            }
        }
    }
    return 0;                               // 失败退出
}
int match(int n,int p){                     // 计算并返回二分图的最大匹配
    int sum=0;                              // 将最大匹配初始化为 0
    for(int i=1;i<n;i++){                   // 枚举 V₁ 的每个节点
        memset(used,0,sizeof(used));        // V₂ 的所有节点未访问
        if(find(i,p)) sum+=1;               // 若 V₁ 的节点 i 出发存在增广路，则匹配数加 1
    }
    return sum;                             // 返回最大匹配
}
int main(){
    int n,m,p;
    while(scanf("%d %d %d",&n,&m,&p)!=EOF){// 输入棋盘的行数、列数和孔数
        init();                             // 二分图初始化
        int ma[maxx][maxx];                 // 定义棋盘
        memset(ma,0,sizeof(ma));            // 初始时每一个棋格可放东西
        for(int i=1;i<=p;i++){              // 输入每个孔洞坐标
            int a,b;
            cin>>a>>b;
            ma[b][a]=-1;                    // 设非正常网格标志
        }
        if((n*m-p)%2!=0){                   // 若正常网格数为奇数，则失败退出
            cout<<"NO"<<endl;
        }else{                              // 否则构建二分图
            int cnt1=1;                     // V₁ 和 V₂ 的节点序号初始化
            int cnt2=1;
            for(int i=1;i<=n;i++)           // 搜索每一个可放东西的棋格 (i,j)
                for(int j=1;j<=m;j++)
                    if(ma[i][j]==0)
                        // 若 (i,j) 应属于 V₂，则设置 V₂ 的节点序号，并置入 ma[i][j]；否则
```

```
                    //应属于V1，设置V1的节点序号后置入ma[i][j]
                    if((i+j)%2==0) ma[i][j]=cnt2++;
                    else ma[i][j]=cnt1++;
            //构造以V1和V2中的节点为标志的二分图line [][]
            for(int i=1;i<=n;i++)          //自上而下、由左至右枚举每个棋格
            for(int j=1;j<=m;j++)
                {//若(i,j)属于V2或为孔洞，则寻找下一个坐标
                if((i+j)%2==0||ma[i][j]==-1) continue;
                  //在确定(i,j)属于V1且属正常网格的情况下，若确定(i-1, j)属于V2，则在
                  //这两个节点间连边；若确定(i+1, j)属于V2，则在这两个节点间连边；若确定
                  //(i,j-1)属于V2，则在这两个节点间连边；若确定(i,j+1)属于V2，则在这两
                  //个节点间连边
                   if(i-1>=1&&ma[i-1][j]>0) line[ma[i][j]][ma[i-1][j]]=1;
                   if(i+1<=n&&ma[i+1][j]>0) line[ma[i][j]][ma[i+1][j]]=1;
                   if(j-1>=1&&ma[i][j-1]>0) line[ma[i][j]][ma[i][j-1]]=1;
                   if(j+1<=m&&ma[i][j+1]>0) line[ma[i][j]][ma[i][j+1]]=1;
                }
            int sum=match(cnt1,cnt2);    //计算V1和V2节点构成的二分图的最大匹配
            //若最大匹配数乘以2为正常网格数，则成功覆盖；否则不能覆盖
            if(sum==(n*m-p)/2) cout<<"YES"<<endl;
            else cout<<"NO"<<endl;
        }
    }
    return 0;
}
```

设无自环图 $G=(V, E)$，考虑如下的 V 的子集。

定义 12.1.1（独立集） 若 V 的一个子集 I 中任意两个顶点在 G 中都不相邻，则称 I 是 G 的一个**独立集**。若 G 中不含有满足 $|I'|>|I|$ 的独立集 I'，则称 I 为 G 的**最大独立集**。它的顶点数称为 G 的**独立数**，记为 $\beta_0(G)$。

定义 12.1.2（点覆盖） 若 V 的一个子集 C 使得 G 的每一条边至少有一个端点在 C 中，则称 C 是 G 的一个**点覆盖**。若 G 中不含有满足 $|C'|<|C|$ 的点覆盖 C'，则称 C 是 G 的**最小点覆盖**。它的顶点数称为 G 的**点覆盖数**，记为 $\alpha_0(G)$。

一个图的点覆盖数与独立点数之间有着密切而简单的联系。

定理 12.1.1 V 的子集 I 是 G 的独立集当且仅当 $V-I$ 是 G 的点覆盖。

证明：由独立集的定义，I 是 G 的独立集当且仅当 G 中每一条边至少有一个端点在 $V-I$ 中，即，$V-I$ 是 G 的点覆盖。■

推论 12.1.1 对于 n 个顶点的图 G，有 $\alpha_0(G)+\beta_0(G)=n$。

证明：设 I 是 G 的最大独立集，C 是 G 的最小点覆盖，则 $V-C$ 是 G 的独立集，$V-I$ 是 G 的点覆盖，所以 $n-\beta_0=|V-I|\geqslant\alpha_0$，$n-\alpha_0=|V-C|\leqslant\beta_0$，因此 $\alpha_0+\beta_0=n$。■

定义 12.1.3（边独立数） 设图 $G(V,E)$，最大匹配 M 的边数称为 G 的边独立数，记为 $\beta_1(G)$。

定义 12.1.4（边覆盖，最小边覆盖，边覆盖数） 若 E 的一个子集 L 使 G 的每一个顶点至少与 L 中一条边关联，称 L 是 G 的一个**边覆盖**。若 G 中不含有满足 $|L'|<|L|$ 的点覆盖 L'，则称 L 是 G 的**最小边覆盖**。它的边数称为 G 的**边覆盖数**，记为 $\alpha_1(G)$。

显然 G 有边覆盖的充要条件是 $\delta>0$。

$\alpha_1(G)$ 和 $\beta_1(G)$ 也有类似于 $\alpha_0(G)$ 和 $\beta_0(G)$ 的一个简单关系式，但是匹配和边覆盖之间并没有定理 12.1.1 所述的互补关系。

定理 12.1.2 对于 n 个顶点图 G，且 $\delta(G)>0$，则 $\alpha_1(G)+\beta_1(G)=n$。

证明：设 M 是 G 的最大匹配，$|M|=\beta_1(G)$。设 F 是关于 M 的未饱和点集合，有 $|F|=$

$n-2|M|$。又 $\delta>0$，对于 F 中每个顶点 v，取一条与 v 关联的边，这些边与 M 构成边集 L，显然 L 是一个边覆盖，且 $|L|=|M|+|F|$，于是 $|M|+|L|=n$。又 $|L|\geqslant\alpha_1(G)$，所以 $\alpha_1(G)\leqslant n-\beta_1(G)$，即 $\alpha_1(G)+\beta_1(G)\leqslant n$。

设 L 是 G 的最小边覆盖，$L=\alpha_1(G)$。令 $H=G(L)$，H 有 n 个顶点。又设 M 是 H 的最大匹配，显然也是 G 的匹配，且 $M\subseteq L$。以 U 表示 H 中关于 M 的未饱和点集合，且有 $|U|=n-2|M|$。因为 M 是 H 的最大匹配，所以 H 中 U 的顶点互不相邻，即 U 中顶点关联的边在 $L-M$ 中。因此 $|L|-|M|=|L-M|\geqslant|U|=n-2|M|$，于是 $\alpha_1(G)+\beta_1(G)\geqslant n$。

所以 $\alpha_1(G)+\beta_1(G)=n$。■

对于任一个点覆盖 C 和任一个匹配 M，C 中至少包含匹配 M 中每一边的一个端点，所以总有 $|M|\leqslant|C|$，显然 $\beta_1(G)\leqslant\alpha_0(G)$。下面可以证明对于二分图 G，等式成立。这个结果是科尼格在 1931 年给出的，它与霍尔定理紧密相关。在给出它的证明之前，先证明引理 12.1.1。

引理 12.1.1　设 M 是一个匹配，C 是点覆盖，且 $|M|=|C|$，则 M 是最大匹配，C 是最小点覆盖。

证明：若 M^* 是 G 的最大匹配，$\check{C}$ 是 G 的最小点覆盖，$\beta_1(G)=|M^*|$，$\alpha_0(G)=|\check{C}|$，则 $|M|\leqslant\beta_1(G)\leqslant\alpha_0(G)\leqslant|C|$。由于 $|M|=|C|$，因此 $|M|=|M^*|=\beta_1(G)$，$|C|=|\check{C}|=\alpha_0(G)$。■

定理 12.1.3（科尼格定理，König 定理）　在二分图 $G(V_1, V_2)$ 中，有 $\beta_1(G)=\alpha_0(G)$。

证明：设 M^* 是 G 的最大匹配，U 是 V_1 中关于 M^* 未饱和点集合。又设 Z 表示与 U 中每一个顶点有关于 M^* 交错路相连的顶点集合，因为 M^* 是最大匹配，所以 G 中不包含关于 M^* 的增广路，M 为 G 的一个最大匹配当且仅当 G 中不存在关于 M 的增广路，U 是 Z 中仅有的未被 M^* 饱和的顶点集合。令 $A=Z\cap V_1$，$T=Z\cap V_2$，由 **Hall 婚姻定理**的证明，可知 T 中顶点关于 M^* 是饱和的，并且 $\Gamma(A)=T$。

定义 $\check{C}=(V_1-A)\cup T$，G 中每一边至少有一个顶点在 $\check{C}$ 中，因为否则至少有一边，其一端点在 A 中，另一端点在 V_2-T 中，这与 $\Gamma(A)=T$ 矛盾，所以 $\check{C}$ 是 G 的一个点覆盖。显然，$|\check{C}|=|M^*|$。又由引理 12.1.1，得 $\beta_1(G)=\alpha_0(G)$。■

推论 12.1.2　在 $\delta>0$ 的二分图 $G(V_1, V_2)$ 中，有 $\beta_0(G)=\alpha_1(G)$。

证明：利用定理 12.1.1 的推论 12.1.1 以及定理 12.1.2 可知 $\alpha_1(G)+\beta_1(G)=\alpha_0(G)+\beta_0(G)$。再由定理 12.1.3 即得 $\beta_0(G)=\alpha_1(G)$。■

应用匈牙利算法求解二分图的最大匹配，关键在于如何构建二分图 $G(V_1, V_2)$。题目 12.1.3、12.1.4 和 12.1.5 要求，在构建与问题对应的二分图 $G(V_1, V_2)$ 的基础上，应用独立集和覆盖的理论，以及匈牙利算法求解二分图的最大匹配，进行解题。

【12.1.3　Asteroids】

Bessie 要驾驶她的飞船穿过一个 $N\times N$（$1\leqslant N\leqslant 500$）网格形状的危险小行星区域。在网格区域的格点内有 K（$1\leqslant K\leqslant 10\,000$）个小行星。

幸运的是，Bessie 有一种强大的武器，一次发射就能把网格区域中任意一行或一列的小行星全部蒸发掉。这种武器相当昂贵，她希望尽量少用。给出在区域中所有小行星的位置，请帮 Bessie 计算消灭所有小行星所需的最小发射次数。

输入

第一行给出两个整数 N 和 K，用一个空格隔开。

第 2～$K+1$ 行，每行给出两个用空格分隔的整数 R（$R\geqslant 1$）和 C（$C\leqslant N$），分别表示一

个小行星的行坐标和列坐标。

输出

输出一行，给出一个整数，是 Bessie 消灭所有小行星所需的最小发射次数。

样例输入	样例输出
3 4 1 1 1 3 2 2 3 2	2

提示

样例输入详解如下，其中“×”是一颗小行星，“.”表示该网格没有小行星。

×.×
.×.
.×.

样例输出详解：Bessie 可以在第一行发射，摧毁 (1, 1) 和 (1, 3) 处的小行星，然后她可以在第二列发射，摧毁 (2, 2) 和 (3, 2) 处的小行星。

试题来源：USACO 2005 November Gold

在线测试：POJ 3041

试题解析

简述题意：给出一个 $N \times N$ 网格图，其中网格区域的格点内含 K 个小行星，Bessie 的每一次发射能毁灭掉一行或者一列的小行星，问将小行星全部消灭的最少发射次数。

构建二分图 $G(V_1, V_2)$，其中，行坐标的每一行作为一个节点，构成节点集 V_1，列坐标的每一列作为一个节点，构成节点集 V_2；如果网格 (x, y) 有小行星，$x \in V_1$，$y \in V_2$，则在对应的两个节点 x 和 y 之间连一条边。

Bessie 消灭所有小行星所需的最少发射次数，就是 $G(V_1, V_2)$ 的点覆盖数。根据科尼格定理，点覆盖数等于最大匹配数，所以本题的求解就转化成用匈牙利算法求 $G(V_1, V_2)$ 的最大匹配数。

参考程序

```
#include<iostream>
#define MAX 510
using namespace std;
int n, k, result[MAX];                  // 网格规模为n, 小行星数为k, 匹配表为result[], (result[i], i)
                                        // 为匹配边
bool grid[MAX][MAX], used[MAX];         // 网格的相邻矩阵为grid[][], 列i的访问标志为used[i]
bool find(int x){                       // 判断是否存在由x行出发的增广路
    int i, j;
    for(i = 1; i <= n; i++)             // 搜索x行上未访问的每一列
        if(grid[x][i] == 1 && used[i] == 0){
            used[i] = 1;                // 设i列访问标志
            // 若i列的前驱是未盖点或存在由i列前驱出发的增广路, 则设定i列的前驱为x后成功退出
            if(result[i] == 0 || find(result[i])){
                result[i] = x;
                return true;
```

```
            }
        }
        return false;                                   // 失败退出
    }
    int main(){
        while(cin>>n>>k){                               // 输入网格规模和小行星数
            memset(grid, 0,sizeof(grid));               // 将相邻矩阵初始化为 0
            memset(result, 0,sizeof(result));           // 将匹配表初始化为空
            int p, q, i, sum = 0;                       // 小行星坐标为 (p, q); 最大匹配 sum 初始时为 0
            for(i = 0; i < k; i++){                     // 输入 k 个小行星的坐标, 构造相邻矩阵 grid[][]
                cin>>p>>q;
                grid[p][q] = 1;
            }
            for(i = 1; i <= n; i++){                    // 依次搜索每一行
                memset(used, 0,sizeof(used));           // 所有列的访问标志初始化
                if(find(i))                             // 若发现 i 行出发的增广路, 匹配边数加 1
                    sum++;
            }
            cout<<sum<<endl;                            // 输出最大匹配
        }
        return 0;
    }
```

【12.1.4　Antenna Placement】

全球航空研究中心（The Global Aerial Research Centre）获得了在瑞典建设第五代移动电话网基站的项目。获得这一项目的最引人注目的原因是，该研究中心发明了一种新的、高抗干扰的基站。基站被称为 4DAir，有四种类型。由于地球电磁场的作用，每种类型的基站只能在一个与纬度和经度网格对齐的方向上发射和接收信号，这四种类型的基站分别对应北、西、南、东四个方向。图 12.1-8 给出了一个实例，12 个要被信号覆盖的城市，用小环表示；9 个 4DAir 基站，用覆盖了城市的椭圆表示。

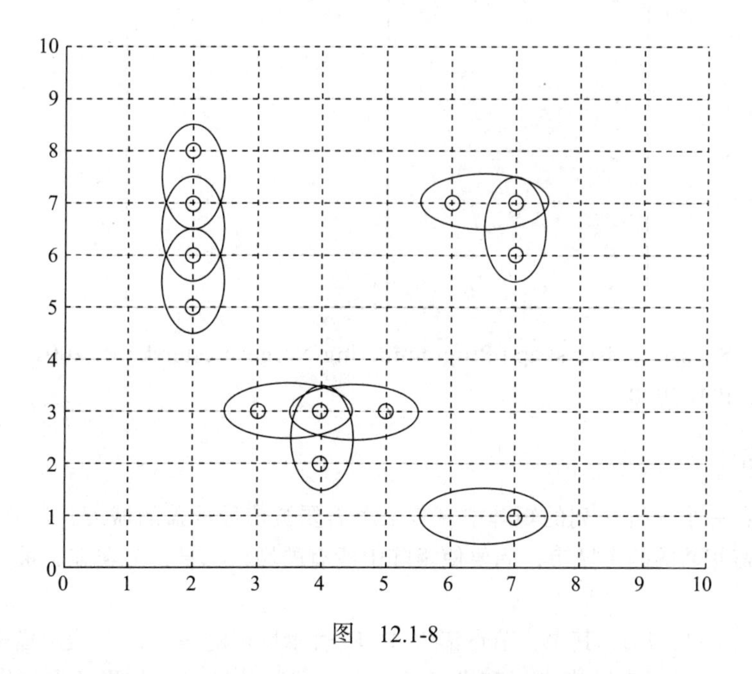

图　12.1-8

显然，只要信号覆盖了标出的每个城市，建造尽可能少的基站是可行的。本题以如下方

式建模：设 **A** 是一个表示瑞典地图的矩阵，矩阵 **A** 中的每个元素或者是要被至少一个基站的信号所覆盖的城市，或者是荒地，不用信号覆盖。一个基站如果被放置在矩阵 **A** 中的第 r 行第 c 列，那么不仅第 r 行第 c 列被信号所覆盖，而且根据所选择基站的类型，相邻位置 $(c+1, r)$、$(c, r+1)$、$(c-1, r)$ 或 $(c, r-1)$ 中的一个也被信号所覆盖。请计算，要使矩阵 **A** 中所有的城市都被信号覆盖，最少需要多少个基站。

输入

输入的第一行给出一个正整数 n，表示后面给出的测试用例的数量。每个测试用例的第一行给出两个正整数 h 和 w，其中 $1 \leqslant h \leqslant 40$、$0<w \leqslant 10$；然后给出一个 h 行 w 列的矩阵，用于表示瑞典的地图，每行给出 w 个取自集合 {'*', 'o'} 中的字符，其中字符 '*' 表示该点是要被信号覆盖的城市，而字符 'o' 表示该点为荒地，不必用信号覆盖。

输出

对于每个测试用例，输出覆盖测试用例中的所有 '*' 最少需要多少个基站，每行对应一个测试用例。

<table>
<tr><th>样例输入</th><th>样例输出</th></tr>
<tr><td>2
7 9
ooo**oooo
**oo*ooo*
o*oo**o**
ooooooooo
*******oo
o*o*oo*oo
*******oo
10 1
*
*
*
o
*
*
*
*
*
*</td><td>17
5</td></tr>
</table>

试题来源：Svenskt Mästerskap i Programmering/Norgesmesterskapet 2001

在线测试：POJ 3020

试题解析

简述题意：一个 h 行 w 列的矩阵中有若干个需要被信号覆盖的城市，若放置一个基站，那么它可以覆盖相邻的两个城市；问要使矩阵中所有的城市都被信号覆盖，最少需要多少个基站？

构建二分图 $G(V_1, V_2)$，其中，节点集 $V_1 \cup V_2$ 表示城市的集合，V_1 表示横坐标和纵坐标的和为奇数的城市，V_2 表示横坐标和纵坐标的和为偶数的城市；如果两个城市相邻，则在对应的两个节点之间连一条边。

本题要求所有的城市都要被信号覆盖，而一个基站能够覆盖两个相邻的城市；所以，计算所需的最少的基站个数就是计算二分图 $G(V_1, V_2)$ 的最小边覆盖，即计算二分图 $G(V_1, V_2)$ 的最小边覆盖数。

根据定理 12.1.2，边覆盖数与边独立数的和等于节点数；而边独立数，也就是最大匹配的边数，通过对 $G(V_1, V_2)$ 使用匈牙利算法进行求解。

参考程序

```
#include<iostream>
using namespace std;
const int maxn=60;
char mp[maxn][maxn];                          // 矩形的相邻矩阵
int g[1000][1000],used[1000],girl[1000]; // 二分图 g[][]; b[] 中每个节点的访问标志存储在
                                              // uesd[] 中，每个节点的前驱都存储在 girl[] 中
struct dian{
    int x,y;                                  // 坐标
}a[1000],b[1000];                             // 奇数点存储在 a[] 中，偶数点存储在 b[] 中
int aa,bb;                                    // aa 为 a[] 的指针，bb 为 b[] 的指针
bool find(int x){                             // 判断是否存在由 a[] 中节点 x 出发的增广路
    for(int i=1;i<=bb;i++)                    // 搜索 b[] 中的每个节点
        if(g[x][i]&&used[i]==0){              // 若 (x,i) 为二分图的边且 i 未访问，则设 i 访问标志
            used[i]=1;
            if(girl[i]==0||find(girl[i])){ // 若 i 的前驱是未盖点或存在由 i 的前驱出发的
                                              // 增广路，则设 i 的前驱为 x 后成功退出
                girl[i]=x;
                return true;
            }
    }
    return false;                             // 失败退出
}
int main(){
    int t;
    cin>>t;                                   // 输入测试用例数
    while(t--){                               // 依次处理每个测试用例
        memset(g,0,sizeof(g));
        memset(girl,0,sizeof(girl));
        int h,w;
        scanf("%d%d",&h,&w);                  // 输入矩阵规模
        for(int i=0;i<h;i++)                  // 输入矩形的每行信息
            scanf("%s",mp[i]);
        aa=0,bb=0;
        for(int i=0;i<h;i++){                 // 自上而下、由左至右搜索每个格子
            for(int j=0;j<w;j++)
                if(mp[i][j]=='*')             // 若 (i,j) 需要被信号覆盖
                    // 若横坐标和纵坐标的和为奇数，则 (i,j) 属于 a[] 集，计算 a[] 的指针 aa，坐标记入
                    //a[aa]; 否则 (i,j) 属 b[] 集，计算 b[] 的指针 bb，坐标记入 b[bb]
                    if((i+j)&1){
                        a[++aa].x=i;
                        a[aa].y=j;
                    }else{
                        b[++bb].x=i;
                        b[bb].y=j;
                    }
        }
        for(int i=1;i<=aa;i++){               // 依次搜索 a[] 中的每个奇数点和 b[] 中的每个偶数点。
                                              // 若两者相邻，则构成二分图 g[][] 的一条边
            for(int j=1;j<=bb;j++){
```

```
                if(a[i].x==b[j].x)
                    if(abs(a[i].y-b[j].y)<=1) g[i][j]=1;
            if(a[i].y==b[j].y)
                    if(abs(a[i].x-b[j].x)<=1)       g[i][j]=1;
        }
    }
    int ans=0;                          // 将最大匹配数初始化为 0
    for(int i=1;i<=aa;i++){             // 搜索 a[] 中的每个节点 i
        memset(used,0,sizeof(used)); // b[] 中每个节点未访问
            if(find(i)) ans++;          // 若存在由 i 出发的增广路，则匹配数加 1
    }
    printf("%d\n",aa+bb-ans);           // 最小覆盖边集数 = 节点数 - 最大匹配数
  }
}
```

【12.1.5　Guardian Of Decency】

Frank N. Stein 是一位非常保守的高中老师。他想带一些学生出去短途旅行，由于他担心这些学生中的一些人会成为情侣，因此他制定了以下他认为使两个人成为情侣的可能性很小的规则。

- 他们的身高相差超过 40cm。
- 他们是同性。
- 他们喜欢的音乐风格是不同的。
- 他们最喜欢的体育运动是相同的（他们可能是不同球队的球迷）。

因此，对于他所带的任何两个学生，必须满足至少一项上述规则。根据学生的信息，请计算 Frank N. Stein 最多能带出去多少学生。

输入

输入的第一行给出一个整数 T（$T\leqslant 100$），表示测试用例的数量。每个测试用例的第一行给出一个整数 N（$N\leqslant 500$），表示学生的数量。接下来，每个学生的信息一行，给出以下四个由空格分隔的数据。

- 一个整数 h，表示身高，单位为 cm。
- 一个字符 'F'，表示女性；或者，一个字符 'M'，表示男性。
- 一个字符串，表示喜欢的音乐风格。
- 一个字符串，表示最喜欢的体育运动。

在输入中，字符串不能超过 100 个字符，字符串也不能包含空格。

输出

对于输入的每个测试用例，输出一行，给出一个整数，表示 Frank N. Stein 最多能带出去多少学生。

样例输入	样例输出
2 4 35 M classicism programming 0 M baroque skiing 43 M baroque chess 30 F baroque soccer 8	3 7

（续）

样例输入	样例输出
27 M romance programming 194 F baroque programming 67 M baroque ping-pong 51 M classicism programming 80 M classicism Paintball 35 M baroque ping-pong 39 F romance ping-pong 110 M romance Paintball	3 7

试题来源：ICPC Northwestern Europe 2005

在线测试：POJ 2771，UVA 3415

试题解析

对于本题，可以这样处理：先把可能谈恋爱的学生全都匹配起来，然后再狠心地拆散他们，即仅允许匹配中的一名学生参与活动。所以，本题的答案就是总人数减去最大的匹配数。

为此，构建二分图 $G(V_1, V_2)$，其中，节点集 V_1 表示男生集合，节点集 V_2 表示女生集合；再把其他的规则反过来，如果两人可能成为情侣，则在对应的两个节点之间连一条边。

本题要求计算 Frank N. Stein 最多能带出去多少学生，就是求解二分图 $G(V_1, V_2)$ 最大独立集的独立数。

根据推论 12.1.1 和科尼格定理，对于二分图 $G(V_1, V_2)$，独立数与边独立数之和为 G 的节点数。而最大匹配的边数，即边独立数，通过对 $G(V_1, V_2)$ 用匈牙利算法进行求解。

参考程序

```
#include <iostream>
using namespace std;
const int MaxN = 510, MaxLen = 110;
int a[MaxN][MaxN], match[MaxN];              // 相邻矩阵为a[][]; 匹配边集为match[], (match[i], i)
                                             // 为匹配边
bool vis[MaxN];                              // 女生的访问标志
int T, n, m, k;                              // 测试用例数为T, 男生数为n, 女生数为m, 学生数为k
struct stu                                   // 学生信息的结构类型
{
    int h;                                   // 身高
    char sex[2], music[MaxLen], sport[MaxLen];// 性别、喜欢的音乐风格和体育运动
}boys[MaxN], girls[MaxN];                    // 男生序列 boys[] 和女生序列 girls[]
bool dfs(int x)                              // 判断是否存在由男生 x 出发的增广路
{
    for(int y = 1; y <= m; ++y)              // 枚举每一个与男生 x 间有边且未访问的女生 y
    {
        if(!a[x][y] || vis[y])               // 若不符合条件, 则枚举下一个女生
            continue;
        vis[y] = true;                       // 置女生 y 访问标志
        if(!match[y] || dfs(match[y]))       // 若女生 y 的前驱是未盖点或存在由女生 y 的前驱出发
                                             // 的增广路, 则确定 x 是 y 的前驱后成功返回
        {
            match[y] = x;
            return true;
        }
```

```
    }
    return false;                               // 失败返回
}
void solve()                                    // 计算并输出答案
{   // 步骤 1: 构建二分图
    for(int i = 1; i <= n; ++i)                 // 枚举每一对男女
        for(int j = 1; j <= m; ++j)
            // 若身高大于 40 或音乐爱好不同或体育运动爱好不同，则他们之间不连边；否则连边
            if (abs(boys[i].h - girls[j].h) > 40 || strcmp(boys[i].music,
                girls[j].music) != 0 || strcmp(boys[i].sport, girls[j].sport) == 0)
                a[i][j] = 0;
            else  a[i][j] = 1;
    // 步骤 2: 计算最大匹配数
    int ans = 0;                                // 初始时匹配数为 0
    for(int i = 1; i <= n; ++i)                 // 枚举每一个男生
    {
        memset(vis, false, sizeof vis);         // 每一个女生未访问
        if(dfs(i)) ++ans;                       // 若存在由男生 i 出发的增广路，则匹配数加 1

    }
    printf("%d\n", n + m - ans);                // 步骤 3: 计算并输出独立数，即节点数减去最大匹配数
}
int main()
{
    int height;
    char ch[2];
    scanf("%d", &T);                            // 输入测试用例数
    while(T--)                                  // 依次处理每个测试用例
    {
        memset(a, 0, sizeof a);
        memset(match, 0, sizeof match);
        n = m = 0;                              // 男女生人数初始化
        scanf("%d", &k);                        // 输入学生数
        while(k--)                              // 依次输入每个学生的信息
        {
            scanf("%d%s", &height, ch);         // 输入身高和性别
            if(ch[0] == 'M')                    // 若为男生，则将其信息存入 boys[]
            {
                boys[++n].h = height;
                strcpy(boys[n].sex, ch);
                scanf("%s%s", boys[n].music, boys[n].sport);
            }else{                              // 将女生信息存入 girls[]
                girls[++m].h = height;
                strcpy(girls[m].sex, ch);
                scanf("%s%s", girls[m].music, girls[m].sport);
            }
        }
        solve();                                // 计算并输出答案
    }
    return 0;
}
```

12.2 稳定婚姻问题

"稳定婚姻问题"（Stable Marriage Problem）是一个在现实生活中应用二分图进行完美匹配的经典问题：有 N 位男生和 N 位女生最终要组成稳定的婚姻。1962 年，美国数学家 David Gale 和 Lloyd Shapley 给出求解稳定婚姻问题的算法，被称为 Gale-Shapley 算法。

Gale-Shapley 算法开始之前，N 位男生和 N 位女生每人先按照喜欢程度对 N 位异性进行排序。

Gale-Shapley 算法第一轮，所有的男生都向自己最爱的女生求婚；然后，每个女生看自己有没有收到求婚，以及收到了多少男生的求婚：如果她只收到一位男生的求婚，那么就和这位男生订婚；如果她收到多于一位男生的求婚，那么就和其中她最爱的那个男生订婚，同时拒绝其他男生。如果一个求婚都没有，也不要着急，最后总会有的。此时，如果所有人都订婚了，算法结束；如果还有人没有订婚，那么算法进入第二轮。

Gale-Shapley 算法第二轮，所有还没订婚的男生向自己次爱的女生求婚（因为上一轮已经被最爱的女生拒绝）；然后，每个女生再看自己收到求婚的情况：如果她已经订婚了，但是又有一个她更爱的男生来向她求婚，她就拒绝原来和她订婚的男生，再和这个她更爱的男生订婚；如果她还没订婚，那就和第一轮的处理一样。此时，如果所有人都订婚了，算法结束；如果还有人没有订婚，那么算法进入第三轮。

Gale-Shapley 算法就这样一轮一轮地循环，直到最后大家都订了婚。

Gale-Shapley 算法具有如下性质。

- 算法可终止；也就是说，大家都会订婚，算法不可能无限循环。
- 算法终止时，所有的婚姻都是稳定婚姻。所谓不稳定婚姻，是指在婚姻中存在这样的情况：有两对夫妇（M_1，F_1）和（M_2，F_2），尽管 M_1 的妻子是 F_1，但他更爱 F_2；而 F_2 的丈夫是 M_2，但她更爱 M_1。也就是说，M_1 和 F_2 各自的婚姻都是错误，他俩理应结合。

Gale-Shapley 算法是“男方最优”的，即，男生能够获得尽可能好的伴侣。比如，对于某个男生，最后有 20 位女生拒绝了他，但他仍然能够得到剩下 80 位女生中他最爱的那一个。

Gale-Shapley 算法是“女方最差”的，女生可能会和最不喜欢的人订婚。虽然，女生每换一次订婚对象就接近了她最爱的目标，但最后往往达不到她的目标。比如，对于某个女生，还差 30 名就达到她最爱的人了，但这时所有的人都订了婚，Gale-Shapley 算法终止，她也只能得到剩下 70 位男生中她最爱的那一个。

题目 12.2.1 和题目 12.2.2 是应用 Gale-Shapley 算法求解稳定婚姻问题的实验。

【12.2.1　The Stable Marriage Problem】

稳定婚姻问题是根据一个集合的成员对另一个集合的成员的喜欢程度来匹配这两个不同集合的成员。本题的输入包括：

- 一个 n 个男生组成的集合 M。
- 一个 n 个女生组成的集合 F。

每一个男生和每一个女生都有一份所有异性成员的名单，他们按喜欢程度对该名单进行排序（从最喜欢到最不喜欢）。

婚姻是男生和女生之间一对一的映射。如果不存在这样的一对男女 (m, f)，$f \in F$，$m \in M$，比起 f 现在的伴侣，f 更喜欢 m，而比起 m 现在的伴侣，m 更喜欢 f，那么这个婚姻就被称为稳定婚姻。稳定婚姻 A 被称为男性最优（male-optimal）的，如果没有其他稳定婚姻 B，在 B 中一个男生与一个他更喜欢的女生匹配，而不是在 A 中指定的那位女生。

给定所有男生和女生喜欢的异性排序名单，请给出男性最优的稳定婚姻。

输入

输入的第一行给出测试用例的数量。每个测试用例的第一行给出整数 n（$0 < n < 27$）。下一行给出 n 位男生和 n 位女生的名字，男生名字为小写字母，女生名字为大写字母。接下

来的 n 行，给出每个男生喜欢女生的排序列表；再接下来的 n 行，给出每个女生喜欢男生的排序列表。

输出

对于每个测试用例，请找到并输出男性最优的稳定婚姻的配对。每个测试用例要按照男生名字的字典顺序输出，如样例输出中所示。在两个测试用例之间输出一个空行。

样例输入	样例输出
2 3 a b c A B C a:BAC b:BAC c:ACB A:acb B:bac C:cab 3 a b c A B C a:ABC b:ABC c:BCA A:bac B:acb C:abc	a A b B c C a B b A c C

试题来源：ICPC Southeastern Europe 2007

在线测试：POJ 3487

试题解析

本题是 Gale-Shapley 算法的模板题。计算过程如下。

先将所有待选男生送入队列，然后进行如下操作。

1）取队首的男生，在所有尚未拒绝他的女生中选择一位他喜欢程度最高的女生；

2）若该女生已确定婚姻配对且更喜欢原来配对的对象，则当前男生入队，重新选择配对；否则（该女生未确定婚姻配对；或与原配对的男生相比，该女生更喜欢当前男生），确定该女生与当前男生配对。若存在原配对男生，则拒绝与原配对男生的婚姻，原配对男生入队，重新选择配对。

上述操作直至队列空为止。此时得出了所有男生最稳定的婚姻。

参考程序

```
#include <cstdio>
#include <queue>
#include <map>
using namespace std;
const int MAXN = 100;
int pref[MAXN][MAXN], order[MAXN][MAXN], next[MAXN];     // 编号 i 的男生第 j 个喜欢的女生
                                                          // 编号为 pref[i][j]，编号 m 的
                                                          // 男生对编号 w 的女生的喜欢程度
                                                          // 为 order [m][w]，对下一个
                                                          // 待选女生的喜欢程度为 next[m]
```

```
int future_husband[MAXN], future_wife[MAXN]; // future_husband[w] 为女生 w 的稳定婚姻对象,
                                             // future_wife[m] 为男生 m 的稳定婚姻对象
queue<int> que;                              // 队列，存储待配对的男生编号
map<char, int> mp;                           // 关联容器 mp，其中 mp[c] 为姓名 c 的人员编号

void engage(int man, int woman){             // 确立女生 woman 与男生 man 的婚姻配对
    int &m = future_husband[woman];          // 取 woman 的婚姻配对 m
    if(m){                                   // 若 m 存在，则清空 m 的婚姻配对，m 入队
        future_wife[m] = 0;
        que.push(m);
    }
    future_husband[woman] = man;             // 女生 woman 与男生 man 为稳定的婚姻配对
    future_wife[man] = woman;                // 男生 man 与女生 woman 为稳定的婚姻配对
}
int n, T;                                    // 男女生人数为 n，测试用例数为 T
void GaleShapley(){                          // 计算并输出每个男生的最优稳定配对
    while(!que.empty()){                     // 若队列非空，则弹出队首的男生编号 man
        int man = que.front(); que.pop();
        int woman = pref[man][next[man]++]; // 取下一个喜欢的女生编号 woman
        // 若女生 woman 未有婚姻配对或者 woman 与 man 配对更稳定，则确定 woman 与 man 的婚姻配对;
        // 否则 man 入队
        if(!future_husband[woman]||order[woman][man]<order[woman][future_
          husband[woman]])
            engage(man, woman);
        else que.push(man);
    }
    for(char c = 'a'; c <= 'z'; ++c)        // 按照姓名的字典顺序输出每个男生最优的稳定婚姻配对
        if(mp[c]) printf("%c %c\n", c, future_wife[mp[c]] + 'A' - 1);
}
int main(){
    char s[MAXN], c[2];                     // s[i] 为第 i 个男生喜欢女生的排序列表，姓名为 c[2]
    scanf("%d", &T);                        // 输入测试用例数
    while(T--){                             // 依次处理每个测试用例
        if(!que.empty()) que.pop();         // 清空队列
        mp.clear();                         // 清空关联容器 mp 中的人员编号
        memset(pref,0,sizeof(pref));        // 男生按喜欢顺序排序的女生编号列表 pref[][] 清零
        memset(order,0,sizeof(order));      // 男生与女生喜欢程度的列表 order[][] 清零
        memset(future_husband,0,sizeof(future_husband)); // 男女生稳定婚姻列表清零
        memset(future_wife,0,sizeof(future_wife));
        scanf("%d", &n);                    // 输入男女生的人数
        for(int i = 1; i <= n; ++i) scanf("%s", c), mp[c[0]] = i; // 输入每个男生的名
                                                                  // 字，确定编号
        for(int i = 1; i <= n; ++i) scanf("%s", c), mp[c[0]] = i; // 输入每个女生的名
                                                                  // 字，确定编号
        for(int i = 0; i < n; ++i){         // 依次输入每个男生喜欢女生的排序列表 s
            scanf("%s", s);
            for(int j = 2; s[j]; ++j) pref[mp[s[0]]][j-1] = mp[s[j]];
            // 按照喜欢顺序将女生编号送入 pref[]][]
            next[mp[s[0]]] = 1;             // 该男生从自己最喜欢的女生选起
            que.push(mp[s[0]]);             // 该男生入队
        }
        for(int i = 0; i < n; ++i){         // 依次输入每个女生喜欢男生的排序列表 s
            scanf("%s", s);
            // 确定当前男生对每位女生的喜欢顺序表 order [][]
            for(int j = 2; s[j]; ++j) order[mp[s[0]]][mp[s[j]]] = j-1;
        }
        GaleShapley();                      // 计算并输出每个男生的最优稳定配对
        if(T) printf("\n");                 // 当前测试用例处理完毕，换行
    }
}
```

【12.2.2　Ladies' Choice】

高中的同学们请你帮助他们组织明年的舞会。他们的想法是，以公平文明的方式为班里的每位同学找到一个合适的约会对象。因此，他们组织了一个网站，所有的同学，无论是男生还是女生，每人都给出一份按自己喜欢程度排序的所有异性同学的名单。请你进行安排，让每个同学都尽可能开心。本题设定男生和女生的人数相等。

基于给出的排序名单，安排约会，使不会有两名异性同学喜欢对方的程度超过喜欢他们现在的舞伴的程度。因为舞会的主题是女士的选择（Ladies' Choice），所以要求女士优先。

输入

输入由多个测试用例组成，输入的第一行给出测试用例的数量。

每个测试用例前都有一个空行。

每个测试用例首先给出一个不大于 1000 的正整数 N，表示班里的情侣对数。接下来的 N 行，每行给出 1～N 的所有整数，表示一个女生对男生的喜欢程度的排序。再接下来的 N 行，每行也给出 1～N 的所有整数，表示一个男生对女生的喜欢程度的排序。

输出

每个测试用例输出 N 行序列，其中第 i 行给出分配给第 i 个女生的男生编号（1～N）。

在两个测试用例之间输出一个空行。

样例输入	样例输出
1 5 1 2 3 5 4 5 2 4 3 1 3 5 1 2 4 3 4 2 1 5 4 5 1 2 3 2 5 4 1 3 3 2 4 1 5 1 2 4 3 5 4 1 2 5 3 5 3 2 4 1	1 2 5 3 4

试题来源：ACM-ICPCSouth Western European Regional Contest 2007

在线测试：UVA 1175，UVA 3989

试题解析

本题也是 Gale-Shapley 算法的模板题。由于本题要求女士优先，因此本题本质上是女生去求婚。

参考程序

```
#include<cstdio>
#include<queue>
using namespace std;
const int MAXN = 1111;
struct GS                                    // 结构体
```

```
{
    int n;                                    // 舞伴数
    int mr[MAXN][MAXN],miss[MAXN][MAXN]; // 编号 m 的男士第 j 喜欢的女士编号为 mr[m][j]; 编
                                          // 号为 w 的女士对编号为 m 的男士的喜欢程度为 miss[w][m];
                                          // 编号为 m 的男士对下一个待选女生的喜欢程度为 next[m]
    int future_wife[MAXN],future_husband[MAXN],next[MAXN];
    // 编号 m 的男士的舞伴编号为 future_wife[m], 编号 w 的女士的舞伴编号为 future_husband [w]
    queue<int> q;                             // 未找到舞伴的男生队列
    void engage(int man,int woman)            // 确定 man 和 woman 为舞伴
    {
        int pre = future_husband[woman]; // 取 woman 的现任舞伴 pre
        if(pre)                               // 如果有
        {
            future_wife[pre] = 0;             // 抛弃 pre
            q.push(pre);                      // pre 加入未找到舞伴的男生队列 q
        }
        future_wife[man] = woman;             // 确定 man 和 woman 为舞伴
        future_husband[woman] = man;
    }
    void read()                               // 输入并构建男女生喜欢异性的列表
    {
        for(int i = 1;i <= n;i++)             // 枚举每一个男生编号
        {
            for(int j = 1;j <= n;j++)
                scanf("%d",&mr[i][j]);        // 输入编号为 i 的男士第 j 喜欢的女士编号
            next[i] = 1;                      // 从最喜欢的女生开始选择舞伴
            future_wife[i] = 0;               // 编号为 i 的男士暂时没有舞伴
            q.push(i);                        // 加入没有舞伴的男士队列
        }
        for(int i = 1;i <= n;i++)             // 枚举女生编号
        {
            for(int j = 1;j <= n;j++)         // 枚举喜欢程度
            {
                int x;
                // 输入男生编号, 并确定该男生在编号为 i 的女士心中的喜欢程度为 j
                scanf("%d",&x);
                miss[i][x] = j;
            }
            future_husband[i] = 0;            // 编号为 i 的女士暂时没有舞伴
        }
    }
    void solve()                              // 求解
    {
        while(!q.empty())                     // 若队列非空, 则取队首男生 man
        {
            int man = q.front();
            q.pop();
            int woman = mr[man][next[man]++]; // 下一步选择 woman 做女舞伴
            if(!future_husband[woman])        // 若 woman 目前没有舞伴
                engage(man,woman);            // 确定 man 和 woman 结为舞伴
            else if(miss[woman][man] < miss[woman][future_husband[woman]])
            // 若相比原先的舞伴, woman 更喜欢 man, 则确定 man 和 woman 结为舞伴
                engage(man,woman);
            else q.push(man);                 // 否则被 man 拒绝, 加入未找着舞伴的男生队列
        }
    }
    void init(int n)                          // 初始化
    {
        this->n = n;                          // 给参数 n 赋值
    }
} gs;
```

```
int main()
{
    int _;                                      // 测试用例数
    scanf("%d",&_);                             // 输入测试用例数
    while(_--)                                  // 依次处理每个测试用例
    {
        int n;
        scanf("%d",&n);                         // 输入舞伴数
        gs.init(n);                             // 初始化
        gs.read();                              // 输入和构建男女生喜欢异性的列表
        gs.solve();                             // 求解
        for(int i = 1;i <= n;i++)               // 输出分配给第 i 个女生的舞伴编号
            printf("%d\n",gs.future_wife[i]);
        if(_) puts("");                         // 当前测试用例处理完，换行
    }
    return 0;
}
```

12.3 KM 算法

在实际生活中，涉及二分图匹配的问题时，有的情况不仅要考虑匹配的边数，还要考虑“边权”的因素。例如，已知 m 个人、n 项任务和每个人从事各项工作的效益。能不能适当地安排，使每个人平均从事一项工作且产生效益的和最大？显然，可以将 n 和 m 作为两个互补的节点集，将节点间的边权设为工作效益，这是一个边加权的二分图。

Kuhn 和 Munkres 给出了一种通过调整完全二分图的节点标号来计算最佳匹配的方法，这种方法称为 Kuhn-Munkres 算法，也称为 KM 算法。KM 算法是用于寻找带权二分图最佳匹配的算法。所谓最佳匹配，就是完备匹配下的最大权匹配；如果不存在完备匹配，那么 KM 算法就会求最大匹配；如果最大匹配有多种，那么 KM 算法的结果是最大匹配中权重和最大的。

首先，通过一个模拟 KM 算法的实例，说明 KM 算法的过程。

现在有 3 位员工 {A, B, C}，3 项工作 {a, b, c}，以及每个员工从事不同工作所产生的效益。我们希望适当地安排，使每个员工平均从事一项工作且产生效益的总和最大。将 3 位员工和 3 项工作作为两个互补的节点集，将节点间的边权设为工作效益，如图 12.3-1 所示。

每个员工和每项工作都有一个效益值，员工效益值的初值就是他能从事的工作中的最大效益值，而工作效益值的初值为 0，如图 12.3-2 所示。

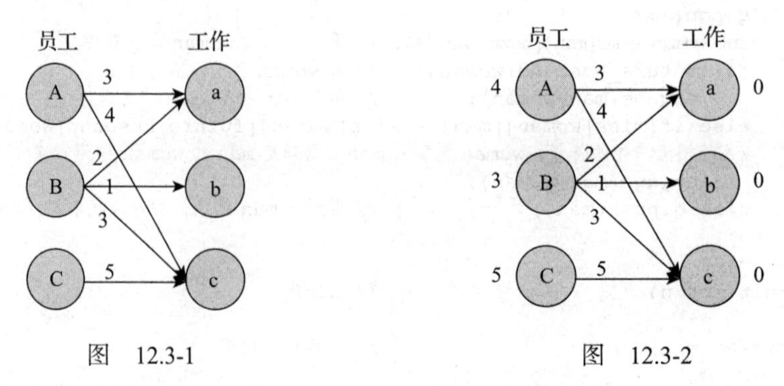

图 12.3-1　　　　图 12.3-2

接下来，对员工和从事的工作进行匹配。从第一个员工开始，分别为每一个员工分配工

作。每次都从该员工能从事的第一个工作开始，选择一个工作，使员工和工作的效益的和等于连接员工和工作的边的权值。若是找不到边匹配，对此条路径上的所有员工（左边节点）的效益值减 1，工作（右边节点）的效益值加 1，再进行匹配；若还是无法匹配，则重复上述加 1 和减 1 操作。注意，对于每一轮匹配，每个工作只会被尝试匹配一次。

首先，对员工 A 进行匹配，有两条边：Aa 和 Ac。对于 Aa，员工与工作的效益的和为 4，而 Aa 的权值为 3，不符合匹配条件；对于 Ac，员工与工作的效益的和为 4，而 Ac 的权值为 4，符合匹配条件；如图 12.3-3 所示。

然后，对员工 B 进行匹配，有 3 条边：Ba、Bb 和 Bc。对于前两条边 Ba 和 Bb，员工与工作的效益的和大于边的权值，不符合匹配条件；对于 Bc，员工与工作的效益的和 = 边权重 = 3，但 A 已经和 c 匹配；尝试让 A 换工作，但 A 也只有 Ac 边满足要求，于是 A 也不能换边。此时，因为找不到边匹配，对此条路径 BcA 的左边节点的效益值减 1，右边节点的效益值加 1，再进行匹配；如图 12.3-4 所示。

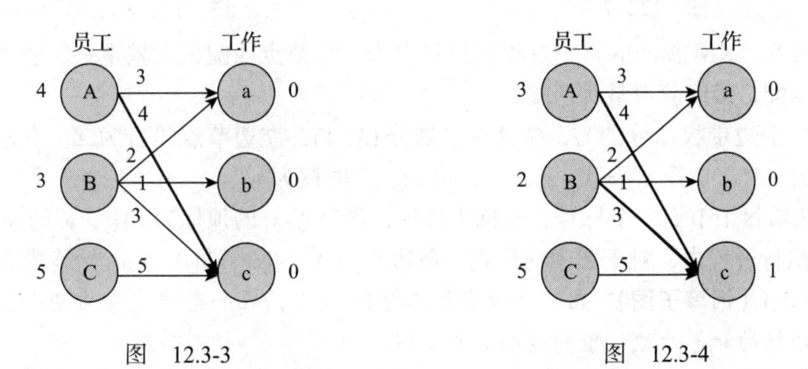

图　12.3-3　　　　图　12.3-4

进行上述操作后发现，如果左边有 n 个节点的效益值减 1，则右边就有 $n-1$ 个节点的效益值加 1，整体效率值下降 $1*(n-(n-1))=1$。现在，对于 A，Aa 和 Ac 是可匹配的边；对于 B，Ba 和 Bc 是可匹配的边。所以，再进行匹配，对于 Ba 边，员工与工作的效益的和（$2+0$）= 边权重 = 2。所以，Ac 和 Ba 匹配。如图 12.3-5 所示。

现在，匹配最后一位员工 C，只有一条边 Cc，但 $5+1\neq5$，C 没有边能够匹配，所以员工 C 的效益值减 1，如图 12.3-6 所示。

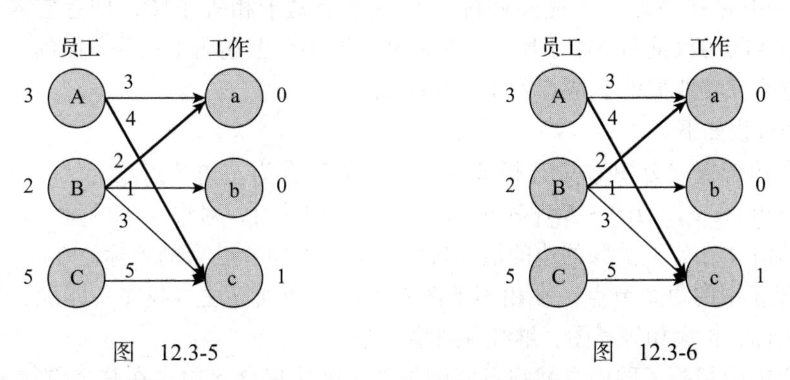

图　12.3-5　　　　图　12.3-6

此时，对员工 C 匹配，只有边 Cc，员工与工作的效益的和（$4+1$）= 边权重 = 5，但 A 已经和 c 匹配；尝试让 A 换工作，边 Aa 满足要求，但 B 已经和 a 匹配；而每一轮匹配，每个工作只会被尝试匹配一次，所以 B 不和 c 匹配；只有一条边 Bb，但 $2+0\neq1$；所以，找不到边匹配。对此条路径 CcAaB 的左边节点的效益值减 1，右边节点的效益值加 1，再进行匹配，如图 12.3-7 所示。

对于 C，Cc 是可匹配的边；A 尝试换匹配边，Aa 是可匹配的边；B 接着换匹配边，Bb 是可匹配的边；如图 12.3-8 所示。

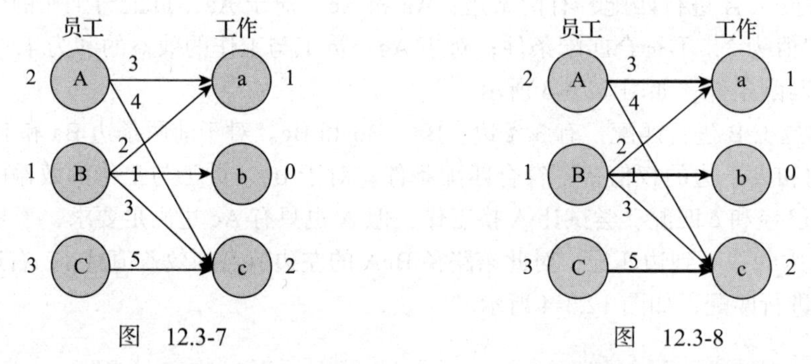

图　12.3-7　　　　图　12.3-8

由上例可知，KM 算法的整个过程就是每次为一个节点匹配最大权重边，利用匈牙利算法完成最大匹配，最终获得最优匹配。

设存在一个边带权二分图 G，G 具有二划分 (X, Y)，左边节点集合为 X，右边节点集合为 Y，$|X| \leqslant |Y|$，对于节点 $x_i \in X$、$y_j \in Y$，边 (x_i, y_j) 的权为 w_{ij}。

KM 算法给每个节点一个标号，被称为顶标，设节点 x_i 的顶标为 $A[i]$，y_j 的顶标为 $B[j]$，在 KM 算法执行过程中，对于图中的任意一条边 (x_i, y_j)，$A[i] + B[j] \geqslant w_{ij}$ 始终成立。

定义 12.3.1（相等子图） *在一个边带权二分图 G 中，每一条边有左右两个顶标，相等子图就是由顶标的和等于边权重的边构成的子图。*

定理 12.3.1 *在一个边带权二分图 G 中，对于 G 中的任意一条边 (x_i, y_j)，$A[i] + B[j] \geqslant w_{ij}$ 始终成立；并且在 G 中存在某个相等子图有完美匹配，那么这个完美匹配就是 G 的最大权匹配。*

证明： 由于在 G 中存在某个相等子图有完美匹配，因此，这个完美匹配所有边都满足 $A[i] + B[j] = w_{ij}$。又由于完美匹配包含了 G 的所有节点，因此这个属于相等子图的完美匹配的总权重等于所有顶标的和。

如果在 G 中存在另外一个完美匹配，它不完全属于相等子图，即存在某条边 $A[i] + B[j] > w_{ij}$，该匹配的权重和就小于所有顶标的和，即小于上述属于相等子图的完美匹配的权重和，那么这个完美匹配就不是 G 的最大权匹配。■

KM 算法过程如下。

首先，在边带权二分图 G 中选择节点数较少的集合为左边节点集合 X。为了使对于 G 中的任意一条边 (x_i, y_j)，$A[i] + B[j] \geqslant w_{ij}$ 始终成立；初始时，对集合 X 的每一个节点 x_i 设置顶标，顶标的值 $A[i]$ 为 x_i 关联的边的最大权值，集合 Y 的节点 y_j 的顶标为 0。

对于集合 X 中的每个节点，在相等子图中利用匈牙利算法寻找完备匹配；如果没有找到，则修改顶标，扩大相等子图，继续寻找增广路。

如果在当前的相等子图中寻找完备匹配失败，则在集合 X 中存在某个节点 x，无法从 x 出发延伸交错路。此时获得了一条交错路，起点和终点是集合 X 中的节点。我们把交错路中集合 X 中节点的顶标全都减小同一个值 d，集合 Y 中节点的顶标全都增加同一个值 d，$d = \min\{A[i] + B[j] - w_{ij}\}$，其中 x_i 在交错路中，y_j 不在交错路中。KM 算法的核心思想就是通过修改某些点的标号，不断增加相等子图中的边数。

当集合 X 中每个节点都在匹配中，即找到了二分图的完备匹配。该完备匹配是最大权重的完备匹配，即为二分图的最佳匹配。

KM 算法的时间复杂度分析如下：寻找一条增广路的时间复杂度为 $O(e)$，并且需要进行 $O(e)$ 次顶标的调整；而 KM 算法的目标是集合 X 中的每个节点都被匹配为最优完备匹配，因此 KM 算法的时间复杂度为 $O(n*e^2)$。

如果是求边权和最小的完备匹配，则只需要在初始时边权取负，然后执行 KM 算法，最后将匹配边的权值和取反，就可得到问题的解。

题目 12.3.1 是应用 KM 算法解决问题的实验。

【12.3.1　Golden Tiger Claw】

Omi、Raymondo、Clay 和 Kimiko 开始了新的冒险——寻找新的神宫，而邪恶的天才少年 Jack Spicer 也在寻找。Omi 和 Jack 同时发现了神宫，他们冲向神宫，同时触碰了神宫。接下来，“决战”就开始了。

Jack 向 Omi 挑战，让他玩一个游戏。游戏很简单，给出一个 $N\times N$ 的平板，平板上的每个格子中有一个数字。对每行每列，他们都要分别给出一个整数：对第 i 行给出一个整数 row(i)，对第 i 列给出一个整数 col(i)，使 $w(i, j)\leqslant \mathrm{row}(i) + \mathrm{col}(j)$，其中 $w(i, j)$ 是在平板上第 i 行第 j 列格子上的整数，$i\geqslant 1$，$j\leqslant N$。此外，本题要求 $\sum_{1\leqslant i\leqslant n}(\mathrm{row}(i)+\mathrm{col}(i))$ 最小。

现在 Omi 来寻求你的帮助，而 Jack 正在用计算机解决这个问题。所以你要尽快为 Omi 找到最优的解决方案，这样你就可以拯救世界，名垂青史。

输入

输入给出 15 个测试用例。每个测试用例首先给出整数 N，接下来给出 N 行，每行有 N 个数字。除 N 之外，输入的所有数字都是 100 以内的正整数，N 最大为 500。

输出

对于每个测试用例，第一行给出 N 个数字，表示为每行给出的整数；下一行给出 N 个数字，表示为每列给出的整数。最后一行给出最小的总和。如果有几个可能的解，则输出任意一个解。

注意输出的格式。如果输出格式不正确，就可能会得到“Wrong Answer”。

样例输入	样例输出
2 1 1 1 1	1 1 0 0 2

试题来源：Welcome 2008

在线测试：UVA 11383

 **试题解析**

本题是二分图完美匹配的扩展，以行列构建二分图：二分图的节点被划分成由 n 个行节点组成行集合和由 n 个列节点组成的列集合，行节点与列节点间的边权值为矩阵对应位置的值。做一次 KM 算法后，每个行节点的顶标即为该行的整数 row(i)；每个列节点的顶标即为

该列的整数 col[*j*]，全部顶标之和（或者匹配边的权和）就是最小的总和。

参考程序

```
#include <iostream>
#include <cstring>
using namespace std;
const int MAXN = 505;
const int INF = 0x3f3f3f3f;       // 定义∞
int line[MAXN][MAXN];             // 相邻矩阵
int ex[MAXN],ey[MAXN];            // ex[ ] 存储行节点的顶标，ey[ ] 存储列节点的顶标
bool visx[MAXN];                  // 行节点进入增广路的标志为 visx[]
bool visy[MAXN];                  // 列节点进入增广路的标志为 visy[]
int nxt[MAXN];                    // 匹配边集，其中覆盖列节点 i 的匹配边为 (nxt[i], i)
int slack[MAXN];                  // 列节点 i 的顶标可改进量为 slack[i]
int N;                            // 平板规模
bool dfs(int x) {                 // 从行集合中的节点 x 出发，使用匈牙利算法判断是否存在增广路
    visx[x] = 1;                  // 设节点 x 进入增广路
    for (int y = 1; y <= N; ++y) {// 依次寻找列集合中未在增广路上的节点 y
        if (visy[y]) continue;    // 忽略已在增广路上的节点 y
        int tmp = ex[x] + ey[y] - line[x][y];   // 否则计算 (x,y) 的可改进量
        if (tmp == 0) {           // 若 (x,y) 满足条件，则 y 进入增广路
            visy[y] = 1;
            // 若 y 是未盖点或匹配边的另一端点存在增广路，则确定 (x,y) 为匹配边后成功返回
            if (nxt[y] == -1 || dfs( nxt[y] )) {
                nxt[y] = x;
                return 1;
            }
        }
        else if(slack[y] >tmp) slack[y] = tmp;  // 更新 y 的顶标可改进量
    }
    return 0;                     // 失败退出
}
int KM() {                        // 使用 KM 算法计算每个行节点和列节点的顶标以及最小总和
    memset(nxt, -1, sizeof nxt); // 将匹配边集初始化为空
    memset(ey, 0, sizeof ey);    // 将列集合中每个节点的顶标初始化为 0
    for (int i = 1; i <= N; ++i) {// 依次搜索每一行
        ex[i] = line[i][1];       // 初始时第 i 行的节点顶标是该行 n 个整数中的最大值
        for (int j = 2; j <= N; ++j) {
            ex[i] = max(ex[i], line[i][j]);
        }
    }
    for (int i = 1; i <= N; ++i) {          // 枚举每一行
        fill(slack, slack + N + 1, INF); // 将列集合中所有节点的顶标可改进量初始化为∞
        while (1) {
            memset(visx, 0, sizeof visx); // 行集合与列集合中的所有节点最初未在增广路上
            memset(visy, 0, sizeof visy);
            if (dfs(i)) break;              // 若行集合的 i 节点存在增广路，则枚举下一行
            // 计算列集合中每个增广路外节点的顶标可改进量的最小值 d，初始时 d 为∞
            int d = INF;
            for (int j = 1; j <= N; ++j)
                if (!visy[j]) d = min(d, slack[j]);
            for (int j = 1; j <= N; ++j) { // 搜索行集合和列集合中的每个节点
                if (visx[j]) ex[j] -= d; // 行集合中在增广路上的节点顶标减 d
                if (visy[j]) ey[j] += d; // 列集合中在增广路上的节点顶标加 d
                else slack[j] -= d;      // 列集合中未在增广路上的节点顶标可改进量减 d
            }
        }
    }
    int res = 0;                            // 最小的总和初始化
    for (int i = 1; i <= N; ++i)            // 累计覆盖每个列集合节点的匹配边的权和
```

```
        res += line[nxt[i]][i];
        return res;                     // 计算并返回最小的总和
    }
    int main() {
        while (~scanf("%d",&N)) {       // 反复输入平板规模
            for (int i = 1; i <= N; ++i) // 依次输入每格数字
                for (int j = 1; j <= N; ++j)
                    scanf("%d", &line[i][j]);
            int ans = KM();             // 使用 KM 算法计算每个行节点和列节点的顶标，返回最小总和
            for(int i = 1; i<=N; i++)// 输出每个行节点的顶标，即每行的整数
                printf("%d%c",ex[i],i == N ? '\n' : ' ');
            for(int i = 1; i<=N; i++)// 输出每个列节点的顶标，即每列的整数
                printf("%d%c",ey[i],i == N ? '\n' : ' ');
            printf("%d\n",ans);         // 输出最小的总和
        }
        return 0;
    }
```

【12.3.2 Ants】

年轻的博物学家 Bill 在学校里研究蚂蚁。蚂蚁以生活在苹果树上的蚜虫为食，每个蚂蚁种群都需要一棵属于它们自己的苹果树来养活自己。

Bill 有一张地图，上面有 n 个蚂蚁种群和 n 棵苹果树的坐标。他知道蚂蚁从自己种群所在的地方去觅食的地方然后返回的路线。路线不能相互交叉，否则蚂蚁会迷失方向，跑到其他的种群里，或者其他的苹果树上，这会引发种群之间的战争。

Bill 想连接每个蚂蚁种群到每一棵苹果树，使所有的 n 条路线都是不相交的直线。本题设定，这样的连接是可以达成的。请编写一个程序，找到这种连接。

在图 12.3-9 中，用空心圆环表示蚂蚁种群，用实心圆环表示苹果树，直线给出了一个可能的链接。

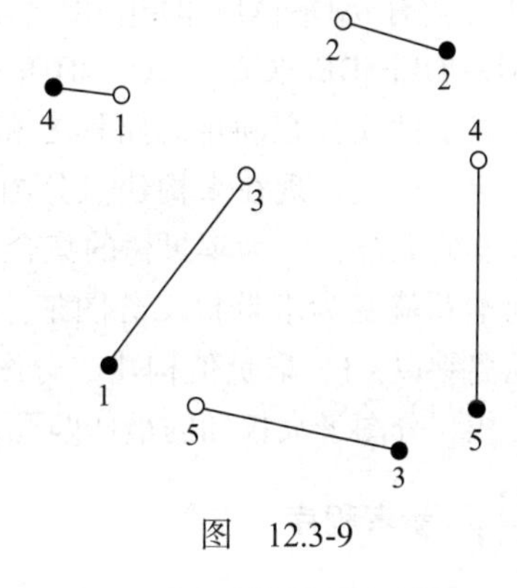

图　12.3-9

输入

输入的第一行给出了一个整数 n（$1 \leqslant n \leqslant 100$）——蚂蚁种群和苹果树的数量。接下来的 n 行描述 n 个蚂蚁种群；然后的 n 行描述 n 棵苹果树。每个蚂蚁种群和每棵苹果树使用平面直角坐标系上的一对整数坐标 x 和 y（$x \geqslant -10\ 000$，$y \leqslant 10\ 000$）来描述。所有的蚂蚁种群和苹果树在平面上占据一个点，不存在三点一线的情况。

输出

输出 n 行，每行一个整数，第 i 行输出的数表示与 i 个蚂蚁种群相连接的苹果树的编号（$1 \sim n$）。

样例输入	样例输出
5 -42 58 44 86 7 28 99 34 -13 -59	4 2 1 5 3

(续)

样例输入	样例输出
-47 -44 86 74 68 -75 -68 60 99 -60	

试题来源：ACM Northeastern Europe 2007

在线测试：POJ 3565，UVA 4043

试题解析

首先，采用统计分析法，通过图 12.3-10 说明本题的解题思路。

假设 A 和 B 为蚂蚁种群，C 和 D 为苹果树，则存在两种匹配：第一种是 AD、BC，第二种是 AC、BD。

根据三角形三边关系定理“两边之和大于第三边”，有 |AD|<|AE|+|DE|，|BC|<|BE|+|CE|，|AD|+|BC|<|AE|+|DE|+|BE|+|CE| = |AC|+|BD|。由统计分析法可以得出以下性质：在满足总路程之和最小的方案中，路线一定不相交。现在来构建二分图 $G(V_1, V_2)$，V_1 为蚂蚁种群的集合，V_2 为苹果树的集合，并以距离为边权值，则本题就变为求带权二分图最小权和的最佳匹配。将距离乘以 -1，取负值构建二分图，那么本题就变为求带权二分图最大权和的最佳匹配，可以使用 KM 算法求最佳匹配。

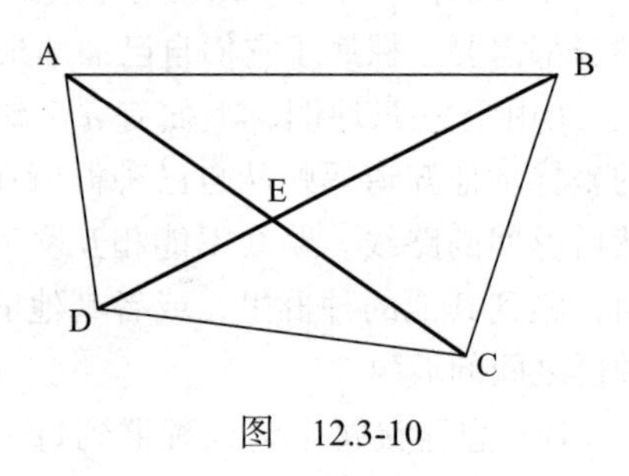

图 12.3-10

参考程序

```
#include<iostream>
#include<cmath>
#define esp 1e-6
using namespace std;
const int maxx=105;
const int inf=0x3f3f3f3f;
double lx[maxx],ly[maxx];                // 蚂蚁种群 i 的顶标为 lx[i]，苹果树 j 的顶标为 ly[j]
int visx[maxx],visy[maxx];               // 蚂蚁种群 i 和苹果树 j 在增广路上的标志分别是 visx[i] 和 visy[j]
double w[maxx][maxx];                    // 蚂蚁种群 i 与苹果树 j 间的几何距离为 w[i][j]
int linker[maxx];                        // 匹配边集，其中覆盖苹果 i 的匹配边为 (linker[i], i)
double slack[maxx];                      // 苹果树 i 的顶标可改进量为 slack[i]
int n,m,k;                               // 蚂蚁种群和苹果树的数量为 n
struct node{
    double x,y;                          // 坐标
}num[maxx],e[maxx];                      // 蚂蚁种群序列为 num[]，苹果树序列为 e[]
double Dist(node a,node b){              // 计算蚂蚁种群 a 与苹果树 b 之间的距离
    double x=a.x-b.x;
    double y=a.y-b.y;
    return sqrt(x*x+y*y);
}
void init(){
    memset(linker,0,sizeof(linker)); // 将匹配边集初始化为空
    memset(w,0,sizeof(w));           // 将距离矩阵初始化为 0
```

```
}
int Find(int x){                          //从蚂蚁种群x出发，使用匈牙利算法判断是否存在增广路
    visx[x]=1;                            //蚂蚁种群x进入增广路
    for(int y=1;y<=n;y++){                //枚举每一棵苹果树
        if(visy[y]==0){                   //若苹果树y未在增广路上
            double temp=abs(lx[x]+ly[y]-w[x][y]); //计算(x, y)的可改进量
            if(temp<=esp){                //若可改进量为负，则苹果树y进入增广路
                visy[y]=1;
                //若苹果树y是未盖点或者被增广路覆盖，则设定(x,y)为匹配边后成功退出
                if(linker[y]==0||Find(linker[y])){
                    linker[y]=x;
                    return 1;
                }
            }else                         //否则调整y的顶标可改进量
                slack[y]=min(slack[y],temp);
        }
    }
    return 0;                             //失败退出
}
void KM(){                                //使用KM算法计算求带权二分图的最佳匹配
    memset(ly,0,sizeof(ly));              //将所有苹果树的顶标初始化为0
    for(int i=1;i<=n;i++){                //将所有蚂蚁种群的顶标初始化为-∞
        lx[i]=-inf;
    }
    for(int i=1;i<=n;i++)                 //每一个蚂蚁种群的顶标是其与所有苹果树距离的最大值
        for(int j=1;j<=n;j++)
            if(lx[i]<w[i][j])
                lx[i]=w[i][j];
    for(int k=1;k<=n;k++){                //依次枚举每一个蚂蚁种群
        for(int i=1;i<=n;i++)             //每棵苹果树的顶标可改进量为∞
            slack[i]=inf;
        while(true){                      //循环，直至找到从蚂蚁k出发的增广路为止
            memset(visx,0,sizeof(visx)); //最初所有苹果树和蚂蚁种群未在增广路
            memset(visy,0,sizeof(visy));
            if(Find(k)) break;            //若找到从蚂蚁种群k出发的增广路，则枚举下一个蚂蚁种群
            double d=inf;                 //计算n棵苹果树中顶标可调整量的最小值d
            for(int i=1;i<=n;i++)
                if(visy[i]==0)
                    d=min(d,slack[i]);
            //增广路上每一个蚂蚁种群的顶标减d，每一棵苹果树的顶标加d；不在增广路上的苹果树的
            //顶标可改进量减d
            for(int i=1;i<=n;i++){
                if(visx[i]==1) lx[i]-=d;
                if(visy[i]==1) ly[i]+=d;
                else slack[i]-=d;
            }
        }
    }
}
int main(){
    while(scanf("%d",&n)!=EOF){   //反复输入蚂蚁种群和苹果树的数量
        init();
        for(int i=1;i<=n;i++)     //输入n个蚂蚁种群的坐标
            scanf("%lf %lf",&num[i].x,&num[i].y);
        for(int i=1;i<=n;i++)     //输入n棵苹果树的坐标
            scanf("%lf %lf",&e[i].x,&e[i].y);
        for(int i=1;i<=n;i++)     //计算蚂蚁种群与苹果树之间的距离
            for(int j=1;j<=n;j++)
                w[i][j]=-1.0*Dist(num[i],e[j]);
        KM();                             //使用KM算法计算求带权二分图的最佳匹配
        int t[maxx];                      //与蚂蚁种群i相连接的苹果树编号为t[i]，初始时t[]清零
```

```
        memset(t,0,sizeof(t));
        for(int i=1;i<=n;i++)      //设定与每个蚂蚁种群相连接的苹果树的编号
            t[linker[i]]=i;
        for(int i=1;i<=n;i++)      //依次输出与每个蚂蚁种群相连接的苹果树的编号
            cout<<t[i]<<endl;
    }
    return 0;
}
```

12.4　利用一一对应的匹配性质转化问题的实验范例

一一对应是重要的匹配性质，如果我们将问题中的各个元素划归成一个线性序列，则可以利用匹配中每个点至多和一个点匹配的性质，将原问题转化为匹配问题。

【12.4.1　Place the Robots】

Robert 是一位著名的工程师。有一天，他的老板交给他一项任务，任务的背景如下。

给定一个由正方形块组成的地图。有三种正方形块：墙（Wall）、草（Grass）和空地（Empty）。他的老板想要在地图上放置尽可能多的机器人。每个机器人手持激光武器，可以向四个方向（北，南，东，西）同时射击。机器人必须一直待在最初被放置的空地上，并且一直在射击。激光束可以通过 Grass 网格，但不能通过 Wall 网格。一个机器人只能被放置在一个 Empty 网格上。当然，老板不希望看到一个机器人伤害另一个机器人，也就是说，除非在两个机器人之间有一堵墙，两个机器人不能被放置在一条线（水平或垂直）上。

你是一个非常聪明的程序员，也是 Robert 的最好的朋友，他要你帮他解决这个问题。给出一个地图的描述，计算可以放置在地图上的机器人的最大数量。

输入

第一行给出一个整数 T（$T \leq 11$），表示测试用例的数目。

对于每个测试用例，第一行给出两个整数 m（$m \geq 1$）和 n（$n \leq 50$），表示地图中行和列的大小。接下来的 m 行每行给出 n 个字符 '#'、'*' 或 'o'，分别表示 Wall、Grass 和 Empty。

输出

对于每个测试用例，在一行中首先输出测试用例的编号，格式为“Case :id”，其中 id 是测试用例的编号，从 1 开始计数。在第二行输出可以放置在地图上的机器人的最大数量。

样例输入	样例输出
2 4 4 o*** *### oo#o ***o 4 4 #ooo o#oo oo#o ***#	Case :1 3 Case :2 5

试题来源：ZOJ Monthly, October 2003

在线测试：ZOJ 1654

试题解析

简述题意：给出一个包含草地（*）、空地（o）和墙（#）的地图，空地可以放置机器人，机器人可以向上、下、左、右 4 个方向射击，但激光不能穿透墙，问在所有机器人都不相互攻击的情况下可放置的最多机器人数。

围绕本题，可建构以下两种数学模型。

模型 1：求图的最大独立集

在问题原型中，草地、墙这些信息不是我们所关心的，我们关心的只是空地和空地之间的联系。因此，很自然想到了以空地为顶点，有冲突的空地之间连边，得到一个无向图，如图 12.4-1 所示。

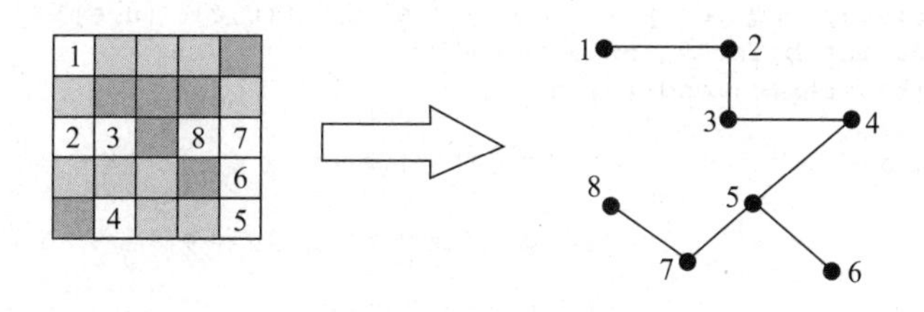

图　12.4-1

那么，问题就转化为求图的最大独立集。众所周知，这是一个 NP- 完全问题。看来，这样的模型没有给问题的求解带来任何便利，因此必须寻求一个行之有效的新模型。

模型 2：二分图的最大匹配

将每行、每列被墙隔开且包含空地的区域称作“块”。显然，在每个块之中，最多只能放一个机器人。给这些块编上号，如图 12.4-2a 所示。

同样，给竖直方向的块编号，如图 12.4-2b 所示。

把横向块作为 X 部的顶点，竖向块作为 Y 部的顶点，如果两个块之间有公共的空地，则在它们之间连边。于是得到了如图 12.4-3 所示的二分图。

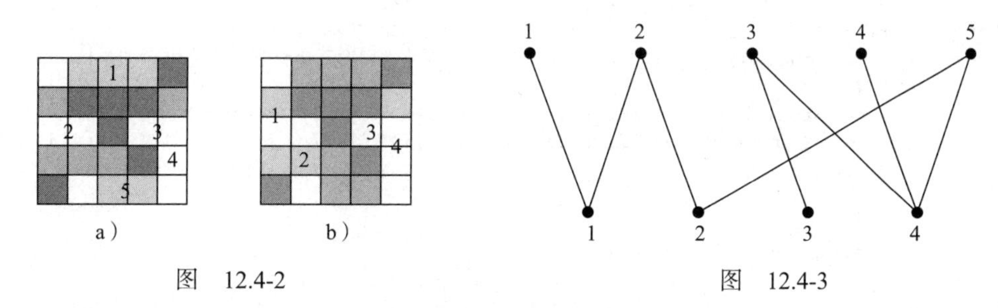

图　12.4-2　　　　图　12.4-3

由于每条边表示一个空地，有冲突的空地之间必有公共顶点，因此问题转化为二分图的最大匹配问题。这是图论的经典问题，可以用匈牙利算法解决。

比较上面的两个模型：模型 1 过于简单，没有认清问题的本质；模型 2 则充分抓住了问题的内在联系，巧妙地建立了二分图模型。为什么会产生这样截然不同的结果呢？其一是由于对问题分析的角度不同，模型 1 以空地为点，模型 2 以空地为边；其二是由于模型 1 对原型中信息的选取不足，所建立的模型没有保留原型中重要的性质，而模型 2 则保留了原型中“棋盘”这个重要的性质。由此可见，对信息的合理筛选是图论建模中至关重要的一步。

参考程序

```
#include <iostream>
#include <cstdio>
#include <vector>
#include <string.h>
#define N 2550                          // 节点数上限
using namespace std;
char map[55][55];                       // 地图
bool gra[N][N],state[N];                // 二分图的相邻矩阵为 gra[][], Y 集合中节点的访问标志为 state[]
int result[N];                          // 若 result[i]=0, 则 i 节点的前驱是未盖点; 否则 (result[i],
                                        // i) 是匹配边
int n,m;                                // 地图规模为 m*n
struct block                            // 段的定义
{
    int id,stax,stay,endx,endy;  // 端序号为 a, 段为 [(b,c), (d,e)]
    block( int a,int b,int c,int d,int e ):
    id(a),stax(b),stay(c),endx(d),endy(e)
};
vector <block>Y,X;                      // 横条存储于容器 Y (X 集合), 竖条存储于容器 X (Y 集合)

void build()                            // 建立存储横条的 X 容器和存储竖条的 Y 容器
{
    int i,j,k,id;
    id=1;                               // 横条数初始化
    for( i=0;i<m;i++ )                  // 搜索地图的每一行
    {
        for( j=0;j<n; )                 // 依次搜索 i 行中每个字符
            if( map[i][j]=='o' )  // 若 (i,j) 为空地, 则向右寻找第一堵墙的列位置 k
            {
                for( k=j+1;k<n;k++ ) { if( map[i][k]=='#' ) break; }
                X.push_back( block( id++,i,j,i,k-1 ) );// 横条数加 1, 将横条 [(I,j),(I,k-1)]
                                                        //压入 X 容器
                j=k+1;
            }
            else j++;
    }
    id=1;                               // 竖条数初始化
    for( i=0;i<n;i++ )                  // 搜索地图的每一列
    {
        for( j=0;j<m; )                 // 依次搜索 i 列中每个字符
            if( map[j][i]=='o' )  // 若 (j,i) 为空地, 则向下寻找第一堵墙的行位置 k
            {
                for( k=j+1;k<m;k++ ) { if( map[k][i]=='#' ) break; }
                Y.push_back(block(id++,j,i,k-1,i));  // 竖条数加 1, 将竖条 [(j,i),(k-
                                                        //1),i] 压入 Y 容器
                j=k+1;
            }
            else j++;
    }
}

void graph()                            // 构建二分图
{
    int i,j;
    memset( result,0,sizeof(result) ); // 所有节点为未盖点
    memset( gra,0,sizeof(gra) );  // 二分图为空
    for( i=0;i<X.size();i++ )           // 枚举 X 容器中的每个横条 (代表 X 集合)
    {
        for( j=0;j<Y.size();j++ )// 枚举 Y 容器中的每个竖条 (代表 Y 集合)
        //若竖条 j 在横条 i 的左下方且 (横条 i 左端的 x 坐标, 竖条 j 上端的 y 坐标) 是空地, 则在横条
        //i 代表的节点与竖条 j 代表的节点间连边
```

```
            if( Y[j].stay>=X[i].stay && Y[j].stay<=X[i].endy
            && X[i].stax>=Y[j].stax&& X[i].stax<=Y[j].endx
            && map[ X[i].stax ][ Y[j].stay ]=='o' ) gra[ X[i].id ][ Y[j].id ]=true;
        }
    }

bool find( int a )                                         // 判断X集合中以a节点为起点的增广路是否存在
{
    int i;
    for( i=1;i<=Y.size();i++ )                             // 搜索a的所有出边中尾节点未访问的出边 (a,i)
    {
        if( gra[a][i] && !state[i] )
        {
            state[i]=1;                                    // 访问 i 节点
            if( !result[i] || find( result[i] ) )          // 若 i 节点的前驱是未盖点或者存在以 i 节
                                                           // 点的前驱为起点的增广路，则设定匹配边
                                                           // 为 (a,i) 并成功返回
            {
                result[i]=a; return true;
            }
        }
    }
    return false;                  // 返回失败标志
}

int main()
{
    int T,i,j,ans,co;              // 测试用例数为 n，匹配边数为 ans，测试用例编号为 co
    scanf( "%d",&T );              // 输入测试用例数
    co=1;                          // 测试用例编号初始化
    while( T-- )                   // 依次处理 T 个测试用例
    {
        scanf( "%d%d",&m,&n );     // 输入地图规模
        getchar();                 // 读换行符
        for( i=0;i<m;i++ )         // 依次读 m 行的信息，构造相邻矩阵
        {
            for(j=0;j<n;j++) scanf("%c",&map[i][j]); // 依次读入第 i 行的 n 个字符
            getchar();             // 读换行符
        }
        build();                   // 构造二分图
        graph();
        ans=0;                     // 匹配边数初始化
        for( i=1;i<=X.size();i++ ) // 搜索 X 集合中的每个节点
        {
            memset( state,0,sizeof(state) );    // Y 集合中的所有节点未访问
            if(find(i)) ans++;     // 若 X 集合中以 i 节点为起点的增广路存在，则匹配边数加 1
        }
        printf( "Case :%d\n%d\n",co,ans );      // 输出测试用例编号和最大匹配边数
        co++;                      // 测试用例编号加 1
        X.clear(); Y.clear();      // 清空 X 容器和 Y 容器
    }
    return 0;
}
```

【12.4.2 Roads】

Farland 王国有 N 座城市，城市间由 M 条道路连接。有些道路是用石头铺成的，其他只是乡村道路。因为铺设道路是相当昂贵的，所以用以下方法来选择需要铺设的道路：对于任意两座城市，仅有一条从一座城市到另一座城市的石头路。

该王国有着很强大的官僚机构，每条路都有自己的序号（1～M），石头路的序号数为1～$N-1$，其他道路的序号数为N～M。每条道路需要一些费用来养护，第i条道路每年需要c_i枚金币来养护。最近，国王决定节省费用，仅养护一些道路。因为他希望人们能够从任何一座城市到任何其他城市，所以他决定以这样的方式继续养护一些道路，即在任何两座城市之间都有一条道路。

你会认为保持石头路是一个很不错的主意，但是国王却不这么想。由于他不喜欢旅行，他不知道通过一条石头路和通过一条泥泞的道路之间的差异，因此他让你为他计算养护道路的费用，以便命令下属以养护道路的总成本最小的方式选择道路。

作为Farland的交通运输部部长，你希望人们拥有石头路。为此你要在给国王的报告中对道路保养成本造假，也就是说，你要为每一条路以这种方式提供养护的虚假成本d_i，即石头路构成国王要养护的道路的集合。然而，为了降低被发现的风险，你要使差价的总和sum(i = 1..M, $|c_i - d_i|$) 尽可能小。

然而，国王的下属并不是傻瓜，如果出现的几种选择方式中道路的最小集合是石头路的集合时，他会选石头路集合，所以可以出现平局的情况。

输入

输入的第一行给出N和M（$2 \leqslant N \leqslant 60$，$N-1 \leqslant M \leqslant 400$）。接下来的$M$行每行给出3个整数$a_i$、$b_i$和$c_i$，表示道路连接的城市的序号（$1 \leqslant a_i \leqslant N$，$1 \leqslant b_i \leqslant N$，$a_i \neq b_i$）以及养护这条道路的成本（$1 \leqslant c_i \leqslant 10\ 000$）。

输出

输出M行。对每条道路输出d_i，这是要使国王选择前$N-1$条道路的养护总和最小，作为该条道路的养护成本上报给国王的。

样例输入	样例输出
4 5	4
4 1 7	5
2 1 5	4
3 4 4	5
4 2 5	4
1 3 1	

试题来源：Andrew Stankevich's Contest #2，Petrozavodsk Summer Trainings 2003

在线测试：ZOJ 2342

试题解析

简化题意：给出一个含n个节点、m条边的带权无向图，要求你修改一些边的边权，使前$n-1$条边为最小生成树，要求总的修改量最小，输出修改后每条边的边权。

下面，我们先给出将问题转化为二分图最佳匹配的方法和程序范例；然后简述三种优化方法，这三种优化方法可使算法效率不断提升。

1. 构造对应的带权完全二分图，使用KM算法求解

设原图为$G^0=(N^0, A^0)$。其中N^0表示顶点集合，$N^0=\{1, 2, \cdots, n\}$；A^0表示边的集合，$A^0=\{a_1, a_2, \cdots, a_m\}$。初始时$a_i$的边权为$C_i$，修改后$a_i$的边权为$D_i (1 \leqslant i \leqslant m)$。

由于任意两座城市之间都有且仅有一条道路完全是石头路，因此$n-1$条石头路必定是

图 G^0 中的一棵生成树，我们设为树 T。而题目则是要求对图中的某些边权进行修改，对于边 a_i，将边权由 C_i 修改成 D_i，使树 T 成为图中的一棵最小生成树，且 $f=\sum_{i=1}^{m}|D_i-C_i|$ 最小。图 12.4-4 给出了一个实例。

根据与树 T 的关系，我们可以把图 G^0 中的边分为树边和非树边两类。我们先通过对最小生成树性质的研究来挖掘 D 所需满足的条件。设 $P[e]$ 表示边 e 的两个端点之间树的路径中边的集合。如图 12.4-5 所示，$P[u]=\{t_1,t_2,t_3\}$，即 $u\notin T$，而 $t_1,t_2,t_3\in T$，且 u 与 t_1、t_2、t_3 构成一个环，所以用非树边 u 替换树边 t_1、t_2、t_3 中任意一条都可以得到一棵新的生成树。而如果 u 的边权比所替换的边的边权更小的话，则可以得到一棵权值更小的生成树。那么只有满足条件 $D_{t_1}\leqslant D_u$、$D_{t_2}\leqslant D_u$、$D_{t_3}\leqslant D_u$ 才能使原生成树 T 是一棵最小生成树。

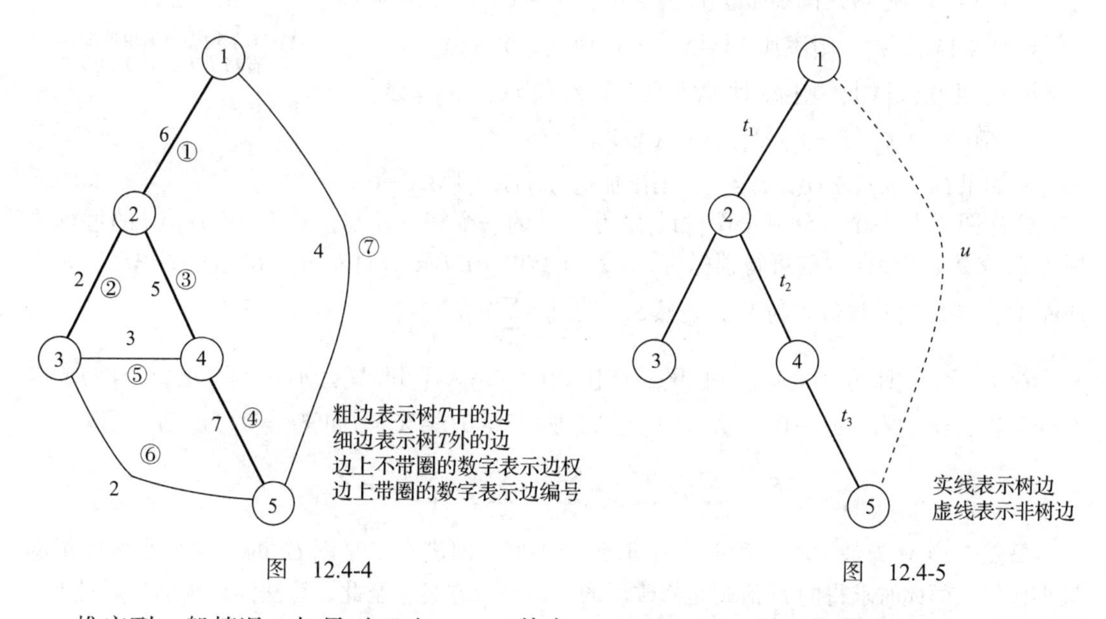

图　12.4-4　　　　图　12.4-5

推广到一般情况，如果对于边 v、u，其中 $v\in P[u],u\notin T$，则必须满足 $D_v\leqslant D_u$，否则用边 u 替换边 v 后能得到一棵新的权值更小的生成树 $T-v+u$。

我们得到了 D 的限制条件，而问题需要求得 $\sum_{i=1}^{m}|D_i-C_i|$ 最小，其中绝对值符号是一个拦路虎。根据以上的分析，要使树 T 是一棵最小生成树，得到的不等式 $D_v\leqslant D_u$ 中 v 总为树边而 u 总为非树边。也就是说，树边的边权应该尽量小，而非树边的边权则应该尽量大。设边权的修改量为 $\varDelta$，即 $\varDelta_e=|D_e-C_e|$。如果 $e\in T$，则 $\varDelta_e=C_e-D_e$；如果 $e\notin T$，则 $\varDelta_e=D_e-C_e$。这样成功去掉了绝对值符号，只要求得 $\varDelta$ 的值，那么 D 值就可以唯一确定，而问题也由求 D 转化成求 $\varDelta$。

那么任意满足条件 v、u（$v\in P[u],\ u\notin T$）的不等式 $D_v\leqslant D_u$ 等价于 $C_v-\varDelta_v\leqslant C_u+\varDelta_u$，即 $\varDelta_v+\varDelta_u\geqslant C_v-C_u$。则问题就是求出所有的 $\varDelta_i(i\in[1,m])$ 使其满足这个不等式组且 $f=\sum_{i=1}^{m}\varDelta_i$ 最小。

由于不等式 $\varDelta_v+\varDelta_u\geqslant C_v-C_u$ 的右边 C_v-C_u 是一个已知量，因此这个不等式就是在求二分

图的最佳匹配算法时用到的KM算法中一个不可或缺的不等式 $l_v + y_u \geqslant w_{vu}$。KM算法中，首先给二分图的每个点都设一个可行顶标，X顶点 i 为 l_i，Y顶点 j 为 r_i。从初始时可行顶标的设定到中间可行顶标的修改直至最后算法结束，对于边权为 $W_{v,u}$ 的边 (v, u) 始终需要满足 $l_v + y_u \geqslant w_{vu}$。于是可以构造一个带权的二分图 $G = (N, A)$，用 W 表示边权，如图12.4-6所示。

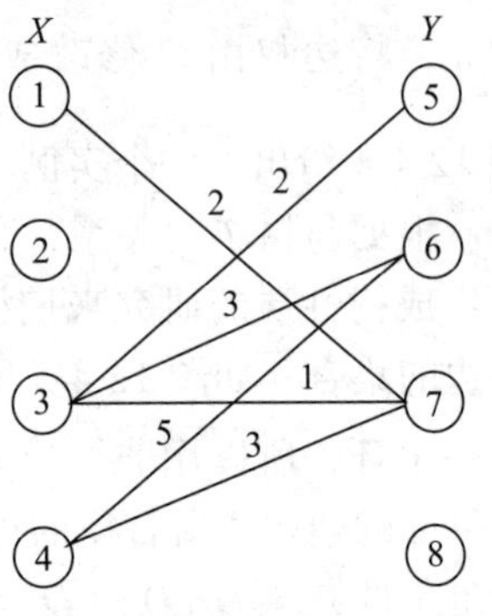

图　12.4-6

注：为了使图更简单清晰，省略了边权为0的边

构造两个互补的顶点集合X、Y。把 $a_i (a_i \in T)$ 作为 X_1 顶点 i，$a_j (a_j \notin T)$ 作为 Y_1 顶点 j。

- 如果图 G^0 中 $a_i \in P[a_j]$、$a_j \notin T$，且 $C_i - C_j > 0$，则在 X_1 顶点 i 与 Y_1 顶点 j 之间添加边 (i, j)，$W_{i,j} = C_i - C_j$。
- 如果 $|X_1| < |Y_1|$，则添加 $|Y_1| - |X_1|$ 个 X_2 顶点，$Y_2 = \varnothing$。
- 如果 $|Y_1| < |X_1|$，则添加 $|X_1| - |Y_1|$ 个 Y_2 顶点，$X_2 = \varnothing$。$X = X_1 \cup X_2$，$Y = Y_1 \cup Y_2$，$N = X \cup Y$。
- 如果 $i \in X$、$j \in Y$ 且 $(i, j) \notin A$，则添加边 (i, j)，且 $W_{i,j} = 0$。

这样图 G 是一个二分完全图。设 M 为图 G 的一个完备匹配，X集合中顶点 i 的可行顶标为 l_i，Y集合中顶点 j 的可行顶标为 r_j，$l_i + r_j \geqslant W_{i,j} [(i,j) \in A]$ 且 $l_i + r_j = W_{i,j} [(i,j) \in M]$。完备匹配 M 的匹配边的权值和为 S_M，显然 $S_M = \sum_{i \in X} l_i + \sum_{j \in Y} r_j$。

若 $i \in X_2$，且 $(i,j) \in M$，由 $W_{v,u} = 0 [(v,u) \in A, \in X_2]$ 和 $M \subseteq A$ 可知 $W_{i,j} = 0$，所以 $l_i + r_j = W_{i,j} = 0$。又因为 $l_i \geqslant 0 (i \in X)$，$X_2 \subseteq X$，所以 $l_i = 0 (i \in X_2)$，同理 $r_j = 0 (j \in Y_2)$。所以

$$S_M = \sum_{i \in X} l_i + \sum_{j \in Y} r_j = \sum_{i \in X_1} l_i + \sum_{j \in Y_1} r_j = \sum_{i=1}^{m} \varDelta_i = f。$$

显然，当 M 为最大权匹配时，S_M 取到最小值，即满足 T 是图 G^0 的一棵最小生成树的最小代价，而此时求得的 D 值则是修改后的一种可行方案。至此，算法浮出水面：通过KM算法求二分图 G 的最大权最大匹配。实现方法的步骤如下。

1）构造由原图 G^0 中的前 $n-1$ 条边 $a_1..a_{n-1}$ 组成的无向图 G，$a_1..a_{n-1}$ 为最小生成树 T 的树边。

2）依次搜索原图 G^0 中的后 $m-n+1$ 条边 $a_n..a_m$，计算 $p[a_j] (n \leqslant j \leqslant m)$，即计算 T 中连接 a_j 两端的路径边集。

3）依次搜索 $p[a_n]..p[a_m]$：若 $p[a_j]$ 中含 T 中的边 $a_i (1 \leqslant i \leqslant n)$，则在二分图中，节点 i 与节点 $j-(n-1)$ 间连一条边，权值为 max(0, c[j] - c[i])。

4）设二分图的节点数为 nn = max(n - 1, m - n + 1)。

5）使用KM算法求上述带权完全二分图的最佳匹配。

6）对于前 $n-1$ 条道路，养护成本为 c[i] - lx[i] ($1 \leqslant i \leqslant n-1$)；对于后 $m-(n-1)$ 道路，养护成本为 c[i] + ly[i - (n - 1)]。

程序清单

```
#include<cstdio>
#include<cstring>
#include<algorithm>
```

```
#define oo 10000000
#define re(i,l,r) for(int i=l;i<=r;i++)
using namespace std;
int n,m,tot,nn,a[401],b[401],c[401],point[801],next[801],match[401],
first[801],f[401][401],lx[401],ly[401],g[401][401],s[401];
// 原图的节点数为 n, 边数为 m; 第 i 条边为 (a[i], b[i]), 权为 c[i]; 边表为 point[], 其中 point[i]
// 存储边 i 的另一端点; x 的第 1 条出边在 point[] 中的序号为 first[x], 沿 next[] 指针可遍历 x 的所
// 有出边; f[i][j] 为当前子树边 (i,j) 的标志; 二分图中 X 集和 Y 集中的节点数为 nn; 盖住节点 i 的匹
// 配边为 (match[i], i); lx[i] 为 X 集合中节点 i 的可行顶标, ly[j] 为 Y 集合中节点 j 的可行顶标;
// 二分图的相邻矩阵为 g[][], 其中 (i, j) 的边权为 g[i][j] (i ∈ X, j ∈ Y); s[] 为顶标的可调节量,
// 若 Y 集合中的节点 j 不在增广路上, 其顶标的可调节量为 s[i]。扩展相等子图时, 顶标可改进量 d = min_{i∈Y}{s[i]}
bool vx[401],vy[401];               // X 集合中节点 i 在增广路上的标志为 vx[i], Y 集合中节点 j
                                    // 在增广路上的标志为 vy[i]
void link(int x,int y)              // 将 (x,y) 插入 x 的邻接表
{
    point[++tot]=y;next[tot]=first[x];first[x]=tot;
}
void dfs(int x,int father)          // 从 (father, x) 出发, 递归计算以 x 为根的子树边
{
    for(int i=first[x];i;i=next[i])
        if(point[i]!=father){
            f[x][point[i]]=1;
            dfs(point[i],x);
        }
}
bool find(int p)                    // 从 X 集合中的节点 p 出发, 使用匈牙利算法寻找增广路, 并调
                                    // 整 Y 集合中每个节点的顶标可调节量 s[]。若找到增广路则返
                                    // 回 true, 否则返回 false
{
        vx[p]=1;                    // X 集合中的 p 节点进入增广路
        for(int i=1;i<=nn;i++){     // 搜索 Y 集合中未在增广路上的节点 i
            if(!vy[i]){
            int t=lx[p]+ly[i]-g[p][i];          // 计算二分图中边 (p,i) 的可调节量
            if(t==0){               // 若边 (p,i) 满足条件, 则 Y 集合中的 i 节点进入增广路
                vy[i]=1;
                if(!match[i]||find(match[i])){  // 若 i 节点未匹配, 或者匹配边另一端点存
                                                // 在增广路, 则将 (p, i) 设为匹配边
                    match[i]=p;
                    return true;                // 成功返回
                }
            }
            else s[i]=min(s[i],t);              // 调整 y 集中节点 i 的顶标可调节量
        }
    return false;
}


int main()
{
    freopen("206.in","r",stdin);freopen("206.out","w",stdout);
    scanf("%d%d",&n,&m);            // 输入节点数和边数
    for(int i=1;i<=m;i++)           // 输入 m 条边的信息, 将前 n-1 条无向边送入邻接表
    {
        scanf("%d%d%d",&a[i],&b[i],&c[i]);
        if(i<n) {link(a[i],b[i]);link(b[i],a[i]);}
    }
    ) for(int i=n;i<=m;i++){        // 搜索边 n 到边 m
        memset(f,0,sizeof(f));      // 子树为空
        dfs(a[i],0);dfs(b[i],0);    // 分别构造第 i 条边左右端点为根的两棵子树
        for(int j=1;j<=n-1;j++)     // 搜索前 n-1 条边。若其中第 j 条无向边在子树中, 则边 j、边 i
                                    // 缩成节点 j 和节点 ([i-(n-1)], 连边后进入二分图, 边权为
                                    // max(0,c[j]-c[i])
```

```
            if(f[a[j]][b[j]]&&f[b[j]][a[j]]) g[j][i-(n-1)]=max(0,c[j]-c[i]);
    }

  nn=max(n-1,m-n+1);                       // 计算 X 集合和 Y 集合中的节点数
  for(int i=1;i<=nn;i++)                   // 计算 X 集合中的节点顶标
      for(int j=1;j<=nn;j++) lx[i]=max(lx[i],g[i][j]);
      for(int i=1;i<=nn;i++) match[i]=ly[i]=0; // 设置 Y 集合中的节点顶标, 匹配边集为空
      for(int i=1;i<=nn;i++)                   // 给 X 集合的每个节点上匹配边
          while(1){
          memset(vx,0,sizeof(vx));             // 初始时 X 和 Y 集合的所有节点未在增广路
          memset(vy,0,sizeof(vy));
          for(int j=1;j<=nn;j++) s[j]=oo;  // 顶标可调节量设为∞
          if(find(i)) break;             // 若找到 i 节点出发的增广路, 则给 X 集合的下一个节点上匹配边
          int d=oo;                      // 计算顶标的可改进量 d
              for(int j=1;j<=nn;j++) if(!vy[j])d=min(d,s[j]);
              for(int j=1;j<=nn;j++) {       // 调整增广路上 X 集合和 Y 集合中节点的可行顶标
                  if(vx[j])lx[j]-=d; if(vy[j])ly[j]+=d;
              }
          }
      for(int i=1;i<=n-1;i++)          // 输出前 n-1 条道路的养护成本
          printf("%d\n",c[i]-lx[i]);
      for(int i=n;i<=m;i++)            // 输出后 m-(n-1) 条道路的养护成本
          printf("%d\n",c[i]+ly[i-(n-1)]);
      return 0;
  }
```

下面，我们来分析一下该算法的效率：预处理的时间复杂度为 $O(|E|)$，而 KM 算法的时间复杂度为 $O(|M||E|)$，所以总的时间复杂度为 $O(|M||E|)$。由于 KM 算法是建立在完备匹配基础上的，因此 $|V|=2\max\{n-1,m-n+1\}$，$|M|=\frac{|V|}{2}=O(m)$；又由于图 G 是二分完全图，因此 $|E|=|M|^2=O(m^2)$；所以总的时间复杂度为 $O(m^3)$，空间复杂度为 $O(m^2)$。

2. 给出三种优化方案

如果题目只要求出最少的修改量，而不需要求出修改方案，那么是否有更好的算法呢？有的。下面列出三种优化方案，限于篇幅，我们仅描述这三种方案的优化原理和算法流程，请读者自行编写程序。

优化方法 1：用 bellman_ford 算法求网络最大费用最大流的增广路

可以发现，在构造二分图 G 时，其中步骤 3）和步骤 4）中构造的都是一些虚顶点和虚边，完全是为了符合 KM 算法要求完备匹配的条件，没有太多实际的意义。而利用 KM 算法解此题最大的优势就在于能求出修改方案，而如果题目不要求修改方案，则毫无意义，因此可尝试不添加这些虚顶点和虚边。因为 $f=\sum_{i=1}^{m}\Delta_i=\sum_{i\in X}l_i+\sum_{j\in Y}r_j$ 且 $l_i+r_j=W_{i,j}\left((i,j)\in M\right)$，所以 $f=\sum_{(i,j)\in M}W_{i,j}$，即最小修改量就是最大权最大匹配的匹配边的权值和，所以只需求出最大权最大匹配的值即可。

构造有向图 $G^f=(N^f, A^f)$，W^f 表示边权，U^f 表示容量，R^f 表示流量，如图 12.4-7 所示。

构造两个互补的顶点集合 X^f、Y^f。把 $a_i(a_i\in T)$ 作为 X^f 集合中的顶点 i，把 $a_j(a_j\notin T)$ 作为 Y^f 集合中的顶点 j。

如果图 G_0 中 $a_i\in P[a_j]$、$a_j\notin T$，且 $C_i-C_j>0$，则在 X^f 顶点 i 与 Y^f 顶点 j 之间加入有向边 (i, j)，$W_{i,j}^f=C_i-C_j, U_{i,j}^f=1$。

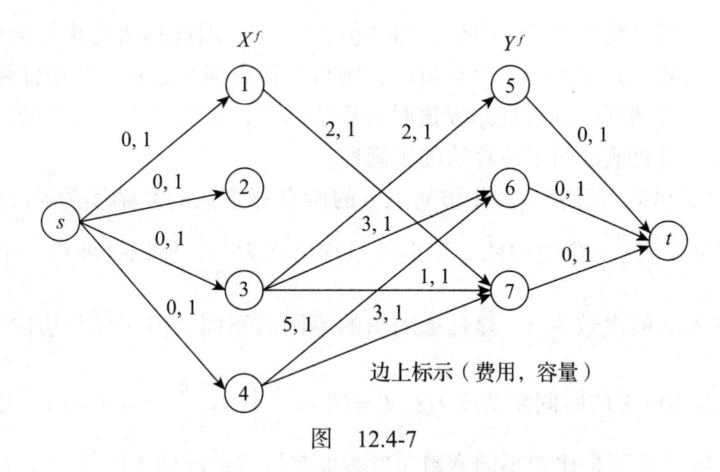

图　12.4-7

构造源点 s 和汇点 t，$N^f = X^f \cup Y^f \cup \{s,t\}$，添加有向边 $(s,\ i)$ $(i \in X^f)$，$W^f_{s,i} = 0$，$U^f_{s,i} = 1$；添加有向边 $(j,\ t)$ $(j \in Y^f)$，$W^f_{j,t} = 0$，$U^f_{j,t} = 1$。

引理 12.4.1　*设流 F 的费用和为 Cost_F。图 G 上的任意一个完备匹配 M，都能在图 G_F 上找到可行流 F 与其对应，且 $S_M = \text{Cost}_F$。而对于图 G_F 上的任意可行流 F，在图 G 上的也都能找到一组以 M 为代表的完备匹配与其对应，且 $\text{Cost}_F = S_M$。*

证明： 对于图 G 中任意一条匹配边 $(i,j) \in M$ 且 $W_{i,j} > 0$，都可以找到图 G_f 中一条容量为 1 的流 $s \to i \to j \to t$，其中 $i \in X^f$、$j \in Y^f$。因为 $W^f_{s,i} = 0$、$W^f_{j,t} = 0$、$W_{i,j} = W^f_{i,j}$，所以 $W_{i,j} = W^f_{s,i} + W^f_{i,j} + W^f_{j,t}$；而如果图 G 中 $(i,j) \in M$ 且 $W_{i,j} = 0$，则对 SM 的值不构成影响。所以当流 F 为匹配 M 所对应的流的并时，$S_M = \sum_{(i,\ j)\in M} W_{i,j} = \sum_{(i,\ j)\in F} W^f_{i,j} = \text{Cost}_F$。而反过来对于任意可行流 F，同样可以找到完备匹配 M 与其对应且 $\text{Cost}_F = S_M$。

设图 G_f 的最大费用最大流为 F，显然图 G_f 的最大费用最大流则和图 G 的最大权最大匹配对应，此时最大费用就等于匹配的权值和，即 $\text{Cost}_F = \sum_{(i,\ j)\in F} W^f_{i,j} \times R^f_{i,j} = \sum_{(i,\ j)\in M} W_{i,j}$。这样问题就转化为求图 G_f 的最大费用最大流。如果用 bellman_ford 求最大费用路的算法来求最大费用最大流，则复杂度为 $O(|V||E|s)$，其中 s 表示流量。因为 $|V| = O(m)$、$|E| = O(nm)$、$s = O(n)$，所以复杂度为 $O(n^2m^2)$。

优化方法 2：用 SPFA 算法求网络最大费用最大流增广路

由于 $m = O(n^2)$，因此优化方法 1 的时间复杂度 $O(n^2m^2)$，和最初给出的 KM 算法的时间复杂度 $O(m^3)$ 是一个级别的。通过观察可发现，用 bellman_ford 求最大费用路径的复杂度为 $O(|V||E|)$，成为递推法的瓶颈，如何减少求最大费用路径的代价成为优化算法的关键，但由于残量网络中有负权边，导致类似 Dijkstra 等算法没有用武之地。这里介绍一种高效求单源最短路径的 SPFA（Shortest Path Faster Algorithm）算法。

设 L 记录从源点到其余各点当前的最短路径值。SPFA 算法采用邻接表存储图，方法是动态优先逼近法。算法中设立一个先进先出的队列，用来保存待优化的顶点，优化时每次取出队首顶点 p，并且用 p 点的当前路径值 L_p 去优化调整其他顶点的最优路径值 L_j，若有调整，即 L_j 变小了，且 j 点不在当前的队列中，就将 j 点放入队尾以待进一步优化。这样反复从队列取出点来优化其他点的路径值，直至队列为空不需要再优化为止。

由于每次优化都是将某个点 j 的最优路径值 L_j 变小，因此算法的执行会使 L 越来越小，其优化过程是正确的。只要图中不存在负环，则每个顶点都必定有一个最优路径值，所以随着 L 值逐渐变小，直到其达到最优路径值时，算法结束，所以算法是收敛的，不会形成无限循环。这样，我们简要地证明了该算法的正确性。

算法中每次取出队首顶点 p，并访问点 p 的所有邻顶点的复杂度为 $O(d)$，其中 d 为点 p 的出度。对于 n 个点、e 条边的图，顶点的平均出度为 $\frac{e}{n}$，所以每处理一个点的复杂度为 $O\left(\frac{e}{n}\right)$。设顶点入队的次数为 h，显然 h 随图的不同而不同，但它仅与边的权值分布有关，设 $h=kn$，则算法 SPFA 的时间复杂度为：$T=O\left(h\times\frac{e}{n}\right)=O\left(\frac{h}{n}\times e\right)=O(ke)$。通过实际运行效果可知，$k$ 在一般情况下是比较小的常数（当然也有特殊情况使 k 值较大），所以 SPFA 算法在普通情况下的时间复杂度为 $O(e)$。

此题中要求的是最大费用路径，可将 SPFA 算法稍加修改得到。这样我们得到了一个时间复杂度为 $O(|E|s)$ 即 $O(n^2m)$ 的算法。

优化方法 3：求顶点带权的二分图的最小权匹配

刚才用网络流来求匹配以提高效率，但未对匹配的本质进行深究，现在继续挖掘匹配的性质。前面用 KM 算法解此题时构造了一个边上带权的二分图，其实不妨换一种思路，将权值由边上转移到点上，或许会有新的发现。

构造二分图 $G'=(N', A')$，如图 12.4-8 所示。

构造两个互补的顶点集合 X' 和 Y'，把 $a_i(a_i\in T)$ 作为 X' 顶点 i，$a_j(a_j\in A')$ 作为 Y' 顶点 j。

在 X' 顶点 i 和 Y' 顶点 i 之间添加边 (i, i)。

如果图 G_0 中 $a_i\in P[a_j]$、$a_j\notin T$，且 $C_i-C_j>0$，则在 X' 顶点 i 与 Y' 顶点 j 之间加入有向边 (i, j)。

给 Y' 顶点 i 一个权值 C_i，即如果某点被匹配则得到其权值。

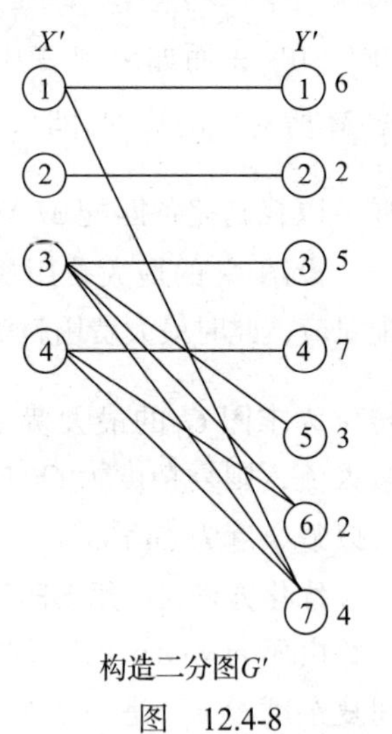

图　12.4-8

引理 12.4.2　设 $\mu=\sum_{a_i\in T}C_i$。对于图 G 中一个完备匹配 M，都可以在图 G' 中找到一个完备匹配 M' 与其对应，且 $S_M=\mu-S_{M'}$。而对于图 G' 的任意一个完备匹配 M'，也可以在图 G 中找到一组以 M 为代表的完备匹配与其对应，且 $S_M=\mu-S_{M'}$。

证明：设 Y_1' 表示存在 i $(i\neq j)$ 使 $(i, j)\in M'$ 的点 j 的集合，设 Y_2' 表示存在 i $(i=j)$ 使得 $(i, j)\in M'$ 的点 j 的集合。

对于图 G 中一条匹配边 (i, j)，$(i, j)\in M$ 且 $i\in X_2$，则 $W_{ij}=0$ 对 S_M 的值没有影响；对于图 G 中一条匹配边 (i, j)，$(i, j)\in M$ 且 $i\in X_1$，则分析：

- 若 $W_{ij}=0$，则在对应图 G' 中可找到一条边 $(i, j)\in M'$（$i\in X', j\in Y_2'$ 且 $i=j$）与其对应；
- 若 $W_{ij}>0$，则在对应图 G' 中可找到一条边 $(i, j)\in M'$（$i\in X', j\in Y_1'$）与其对应。

所以

$$S_M=\sum_{(i,j)\in M}W_{i,j}=\sum_{(i,j)\in M,\ W_{i,j}>0}W_{i,j}=\sum_{(i,j)\in M,\ W_{i,j}>0}C_i-C_j$$
$$=\left(\sum_{a_i\in T}C_i-\sum_{j\in Y_2'}C_j\right)-\sum_{j\in Y_1'}C_j=\sum_{a_i\in T}C_i-\left(\sum_{j\in Y_2'}C_j+\sum_{j\in Y_1'}C_j\right)$$
$$=\mu-S_{M'}$$

同理，图 G' 上的匹配 M' 也可以在图 G 上找到对应的匹配 M 且 $S_M=\mu-S_{M'}$。因为 $S_M+S_{M'}=\mu$ 为定值。显然，当 S_M 取到最大值时，$S_M{}'$ 取到最小值。又因为 M 和 M' 均为完备匹配，所以图 G 的最大权最大匹配就对应了图 G' 的最小权完备匹配。那么问题转化为求图 G' 的最小权完备匹配。

由于图 G' 中的权值都集中在 Y' 顶点上，因此 S_M' 只与 Y' 顶点中哪些点被匹配有关。那么可以使 Y' 顶点中权值小的顶点尽量被匹配。算法也渐渐明了，将 Y' 顶点按照权值大小升序排列，然后从前往后一个个地进行匹配。

用 R 来记录可匹配点，如果 X' 顶点 $i\in R$，则 i 未匹配，或者从某个未匹配的 X' 顶点有一条可增广路径到达点 i，其路径用 Path[i] 来表示。设 B_j 表示 j 的邻顶点集合，每次查询 Y' 顶点 j 能否找到匹配时，只需看是否存在点 i，$i\in B_j$ 且 $i\in R$。而每次找到匹配后马上更新 R 和 Path。下面给出算法的大致流程：

```
将 Y′顶点按照权值升序排列;
M′←Φ;
计算 R 及 Path，并标记点 i(i∈ R) 为可匹配点;
For (j=1;j<=m;j++)
{ q= 第 j 个 Y′顶点;
If( 存在 q 的某个邻顶点 p 为可匹配点 )
{ 将匹配边 (p, q) 加入匹配 M′;
    更新 R 以及 Path，并且重新标记点 i(i∈ R) 为可匹配点;
}
};
```

上述算法可求出最小权完备匹配 M'。下面来分析该算法的时间复杂度。算法中执行了如下操作。

1）将所有 Y' 顶点按权值升序排列。

2）询问是否存在 q 的某个邻顶点 p 为可匹配点。

3）更新 M'。

4）更新 R 以及 Path。

5）标记点 i $(i\in R)$ 为可匹配点。

操作 1）的时间复杂度为 $O(m\log_2 m)=O(n^2\log_2 n)$；操作 2）单次执行的时间复杂度为 $O(|B_j|)$，最多执行 m 次，所以总时间复杂度为 $O(md_{\max})=O(n^2d_{\max})$（其中 $d_{\max}=\max\{|B_j|\}$，$j\in[1,m]$）；操作 3）单次执行的时间复杂度为 $O(1)$，最多执行 $n-1$ 次，所以总时间复杂度为 $O(n)$；操作 5）单次执行的时间复杂度为 $O(n)$，最多执行 $n-1$ 次，所以总时间复杂度为 $O(n^2)$。

接下来讨论操作 4）的时间复杂度。我们知道，如果某个点在某次更新中是不可匹配点，那么以后无论怎么更新，它都不可能变成可匹配点。又如果某个点为可匹配点，则它的路径必然为 $i_0\to j_1\to i_1\to j_2\to i_2\to\cdots\to j_k\to i_k(k\geqslant 0)$，其中 i_0 为未匹配点而且 $(j_t,i_t)(t\in[1,k])$ 是当前的匹配边，所以 Y' 顶点中未匹配点是不可能出现在某个 X' 点 i 的

Path[i] 中的。也就是说，我们在更新 R 和 Path 的时候只需要在 X' 顶点中原来的可匹配点以及 Y' 顶点中已匹配点和它们之间的边构成的一个子二分图中进行，显然任意时刻图 G' 的匹配边数都是不超过 $n-1$ 的，所以该子图的点数是 $O(n)$ 的，边数是 $O(nd_{max})$，显然单次执行操作 4）的时间复杂度即为 $O(nd_{max})$，最多执行 n 次，所以其总时间复杂度为 $O(n^2d_{max})$。

由此得出算法总的时间复杂度为 $O(n^2\log_2 n)+O(n^2d_{max})+O(n)+O(n^2d_{max})+O(n^2)$ $=O(n^2(d_{max}+\log_2 n))$，因为 d_{max} 是 $O(n)$ 级别的，所以该算法的时间复杂度为 $O(n^3)$，其空间复杂度为 $O(nm)$。

回顾解题过程。该题是一道无法用动态规划、贪心等方法求解的最优化问题。经过一步步的分析，我们的思路渐渐清晰。在得到了若干重要不等式后，最佳匹配的特征最终浮出水面——这是一道可以用经典的 KM 算法求解的试题。

如果仅进行数值计算而不求方案的话，则可不局限于直观的原图，而是从各个方向、各个角度入手，构造出展现问题各个方面性质的新图，不断更新算法，使其时间复杂度由 $O(m^3)$ 优化到 $O(n^2m)$，再到 $O(n^3)$。这个过程说明，适合用二分图匹配求解的问题往往不会明显地表现出二分图的特征，而是需要解题者挖掘出问题的本质，从而构造出适用于二分图匹配的模型。在求匹配的时候也往往不是简单地套用经典算法，而是需要解题者充分利用题目的特有性质，将经典匹配算法适当变形，从而得到更高效的算法。

第13章

平面图、图的着色与偏序关系

13.1 平面图

在现实生活中，常常要画一些图形，希望边与边之间尽量减少相交。例如，印刷线路板上的布线、交通道路的设计等，由此引出了平面图的概念。

定义 13.1.1（平面图） 如果一个图能画在平面上使它的边互不相交（除了在节点处外），则称该图为平面图，或称该图能嵌入平面。

例如，图 13.1-1a 给出了平面图 G，它能嵌入平面，如图 13.1-1b 所示，记为 G'，G' 是 G 的平面嵌入。

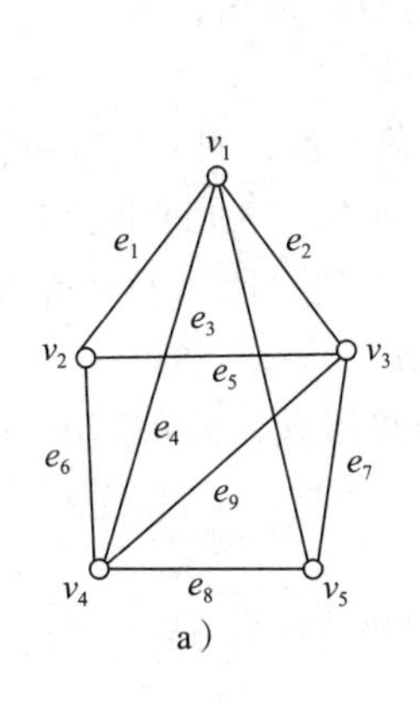

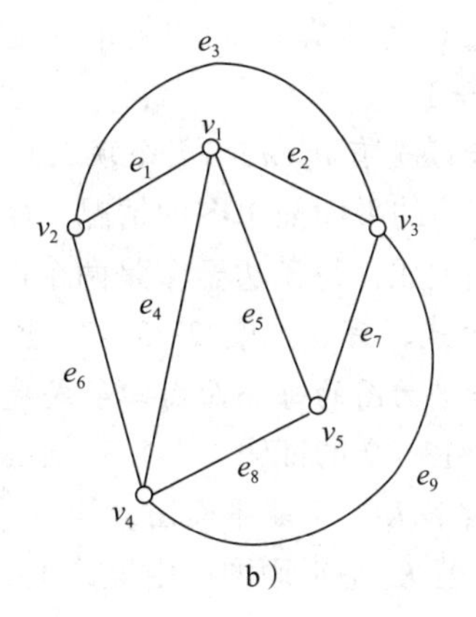

图 13.1-1

并不是所有的图都是平面图。如图 13.1-2 给出的 $K_{3,3}$ 和 K_5 就不是平面图。

在介绍关于连通平面图的欧拉公式之前，先给出平面图中面的概念。

定义 13.1.2（面 / 外部面 / 内部面） 平面图 G 嵌入平面后将 G' 分成若干个连通闭区域，每一个连通闭区域称为 G 的一个面。其中恰好有一个无界的面，称为外部面，其余的面称为内部面。

图 13.1-3 是一个平面图的平面嵌入，它有 5 个面，即 R_0、R_1、R_2、R_3、R_4，其中 R_0 是外部面，R_1、R_2、R_3、R_4 是内部面。

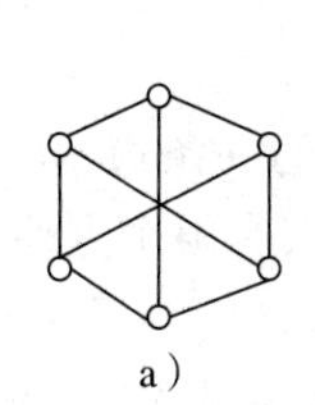

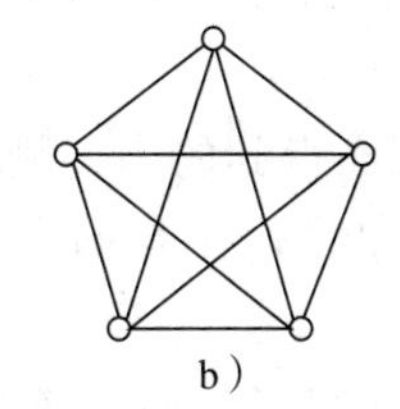

图 13.1-2

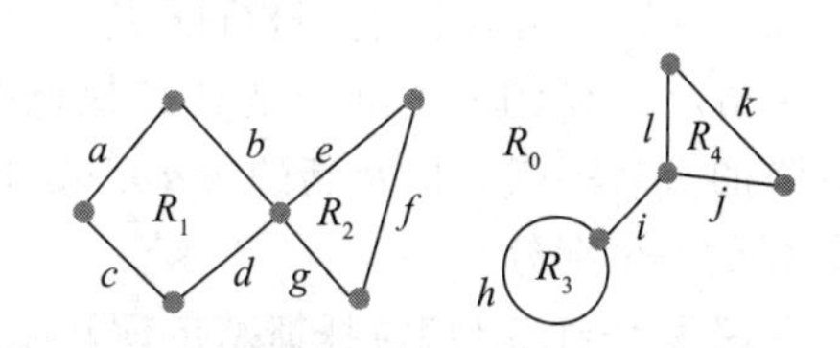

图 13.1-3

定理 13.1.1（欧拉公式） 如果连通平面图 G 有 n 个顶点、e 条边和 f 个面，则 $n-e+f=2$。该公式被称为欧拉公式。

证明： 以边数为归纳变量，进行归纳证明。

归纳基础：对于一条边的连通平面图，欧拉公式显然成立。

归纳步骤：假设对于任意的 $m-1$ 条边的连通平面图，欧拉公式均成立。现在考察 m 条边的连通平面图 G，有以下两种情况。

- 若 G 有度数为 1 的顶点，则删去该顶点及其关联边，便得到连通平面图 G'。G' 满足欧拉公式，再将删去的点和边加回 G'，得到原图 G，其顶点数加 1，边数加 1，而面数不变，所以 G 也满足欧拉公式。
- 若 G 没有度数为 1 的顶点，则删去有界面边界上的任一边，便得到连通平面图 G'，G' 满足欧拉公式，再将删去的边加回 G'，得到原图 G，其面数加 1，边数加 1，而顶点数不变，所以 G 也满足欧拉公式。■

图 13.1-3 是平面图，但不是连通平面图，对于图 13.1-3 的每一个连通分支，欧拉公式成立。因此，对于不连通的平面图，推论 13.1.1 成立。

推论 13.1.1 设 G 是具有 k（$k\geqslant 2$）个连通分支的平面图，有 n 个顶点、e 条边和 f 个面，则 $n-e+f=k+1$。

推论 13.1.2 若 G 是有 n（$n\geqslant 3$）个顶点的平面简单图，则 $e\leqslant 3n-6$。

证明： 只证明连通的平面简单图的情况，G 是有 n（$n\geqslant 3$）个顶点的平面简单图，每个面由 3 条或更多条边围成，每条边至多是两个面的公共边，所以 G 中至少有 $3f/2$ 条边，即 $e\geqslant 3f/2$。根据欧拉公式，有 $n-e+2e/3\geqslant 2$。所以 $3n-6\geqslant e$。■

推论 13.1.3 若平面图的每个面由四条或更多条边围成，则 $e\leqslant 2n-4$。

证明： 类似推论 13.1.2 的证明。■

推论 13.1.4 K_5 和 $K_{3,3}$ 是非平面图。

证明： 反证法：若 K_5 是平面图，由推论 13.1.2，当 $n=5$、$e=10$ 时，$3n-6\geqslant e$ 不成立。所以 K_5 是非平面图。

如果 $K_{3,3}$ 是平面图，由推论 13.1.3，当 $n=6$、$e=9$ 时，$2n-4\geqslant e$ 不成立。所以 $K_{3,3}$ 是非平面图。■

定理 13.1.2 在平面简单图 G 中至少存在一个顶点 v_0，$d(v_0)\leqslant 5$。

证明： 用反证法证明，假设一个简单平面图中所有顶点的度数大于 5，由推论 13.1.2 可知 $e\leqslant 3n-6$，所以 $6n-12\geqslant 2e=\sum\limits_{v\in V}d(v)\geqslant 6n$，导致矛盾。因此平面简单图中至少存在一个顶点 v_0，$d(v_0)\leqslant 5$。■

对一个图是平面图的充分必要条件的研究曾经持续了几十年，直到 1930 年库拉托斯基（Kuratowski）给出了平面图的一个简洁的特征。下面给出库拉托斯基定理，但由于它的证明过程比较长，这里不对其进行证明。

给定图 G 的一个剖分是对 G 执行有限次下述过程而得到的图：删去它的一条边 $\{u, v\}$ 后添加一个新点 w 以及新的边 $\{u, w\}$ 和 $\{w, v\}$。也就是说，在 G 的边上插入有限个点便得到 G 的一个剖分。

定理 13.1.3（库拉托斯基定理） 图 G 是平面图当且仅当它的任何子图都不是 K_5 和 $K_{3,3}$ 的剖分。

库拉托斯基定理虽然很漂亮，但是在具体判定一个图是不是平面图时，这个定理很难起作用。下面介绍平面图的另一个特征，即它有对偶图。

定义 13.1.3（几何对偶） 设 G' 是平面图 G 的平面嵌入，则 G 的几何对偶 G^* 构造如下：

- 在 G' 的每一个面 f 内恰放唯一的一个顶点 f^*。
- 对 G' 的两个面 f_i、f_j 的公共边 x_k，作边 $x_k^*=\{f_i^*, f_j^*\}$ 与 x_k 相交；得到的图记为 G^*，即 G 的几何对偶（简称 G 的对偶）。

如图 13.1-4 中平面图 G 的边用实线表示，G 的对偶 G^* 的边用虚线表示。由定义 13.1.3 的构造对偶的过程可知，平面图 G 的对偶必同构。

然而，平面图 G_1 与 G_2 同构，但其对偶 G_1^* 与 G_2^* 未必同构，如图 13.1-5 所示。

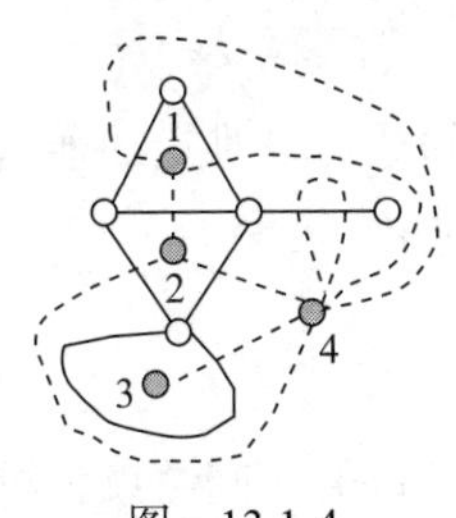

图　13.1-4

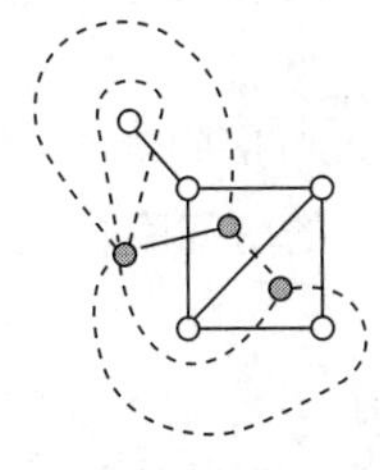

图　13.1-5

由定义 13.1.3 给出的平面图 G 的对偶的构造过程可知，因为避免了边的交叉，所以平面图 G 的对偶 G' 是一个连通平面图；而且，如果在平面图 G 中存在自环 e，则在 G 的对偶 G' 和 e 相交的边为割边；如果存在割边 e，则 G' 和 e 相交的边为自环。

由定义 13.1.3 可知，若 G 是连通平面图，则 G^* 也是连通平面图，而且 G 和 G^* 的顶点数、面数和边数有下列简单的关系。

定理 13.1.4 设 G 是有 n 个顶点、e 条边、f 个面的连通平面图，又设 G 的几何对偶 G^* 有 n^* 个顶点，e^* 条边，f^* 个面，则 $n^* = f$、$e^* = e$、$f^* = n$。

证明： 前两个关系式可直接由定义 13.1.3 给出，第 3 个关系式由欧拉公式 $n - e + f = 2$ 以及 $n^* - e^* + f^* = 2$ 推出。■

定理 13.1.5 G 是连通平面图当且仅当 G^{**} 同构于 G。

平面图的原理在现实生活中有较高的应用价值，不仅是因为有些问题本身就呈现平面图的结构特性，而且许多问题一旦被转化成平面图后，就可利用平面图的性质优化算法。即便是一些无法找到对应数学模型的平面图问题，如果能够在枚举状态和剪枝条件上充分利用平面图的性质，也可以提高算法效率。

【13.1.1　The Cave】

在 Byteland 有许多洞穴，图 13.1-6 所示是一个洞穴的地图。

所有在 Byteland 的洞穴都有以下特性。

- 所有的房间和通道都在同一层。
- 没有两条通道相互交叉。
- 一些房间在外环上，被称为外间。
- 所有其他的房间在外环之内，被称为内间。

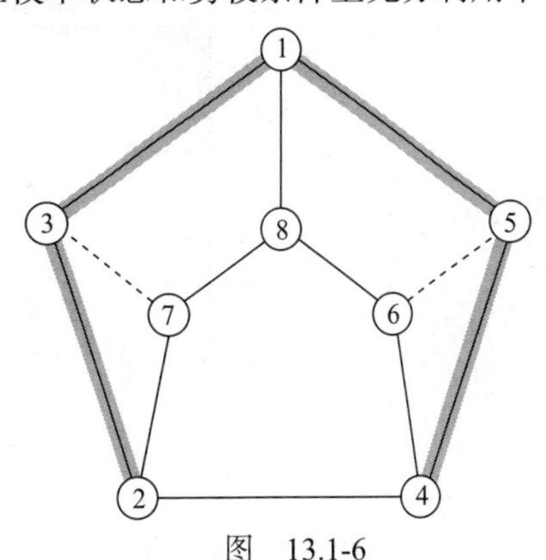

图　13.1-6

- 有一个洞穴的入口，通向外间中的某一间。
- 每个房间恰好有三条不同的通道通往三个不同的房间。如果这个房间是外间，那么两条通道通往两个相邻的外间，只有一条通道通往内间。
- 连接外间之间的通道被称为外部通道，其余的通道被称为内部通道。

仅使用内部通道从一个房间走到另一个房间是可能的，但是如果我们允许走过每条内部通道最多一次，那么只有一种办法。

并不是所有的通道通过的难度都是一样的。通道被分为两类：容易走的和难走的。

所有的洞穴已经被决定向公众开放。为了保证客流量顺畅，以及安全地通过一个洞穴，游客应遵循事先标识的路线，参观洞穴的每个房间仅一次。这条规则的例外是入口处的那个房间是参观线路的起点和终点，你可以参观这个房间两次。参观路线应适合一般的游客，包含尽可能少的难走的通道。

例如，洞穴如图 13.1-6 所示，入口房间为 1。虚线标识的通道是难走的通道。路线 1-5-4-6-8-7-2-3 不包含难走的通道。最后的房间隐含是 1，没有列出。

请编写以下程序。

- 从标准输入中读取洞穴的描述。
- 找到一条通过洞穴的路线，从入口的房间开始，也在入口的房间结束，游客参观所有其他的房间一次且仅一次，难走的通道尽可能地少。
- 将结果标准输出。

输入

输入的第一行给出两个整数 n、k（用一个空格分开），整数 n（$3<n\leqslant 500$）是洞穴中房间的数量，k（$k\geqslant 3$）是洞穴的外间的数量。房间编号为 $1\sim n$。房间 1 是入口房间，房间 1, 2, …, k 是外间，它们并不按此顺序出现在外环上。

接下来的 $3n/2$ 行给出了通道的描述。每条通道的描述由 3 个整数 a、b、c 组成，整数间用空格分开。整数 a 和 b 是通道两端的房间编号，整数 c 等于 0 或 1，其中 0 表示通道容易走，1 表示通道难走。

输出

程序要输出一个含 n 个整数的序列，由单个空格分隔，序列以 1 开始（入口房间），接下来的 n–1 个整数对应路线上连续的房间。

样例输入	样例输出
8 5 1 3 0 3 2 0 7 3 1 7 2 0 8 7 0 1 8 0 6 8 0 6 4 0 6 5 1 5 4 0 2 4 0 5 1 0	1 5 4 6 8 7 2 3

试题来源：CEOI 1997

在线测试地址：POJ 1714

试题解析

简述题意：设房间为节点（外圈上的房间称为外点，外圈内的房间称为内点），所有节点的度数都为 3 且外圈上的节点已知；通道为边，通道上的难度值为边权；因为“没有两条通道相互交叉”，所以给出的图是平面图。本题要求：在这样的平面图中计算一条由节点 1 出发且权值和最小的哈密顿回路。

本题采用 DFS 方法求这条最佳路径，但由于 N 的上限为 500，因此必须考虑剪枝。

基本剪枝条件为：若当前路径的权值和（难度值的总和）比当前最优值大，则放弃当前路径。

除上述基本剪枝条件外，还必须根据题目给出的平面图性质增加两个特殊的剪枝条件。

考虑图 13.1-7 给出的特例：路径 1-3-5-6-12-10，由于每个房间必须被访问到，而 11 号房间只有一条可用通道 9-11，访问 11 后不能再回到 1，因此该路径不可能遍历所有点。由此得出剪枝条件 1：在所有未被访问的房间中，与其相邻的已被访问的房间（第一个房间与当前访问的最后一个房间除外）的个数小于等于 1。

考虑图 13.1-8 给出的特例：路径 1-3-7-9-10-8-4 把图分成两部分，而且两部分中都有未被访问的点。由于图是平面图，其中必有一部分点不能被访问到。由此得出剪枝条件 2：设外圈上的点按连接顺序为 $1, a_2, \cdots, a_k$，则访问的顺序只能为 $1, \cdots, a_2, \cdots, a_3, \cdots, a_k, \cdots, 1$。

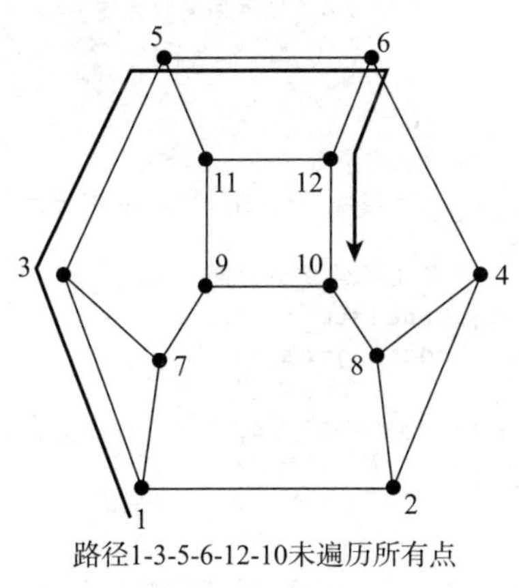

路径1-3-5-6-12-10未遍历所有点

图　13.1-7

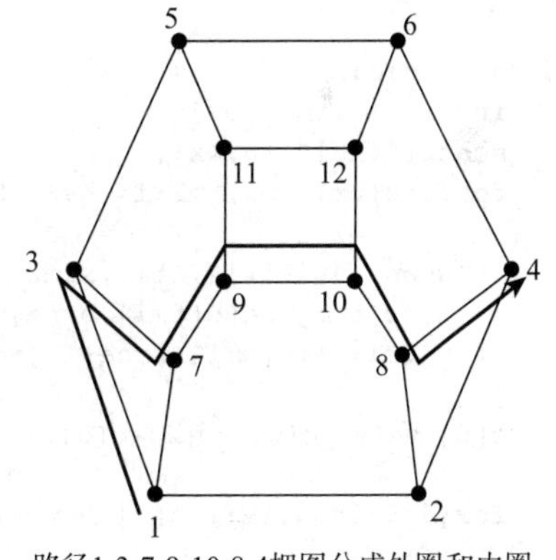

路径1-3-7-9-10-8-4把图分成外圈和内圈

图　13.1-8

参考程序

```
#include <stdio.h>
struct { int ne[3],f[3],brne,brv; }c[1001];          // 节点 i 的出边序号为 k=c[i].brne，该边
                                                      // 的相邻点为 c[i].ne[k]，该边的权为
                                                      // c[i].f[k]。若节点 i 被访问，则与其
                                                      // 相邻的待访问的点数为 c[i].brv
int n,k,fl[1001]={0},path[1001]={0},nodes=0,minte=9999;
// 节点数为 n；外圈节点数为 k，节点的访问标志为 fl[]；最佳路径为 path[]，其指针为 nodes，初始时
//path[] 为空；将最佳路径的权值和 minte 初始化为无穷大
int visit(int S, int F, int ps, int last)            // 从有向边 (F,S) 出发，递归计算最佳路径。
                                                      // 当前路径的权值和为 ps，路径尾节点为
```

```
                                                            // last
{
    int i,tm,flag=0,go=1;
    if(fl[S])        // 在形成回路（返回 S）的情况下，若返回节点 1、遍访了 n 个节点且路径的权值和最
                     // 小，则调整最佳路径长度，并返回成功标志；否则返回失败标志
        if(S==1&&nodes==n&&ps<minte) { minte=ps; return 1; } else return 0;
    if(S<=k) {       // 若 S 是外点，则检查 S 的 3 个相邻点中是否有 last：如果有，则将 S 将置为 last，
                     // 继续搜索下去；否则返回失败标志
        for(i=0;i<3;i++) if(c[S].ne[i]==last) { flag=1; break; }
        if(flag) last=S; else return 0;
    }
    for(fl[S]=1,nodes++,flag=i=0;i<3;i++)          // 置 S 访问标志，已访问的节点数加 1，将
                                                   // 成功标志 flag 初始化为 0。搜索 F 的 3 个
                                                   // 相邻点中是否存在未访问的内点。如果
                                                   // 有，若该内点相邻的待访问的点数大于 1，
                                                   // 则该内点的 brv 值（相邻的待访问点数）
                                                   // 减 1；否则设剪枝标志
        if(!fl[(tm=c[F].ne[i])] && tm>k) {
            if(c[tm].brv>1) c[tm].brv--; else go=0;
            break;
        }
    if(go) {                  // 若不剪枝，则分别递归 S 的 3 个相邻点
        for(i=0;i<3;i++) flag+=visit(c[S].ne[i],S,ps+c[S].f[i],last);
        for(i=0;i<3;i++)  // 恢复 F 相邻的未访问内点的 brv 值
            if(!fl[(tm=c[F].ne[i])]&&tm>k) { c[tm].brv++; break; }
    }
    fl[S]=0; nodes--;         // 撤去 S 的访问标志，访问的节点数减 1
    if(flag){path[nodes]=S;return 1;}else return 0;      // 若成功，则将 S 加入最佳路；
                                                         // 否则返回失败标志
}
int main(void)
{    int i,tm1,tm2,tm3;
     scanf("%i%i",&n,&k);                          // 输入节点数和外节点数 k
     for(i=0,tm1,tm2,tm3;i<(n*3)/2;i++)            // 输入通道信息，构造无向图的邻接表
     {
        scanf("%i%i%i",&tm1,&tm2,&tm3);            // 第 i 条通道为 (tm1,tm2)，权值为 tm3
        c[(c[tm1].ne[c[tm1].brne]=tm2)].ne[c[tm2].brne]=tm1;
        c[tm1].f[c[tm1].brne++ ]=c[tm2].f[c[tm2].brne++ ]=tm3;
     }
     c[0].ne[0]=c[0].ne[1]=c[0].ne[2]=1; fl[0]=1; // 虚拟一个节点 0，三条出边连接节点 1，
                                                   // 节点 0 已被访问
     for(i=0;i<=n;i++) c[i].brv=2;                 // 与每个点相邻的待访问的点数为 2；与节点
                                                   //  1 相邻的内点相邻的待访问的点数为 3
     for(i=0;i<3;i++) if(c[1].ne[i]>k) { c[ c[1].ne[i] ].brv=3; break; }
     visit(1,0,0,c[1].ne[0]);                      // 从 (0,1) 出发，递归计算最佳路径
     for(i=0;i<n;i++) printf("%i ",path[i]);       // 依次输出最佳路径上的节点
}
```

【13.1.2　Horizontally Visible Segments】

在平面上有若干条不相交的垂直线段。我们称两条线段是水平可见（horizontally visible）的，如果它们之间可以通过一条水平线段相连，并且这条水平线段不经过任何其他的垂直线段。如果有三条不同的垂直线段是两两可见的，那么它们就被称为一个垂直线段的水平可见三角形。给出 n 条垂直线段，问有多少个这样的垂直线段的水平可见三角形？

你的任务如下。

对于每个测试用例编写程序：

- 输入一个垂直线段集合；
- 计算在这一集合中垂直线段的水平可见三角形的数量；
- 输出结果。

输入

输入的第一行给出一个正整数 d（$1 \leqslant d \leqslant 20$），表示测试用例的个数。测试用例格式如下。

每个测试用例的第一行给出一个整数 n（$1 \leqslant n \leqslant 8000$），表示垂直线段的条数。接下来的 n 行每行给出 3 个用空格分开的非负整数 y_i'、y_i''、x_i，分别表示一条线段开始的 y 坐标、一条线段结束的 y 坐标，及其 x 坐标。其中 $0 \leqslant y_i' < y_i'' \leqslant 8000$，$0 \leqslant x_i \leqslant 8000$。这些线段不相交。

输出

输出 d 行，每个测试用例输出一行。第 i 行给出第 i 个测试用例中垂直线段的水平可见三角形的数量。

样例输入	样例输出
1 5 0 4 4 0 3 1 3 4 2 0 2 2 0 2 3	1

试题来源：ACM Central Europe 2001

在线测试地址：POJ 1436，ZOJ 1391，UVA 2441

试题解析

试题简述：给出 n 条垂直于 x 轴的线段，规定“两条线段是可见的当且仅当存在一条不经过其他线段的一条平行于 x 轴的线段连接它们”。计算有多少组 3 条线段，使这 3 条线段“两两可见”。

我们把线段看成点，若两条线段水平可见，则在对应两点之间连一个不与第三条边相交的边。这样构建的无向图 G 是一个平面图。图 13.1-9 给出了一个实例。

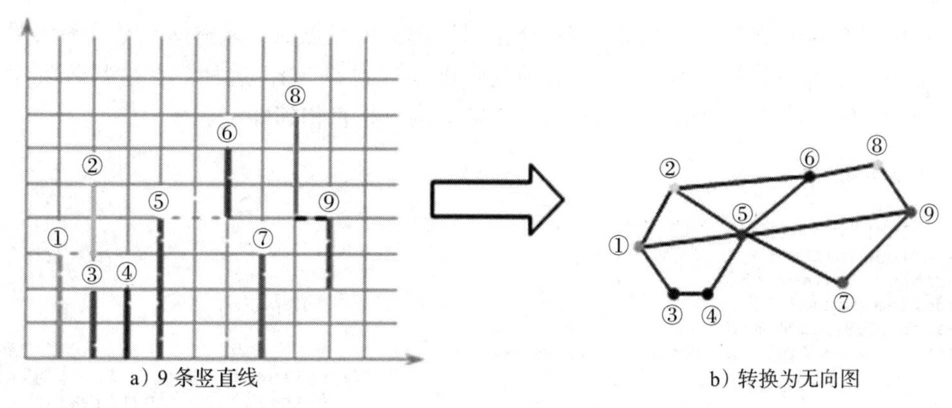

a）9 条竖直线　　b）转换为无向图

图　13.1-9

问题便转化为统计 G 中由 3 条边围成的内部面的数目。

1. 根据“水平可见”的关系构建无向图

方法 1：设数组 $C[i]$（$i=0$，…，$2Y_{max}$），$C[2y]$ 表示覆盖 y 点的最后一条线段，$C[2y+1]$ 表示覆盖区间 $(y, y+1)$ 的最后一条线段。

1）按从左到右的顺序排列线段（时间复杂度为 $O(N\log N)$）。

2）依次检查每一条线段 $L(L=[y', y'']$，时间复杂度为 $O(N)$）。检查 L 覆盖的所有整点和单位区间（$C[u]$，$u=2y'\cdots 2y''$，时间复杂度为 $O(Y_{max})$）：若 $C[u]\neq 0$，则 $C[u]$ 与线段 L 代表的节点连一条边；$C[u]\leftarrow L$；总的时间复杂度为 $O(NY_{max})$。

方法 2：定义线段树 T。设节点 N 描述区间 $[a, b]$ 的覆盖情况，则：

$$N.\text{Cover}=\begin{cases}0 & \text{无线段覆盖}[a,b]\\ L & \text{线段}L\text{覆盖}[a,b]\\ -1 & \text{其他情况}\end{cases}$$

我们使用完全二叉树的数组结构存储线段树，可以免去复杂的指针运算和不必要的空间浪费。排序的时间复杂度为 $O(N\log N)$，检索的时间复杂度为 $O(N\log Y_{max})$，插入的时间复杂度为 $O(N\log Y_{max})$，因此总的时间复杂度为 $O(N\log Y_{max})$。

线段的空间复杂度为 $O(N)$，线段树的空间复杂度为 $O(Y_{max})$，边表的空间复杂度为 $O(N)$。

2. 统计图 G 中的 3 条边围成的内部面的数目

解法 1：枚举所有的三元组，判断三个节点是否两两相邻。由于总共有 C$(N, 3)$ 个三元组，因此时间复杂度为 $O(N^3)$。

解法 2：枚举一条边，再枚举第三个节点，判断是否与边上的两个端点相邻。因为 G 是平面图，G 中的边数为 $O(N)$，故解法 2 的时间复杂度为 $O(N^2)$。

由上可见，解法 1 只是单纯枚举三元组，没有注意到问题的实际情况，而实际上三角形的数目是很少的，因此解法 1 做了许多无用的枚举，效率很低；而解法 2 从边出发，枚举第三个节点，这正好符合问题的实际情况，避免了许多不必要的枚举，所以解法 2 比解法 1 更加高效。现在的问题是，还有没有更好的办法？

解法 3：换个角度，从点出发。每次选取度最小的点 v，由定理 13.1.2 可知 $d(v)\leqslant 5$：连通简单平面图的节点数大于等于 3，则存在某节点 v，使得 $d(v)\leqslant 5$，只需花常数时间就可以计算含点 v 的三角形的数目。应用二叉堆可以提高寻找和删除点 v 的效率，总的时间复杂度仅为 $O(N\log N)$。

比较解法 2 与解法 3 可以发现：解法 2 是以边作为出发点的，从整体上看，平面图中的三角形数只是 $O(N)$ 级的，而解法 2 的时间复杂度却达到 $O(N^2)$，这种浪费是判断条件过于复杂造成的；而解法 3 从点出发，则只需要判断某两点是否相邻即可。

程序清单

```
#include <iostream>
#include <vector>
#include <algorithm>
#define maxn 8010                                   // 垂直线段数的上限
using namespace std;
struct node {int up, down, x;}line[maxn + 1];      // 垂直线段表，其中第 i 条垂直线段为
                                                    // [(line[i].down , line[i].x),
                                                    // (line[i].up,line[i].x)]
vector<int> see[maxn + 1];                          // see[i] 为容器，存储垂直线段 i “水平可
                                                    // 见”的线段集
```

```
int tree[maxn * 8];                      // 二叉堆，其中 tree[i] 存储覆盖节点 i 对应区间的线段序号
bool vis[maxn + 1];                      // 二叉堆中节点 i 的访问标志为 vis[i]
int t, n;                                // 测试用例数为 t，垂直线段数为 n
bool cmp(const node &a, const node &b)// 排序的比较函数（按照 x 坐标递增排序线段）
{
    return a.x < b.x;
}
void update(int i)                       // 调整：若节点 i 为树叶或者未被线段覆盖，则退出；否则覆盖
                                         // 节点 i 的线段即为覆盖其左右子树的线段
{
    if (tree[i] <= 0) return;
    tree[i + i] = tree[i + i + 1] = tree[i];
}
void query(int tl, int tr, int l, int r, int i, int num)
// 在以 i 为根（y 轴区间为 [l,r]）的树中插入 y 轴区间为 [tl, tr] 的线段 num，计算各个节点的插入状态
// 和线段 num“水平可见”的线段集
{
    if (tl > r || tr < l) return;// 若 [l,r] 与 [tl, tr] 完全分离，则返回
    if (tree[i] == 0) return;    // 若节点 i 为树叶，则返回
    if (tree[i] == -1){          // 若节点 i 的区间未被线段覆盖，则线段 num 分别插入其左子
                                 // 区间和右子区间
        int mid = (l + r) / 2;
        query(tl, tr, l, mid, i+i, num);query(tl, tr, mid+1, r, i+i+1, num);
        // 若左儿子与右儿子的插入状态不同或者左儿子的区间未被线段覆盖，则确定节点 i 的区间未被线
           段覆盖；否则覆盖节点 i 的线段为覆盖其左子树的线段
        if (tree[i + i] != tree[i + i + 1] || tree[i + i] == -1) tree[i] = -1;
        else tree[i] = tree[i + i];
        return;
    }
    if (!vis[tree[i]]){          // 若覆盖节点 i 的线段未被访问，则访问该线段，该线段送入线
                                 // 段 num“水平可见”的线段集
        vis[tree[i]] = 1;
        see[num].push_back(tree[i]);
    }
}
void change(int tl, int tr, int l, int r, int i, int num)
// 在以 i 为根（y 轴区间为 [l,r]）的树中插入 y 轴区间为 [tl, tr] 的线段 num，计算覆盖各个节点的线段编号
{
    if (tl > r || tr < l) return;        // 若 [l, r] 与 [tl, tr] 完全分离，则返回
    if (tl <= l && r <= tr) { tree[i] = num; return; } // 若 [tl, tr] 完全覆盖 [l,r]，
                                                      // 则确定线段 num 覆盖节点 i
    update(i);                           // 调整节点 i 及其左右儿子的覆盖情况
    int mid = (l + r) / 2;
    change(tl, tr, l, mid, i+i, num); change(tl, tr, mid+1, r, i+i+1, num);
    // 递归计算 [tl, tr] 在左右子树上的覆盖情况
    // 若左儿子与右儿子的插入状态不同或者左儿子的区间未被线段覆盖，则确定节点 i 的区间未被线段覆盖；
    // 否则覆盖节点 i 的线段为覆盖其左子树的线段
    if (tree[i + i] != tree[i + i + 1] || tree[i + i] == -1) tree[i] = -1;
    else  tree[i] = tree[i + i];
}
void init()                              // 输入信息
{
    scanf("%d\n", &n);                   // 输入垂直线段数
    for (int i = 1; i <= n; i ++)
    {
        scanf("%d%d%d\n", &line[i].down, &line[i].up, &line[i].x);
        // 第 i 条垂直线段为 [(line[i].down , line[i].x), (line[i].up,line[i].x)]
        line[i].down *= 2; line[i].up *= 2; // 每条垂直线段的上下 y 坐标乘 2
    }
    sort(line + 1, line + n + 1, cmp);  // 由左而右排列 n 条垂直线段
}
```

```
void solve()                              //计算并输出“三元组”数
{
    memset(tree, 0, sizeof(tree));
    for (int i = 1; i <= n; i ++){        //枚举每条垂直线段
        memset(vis, 0, sizeof(vis));      //所有垂直线段未被访问
        see[i].clear();                   //垂直线段i“水平可见”的线段集为空
        query(line[i].down,line[i].up,0,maxn * 2,1,i); //计算垂直线段i“水平可见”的
                                                       //线段集
        change(line[i].down, line[i].up, 0, maxn * 2, 1, i);
    }
    int ans = 0;                          //“三元组”数初始化
    for (int i = n; i >= 3; i --){        //枚举每条垂直线段i
        for (int j = 0; j <=(int)see[i].size() - 2; j ++)//枚举垂直线段i“水平可见”的
                                                         //两条互不相同的垂直线段v和
                                                         //u（v≤u）
            for (int k = j+1; k<=(int)see[i].size() - 1; k++)
            {
                int u = see[i][j], v = see[i][k];
                if (u < v) swap(u, v);    //若垂直线段u“水平可见”垂直线段v，则增加1个
                                          //“三元组”
                for (int tt =0;tt <=(int)see[u].size() - 1; tt++)
                    if (see[u][tt] == v){ans ++; break; }
            }
    }
    printf("%d\n", ans);                  //输出“三元组”数
}
int main()
{
    scanf("%d\n", &t);                    //输入测试用例数
    for (int i =1; i <=t; i++) {          //依次处理t个测试用例
        init();                           //输入信息
        solve();                          //计算和输出“三元组”数
    }
    return 0;
}
```

13.2　图的着色

图的着色包括节点着色、面着色和边着色。

定义 13.2.1（节点着色）　设 G 是一个没有自环的图，对 G 的每个节点着色，使得没有两个相邻的节点着上相同的颜色，这种着色称为**图的正常着色**。图 G 的顶点可用 k 种颜色正常着色，称 G 为 ***k*- 可着色的**。使 G 是 k- 可着色的数 k 的最小值称为 G 的**色数**，记为 $\boldsymbol{\chi(G)}$。如果 $\chi(G)=k$，则称 G 是 ***k* 色的**。

定理 13.2.1（节点着色的性质）

1）G 是零图当且仅当 $\chi(G)=1$。

2）对于完全图 K_n，$\chi(K_n)=n$，而 $\chi(\overline{K_n})=1$。

3）对于 n 个顶点构成的回路 G_n，当 n 是偶数时，$\chi(G_n)=2$；当 n 是奇数时，$\chi(G_n)=3$。

4）G 是二分图当且仅当 $\chi(G)=2$。

定义 13.2.2（地图）　一个没有割边的连通平面图称为**地图**。

地图可以有自环和多重边。地图中的每一边是两个面的公共边。两个面相邻是指两个面至少有一条公共边（而不是公共点），并且使相邻两个面着上不同的颜色，所以地图是没有桥的。

定义 13.2.3（地图的正常面着色）　设 G 是一个地图，对 G 的每个面着色，使得没有两

个相邻的面着上相同的颜色，这种着色称为**地图的正常面着色**。地图 G 可用 k 种颜色正常面着色，称 G 是 **k- 面可着色的**。使 G 的 k- 面可着色的数 k 的最小值称为 G 的**面色数**，记为 $x^*(G)$。若 $x^*(G)=k$，则称 G 是 **k 面色的**。

定理 13.2.2.（地图的四色问题） 任何地图是 4 面可着色的。

【13.2.1 Channel Allocation】

当无线电台在非常广阔的区域内广播时，要用中继器来重新发送信号，这样每个接收器就能收到很强的信号。然而，要认真选择每个中继器使用的频道，使得邻近的中继器不会相互干扰。如果邻近的中继器使用不同的频道，那么它们就不会相互干扰。

由于无线电频谱是宝贵的资源，因此对于给出的中继器网络图，就要求最小化使用频道的数量。请编写一个程序，输入中继器网络图，并确定所需要的最少的频道数量。

输入

输入给出多个中继器网络图。每个图的第一行给出中继器的数量，数量在 1 到 26 之间。中继器的名称由字母表中以 A 开始的连续的大写字母表示。例如，十个中继器，中继器的名称就是 A、B、C、…、I 和 J。用中继器数量为 0 表示输入结束。

在给出中继器的数量之后，给出邻近关系的列表。每行的格式如下：

A:BCDH

表示中继器 B、C、D 和 H 与中继器 A 邻近。第一行给出与中继器 A 邻近的中继器，第二行给出与 B 邻近的中继器，以此类推。如果该中继器不与任何其他中继器邻近，则该行的形式如下：

A:

中继器按字母顺序排列。

这里要注意，邻近关系是对称关系；如果 A 与 B 邻近，则 B 必然与 A 邻近。此外，由于中继器位于一个平面内，因此连接邻近的中继器而形成的图没有交叉的边。

输出

对于每个中继器网络图（除了最后一个没有中继器的图外），输出一行，给出所需要的最少的频道数，使邻近的中继器不会互相干扰。样例输出给出了这样的行的格式；当只需要一个频道时，频道为单数形式。

样例输入	样例输出
2 A: B: 4 A:BC B:ACD C:ABD D:BC 4 A:BCD B:ACD C:ABD D:ABC 0	1 channel needed. 3 channels needed. 4 channels needed.

试题来源：ACM Southern African 2001

在线测试：POJ 1129，UVA2243

试题解析

本题的每个测试用例是一个中继器网络图，以中继器为节点，邻近关系为边，则中继器网络图可以表示为一个简单无向图。又因为“连接邻近的中继器形成的图没有交叉的边”，所以这样的简单无向图又是一个平面图。

本题要求邻近的中继器不能使用相同的频道，所以，本题是图的节点着色问题：相邻节点不能着相同颜色。图的着色问题是一个 NP- 完全问题，对于本题的求解分析如下。

一个平面图的对偶图是连通平面图；而一个中继器网络图是简单无向图，没有自环，所以一个中继器网络图所对应的平面图的对偶图没有割边，是一个地图。根据地图的四色定理，本题的顶点着色数的上限为 4（在一个中继器网络图所对应的平面图的对偶图中，如果一个面中包含原图多于 1 个节点，则这些节点在原图中不连通，可以着相同的颜色；即一个中继器网络图所对应的平面图的色数等于其对偶图的面色数）。又因为本题给出图的节点数小于等于 26，数据规模有限，所以，本题采用 DFS 直接求解。

参考程序

```
#include <iostream>
using namespace std;
int n;
int mapp[26][26];                                   // 邻接矩阵
char str[26];                                       // 每行的输入
int color[26];                                      // 每个节点对应的颜色编号
void dfs(int d)
{
    if(d==n)
    return;
    int cont=1;                                     // 终止着色的变量
    int i,j;
    for(i=1;cont;i++)                               // 在节点 d 处，从颜色 1 开始涂起，颜色编号
                                                    // 以 i 表示
    {
        int flag=1;
        for(j=0;j<n;j++)
            if(mapp[d][j]==1&&color[j]==i)          // 若有相邻节点涂了相同的颜色 i，则跳出本
                                                    // 次循环，为 d 涂另一种颜色，颜色编号加 1
            {
                flag=0;
                break;
            }
        if(flag)                                    // 说明没有相邻节点涂相同的颜色
        {
            color[d]=i;
            dfs(d+1);
            cont=0;                                 // 在 d 处终止着色
        }
    }
}
int main()
{
    while(cin>>n&&n>=1)
    {
```

```
        //每次新开始时要清空原来数据
        memset(mapp,0,sizeof(mapp));
        memset(color,0,sizeof(color));
        //输入 n 行数据
        for(int i=0;i<n;i++)
        {
            cin>>str;
            int a=str[0]-'A';
            for(int j=2;j<strlen(str);j++)    //将邻近信息存储在 map 中
            {
                int b=str[j]-'A';
                mapp[a][b]=mapp[b][a]=1;
            }
        }
        color[0]=1;
        int res=0;                              //结果的频道数
        dfs(0);                                 //从第一个节点开始 DFS
        for(int i=0;i<n;i++)
            res=max(res,color[i]);
        if(res>1)
            cout<<res<<" channels needed."<<endl;
        else
            cout<<res<<" channel needed."<<endl;
        }
        return 0;
    }
```

13.3　黑白着色法判定二分图

定义 13.3.1（二分图） 若图 G 的节点集 V 能划分为两个子集 V_1 和 V_2，并且每条边的一个端点在 V_1 中，另一个端点在 V_2 中，则称 G 为二分图，记为 $G(V_1, V_2)$。V 被划分为 V_1 和 V_2，称为 G 的一个二划分，记为 (V_1, V_2)。若简单图 G 具有二划分 (V_1, V_2)，并且 V_1 中每个顶点与 V_2 中每个顶点恰有一条边相连，称 G 为完全二分图。若 $|V_1| = m, |V_2| = n$，则这样的完全二分图记为 $K_{m,n}$。

例如，图 13.3-1 给出的完全二分图记为 $K_{3,3}$。

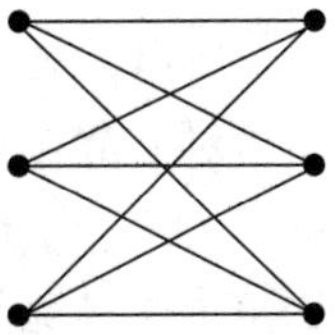

根据乘法原理，完全二分图 $K_{m,n}$ 的边数为 $m \times n$。

首先，本节给出一个完全二分图的解题实验。

图　13.3-1

【13.3.1　Friends and Enemies】

在一个孤岛上住着一群矮人。一位国王（不是矮人）统治着这个孤岛以及附近的海域。在岛上，有着很多颜色各异的鹅卵石。岛上的任何两个矮人不是朋友就是敌人。一天，国王要求岛上的每个矮人（当然不包括国王本人）按照以下规则佩戴一条石头项链：对于任何两个矮人，如果他们是朋友，那么他们至少有一块石头的颜色是相同的；如果他们是敌人，那么他们不能有颜色相同的石头。请注意，项链可以是空的。

给出岛上矮人的数量和石头颜色的数量，请判断在最坏的情况下，也就是需要颜色数量最多的情况下，每个矮人是否都可以为自己准备一条项链。

输入

输入给出多个测试用例，处理到 EOF 结束。

每个测试用例只有一行，给出 2 个正整数 M 和 N（$M,N<2^{31}$），分别表示矮人的数量（不包括国王）和岛上石头颜色的数量。

输出

对于每个测试用例输出一行，给出一个字符，表示是否可以完成国王的要求。如果可以，则输出“T”(不带引号)，否则输出“F”(不带引号)。

样例输入	样例输出
20 100	T

试题来源：2016 ACM/ICPC Asia Regional Dalian Online

在线测试：HDOJ 5874

试题解析

本题题意：矮人数量为 M，石头的颜色的数量为 N（M，$N<2^{31}$），任意两个矮人不是朋友就是敌人。每个矮人都有一个石头项链，项链上可以串多种颜色的石头，也可以是空项链。任何两个朋友至少有一种相同颜色的石头，而任何两个敌人不能有相同颜色的石头。本题给出 M 和 N 的值，但没有给出矮人们之间的关系，请判断在最坏的情况下，也就是需要颜色数量最多的情况下，每个矮人是否都可以为自己准备一条项链。

对于本题，用图表示：用 M 个节点表示 M 个矮人，如果两个矮人是朋友，对应的两个节点连一条边，代表两个朋友用了同一种颜色。

采用统计分析法，从分析部分解出发，分析需要颜色数量最多的情况是要多少种颜色。

首先考虑三个人的情况。

- 如果 X、Y 和 Z 两两之间是朋友，那么图就是一个三角形 XYZ，有三条边代表三种相同颜色的石头。X、Y 和 Z 互为朋友，则只需要一种颜色的石头就可以符合规则。
- 如果 X 和 Y、Z 是朋友，但 Y 和 Z 是敌人，那么对应的图就是二分图，需要两种颜色的石头，Y 和 Z 的项链的石头的颜色不同。
- 如果 X、Y 和 Z 两两之间是敌人，则空项链就可以符合规则。

所以，对于三个人，需要颜色数量最多的情况，即对应一个完全二分图。

对于 M 个节点的完全二分图 $K_{X,Y}$，其中 $X+Y=M$，边数为 $X\times Y$，表示需要的石头颜色的数量。又因，当 $X=M/2$、$Y=M-M/2$ 时，$X\times Y$ 最大，是需要颜色数量最多的情况。所以，比较 $X\times Y$ 最大情况下是否超过 N 即可：如果 N 小于 $M/2\times(M-M/2)$，则输出“F”，否则输出“T”。

参考程序

```
#include<iostream>
using namespace std;
int main()
{
    long long n,m;                          // m个矮人，n种石头的颜色
    while(scanf("%lld%lld",&m,&n)!=EOF)
    {
        if((m/2)*(m-m/2)>n)                 // 完全二分图边数最大的情况下，与n比较
            cout<<"F"<<endl;
        else
            cout<<"T"<<endl;
    }
    return 0;
}
```

通过节点的黑白着色，判定图 G 是否为二分图的算法如下。

首先，给出两种颜色，即黑和白；在图 G 中，任取一个节点，对该节点用一种颜色着色。

从当前被着色的节点出发，对相邻节点进行节点着色。与当前被着色的节点相邻的节点有以下三种情况。

- 情况 1：如果相邻节点未被着色，那么用另一种颜色对该节点着色。
- 情况 2：如果相邻节点已经被着色，并且和当前节点的颜色不同，则略过该点。
- 情况 3：如果相邻节点已经被着色，但是，和当前节点的颜色相同，则返回图 G 不是二分图的信息，并结束算法过程。

对于当前被着色节点的相邻节点的搜索，可以采用 DFS、BFS 方法。

如果黑白着色过程结束，在图 G 中还有节点未被着色，则图 G 不是连通图；在图 G 中，任取一个未被着色的节点，对该节点进行着色，并重复上述的节点着色过程，对该节点所在的连通分支进行着色。

如果黑白着色过程结束时所有节点都被着色，则图 G 是二分图，且对节点的两种不同颜色的着色将节点集 V 划分为两个子集 V_1 和 V_2，就是 G 的一个二划分。如果在着色过程中出现情况 3，则在图 G 中存在奇回路。

对于通过黑白着色法判定图 G 是否为二分图的算法，有如下定理。

定理 13.3.1　*$G(V, E)$ 是二分图当且仅当 G 中没有奇回路。*

证明：$\Rightarrow$：设 G 是具有二划分 (V_1, V_2) 的二分图，并且 G 具有一条回路 C：$(v_0, v_1, \cdots, v_m, v_0)$。设 $v_0 \in V_1$，因为 $\{v_0, v_1\} \in E$，且 G 是二分图，所以 $v_1 \in V_2$，同理 $v_2 \in V_1$，则可以推导出 $v_{2i} \in V_1$，$v_{2i+1} \in V_2$。因为 $v_0 \in V_1$，所以 $v_m \in V_2$。因而存在 k 使 $m = 2k + 1$，即回路 C 是偶回路。

$\Leftarrow$：设 G 是连通图，否则对 G 的每个分支进行证明。任取一个节点 u（$u \in V$），用上述着色算法进行构造性证明。因为 G 中没有奇回路，所以着色过程会对所有的节点进行着色。在着色过程结束时，因为 G 是连通图，对节点的两种不同颜色的着色将节点集 V 划分为两个不相交的子集 V_1 和 V_2，$V_1 \cup V_2 = V$，且 V_1 和 V_2 各自的节点间没有边相连，否则就有奇回路。所以 $G(V_1, V_2)$ 是二分图。■

题目 13.3.2、13.3.3 和 13.3.4 是用黑白着色法判定图 G 是否为二分图的实验，其中，题目 13.3.2 和 13.3.4 的参考程序采用 DFS 方法实现被着色节点的相邻节点的搜索，而题目 13.3.3 的参考程序采用 BFS 方法实现被着色节点的相邻节点的搜索。

【13.3.2　Bicoloring】

1976 年，在计算机的帮助下，“四色定理”被证明。该定理指出，每个地图都可以使用四种颜色进行着色，使得相邻的区域不会着相同的颜色。

本题要求解决一个更简单的类似问题。给出一个任意的连通图，要求确定该图是否可以是双着色。也就是说，用两种颜色对节点进行着色，使相邻的节点没有相同的颜色。为了简化问题，对于给出的图，本题设定：

- 没有自环；
- 图是无向图，也就是说，如果节点 a 到节点 b 是连通的，则节点 b 到节点 a 也是连通的；

- 图是强连通的，也就是说，从任何节点到任何其他节点至少有一条路径。

输入

输入由若干测试用例组成。每个测试用例的第一行给出节点数 n（$1 < n < 200$），第二行给出边数 l。然后给出 l 行，每行给出两个数字，表示连接这两个节点的边。图中的节点用数字 a（$0 \leqslant a < n$）进行标识。

输入以 $n = 0$ 标志结束，程序不用进行处理。

输出

请确定输入的图是否可以双色着色，并按样例输出的格式，输出结果。

样例输入	样例输出
3 3 0 1 1 2 2 0 3 2 0 1 1 2 9 8 0 1 0 2 0 3 0 4 0 5 0 6 0 7 0 8 0	NOT BICOLORABLE. BICOLORABLE. BICOLORABLE.

试题来源：University of Valladolid Test Local Contest 2000

在线测试：UVA 10004

试题解析

本题是用黑白着色法判定图 G 是否为二分图的基础训练题。

本题的参考程序以 DFS 方法实现通过节点着色并判定图 G 是否为二分图的算法。图 G 用邻接矩阵 G 表示，图 G 中的节点是否被着色以及着色的标志用数组 vis 表示：0 表示没有被着色，1 和 2 分别表示用黑白两种颜色中的一种进行着色。

```
#include <stdio.h>
#include <string.h>
const int N = 200 + 5;                    //节点数上限
int n, l, G[N][N], vis[N], flag;          //节点数为n，边数为l，邻接矩阵为G，节点访问和
                                          //染色标志为vis，flag为是否为二分图的标志
void init() {                             //初始化
```

```
    memset(G, 0, sizeof(G));
    memset(vis, 0, sizeof(vis));            // 所有节点未染色
    flag = 0;                               // 可以双色着色
}
void dfs(int x) {                           // 从节点 x 开始，用 DFS 方法进行双色节点着色
    for (int i = 0; i < n; i++)
        if (G[x][i] && vis[i] == 0)         // 如果相邻节点 i 未被着色
            if (vis[x] == 1)
                vis[i] = 2;
            else
                vis[i] = 1;
        else if (G[x][i] && vis[i] != 0)
                if (vis[i] == vis[x])       // 如果相邻节点 i 已经被着色，且和当前节点的颜色相同
                    flag = 1;               // 不是二分图标志
}
int main () {
    int v1, v2;
    while (scanf("%d", &n) && n) {          // 输入节点数 n
        init();
        scanf("%d", &l);                    // 输入边数 l
        for (int i = 0; i < l; i++) {
            scanf("%d %d", &v1, &v2);       // 输入一条边的两个端点
            G[v1][v2] = G[v2][v1] = 1;
        }
        vis[0] = 1;
        for (int i = 0; i < n; i++)         // 用 DFS 方法实现着色
            dfs(i);
        if (flag)                           // 输出结果
            printf("NOT BICOLORABLE.\n");
        else
            printf("BICOLORABLE.\n");
    }
    return 0;
}
```

【13.3.3　wyh2000 and pupil】

年轻的计算机科学家 wyh2000 正在教授他的学生们。

wyh2000 有 n 名学生。同学们的 ID 为 1～n。为了增强同学之间的凝聚力，wyh2000 决定将他们分成两组，每组至少有 1 位同学。

现在有的同学彼此不认识（如果 a 不认识 b，那么 b 也就不认识 a）。wyh2000 希望如果两个同学在同一组，那么他们就会互相认识；而且第一组的同学要尽可能地多。

请帮助 wyh2000 确定第一组和第二组的同学。如果没有解决方案，就输出“Poor wyh”。

输入

输入的第一行给出一个整数 T，表示测试用例的数量。

每个测试用例的第一行给出两个整数 n 和 m，分别表示学生数量，以及有多少对同学彼此不认识。

然后给出 m 行，每行包含 2 个整数 x 和 y（$x<y$），表示 x 不认识 y，而且 y 也不认识 x，这样的 (x, y) 对只出现一次。

其中 $T \leqslant 10$、$n \geqslant 0$、$m \leqslant 100\,000$。

输出

对于每个测试用例，输出答案。

样例输入	样例输出
2 8 5 3 4 5 6 1 2 5 8 3 5 5 4 2 3 4 5 3 4 2 4	5 3 Poor wyh

试题来源：BestCoder Round #48 ($)

在线测试：HDOJ 5285

试题解析

对于本题，可以用图 G 表示，将同学表示为节点，如果两个同学互相认识，则对应的两个节点之间有边相连。

本题要求把互不认识的同学分在不同的组里，也就是看图 G 是否为二分图。如果在图 G 中存在奇回路，则图 G 不是二分图。所以，本题采用黑白着色法判定图 G 是否为二分图，然后将着色后数量多的节点分在第一组，将剩余的节点分在第二组。

本题的测试数据有陷阱。如果学生人数小于等于 1，就无法分成两组，也无法保证每组至少一人；如果没有人互不认识，那么就会出现所有人被分在第一组而第二组没有人的情况，那么就要将一个人分到第二组去。

在参考程序中用黑白着色法判断图 G 是否为二分图，是通过 BFS 来判断当前节点所在的连通分支是否为二分图来实现的。

参考程序

```
#include <iostream>
#include <vector>
#include <queue>
using namespace std;
int n,m;                              // 节点数为 n，边数（互不认识的同学对数）为 m
vector<int>vec[100005];               // vec[x] 存储 x 的邻接点集，为容器类型
int color[100005];                    // 节点 u 的颜色为 color[u]
int ans = 0;                          // 第一组的人数初始化
int bfs(int s){                       // 从节点 s 出发，使用 BFS 算法判别二分图
    queue<int> que;                   // 定义队列 que
    int wri = 0;                      // 将着色 1 的节点数和着色 2 的节点数初始化为 0
    int bla = 0;
    que.push(s);                      // s 入队
    color[s] = 1;                     // s 着色 1
    wri++;                            // 着色 1 的节点数为 1
    while(!que.empty()){              // 若队列非空，则取队首节点 u
        int u = que.front();
        que.pop();                    // 队首节点出队
        int si = vec[u].size();       // 与 u 相邻的节点数为 si
        for(int i = 0;i < si;i ++){   // 枚举每一个与 u 相邻的节点 v
```

```
            int v = vec[u][i];
            if(color[v]){          //若v已着色且与u同色，则失败退出
                if(color[v] == color[u])
                    return false;
            }
            else{                  //若v未着色，则涂不同于u的颜色，并根据颜色统计同色的节点数
                color[v] = 3 - color[u];
                if(color[v]==1)
                    wri++;
                else
                    bla++;
                que.push(v);       //节点v入队
            }
        }
    }
    ans += max(wri,bla);           //将两个同色组中较多的节点数计入ans
    return true;                   //返回成功标志
}
int main(){
    int t;
    scanf("%d",&t);                //输入测试用例数
    while(t--){                    //依次处理每个测试用例
        int n,m;
        ans = 0;
        scanf("%d%d",&n,&m);       //输入学生数和彼此不认识的学生对数
        for(int i = 1;i <= n;i++){ //依次清空每个节点的颜色和邻接点集
            vec[i].clear();
            color[i] = 0;
        }
        if(n == 0){                //若学生数为0，则输出失败信息
            printf("Poor wyh\n");
            continue;              //继续处理下一个测试用例
        }
        for(int i = 0;i < m;i++){//依次输入m对不认识的同学信息，构造无向图
            int x,y;
            scanf("%d%d",&x,&y);   //x同学和y同学彼此不认识
            vec[x].push_back(y);   //y进入x的邻接点集
            vec[y].push_back(x);   //x进入y的邻接点集
        }
        int flag = 0;              //初始时假设成功
        for(int i = 1;i <= n;i++){ //枚举每一个未着色的节点i
            if(!color[i]){
                if(!bfs(i)){       //从节点i出发，通过BFS算法判别是否为二分图。若非
                                   //二分图，则设失败标志并退出循环
                    flag = 1;
                    break;
                }
            }
        }
        if(flag)                   //输出失败信息
            printf("Poor wyh\n");
        else{
            if(m == 0){            //在没有边（所有同学互相认识）的情况下，若仅1个同学，则
                                   //输出失败信息，否则输出第二组1个同学、其余同学分在第一组
                if(ans == 1)
                    printf("Poor wyh\n");
                else
                    printf("%d %d\n",ans-1,1);
            }else                  //在有边的情况下，输出第一组ans个同学、第二组n-ans个同学
                printf("%d %d\n",ans,n-ans);
        }
    }
    return 0;
}
```

【13.3.4　Wrestling Match】

现在，我国每年至少要举行一次摔跤比赛。在比赛中，有很多选手是“好选手”，其余的选手是“坏选手”。小明担任摔跤比赛的裁判，他手里有一份比赛的列表；而且，他知道有些选手是好选手，有些选手是坏选手。他希望每场比赛都是一场好选手和坏选手之间的较量。现在他想知道是否所有的选手都可以被划分为“好选手”和“坏选手”。

输入

输入包含多个测试用例。每个测试用例的第一行给出四个数字 N（$1 \leqslant N \leqslant 1000$）、$M$（$1 \leqslant M \leqslant 10000$）、$X$ 和 Y（$X+Y \leqslant N$），分别表示选手的数量（编号从 1 到 N）、比赛场次数，以及已知的“好选手”和“坏选手”的人数。在接下来的 M 行中，每行给出两个数字 a 和 b（$a \neq b$），表示在 a 和 b 之间有一场比赛。接下来的一行给出 X 个不同的数字，每个数字表示一个已知的“好选手”的编号。最后一行给出 Y 个不同的数字，每个数字表示一个已知的“坏选手”的编号。本题设定不会存在一个选手，其编号既属于“好选手”也属于“坏选手”。

输出

如果每个选手都可以被归类为“好选手”或“坏选手”，则输出“YES”，否则输出“NO”。

样例输入	样例输出
5 4 0 0 1 3 1 4 3 5 4 5 5 4 1 0 1 3 1 4 3 5 4 5 2	NO YES

试题来源：2016 ACM-ICPCAsia Dalian

在线测试：UVA 7723，HDOJ 5971

试题解析

本题给出 N 位选手、M 场比赛，已知 X 位选手为“好选手”，Y 位选手为“坏选手”，希望每一场比赛都是一场“好选手”和“坏选手”之间的较量。本题询问“好选手”和“坏选手”在给出的信息中是否前后会有冲突？如果没有冲突，是否每个选手都可以被归类为“好选手”或“坏选手”？

例如，对于第一个样例输入，选手 {1, 2, 3, 4, 5} 被划分为 {1, 5} 和 {3, 4}，选手 2 无法被归类为“好选手”或“坏选手”，所以输出“NO”；而第二个样例输入，选手 {1, 2, 3, 4, 5} 被划分为 {1, 5} 和 {3, 4}，选手 2 被归类为“好选手”，所以输出“YES”。

本题被表示为一个图 G，选手表示为节点，两个选手之间有比赛，则对应的两个节点间有边相连。

在参考程序中，所有节点的着色，赋初值为 –1；然后，所有边关联的节点着色，赋初值为 0；在输入“好选手”和“坏选手”的信息时，对给出的“好选手”和“坏选手”节点进行黑白着色，"好选手"节点着色 2，"坏选手"节点着色 -2。

在参考程序中，首先看是否有节点着色 -1，即节点是孤立点，且不可能被归入"好选手"和"坏选手"阵营，如果有，则输出"NO"。

然后，在图 G 中，从已经确定是"好选手"或"坏选手"的节点开始，执行黑白着色判断节点所在连通分支是否为二分图的算法，如果不是二分图，则输出"NO"。

最后，对于还不能确定的选手（节点着色为 0），执行黑白着色判断图 G 是否为二分图的算法，如果不是二分图，则输出"NO"；否则，就输出"YES"。

参考程序

```
#include<bits/stdc++.h>
using namespace std;
const int MAX_N=1005;      // 选手人数上限
int n,color[MAX_N];        // n 为选手人数，color[MAX_N] 表示为选手节点着色
vector<int> G[MAX_N];      // 邻接表表示图 G，其中容器 G[u] 为节点 u 的邻接点集合
bool dfs(int v,int c)      // 通过 DFS 进行黑白着色判断节点 v 所在连通分支是否为二分图
{
    color[v]=c;            // 节点 v 着色 c
    for(unsigned i=0;i<G[v].size();++i)          // 枚举 v 的相邻节点
    {
        if(color[G[v][i]]==c)                    // v 和相邻节点 i 颜色相同，不是二分图
            return false;
        if(color[G[v][i]]==0&&!dfs(G[v][i],-c)) // 从 v 的相邻节点 i 出发，判断不是二分图
            return false;
    }
    return true;           // 返回二分图标志
}
void solve()               // 求解
{
    for(int i=1;i<=n;++i)
        if(color[i]==-1)  // 孤立点，且不可能被归入"好选手"和"坏选手"阵营
        {
            cout<<"NO\n";
            return;
        }
    for(int i=1;i<=n;++i) // 执行黑白着色判断节点所在连通分支是否为二分图的算法
    {
        if(color[i]==2&& !dfs(i,2))              // "好选手"节点
        {
            cout<<"NO\n";
            return;
        }
        if(color[i]==-2&& !dfs(i,-2))            // "坏选手"节点
        {
            cout<<"NO\n";
            return;
        }
    }
    for(int i=1;i<=n;++i)
        if(color[i]==0)                          // 不能确定的选手
        {
            if(!dfs(i,2))
            {
                cout<<"NO\n";
                return;
            }
        }
    cout<<"YES\n";
```

```
}
int main()
{
    ios::sync_with_stdio(false);
    int m,x,y;
    while(cin>>n>>m>>x>>y)                    // 循环输入一个测试用例的第一行
    {
        int a,b;
        for(int i=1;i<=n;++i)                 // 清空数据
            G[i].clear();
        memset(color,-1,sizeof(color));       // 所有节点着色，赋值 -1
        for(int i=1;i<=m;++i)                 // 输入边
        {
            cin>>a>>b;
            color[a]=0;                       // 边关联的节点着色，赋值 0
            color[b]=0;
            G[a].push_back(b);
            G[b].push_back(a);
        }
        for(int i=1;i<=x;++i)                 // "好选手" 节点着色，赋值 2
        {
            cin>>a;
            color[a]=2;
        }
        for(int i=1;i<=y;++i)                 // "坏选手" 节点着色，赋值 -2
        {
            cin>>b;
            color[b]=-2;
        }
        solve();                              // 求解
    }
    return 0;
}
```

题目 13.3.5 是用黑白着色法进行二分图判定与 DP 相结合来解题的实验。

【13.3.5 Team Them Up!】

给你一个任务，请按如下的方式将一些人分成两组。

- 每个人都要属于其中一个组。
- 每组至少有一名成员。
- 组里的每个人都认识组里的其他人。
- 两组的人数要可能地接近。

这一任务可能会有多个解决方案。你要找到并输出任何一种解决方案，或者报告不存在解决方案。

输入

为简单起见，每个人都有一个唯一的、取值为 1～N 的整数标识符。

输入的第一行给出一个整数 N（$2 \leqslant N \leqslant 100$），表示要被分入两组的总人数；然后的 N 行按标识符的升序排列，每人一行，每行给出由空格分隔的不同数字 A_{ij}（$1 \leqslant A_{ij} \leqslant N$，$A_{ij} \neq i$）的列表，给出第 i 个人认识的其他人的标识符。列表以 0 结束。

输出

如果问题的解决方案不存在，则在输出 "No solution"（不带引号）。否则，输出两行，给出一个解决方案；在输出的第一行，给出第一组的人数，然后是第一组人员的标识符，在每个标识符前输出一个空格；在输出的第二行，用同样的方式描述第二组。你可以按任意顺序给出组和组中人员的标识符。

样例输入	样例输出
5 2 3 5 0 1 4 5 3 0 1 2 5 0 1 2 3 0 4 3 2 1 0	3 1 3 5 2 2 4

试题来源：ACM-ICPC Northeastern Europe 2001

在线测试：POJ 1112，UVA2450

试题解析

对于本题的题意，要注意，“认识”关系，不是“相互认识”，a 认识 b，b 不一定认识 a。要求“组里的每个人都认识组里的其他人”，就是组里的人互相认识。用图表示，每个人被表示为一个节点，如果两个人不是相互认识，两个节点之间就连一条边。这样，一条边的两个端点不能被分在同一组中。那么判断是否存在可行的分组方案，用黑白着色法进行二分图判定即可。由于 $N \geqslant 2$，如果图是二分图，则每组至少有一名成员。

用数组变量 sum[i][k] 记录连通分支 i 着色为 k 的节点数。设两个组为 A 和 B，则问题转化为求解从每一个连通分支中选取染为某个颜色的节点集合并入 A，可以取到的最逼近 $N/2$ 的值。状态 dp[i][j] 表示从连通分支 [1,i] 中选取，是否可以使组 A 节点数为 j。状态转移方程 dp[i][j] = dp[i – 1][j – sum[i][0]] || dp[i – 1][j – sum[i][1]] 记录状态转移，对每个连通分支，通过 DFS 统计组 A 选取的节点。

参考程序

```
#include <cstdio>
#include <vector>
using namespace std;
const int maxn = 105, maxe = maxn * maxn;
// 节点数为 N，节点的着色序列为 col[]，连通分支数为 num，连通分支 i 的代表节点为 st[i]，连通分支
//i 着色 k 的节点数为 sum[i][k]
int N, col[maxn], num, st[maxn], sum[maxn][2];
// 边指针为 tot；节点 u 的邻接表首指针为 head[u]；边 e 的另一端点为 to[e]，后继指针为 nxt[e]
int tot, head[maxn], to[maxe], nxt[maxe];
// 状态转移方程为 dp[][]，其中 dp[i][j] 表示从连通分支 1..i 中选取，能否使组 A 的节点数为 j 的
// 标志；在前 i 个分支中组 A 节点数为 j 时，分支 i 的颜色为 pre[i][j]
int dp[maxn][maxn], pre[maxn][maxn];
bool G[maxn][maxn], vs[maxn];              // 相邻矩阵为 G[][]，节点 i 已确定组别的标志为 vs[i]
vector<int> A, B;                          // A 组（容器 A）和 B 组（容器 B）
inline void add(int x, int y)              // 将 y 插入 x 的邻接表首部
    { to[++tot] = y, nxt[tot] = head[x], head[x] = tot; }
bool dfs(int x, int c, int &n0, int &n1) // 使用 DFS 算法判断该图是否为二分图
{   // 节点 x 着色 c，调整颜色为 -1 的节点数 n0 和颜色为 1 的节点数 n1
    col[x] = c, n0 += c == -1, n1 += c == 1;
    for (int i = head[x]; i; i = nxt[i]) // 枚举 x 的每一条出边
    {
        int y = to[i];                     // 取当前出边的另一端点 y
        // 在 y 未着色的情况下，若沿 y 递归下去发现该图非二分图，或者 y 已着与 x 相同
```

```
        // 的颜色，则返回非二分图标志
        if (!col[y])
        {
            if (!dfs(y, -c, n0, n1))
                return 0;
        }
        else if (col[y] == c)
            return 0;
    }
    return 1;                                    // 返回二分图标志
}

void dfs2(int x, int c)   // 从 x 出发，将着色 c 的节点置入容器 A，涂另一色的节点置入容器 B
{
    vs[x] = 1;                                   // 设 x 已确定组别的标志
    if (col[x] == c)                             // 若 x 着色 c，则进入容器 A；否则进入容器 B
        A.push_back(x);
    else
        B.push_back(x);
    for (int i = head[x]; i; i = nxt[i]) // 枚举 x 的所有出边
    {
        int y = to[i];                           // 取第 i 条出边的另一端点 y
        if (!vs[y])                              // 若 y 未确定组别，则沿 y 递归下去
            dfs2(y, c);
    }
}

void out(vector<int>&a)                          // 输出容器 a（某组）中的节点
{
    printf("%d", (int)a.size());                 // 输出容器 a（该组）的节点数
    for (int i = 0; i < (int)a.size(); ++i)// 依次输出容器 a（该组）内的节点
        printf(" %d", a[i]);
    putchar('\n');
}

int main()
{
    scanf("%d", &N);                             // 输入被分入两组的总人数
    for (int i = 1, j; i <= N; ++i)              // 依次枚举每一个人 i
        while (~scanf("%d", &j) && j)            // 依次输入与 i 相识的所有人，构造相邻矩阵 G[][]
            G[i][j] = 1;
    // 构造图的邻接表：枚举每对不同的人 i 和 j，若 i 和 j 互不认识或者 j 和 i 互不认识，则 j 进入 i 的
    // 邻接表，i 进入 j 的邻接表
    for (int i = 1; i <= N; ++i)
        for (int j = i + 1; j <= N; ++j)
            if (!G[i][j] || !G[j][i])  add(i, j), add(j, i);
    bool f = 1;                                  // 成功标志初始化
    for (int i = 1; i <= N; ++i)                 // 枚举每个未着色的节点 i
        if (!col[i])
        {
            st[++num] = i;                       // 新增一个连通分支，i 为该分支的代表节点
      // i 着色 1。沿 i 递归下去，统计着色 -1 的节点数 sum[num][0] 和着色 1 的节点数 sum[num][1]。
      // 若发现该图非二分图，则设失败标志并退出循环
            if (!dfs(i, 1, sum[num][0], sum[num][1]))
            {
                f = 0;
                break;
            }
        }
    if (!f)                                      // 若 f 为失败标志，则输出失败信息并退出
    {
```

```
        puts("No solution");
        return 0;
    }
    memset(dp, 0, sizeof(dp));              // 状态转移方程初始化
    dp[0][0] = 1;
    for (int i = 1; i <= num; ++i)          // 递推连通分支数 i
        for (int j = 0; j <= N; ++j)        // 递推组 A 的节点数 j
            for (int k = 0; k < 2; ++k)     // 递推颜色 k
                // 若分支 i 可以涂颜色 k 且前 i-1 分支中 A 组有 (j- 分支 i 涂颜色 k 的点数) 个节点,
                // 则确定前 i 个分支中组 A 有 j 个节点, 分支 i 着色 k
                if (j - sum[i][k] >= 0 && dp[i - 1][j - sum[i][k]])
                    dp[i][j] = 1, pre[i][j] = k;
    int p = -1, lim = N / 2;                // 将节点数较少 (不大于 N / 2) 的那一组列为 A 组
    for (int j = lim; j >= 0; --j)          // 按照递减顺序枚举 A 组人数
        if (dp[num][j])                     // 若 A 组可有 j 个节点, 则记为 p, 并退出循环
        {
            p = j;
            break;
        }
    for (int i = num; i; --i)               // 按照递减顺序枚举分支数 i
    {
        int k = pre[i][p];                  // 前 i 个分支中 A 组有 p 个节点且分支 i 着色 k
        dfs2(st[i], k ? 1 : -1);            // 从分支 i 的代表节点出发, 通过 DFS 对分支 i 中的
                                            // 节点分组
        p = p - sum[i][k];                  // p 减去分支 i 中着色 k 的节点
    }
    out(A), out(B);                         // 分别输出组 A 和组 B
    return 0;
}
```

13.4　偏序关系

关系和集合都是现实生活中的概念，集合与集合之间往往存在某种关系。例如，在两个不同集合之间存在着某种关系，比如，教师集合和学生集合之间存在着师生关系，学生集合和课程集合之间存在着学生选修课程的关系，等等；在同一个集合中也可以存在着某种关系，比如，在学生集合中有同学关系，有同桌关系，等等；在多个集合之间也往往存在着多元的关系，比如，在学生集合、课程集合和任课教师集合这三个集合之间存在着教学关系。其中，二元关系、偏序关系的概念，以及性质和算法如下。

定义 13.4.1（二元关系） 设 A 和 B 是任意两个集合，$A \times B$ 的子集 R 称为**从 A 到 B 的二元关系**。当 $A=B$ 时，称 R 为 A **上的二元关系**。

定义 13.4.2 设 R 是集合 A 上的**二元关系**。

1）如果对任意 $a \in A$，有 $(a, a) \in R$，则称 R 是**自反的**。

2）如果对任意 $a \in A$，有 $(a, a) \in R$，则称 R 是**反自反的**。

3）对任意 $a, b \in A$，如果 $(a, b) \in R$ 必有 $(b, a) \in R$，则称 R 是**对称的**。

4）对任意 $a, b \in A$，如果 $(a, b) \in R$ 且 $(b, a) \in R$，必有 $a = b$，则称 R 是**反对称的**；或者如果 $(a, b) \in R$ 并且 $a \neq b$ 时，必有 $(b, a) \in R$，则称 R 是**反对称的**。

5）对任意 $a,b,c \in A$，如果 $(a,b) \in R$ 且 $(b, c) \in R$，必有 $(a,c) \in R$，则称 R 是**传递的**。

定义 13.4.3（偏序关系） 设 R 是集合 A 上的二元关系，若 R 是自反的、反对称的和传递的，则称 R 是 A 上的偏序关系，又记为 $\preccurlyeq$（注意，此符号“$\preccurlyeq$”在这里并不意味着小于或等于）。

常见的偏序关系有：实数集 R 上的小于或等于关系；正整数集 Z^+ 上的整除关系；集合

A 的幂集 P(A) 上的包含关系⊆；等等。

定义 13.4.4（偏序集） 若集合 A 具有偏序关系 R，则称 A 为偏序集，记为 (A, R)。

偏序集 $(A, \preccurlyeq)$ 可以通过图表示，这样的图被称为哈斯图。哈斯图的画法如下：A 中的每个元素用节点表示，对于 $a, b \in A$，若 $a \preccurlyeq b$ 则将节点 a 画在节点 b 之下，若 a 与 b 之间不存在其他元素 c，使 $a \preccurlyeq c$、$c \preccurlyeq b$，则在 a 与 b 之间用一条边相连，得到的图称为**哈斯图**。

例 13.1 （1）设集合 $A = \{2, 3, 6, 12, 24, 36\}$，/ 是 A 上的整除关系，偏序集 $(A, /)$ 的哈斯图如图 13.4-1a 所示。（2）$A = \{1, 2, 3, 4, 5, 6\}$，偏序集 $(A, \leqslant)$ 的哈斯图如图 13.4-1b 所示。（3）设集合 $A=\{1,2\}$，则 $P(A)=\{\varnothing, \{\{1\},\{2\},\{1,2\}\}$，偏序集 $(P(A), \subseteq)$ 的哈斯图如图 13.4-1c 所示。

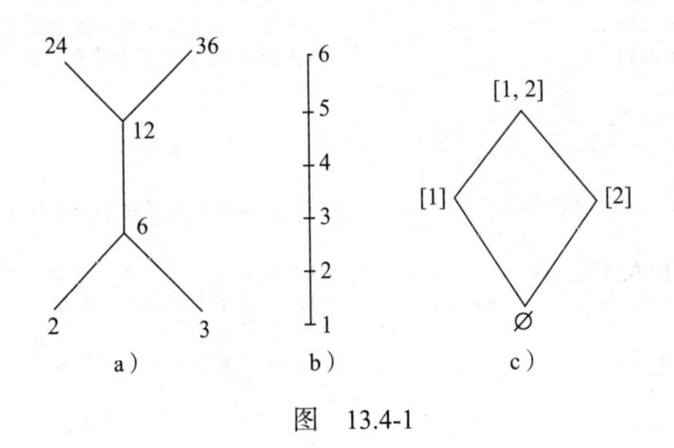

图　13.4-1

定义 13.4.5 设 $(A, \preccurlyeq)$ 是一个偏序集合，$B \subseteq A$，则：

- 存在一个元素 $b \in B$，对所有 $b' \in B$，如果都有 $b' \preccurlyeq b$，则称 b 是 B 的**最大元**；如果都有 $b \preccurlyeq b'$，则称 b 是 B 的**最小元**。
- 如果存在一个元素 $b \in B$，且在 B 中不存在元素 b'，使 $b \neq b'$，$b \preccurlyeq b'$，则称 b 是 B 的**极大元**；如果存在一个元素 $b \in B$，且在 B 中不存在元素 b'，使 $b \neq b'$，$b' \preccurlyeq b$，则称 b 是 B 的**极小元**。
- 存在一个元素 $a \in A$，如果对所有 $b' \in B$，都有 $b' \preccurlyeq a$，则称 a 是 B 的**上界**；如果对所有 $b' \in B$，都有 $a \preccurlyeq b'$，则称 a 是 B 的**下界**。
- 如果 $a \in A$ 是 B 的上界，且对 B 中每个上界 a'，都有 $a \preccurlyeq a'$，则称 a 为 B 的**上确界**（或称**最小上界**）；如果 $a \in A$ 是 B 的下界，且对 B 中每个下界 a'，都有 $a' \preccurlyeq a$，则称 a 为 B 的**下确界**（或称**最大下界**）。

定义 13.4.6（链，反链） 设 $(A, \preccurlyeq)$ 是一个偏序集，在 A 的一个子集中，如果每两个元素都是有关系的，则称这个子集是**链**；在 A 的一个子集中，如果每两个元素都是没有关系的，则称这个子集是**反链**。

链和反链可以从哈斯图直观获得：链是从纵向的角度看哈斯图，反链是从横向的角度看哈斯图。

定理 13.4.1（Dilworth 定理） 设 $(A, \preccurlyeq)$ 是一个有限偏序集，n 是其最大链的基数，则 A 可以被划分成 n 个但不能再少的反链。

证明： 设 p 为 $(A, \preccurlyeq)$ 的最少的反链的数目。

首先证明，A 可以被划分成小于等于 n 个反链。设 $A_1=A$，X_1 是 A_1 中的极小元的集合。$A_2 = A_1 - X_1$，则对于 A_2 中的任意元素 a_2，必存在 A_1 中的元素 a_1，使得 $a_1 \preccurlyeq a_2$。同理，设 X_2 是 A_2 中的极小元的集合。$A_3 = A_2 - X_2$，…，最终，会得到一个 A_k 非空而 A_{k+1} 为空。则 X_1,

$X_2, \cdots, X_k$ 就是 A 的反链的划分，并存在链 $a_1 \preccurlyeq a_2 \preccurlyeq \cdots \preccurlyeq a_k$，其中 $a_i \in A_i$（$1 \leqslant i \leqslant k$）。由于 n 是 A 的最大链的基数，因此 $n \geqslant k$。由于 A 被划分成了 k 个反链，因此 $n \geqslant k \geqslant p$。

然后，证明 X 不能被划分成小于 n 个反链。设 A 的最大链 C 的基数为 n，C 中任意两个元素都有关系，因此 C 中任两个元素都不能属于同一反链。所以 $p \geqslant n$。

因此，$n = p$，命题成立。■

推论 13.4.1 设 $(A, \preccurlyeq)$ 是一个有限偏序集，m 是其最大的反链的基数，则 A 可以被划分成 m 个但不能再少的链。

偏序集反链分解算法如下：

```
输入：偏序集 (A, ≼)。
输出：A 可以被划分成最少的反链集合 {B₁, B₂, …, Bₙ}。
步骤 1：i = 1;
步骤 2：Bᵢ = A 的所有极大元的集合（显然 Bᵢ 是一条反链）;
步骤 3：A=A- Bᵢ;
步骤 4：if (A≠∅){i++; 转步骤 2}
```

【13.4.1 Robots】

你所在的公司提供机器人在体育赛事和音乐会结束后去捡拾场地里的垃圾。在机器人被分配工作之前，用网格标记场地的照片。在网格中，每个有垃圾的位置都会被标记。所有的机器人都从西北角开始移动，到东南角结束移动。机器人只能向两个方向移动，要么向东，要么向南。一旦一个机器人进入一个有垃圾的网格单元，它就会在继续行进之前将垃圾捡拾起来。一旦机器人到达东南角的目的地，就不能移动到其他的单元，也不能重复使用。由于你的花费与用于特定工作的机器人的数量成正比，因此你希望知道能够清洁给定场地的最小的机器人数量。例如，对于图 13.4-2 所示的场地图，可以看到该场地图的行和列，以及用“G”标记的垃圾位置。在这一场地的设计方案中，所有机器人将从位置（1, 1）开始，并在位置（6, 7）结束。

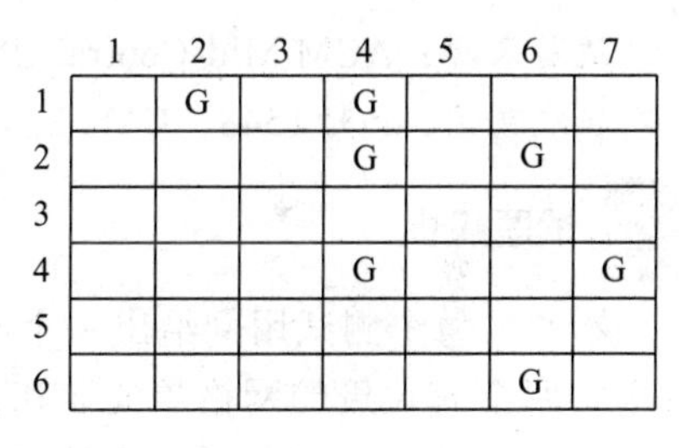

图 13.4-2

图 13.4-3 给出了两个可能的解决方案，其中，第二个方案更可取，因为它使用两个机器人而不是三个机器人。

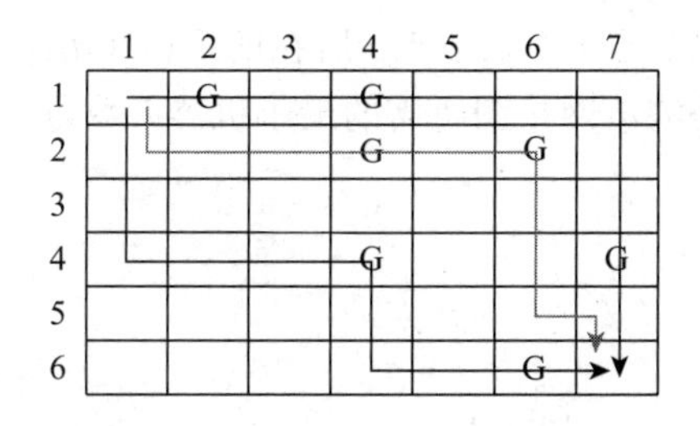

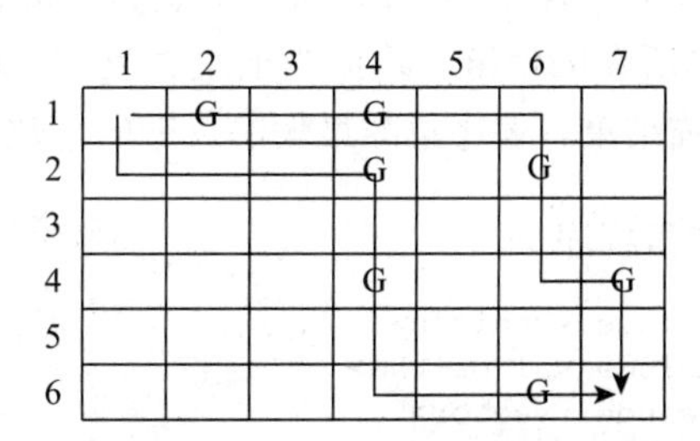

图 13.4-3 两个可能的解决方案

请编写一个程序，该程序确定在一个场地中捡拾所有垃圾所需的最小机器人数量。

输入

输入给出一个或多个场地图，最后一行给出 -1-1，表示输入结束。一个场地图由一行或多行组成，每行给出一个垃圾位置；然后，在一行中给出 0 0，表示场地图结束；每个垃圾位置由两个整数组成：由一个空格分隔的行和列，行和列的编号如图 13.4-2 所示。垃圾位置按行为主顺序给出。任何一个场地图都不会超过 24 行 24 列。下面的样例输入给出两个场地图，其中，第一个场地图是图 13.4-2 所示的场地图。

输出

对于每个场地图，输出一行，给出清洁相应的场地图所需的最小机器人数量。

样例输入	样例输出
1 2	2
1 4	1
2 4	
2 6	
4 4	
4 7	
6 6	
0 0	
1 1	
2 2	
4 4	
0 0	
-1 -1	

试题来源：ACM Mid-Central USA 2003

在线测试：POJ 1548，UVA 2783

试题解析

本题的每个测试用例给出一个网格，机器人从网格左上角出发，每次只能往下走或往右走。两个有垃圾的网格单元 *a* 和 *b* 存在偏序关系，即机器人从 *a* 可以走到 *b*，当且仅当 $a.x \leqslant b.x$ 且 $a.y \leqslant b.y$。本题要求计算清洁网格图所需的最小机器人数量，即计算对于给出的偏序集，最少有多少条链。根据推论 13.4.1，本题就是求解偏序集的最大的反链的基数。

对于每一个测试用例，首先对有垃圾的网格单元，按 *x* 坐标为第一关键字、*y* 坐标为第二关键字升序排序；然后，逐个扫描有垃圾的网格单元：对于当前的单元（节点 *i*），逐一分析此前已经扫描过的网格单元（节点 *j*）；如果节点 *j* 和节点 *i* 没有构成偏序关系，且节点 *i* 加入节点 *j* 所在的反链，构成当前最大反链，就把节点 *i* 加入节点 *j* 所在的反链（$d[i] = d[j] + 1$）。扫描结束，偏序集的最大的反链的基数就是清洁网格图所需的最小机器人数量。

参考程序

```
#include <stdio.h>
#include <algorithm>
#include <vector>
using namespace std ;
const int maxn = 1005 ;                  //垃圾点的上限
int d[maxn] ;                            // d[i]: 节点 i 加入反链时，反链的基数
struct litter                            //垃圾的坐标
{
    int x , y ;
};
```

```
bool cmp (const litter &a , const litter &b)
{                                               // 以 x 坐标为第一关键字、y 坐标为第二关键字进行比较
    if(a.x == b.x) return a.y < b.y ;
     else  return a.x < b.x ;
}
bool operator > (const litter &a , const litter &b) // a 和 b 不构成偏序关系
{
      return !(a.x <= b.x && a.y <= b.y) ;
}
vector <litter> p ;                             // 所有有垃圾的网格单元
int main()
{
    litter t ;                                  // 有垃圾的单元
    int sum ;                                   // 最小机器人数量（最长反链的数量）
    while( scanf("%d%d" , &t.x , &t.y) != EOF)
    {
        if(t.x == -1 && t.y == -1) break ;
        p.clear() ;
        p.push_back(t) ;
        while(scanf("%d%d" , &t.x , &t.y), t.x && t.y)
            p.push_back(t) ;                    // 输入所有有垃圾的网格单元
        sort(p.begin(), p.end() , cmp) ; // 以 x 坐标为第一关键字、y 坐标为第二关键字进行排序
        sum = -1 ;
        for(int i = 0 ; i < p.size() ; i ++)
        { // 动态规划求解 p 数组的最长降序子序列的长度
            d[i] = 1 ;
            for(int j = 0 ; j < i ; j ++)
                if(d[j] + 1 > d[i] && p[j] > p[i]) // 节点 j 和节点 i 没有构成偏序关系，且节
                                                   // 点 i 加入节点 j 所在的反链，构成当前
                                                   // 最大反链
                    d[i] = d[j] + 1 ;              // 节点 i 加入节点 j 所在的反链
            sum = max(sum , d[i]) ;                // 最长反链的数量
        }
       printf("%d\n" , sum) ;                      // 最长反链的数量 = 最小的机器人数量
    }
    return 0 ;
}
```

【13.4.2　Nested Dolls】

Dilworth 是著名的俄罗斯套娃的收藏家，他拥有成千上万个俄罗斯套娃。众所周知，一个俄罗斯套娃由若干个不同尺寸的木制空心娃娃组成，其中最小的娃娃放在第二小的娃娃里面，而第二小的娃娃又放在第三小的娃娃里，以此类推。有一天，他想知道是否还有另外的套娃娃的方法，结果可以使他最终得到更少的俄罗斯套娃。这样会使他的收藏更加丰富。他打开了每个俄罗斯套娃，测量了里面每个娃娃的宽度和高度。宽度为 w_1 且高度为 h_1 的娃娃可以放在另一个宽度为 w_2 且高度为 h_2 的娃娃里面，当且仅当 $w_1 < w_2$ 且 $h_1 < h_2$。你能帮他从海量的尺寸列表中计算出俄罗斯套娃的最小数量吗?

输入

输入的第一行给出一个正整数 t（$1 \leqslant t \leqslant 20$），表示测试用例的数量。每个测试用例的第一行给出一个正整数 m（$1 \leqslant m \leqslant 20\ 000$），表示测试用例中的娃娃数量。接下来给出 $2m$ 个正整数 $w_1, h_1, w_2, h_2, \cdots, w_m, h_m$，其中 w_i 和 h_i 分别是第 i 个娃娃的宽度和高度，对于所有的 i，有 $w_i \geqslant 1$、$h_i \leqslant 10\ 000$。

输出

对于每个测试用例，输出一行，给出尽可能少的俄罗斯套娃的数量。

样例输入	样例输出
4 3 20 30 40 50 30 40 4 20 30 10 10 30 20 40 50 3 10 30 20 20 30 10 4 10 10 20 30 40 50 39 51	1 2 3 2

试题来源：Nordic 2007

在线测试：POJ 3636

试题解析

本题给出一个娃娃的集合，每个娃娃有两个属性：宽度和高度（宽度和高度不可互换）。如果一个娃娃的宽度和高度均小于另一个娃娃的宽度和高度，则这个娃娃可以被套在另一个娃娃之中，用这种套娃娃的方法将娃娃分组，一组之内的娃娃可以一个套一个地全部被套起来。问最少能分成几组？

娃娃的嵌套关系构成了娃娃集合的一个链，而娃娃最少能分成几组就是娃娃集合最少可以划分为几条链。

在参考程序中，输入一个测试用例后，首先对测试用例中的娃娃集合进行排序。然后，按序逐个处理娃娃：如果某条链的最大元可以放在当前娃娃中，则当前娃娃作为该链的最大元，加入该链；如果不存在这样的链，则构建新链，当前娃娃作为新链的最大元。最后，输出链数，这就是最少的俄罗斯套娃的数量。

参考程序

```
#include <cstdio>
#include <algorithm>
using namespace std;
#define MAX_DOLL_NUM 20004                          // 娃娃数量上限
struct Doll
{
    int width, height;                              // 娃娃的宽度和高度
}doll[MAX_DOLL_NUM], chain[MAX_DOLL_NUM];           // 娃娃结构数组
int doll_num;                                       // 娃娃数量
int chain_cnt;
bool operator < (const Doll &a, const Doll &b)      // 比较娃娃
{
    if (a.width == b.width)
        return a.height > b.height;
    return a.width < b.width;
}
void input()                                  // 输入一个测试用例
{
    scanf("%d", &doll_num);                   // 输入娃娃数量
    for (int i = 0; i < doll_num; i++)        // 输入娃娃的宽度和高度
        scanf("%d%d", &doll[i].width, &doll[i].height);
}
bool fit(Doll a, Doll b)                      // 娃娃 b 是否可以放在娃娃 a 中
```

```
{
    return a.width > b.width && a.height > b.height;
}
void work()
{
    chain_cnt = 0;                              // 链数
    for (int i = 0; i < doll_num; i++)          // 枚举娃娃
    {
        bool fitted = false;
        for (int j = 0; j < chain_cnt; j++) // 枚举已有的每条链
            if (fit(doll[i], chain[j]))     // 可以将当前链的最大元放在当前娃娃中
            {
                fitted = true;
                chain[j] = doll[i];         // 当前娃娃成为当前链的最大元
                break;
            }
        if (!fitted)                        // 建立新链，当前娃娃成为新链的最大元
                chain[chain_cnt++] = doll[i];
    }
}
int main()
{
    int t;
    scanf("%d", &t);                            // 输入测试用例数
    while (t--)                                 // 每次循环处理一个测试用例
    {
        input();                                // 输入一个测试用例
        sort(doll, doll + doll_num);            // 对娃娃进行排序
        work();
        printf("%d\n", chain_cnt);              // 输出链数
    }
    return 0;
}
```

在解决一个实际问题时，往往先将实际问题抽象成一个数学模型，然后在模型上寻找合适的解决方法，最后再将解决方法还原到实际问题本身。利用偏序集模型解题的过程也是如此。如果我们能够从信息原型中挖掘出平面图的特征，洞悉有向边蕴涵的偏序关系，构造出的偏序集模型必要、真实、贴切和透彻地反映原问题的本质，则可以直接利用偏序集的有关原理设计算法，使思路更加清晰，解题过程更加简化。

【13.4.3　Skiers】

在 Bytemount 的南坡有许多滑雪赛道和一台滑雪升降机。所有的滑雪赛道都从滑雪升降机的顶端站开始，一直到升降机的底端站。每天早上，滑雪升降机的管理工人要检查轨道的状况。他们一起乘升降机到顶端站，然后每人沿一条选择好的滑雪赛道向下滑到底端站。每个工人只向下滑雪一次。工人们选择的滑雪赛道可能部分是相同的。每条赛道都要由工人检查，方向都是向下的。

滑雪赛道地图是一个由森林中的小道将林中空地连接起来的网络。每片林中空地位于不同的高度。任何两片空地最多由一条小道直接连接。从顶端站自上而下滑到底端站，工人可以选择一条赛道，访问任何一片林中空地（虽然不是所有的空地在一次滑行中都会被访问）。滑雪赛道只能在林中空地相交，赛道不会穿过隧道，也不会在桥上。

请编写程序：

- 从文本文件 nar.in 输入滑雪赛道的地图；

- 计算检查所有林中空地之间的小道所需要工人的最小数量；
- 将结果输出到文本文件 nar.out。

输入

在输入文件 nar.in 的第一行给出一个整数 n（$2 \leqslant n \leqslant 5000$），表示林中空地的数量。空地的编号为 $1 \sim n$。

接下来的 $n-1$ 行每行给出一个用单个空格分隔的整数序列。在第（$i+1$）行表示由编号 i 的林中空地沿小道向下可以到达的空地，第一个整数 k 表示林中空地的数量，连续的 k 个整数按自西向东的顺序给出的它们的编号，升降机的顶端站编号为 1，升降机的底端站编号为 n。

输出

输出文件 nar.out 只输出一行，给出一个整数，表示能够检查在森林里所有林中小道的工人的最小数量。

对应样例的图形如图 13.4-4 所示。

样例输入	样例输出
15 5 3 5 9 2 4 1 9 2 7 5 2 6 8 1 7 1 10 2 14 11 2 10 12 2 13 10 3 13 15 12 2 14 15 1 15 1 15 1 15	8

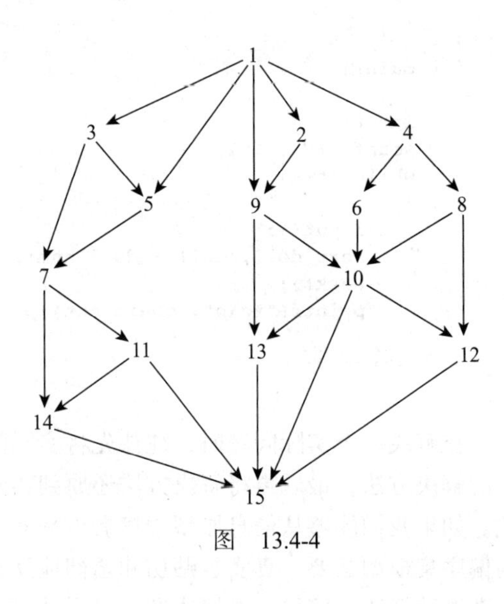

图　13.4-4

试题来源：9th Polish Olympiad in Informatics 2001/2002

在线测试：头歌，英文版 https://www.educoder.net/problems/4ifan9jc/share；中文版：https://www.educoder.net/problems/3avx8smf/share

试题解析

试题简述：给定一个含最高点和最低点的有向平面图，每个节点都位于最高点至最低点的路径上，要求计算覆盖平面图所有边的最少路径数。

本题可选择的数学模型不止一个，其中比较典型的为网络流模型和偏序集模型。

解法 1：利用网络流模型解题

分析一下题意，很快联想到经典的网络流模型：最高点 v_h 是网络的源点，而最低点 v_l 是网络的汇点。题目中的路径是网络中从源点到汇点的流。要求用路径覆盖图中所有的边，且路径数最少，就是要求网络中每条边的流量大于等于 1，并且从源点流出的总流量最小。因此解决这个问题只需要建立一个有容量下界的网络，然后求该网络的最小可行流。具体过程如下。

1）求可行流：枚举每条流量为 0 的边，设为（i, j）。找到一条从 s 到 i 的路径和一条从 j 到 t 的路径。对"$s \to i \to j \to t$"路径上的每一条边流量加 1，这样既满足了每个点的流量平衡，又满足了边（i, j）的容量下界。

2）在可行流上进行修改，从汇点到源点求一个最大可行反向流，就得到了一个最小可行流。

分析解法 1 的时间复杂度：求可行流时，可以先预处理源点和汇点到每个节点的路径，因此构造可行流的时间复杂度为 $O(|E|+|V|)$；求最大流时，可以用朴素的增广路算法，复杂度为 $O(|E|C)$，C 是进行增广的次数；因为是平面图，根据欧拉公式有 $O(|E|)=O(|V|)$，而反向流的流量最大为 $O(|E|)$，所以总的复杂度为 $O(|V|^2)=O(n^2)$。此算法虽然实际效率很高，能够迅速解决规模上限内的问题，但是这种模型并没有很好地挖掘原题中平面图的性质，所以有很大的改进空间。

解法 2：利用偏序集模型解题

题目中强调了图是有向无环平面图，图中每个点都有不同的横纵坐标，两点之间的有向边体现了一种元素间的偏序关系，因此原图事实上是一个偏序集的图表示。由此搭建与原问题对应的偏序集模型。

令原图表示的偏序集为（X, $\preccurlyeq$），而新构造的偏序集为（E, $\preccurlyeq$）。则集合 E 满足 $E=\{(u,v)|u, v\in X$ 且 $u \succ_c v\}$，即 E 中的元素全部是图中的有向边。令 a、b 为 E 中的两个元素，设 $a=(u_a, v_a)$，$b=(u_b, v_b)$。当且仅当 $u_a \preccurlyeq u_b$ 且 $v_a \preccurlyeq v_b$ 时，有 $a \preccurlyeq b$，即存在一条从有向边 a 到有向边 b 的路径。当且仅当 $v_a=u_b$ 时，有 $a \preccurlyeq_c b$。

原问题可以重新用偏序集语言表述为：将偏序集（E, $\preccurlyeq$）划分成最少的链，使这些链的并集包含 E 中的所有元素。直接计算链的个数似乎并不容易，好在 Dilworth 定理揭示了链与反链的关系，使问题的目标转化成求 E 中最长的反链的大小。也就是说，要求在原图中选尽量多的边，同时保证选出的边是互不可达的（即在（E, $\preccurlyeq$）中不可比）。

如何求解最长的反链呢？在原题给出的平面图中，节点是从左到右给出的，那么对于反链中的所有边都能按照从左到右的顺序排列好（如图 13.4-5 所示）。

如果用一条线将最长反链所对应的边从左到右连起来（如图 13.4-5 所示），那么这条线不会与平面图中的其他边相交。

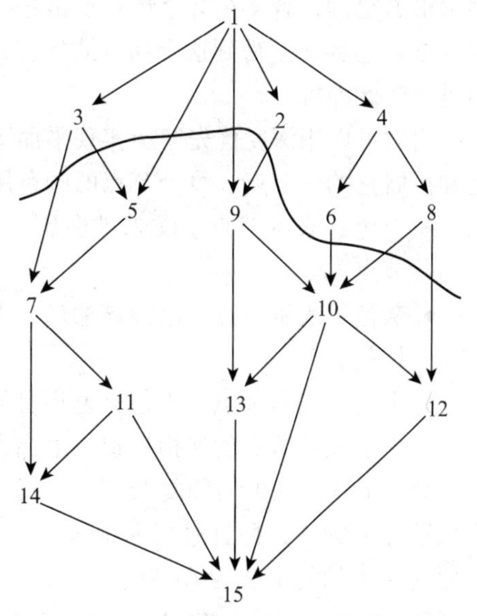

从左到右连接最长反链边的线不会与其他边相交

图　13.4-5

定理 13.4.2　*将最长反链所对应的边从左到右排列好，相邻的两条边一定是在同一个域（闭曲面）中。*

所谓域，指的是由从极高点到极低点的两条没有公共边的不同路径所围成的一个曲面，在这个曲面里没有其他的点和边（如图 13.4-6 所示），记作 F。在围成域 F 的两条路径中，左边的那条路径定义为 F 的左边界，右边的那条路径定义为 F 的右边界。

证明： 反设最长反链 A 中存在两条相邻的边不在同一个域中，令这两条边为 a 和 b，且

a 在 b 的左边。一条边最多属于两个不同的域，有以下 3 种情形。

① a 是某个域 F_1 左边界上的一条边，那么 F_1 右边界上的一条边 c 与 a 和 b 都是不可比的，那么 $A \cup \{c\}$ 是一条更长的反链，矛盾。

② b 是某个域 F_2 右边界上的一条边，那么 F_2 左边界上的一条边 d 与 a 和 b 都是不可比的，那么 $A \cup \{d\}$ 是一条更长的反链，矛盾。

③ a 是域 F_1 右边的那条路径，b 是域 F_2 左边的那条路径。设 $a = (u_1,\ v_1)$，$b = (u_2,\ v_2)$。由于平面图中的最高点 v_h 到 u_1 和 u_2 都至少存在一条路径，因此这些路径之间至少存在一个公共点既能够到达 u_1 也能够到达 u_2，令这些公共点中纵坐标最低的点为 u_h。类似地，设既能够被 v_1 到达也能被 v_2 到达的公共点中纵坐标最高的点为 u_l。由于 a 和 b 不在同一个域中，因此路径 1（$u_h - u_1 - v_1 - u_l$）和路径 2（$u_h - u_2 - v_2 - u_l$）之间至少存在另一条路径 3，这条路径要么是从路径 1 连到路径 2，要么是从路径 2 连到路径 1。因此路径 3 上一定存在一条边 e，e 和 a、b 都是不可比的，那么 $A \cup \{e\}$ 是一条更长的反链，矛盾。因此反链中相邻的两条边一定是在同一个域中。■

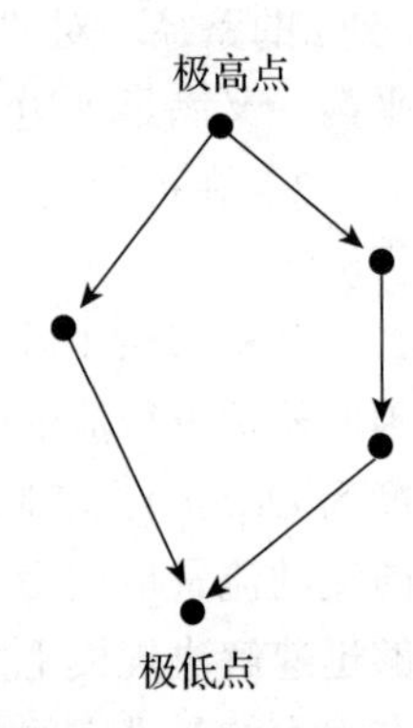

极高点至极低点的两条不同路径围成的曲面为域

图 13.4-6

受以上定理的启发，我们可以用递推的方法求得图中最长反链的长度。设 $f(x)$ 表示在边 x 左边的平面区域中以 x 结尾的最长反链的长度。设 x 在某个域 F 的右边界上，有

$$f(x) = \max\{f(y)\} + 1\,(y\text{是}F\text{左边界上的边})$$

因为根据定理，若 x 在某个最长反链中，那么反链中和 x 相邻且在 x 左边的边，只有可能在域 F 的左边界上。得到这个递推式后，只需要按照从左到右、从上到下的顺序把每一个域求出进行递推即可。

我们可以用深度优先遍历实现平面图中域的寻找。DFS 中需要记录两个信息：节点的颜色和扩展它的父节点。每个节点的颜色用 $C[u]$ 来记录。$C[u]$ 有以下三种状态。

- 白色：表示节点 u 尚未被遍历，一开始所有节点的颜色都是白色。每次递归白色子节点。
- 灰色：表示节点 u 已经被遍历，但是它尚未检查完毕，也就是说它还有后继节点没有扩展。
- 黑色：表示节点 u 不但被遍历且被检查完毕。若扩展出的子节点非白色，则可沿域边界上黑色节点的父指针追溯最高点。

分析上述算法的时间复杂度：对每一个点进行 DFS 遍历，复杂度为 $O(|E|)$；回溯寻找每个域边界上的边，并且进行递推求解；由于是平面图，每条边最多属于两个不同域的边界，因此这一步的复杂度为 $O(|E| + |F|)$；因为原题给出的图是平面图，根据欧拉定理，边数 $|E|$ 和域数（或者说面数）$|F|$ 都是 $O(n)$ 级别的；因此总的时间复杂度为 $O(n)$。

参考程序

```
#include <iostream>
#include <cstdio>
#include <cstring>
using namespace std ;

const int MAXN = 10001;            // 节点数的上限
```

```
struct node;
typedef node *Link;                  // 邻接表的指针类型
struct    node{                      // 邻接表的元素类型
    int   data;                      // 邻接边的另一端点序号
    Link next;                       // 后继指针，指向下一条邻接边
};

Link e[MAXN];                        // 平面图的邻接表，其中节点 i 的邻接表为 e[I]
int pre[MAXN], f[MAXN];              // 在 i 左边的平面区域中，i 所在的最长反链的长度为 f[i]，i 的
                                     // 前驱为 pre[i]
int c[MAXN];                         // 节点 i 的颜色为 c[i]
int n;                               // 节点数为 n


void Init()                          // 输入平面图，构造邻接表
{
    int i, j;
    int len, x;                      // 邻接的边数为 len，邻接边的另一端点序号为 x
    Link p;
    cin>> n;                         // 输入节点数
    for (i=1; i<n; ++i)              // 输入每个节点相邻边的信息，构造邻接表
    {
        e[i]=NULL;                   // 节点 i 的邻接表初始化
        cin>> len;                   // 读节点 i 引出的边数
        for(j=1; j<=len; ++j)        // 依次读入每条边的信息，构造节点 i 的邻接表
        {
            cin>> x;                 // 读第 j 条边的另一端点序号 x,(i,x) 进入邻接表 e[i]
            p = new node;p->data=x;p->next=e[i];e[i]=p;
        }
    }
}

void dfs(int x)                      // 从节点 x 出发，递归计算 f 序列
{
    Link p;
    int t, a, tt;
    c[x]=1;p=e[x];                   // 将 x 节点设置为待扩展节点，依次搜索 x 的后继节点中未被访问
                                     // 的节点
    while (p != NULL)
    {
        if (c[p->data]==0)           // 若当前后继节点未被访问，则设其前驱为 x，递归后继节点；
                                     // 否则设后继节点为有向路径的最高点和最低点
        {
            pre[p->data]=x;
            dfs(p->data);
        }
        else
        {
            t=p->data; a=0;          // 以当前后继节点为最低点，沿前驱指针搜索连续的已扩展节点，
                                     // 计算以当前后继节点为尾的最长反链的长度 a 和最高点 t
            while (c[t]==2) { if (f[t]+1>a)  a=f[t]+1;t=pre[t]; }
            pre[p->data]=x; tt=p->data;  // 设后继节点的前驱为 x，从最低点出发沿前驱指针将
                                         // 最长反链中每个节点的 f 值调整为 a
            while (tt!=t) { if (a>f[tt])  f[tt]=a; tt=pre[tt]; }
        }
        p=p->next;                   // 搜索 x 的下一个后继节点
    }
    c[x]=2;                          // x 节点置黑色
}

void Make()                          // 计算并输出覆盖平面图所有边的最少路径数
```

```
{
    int i;
    int ans;                          // 覆盖平面图所有边的最少路径数
    memset(c, 0, sizeof(c));
    dfs(1);                           // 从节点 1 出发，递归计算 f 序列
    ans=0;                            // 覆盖平面图所有边的最少路径数为
    for (i=1; i<=n; ++i) if (f[i]>ans)  ans=f[i];
    cout<<ans+1<<endl;                // 输出答案；
}

int main()
{
    Init();                           // 输入平面图，构造邻接表
    Make();                           // 计算并输出覆盖平面图所有边的最少路径数
    return 0;
}
```

最后对两种解法做一个总结：网络流模型基础上的解法 1 体现了原题的网络（有向无环）特性，但没有充分体现原题的平面图性质；而偏序集模型基础上的解法 2 实现了从网络流问题到平面图问题的转化，完整揭示了问题的本质。正是由于回归到问题的本质，后面才能用 DFS 充分挖掘平面图的性质，得到效率最高的算法。

从这两种方法的比较可以看出，两种不同的图论模型导致两种算法在时间复杂度上的较大差异 [采用网络流模型的算法时间效率为 $O(n^2)$；采用偏序集模型的 DFS 算法的时间效率为 $O(n)$]，可见选择模型的重要性。正所谓“磨刀不误砍柴工”，在设计算法之前，选择一个正确的图论模型往往能够起到事半功倍的效果，不仅能降低算法设计的难度，还使设计出的算法简单高效。当然，在很多时候，最终算法并不一定是基于所选的图论模型来设计的，就如解法 2 的偏序集并没有直接出现在 DFS 中，但一旦想到偏序集，问题就解决了一半。图论模型更多的是一种过渡性思考，它能使思路变得清晰，就像一座灯塔，指引你便捷地驶向成功的彼岸。

第 14 章

分层图

图论提供了一个自然的结构，由此产生的数学模型几乎适合所有科学（自然科学和社会科学）领域，只要这个领域研究的主题是“对象”以及“对象”之间的关系。另外，图论已形成自己的丰富词汇语言，能简洁地表示出各个领域中“对象 – 关系”结构。所以，人们通过建立图论模型来解决问题，也习惯把问题化归为有求解方法的经典问题，比如，求图的单源最短路径、二分图匹配或网络流等都是经典问题。

有的图论问题即使可以归结为经典问题，但在其中加入一些干扰因素后，原有性质会发生改变，原来的求解方法也不再适用。

对于这样的情况，可以尝试采用“分层图”来分析和解决问题。

14.1　体验“分层图”思想内涵

所谓“分层图”思想是指：挖掘问题性质，根据干扰因素的不同种类，将原问题抽象得出的图复制为若干层，并连接形成更大的图，将干扰因素融入各个层次的图论模型之中，为进一步解决问题奠定基础。

显然，“分层图”不是模式化的算法，而是一种“升维”策略，即通过对图进行分层，使问题分类后简单化，从而找到求解的途径。

实验 14.1.1 和 14.1.2，通过利用“分层图”思想求解图的最短路径，使你对图如何“分层”，以及分层后的图怎样使问题变得简明，有一个切身的体验。

【14.1.1　拯救大兵瑞恩】

1944 年，特种兵麦克接到美国国防部的命令，要求立即赶赴太平洋上的一个孤岛，营救被敌军俘虏的大兵瑞恩。瑞恩被关押在一个迷宫里，迷宫地形复杂，但是幸好麦克得到了迷宫的地形图。

迷宫的外形是一个长方形，其在南北方向被划分为 N 行，在东西方向被划分为 M 列，于是整个迷宫被划分为 $N \times M$ 个单元。我们用一个有序数对（单元的行号，单元的列号）来表示单元位置。南北或东西方向相邻的两个单元之间可以互通，或者存在一扇锁着的门，或者存在一堵不可逾越的墙。迷宫中有一些单元存放着钥匙，并且所有的门被分为 P 类，打开同一类的门的钥匙相同，打开不同类的门的钥匙不同。

大兵瑞恩被关押在迷宫的东南角，即 (N, M) 单元里，并已经昏迷。迷宫只有一个入口，在西北角，也就是说，麦克可以直接进入 $(1, 1)$ 单元。另外，麦克从一个单元移动到另一个相邻单元的时间为 1，拿取所在单元的钥匙的时间以及用钥匙开门的时间忽略不计（如图 14.1-1 所示）。

你的任务是帮助麦克以最快的方式抵达瑞恩所在单元，营救大兵瑞恩。

输入

第一行是三个整数，依次表示 N、M、P 的值。

第二行是一个整数 K，表示迷宫中门和墙的总个数。

第 $i+2$ 行（$1 \leqslant i \leqslant K$），有 5 个整数，依次为 X_{i1}、Y_{i1}、X_{i2}、Y_{i2}、G_i：

- 当 $G_i \geqslant 1$ 时，表示 (X_{i1}, Y_{i1}) 单元与 (X_{i2}, Y_{i2}) 单元之间有一扇第 G_i 类的门；
- 当 $G_i = 0$ 时，表示 (X_{i1}, Y_{i1}) 单元与 (X_{i2}, Y_{i2}) 单元之间有一堵不可逾越的墙。

其中 $|X_{i1}-X_{i2}|+|Y_{i1}-Y_{i2}|=1$，$0 \leqslant G_i \leqslant P$。

第 $K+3$ 行是一个整数 S，表示迷宫中存放的钥匙总数。

第 $K+3+J$ 行 $(1 \leqslant J \leqslant S)$ 有 3 个整数，依次为 X_{i1}、Y_{i1}、Q_i：表示第 J 把钥匙存放在 (X_{i1}, Y_{i1}) 单元里，并且第 J 把钥匙是用来开启第 Q_i 类门的，其中 $1 \leqslant Q_i \leqslant P$。

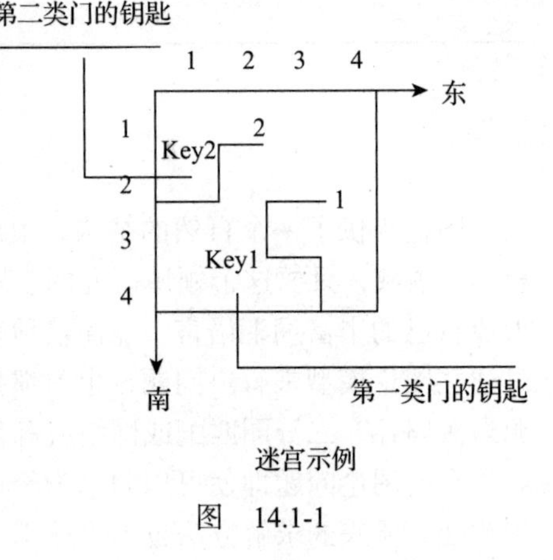

图　14.1-1

注意：输入数据中同一行各相邻整数之间用一个空格分隔。

输出

输出文件只包含一个整数 T，表示麦克营救出大兵瑞恩的最短时间，若不存在可行的营救方案，则输出 -1。

样例输入	样例输出
4 4 9 9 1 2 1 3 2 1 2 2 2 0 2 1 2 2 0 2 1 3 1 0 2 3 3 3 0 2 4 3 4 1 3 2 3 3 0 3 3 4 3 0 4 3 4 4 0 2 2 1 2 4 2 1	14

参数设定：$3 \leqslant N, M \leqslant 15$；$1 \leqslant P \leqslant 10$。

试题来源：CTSC 1999

在线测试：HDOJ 4845

试题解析

简述题意如下：大兵瑞恩被关押在迷宫东南角的 (N, M) 单元里，特种兵麦克由 (1, 1) 位置开始营救行动；迷宫中的若干单元存放 P 类钥匙；迷宫的相邻单元之间或者互通，或者存在一堵不可逾越的墙，或者可经由某类钥匙打开的门；麦克从一个单元移动到另一个相邻单元的时间为 1，拿取他所在的单元里存放的钥匙的时间以及用钥匙开门的时间忽略不计。计算麦克营救瑞恩的最快方式。

本题的解法不止一种，例如宽度优先搜索、动态规划方法等。但无论采用哪种方法，还需要考虑钥匙和门的因素。对于本题，采用“分层图”解题，可以使问题的求解变得简明，论述如下。

首先，忽略钥匙和门。这样，本问题就是在一个给定的图中求一条最短路径的问题：已知图 G，其中节点是迷宫中的单元；当且仅当两单元相邻，且两单元之间无墙时，对应的两个节点有一条边相连。图 14.1-2a 为迷宫仅有墙的情况，图 14.1-2b 为对应的无向图，求从左上角对应节点到右下角对应的节点的最短路径长度。

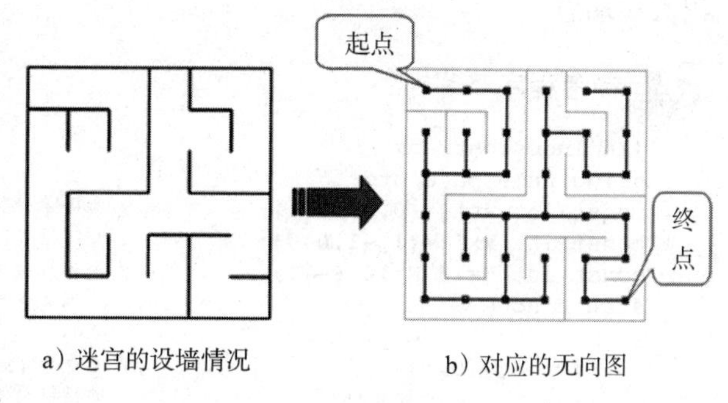

a）迷宫的设墙情况　　b）对应的无向图

图　14.1-2

然后，再考虑加入钥匙和门，这样，求最短路径就有了一个限制因素：只有先到存放某类钥匙的单元，才能通过相应的门。也就是说，通过图中某些边是有条件的。所以不能再简单地求最短路径，而是要考虑哪些边何时能通过，何时不能通过。这就要记录拿到了哪些钥匙（如图 14.1-3 所示）。

因此，首先，对原图进行如下的改造：将原图 G 复制 2^P 个，将每个图记为 $G(s_1, s_2, \cdots, s_P)$，其中，$s_i = 0$ 表示未拿到第 i 类钥匙，$s_i = 1$ 表示已拿到第 i 类钥匙，$i = 1, 2, \cdots, P$。对每个图 $G(s_1, s_2, \cdots, s_P)$，如果 $s_i = 0$，则将所有 i 类门对应的边去掉，因为没有 i 类钥匙不能通过 i 类门。其次，将图中的所有边改为双向弧，权为 1。

然后，构建这些图之间的关系。对于整数 $i(i = 1, 2, \cdots, P)$，设 i 类钥匙在 (x, y) 单元，节点 u 和 v 分别是在 $G(s_1, s_2, \cdots, s_{i-1}, 0, s_{i+1}, \cdots, s_P)$ 和 $G(s_1, s_2, \cdots, s_{i-1}, 1, s_{i+1}, \cdots, s_P)$ 中对应 (x, y) 单元的节点，则添加权为 0 的有向弧 (u, v)，表示走到 (x, y) 单元，就可以由未拿到第 i 类钥匙的状态转变为已拿到第 i 类钥匙的状态，而不需要消耗额外的步数。这样，这 2^P 个图就被连成了一个 2^P “层”的有向图（如图 14.1-4 所示）。

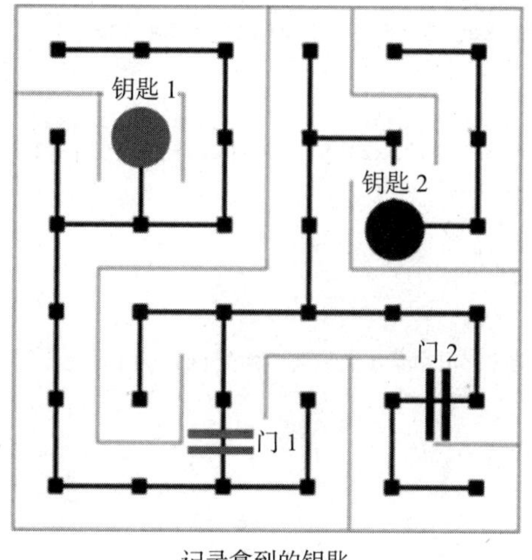

记录拿到的钥匙

图　14.1-3

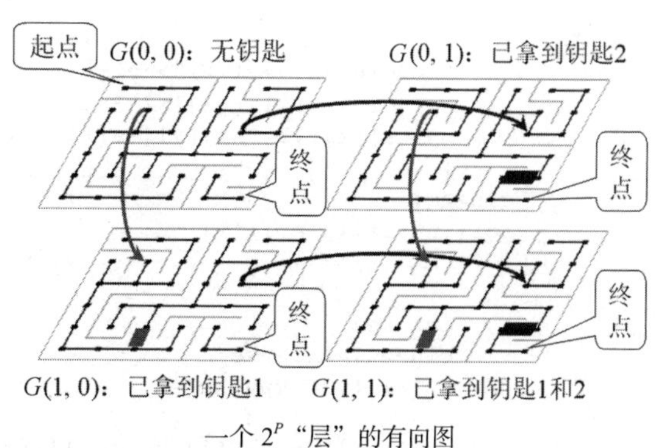

一个 2^P “层”的有向图

图　14.1-4

所以，采用“分层图”的思想，本题就转化为求由图 $G(0, 0, \cdots, 0)$ 层的左上角的节点到每一层右下角的节点的最短路径长度的最小值。要注意的是，这里需要的不是到 $G(1, 1, \cdots, 1)$ 层表示右下角的节点的最短路径长度，因为很可能麦克不用拿到所有钥匙就可以成功地营救出大兵瑞恩。

参考程序

```
#include<iostream>
using namespace std;
const int ss[]={0,0,1,-1};                  //水平单位增量和垂直单位增量
const int xx[]={1,-1,0,0};
const int N=16,M=16,P=11;                   //迷宫规模的上限为 16×16，钥匙种类的上限为 11
struct node                                 //队列元素的结构定义
{
    int x,y,b,f;                            //位置为 (x,y)，距离值为 b（(1,1) 至 (x,y) 的最短路径长），
                                            //父指针为 f
    bool key[P];                            //(x,y) 的钥匙状态
} d[20000];                                 //队列
struct yue
{
    bool key[P];
} tu[N][N];                                 //存储各格的钥匙状态，其中 (i,j) 位置的钥匙序列为
                                            //tu[i][j].key[]
int s[N][N][N][N],p[N][N][2000];            //s[][][][] 存储门信息，其中 s[x1][y1][x2][y2] 为单元
                                            //(x1,y1) 与单元 (x2,y2) 之间的门种类，p[][][] 存储状态
                                            //访问标志，其中状态 (x,y,k)（即 (x,y) 的钥匙种类值为 k）
                                            //的访问标志为 p[x][y][k]
int n,m,k,c,pi,t,w;                         //迷宫规模为 n×m，门的种类数为 k，门和墙的总数为 pi，钥匙
                                            //数为 c，队列首尾指针为 t 和 w
int doorkey(node x)                         //计算 x 格的钥匙种类值
{
    int r=0;
    for(int i=1;i<=c;i++)
        if(x.key[i]) r+=(int)pow(2.0,i-1);
    return r;
}
void Solve() {                              //输入当前测试用例走门和钥匙的信息，计算问题的解
    t = w = 1 ;                             //队列空
    memset(s,0,sizeof(s));                  //门信息初始化
    memset(p,0,sizeof(p));                  //状态访问标志初始化
    for ( int i=1;i<=n;i++)                 //各格的钥匙状态初始化
        for ( int j=1;j<=m;j++) memset(tu[i][j].key,0,sizeof(tu[i][j].key));
    int x1,y1,x2,y2;
    memset(s,-1,sizeof(s));                 //门信息初始化
    for(int i=1;i<=k;i++)                   //读每扇门的信息，其中第 i 扇门位于单元 (x1,y1) 与 (x2,y2)
                                            //之间，种类为 s[x1][y1][x2][y2] 和 s[x2][y2][x1][y1]
        {
            cin>>x1>>y1>>x2>>y2;
            cin>>s[x1][y1][x2][y2];
            s[x2][y2][x1][y1]=s[x1][y1][x2][y2];
        }
    cin>>c;                                 //读钥匙数
    for(int i=1;i<=c;i++)                   //读每把钥匙的信息，其中第 i 把钥匙存放在 (x1,y1) 单元，用
                                            //来开启第 ke 类门
    {
        int ke;
        cin>>x1>>y1>>ke;
        tu[x1][y1].key[ke]=1;
    }
    d[1].x=1;d[1].y=1;d[1].b=0;d[1].f=0;                //出发位置入队
    while(t<=w)                                         //若队列非空，则依次计算队首元素 4 个方
                                                        //向上的相邻格
```

```
    {
        for(int i=0;i<4;i++)
        {
            node a=d[t];                            // 计算队首元素 i 方向上的相邻格 a
            a.x=d[t].x+ss[i];a.y=d[t].y+xx[i];
            if(a.x>=1&&a.x<=n&&a.y>=1&&a.y<=m)   // 若 a 格在界内，则计算该位置的钥匙种类
                                                    // 值 uu
            {
                int uu=doorkey(a);
                if(!p[a.x][a.y][uu])      // 若该状态未被访问
                    if(a.key[s[d[t].x][d[t].y][a.x][a.y]]||s[d[t].x][d[t].y][a.x]
                        [a.y]<0)          // 若队首位置与 a 格之间无门或存在开门的钥匙，则扩
                                          // 展新节点，入队
                    {
                        w++;              // 队尾指针加 1，计算 a 格的钥匙状态 a.key[]
                        for(int g=1;g<=pi;g++) if(tu[a.x][a.y].key[g]) a.key[g]=1;
                        a.f=t;            // 设定 a 格的父指针和入队元素的域
                        d[w]=a;
                        d[w].b++;
                        // 若入队节点的位置为 (n,m)，则输出其距离值后成功退出；否则计算 a 格钥
                        // 匙状态值并设访问标志
                        if(d[w].x==n&&d[w].y==m) { cout<<d[w].b<<"\n";return;};
                        uu=doorkey(a);
                        p[a.x][a.y][uu]=1;
                    }
            }
        }
        t++;                              // 队首元素出队
    }
    cout<< "-1\n" ;                       // 输出营救失败的信息
}
int main() {
    while(cin>>n>>m>>pi>>k ){             // 反复读迷宫规模、门的种类数以及门与墙的总个数，
                                          // 直至输入 4 个 0
    Solve() ;                             // 输入当前测试用例中门和钥匙的信息，计算问题的解
  }
}
```

【14.1.2　Flight】

最近，帅帅和女朋友大吵了一架。他非常沮丧，决定去别的城市旅行，以避免见到她。他只能乘飞机旅行。如果有航班，并且这一航班可以帮助他减少到达目的地的总花费，他可以去任何城市。这里有一个问题：帅帅有一张特殊的信用卡，这张信用卡可以将机票的价格降低一半（即 100 变为 50，99 变为 49。原价和降价都是整数），但他只能用一次。他不知道应该选择哪个航班，使用这张卡可以让总的花费最低。你能帮助他吗？

输入

测试用例不超过 10 个。测试用例之间用一个空行分隔。

每个测试用例的第一行给出两个整数 N（$2 \leqslant N \leqslant 100\ 000$）和 M（$0 \leqslant M \leqslant 500\ 000$），表示城市和航班的数量。接下来的 M 行每行给出“$X\ Y\ D$”，表示从城市 X 到城市 Y 的机票价格为 D（$1 \leqslant D \leqslant 100\ 000$）的航班。这里要注意，并非所有的城市都会出现在列表中。最后一行给出起点和终点城市“$S\ E$”。X、Y、S、E 都是最多由 10 个字母或 10 个数字组成的字符串。

输出

对于每个测试用例，输出一行，给出帅帅要支付的最低金额。如果他不可能完成行程，则输出 -1。

样例输入	样例输出
4 4 Harbin Beijing 500 Harbin Shanghai 1000 Beijing Chengdu 600 Shanghai Chengdu 400 Harbin Chengdu 4 0 Harbin Chengdu	800 -1

提示

在第一个测试样例中，帅帅在从北京到成都的航班上使用信用卡，使哈尔滨→北京→成都的路线总的花费最低。在第二个测试样例中，他无法从哈尔滨到达成都，因此输出 -1。

试题来源：2010 ACM-ICPC Multi-University Training Contest（7）——Host by HIT

在线测试：HDOJ 3499

试题解析

本题可以表示为一个有 N 个节点、M 条带权弧的有向图 G，其中权值为机票价格，节点 S 为起点，节点 E 为终点；要求查询从节点 S 到节点 E 的最短路径，并且有一次机会可以把一条弧的权值变成原来的二分之一。

本题是利用分层图求解最短路径的入门题。基于分层图的思想，对图 G 进行复制，构建相邻的一层：设图 G 中的节点编号为 $1, 2, \cdots, n$，在相邻层中相应的节点编号为图 G 中节点的编号加 n；对于图 G 中的弧 (u, v, w)，在相邻层中对应的节点间存在带权弧 $(u+n, v+n, w)$，并在两层图之间存在带权弧 $(u, v+n, w/2)$，表示分层图分两层，从上层节点 u 到下层节点 $v+n$，机票的价格降低一半。这样，问题就转化为在分层图中，求解从节点 S 到节点 $E+n$ 的最短路径。在参考程序中，使用 SPFA 算法求解最短路径。

参考程序

```
#include <bits/stdc++.h>
using namespace std;
typedef long long LL;
const int MAXN=200010;
const LL INF=1e18+10;
struct Edge                                              // 边的结构类型
{
    int v;                                               // 边的另一端点为 v，权为 cost
    int cost;
    Edge(int _v=0,int _cost=0):v(_v),cost(_cost) {}      // 加入当前边
};
vector<Edge>E[MAXN];                 // 边集 E[] 为容器，存储类型为 Edge 的边
void addedge(int u,int v,int w)      // 将权为 w 的边 (u, v) 加入与 u 相连的边集 E[u]
{
    E[u].push_back(Edge(v,w));
}
bool vis[MAXN];                      // 节点 u 在队列中的标志为 vis[u]，距离值为 dis[u]
LL dist[MAXN];
bool SPFA(int start,int n)           // 使用 SPFA 算法求解最短路径（起点为 start，节点数为 n）
```

```
{
    memset(vis,false,sizeof(vis));          // 初始时，所有节点未在队列中且距离值为无穷大
    for(int i=1; i<=n; i++) dist[i]=INF;
    vis[start]=true;                        // 设起点 start 为入队标志，距离值为 0
    dist[start]=0;
    queue<int>que;                          // 设定类型为容器的队列 que，用于存储已访问节点
    while(!que.empty()) que.pop();          // 清空队列 que
    que.push(start);                        // 起点 start 入队
    while(!que.empty())                     // 若队列非空，则队首节点 u 出队
    {
        int u=que.front();
        que.pop();
        vis[u]=false;                               // 设 u 不在队列标志
        for(int i=0; i<E[u].size(); i++)            // 搜索 u 的每一条出边
        {
            int v=E[u][i].v;                        // 第 i 条出边的另一端点为 v
            if(dist[v]>dist[u]+E[u][i].cost)        // 若起点途经 u 的第 i 条出边至 v 目前最短，
                                                    // 则将该路径设为起点至 v 的最短路径。若
                                                    // v 未在队列中，则 v 入队并设入队标志
            {
                dist[v]=dist[u]+E[u][i].cost;
                if(!vis[v])
                {
                    vis[v]=true;
                    que.push(v);
                }
            }
        }
    }
    return true;                            // 若队列为空，则返回 true
}
map<string,int >mp;                         // mp 为 STL 的关联容器，其中城市 a 的节点编号为 mp[a]
int main()
{
    int n,m;
    while(~scanf("%d%d",&n,&m))             // 反复输入城市和航班的数量
    {
        string a,b;
        int cnt=1;                          // 节点编号初始化
        mp.clear();                         // 所有城市的节点编号清零
        for(int i=0; i<=n*2; ++i)           // 所有的边清零
            E[i].clear();
        int val=0;                          // 将航班价格初始化为 0
        for(int i=0; i<m; ++i)              // 输入每个航班信息，构造分层图
        {
            cin>>a>>b>>val;                 // 输入当前航班（由城市 a 至城市 b，价格为 val）
            if(!mp[a])                      // 设置 a 的节点编号 mp[a]
                mp[a]=cnt++;
            if(!mp[b])                      // 设置 b 的节点编号 mp[b]
                mp[b]=cnt++;
            addedge(mp[a],mp[b],val);       //(mp[a],mp[b]) 和 (mp[a]+n,mp[b]+n) 的权为 val
            addedge(mp[a]+n,mp[b]+n,val);
            addedge(mp[a],mp[b]+n, val/2);  //(mp[a],mp[b]+n) 的权为 val/2
        }
        cin>>a>>b;                          // 输入起点城市 a 和终点城市 b
        if(!mp[a])                          // 分别设置城市 a 和终点城市 b 的节点编号
            mp[a]=cnt++;
        if(!mp[b])
            mp[b]=cnt++;
        SPFA(mp[a],n*2);                    // 从起点 mp[a] 出发，计算每个节点的距离值
```

```
        LL ans=min(dist[mp[b]],dist[mp[b]+n]);  //在起点mp[a]至mp[b]的最短路径和mp[a]
                                                //至mp[b]+n的最短路径中取最小值ans
        //若mp[a]无法到达mp[b]和mp[b]+n，则输出失败信息，否则输出ans
        if(ans==INF)
            puts("-1");
        else
            cout<<ans<<endl;
    }
    return 0;
}
```

题目 14.1.3 则是将分层图的思想和网络流算法结合，解决问题。

【14.1.3　Bring Them There】

到了 3141 年，人类文明已经遍布整个银河系，从一个恒星系统到另一个恒星系统的旅行可以通过特殊的超级隧道实现。为了使用超级隧道，你要乘坐宇宙飞船飞到出发恒星附近的一个特殊位置，激活超级跳线，通过超级隧道，到达目标恒星附近，然后飞到你要去的行星。整个过程需要一天的时间。该系统的一个缺点是，每天每条隧道只有一艘宇宙飞船可以使用。

你在银河商业机器（Intergalaxy Business Machine）公司的运输部门工作。今天老板给你分配了一项新任务：为了举办程序设计竞赛，公司要将 K 台超级计算机从总部所在的地球运送到 Eisiem 行星。由于超级计算机非常大，一台超级计算机就要用一艘宇宙飞船来运。你被要求制订一个用尽可能少的天数将这些超级计算机运送到目的地的计划。由于该公司非常强大，本题设定，在任何时候，所有的超级隧道都可以被公司使用。然而，每条隧道每天只能被使用一次。

输入

输入的第一行给出 N（银河系中恒星系统的数量）、M（隧道的数量）、K（要运送的超级计算机的数量）、S[太阳系（地球所在的恒星系统）的编号]和 T（行星 Eisiem 所在的恒星系统的编号），其中 $2 \leqslant N \leqslant 50$、$1 \leqslant M \leqslant 200$、$1 \leqslant K \leqslant 50$、$S \geqslant 1$、$T \leqslant N$、$S \neq T$。

接下来的 M 行每行给出两个不同的整数来描述隧道。对于每条隧道，给出它连接的恒星系统的编号。隧道是双向的，但对于每条隧道，每天只可以通过一艘宇宙飞船；两艘宇宙飞船不能同时以相反方向通过同一隧道；不存在将一个恒星系统与其自身连接的隧道；任何两个恒星系统最多只有一条隧道连接。

输出

在输出的第一行给出 L，即使用超级隧道将 K 台超级计算机从恒星系统 S 运送到恒星系统 T 所需的最少天数。接下来的 L 行描述流程。每一行首先输出 C_i，即在这一天从一个恒星系统到另一个恒星系统的宇宙飞船的数量。然后给出 C_i 对整数，每一对 A,B 表示宇宙飞船 A 从当前所在的恒星系统移动到恒星系统 B。本题设定存在从恒星系统 S 移动到恒星系统 T 的旅行方式。

样例输入	样例输出
67416 12 23	4 21224 3132634

（续）

样例输入	样例输出
3 5 5 6 1 4 4 6 4 3	3 1 5 3 6 4 4 2 1 6 4 6

试题来源：ACM Northeastern Europe 2003

在线测试：POJ 1895，UVA 2957

试题解析

逐一递增最少天数 ans，构造（ans+1）层的图，每层的节点代表恒星，每层有 N 个节点：

- 地球 S 处于第 0 层，源点 0 与 S 相连，正向弧容量为 K，反向弧容量为 0。
- 每一层的目标节点 T 与汇点相连，正向弧容量为∞，反向弧容量为 0。
- 每层的恒星 i 都和下层的恒星 i 连弧，正向弧容量为∞，反向弧容量为 0。
- 对于隧道 $\{u, v\}$，在相邻两层之间分别连接 (u, v) 和 (v, u)，正向弧容量为 1，反向弧容量为 0。

使用 Dinic 算法计算当前分层图的最大流。如果最大流等于 K，说明可以满足题目要求，找到了答案。

每次不用清空以前的图，直接加一层继续增广即可。这样的时间复杂度在最终的 $(ans+1)$ 层的图上求一个最大流。

从源点出发使用 DFS 算法搜索 K 次，得到 K 条路径，每次 DFS 时寻找一条从当前点出发，从此前没有经过的弧走过去，并把这条弧的流量减 1，直至到达汇点。注意：

- 如果从当前层的节点 i 走到下一层，实际上这一天在恒星 i 中没有移动，因此不能记录在方案里。
- 如果相邻的两层之间 (u, v) 和 (v, u) 都有流，根据题目要求，一条路上不能有两个相反方向的流同时流过，这样的方案可以等效于两个流各自停留在 u 和 v 没有移动，没有流过这两条弧，而在后面的路程中两个流的路径进行了交换，因此此时的边也不能记录在方案中。

参考程序

```
#include <queue>
#include <cstdio>
#include <cstring>
using namespace std;
#define N 5555
#define M 444444
int n,m,k,from[N],to[N],jy,rec[N][55],rect[N][55],inf=0x3f3f3f3f;
    // n 为恒星数，m 为隧道数，k 为待运送的超级计算机数；初始时 from[0] 为地球编号，to[0] 为目标恒
    // 星编号，from[i] 和 to[i] 为第 i 条隧道连接的两颗恒星编号；rec[][] 为每天的运送方案，其中第 i
    // 天的宇宙飞船数为 rec[i][0]，第 j 条宇宙飞船通过的隧道为 (rec[i][j],rect[i][j])（1≤j≤rec[i][0]）
int first[N],next[M],v[M],w[M],tot,T=5551,day,vis[N],ans;
    // x 相连弧集的首指针为 first[x]，第 i 条弧的后继指针为 next[i]，另一端点为 v[i]，权为 w[i]，汇点
    // 为 T，最少天数为 day
```

```
void Add(int x,int y,int z){w[tot]=z,v[tot]=y,next[tot]=first[x],first[x]=tot++;}
    //将权为z的弧(x,y)插入x相连的弧集
void add(int x,int y,int z){Add(x,y,z),Add(y,x,0);}
    //将权值为z的正向弧(x,y)插入x相连的弧集，将权值为0的反向弧(y,x)插入y相连的弧集
bool tell()                        //{通过BFS算法构造网络的层次图vis[]
    memset(vis,-1,sizeof(vis)),    //所有节点的距离值初始化
    vis[0]=0;                      //节点0的距离值为0
    queue<int>q;q.push(0);         //节点0入队
    while(!q.empty()){             //若队列非空，则取队首节点t
        int t=q.front();q.pop();
        for(int i=first[t];~i;i=next[i])          //枚举与t相连的每条出弧
            if(w[i]&&vis[v[i]]==-1)               //若该弧存在且另一端点的距离值未求出,
                                                  //则另一端点的距离值为t的距离值加1,
                                                  //另一端点入队
                vis[v[i]]=vis[t]+1,q.push(v[i]);
    }
    return vis[T]!=-1;                            //返回层次图存在与否的标志
}
int zeng(int x,int y){                            //从x出发，使用DFS算法进行增广，计算
                                                  //并返回流量增量
    if(x==T) return y;                            //若到达汇点T，则返回流量增量y
    int r=0;                                      //将流量增量初始化为0
    for(int i=first[x];~i&&y>r;i=next[i])         //枚举x的每一条可改进流量的出弧
        if(w[i]&&vis[v[i]]==vis[x]+1){            //若出弧存在且为层次图中的弧
            int t=zeng(v[i],min(y-r,w[i]));       //沿出弧的另一端点继续增广，计算可改进
                                                  //流量t
            w[i]-=t,w[i^1]+=t,r+=t;               //正向弧流量减t，反向弧流量增t，累计
                                                  //流量增量
        }
    if(!r) vis[x]=-1;                             //若不存在流量增量r，则撤去x的距离值
    return r;                                     //返回流量增量r
}
void dfs(int x,int Day){                          //从Day层的x节点出发，使用DFS算法
                                                    得到一条路径
    for(int i=first[x];~i;i=next[i])              //枚举x的每一条出弧
        if(w[i^1]){                               //若当前出弧的反方向有流量，则正向弧的
                                                  //流量加1，反向弧的流量减1
            w[i]++,w[i^1]--;
            if(v[i]==T) return;                   //若当前出弧的另一端点为汇点，则返回
            if(v[i]==x+n) dfs(v[i],Day+1);        //若出弧指向下一层的x，则递归下一层
            else{                                 //否则第Day天增加一艘宇宙飞船
                rec[Day][0]++;
                rec[Day][rec[Day][0]]=jy;         //设置该宇宙飞船通过的隧道
                rect[Day][rec[Day][0]]=(v[i]-1)%n+1;
                dfs(v[i],Day+1);                  //递归下一层
            }
            break;                                //退出循环
        }
}
int main(){
    memset(first,-1,sizeof(first));
    //输入恒星系统数n、隧道数m、待运送的超级计算机数k、地球编号from[0]和目标恒星编号to[0]
    scanf("%d%d%d%d%d",&n,&m,&k,&from[0],&to[0]);
    for(int i=1;i<=m;i++){         //输入每条隧道的信息，其中第i条隧道连接from[i]和to[i]
        scanf("%d%d",&from[i],&to[i]);
    }
    add(0,from[0],k);              //源点与地球s相连，正向弧容量为k，反向弧容量为0
    day=0;                         //最少天数初始化
    while(++day){                  //逐一增加天数，逐层构造分层图
        //枚举每条隧道(u,v)(注：在t层的编号分别为u+t×n、v+t×n)，在day-1层和day层之间
```

```
        //分别连接(u, v)和(v, u)，正向弧容量为1，反向弧容量为0
        for(int i=1;i<=m;i++)
        add(from[i]+(day-1)*n,to[i]+day*n,1),add(to[i]+(day-1)*n,from[i]+day*n,1);
        //在day-1层和day层之间分别连接每颗恒星，正向弧容量为∞，反向弧容量为0
       for(int i=1;i<=n;i++)
            add(i+(day-1)*n,i+day*n,inf);
        // day层的目标节点与汇点相连，正向弧容量为∞，反向弧容量为0
        add(to[0]+day*n,T,inf);
        while(tell())                              //反复构造层次图vis[]，直至层次图不存在为止
            while(jy=zeng(0,inf)) ans+=jy;  //反复通过DFS进行增广，累加流量增量，直至可增
                                                   //广路不存在为止
            if(ans==k) {printf("%d\n",day);break;}
                                                   //若成功运送了k台超级计算机，则输出所需的最少天数
    }
    for(jy=k;jy;jy--) dfs(0,0);              //从源点出发使用k次DFS算法得到k条路径
    for(int i=1;i<=day;i++){                 //依次枚举每一天
        printf("%d ",rec[i][0]);             //输出第i天宇宙飞船的数量
        for(int j=1;j<=rec[i][0];j++)       //输出每艘宇宙飞船通过的隧道
            printf("%d %d ",rec[i][j],rect[i][j]);
        putchar('\n');
    }
}
```

14.2　基于动态规划利用“分层图”求解最短路径问题

在现实中，有些问题可以归纳成这样一个模型：在一个图上，任选 k 条边更改权值，例如权值变为 0 或权值减半，求从起点到终点的最短路径。解决这样的问题时，最直接和最简单的策略是构建分层图。

如果更改边权 k 次，就将该图复制 k 层（总共 $k+1$ 层）。在被复制的单独的每层图中，边和边权都与原图相同，不同的是，相邻层之间用更改边权后的边连接对应的点（代表进行一次操作），然后就可以在新图中得到问题的最优解，如图 14.2-1 所示。

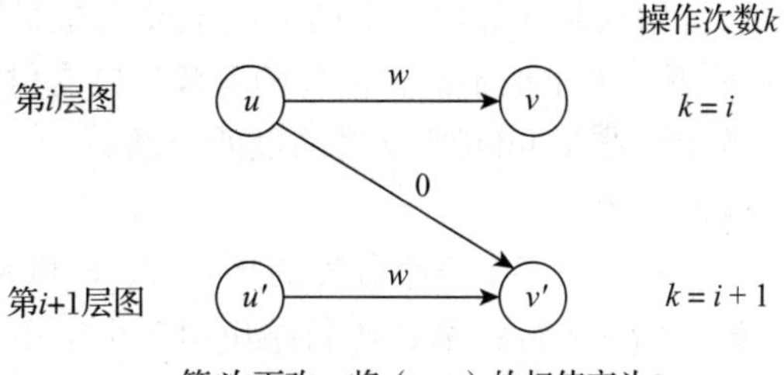

第i次更改，将（u, v）的权值变为0

图　14.2-1

因为连接两层的边代表的是进行了一次不可逆的边权操作，所以连接两层的边都是弧。

由于各层之间有很大的相似性，包含许多公共的计算结果，为方便递推，并不需要花费大量的时空代价复制多个平行的原图，因此，可以采用动态规划方法。

设 dis[i][j] 为到达节点 i 时，更改了 j 条边的权值后的最短路径长度；节点 i 的父节点为 i_f，(i_f, i) 的权值为 val(i_f, i)，并假设每次更改权值的操作是将指定边的权值变为 0，简称免费操作。

因为计算最短路径时是从前往后计算的，也就是由当前状态推出后继状态，所以有以下两种决策。

- 决策 1：将 (i_f, i) 的权值变为 0，则最短路径长度为 dis[i_f][$j-1$]。
- 决策 2：(i_f, i) 的权值不变，则最短路径长度为 dis[i_f][j] + val(i_f, i)。

因此，状态转移方程为：dis[i][j] = min(dis[i_f][j] + val(i_f, i), dis[i_f][$j-1$])。

显然，在一个图上可以进行 k 次决策，而每次决策不影响图的结构，只影响目前的状态或代价，但是上述转移方程很可能不具有无后效性，无法通过线性动态规划取得最优解。解决方法一般是在决策前的状态和决策后的状态之间连接一条权值为决策代价的边，表示付出该代价后就可以转换状态了。这样，就可以使用类似 SPFA 和 Dijkstra 的算法求分层图的最短路径问题。方法是将目前状态转移方程的参数和值组合成“状态”存入容器或优先队列里，每次进行新决策时，与容器或优先队列里相同情况下的结果进行比较，取最优值。

下面，给出三个利用动态规划方法求分层图最短路径的实例。

【14.2.1　Telephone Lines】

农夫 John 想在他的农场架设一条电话线。然而，电话公司不太合作，他需要支付将农场连接到电话系统所需的部分电缆的费用。

在农夫 John 的农场周围分散着 N 个电话线杆，以 1～N 编号，其中 $1 \leq N \leq 1000$。这些电话线杆没有电缆连接。有 P 对线杆可以通过电缆连接，$1 \leq P \leq 10\,000$，而其余的线杆相距太远。

第 i 条电缆连接两个不同的线杆 A_i 和 B_i，电缆长度为 L_i（$1 \leq L_i \leq 1\,000\,000$）单位（如果要连接的话）。输入的测试用例中不会有相同的 $\{A_i, B_i\}$ 对出现超过一次。线杆 1 已经连接入电话系统，线杆 N 在农场里。线杆 1 和线杆 N 要通过电缆构成的路径连接；其余的线杆可以被接入，也可以不被接入。

电话公司愿意为农夫 John 免费提供 K（$0 \leq K < N$）条电缆。超出的部分，农夫 John 就要付钱，价格就是在那些剩下的电缆里最长的那条电缆的长度（每对线杆用单独的一条电缆连接）；或者，如果他不需要额外的电缆，则支付金额为 0。

请计算农夫 John 要支付的最低金额。

输入

第 1 行：由三个空格分隔的整数 N、P 和 K。

第 2～$P+1$ 行：第 $i+1$ 行给出由三个空格分隔的整数 A_i、B_i 和 L_i。

输出

输出一行：给出一个整数，农夫 John 要支付的最低金额；如果无法将农场连接到电话系统，则输出 -1。

样例输入	样例输出
5 7 1 1 2 5 3 1 4 2 4 8 3 2 3 5 2 9 3 4 7 4 5 6	4

试题来源：USACO 2008 January Silver

在线测试：POJ 3662

试题解析

本题可被表示为一个边带权图，线杆为点，如果两个线杆可以用电缆连接，表示为边，边权值为电缆长度。

本题采用动态规划方法进行求解。数组 dp[i][j] 表示从线杆 1 到线杆 i 用了 j 条免费提供的电缆后，剩下的边里面最大的边权值。也就是说，对于每一条边，有选择免费和不免费两种情况。

- 如果节点 k 到节点 i 的边选择不免费，则 dp[i][j] 的值就是节点 k 到节点 i 的边的权值和 dp[k][j] 的值中较大的一个，即 max(w[k][i], dp[k][j])。
- 如果节点 k 到节点 i 的边选择免费，dp[i][j] 的值就是 dp[k][j - 1]。

最终的 dp[i][j] 值，就是两种情况中 dp[i][j] 的较大者。所以，状态转移方程为：

$$\mathrm{dp}[i][j]=\max\begin{cases}\max(w[k][i],\mathrm{dp}[k][j]) & \text{节点}k\text{到节点 }j\text{ 的边选择不免费}\\ \mathrm{dp}[k][j-1] & \text{节点}k\text{到节点 }j\text{ 的边选择免费}\end{cases}$$

然而，本题的动态规划不是线性动态规划，存在状态会被反复更新，当前状态不一定就是最终的最优情况，即不具有无后效性。需要采用与 Dijkstra 和 SPFA 等方法类似的思路，将状态放入队列进行反复更新，从而不断地转移状态，直到最终状态。

参考程序

```
#include<iostream>
#include<cstdio>
#include<queue>
#include<cstring>
using namespace std;
typedef pair<int,int> P;              // P 将两个整数组合成一组数据
struct imf                            // 边的结构类型
{
    int to,val;                       // 边的另一端点为 to, 权值为 val
};
struct st                             // 队列元素的结构类型
{
    P a;                              // 当前状态转移方程 f[i][j] 的 i 和 j
    int h;                            // 当前状态转移方程 f[i][j] 的值
};
vector<imf>Q[1005];                   // 容器 Q[i] 存储与 i 节点相连的所有出边
queue<st>G;                           // 队列 G 存储先前的状态转移情况
int dp[1005][1005];                   // 状态转移方程
int main()
{
    int N,P,K;
    scanf("%d %d %d",&N,&P,&K);              // 输入节点数 N、边数 P 和免费的边数 K
    for(int i=1;i<=P;i++)                    // 输入每条边的信息
    {
        int A,B,w;
        scanf("%d %d %d",&A,&B,&w);          // 第 i 条边 (A, B) 的权值为 w
        Q[A].push_back((imf){B,w});          // B 和 w 进入 A 相连的边集
        Q[B].push_back((imf){A,w});          // A 和 w 进入 B 相连的边集
    }
    memset(dp,0x3f,sizeof(dp));              // 状态转移方程初始化
    int INF=dp[1][0];                        // 将 dp[1][0] 暂存至 INF
    G.push((st){make_pair(1,0),0});
    dp[1][0]=0;                              // 状态转移方程初始化，并入队
    // 通过类似 SPFA 算法的途径求解最优状态
```

```
    while(!G.empty())                              //若队列非空，则队首状态tmp出队
    {
        st tmp=G.front();
        G.pop();
        //若tmp值目前最大，则无须更新，取下一个队首状态
        if(tmp.h>dp[tmp.a.first][tmp.a.second]) continue;
        for(int i=0;i<Q[tmp.a.first].size();i++)      //枚举状态tmp中节点的每一条出边
        {
            imf e=Q[tmp.a.first][i];                   //第i条出边为e
            //若出边e选择免费更优，则新状态入队，并进行状态转移
            if(dp[e.to][tmp.a.second+1]>tmp.h&&tmp.a.second<=K)
            {
                G.push((st){make_pair(e.to,tmp.a.second+1),tmp.h});
                dp[e.to][tmp.a.second+1]=tmp.h;
            }
            //若当前出边e选择不免费更优，则进行状态转移，并将新状态送入队列
            if(dp[e.to][tmp.a.second]>max(tmp.h,e.val))
            {
                dp[e.to][tmp.a.second]=max(tmp.h,e.val);
                G.push((st){make_pair(e.to,tmp.a.second),dp[e.to][tmp.a.second]});
            }
        }
    }
    cout<<(dp[N][K]==INF?-1:dp[N][K]);             //若失败，则输出-1；否则输出最低金额
}
```

【14.2.2　ROADS】

N个城市以数字1～N编号，城市通过单向道路相连接。每条道路都有两个相关参数：道路长度和道路需要支付的通行费（以硬币的数量表示）。

Bob和Alice住在城市1，发现Alice在纸牌游戏中作弊后，Bob与她分手，并决定搬到城市N。他想尽快赶到那里，但手头缺钱。

请帮助Bob找到用自己的钱能负担得起的从城市1到城市N的最短路径。

输入

输入的第一行给出整数K（$0 \leqslant K \leqslant 10\,000$），表示Bob在路上可以花费的硬币最大数量。

第二行给出整数N（$2 \leqslant N \leqslant 100$），表示城市总数。

第三行给出整数R（$1 \leqslant R \leqslant 10000$），表示道路总数。

接下来的R行每行给出用单个空格字符分隔的整数S、D、L和T，表示一条道路：S（$1 \leqslant S \leqslant N$）是出发城市，$D$（$1 \leqslant D \leqslant N$）是目的地城市，$L$（$1 \leqslant L \leqslant 100$）是道路长度，$T$（$0 \leqslant T \leqslant 100$）是道路的通行费（以硬币数量表示）。

这里要注意，不同的道路可能具有相同的出发城市和目的地城市。

输出

输出一行，给出从城市1到城市N的最短路径的总长度，总通行费用小于或等于K个硬币。

如果这样的路不存在，则输出-1。

样例输入	样例输出
5 6	11

（续）

样例输入	样例输出
7 1 2 2 3 2 4 3 3 3 4 2 4 1 3 4 1 4 6 2 1 3 5 2 0 5 4 3 2	

试题来源：CEOI 1998

在线测试：POJ 1724

试题解析

简述题意：Bob 要从城市 1 到城市 N，有 R 条边可以走，走每条边要花一些钱，Bob 拥有的钱数为 K，求花的钱不多于 K 且能到 N 的最短路径。

本题是分层图最短路径问题。有一个问题必须弄清：是应该在保证最短路径的前提下维护最小花费，还是应该在保证最小花费的前提下维护一个最短路径？这样两个想法的错误非常明显。本题已经给出了总费用不大于 K 的条件，因此没有必要去维护最小费用，而且最小总费用的路径长度未必是最短的。

设 dist[i] 表示从城市 1 到城市 i 在总费用不大于 K 的前提下的最短路径长度，总费用为 val[i]；(u, v) 的长度为 $L_{(u, v)}$、花费为 $v_{(u, v)}$。

将所有已计算的状态转移方程的参数和结果值放入优先队列，优先队列按路径长度递增排序。采用 Dijkstra 算法，按路径长度优先的顺序，依次对队列中的状态进行更新和转移。

每取出一个队首节点 u，如果 u 非终点 N，则依次枚举它的每条出边 (u,v)。只要到达 v 的总费用 val[v]（=val[u]+$v_{(u, v)}$）未超出上限 K，则将出边端点 v 和加上出边后的路径长度 dist[v]（dist[u]+$L_{(u, v)}$）、总费用 val[v] 送入优先队列；如果该节点是终点 N，则由于优先队列按路径长度递增排序，因此可以直接成功返回，不需要等队列空后再花费 $O(N)$ 的代价找最小值。

参考程序

```
#include<iostream>
#include<queue>
#define maxn 100000
using namespace std;
struct Edge                             // 出边的结构类型
{
    int next;                           // 出边的后继指针
    int to;                             // 端点序号
    int w;                              // 边长
    int c;                              // 费用
}edge[maxn];                            // u 的出边集为 edge[u]
struct node                             // 优先队列节点的结构类型
{
    int num;                            // 节点序号
    int dist;                           // 节点 1 至节点 num 的路径长度为 dist
    int cost;                           // 节点 1 至节点 num 的总花费为 cost
    node(int _num=0,int _dist=0,int _cost=0):num(_num),dist(_dist),cost(_cost){}
```

```
    bool operator < (const node &a) const       // 优先队列按照路径长度递增的顺序排列
    {
        return a.dist<dist;
    }
};
int head[maxn];                        // 邻接表，其中节点 i 的邻接表首指针为 head[i]
int cnt;                               // 边表指针
int dist[maxn];                        // 节点 1 至节点 v 花费不超过 K 的最短路径长度为 dist[v]
int k,n,m;
void add(int u,int v,int w,int c)// 将边长为 w、费用为 c 的 (u, v) 插入 u 的邻接表
{
    edge[cnt].to=v;                    // 设定第 cnt 条边的端点 v、边长 w 和费用 c
    edge[cnt].w=w;
    edge[cnt].c=c;
    edge[cnt].next=head[u];            // 将该边插入 u 的邻接表首
    head[u]=cnt++;                     // 设定 u 的邻接表首指针
}
int dij(int x)                         // 从 x 出发，使用 Dijkstra 算法求最短路径
{
    int ans=-1;                        // 最短路径长度初始化
    node u,v;
    priority_queue<node>que;           // 优先队列 que
    que.push(node(x,0,0));             // 将路径端点 x、路长 0、总费用 0 送入队列
    while(!que.empty())                // 若队列非空，则取队首节点 u
    {
        node u=que.top();
        que.pop();
        int now=u.num;                 // 取路径端点 now
        if(now==n)                     // 若到达终点 n，则返回路径长度 dist 并成功退出
        {
            ans=u.dist;
            return ans;
            break;
        }
        for(int i=head[now];i!=-1;i=edge[i].next)       // 枚举 now 的每条出边
            if(u.cost+edge[i].c<=k)                     // 若加上该出边的总费用未超过
                                                        // 上限
            {
                v.num=edge[i].to;                       // 将该边端点、到达该端点的
                                                        // 路长、总费用记入节点 v
                v.dist=u.dist+edge[i].w;
                v.cost=u.cost+edge[i].c;
                que.push(v);                            // v 进入优先队列
            }
    }

    return ans;                           // 返回最短路径长度（若不存在最短路径，则返回 -1）
}
int main()
{
    int x,y,w,c;
    while(cin>>k>>n>>m)                   // 反复输入可花费的最多硬币数 k、节点数 n 和边数 m
    {
        memset(head,-1,sizeof(head));     // 将所有节点的邻接表初始化为空
        cnt=0;                            // 边序号初始化
        for(int i=1;i<=m;i++)             // 输入 m 条边的信息，构造有向图
        {
            cin>>x>>y>>w>>c;              // 当前边 (x,y) 的长度为 w、花费为 c
            add(x,y,w,c);                 // 将该边插入 x 的邻接表
        }
        cout<<dij(1)<<endl;               // 计算并输出最短路径长度
    }
}
```

【14.2.3　Full Tank?】

在你查看了今年夏天驾车旅行的收据后，你意识到，你所访问的城市之间，燃油价格各不相同。如果你在加油时动动脑筋，也许可以省点钱。

为了帮助其他游客，也为了下次自己省钱，你想编写一个程序，寻找城市之间的最便宜的旅行方式，在途中给你的油箱加油。本题设定汽车在每个单位距离内使用一个单位的燃油，旅行开始时，油箱是空的。

输入

输入的第一行给出 n（$1 \leqslant n \leqslant 1000$）和 m（$0 \leqslant m \leqslant 10\ 000$），分别表示城市和道路的数量。接下来的一行给出 n 个整数 $p_1, \cdots, p_i, \cdots p_n$，其中 p_i（$1 \leqslant p_i \leqslant 100$）是第 i 个城市的燃油价格。然后的 m 行每行给出三个整数 u（$u \geqslant 0$）、v（$v<n$）以及 d（$1 \leqslant d \leqslant 100$），表示在 u 和 v 之间有一条长度为 d 的道路。然后的一行，给出数字 q（$1 \leqslant q \leqslant 100$），表示查询的数量。最后 q 行每行有三个整数 c（$1 \leqslant c \leqslant 100$）、$s$ 和 e，其中 c 是车辆的燃油容量，s 是出发城市，e 是目的地城市。

输出

对于每个查询，相应于给出汽车的油箱容量，输出从 s 到 e 的最便宜行程的价格；如果使用给定的汽车无法从 s 到 e，则输出“impossible”。

样例输入	样例输出
5 5 10 10 20 12 13 0 1 9 0 2 8 1 2 1 1 3 11 2 3 7 2 10 0 3 20 1 4	170 impossible

试题来源：Nordic 2007

在线测试：POJ 3635

试题解析

本题给出 N 个城市和 M 条连接城市的道路，道路为双向通行，每个城市可以加燃油，每单位燃油的价格分别为 p_i，每单位距离的道路花费 1 个单位的燃油。求从出发城市到目的地城市的最小花费，如果不能到达目的地城市，则输出“impossible”，因为汽车油箱有容量限。

本题通过分层图最短路径求解，状态 $dp[i][j]$ 为到了第 i 个城市还剩下 j 单位的燃油的最小花费。状态转移分为以下两种。

- 在当前城市加油，每次只加 1 个单位的油，以最少的油到达最远的地方，如果未来发现这里的油不划算，则没有多加而且加到刚刚好；如果未来发现这里的油划算，那就回来再多加 1 个单位的油。用一个优先队列来保存状态。

- 不加油，直接到达下一个城市，当然，当前油箱的油应足够行驶到下一个城市。

注意判重，每种状态只入队一次。

```
#include <iostream>
#include <queue>
#define INF 0x3f3f3f3f
using namespace std;
const int MAXN = 1005;
const int MAXM = 1e4+10;
const int MAXK = 101;
int N, M, st, ed, tank;    //节点数为N，边数为M，起点为st，终点为ed，车辆的燃油容量为tank
int p[MAXN];               //存储每一站的油价
int cost[MAXN][MAXK];      //cost[i][j]为到达第i站还剩下j个单位油的最小花费
int head[MAXN], cnt;       //u的邻接表首指针为head[u]，边序号为cnt
bool vis[MAXN][MAXK];      //vis[i][j]为到达第i站还剩下j个单位油的花费情况已访问的标志
int read()                 //将读入的字符转化为整数
{
    int f=1, x=0;char ch = getchar();
    while(ch < '0' || ch > '9') {if(ch=='-')f=-1;ch=getchar();}
    while(ch >= '0' && ch <= '9') {x = x*10+(ch-'0');ch=getchar();}
    x=x*f;return x;
}
struct node                                          //优先队列的元素结构类型
{
    int v, k, val;                                   //到达节点v，剩下油量为k，最小花费为val
    bool operator < (const node& a)const{            //优先队列中状态按照花费递增的顺序排列
        return val > a.val;
    }
    node(int a=0, int b=0, int c=0):v(a),k(b),val(c){}; //初始时v=k=val=0
};
struct date                                          //边的结构类型
{
    int v, nxt, w;                                   //另一端点为v，边长为w，后继指针为nxt
}edge[MAXM<<1];                                      //边集
void init()                                          //初始化
{
    memset(head, -1, sizeof(head));                  //所有节点的邻接表首指针初始化
    cnt = 1;                                         //边指针初始化
}
void add(int from, int to, int weight)               //将边长为weight的边(from, to)插入
                                                     //from的邻接表首部
{
    edge[cnt].nxt = head[from];
    edge[cnt].v = to;
    edge[cnt].w = weight;
    head[from] = cnt++;
}
void Dijkstra(int S)                                 //使用Dijkstra算法计算从S出发的最短路径
{
    memset(cost, INF, sizeof(cost));                 //状态转移方程cost[][]初始化
    memset(vis, false, sizeof(vis));                 //所有状态未访问
    node tp;                                         //定义优先队列的元素tp
    priority_queue<node> Q;                          //定义优先队列Q
    //将最初的状态转移情况（起点为S，剩油为0时的最小花费为0）送入队列
    tp.v = S; tp.k = 0; tp.val = 0;
    Q.push(tp);                                      //将初始状态送入优先队列Q
    cost[S][0] = 0;                                  //设状态转移方程的初始值
    while(!Q.empty()){                               //若队列非空，则弹出队首元素tp
```

```
        tp = Q.top(); Q.pop();
        int fr = tp.v, oil = tp.k;          // 取 tp 的到达节点为 fr，剩油为 oil
        vis[fr][oil] = true;                // 设 tp 已访问标志
        if(fr == ed) {printf("%d\n", tp.val);return;}
                                            // 若到达目标节点，则输出最小花费，并成功退出
        if(oil+1 <= tank && !vis[fr][oil+1] && cost[fr][oil+1] > cost[fr][oil]+p[fr]){
            // 在节点 fr 一个单位一个单位地加油，最好的情况是加的油最少而行驶的路最远。若增加 1
            // 个单位的油是花费少的方案，则进行状态转移，新状态进入优先队列
            cost[fr][oil+1] = cost[fr][oil]+p[fr];
            Q.push(node(fr, oil+1, cost[fr][oil+1]));
        }
        for(int i = head[fr]; i != -1; i = edge[i].nxt){
            // 枚举 fr 的每条出边，计算用当前油量可以行驶到的地方
            int v = edge[i].v;              // 取第 i 条出边的另一端点 v
            // 若该边不加油可到达 v 节点且该方案先前未访问且花费更少，则进行状态转移，新状态进入优先队列
            if(oil >= edge[i].w && !vis[v][oil-edge[i].w] && tp.val < cost[v]
                [oil-edge[i].w]){
                cost[v][oil-edge[i].w] = tp.val;
                Q.push(node(v, oil-edge[i].w, tp.val));
            }
        }
    }
    printf("impossible\n");                           // 队列空后依然未找到方案，输出失败信息
}
int main()
{
    int u, v, w;
    init();                                           // 初始化
    N = read(); M = read();                           // 读节点数为 N，边数为 M
    for(int i = 0; i < N; i++) p[i] = read();         // 读每个节点的权 p[]
    for(int i = 1; i <= M; i++){                      // 读每条边的信息
            u = read(), v = read(), w = read();       // 第 i 条边 (u,v) 的长度为 w
            add(u, v, w);                             // 将长度为 w 的边 (u,v) 插入 u 的邻接表
            add(v, u, w);                             // 将长度为 w 的边 (v,u) 插入 v 的邻接表
    }
    int T_case;
    T_case = read();                                  // 读查询数
    while(T_case--){                                  // 依次处理每个查询
        // 读车辆燃油容量 tank、出发城市 st 和目的地城市 ed
        tank = read(); st = read(); ed = read();
        Dijkstra(st);                                 // 使用 Dijkstra 算法计算并输出 st 至 ed
                                                      // 的最短路径
    }
    return 0;
 }
```

14.3　利用“分层图”思想优化算法

用“分层图”思想可以建立更简洁、更严谨的图论模型，从而很容易得到有效算法。重要的是，新建立的图有一些很好的性质。

- 各层间的相似性。由于层是由复制得到的，因此所有层都非常相似，我们只要在逻辑上分出层的概念即可，根本不用在程序中进行新层的存储，甚至几乎不需要花时间去处理新层。
- 各层有很多公共计算结果。由于层之间的相似性，很多计算结果都是相同的。所以我们只需对这些计算一次，把结果存起来，而不需要反复计算。如此看来，虽然看起来图变大了，但实际上问题的规模并没有变大。

- 方便逐层递推。层之间是拓扑有序的，这也就意味着在层之间可以很容易实现递推，为发现有效算法打下了良好的基础。

这些特点说明“分层图”思想是很有潜力的，尤其是各层有很多公共计算结果这一点，可以大大地消除冗余计算，进而降低算法时间复杂度。

采用“分层图”思想不仅可以方便问题的分类讨论，将未知变为已知，而且在某些情况下，还可以凸现图论模型的本质特征，使更简捷的算法浮出水面。

“分层图”思想实际上是一种“升维”策略，即通过对图分层放大目标，强化图论模型的本质特征，变未知为已知，变浑浊为清晰，为简化问题、设计更简捷的算法创造了条件。

【14.3.1　Strong Defence】

银河帝国（Galactic Empire）的最高行政长官最近从他的间谍那里获知一些坏消息，黑魔王（Dark Lord）正准备进攻他的帝国，黑魔王的舰队准备发起第一轮超级跳越（hyperjump）式的攻击。

假设在太空中旅行很简单，从某些星球出发，经过一系列的超级跳越，可以到达其他星球。如果两个星球之间有一个特殊的超级跳跃隧道相连接，你就能从一个星球跳跃到另一个星球，超级跳跃隧道是双向的，因此，你可以从一个星球通过一次跳跃到达另一个星球。当然，隧道是以从一个星球跳跃到其他星球的方式设计的。

然而，有一种方式可以封锁超级跳跃——将一艘特殊的战舰放置在相应的超级隧道（hypertunnel）中。

当然，最高行政长官想要封锁所有从黑魔王总部所在的星球到银河帝国的首都所在的星球的超级路径（hyperpath）。帝国的资源几乎是无限的，所以很容易建造所需要的大量战舰。但不幸的是仍然存在一个问题。

每艘封锁超级跳跃的战舰的甲板上必须有一块特殊的晶体，使它能待在多维空间里。这样的晶体有许多类型。问题是，有一种摧毁所有携带某个特定类型晶体的战舰的方法。

虽然已经知道，对于每种晶体类型，有摧毁由该种晶体提供能量的战舰的方法，但黑魔王的工程师并不知道。所以，最高行政长官想要用一种方式使用封锁船，满足以下条件。

- 对每一种晶体类型，如果带有其他晶体类型的所有的战舰都被摧毁了，配备该种晶体类型的战舰以某种方式封锁超级隧道，使得没有从黑魔王的星球到帝国首都星球的路径。
- 在战舰上使用不同晶体类型的数量尽可能最大。
- 不会有两艘战舰封锁同一条超级隧道。

本题设定晶体类型的数量是无限的，每种晶体类型是可用的。

输入

输入的第一行给出整数 N（$2 \leqslant N \leqslant 400$）、M.S 和 T，分别表示银河中星球的数量、隧道的数量、黑魔王总部所在的星球和银河帝国首都所在的星球（$S \neq T$）。

接下来的 M 行每行给出两个整数，表示相应隧道连接的星球的编号数。不会有隧道将星球连接到自身，两个星球之间不会有多于一条以上的隧道连接。

输出

先输出 L，表示使用的晶体类型的数量；然后，输出 L 行，对每种晶体类型先输出 K_i，表示采用这一晶体的战舰的数量，然后输出 K_i 个数，表示被相应战舰封锁的超级隧道。隧道从 1 开始编号，如在输入中给定的。

样例输入	样例输出
4 4 1 4 1 2 1 3 2 4 3 4	2 2 1 2 2 3 4

试题来源：Petrozavodsk Summer Trainings 2003，Andrew Stankevich's Contest #3

在线测试：ZOJ 2365

试题解析

将星球作为节点，连接星球的隧道作为边，则本题可以表示为一个无向图 $G(V, E)$，其中黑魔王总部和银河帝国首都所在的星球分别是节点 S 和节点 T。如果将每一类晶体视为一种颜色，则本题可以被视为对图 G 中的一些边着色，每种颜色的边组成一个边集，不同边集的交集为空，且删去任意一个边集，从节点 S 至节点 T 不连通。本题要求颜色数 K 尽可能地大。颜色数 K 即为晶体类型数，而同一颜色的边集即为携带该颜色所对应的晶体的战舰所封锁的隧道。

基于题意，对于上述的图 G，接下来分析从节点 S 到节点 T 的路径。如果在图 G 中从节点 S 到节点 T 有一条长为 L 的最短路径，那么显然，边着色的颜色数不会超过 L：如果颜色数大于 L，那么根据鸽笼原理，必定至少有一种颜色没有在这条最短路径上出现；如果删去着这种颜色的边集合，这条最短路径不受影响，也就是说，从节点 S 到节点 T 仍然连通。这就与本题的要求不符，导致矛盾。而如果 S 到 T 的最短路径是 L，则可以构造出一个颜色数 $K=L$ 的方案。

首先，求出 S 到任意节点 u 的最短路径 $D(u)$。这样对图上的任意边 $e=\{u, v\}$，如果 $D(v)-D(u)=1$，且 $D(v)\leqslant L$，就将这条边加入集合 $S_{D(v)}$ 中。这样就构造出一种分组方案，如图 14.3-1 所示。

为了证明它是正确的，我们先来看下面的引理。

引理 14.3.1 如果 $e=\{u, v\}$ 是图 G 上的一条边，$D(v)-D(u)=1$ 且 $D(v)=i$，则 $e\in S_i$。那么，在图上将 S_i 中的所有边删去，对于原图上任意 $D(p)\geqslant i$ 的节点 p，在新图上从 S 到 p 无通路。

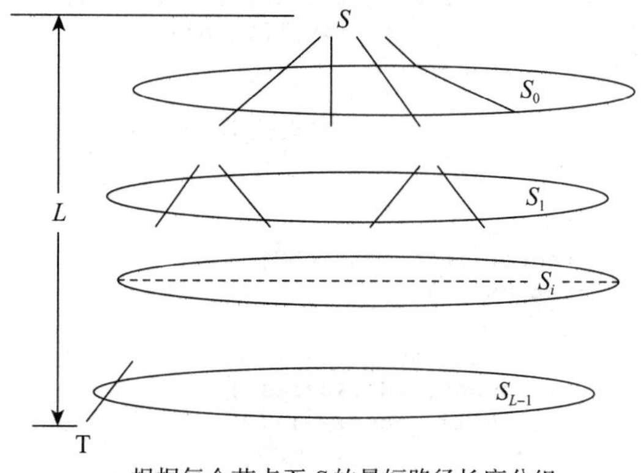

根据每个节点至 S 的最短路径长度分组

图 14.3-1

证明：如果 $D(p)\geqslant i$，则任意一条从 S 到 p 的路径中至少包括 $[D(p)+1]$ 个点 $S, p_1, p_2, \cdots, p$，可以顺序写出 S 到每一个节点最短路径的长度序列 $D(S), D(p_1), D(p_2), \cdots, D(p)$，序列以 0 开头，以 $D(p)$ 结尾，$D(p)\geqslant i$，序列中相邻两项的差为 1。显然，如果对应的边在新图中被删去了，则在新图中无法找到这条路径。

所以，从图中删去 S_i 的所有边，则从 S 到 p 没有路径。 ■

引理 14.3.1 实际上给出了“分层”的方法，即原图 G 按照最短路径的长度进行分层。

图 G 被分层后，图论模型的本质特征便凸现出来。有了这个引理，就很容易得到：

定理 14.3.1　引理 14.3.1 描述的构造集合的方案是正确的。

证明：上文所说的任意 S_i（$i \leqslant L$）满足引理中的条件，因此删去任意 S_i 后，$D(T)=L \geqslant i$，S 到 T 一定没有通路。所以这个构造集合的方案符合题意，是正确的。■

这样，本题的编程实现很简单：图中每条边的长度都为 1，求最短路径数组，由宽度优先搜索实现，所以算法的时间、空间复杂度都是 $O(E)$。

参考程序

```
#include<iostream>
#include<cstring>
#include<vector>
using namespace std;
const int MAXN=405;                    // 节点数的上限
const int MAXM=MAXN*MAXN;              // 无向边数的上限
struct E_type{                         // 定义邻接表节点
    int x,next;                        // 邻接点为 x，后继边指针为 next
}E[MAXM*2];                            // 邻接表为 E[]
int tot,St[MAXN];                      // 邻接表的长度为 tot，节点 i 的出边在邻接表中的首指针为 St[]
void InsE(int a,int b)                 // 将 (a,b) 插入邻接表
{
    tot++; E[tot].x=b; E[tot].next=St[a];
    St[a]=tot;
}
int Q[MAXN],Dist[MAXN];                // 队列为 Q，节点的层次序列为 Dist[]
bool v[MAXN];                          // 节点的访问标志序列为 v[]
int n,m,s,t;                           // 节点数为 n，边数为 m，起始点为 s，终点为 t
void GetDist()                         // 使用 BFS 计算每个节点的层次
{
    memset(v,0,sizeof(v));             // 访问标志初始化
    int f=0,r=1; Q[r]=s; Dist[s]=0; v[s]=true;   // s 进入队列，层次为 0，置访问标志
    while (f<r)                                   // 若队列非空，则进行出队操作
    {
        f++;
        for (int t=St[Q[f]];t;t=E[t].next)        // 搜索出队节点的所有相邻节点
            if (!v[E[t].x])                       // 若相邻节点未被访问，则设访问标志，
                                                  // 计算其层次并入队
            {
                v[E[t].x]=true; Dist[E[t].x]=Dist[Q[f]]+1;     Q[++r]=E[t].x;
            }
    }
}
vector<int> ans[MAXN];                            // 存储每层的节点集
int main()
{
    int cases;                                    // 测试用例数
    scanf("%d",&cases);                           // 输入测试用例数
    while (cases--)                               // 依次处理测试用例
    {
        scanf("%d%d%d%d",&n,&m,&s,&t);            // 输入节点数、边数、起始点和终点
        tot=0; memset(St,0,sizeof(St));           // 将邻接表初始化为空
        for (int i=1;i<=m;i++)                    // 依次输入每条边
        {
            int a,b;
            scanf("%d%d",&a,&b);
            InsE(a,b);    InsE(b,a);              // 将 (a,b) 和 (b,a) 插入图的邻接表
        }
        GetDist();                                // 使用 BFS 算法计算每个节点的层次
```

```
        for (int i=1;i<=Dist[t];i++) ans[i].clear();     //每个层次的节点集为空
        int T=t;                                         //记下终点
        for (int i=1;i<=n;i++)                           //枚举每个节点的所有相邻节点
        for (int t=St[i];t;t=E[t].next)
            if (t%2==1)              //在正向边情况下，若相邻节点位于 i 节点下一层且未在终点的
                                     //层次下，则记下相邻节点的层次
            {if(Dist[i]+1==Dist[E[t].x]&&Dist[E[t].x]<=Dist[T]) ans[Dist[E[t].x]].
                push_back((t+1)/2);
                else                 //在反向边的情况下，若 i 节点位于相邻点下一层且未在终点的
                                     //层次下，则记下 i 节点的层次
                if (Dist[E[t].x]+1==Dist[i] && Dist[i]<=Dist[T]) ans[Dist[i]].push_
                    back((t+1)/2);
                else ans[1].push_back((t+1)/2);
            }
        printf("%d\n",Dist[t]);  //输出终点的层次
        for (int i=1;i<=Dist[t];i++) //依次输出每层的节点数和节点
        {
            printf("%d",(int)ans[i].size());
            for (int j=0;j<(int)ans[i].size();j++) printf(" %d",ans[i][j]);
            printf("\n");
        }
        if (cases) puts("");
    }
    return 0;
}
```

第 15 章

可简单图化与图的计数

图是由一个节点的集合 V 以及一个连接这些节点的边的集合 E 所组成的集合。所以，在数学上，图表示为有序对 (V, E)。显然，$|V|$ 和 $|E|$ 是自然数。

对于图，不仅节点数、边数，以及节点的度数是自然数，而且如果图是平面图，则面数是自然数，如果图是连通图，则生成树的数目是自然数，如果图不是连通图，则连通分支的数目是自然数，等等。因此，本章以这一视角为切入点，展开实验。

在数据结构中，一般采用邻接矩阵或邻接表来表示图。图还可以有其他的表示方法，比如，图可以表示为节点的度数所组成的序列。15.1 节的内容阐述如下理论：给出一个非负整数序列，判断这一序列是否为一个图的度数列，以及是否为一个简单图的度数列，并给出相关的实验。

图的计数分为“生成树计数”“基于遍历的图的计数”和“基于组合分析的图的计数”三部分。15.2 节阐述生成树计数的理论，给出了一个连通图的不同生成树个数的计算方法，并展开实验。15.3 节和 15.4 节分别给出基于遍历的图的计数实验，以及基于组合分析的图的计数实验。

15.1 可简单图化

定义 15.1.1（简单图） 如果在图 $G(V, E)$ 中，在任何两个节点之间的边最多只有一条，并且没有自环，则图 G 为简单图。

定义 15.1.2（度数） 设 $G(V, E)$ 是一个图，节点 v 所关联的边数（自环计算两次）称为节点 v 的**度数**，记为 $d(v)$。度数为 1 的节点称为悬挂点。度数为奇（偶）数的节点称为奇（偶）节点。图 G 中节点的最小度数记为 $\delta(G)$，即 $\delta(G) = \min_{v\in V}\{d(v)\}$，简记为 δ。

设图 $G(V, E)$ 有 n 个节点 $v_1, v_2, \cdots, v_n$ 和 e 条边，有如下定理。

定理 15.1.1（握手定理） 图 G 的所有节点度数之和为边数的两倍，即 $\sum_{i=1}^{n} d(v_i) = 2e$。

证明：因为每条边必定关联两个节点，而一条边给予其关联的每个节点的度数为 1，所以在一个图中，节点度数的总和等于边数的两倍。■

定义 15.1.3（可图化与可简单图化） 设图 $G(V, E)$，$V = \{v_1, v_2,\cdots, v_n\}$，称 $(d(v_1), d(v_2), \cdots, d(v_n))$ 为 G 的**度数列**。给出非负整数列 $d = (d(v_1), d(v_2), \cdots, d(v_n))$，如果存在以 $V = \{v_1, v_2,\cdots, v_n\}$ 为节点集的图、以 d 为度数列，则称非负整数列 d 是**可图化**的。如果存在以 $V = \{v_1, v_2, \cdots, v_n\}$ 为节点集的简单图、以非负整数列 $d = (d(v_1), d(v_2), \cdots, d(v_n))$ 为度数列，则称 d 是**可简单图化**的。

定理 15.1.2 非负整数列 $d = (d_1, d_2, \cdots, d_n)$（$d_i \geqslant 0$，$i = 1, 2, \cdots, n$）可图化当且仅当 $\sum_{i=1}^{n} d_i$ 为偶数。

证明：由定理 15.1.1 可知，必要性是显然的。采用构造性方法进行充分性证明。$d = (d_1, d_2, \cdots,$

d_n) 中有偶数个奇数，设奇数个数为 $2k$（$0 \leqslant k \leqslant \left\lfloor \frac{n}{2} \right\rfloor$），奇数分别为 $d_{i_1}, d_{i_2}, \cdots, d_{i_k}, d_{i_{k+1}}, \cdots, d_{i_{2k}}$，用如下方法构造图 $G(V, E)$：节点集 $V = \{v_1, v_2, \cdots, v_n\}$；首先在节点 v_{i_r} 和 $v_{i_{r+k}}$ 之间连边 $\{v_{i_r}, v_{i_{r+k}}\}$，$r = 1, 2, \cdots, k$；如果 d_i 为偶数，令 $d_i' = d_i$；如果 d_i 为奇数，令 $d_i' = d_i - 1$；得 $d' = (d_1', d_2', \cdots, d_n')$，则 $d_i' \geqslant 0$ 且为偶数，$i = 1, 2, \cdots, n$；再在 v_i 处作 $d_i'/2$ 条自环，所得边构成图 G 的边集 E，则 $G(V, E)$ 的度数列为 d。所以非负整数列 $d = (d_1, d_2, \cdots, d_n)$ 是可图化的。■

定理 15.1.3（Havel-Hakimi 定理） 设非负整数列 $d = (d_1, d_2, \cdots, d_n)$，$\sum_{i=1}^{n} d_i$ 为偶数且 $(n-1) \geqslant d_1 \geqslant d_2 \geqslant \cdots \geqslant d_n \geqslant 0$，则 d 可简单图化当且仅当 $d' = (d_2 - 1, d_3 - 1, \cdots, d_{d_1+1} - 1, d_{d_1+2}, \cdots, d_n)$ 是可简单图化的。

证明： 如果非负整数列 d' 可简单图化，则对于以 d' 为度数列产生的简单图 G'，增加一个节点 v，将图 G' 中的度数为 $d_2 - 1, d_3 - 1, \cdots, d_{d_1+1} - 1$ 的节点和节点 v 连边，则得非负整数列 d 为度数列的简单图。

如果非负整数列 $d = (d_1, d_2, \cdots, d_n)$ 可简单图化，设以 d 为度数列产生简单图 G，分以下两种情况考虑。

- 如果在 G 中的度数为 $d_2, d_3, \cdots, d_{d_1+1}$ 的节点和度数为 d_1 的节点 v 有边相连，则将这些边和节点 v 删除，得简单图 G'，所以，d' 是可简单图化的。
- 如果在 G 中的度数为 $d_2, d_3, \cdots, d_{d_1+1}$ 的节点中，度数为 d_i 的节点 v_i 和度数为 d_1 的节点 v 没有边相连，而不在度数为 $d_2, d_3, \cdots, d_{d_1+1}$ 的节点中的节点 v_j（设度数为 d_j）则和节点 v 有边相连。因为 $d_i \geqslant d_j$，则必存在节点 v_k 使得 $\{v_i, v_k\}$ 是 G 中的一条边，但 $\{v_j, v_k\}$ 不是 G 中的边。设 $G'' = G - \{\{v_i, v_k\}, \{v, v_j\}\} \cup \{\{v_j, v_k\}, \{v, v_i\}\}$，则 d 是 G'' 的度数列，而 G'' 是简单图。以此类推，可以把 G 转换到上述第一种情况，可得简单图 G'，所以，d' 是可简单图化的。■

基于定理 15.1.3 给出非负整数列 d，且 d 的总和为偶数，判断该非负整数列是否可简单图化的过程如下。

1）对当前数列 d 排序，使其呈非递增序列，$d[1]$ 代表排序后的第 1 个数的值。

2）删除 $d[1]$，从第二个数开始对其后的 $d[1]$ 个数字减 1，如果当前数列的个数小于 $d[1]$，或者当前数列出现负数（不是可简单图化的情况），或者当前数列全为 0（可简单图化），则退出。

3）返回 1）。

例 15.1 给出非负整数序列 $d = (4, 7, 2, 3, 7, 1, 3, 3)$。判断 d 是否可简单图化的过程如下。

第一轮，首先，对序列 d 进行非递增排序，得非递增序列 (7, 7,4, 3, 3, 3, 2, 1)；然后，删除序列的第一个数 7；之后，从序列的下一个数开始，数 7 个数，也就是下标区间 [1,7]，把下标区间 [1,7] 里的值都减 1，则序列变成 (6, 3, 2, 2, 2, 1, 0)。

第二轮，首先，对上一轮产生的序列进行非递增排序，得非递增序列 (6, 3, 2, 2, 2, 1, 0)；然后，删除序列的第一个数 6；之后，从序列的下一个数开始，数 6 个数，也就是下标区间 [1, 6]，把下标区间 [1, 6] 里的值都减 1，则序列变成 (2, 1, 1, 1, 0, –1)。

在非负整数序列中出现了 –1，而一个节点的度数不可能是负数。由此可以判定，该序列无法构成一个简单图，所以非负整数序列 $d=(4, 7, 2, 3, 7, 1, 3, 3)$ 是不可简单图化的。

例 15.2　给出已经非递增排序的非负整数序列 $d=(5, 4, 3, 3, 2, 2, 2, 1, 1, 1)$。判断 d 是否可简单图化的过程如下。

第一轮，删除序列的第一个数 5；然后，从序列的下一个数开始，数 5 个数，也就是下标区间 [1, 5]，把下标区间 [1, 5] 里的值都减 1，则序列变成 (3, 2, 2, 1, 1, 2, 1, 1, 1)。

第二轮，首先，对上一轮产生的序列进行非递增排序，得非递增序列 (3, 2, 2, 2, 1, 1, 1, 1, 1)；然后，删除序列的第一个数 3；之后，从序列的下一个数开始，数 3 个数，也就是下标区间 [1, 3]，把下标区间 [1, 3] 里的值都减 1，则序列变成 (1, 1, 1, 1, 1, 1, 1, 1)。

第三轮，首先，对上一轮产生的序列进行非递增排序，得非递增序列；然后，删除序列的第一个数 1；之后，把下标区间 [1, 1] 里的值都减 1，则序列变成 (0, 1, 1, 1, 1, 1, 1)。

以此类推，最后获得值为 0 的序列。所以非负整数序列 $d=(5, 4, 3, 3, 2, 2, 2, 1, 1, 1)$ 是可简单图化的。

题目 15.1.1 给出一个非负整数序列，请基于 Havel-Hakimi 定理判断这一序列是否是可简单图化的。

【15.1.1　Graph Construction】

图由一个边的集合 E 和一个节点的集合 V 构成，在计算机领域中图有着广泛的应用。在计算机中有不同的方法表示图，可以用邻接矩阵或邻接表来表示图，还有其他表示图的方法，其中一种方法是写出每个节点的度数，也就是节点所关联的边数。如果一个图有 n 个节点，那么可以用 n 个整数表示这个图。在本题中，我们讨论简单图，即两个节点之间的边不会多于一条，也没有自环。

任何图都可以用 n 个整数表示，但反过来并不总是正确的。给出 n 个整数，请确定这 n 个数字是否可以表示一个简单图中 n 个节点的度数。

输入

每行首先给出数字 n（$n \leqslant 10\ 000$），接下来给出 n 个整数，表示图中 n 个节点的度数。n 为 0 表示输入结束，程序不用进行处理。

输出

如果 n 个整数可以表示一个简单图，则输出“Possible”，否则输出“Not possible”。要在单独的一行输出每个测试用例。

样例输入	样例输出
4 3 3 3 3 6 2 4 5 5 2 1 5 3 2 3 2 1 0	Possible Not possible Not possible

试题来源：Intl. Islamic Univ Chittagong Online Contest 2004

在线测试：UVA10720

试题解析

本题是 Havel-Hakimi 定理的基础练习题，给出由 n 个非负整数组成的序列，请判断该序列是否可简单图化。

在输入由非负整数组成的序列的同时对序列整数进行累加，如果总和 sum 为奇数，则违反定理 15.1.1 和定理 15.1.2，序列不可图化。

函数 bool Havel_Hakimi() 应用 Havel-Hakimi 定理判断由非负整数组成的序列是否可简单图化。

首先，对当前序列 a 进行非递增排序；然后，对排序后的序列进行判断和处理；如果排序后序列 a 的第一个节点度数 $a[i]$ 大于当前序列节点数 $n-i-1$，则不可简单图化，退出；否则，从 $a[i+1]$ 开始，序列的 $a[i]$ 个数依次减 1；如果这一过程中出现负数，不可简单图化。反复执行这样的过程，如果序列为 0，循环正常结束，则可简单图化。

参考程序

```
#include<iostream>
#include<algorithm>
using namespace std;
const int maxn = 10005;
int n, a[maxn], i, j, sum;                 //整数序列为 a[]，长度为 n，整数和为 sum
bool cmp(const int &a, const int &b){ return a > b; }
bool Havel_Hakimi()                        //应用 Havel-Hakimi 定理判断序列是否可简单图化
{
    if (sum & 1) return false;              //度数总和为奇数，不可简单图化
    for (i = 0; i < n; i++)                //应用 Havel-Hakimi 定理
    {
        sort(a + i, a + n, cmp);           //当前序列非递增排序
        if (a[i] > n-i-1) return false;    //第一个节点度数大于当前序列节点数，不可简单图化
        for (j = i + 1; j <= i + a[i]; j++)
        {
            a[j]--; if (a[j] < 0) return false; //出现负数，不可简单图化
        }
    }
    return true;                           //可简单图化
}
int main(){
    while (cin>> n, n)                     //序列有 n 个整数
    {
        for (sum = 0, i = 0; i < n; i++) scanf("%d", &a[i]), sum += a[i];
            //输入序列并累加
        if (Havel_Hakimi()) printf("Possible\n"); else printf("Not possible\n");
    }
    return 0;
}
```

题目 15.1.2 以题目 15.1.1 为基础，如果判定给出的非负整数序列是可简单图化的，则还要构造出该简单图。

【15.1.2　Frogs' Neighborhood】

未名湖附近共有 n 个大小湖泊 $L_1, L_2, \cdots, L_n$（其中包括未名湖），每个湖泊 L_i 里住着一只青蛙 F_i（$1 \leqslant i \leqslant n$）。如果湖泊 L_i 和 L_j 之间有水路相连，则青蛙 F_i 和 F_j 互称为邻居。现在已知每只青蛙的邻居数目 $x_1, x_2, \cdots, x_n$，请你给出每两个湖泊之间的相连关系。

输入

第一行是测试数据的组数 T（$0 \leqslant T \leqslant 20$）。每组数据包括两行，第一行是整数 n（$2<n<10$），第二行是 n 个整数 $x_1, x_2, \cdots, x_n$（$0 \leqslant x_i \leqslant n$）。

输出

对输入的每组测试数据，如果不存在可能的相连关系，输出“NO”。否则输出“YES”，并用 $N \times N$ 的矩阵表示湖泊间的相邻关系，即如果湖泊 i 与湖泊 j 之间有水路相连，则第 i 行的第 j 个数字为 1，否则为 0。每两个数字之间输出一个空格。如果存在多种可能，只需给出一种符合条件的情形。相邻两组测试数据之间输出一个空行。

样例输入	样例输出
3 7 4 3 1 5 4 2 1 6 4 3 1 4 2 0 6 2 3 1 1 2 1	YES 0 1 0 1 1 0 1 1 0 0 1 1 0 0 0 0 0 1 0 0 0 1 1 1 0 1 1 0 1 1 0 1 0 1 0 0 0 0 1 1 0 0 1 0 0 0 0 0 0 NO YES 0 1 0 0 1 0 1 0 0 1 1 0 0 0 0 0 0 1 0 1 0 0 0 0 1 1 0 0 0 0 0 0 1 0 0 0

试题来源：POJ Monthly--2004.05.15 Alcyone@pku

在线测试：POJ 1659

试题解析

本题给出一个非负整数的序列，问该序列是否是可简单图化的，如果可简单图化，则根据 Havel-Hakimi 定理来构图。

如参考程序所示，构图的过程是在 Havel_Hakimi() 函数中增加如下语句：枚举 $a[i+1]\cdots a[i+a[i].d]$ 中的每一个元素 $a[j]$（$i+1 \leqslant j \leqslant i+a[i].d$）：如果 $a[j]$ 的度数减 1（$a[j].d$--）后非零，则添加边 $(a[i].v, a[j].v)$ 和 $(a[j].v, a[i].v)$。

注意：$a[i]\cdots a[n]$ 递减排序后，需要记下节点的度数 $a[i].d$ 和输入编号 $a[i].v$。

参考程序

```
#include <cstdio>
#include <algorithm>
using namespace std;
struct vertex                                   // 节点的结构类型
{
    int d,v;                                    // 节点的度数 d 和输入编号 v
}a[12];                                         // 节点序列
int n,sum;                                      // 节点个数为 n，度数总和为 sum
int map[12][12];                                // 无向图的相邻矩阵
bool cmp(const vertex & a,const vertex & b)     // 排序使用的比较函数（按度数递减顺序排序）
```

```
{
    return a.d>b.d;
}
bool Havel_Hakimi()                           //应用 Havel-Hakimi 定理判断并构图
{
    if (sum&1) return false;                  //度数总和为奇数，不可简单图化
    for (int i=0 ; i<n ; i++)                 //依次枚举后缀首指针
    {
        sort(a+i,a+n,cmp);                    //按照度数递减顺序排序 a[i]…a[n]
       //若子序列首节点的度数大于子序列长度，则不可简单图化
        if(a[i].d>n-i-1) return false;
       //依次枚举首元素为 a[i+1]、长度为 a[i].d 的子序列中的每个元素
        for(int j=i+1 ; j<=i+a[i].d ; j++)
        {
            if(!a[j].d) return false;         //若出现节点度数为 0 的元素，则不可简单图化
            map[a[i].v][a[j].v]=1;            //节点 a[i].v 与节点 a[j].v 间连边
            map[a[j].v][a[i].v]=1;            //节点 a[j].v 与节点 a[i].v 间连边
            a[j].d--;                         // a[j]. 的度数减 1
        }
    }
    return true ;                             //返回成功标志
}
int main ()
{
    int cas;                                  //测试用例数
    int i,j,u,v;
    scanf("%d",&cas);                         //输入测试用例数 cas
    while (cas--)                             //依次处理每个测试用例
    {
        sum=0;                                //度数总和初始化
        scanf("%d",&n);                       //输入节点个数
        memset(map,0,sizeof(map));            //无向图的相邻矩阵清零
        for (i=0 ; i<n ; i++)                 //输入每个节点的度数，累加度数和，给节点编号
        {
            scanf("%d",&((a+i)->d));
            sum+=a[i].d;
            a[i].v=i;
        }
        if(Havel_Hakimi())                    //若当前序列可简单图化，则输出成功信息
        {
            printf("YES\n");
            for(int i=0 ; i<n ; i++)          //输出无向图的相邻矩阵
            for(int j=0 ; j<n ; j++)
            printf("%d%c",map[i][j],j==n-1?'\n':' ');
            printf("\n");
        }
        else printf("NO\n\n");                //输出失败信息
    }
    return 0;
}
```

15.2 生成树计数

对于一个连通图，生成树不是唯一的。矩阵树定理（Matrix-Tree Theorem）用于求解连通图的不同生成树个数，已在 1847 年被 Kirchhoff 证明。

定义 15.2.1（度数矩阵） 设图 G 有 n 个节点，G 的度数矩阵 $\boldsymbol{D}[G]$ 是一个 $n\times n$ 的矩阵，并且满足：如果 $i\neq j$，则 $d_{ij}=0$；如果 $i=j$，则 d_{ij} 等于节点 v_i 的度数。

定义 15.2.2（基尔霍夫矩阵，Kirchhoff Matrix） 设图 G 的度数矩阵为 $\boldsymbol{D}(G)$，邻接矩阵

为 $\boldsymbol{A}(G)$，则基尔霍夫矩阵 $\boldsymbol{K}(G)=\boldsymbol{D}(G)-\boldsymbol{A}(G)$。基尔霍夫矩阵也被称为拉普拉斯矩阵(Laplacian Matrix)。

定理 15.2.1（矩阵树定理） 设图 G 有 n 个节点，G 的所有不同的生成树的个数等于其 Kirchhoff 矩阵 $\boldsymbol{K}(G)$ 的任何一个 $n-1$ 阶余子式的绝对值。

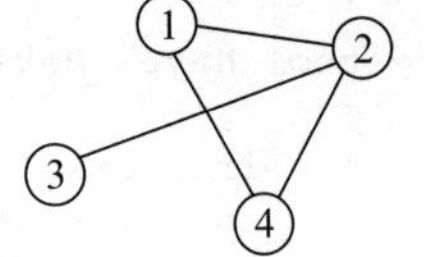

图　15.2-1

例如，图 G 如图 15.2-1 所示。

则度数矩阵 $\boldsymbol{D}(G)=\begin{pmatrix}2&0&0&0\\0&3&0&0\\0&0&1&0\\0&0&0&2\end{pmatrix}$，邻接矩阵 $\boldsymbol{A}(G)=\begin{pmatrix}0&1&0&1\\1&0&1&1\\0&1&0&0\\1&1&0&0\end{pmatrix}$，则 Kirchhoff 矩阵

$\boldsymbol{K}(G)=\begin{pmatrix}2&-1&0&-1\\-1&3&-1&-1\\0&-1&1&0\\-1&-1&0&2\end{pmatrix}$，则图 G 的生成树个数为 $\boldsymbol{K}(G)$ 的任何一个 $n-1$ 阶余子式的绝对值，其中一行一列对应的余子式为 $\begin{vmatrix}3&-1&-1\\-1&1&0\\-1&0&2\end{vmatrix}=3$，即图 G 有 3 棵不同的生成树。

下面，通过 4 个实例介绍如何将实际问题转化为生成树计数问题和实现生成树计数的一般方法。

【15.2.1　Lightning】

室外站着 N 个机器人，突然天空变成灰色，闪电风暴来了！不幸的是，其中一个机器人被闪电击中，它被闪电覆盖了。一旦一个机器人被闪电覆盖，它就会向附近的机器人传播闪电。在下述情况下会发生闪电的传播。

- 机器人 A 被闪电覆盖，但机器人 B 没有。
- 机器人 A 和机器人 B 之间的距离不超过 R。
- 没有其他机器人站在机器人 A 和机器人 B 之间。

在上述情况下，机器人 B 也会被闪电覆盖。

本题设定，没有两个闪电传播在同时发生，也没有两个机器人站在同一个位置。

本题的问题是，如果所有的机器人都被闪电覆盖，传播闪电的形状会有多少种？答案的数据量会非常大，所以对答案进行模 10007 运算，然后输出。如果有机器人无法被闪电覆盖，则输出 –1。

输入

输入给出若干测试用例。

输入的第一行是一个整数 T（$T\leqslant 20$），表示测试用例的数目。

对于每个测试用例，第一行给出整数 N（$1\leqslant N\leqslant 300$）和 R（$0\leqslant R\leqslant 20\,000$），表示有 N 个机器人；接下来的 N 行每行给出两个整数 (x, y)，其中 $x\geqslant 10\,000$、$y\leqslant 10\,000$，表示机器人的位置。

输出

对于每个测试用例，输出一行，给出结果。

样例输入	样例输出
3 3 2 -1 0 0 1 1 0 3 2 -1 0 0 0 1 0 3 1 -1 0 0 1 1 0	3 1 -1

试题来源：2012 Multi-University Training Contest 1

在线测试：HDOJ 4305

试题解析

首先进行构图，对于给出的 N 个点的坐标，如果两点之间的距离不超过 R 且两点形成的线段上没有其他点，则这两点之间连一条边。构完图后运用 Matrix-Tree 定理计算不同生成树个数。若存在不同的生成树，则生成树个数即为传播闪电的形状种数；否则有机器人无法被闪电覆盖。

判断两个点 (xa, ya) 和 (xb, yb) 形成的线段上是否有其他点的方法如下。根据两个点的 x 坐标的大小，将 (xa, ya) 作为左边的节点，(xb, yb) 作为右边的节点；然后，遍历除这两个点之外的其他节点；对于每个节点 (tx, ty)，首先根据该点的 x 坐标 tx 是否处于 xa 和 xb 的中间来判断是否可能成为两点连线上的点；如果可能，即 xa≤tx≤xb，则计算左边点和遍历点的斜率 (ya – ty)/(xa – tx)，以及遍历点和右边点的斜率 (ty – yb)/(tx – xb)；如果两个斜率相等，则遍历到的节点 (tx, ty) 在 (xa, ya) 和 (xb, yb) 形成的线段上。

在程序中，为了避免可能出现分母为 0 的情况，通过判断 (ya – ty) * (tx – xb) 和 (ty – yb)* (xa – tx) 是否相等来确定斜率是否相等。

参考程序

```
#include <iostream>
#include <algorithm>
using namespace std;
const int maxn = 305;
#define ll long long
#define mod 10007
ll b[maxn][maxn];                          // 基尔霍夫矩阵为 K(G)
int n, r;                                  // 机器人数为 n，机器人间距离的上限为 r
ll determina(int n) {                      // 计算 K(G) 的任一个 n-1 阶余子式的值
    ll res = 1;                            // 将 n-1 阶余子式的值初始化为 1
    // 将行列式 b[][] 转化成上\下三角矩阵，对角线元素的乘积即为余子式值
```

```
    for (int i = 1; i <= n; i++) {          // 由左至右处理每一列
        if (!b[i][i]) {                     // 若 i 的度数为 0，则 i 行移到下一行
            bool flag = false;              // 交换标志初始化
            for (int j = i + 1; j <= n; j++) {  // 从 i+1 行开始，在 i 列中找第一个不为 0
                                                // 的 b[j][i]，b[i][i..n] 与 b[j] [i..n]
                                                // 交换
                if (b[j][i]) {                  // 找到了 i 列上的非零元素
                    flag = 1;                   // 交换标记
                    for (int k = i; k <= n; k++) swap(b[i][k], b[j][k]);
                    res = -res;                 // 余子式的值取反
                    break;                      // 继续处理下一列
                }
            }
            if (!flag) return 0;                // 若 i 列上第 i+1~n 行的元素全为零，则
                                                // 返回 0
        }
        for (int j = i + 1; j <= n; j++) {      // 从 i 列的 i+1 行开始，与第 i 行进行消元
            while (b[j][i]) {
                ll t = b[i][i] / b[j][i];
                for (int k = i; k <= n; k++) {
                    b[i][k] = (b[i][k] - t * b[j][k]) % mod;
                    swap(b[i][k], b[j][k]);     // 消元后，把 0 的行换到下面来
                }
                res = -res;                     // 余子式的值取反
            }
        }
        res *= b[i][i];                         // 余子式乘入 b[i][i] 后取模
        res %= mod;
    }
    return (res + mod) % mod;                   // 处理完 n 列后，返回余子式值
}

struct point {
    int x, y;
}points[maxn];                                  // 第 i 个机器人的位置为 (points[i].x,
                                                // points[i].y)

double getdis(point& t1,point& t2) {            // 计算机器人 t1 和 t2 的几何距离
    return sqrt(1.0*(t1.x - t2.x)*(t1.x - t2.x) + 1.0*(t1.y - t2.y)*(t1.y - t2.y));
}

bool check(int a,int b) {                       // 判断连接机器人 a 和 b 的线段上是否有
                                                // 其他机器人
    int xa = points[a].x, xb = points[b].x;     // 机器人 a 的位置为 (xa,ya)，机器人 b
                                                // 的位置为 (xb,yb)
    int ya = points[a].y, yb = points[b].y;
    if (xa > xb) {                              // 机器人 a 靠左，机器人 b 靠右
        swap(xa, xb); swap(ya,yb);
    }
    for (int i = 1; i <= n; i++) {              // 枚举除机器人 a 和机器人 b 外的机器人 i
        if (i==a || i==b) continue;
        int tx = points[i].x, ty = points[i].y; // 设机器人 i 的位置为 (tx,ty)
        if (xa <= tx && tx <= xb) {             // 若在 x 坐标轴方向上机器人 i 位于机器人
                                                // a 和 b 之间，则判断机器人 i 与机器人 a
                                                // 以及机器人 b 的斜率是否相等，若相等，
                                                // 则返回 0（标志连接 a 和 b 的线段上有其
                                                // 他机器人）
            int k1 = (ya - ty) * (tx - xb);
            int k2 = (ty - yb) * (xa - tx);
            if (k1 == k2) return 0;
        }
    }
    return 1;                                   // 返回 a 和 b 之间的线段上无其他机器人的标志
}
```

```
int main() {
    int times; cin>> times;                              // 输入测试用例数
    while (times--) {                                    // 依次处理每个测试用例
        memset(b, 0, sizeof b);                          // 将基尔霍夫矩阵初始化为 0
        scanf("%d%d", &n, &r);                           // 输入机器人数 n 和机器人之间距离的上限 r
        // 输入 n 个机器人的位置
        for (int i = 1; i <= n; i++) scanf("%d%d",&points[i].x,&points[i].y);
        // 构造基尔霍夫矩阵 K(G)
        for (int i = 1; i <= n; i++) {                   // 枚举互不相同的机器人对 i 和 j
            for (int j = 1; j <= n; j++) {
                if (i == j) continue;
                double dis = getdis(points[i],points[j]);            // 计算机器人 i 和 j
                                                                     // 之间的几何距离
                if (check(i, j) && dis <= r) {           // 若机器人 i 和 j 之间的线段上无其他机
                                                         // 器人且在距离范围内，则 i 的度数加 1,
                                                         // 标志 (i,j) 存在
                    b[i][i]++; b[i][j]-=1;
                }
            }
        }
        ll ans = determina(n-1);        // 计算 K(G) 的任意一个 n-1 阶余子式值。若该值为
                                        // 正，则作为传播闪电的形状种数输出；否则输出有
                                        // 机器人无法被闪电覆盖的信息
        printf("%lld\n",ans>0?ans:-1);
    }
    return 0;
}
```

【15.2.2　Minimum Spanning Tree】

某同学对算法非常感兴趣。在学习最小生成树的 Prim 算法和 Kruskal 算法后，这位同学发现一个问题可能存在多个解。给出一个有 n（$1 \leqslant n \leqslant 100$）个节点和 m（$0 \leqslant m \leqslant 1000$）条边的带权无向图，他想要知道图中最小生成树的数目。

输入

本题的测试用例不超过 15 个。输入以 0 0 0 结束。

对于每个测试用例，第一行给出三个整数 n、m 和 p，其中 n 和 m 如上所述，p 的含义在后面解释。接下来的 m 行每行给出三个整数 u、v、w（$1 \leqslant w \leqslant 10$），表示节点 u 和节点 v 之间的边的权值为 w（所有节点从 1 到 n 编号）。本题设定，在图中不存在多重边和自环。

输出

对于每个测试用例，在一行中输出一个整数，表示图中不同最小生成树的数目。

答案的数值可能很大。所以，计算答案除以 p（$1 \leqslant p \leqslant 1\ 000\ 000\ 000$）的余数，然后输出，$p$ 在每个测试用例的第一行给出。

样例输入	样例输出
5 10 12 2 5 3 2 4 2 3 1 3 3 4 2 1 2 3 5 4 3 5 1 3	4

（续）

样例输入	样例输出
4 1 1 5 3 3 3 2 3 0 0 0	

试题来源：2012 ACM/ICPC Asia Regional Jinhua Online

在线测试：HDOJ 4408

试题解析

本题给定一个有 n 个节点和 m 条边的带权无向图，要求计算图中不同的最小生成树的数目。

Prim 算法或 Kruskal 算法用于计算最小生成树，生成树的计数则采用 Matrix-Tree 定理求解。

Kruskal 算法的基本思想是，初始时，由 n 个节点组成的 n 棵树的森林按照边的权值递增排序，然后每次从图的边集中选取一条当前权值最小的边：若该条边的两个节点属于不同的树，则将其加入森林，即把两棵树合成一棵树；若该条边的两个顶点已在同一棵树上，则不取该边。依次类推，直到森林中只有一棵树为止，这棵树就是给出的带权连通图的最小生成树。在运算过程中，每棵树作为一个集合，树根是所在集合的代表元，判断两个节点是否同属于一棵树，合并两棵树的过程则采用并查集运算。

由于 Kruskal 算法在对边的权值进行递增排序时，权值相同的边是按照任意顺序进行排序的，所以，在算法执行过程中，处理所有权值相同的边可以作为一个阶段：设 Kruskal 算法处理完一个阶段后得到一个新的森林，如果按照不同的顺序对权值相同的边进行排序，则得到的森林是不同的，但这些森林的连通性都是一样的；而且，如果在图中插入所有权值相同，且连接上一阶段不同的树的边后形成的图，其连通性和这些森林也相同；这里要注意，按 Kruskal 算法，本来就已经在同一个连通分支中的边不能插入。

基于上述讨论，把 Kruskal 算法过程按照边的权值划分为若干阶段，按阶段处理权值较小的边的连通性之后，继续处理下一个权值较大的边的连通性，并依次继续按阶段处理剩下边的连通性。不同阶段的图的连通性互不影响。

因此，依据 Kruskal 算法按照边的权值递增，本题被划分成为若干阶段；对于每一个阶段，采用矩阵树定理计算每个连通分支的生成树个数；然后基于乘法原理，将这些生成树的个数相乘，作为这一阶段的方案数。最后，同样基于乘法原理，将所有阶段的方案数相乘，得到的结果就是答案。

参考程序

```
#include <iostream>
#include <algorithm>
#include <vector>
using namespace std;
const int maxn = 105;
#define ll long long
struct edge
{   int u, v, w;
```

```
    bool operator<(const edge& temp)const {      // 比较函数
        return w < temp.w;
    }
} edges[1005];     // 边表，其中第 i 条边为 (edges[i].u,edges[i].v)、权为 edges[i].w。
                   // 边表中的边按边权递增顺序排列
ll B[maxn][maxn], G[maxn][maxn];             // B[][] 为基尔霍夫矩阵
int n, m, mod;                               // 节点数为 n，边数为 m，模为 mod
int pre[maxn], U[maxn];                      // i 的父指针为 pre[i]，所在连通块的代表节点为 U[i]
bool vis[maxn];                              // 节点 i 的访问标志为 vis[i]
vector<int> e[maxn];                         // e[i] 为存储 i 所在连通分块内所有节点的容器
ll determina(int n)                          // 计算基尔霍夫矩阵的任一个 n-1 阶余子式的值
{   ll res = 1;                              // 将余子式的值初始化为 1
    for (int i = 1; i <= n; i++) {           // 由左向右处理每一列
        if (!B[i][i]) {                      // 若 i 的度数为 0，则 i 行移到下面一行
            bool flag = false;               // 交换标志初始化
            for (int j = i + 1; j <= n; j++) {  // 从 i+1 行开始，在 i 列中找第一个不为 0
                                                // 的 b[j][i]，b[i][i..n] 与 b[j] [i..n]
                                                // 交换
                if (B[j][i]) {                  // 找到了 i 列上的非零元素
                    flag = 1;                   // 交换标记
                    for (int k = i; k <= n; k++) swap(B[i][k], B[j][k]);
                    res = -res;                 // 余子式的值取反
                    break;                      // 继续处理下一列
                }
            }
            if (!flag) return 0;                // 若 i 列上第 i+1~n 行的元素全为零，
                                                // 则返回 0
        }
        for (int j = i + 1; j <= n; j++) {      // 从 i 列的 i+1 行开始，与第 i 行进行消元
            while (B[j][i]) {
                ll t = B[i][i] / B[j][i];
                for (int k = i; k <= n; k++) {
                    B[i][k] = (B[i][k] - t * B[j][k]) % mod;
                    swap(B[i][k], B[j][k]);     // 消元后，把 0 的行换到下面来
                }
                res = -res;                     // 余子式的值取反
            }
        }
        res *= B[i][i];                         // 当前余子式值乘入 B[i][i] 后取模
        res %= mod;
    }
    return (res + mod) % mod;                   // 处理完 n 列后，返回余子式值
}

int find(int x, int* p)                         // 计算并返回 x 所在连通块的代表节点
{   if (x == p[x]) return x;
    else return p[x] = find(p[x], p);
}

void kruskal()                                  // 使用 Kruskal 算法求解
{   sort(edges, edges + m);                     // 边表中的边按照边权递增的顺序排列
// 初始化：每个节点的父指针指向自己（自成连通块），访问标志置空，将上一阶段最后一条边的权设为 -1，
// 将不同最小生成树的棵数设为 1
    for (int i = 1; i <= n; i++) pre[i] = i; memset(vis, 0, sizeof vis);
    ll tempedge = -1;
    ll ans = 1;
    for (int k = 0; k <= m; k++) {              // 对于每个阶段，依次处理每条边（k==m
                                                // 为最后阶段）
        if (edges[k].w != tempedge || k == m) { // 若第 k 条边的权不等于上一阶段最后一条
                                                // 边的权，或者当前为最后阶段，则开始新
                                                // 阶段的处理
```

```
            for (int i = 1; i <= n; i++) {          // 搜索每个已访问的节点 i
                if (vis[i]) {
                    int u = find(i, U);             // 计算 i 所在连通块的代表节点 u
                    e[u].push_back(i);              // i 进入 u 所代表的连通块
                    vis[i] = 0;                     // 取消 i 的访问标志，避免重复访问
                }
            }
            for (int i = 1; i <= n; i++) {          // 遍历每一个节点所在的连通块
              if (e[i].size() > 1) {                // 连通块的节点数不小于 2 才可能有生成树
                    memset(B, 0, sizeof B);         // 将基尔霍夫矩阵初始化为 0
                    int len = e[i].size();          // 取节点 i 所在连通块的规模
                    // 取连通块中不同的节点对，求基尔霍夫矩阵
                    for (int a = 0; a < len; a++)
                        for (int b = a + 1; b < len; b++) {
                            int a1 = e[i][a], b1 = e[i][b];
                            B[a][b] = (B[b][a] -= G[a1][b1]);
                            B[a][a] += G[a1][b1];
                            B[b][b] += G[a1][b1];
                        }
                    ll res = determina(len-1);      // 计算霍夫矩阵中任意一个 len-1 阶余子式
                                                    // 的值，并累计入不同最小生成树的棵数
                    ans = (ans * res) % mod;
                    // 将连通块中所有节点的父指针指向 i
                    for (int a = 0; a < len; a++) pre[e[i][a]] = i;
                }
            }
            // 计算所有节点所在连通块的代表节点，并清空所在连通块
            for (int i = 1; i <= n; i++) {
                U[i] = find(i, pre);
                e[i].clear();
            }
            if (k == m) break;
            tempedge = edges[k].w;          // 记下当前边（非最后一条边）的权
        }
        // 设第 k 条边为 (a,b)，分别计算 a 和 b 所在连通块的代表节点 a1 和 b1
        int a = edges[k].u, b = edges[k].v;
        int a1 = find(a, pre), b1 = find(b, pre);
        if (a1 == b1) continue;             // 若 a 和 b 在同一连通块，则处理下一条边
        vis[a1] = vis[b1] = 1;              // 置 a1 和 b1 访问标志
        U[find(a1, U)] = find(b1, U);       // 将 b1 所在的连通块并入 a1 所在的连通块
        G[a1][b1]++;                        // 在 a1 和 b1 之间添加双向边
        G[b1][a1]++;
    }
    int flag = 0;                           // 初始时设置能组成生成树标志
    // 若仍有多个连通块或者边数为 0，则设置不能组成生成树标志
    for (int i = 2; i <= n && !flag; i++)  if (U[i] != U[i - 1]) flag = 1;
    if (m == 0) flag = 1;
    printf("%lld\n", flag ? 0 : ans % mod);// 输出不同最小生成树的棵数或失败信息
    return;
}

int main()
{   while (scanf("%d%d%d", &n, &m, &mod) && (n + m + mod)) {
    // 反复输入节点数 n，边数 m 和模 mod，直至输入 0  0  0 为止
        memset(G, 0, sizeof G);
        // 依次输入 m 条边的端点和权
        for (int  i  =  0;  i  <  m;  i++)  scanf("%d%d%d",  &edges[i].u,  &edges[i].v,
          &edges[i].w);
        kruskal();                                          // 使用 Kruskal 算法求解
        for (int i = 1; i <= n; i++) e[i].clear();       // 清空所有节点所在的连通块
```

```
    }
    return 0;
}
```

Prüfer 编码与 Cayley 公式

Prüfer 编码是对节点带不同标号的无根树的一种编码，将树的节点标号用一个序列表示，过程如下。给出一棵有 n 个带不同标号的节点的无根树，对于当前标号最小的叶节点，写下与它相邻的节点的标号，然后删掉这个叶节点。反复执行上述操作直到只剩下两个节点为止，共有 $n-2$ 次操作。这样，一棵有 n 个带不同标号的节点的无根树就唯一地对应一个长度为 $n-2$ 的序列；而一个长度为 $n-2$ 的序列也唯一地对应一棵有 n 个带不同标号的节点的无根树。

定理 15.2.2（Cayley 公式，凯利公式） 对于一个有 n 个节点的完全图，其生成树个数是 n^{n-2}。

证明：因为一个 Prüfer 编码序列一一对应一棵树，而节点数为 n 的 Prüfer 编码序列的长度是 $n-2$，Prüfer 编码序列每个位置有 n 种可能，根据乘法原理，生成树个数是 n^{n-2}。■

推论 15.2.1 对于一个有 n 个节点的完全图，其有根生成树个数是 n^{n-1}。

证明：因为一个有 n 个节点的完全图的无根生成树个数是 n^{n-2}，把无根树转换为有根树，只需将 n 个节点中的某个节点作为根即可；根据乘法原理，生成树个数是 n^{n-1}。■

推论 15.2.2 对于一个有 n 个节点的图，n 个节点的度数分别为 $d_1, d_2, \cdots, d_n$，则图的生成树的个数是 $\frac{(n-2)!}{\prod(d_i-1)!}$，$1 \leqslant i \leqslant n$。

证明：对于度数为 d_i 的点，在 Prüfer 编码序列中出现的次数是 d_i-1（$1 \leqslant i \leqslant n$），则有限多重集的全排列数是 $\frac{(n-2)!}{\prod(d_i-1)!}$。■

【15.2.3　Counting spanning trees】

大家都熟悉生成树，尤其是最小生成树，但可能不太熟悉度约束生成树（degree-constrained spanning tree）。一棵度约束生成树是指将节点的最大度数限制为某个常数 d 的生成树。

给出两个整数 n 和 d，请计算具有 n 个带不同标号的节点的完全图的度约束生成树的数目。

输入

每行给出两个整数 n 和 d，其中 $1 \leqslant n \leqslant 100$、$1 \leqslant d \leqslant 100$。

输出

对于每个测试用例，输出一行，给出一个整数，即具有 n 个带不同标号的节点的完全图的度约束生成树的数目。这个数值可能非常大，所以输出该数值模 20090829 后的结果。

样例输入	样例输出
3 1 3 2 4 2 10 3	0 3 12 3458313

试题来源：2009 Multi-University Training Contest 17 - Host by NUDT

在线测试：HDOJ 3070

试题解析

一个有 n 个节点的完全图，其生成树个数是 n^{n-2}；也就是说，Prüfer 编码产生一个长度为 $n-2$ 的序列，每个位置有 n 个数可取，所以，生成树个数是 n^{n-2}。

对于度约束生成树，每个数最多能占 d 个位置。用动态规划的方法求解，设 $dp[i][j]$ 表示放完前 i 个数已经占了 j 个位置共有多少种方法。显然，初始时 dp[0][0] = 1，目标是求解 dp[n][$n-2$]，设：

阶段 i 表示放完前 i 个数，$1\leqslant i\leqslant n$；

状态 j 表示目前占据 j 个位置，$0\leqslant j\leqslant n-2$；

决策 k 表示第 i 个数占据了 k 个位置，$0\leqslant k\leqslant \min(j, d-1)$。

如果第 i 个数占据 k 个位置，则前 $i-1$ 个数占据了 $j-k$ 个位置，其方法数为 dp[$i-1$][$j-k$]。根据乘法原理，前 i 个数占据 k 个位置的方法数为 dp[$i-1$][$j-k$]* C(k, $n-2-(j-k)$)。由此得到状态转移方程：dp[i][j] = ($dp[i][j] + dp[i-1][j-k]$*C(k, $n-2-(j-k)$))。

参考程序

```
#include<stdio.h>
#include<memory.h>
#define N 100
#define mod 20090829
int dp[N][N],c[N][N];          // dp[i][j]表示放完前i个数已经占了j个位置共有多少种方法，c[n][k]=
                               // C(n, k)
int n,d,i,j,k;                 // 完全图的不同节点数为n，度数限制为d
int min(int a,int b)           // 返回a和b中的较小者
{
    return a<b?a:b;
}

long long gcd(long long a,long long b)   // 计算并返回a和b的最大公约数
{
    if (b==0) return a;
    else return gcd(b,a%b);
}

long long C(long long k,long long n)     // 计算并返回C(n, k)
{
    // C(n,k)= n!/(k!×(n-k)!) = n(n-1)…(k+1)/((n-k)(n-k-1)…1) =num[1]*..*num[n-k]，结果积项中第i个元素为num[i]
    long long num[N];
    int i,j;
    long long temp,x;
    if (c[n][k]!=0) return c[n][k];       // 若C(n, k)非零，则返回C(n, k)
    for (i=k+1;i<=n;i++) num[i-k]=i;      // num[1..n-k]=i
    for (i=2;i<=n-k;i++)                  // 依次枚举分母积项的每个元素值
    {
        x=i;
        for (j=k+1;j<=n;j++)              // 依次枚举分子积项的每个元素值
        {
            temp=gcd(x,num[j-k]);         // 计算结果积项的第j-k个元素
            x/=temp;
```

```
            num[j-k]/=temp;
            if (x==0) break;
        }
    }
    temp=1;                              //连乘结果积项的每个元素，得到 C(n, k)
    for (i=k+1;i<=n;i++)  temp=(temp*num[i-k])%mod;
    c[n][k]=temp;
    return temp;                         //返回 C(n, k)
}

int main()
{
    while (scanf("%d%d",&n,&d)!=EOF)     //反复输入节点数 n 和度数限制 d，直至输入 0 0
    {
        memset(dp,0,sizeof(dp));         //动态转移方程初始化
        dp[0][0]=1;
        for (i=1;i<=n;i++)                        //阶段 i：已放完的数字个数
            for (j=0;j<=n-2;j++)                  //状态 j：已占据的位置数
                for (k=0;k<=min(j,d-1);k++)       //决策 k：第 i 个数占据的位置数
                    dp[i][j]=(dp[i][j]+dp[i-1][j-k]*C(k,n-2-(j-k)))%mod;
                                                  //状态转移方程
        printf("%lld\n",dp[n][n-2]);              //输出解
    }
    return 0;
}
```

【15.2.4　Tunnel Network】

Far-Far-Away 是一个拥有 N 个城市的大国，现在正处于内战之中。叛军使用古老的隧道网络进行运输，这一隧道网络用 $N-1$ 条城际隧道连接所有的 N 个城市。政府军想一个接一个地摧毁这些隧道。经过几个月的战斗，一些隧道被摧毁了。根据某公司的报告，隧道网络现在分为 S 个连通分支；而政府军进一步了解到城市 1, 城市 2, …, 城市 S 分别属于这 S 个连通分支中不同的分支。由于政府军不了解剩下的隧道，他们要求你计算出剩下隧道的可能网络的数量。

输入

输入给出多个测试用例。输入的第一行给出一个整数 T（$T \leq 500$），表示测试用例的数量。接下来给出 T 个测试用例。

每个测试用例一行，给出两个整数 N（$2 \leq N \leq 2000$）和 S（$2 \leq S \leq N$），含义如上所述。

输出

给出当前测试用例的可能的网络数量。因为这个数值可能非常大，所以要对该数值进行模 100000007 运算，然后输出结果。

样例输入	样例输出
4 3 2 4 2 5 3 100 50	2 8 15 113366355

试题来源：The 9th Zhejiang Provincial Collegiate Programming Contest

在线测试：ZOJ 3604

试题解析

对于本题，N个城市用N个节点表示，连接城市的城际隧道表示为边。因为$N-1$条城际隧道连接了所有的N个城市，所以隧道网络是一棵由N个带标号的节点所组成的树。政府军摧毁了一些隧道，使隧道网络分为S个连通分支，则每个连通分支是一棵树，而节点1，节点2，…，节点S在不同的树中。

本题增加节点0，使其分别与节点1，节点2，…，节点S相连；则对于这样的一棵由$N+1$个节点构成的树，节点0为树根，节点1，节点2，…，节点S为树的第一层，也是每个连通分支的树根。而本问题就转化为求解一棵由$N+1$个节点构成的树有多少种。

一棵由N个带标号的节点所组成的树一一对应一个长度为$N-2$的Prüfer序列。

对于这样的$N+1$个节点构成的树，每次选当前标号最大的叶节点，写下与它相邻的节点的标号，然后删掉这个叶节点。则这样给出的长度为$N-1$的序列，最后的$S-1$个数为0，倒数第S个数为$[1, S]$中的一个数，而该序列中第$1\sim N-S-1$个数为$[1, N]$中的数。所以根据乘法原理，答案为$S\times N^{N-S-1}$。

参考程序

```
#include <cstdio>
#define Mod 1000000007
int T, s, t;
long long n, r;
inline int cal()                              // 整数快速幂计算 s×n^(n-s-1)
{
    if(n == s) return 1;
    t = n-s-1, r = s;                         // 幂次 t 为 n-s-1，将结果值初始化为 s
    while(t > 0)                              // 分析 t 的每个二进制位
    {
        if(t&1) r=(r*n)%Mod;                  // 若当前二进制位为 1，则 r 连乘当前位权 n
        t >>=1, n=(n*n)%Mod;                  // t 右移一位，计算位权 n
    }
    return r;                                 // 返回 s×n^(n-s-1)
}
int main()
{
    scanf("%d", &T);                          // 测试用例数
    while(T --)                               // 依次处理每个测试用例
    {
        scanf("%d%d", &n, &s);                // 输入测试用例
        printf("%d\n", cal());                // 计算并输出 s×n^(n-s-1)
    }
    return 0;
}
```

15.3　基于遍历的图的计数

在《数据结构编程实验：大学程序设计课程与竞赛训练教材》（第3版）中，第四篇“图的编程实验”首先给出宽度优先搜索（Breadth-First Search，BFS）和深度优先搜索（Depth-First Search，DFS）的实验，因为很多图的算法基于图的遍历算法。本节给出基于遍历进行图的计数的实验。

【15.3.1　Cycles of Lanes】

布加勒斯特理工大学（Polytechnic University of Bucharest）的公园有 M 条小道、N 个路口，每条小道连接两个路口（标号为 1～N）。没有一对路口由多条小道连接，从每个路口可以通过由一条或多条小道组成的路径到另一个路口。如果一个由小道组成的回路通过每个路口仅一次，则这条回路被称为简单回路。

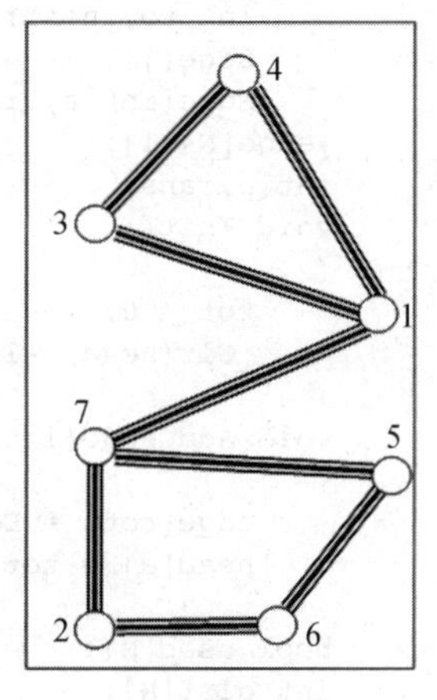

图　15.3-1

学校管理部门希望将大学生程序设计竞赛区域赛获奖者的照片放在小道上，将来自同一所大学的获奖者的照片放在同一个简单回路的小道上。所以管理部门要将最长的简单回路分配给获得冠军的大学。请你找到最长的简单回路。本题设定，公园的每条小道最多只在一个简单回路中（如图 15.3-1 所示）。

输入

输入的第一行给出测试用例的数量 T。每个测试用例的第一行给出正整数 N 和 M（$4 \leqslant N \leqslant 4444$），接下来的 M 行每行给出小道连接的一对路口的标号。

输出

对于每个测试用例，输出一行，给出最长的简单回路的长度。

样例输入	样例输出
1 7 8 3 4 1 4 1 3 7 1 2 7 7 5 5 6 6 2	4

试题来源：ICPC Southeastern European Regional Programming Contest 2009

在线测试：POJ 3895

试题解析

本题要求在一个无向连通图中找到一个经过边数最多的回路。

对于图中的每个节点，如果一个节点此前没有被访问，则从该点出发进行 DFS，并用一个数组记录所走的长度。当来到一个已经被访问过的节点，则肯定形成一个回路，更新回路的长度。直到所有节点访问完为止。注意，构成回路至少需要 3 条边。

参考程序

```
#include<cstdio>
#include<algorithm>
#define _Clr(x, y) memset(x, y, sizeof(x))      //给 x 的内存空间赋 y 值
#define N 5000
```

```
using namespace std;
int head[N], tot;                    // 边表指针为 tot，节点 a 的邻接表首指针为 head[a]
struct Edge                          // 边的结构类型
{
    int to, next;                    // 节点序号为 to，后继指针为 next
    Edge(){}
    Edge(int a, int b):to(b), next(head[a]){}   // 将 b 插入 a 的邻接表首部
}edge[N<<1];                                    // 边表序列
int n, ans;                                     // 节点数为 n，最长的简单回路的长度为 ans
void Init()                                     // 初始化
{
    tot = 0;                                    // 边表指针初始化
    _Clr(head, -1);                             // 清空所有节点的邻接表
}
void Add_edge(int a, int b)                     // 将 b 插入以 head[a] 为首指针的邻接表
{
    edge[tot] = Edge(a, b);
    head[a] = tot++;
}
bool used[N];                        // 访问标志序列
int dist[N];                         // 距离值，其中出发点至 u 的边数为 dist[u]
void dfs(int u, int len)             // 从节点 u 出发（距离值为 len），更新最长回路的长度
{
    used[u] = 1;                     // 设定 u 的访问标志和距离值
    dist[u] = len;
    for(int i=head[u]; i!=-1; i=edge[i].next)   // 按 u 的邻接表依次枚举每一个邻接点 v
    {
        int v = edge[i].to;
        if(used[v])                             // 若 v 已访问，则形成途经 (u,v) 的回路
            ans = max(ans, dist[v]-dist[u]+1);  // 更新最长回路的长度
        else                                    // 否则沿 v（其距离值为 u 的距离值加 1）
                                                // 递归下去
            dfs(v, len+1);
    }
}
int main()
{
    int T, m, a, b;                  // 测试用例数为 T，节点数为 n，边数为 m，边为 (a,b)
    scanf("%d", &T);                 // 输入测试用例数
    while(T--)                       // 依次处理每个测试用例
    {
        scanf("%d%d", &n, &m);       // 输入节点数 n 和边数 m
        Init();                      // 初始化
        while(m--)                   // 依次输入 m 条边，构建无向图的邻接表
        {
            scanf("%d%d", &a, &b); // 输入当前边的两个端点 a 和 b
            Add_edge(a, b);          // 将 b 插入 a 的邻接表首部
            Add_edge(b, a);          // 将 a 插入 b 的邻接表首部
        }
        ans = 0;                     // 将最长回路长度初始化为 0
        _Clr(used, 0);               // 将访问标志序列和距离表初始化为 0
        _Clr(dist, 0);
        // 枚举每一个未被访问的节点 i，从 i 出发计算和调整最长回路的长度 ans
        for(int i=1; i<=n; i++) if(!used[i]) dfs(i, 1);
        // 若回路长度不超过 3，则失败退出；否则输出解
        if(ans<=2)
            puts("0");
        else printf("%d\n", ans);
    }
    return 0;
}
```

【15.3.2 Counting Cliques】

一个团是一个完全图，其中每对节点之间都有一条边相连。给出一个有 N 个节点、M 条边的图，请寻找图中有多少个含 S 个节点的完全子图。

输入

第一行给出测试用例的数量。对于每个测试用例，第一行给出 3 个整数 N（$N\leqslant 100$）、M（$M\leqslant 1000$）和 S（$2\leqslant S\leqslant 10$），接下来的 M 行每行给出 2 个整数 u 和 v（$1\leqslant u<v\leqslant N$），表示节点 u 和 v 之间有一条边。本题设定节点的度数不大于 20。

输出

对于每个测试用例，输出图中节点数为 S 的完全子图的数量。

样例输入	样例输出
3 4 3 2 1 2 2 3 3 4 5 9 3 1 3 1 4 1 5 2 3 2 4 2 5 3 4 3 5 4 5 6 15 4 1 2 1 3 1 4 1 5 1 6 2 3 2 4 2 5 2 6 3 4 3 5 3 6 4 5 4 6 5 6	3 7 15

试题来源：2016 ACM-ICPC Asia Shenyang Regional Contest, Onsite

在线测试：HDOJ 5952

试题解析

简述题意：给出一个有 N 个节点、M 条边的图，请寻找图中有多少个含 S 个节点的完全子图。

对每一个节点开始DFS，将能成为完全子图的节点（即该节点和已经搜索到的完全子图中的所有节点相连）加入完全子图，同时更新这个完全子图中的节点和节点数，直到搜索到完全子图中节点数为S返回。

在DFS采用剪枝技术构建完全子图的时候，只有编号小的节点向编号大的节点之间连边。这样，每个完全子图只会产生一次。

参考程序

```
#include <iostream>
#include <vector>
using namespace std;
const int MAXN=110;
vector<int> G[MAXN];                        // 容器G[]，其中u的所有邻接点都存储在G[u]中
int mp[MAXN][MAXN];                         // 无向图的相邻矩阵
int n,m,s;                                  // 节点数为n，边数为m，完全子图的规模为s
int T;                                      // 测试用例数
int ans;                                    // 节点数为S的完全子图的数量
void dfs(int u,int * tmp, int size)         // 从u出发（当前团tmp的节点数为size），计算
                                            // 并更新完全子图的数量
{
    if (size==s)                            // 若当前团的节点数为s，则完全子图的数量加1后回溯
    {
        ans++;
        return;
    }
    bool f;                                 // 当前节点可以加入团的标志
    for(int i=0; i<G[u].size(); i++)        // 枚举u的每一个相邻节点v
    {
        int v=G[u][i];
        f=true;                             // 初始时假设v可以加入团
        //遍历团中所有节点，若其中某个节点不能与v相连，则v不能加入团，枚举u的下一个相邻节点
        for(int j=1; j<=size; j++)
        {
            if (!mp[v][tmp[j]])
            {
                f=false;
                break;
            }
        }
        if (f)                              // 若v与团中所有节点相连，则v加入团
        {
            size++;                         // 团中的节点数加1 ，v加入当前团tmp
            tmp[size]=v;
            dfs(v,tmp,size);                // 从v出发继续递归
            tmp[size]=0;                    // 恢复递归前的团状态
            size--;
        }
    }
}
int main()
{
    scanf("%d",&T);                         // 输入测试用例数
    while(T--)                              // 依次处理每个测试用例
    {
        scanf("%d%d%d",&n,&m,&s);           // 输入节点数、边数和完全子图的规模
        for(int i=1; i<=n; i++) G[i].clear(); // 清空每个节点的邻接点容器
        memset(mp,0,sizeof(mp));            // 相邻矩阵清零
```

```
        ans=0;                                  //将节点数为S的完全子图数量初始化为0
        while(m--)                              //依次输入m条边的信息，构造无向图
        {
            int u,v;
            scanf("%d%d",&u,&v);                //输入边的两个端点u和v
            G[u].push_back(v);                  //将v加入u的邻接表
            mp[u][v]=mp[v][u]=1;                //方向互为相反的两条边进入无向图矩阵
        }
        for(int i=1; i<=n; i++)                 //依次枚举每一个节点
        {
            int size=1;                         //将当前团的规模初始化为1
            int tmp[MAXN];                      //当前团中的节点存储在tmp集合中
            tmp[1]=i;                           //初始时i进入tmp集合
            dfs(i,tmp,size);                    //从i出发，计算并更新完全子图的数量
        }
        printf("%d\n",ans);                     //输出节点数为S的完全子图的数量
    }
    return 0;
}
```

15.4　基于组合分析的图的计数

在《算法设计编程实验：大学程序设计课程与竞赛训练教材》(第 2 版) 中，我们曾给出组合分析的实验。在本节中，我们把加法原理、乘法原理、组合计数与图论结合，给出基于组合分析的图的计数实验。

定义 15.4.1 (完全图)　*如果在图 G 中的每两个节点之间恰有一条边，则图 G 称为完全图。n 个顶点的完全图记为 K_n。*

定理 15.4.1　*n 个节点的完全图 K_n 的边数为 $n(n-1)/2$。*

证明：在 K_n 中，任意两个节点都有边相连，n 个节点中任两个点的组合数 $C(n, 2) = n(n-1)/2$，故 K_n 的边数为 $n(n-1)/2$。■

【15.4.1　Counting Stars】

小 A 是个天文爱好者，夜晚的天空是如此的美丽，他正在数天上的星星。

天空中有 n 颗星星，小 A 用 m 条无向边将它们连接起来。本题设定不存在将一颗星星与其自身连接的边，两颗星星之间最多只有一条边连接。

现在小 A 想知道天空中有多少不同的“A- 结构”，你能帮他解决这个问题吗？“A- 结构”是一个无向子图 G，该图由 4 个节点构成的集合 V 和由 5 条边构成的集合 E 组成。如果 $V=\{A, B, C, D\}$，$E=\{AB, BC, CD, DA, AC\}$，我们称 G 为“A- 结构”。当 $V_1=V_2$ 并且 $E_1=E_2$ 时，“A- 结构” $G_1=V_1+E_1$ 和 $G_2=V_2+E_2$ 是相同的。

输入

测试用例不超过 300 个。

对于每个测试用例，第一行给出两个正整数 n 和 m，其中 $2 \leqslant n \leqslant 10^5$、$1 \leqslant m \leqslant \min(2\times10^5, \frac{n(n-1)}{2})$；接下来的 m 行每行给出两个正整数 u 和 v，表示连接节点 u 和节点 v 的边，其中 $u \geqslant 1$、$v \leqslant n$、$\sum n \leqslant 3\times10^5$，$\sum m \leqslant 6\times10^5$。

输出

对于每个测试用例，在一行中输出一个整数——不同的“A- 结构”的数量。

样例输入	样例输出
4 5 1 2 2 3 3 4 4 1 1 3 4 6 1 2 2 3 3 4 4 1 1 3 2 4	1 6

试题来源：2017ACM/ICPC 广西邀请赛

在线测试：HDOJ 6184

试题解析

“A- 结构”是一个由 4 个节点、5 条边组成的图，其中 4 个节点和 4 条边构成一个回路，而第 5 条边连接回路中两个不相邻的节点。也就是说，一个“A- 结构”是由两个有一条公共边的三角形（K_3，也称三元环）拼接起来的。例如，一个有 4 个节点的完全图恰好有 6 个不同的“A- 结构”子图。

本题给出一个有 n 个节点、m 条边的无向简单图，请计算图中有多少个不同的“A- 结构”。因为一个“A- 结构”由有一条重复边的两个三元环组成，所以，我们使用三元环统计方法，这样每个三元环就会计算一次；对每条边记录关联三元环的个数 cnt，那么这条边所关联的“A- 结构”的数目是 C(cnt, 2)，而根据加法原理，所有边关联的“A- 结构”的数目之和就是图中不同的“A- 结构”的数量。

给出一个有 n 个节点、m 条边的无向简单图 G，枚举求解节点三元组 (i, j, k) 的三元环统计方法如下，其中边 $\{i, j\}$、$\{j, k\}$ 和 $\{i, k\}$ 存在。

首先，先把无向图 G 转成有向图 G'，并给每个节点 i 定义一个双关键字 $(\text{deg}_i, \text{id}_i)$，其中 deg_i 表示节点 i 的度数，id_i 表示节点 i 的标号，这样，对于每一对点都能严格比较出大小；把每一条边重定向成从度数小的点指向度数大的点，如果度数相同，就从编号小的节点指向编号大的节点，得到一个有向无环图 G'。

然后，采用枚举方法，在有向图 G' 中找三元环：

- 枚举图中每一个节点 i，将所有 i 点指向的节点标记为 i。
- 枚举每一个节点 i 指向的节点 j。
- 枚举一个 j 指向的节点 k，如果节点 k 的标记是 i，那么就找到了一个三元环 (i, j, k)。

因为每个三元环只源于一个节点 i，所以只会被计算一次。

可以证明，求解无向简单图 G 三元环的时间复杂度为 $O(m\sqrt{m})$。

参考程序

```
#include<iostream>
```

```
#include<vector>
#include<map>
#define mset(a,b) memset(a,b,sizeof(a))  // a 的存储空间被赋值 b
using namespace std;
typedef long long ll;
typedef pair<int,int> P;                 // 边 p 分别存储两个端点
typedef P Edge;                          // Edge 的数据类型为边 p
Edge edge[200005];                       // 边表为 edge[]
int degree[100005];                      // 节点的度数表为 degree[]
bool cmp(int x,int y)                    // 以度数递增为第一关键字、节点编号为第二关键字
                                         // 排序 x 和 y
{
    return degree[x]!=degree[y]?degree[x]<degree[y]:x<y;
}
vector<int>adja[100005];                 // 存储 u 所有邻接点的容器为 adja[u]
int color[100005];                       // u 的当前邻接点为 color[u]
map<P,int> cunt;                         // 频率表为 cunt[]，其中 cunt[p] 记录边 p 的
                                         // 出现次数
int main()
{
    int n,m;
    while(cin>>n>>m)                     // 输入节点数 n 和边数 m
    {
        for(int i=1; i<=n; ++i)          // 枚举每一个节点 i
        {
            adja[i].clear();             // 初始时，i 的邻接表为空、度数为 0，未有邻接点
            degree[i]=0;
            color[i]=0;
        }
        cunt.clear();                    // 所有边的出现次数清零
        for(int i=1; i<=m; ++i)          // 输入每条边的信息，构造无向图
        {
            int u,v;
            cin>>u>>v;                   // 输入第 i 条边 (u,v)，置入 edge[i]
            edge[i].first=u;
            edge[i].second=v;
            ++degree[u];                 // u 和 v 的度数分别加 1
            ++degree[v];
        }
        for(int i=1; i<=m; ++i)          // 依次枚举每条边，把无向边变为有向边
        {
            // 取第 i 条边 (u,v)。若 u 的度数小于 v 的度数，或者 u 的度数与 v 的度数相等但 u 的节点
            // 编号小于 v，则 v 插入 u 的邻接表；否则 u 插入 v 的邻接表
            int u=edge[i].first,v=edge[i].second;
            if(cmp(u,v))
                adja[u].push_back(v);
            else
                adja[v].push_back(u);
        }
        for(int u=1; u<=n; ++u)          // 枚举每个节点 u
        {
            for(int v:adja[u])           // 枚举有向图中 u 的每个后继节点 v
                color[v]=u;              // 记下 v 的前驱 u
            for(int v:adja[u])           // 枚举第一条边 (u,v)
            {
                for(int vv:adja[v]){     // 枚举第二条边 (v,vv)
                // 若 (u,v)-(v,vv)-(u,vv) 构成三元环，则三条边的出现次数加 1
                    if(color[vv]==u){
                        cunt[{u,v}]++;
                        cunt[{v,vv}]++;
                        cunt[{u,vv}]++;
```

```
                    }
                }
            }
        }
        ll ans=0;                              //将不同的"A-结构"的数量初始化为0
        for(auto p:cunt)                       //枚举频率表中的每条边p
        {
            //取p的第二个端点，若编号不小于2，则该边关联"A-结构"，其数目为0 + 1 + … +
            //cn - 1，把它计入"A-结构"总数ans
            ll cnt=p.second;
            if(cnt>=2)
                ans+=(cnt*(cnt-1))/2;
        }
        cout<<ans<<endl;                       //输出不同的"A-结构"的数量
    }
    return 0;
}
```

【15.4.2　Vertex Cover】

Alice 和 Bobo 在一个图上玩一个游戏，图有 n 个节点，编号为 0, 1, …, $n-1$，编号为 i 的节点的权值为 2^i，游戏如下。

首先，Alice 选择 $\frac{n(n-1)}{2}$ 条边的一个子集（可能为空）。然后，Bobo 选择 n 个节点中的一个子集（可能为空）来"覆盖"Alice 选择的边。如果一条边的两个端点之一被 Bobo 选择了，则这条边被"覆盖"。

Bobo 很聪明，他会选择这样一个节点的子集，即其权值之和（表示为 S）是最小的。

Alice 想要知道这样的边子集的数量，使 Bobo 选择的子集，其权重之和模（10^9+7）恰好为 k（即 $S=k$）。

输入

输入由若干测试用例组成，以 EOF 结束。

每个测试用例给出两个整数 n（$1 \leqslant n \leqslant 10^5$）和 k（$0 \leqslant k \leqslant 2^n$），其中 n 的总和不超过 250 000。

为了方便起见，数字 k 以二进制形式给出。

输出

对于每个测试用例，输出一个表示结果的整数。

样例输入	样例输出
3 1 4 101 10 101010101	3 12 239344570

试题来源：CCPC2018-湖南全国邀请赛

在线测试：HDOJ 6285

试题解析

简述题意：本题给出 n 个节点的完全图，节点编号为 0～$n-1$，其中第 i 个点的权值为 2^i。Alice 先手，选取一些边；然后，Bobo 后手，选取一些节点，要求在先手选取的所有边对应的两个端点中至少选取一个，并且总的权值和最少。本题给出后手选取的节点的权值和，请求解先手选取边的方案数。

因为后手选取的节点的权值和是以二进制的形式给出的，所以，在以二进制形式给出的 k 中，1 的位置所对应的节点被后手选取了。假设这个节点是 1，则先手只能和所有之前不是 1 的点相连（否则不满足最小化覆盖的要求），如果这个节点是 0，则先手能和所有之前是 1 的点相连（否则不满足全覆盖的要求）。也就是说，对于选取的节点，一定要和比它权值大并且没有被选择的节点相连接；而和比它权值小的节点可连，也可不连。

根据乘法原理，对每个节点连出的边数进行连乘，就是结果。

参考程序

```
#include<stdio.h>
#include<string.h>
using namespace std;
typedef long long ll;
const ll mod=1e9+7;
const int N=1e5+10;
char s[N];                                   // 最小的权重之和
int n;                                       // 节点数
ll f[N];                                     // f[i]=2^i % (10^9+7)
int main()
{
    f[0]=1;                                  // 计算 f[i]=2^i % (10^9+7)
    for(int i=1;i<=100000;i++) f[i]=f[i-1]*2%mod;
    while(~scanf("%d%s",&n,s))               // 反复输入节点数及后手选取节点的权值和
    {
        int len=strlen(s);                   // 后手在前 len 个节点中选择
        ll ans=1;                            // 将先手选取边的方案数初始化为 1
        int pre=n-len;                       // 先手可选节点数的最小值
        for(int i=0;i<len;i++)               // 后手选择的节点范围为 [0, len-1]
        {
            if(s[i]=='1')                    // 若节点 i 被后手选取了，则连乘节点连出的边数
                ans=ans*(f[pre]-1+mod)%mod*f[len-i-1]%mod;
            else                             // 否则先手可选的节点数加 1
                pre++;
        }
        printf("%lld\n",ans);                // 输出先手选取边的方案数
    }
    return 0;
}
```

【15.4.3　Connected Graph】

一个无向图是由一个节点集 V 和一个边集 E 组成，$E \subseteq V \times V$。无向图是连通的，当且仅当对于每对节点 (u, v)，u 可以从 v 到达。

请编写一个程序，计算含有 n 个节点的不同的连通无向图的数量。如图 15.4-1 所示，含有 3 个顶点的不同的连通无向图有 4 个。

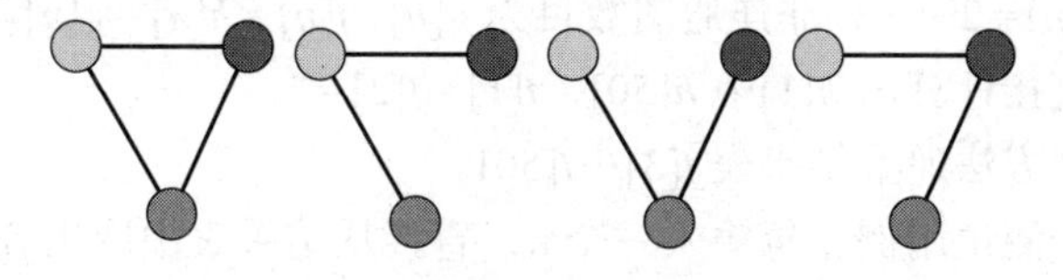

图　15.4-1

输入

输入包含若干测试用例。每个测试用例给出一个整数 n，表示连通无向图的节点的数量，本题设定 $1 \leqslant n \leqslant 50$。最后一个测试用例后面是一个零。

输出

对于每个测试用例，在一行中输出答案。

样例输入	样例输出
1	1
2	1
3	4
4	38
0	

试题来源：LouTiancheng@POJ

在线测试：POJ 1737

试题解析

本题给出节点数 n，要求计算具有 n 个节点的无向连通图的数目。

本题有以下两种求解方法，均基于加法原理和乘法原理。

（1）根据加法原理，n 个节点的无向连通图的数目 = n 个节点的无向图总数 − n 个节点的非连通无向图的数目

含有 n 个节点的完全图有 $C(n, 2)=\frac{n(n-1)}{2}$ 条边，对于含有 n 个节点的无向图，任何两个节点之间可以有边相连，也可以没有边相连；所以，根据乘法原理，含有 n 个节点的无向图总数为 $2^{\frac{n(n-1)}{2}}$，即 $2^{C(n, 2)}$。

对于含有 n 个节点的非连通无向图的数目，分析如下。对于 n 个节点，设 $f[i]$ 表示包含节点 1 在内的 i 个节点组成的连通无向图的数目，则从这 n 个节点中就有 $C(n-1, i-1)$ 种选法来选出除节点 1 之外的其他节点来构成连通分支。而在这个连通分支中，由 i 个节点构成的连通无向图的数目是 $f[i]$。所以，在 n 个节点中选择包含节点 1 在内的 i 个节点组成的连通分支，方案数为 $C(n-1, i-1)\times f[i]$；而剩下的 $n-i$ 个节点构成无向图的总数为 $2^{\frac{(n-i)(n-i-1)}{2}}$，即 $2^{C(n-i, 2)}$。所以，根据乘法原理，如果 i 个节点组成连通分支，且节点 1 在该连通分支中，那么，存在非连通的方案数为 $C(n-1, i-1)\times f[i]\times 2^{C(n-i, 2)}$。

根据加法原理，含有 n 个节点的连通无向图的数目为：

$$f[n]=2^{C(n, 2)}-\sum_{i=1}^{n-1} f[i]\times C(n-1, i-1)\times 2^{C(n-i, 2)}$$

其中，由样例输入输出可知，$f[1]=1$，$f[2]=1$，$f[3]=4$，$f[4]=38$。

本解法对应参考程序 1，采用动态规划方法求含有 n 个带标号的节点的连通图个数 $f[n]$。设完全图的数目为 $h[n]=2^{C(n, 2)}$，非连通图数目为 $g[n]$，$f[n]=h[n]-g[n]$。具体计算过程如下。

1）预处理：先直接计算出 $h[1]\cdots h[50]$，$f[1]=f[2]=1$。

2）使用动态规划方法递推结果表 $f[3]\cdots f[50]$。

3）依次处理每个测试用例：每输入一个 n，直接从结果表中取出 $f[n]$ 后输出。

（2）直接推导含有 n 个节点的无向连通图的数目

对于 n 个节点，设 $f[i]$ 表示由不包含节点 1 但包含节点 2 的 i 个节点组成的连通无向图的数目，则 $f[n-i]$ 表示由包含节点 1 在内的其余 $n-i$ 个节点组成的连通无向图的数目。也就是说，在含有 n 个节点的无向图中，节点 2 所在的连通分支有 i 个节点，节点 1 所在的连通分支有 $n-i$ 个节点。下面讨论如何把这两个连通分支连接在一起。

对于由不包含节点 1 但包含节点 2 的 i 个节点组成的连通无向图，首先要从 $n-2$ 个节点中（不包含节点 1 和节点 2）选取 $i-1$ 个节点同处一个连通分支，方案数为 $C(n-2, i-1)$，组成的连通分支的方案数为 $f[i] \times C(n-2, i-1)$。这一连通分支再通过节点 1 和另一个连通分支相连接；因为节点 2 所在的连通分支的 i 个节点与节点 1 至少要有 1 条边连接，所以两个连通分支连接的方案数为 2^i-1。根据乘法原理，产生的无向连通图的数目为 $f[i] \times C(n-2, i-1) \times f[n-i] \times (2^i-1)$。

根据加法原理，n 个节点的无向连通图的数目为：

$$f[n]=\sum_{i=1}^{n-1} f[i]\times f[n-i]\times C(n-2,i-1)\times(2^i-1)$$

其中，由样例输入可知，$f[1]=1$，$f[2]=1$，$f[3]=4$，$f[4]=38$。

此外，考虑到本题的数据范围，在代码实现上，需要高精度加和高精度乘。

本解法对应参考程序 2，过程如下。

1）预处理：在输入 n 前，先计算出所有的 $C(i, j)$，其中 $1 \leqslant i \leqslant 50$、$1 \leqslant j \leqslant i$，并设 $f[]$ 的初始值 $f[1]=f[2]=1$。

2）依次输入 n 值，并将前一次输入的 n 记为 nn，即目前已经推导出 $f[1] \cdots f[nn]$，将这些结果值存储起来。

3）若当前输入的 n 不大于 nn，则 $f[n]$ 已经计算出，将它从结果表中取出后直接输出；若当前输入的 n 大于 nn，则递推 $f[nn+1] \cdots f[n]$，其中 $f[i]=\sum_{k=1}^{i-1} f[k]\times f[i-k]\times C(i-2,k-1)\times(2^k-1)$。

参考程序 1

```
import java.math.BigInteger;
import java.util.Scanner;
public class Main {
   //利用BigInteger为f[]、g[]和h[]申请内存空间
    public static BigInteger[] f = new BigInteger[51];
    public static BigInteger[] g = new BigInteger[51];
    public static BigInteger[] h = new BigInteger[51];
    public static void main(String[] args) {      //预先求解f[1]…f[50]，建立结果表，
                                                  //以备将来输入n后直接查询f[n]
        int n,k,ind,i;
        for (n=1; n<=50; n++)                     //依次求解h[1], h[2], …, h[n]
        {
            ind = n*(n-1)/2;                      //计算n个节点的完全图的边数
            h[n] = BigInteger.ONE;                // h[n]的初值为1

            for (k=1; k<=ind; k++)                //连乘 n*(n-1)/2 个2，得出n个节点的无向
                                                  //图总数
                h[n] = h[n].multiply(BigInteger.valueOf(2));
        }
        f[1] = BigInteger.ONE;                    // f[1]=1
```

```
        g[1] = BigInteger.ZERO;                  // g[1]=0
        f[2] = BigInteger.ONE;                   // f[2]=1
        g[2] = BigInteger.ONE;                   // g[2]=1
        for (n=3; n<=50; n++)                    // 递推 f[3]…f[50]
        {
            g[n] = BigInteger.ZERO;              // 将 g[n] 初始化为 1
            for (k=1; k<=n-1; k++)               // 计算 g[n]
            {
                BigIntegerfac = BigInteger.ONE; // 将 fac 初始化为 1
                for (i=n-1; i>=n-k+1; i--)       // 计算 fac=(n-k)*…*(n-1)
                    fac = fac.multiply(BigInteger.valueOf(i));
                for (i=1; i<=k-1; i++)           // fac= fac/(k-1)! =c(n-1, k-1)
                    fac = fac.divide(BigInteger.valueOf(i));
                fac = fac.multiply(f[k]).multiply(h[n-k]);  // fac=fac*f(k)*h(n-k)
                g[n] = g[n].add(fac);            // 根据加法原理累加 fac
            }
            f[n] = h[n].subtract(g[n]);          // f[n] = h[n]-g[n]
        }
        Scanner sc = new Scanner(System.in);     // 建立获取用户输入的工具类 sc
        while (sc.hasNext())                     // 依次输入 n, 直至输入 0
        {
            n = sc.nextInt();
            if (n==0)
                break;
            System.out.println(f[n]);            // 直接输出结果表中的 f[n]
        }
    }
}
```

参考程序 2

```
#include<iostream>
#define ll long long
using namespace std;
int n,nn=2;
struct node{                                     // 名为 node 的结构体
    int o[400],len;                              // 长度为 len 的整数数组 o[]
    node operator *(const node &a) const {      // 连乘整数数组 a 的高精度运算
        int L=(len+a.len);                       // 计算积的位数
        node ans; ans.clear();                   // 积的整数数组为 ans, 清空 ans
        ans.len=L;                               // 初始时设 ans 的位长为 L
        for (int i=1;i<=len;i++)                 // 依次枚举被乘数数组 o 的每一位
            for (int j=1;j<=a.len;j++) {         // 依次枚举乘数数组 a 的每一位
                ans.o[i+j-1]+=o[i]*a.o[j];       // 计算相乘结果
                ans.o[i+j]+=ans.o[i+j-1]/10;     // 处理进位
                ans.o[i+j-1]%=10;                // 当前位为相乘结果取 10 的模
            }
        while (!ans.o[ans.len]) ans.len--;       // 处理 ans 的最高位
        return ans;                              // 返回 ans
    }
    node operator +(const node &a) const {      // 计算并返回连加整数数组 a 的高精度运算
                                                 // 结果
        int L=max(len,a.len);                    // 求运算位数
        int d=0;                                 // 进位初始化
        node ans; ans.clear();                   // 和的整数数组为 ans, 初始时 ans 为 0
        for (int i=1;i<=L;i++) {                 // 由低位至高位依次进行加法运算
            ans.o[i]=o[i]+a.o[i]+d;              // i 位相加
            d=ans.o[i]/10;                       // 计数进位和 i 位的计算结果
            ans.o[i]%=10;
```

```
        }
        ans.len=L;                                     // 处理最高位的进位
        if (d) ans.o[++ans.len]=d;
        return ans;                                    // 返回 ans
    }
    void clear() {memset(o,0,sizeof(o));len=0;} // 存储区 o 清零
    node get(ll x) {                                   // 将长整数 x 转化为整数数组 ans
        node ans; ans.clear();
        while (x) {
            ans.o[++ans.len]=x%10;
            x/=10;
        }
        return ans;                                    // 返回整数数组 ans
    }
};
node f[51],c[51][51];                                  // c[i][j] 存储 C(i, j), f[i] 为 i 个
                                                       // 节点的连通图数目
void prepare() {                                       // 计算 C(i, j), 其中 1≤i≤50, 1≤j≤i
    c[0][0].len=1; c[0][0].o[1]=1;                     // C(0, 0)=1
    for (int i=1;i<=50;i++) {                          // 依次枚举 i
        c[i][0].o[1]=1; c[i][0].len=1;                 // C(i,0)=1
        for (int j=1;j<=i;j++)                         // 依次枚举 j
            c[i][j]=c[i-1][j]+c[i-1][j-1];             // C(i, j)= C(i-1, j)+ C(i-1, j-1)
    }
}
void solve(int n) {                                    // 递推计算 f[n]
    node t;
    for (int i=1;i<n;i++) {                            // 累加 n-1 项
        t=t.get((1LL<<i)-1);                           // t 为 2^i-1 的整数数组
        f[n]=f[n]+f[i]*f[n-i]*c[n-2][i-1]*t;           // 递推
    }
}
void print(int n) {                                    // 输出整数数组 f[n]
    for (int i=f[n].len;i>=1;i--)                      // 从高至低逐位输出
        printf("%d",f[n].o[i]);
    printf("\n");
}
int main()
{
    f[1].o[1]=1; f[1].len=1;                   //f[1] 和 f[2] 为值 1 的整数数组
    f[2].o[1]=1; f[2].len=1;
    nn=2;                                      // nn 为上一次输入的 n 值, 若 nn 不大于本次输入的 n
                                               // 值, 则 f[n] 已求出, 直接输出 f[n] 即可, 否则需
                                               // 要从 nn+1 开始递推, 这样可避免重复计算
    prepare();                                 // 计算 C(i,j), 其中 1≤i≤50、1≤j≤i
    while (scanf("%d",&n)!=EOF&&n) {           // 反复输入 n, 直至输入 0
        if (n<=nn) {print(n);continue;}        // 若 f[n] 已得出, 直接输出后处理下一个测试用例
        for (int i=nn+1;i<=n;i++)              // 否则从 nn+1 开始, 递推至 f[n]
            solve(i);
        nn=n;                                  // 记下本次输入的 n
        print(n);                              // 输出 f[n]
    }
    return 0;
}
```

第 16 章

挖掘和利用图的性质

16.1 挖掘和利用图的性质的方法

图的建模是图论基本思想的精华，是解决图论问题的关键。通过对此前的章节的学习，大家体会了选择合适图模型的重要性以及构建图模型的基本方法。“算法 + 数据结构 = 程序”，构建图模型如同为算法设计搭建一个平台，在这个平台上充分挖掘和利用原题的性质，设计一个解决问题的好算法。对于挖掘和利用图模型的性质，通常有以下三种方法。

- 定义法：从图模型最基本的性质入手寻找突破口。
- 分析法：分解子问题，充分挖掘问题的各种特性，设计每个部分的算法。
- 综合法：站在全局的高度，在挖掘最具代表性的模型特性的基础上优化算法。

这三种方法在挖掘和利用图论模型性质的广度和深度上属于不同的层次，是一个循序渐进、不断升华的过程。

16.2 挖掘和利用图的性质的实验范例

本节通过实验范例 16.2.1 说明挖掘和利用图模型性质的三种方法。

【16.2.1 Alice and Bob】

Alice 和 Bob 在玩一个游戏。Alice 画了一个有 n 个节点的凸多边形，凸多边形上的节点从 1 到 n 按任意顺序标号，然后她在凸多边形中画了几条不相交的对角线（公共点为节点不算相交）。她把每条边和对角线的端点标号都告诉了 Bob，但没有告诉他哪条是边、哪条是对角线。Bob 必须猜出节点顺（逆）时针的节点标号序列，任意一个符合条件的序列即可。

例如 $n=5$，给出的边或对角线是 (1，4)、(4，2)、(1，2)、(5，1)、(2，5)、(5，3)、(1，3)，那么一个可能的节点标号顺序为 (1，3，5，2，4)。

请编写程序，对每个测试用例进行如下处理：输入 Alice 对 Bob 给出的边和对角线的描述；计算在凸多边形的边上节点的顺序，输出结果。

输入

输入的第 1 行给出一个正整数 d（$1 \leqslant d \leqslant 20$），表示测试用例的数目，然后给出若干测试用例。

每个测试用例由连续的两行组成。

测试用例的第 1 行给出两个整数，用一个空格分开，分别为凸多边形的节点数 n 和在凸多边形中画的对角线数 m，其中 $3 \leqslant n \leqslant 10\ 000$、$0 \leqslant m \leqslant n-3$。

第 2 行给出 $2(n+m)$ 个整数，整数间用空格分开，这些整数表示凸多边形的边和一些对角线的节点，例如，整数 a_j、b_j 分别在第 $2j-1$ 和 $2j$ 的位置上（$1 \leqslant j \leqslant m+n$, $1 \leqslant a_j \leqslant n$, $1 \leqslant b_j \leqslant n$，$a_j \neq b_j$），表示一条边或一条对角线的节点。边和对角线以任意顺序给出，不能重复。

本题设定解答是存在的。

输出

输出 d 行，每行对应一个测试用例。

第 i（$1 \leqslant i \leqslant d$）行给出 n 个整数 1, 2, …, n 的一个排列，也就是说，第 i 个测试用例给出凸多边形的边界上节点的顺序编号，序列从 1 开始，第二个元素为节点 1 的两个相邻节点中编号较小的节点。

样例输入	样例输出
1 4 1 1 3 4 2 1 2 4 1 2 3	1 3 2 4

试题来源：ACM Central Europe 2001

在线测试地址：POJ 1429，ZOJ 1384，UVA 2429

试题解析

简述题意：给出凸多边形的所有边以及凸多边形内的不相交对角线边，计算凸多边形的节点序列。

下面，分别运用定义法、分析法和综合法分析、求解本题。

解法 1：运用定义法

基于题意，给出图模型：将节点数为 n 的凸多边形表示为一个含有 n 个节点的图 G，凸多边形的边和对角线对应着图 G 中的边。由于对角线不相交，因此图 G 是一个平面图。根据欧拉公式，图中边的数量级为 $O(n)$。

因为图 G 是平面图，所以，每一条对角线都会将凸多边形分成两个凸多边形，这两凸多边形分别在对角线的两侧；而每个凸多边形都至少含有一个没有对角线关联的节点。

因为一条对角线会将凸多边形分成不相关联的两个凸多边形，所以在图 G 中只存在唯一的一条哈密顿回路，哈密顿回路上的边由凸多边形上的边组成，而对角线不可能在哈密顿回路上。因为凸多边形有 n 条边，所以，设这条哈密顿回路的节点序列为 H_1，H_2，H_3，…，H_n。本题的目标就是要找到这条哈密顿回路。

下面，分析图模型的最基本的性质，以设计算法。

由上述性质可知，如果一条边是对角线，那么将对角线及其关联的两个端点从图 G 中删除，图 G 就分成两个互不可达的连通分支；而如果一条边是凸多边形的边，那么将这条边及其两个端点删除，图 G 将仍然是连通的。也就是说，能够根据图 G 的连通性来判断一条边是对角线还是边。由此得到第一种解法：

```
for (u=1; u<=n; u++)
    for (v=1;v<=n; v++)
        if ({u, v} ∈ G(E))
            { 将边 {u, v} 及其两个端点 u 和 v 从图 G 中删除得到新图 G′ ;
                在新图 G′ 任选一个节点 a 作为出发点，对图 G′ 进行遍历;
                if ( 节点 a 能够到达图 G′中的其他点 )
                    标记 {u, v} 是凸多边形的边;        // 图 G′ 连通
                else 标记 {u, v} 是凸多边形的对角线;  // 图 G′ 不连通
            }
    删除图 G 中所有对角线，得到新图 C;                  //C 是图 G 中的哈密顿回路
    遍历新图 C，得到凸多边形节点的标号序列;
```

解法 1 的解题策略运用了定义法：利用对角线将凸多边形划分成两个连通分支的性质找到多边形中所有的对角线。这种解题策略是从图模型的最基本的性质入手寻找突破口的。

下面分析解法 1 的时间复杂度：要枚举的边最多为 $2n$ 条，每判断一次图的连通性为 $O(n)$，所以时间复杂度为 $O(n^2)$；删除边和遍历新图的时间复杂度都为 $O(n)$，所以总的时间复杂度为 $O(n^2)$。由于 n 最大的时候达到 10 000，因此解法 1 的时间复杂度高一些，仍要继续优化。

解法 2：运用分析法

继续分析图 G 的性质。由于图 G 中的对角线是不相交的，因此在图 G 中必定存在一个度数为 2 的节点 u；和节点 u 相关联的两条边一定是凸多边形的边。以节点 u 和与 u 相关联的两条边构成一个三角形，然后将与 u 相关联的两条边从凸多边形上删除，那么剩下的图仍然是一个凸多边形。可以利用这个性质判断一条边是多边形的边还是对角线。

首先，给出附加图 C，C 中有 n 个节点，对应着凸多边形的节点，节点之间没有边相连。

由于在图 G 中一定存在一个度数为 2 的节点 u，设 u 是哈密顿回路上的节点 H_i，其相邻的两个节点为 H_{i-1} 和 H_{i+1}，$\{H_{i-1}, H_i\}$ 和 $\{H_i, H_{i+1}\}$ 是凸多边形的边，将这两条边添加到附加图 C 中；在图 G 中将以节点 u 和与 u 相关联的两条边构成一个三角形，即三角形 $H_iH_{i-1}H_{i+1}$，也就是说，如果节点 H_{i-1} 和节点 H_{i+1} 之间没有边相连，就添加一条新边 $\{H_{i-1}, H_{i+1}\}$（虚边），得到新图 G'。将节点 H_i 及其关联的边 $\{H_{i-1},H_i\}$ 和 $\{H_i,H_{i+1}\}$ 从凸多边形上删除，剩下的图仍然是一个凸多边形，在图 G' 中仍唯一存在一条哈密顿回路 $\cdots H_{i-2}, H_{i-1}, H_{i+1}, H_{i+2}\cdots$。图 G' 和图 G 具有同样的性质，因此也至少存在一个度为 2 的节点，令其为 H_j，则 $\{H_{j-1}, H_j\}$ 和 $\{H_j, H_{j+1}\}$ 这两条边可能是多边形的边、多边形的对角线或者新添加的虚边，将其中多边形的边添加到图 C 中。然后按照同样的方法把 H_j 从图 G' 删除，得到一个新图……以此类推，不断地从新图中找到度为 2 的节点，然后将其相应的两条边中是多边形的边添加到图 C 中，接着从图中删除这个节点。如此反复，直到图中不存在度为 2 的节点为止。对于图中剩下的边，如果是多边形的边，则把它添加到图 C 中。最后图 C 便是由凸多边形的边构成的哈密顿回路。

求解过程如图 16.2-1 所示。其中图 16.2-1a 依次给出了原图 G 的变化过程，其对应的附加图 C 的变化过程由图 16.2-1b 给出。

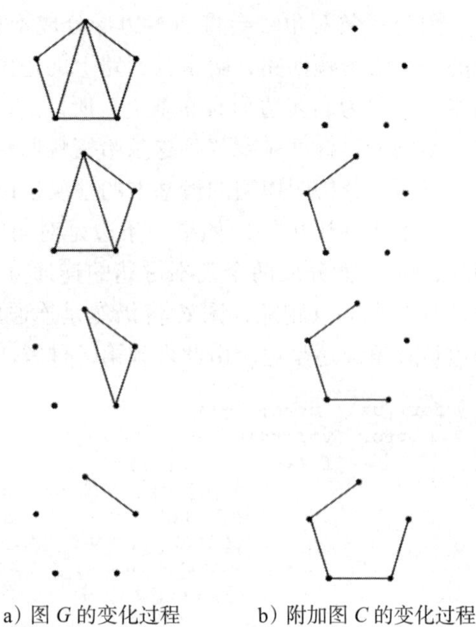

a）图 G 的变化过程　　b）附加图 C 的变化过程

图　16.2-1

对于从图 G 中被移除的边是否是凸多边形的边，分析如下。边 $\{H_i, H_j\}$ 当且仅当成为当前的凸多边形的边时，它才有可能被移除。如果边 $\{H_i, H_j\}$ 是原来的凸多边形的一条对角线，当且仅当在原来的凸多边形的哈密顿回路上从 H_{i+1} 到 H_{j-1} 的节点都已经被删除，边 $\{H_i, H_j\}$ 才有可能成为当前的凸多边形的边；而如果从 H_{i+1} 到 H_{j-1} 的节点都已经被删除，则从 H_i,H_{i+1} 到 H_{j-1}, H_j 的这些节点在原多边形上相应的边都已经被添加到附加图 C 中。所以，如果在图 C 中 H_i 和 H_j 连通，则边 $\{H_i,$

$H_j\}$ 是原来的凸多边形的一条对角线；否则，边 $\{H_i, H_j\}$ 是原来凸多边形的边。这里要注意，当图 C 中已经有了 $n-1$ 条边时，剩下的那条边是凸多边形的边，并以此确定凸多边形节点的标号序列。

对于为算法选择合适的数据结构，分析如下。

1）图 G 的存储结构：由于图 G 是稀疏图，可以用邻接表存储节点，用来查找度数为 2 的节点与哪些边相连，还要用一个哈希表存储所有的边，用于查找任意两个节点是否相连。设一条边为 $\{u, v\}$，哈希表可以用 $u\times n+v$ 作为关键字，哈希函数为 $\mathrm{f}(u, v)=(u\times n+v) \bmod p$，其中 p 为大素数。这样在保证查找复杂度仍然是 $O(1)$ 的情况下，存储空间比邻接矩阵小了很多。

2）枚举度数为 2 的节点：大家很容易想到用最小堆来找出度数为 2 的节点，不过这样的复杂度高一些。由于节点的度数只减少不增加，而且真正有效的度数只有 1 和 2，因此可以建立四个桶来替代堆。将节点按度数分别放到四个不同的桶中：度数为 0、度数为 1、度数为 2、度数大于 2。在每个桶中用双向链接表存储不同的节点。当一个节点的度数被修改时，从原桶中删除该节点并把它放到相应的桶中。在双向链表中插入和删除节点的时间复杂度都是 $O(1)$。因为每个节点的度数是不断减少的，所以每个节点最多进出每个桶一次。综上所述，在这些桶中查找和调整一个度数为 2 的节点所需的时间复杂度为 $O(1)$。

3）在图 C 中添加边，判断任意两个节点的连通性：可以采用并查集来实现边的添加（即将两个连通子图合并）并判断节点的连通性（即判断两个节点是否在同一个连通子图中）。添加一条边和判断一对节点的连通性两种操作的均摊复杂度为 $O(\alpha(n))$。

由此引出第二种解法：

```
将 n 个节点按照度数分别放到度数为 0、度数为 1、度数为 2、度数大于 2 的四个桶中，初始化附加图 C；
while ( 存在一个度数为 2 的节点 u)
{ 在邻接表中找到和 u 相邻的两个节点 v₁ 和 v₂;
    if( 边 {u, v₁} 和 {u, v₂} 不是虚边 )
        { 用并查集检查其是否为对角线；将属于多边形的边插入到图 C 中 };
    将节点 u 标记为不可用；
    if ( 边 {v₁,v₂} 不存在图 G 中 )              // 用哈希表检查
        { 添加一条虚边 {v₁,v₂}；节点 v₁ 和 v₂ 的度数不变 ; };
    else{ 节点 v₁ 和 v₂ 的度数 -1;
        if (节点 v₁ 或 v₂ 修改后的度数不符合所在桶的性质)
            将该节点移至相应的桶中；
        };
}
检查图 G 中所有度数为 1 的节点相应的边在附加图 C 中的连通性，把非对角线和虚边的边插入到图 C 中；
遍历图 C 得到原来的凸多边形节点的标号顺序；
```

解法 2 在删除每个节点时，最多添加一条虚边，因此原始边和虚边的总数仍然是 $O(n)$ 级别的。由于解法 2 发现每次删除凸多边形的一个节点（一个角）时仍是一个凸多边形，因此找到了子问题的相似性，这样就可以不断地缩小问题的规模；解法 2 还体现了一种化归的思想：将未知问题分成几个步骤（或者子问题），每个步骤都是我们熟知的，可以为每一步选择最好的算法。由于每个子问题都被解决了，原问题也就迎刃而解。从子问题的相似性和化归思想的意义上讲，解法 2 是一种分析法。分析法的好处是，分解后的子问题一般比原问题简单，坏处是每一部分都会影响到最终算法的复杂度，因此每一部分的算法设计都要精益求精。

下面分析时间复杂度：在邻接表中查找度数为 2 的所有节点的时间复杂度为 $O(n)$；用并查集查找对角线和插入多边形边的均摊时间复杂度为 $O(n\alpha(n))$；用哈希表查找度数为 2 的节点 u 出发的两条边 $\{u, v_1\}$、$\{u, v_2\}$ 的端点 v_1 和 v_2 是否在图 G 中有边相连、边插入和桶调整的时间复杂度都是 $O(1)$，因此解法 2 的时间复杂度为 $O(n\alpha(n))$。虽然这个时间复杂度非常低，但因为解法 2 的编程复杂度太高，需要简化程序；解法 2 虽然已经较为充分地挖掘出问题的各种特性，但在利用这些特性时，是通过不断将问题分解成子问题然后一一击破的方法来实现的。那么，是否能找到一种综合的方法，将所有特性一并利用，使解决方法既简便又高效呢？

解法 3：运用综合法

对于试题给出的凸多边形所构成的平面图，如果以 DFS 遍历平面图，则搜索经过一条对角线时，平面图便被分成两个部分。由于采用 DFS，那么在这两部分剩下的未被访问的节点中，有一部分节点会被优先遍历到。因此，可以采用 DFS 寻找连通分支的算法，利用节点的遍历顺序和 low 函数来判断边的性质。

首先，回顾《数据结构编程实验：大学程序设计课程与竞赛训练教材》（第 3 版）中 11.5 节“Tarjan 算法”，DFS 的过程中需要用到的两个函数：dfn[v] 表示节点 v 搜索的顺序编号（时间戳），也就是节点 v 是第几个被搜索到的；low(v) 为 v 或 v 的 DFS 子树能够追溯到的最早的栈中节点的顺序号，也就是 low(v) 的初始值为 dfn(v)，此后可以持续更新，成为连通分支子树的根节点的 dfn；即 low[v] = min{dfn[v], low[w_1], dfn[w_2]}，其中 w_1 表示 v 的儿子节点，w_2 表示 DFS 树中异于 v 的父节点的其他祖先节点。

接下来分情况讨论如何用 dfn 和 low 函数判断一条边的性质。

考虑 DFS 树上的一条边 $\{u, v\}$，其中 u 是 v 的父节点。由于图 G 是一个连通分支，因此每个节点的儿子个数不会超过 2。根据 v 的度数分下面四种情况。

情况 1：v 的儿子数为 0。这意味着 $\{u, v\}$ 是原凸多边形的边，否则，v 所有的祖先节点都在 $\{u, v\}$ 的一侧，而另一侧一定仍有点存在，与儿子数为 0 矛盾。令 x 是与 v 直接相连的祖先节点中 dfn 值最小的一个节点，那么 $\{x, v\}$ 一定也是原凸多边形的边（证明略），如图 16.2-2 所示。

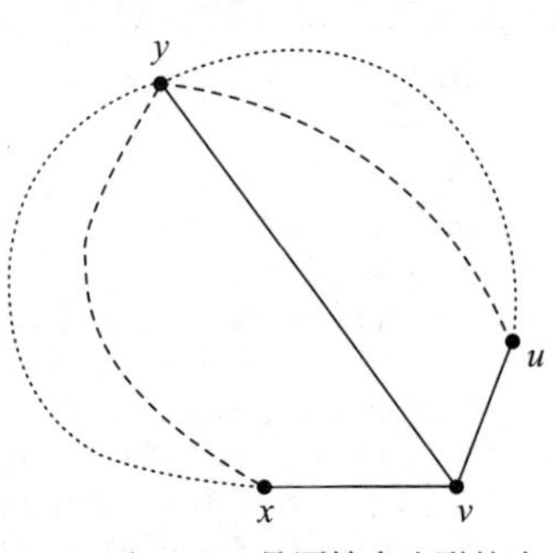

$\{u, v\}$ 和 $\{x, v\}$ 是原始多边形的边

图　16.2-2

另外，$\{x, v\}$ 为凸多边形的边。v 不是 x 的父节点，说明 x 一定先于 u 被遍历到，而且 x 是 u 的祖先节点。也就是说，从 x 到 u 存在一条路径，路径上的边都由 DFS 树上的边组成。令 y 为异于 x 和 u 而与 v 相连的点，由于图 G 是平面图，那么 y 一定在 x 到 u 的路径上。因此 y 一定后于 x 被遍历，即 dfn[y] 小于 dfn[x]。所以 x 一定是与 v 相连的祖先节点中 dfn 值最小的。

情况 2：v 的儿子数为 1，且 u 为 DFS 树的根。易知，$\{u, v\}$ 一定是凸多边形的边。

情况 3：v 的儿子数为 1，且 u 不是 DFS 树的根。令 w 为 v 唯一的儿子，有以下两种可能。

- 如果 low[w] ≥ dfn[u]，则 $\{u, v\}$ 为多边形的对角线。因为 $\{u, v\}$ 将平面分成了两部分，w 和其子树节点是遍历不到另一部分的，如图 16.2-3 所示。令 x 是与 v 直接相连的祖先节点中 dfn 值最小的一个节点，那么 $\{x, v\}$ 一定是原凸多边形的边（证明同情况 1 中的分析），而与 v 相连的另一条凸多边形的边可以在遍历 w 时找到。

- 如果 low[w]<dfn[u]，则 {u, v} 是凸多边形的边，而与 v 相连的另一条凸多边形的边可以在遍历 w 时找到。

情况 4：v 的儿子数为 2。显然，与 v 相连的两条多边形的边可以在遍历儿子节点时找到。

考虑上述四种情况已经能够判断图 G 中所有边的性质了。我们利用 DFS 树反映的这些问题特性进行搜索，由此得出解法 3：对图 G 进行一次深度优先遍历，确定多边形节点的标号顺序。

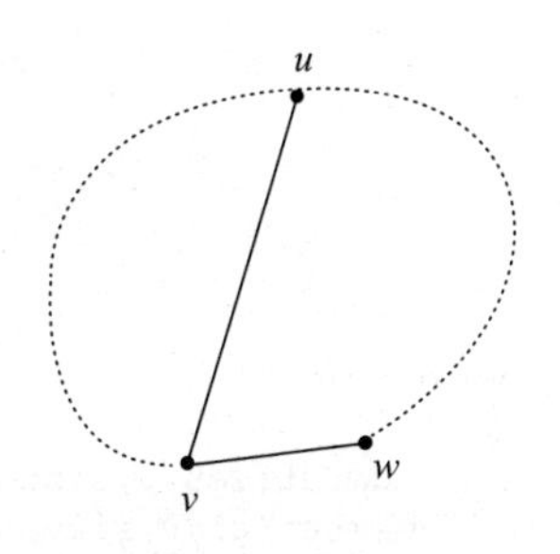

对角线 {u, v} 将平面分成两部分

图　16.2-3

解法 3 的解题过程体现了一种综合思想，不是单独考虑每一条边的连通性，而是从全局考虑，发现多边形的边和对角线在 DFS 树中的区别。因此解法 3 的设计一气呵成，体现了图论中一种“序”的优美性。这种综合法的运用需要有全局观，要能够发现最具代表性的模型特性。解法 3 的时间复杂度为线性的 $O(n)$。

参考程序

```
#include <iostream>
#include <vector>
#define N 10005                         // 节点数的上限
using namespace std;
struct VexNode                          // 节点定义
{
    int low,dfn,total,pre;              // 该节点的 low 函数、DFS 顺序为 low 和 dfn，DFS 树中的
                                        // 儿子数为 total，父指针为 pre
    bool visited;                       // 访问标志
};
struct ArcNode                          // 邻接表的节点定义
{
    int v;
    ArcNode(int _v):v(_v){};
};
typedef vector<ArcNode> Graph;          // 节点的邻接表定义
int vexNum;                             // 凸多边形的节点数
Graph g[N];                             // 图的邻接表
VexNode vex[N];                         // 节点序列
vector<int> g1[N];                      // 凸多边形的相邻表，其中 g1[i] 存储 i 两端的节点序号
void CreatGraph()
{
    memset(g,0,sizeof(g));
    int m,v1,v2;
    scanf("%d%d",&vexNum,&m);           // 读凸多边形的节点数和对角线数
    for(int i=0;i<vexNum+m;i++)         // 读凸多边形的边和对角线，构造图的邻接表 g
    {
        scanf(«%d%d»,&v1,&v2);
        g[v1].push_back(ArcNode(v2));g[v2].push_back(ArcNode(v1));
    }
}
void Dfs(int u,int father,int time)            // 求出各节点的 low 及 dfn，构造 DFS 树
{
    vex[u].visited=true;                       // 设节点 u 的访问标志
    vex[u].dfn=time;vex[u].low=time;           // 设置节点 u 的 DFS 顺序，low 函数初始化
    Graph::iterator pg;
    for(pg=g[u].begin();pg!=g[u].end();pg++)        // 依次搜索 u 的相邻节点，计算 u 的 low
                                                    // 函数和 DFS 树中 u 的儿子数
```

```
        {if(vex[pg->v].visited==true&&pg->v!=father)
                vex[u].low=min(vex[u].low,vex[pg->v].dfn);
         else if(vex[pg->v].visited==false)
                {
                    Dfs(pg->v,u,time+1);vex[pg->v].pre=u;
                    vex[u].total++;
                    vex[u].low=min(vex[u].low,vex[pg->v].low);
                }
        }
}
void Solve()                                //计算凸多边形的相邻表
{
    memset(vex,0,sizeof(vex));              //将节点序列 vex 和新图 g1 初始化为空
    memset(g1,0,sizeof(g1));
    vex[1].pre=0; Dfs(1,0,0);               //从节点 1 出发进行 DFS 搜索，计算每个节点的 low
                                            //值和 dfn 值
    Graph::iterator pg,pg1;
    for(int i=1;i<=vexNum;i++)                         //搜索凸多边形的每个节点
    for(pg=g[i].begin();pg!=g[i].end();pg++)           //搜索节点 i 的每个相邻点
    {
            if(vex[pg->v].pre==i)                      //若相邻点在 DFS 树中为节点 i 的儿子
                {
                    if(vex[pg->v].total==0)            //处理情况 1
                        {
                            g1[i].push_back(pg->v);g1[pg->v].push_back(i);
                            int aMin=0x1ffffff,temp;
                            for(pg1=g[pg->v].begin();pg1!=g[pg->v].end();pg1++)
                                if(vex[pg1->v].dfn<aMin)  {aMin=vex[pg1->v].
                                    dfn;temp=pg1->v;}
                            g1[pg->v].push_back(temp);g1[temp].push_back(pg->v);
                        }
                    else if(vex[pg->v].total==1)              //在相邻点只有 1 个儿子的情况下
                    {
                            if(i==1)                          //处理情况 2
                                { g1[i].push_back(pg->v);g1[pg->v].push_back(i);}
                            else                              //处理情况 3
                            {
                                int w;                        //寻找相邻节点的唯一儿子 w
                                for(pg1=g[pg->v].begin();pg1!=g[pg->v].end();pg1++)
                                if(vex[pg1->v].pre==pg->v) {w=pg1->v;break;}
                                if(vex[w].low<vex[i].dfn) //处理情况 3 中的第 2 种可能
                                    { g1[i].push_back(pg->v);g1[pg->v].push_back(i);}
                                else{                         //处理情况 3 中的第 1 种可能
                                    int x,aMin=0x1ffffff;
                                    for(pg1=g[pg->v].begin();pg1!=g[pg->v].end();pg1++)
                                        {
                                            if(vex[pg1->v].dfn<aMin){ x=pg1->v;
                                                aMin=vex[x].dfn;}
                                        }
                                    g1[x].push_back(pg->v);g1[pg->v].push_back(x);
                                }
                            }


                }
    }
}
void Print(int u,bool *visited)             //从节点 u 出发，输出顺时针的节点标号序列
{
    printf("%d ",u);                        //输出节点 u
    visited[u]=1;                           //设 u 节点访问标志，下一个节点为 u 两端未被访问
                                            //节点中序号较小的节点
```

```
    if(u==1)                               //若 u 节点为出发点
    {
        if(gl[1][1]<gl[1][0])              //若 1 端相邻点序号较小，则按照先 1 端后 0 端的
                                           //顺序输出未被访问节点的序号
        {
            for(int i=1;i>=0;i--)
                if(!visited[gl[1][i]]) Print(gl[1][i],visited);
        }
        else          //若 1 端相邻点序号不小，则按照先 0 端后 1 端的顺序输出未被访问节点的序号
        {
            for(int i=0;i<=1;i++)
                if(!visited[gl[1][i]]) Print(gl[1][i],visited);
        }
    }
    else              //在 u 节点非出发点的情况下，按照先 0 端后 1 端的顺序输出未被访问节点的序号
    {
        for(int i=0;i<=1;i++)
        if(!visited[gl[u][i]]) Print(gl[u][i],visited);
    }
}
int main()
{
    int aCase;scanf("%d",&aCase);          //输入测试用例数
    while(aCase--)                         //依次处理每个测试用例
    {
        CreatGraph();                      //构建图的邻接表
        Solve();                           //计算凸多边形的相邻表
        bool visited[N]={0};               //所有节点未被访问
        Print(1,visited);                  //从节点 1 出发，输出顺时针的节点标号序列
        printf(«\n»);
    }
    return 0;
}
```

上述三种解法都建立在同一个图模型上，不同的方法对模型性质挖掘的深度不同，也就决定了算法的效率不同：解法 1 运用了定义法，时间复杂度为 $O(n^2)$；解法 2 运用了分析法，时间复杂度为 $O(n\alpha(n))$；解法 3 运用了综合法，时间复杂度为 $O(n)$。本题的解析过程，不仅体现了图论的基本思想，同时还展现了算法与数据结构的完美结合和算法优化的思想。从普适的意义上讲，在解题过程中，定义法、分析法和综合法这三种优化算法的策略与“模型”一样，具有普遍的适用性，它们不仅仅是一种解题策略，更是一种思考角度和思维方式。灵活地运用和掌握这三种方法，有利于我们探索未知、研究算法。

第三篇小结

图用点、边和权来描述现实世界中对象以及对象之间的关系，是对实际问题的一种抽象。建立图论模型，就是要从问题的原型中抽取有用的信息和要素，使要素间的内在联系体现在点、边、权的关系上，使纷杂的信息变得有序、直观、清晰。

在拙作《数据结构编程实验：大学程序设计课程与竞赛训练教材》（第 3 版）的第四篇“图的编程实验”基础上，本篇系统论述了如下的图的解题策略。

1）网络流算法，包括利用 Dinic 算法求解最大流、求容量有上下界的网络流问题，以及计算最小（最大）费用最大流。而求容量有上下界的网络流问题又细分为求解无源汇且容量有上下界的网络可行流问题、求解有源汇且容量有上下界的网络最大流问题，以及求解有源汇且容量有上下界的网络最小流问题。在解题过程中，构造网络流模型最具挑战性。因为没有现成的模式可以套用，发现问题本质，创造可适用最大流算法的模型是解决问题的关键。

2）二分图的匹配，内容包括匈牙利算法、稳定婚姻问题、KM 算法，以及利用一一对应的匹配性质转化问题的实验范例。二分图作为描述现实世界中两类不同事物间的相互关系的模型而得到广泛的应用。例如，稳定婚姻问题就是在现实生活中应用二分图进行完美匹配的经典问题。应用二分图的算法，首先要将图转换成二分图，而转换的关键是从问题本身的条件出发，挖掘题目中深层的信息，通过一一对应的匹配性质分类图的节点；在建立二分图的模型后，通过合理使用二分图的基本算法和相关定理求解。计算二分图的最大匹配有匈牙利算法，计算节点加权二分图的最佳匹配有 KM 算法。如果二分图有更多的限制和要求，也可以通过最大流等更复杂的模型来解决，但从算法效率和编程复杂度上来说，基于二分图的算法一般比基于最大流的算法简单高效。因此最佳的方法是，充分利用题目的特有性质，将经典的匹配算法适当变形，从而得到更高效的算法。

3）平面图、图的着色与偏序关系。在平面图、图的着色、偏序关系的理论基础上，给出应用理论解决问题的程序设计竞赛试题，并给出应用黑白着色法判定二分图无向图的方法。

4）分层图。分层图的思想核心是挖掘问题性质。当干扰因素使问题的模型变得模糊时，通过分层将干扰因素细化为若干状态，通过层的连接将状态联系起来，最终给出算法。在分层的过程中，由于新得到的图论模型将问题的本质特征凸显了出来，因此比较容易找到解决问题的方法。也就是说，分层图思想是一种放大目标、分类解决的“升维”策略。

5）可简单图化与图的计数。在论述可图化和可简单图化的理论基础上，给出一个非负整数序列，判断这一序列是否为一个简单图的度数列，并构造其对应的简单图。图的计数包括两个部分，即生成树的计数和图的计数；而图的计数分别介绍了如何使用图的遍历方法和组合分析方法进行计数。

6）挖掘和利用图的性质。在图模型被建立以后，应该充分挖掘和利用图模型性质，以此来优化算法。根据对图模型性质挖掘的深度不同，给出了以下三种方法。

- 从问题最基本的性质入手寻找突破口的“定义法”。
- 分解子问题，充分挖掘问题各种特性的“分析法”。
- 站在全局高度，在挖掘最具代表性的模型特性的基础上优化算法的“综合法”。

这三种方法是挖掘和利用图模型性质的三个思考角度。无论采用哪种方法，都要注意数据结构与算法的结合和优化。数据结构与算法的结合是知识融会贯通的体现，简化数据结构、优化算法是为了进一步完善程序设计，体现了解题者的基本素养和不断进取的精神。

本篇不仅给出了上述图结构和图算法，而且阐述了正确选择图模型的重要性。在为实际问题选择合适的图模型的时候，不仅要根据问题的表征，而且应该因“题”制宜，深入分析问题的性质，寻找最能体现问题本质的图模型。

大学程序设计课程与竞赛训练教材

数据结构编程实验 第3版

作者：吴永辉 王建德 ISBN：978-7-111-68742-9

本书特色：

◎ 本书以数据结构、高级数据结构的知识体系为大纲，以基于程序设计竞赛试题的解题实验为核心单元，并通过启发式、案例化的教学，系统、全面地培养读者通过编程解决问题的能力。

◎ 对第2版已有的章节，第3版从解题策略的角度进行了脱胎换骨的改进，并新增了高级数据结构部分的实验。

◎ 本书精选306道程序设计竞赛试题，其中160道试题作为实验范例试题，每道试题不仅有详尽的试题解析，还给出标有详细注释的参考程序；另外的146道试题为题库试题，所有试题都有清晰的提示。

◎ 提供本书所有试题的英文原版以及大部分试题的官方测试数据和解答程序。